Biochemische und physiologische Versuche mit Pflanzen

Aloysius Wild • Volker Schmitt

Biochemische und physiologische Versuche mit Pflanzen

für Studium und Unterricht im Fach Biologie

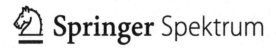
Springer Spektrum

Prof. Aloysius Wild
Universität Mainz
Institut für Allgemeine Botanik
Johannes-von-Müller-Weg 6
55128 Mainz

Dr. Volker Schmitt
Universität Mainz
Institut für Allgemeine Botanik
Johannes-von-Müller-Weg 6
55128 Mainz

Springer Spektrum
ISBN 978-3-8274-2818-9   ISBN 978-3-8274-2819-6 (eBook)
DOI 10.1007/978-3-8274-2819-6

Die Deutsche Nationalbibliothek verzeichnet diese Publikation in der Deutschen Nationalbibliografie;
detaillierte bibliografische Daten sind im Internet über http://dnb.d-nb.de abrufbar.

Planung und Lektorat: Merlet-Behncke-Braunbeck, Dr. Meike Barth
Redaktion: Dr. Frank Lichert
Einbandabbildung: Dr. Christoph Engel, Dr. Volker Schmitt
Einbandentwurf: SpieszDesign, Neu-Ulm

Gedruckt auf säurefreiem und chlorfrei gebleichtem Papier

Springer Spektrum ist eine Marke von Springer DE.
Springer DE ist Teil der Fachverlagsgruppe Springer Science+Business Media.
www.springer-spektrum.de

Vorwort

Dieses biologische Arbeitsbuch behandelt biochemische und pflanzenphysiologische Versuche für das Biologiestudium und für den Schulunterricht. Alle Versuche sind mit vielen nützlichen Details zur Durchführung genau beschrieben und stets eingebettet in eine theoretische Vorbereitung und eine anschließende Auswertungsphase. Zusätzlich werden Sicherheits- und Entsorgungshinweise gegeben.

Das Buch wendet sich sowohl an Lehrende, Dozenten und Lehrer/-innen, (Schwerpunkt Gymnasium, Sek. II) als auch an Studentinnen und Studenten biologischer Fächer und an Schüler/-innen mit besonderem Interesse an biologischen Experimenten.

Die erste Auflage des Buches erschien unter dem Titel „Pflanzenphysiologische Versuche in der Schule" und ist seit Längerem vergriffen. Zahlreiche Nachfragen haben uns zu der vorliegenden Neubearbeitung motiviert. Viele Versuche wurden überarbeitet und die Theorieteile aktualisiert. Wir stellen auf der Website http://iabserv.biologie.uni-mainz.de/458.php ergänzendes Material zum Buch – insbesondere Fotos zu den Versuchen – bereit.

Die vorliegende Versuchssammlung basiert auf Referaten des fachdidaktischen Seminars „Pflanzenphysiologische Versuche in der Schule", das am Institut für Allgemeine Botanik der Johannes Gutenberg-Universität in Mainz seit 1983 unter meiner (Aloysius Wild) und seit 1999 unter unserer gemeinsamen Leitung stattfindet.

Der Schwerpunkt des Buches liegt auf dem praktischen Teil. Damit Sie als Leser mit der raschen Entwicklung in Biochemie und Pflanzenphysiologie mithalten können, wird jedem Themenbereich eine knappe theoretische Einführung vorangestellt. Wir möchten Ihnen so eine rasche Auffrischung und Orientierung über den derzeitigen Stand der wissenschaftlichen Erkenntnisse ermöglichen.

Wir danken unserem Mitarbeiter Dr. C. Engel, der die Schreibarbeiten und die Gestaltung vieler Abbildungen durchführte, sowie den beteiligten Mitarbeiterinnen des Spektrum-Verlags für die gute Zusammenarbeit.

Mainz, im Juli 2011

Aloysius Wild

Volker Schmitt

Inhaltsverzeichnis

4 Bau, Eigenschaften und Funktionen von Biomembranen Die pflanzliche Zelle als osmotisches System 91

8 Photosynthese II:
Substanzumwandlung und Ökologie der Photosynthese 211

10   Dissimilation II: Atmung (aerobe Dissimilation) 303

Einleitung

I   Zur Geschichte des Biologieunterrichts in Deutschland

Der Pfarrer und Lehrer der böhmischen Brüderunität in Prerov und Fulnek, Johann Amos COMENIUS (1592–1670), gilt als herausragender Wegbereiter des Naturkundeunterrichts in den Schulen. In seinem Werk „Didactica magna" (1632 in tschechischer, 1657 in lateinischer Sprache) fordert er u. a. die Aufnahme eines „Realienunterrichts" in den Lehrplan der Schulen. Sprach- und Sachunterricht sind aufeinander zu beziehen. Das Wissen über die Natur soll nach COMENIUS nicht durch bloßes Erzählen oder Zitieren von Texten und Autoritäten, sondern durch Vorführung, direkte Beobachtung und Schlussfolgerung gelehrt werden. Unter dem Einfluss von COMENIUS wurde bereits 1662 der naturkundliche Unterricht in die Gothaer Schulordnung eingeführt.

Die eigentliche Einführung des Naturkundeunterrichts in den Schulen begann um die Mitte des 18. Jahrhunderts, erlebte um 1800 einen beachtlichen Zwischenimpuls und etablierte sich dann allgemein und endgültig erst in der zweiten Hälfte des 19. Jahrhunderts (vgl. FREYER und KEIL, 1997).

Die Forderung von COMENIUS nach unmittelbarer Anschauung und Beobachtung von Naturobjekten im Unterricht wurde zunächst nur von wenigen befolgt. Die Einführung naturkundlicher Themen in den Schulunterricht erfolgte weitgehend unter dem Gesichtspunkt des „nützlichen Wissens", d. h. die Inhalte betrafen z. B. Nutzpflanzen und Nutztiere, Heilkräuter und Landwirtschaft. Der Nützlichkeitsaspekt blieb lange Zeit beherrschend. Die Preußischen Regularien von 1854 machten die praktische Bedeutung des Naturkundeunterrichts zur Norm.

Einen weitreichenden Einfluss auf den Naturkundeunterricht übten im 19. Jahrhundert die taxonomisch-systematischen Arbeiten des Schweden Carl von LINNÉ (1707–1778) aus. Er ordnete die seinerzeit bekannten Lebewesen in Gruppen, klassifizierte nach Arten, Gattungen, Familien etc. In seinen Werken „Species plantarum" (1753) und in der 10. Auflage von „Systema naturae" (Bd. 1, 1758, Bd. 2, 1759) verwendete er die binäre lateinische Bezeichnung für Pflanzen und Tiere. Diese binäre Nomenklatur besteht in der stabilen Benennung einer Art durch einen Doppelnamen, dem der Gattung und einem charakteristischen Beiwort, dem Artnamen. Sie setzte sich schnell durch und blieb bis zur Gegenwart als Grundprinzip der Taxonomie erhalten. Unter dem Einfluss von LINNÉ standen an den Hochschulen systematische und morphologische

Forschungen im Vordergrund. Mit einem gewissen Zeitabstand wurde dann auch im naturkundlichen Unterricht der Schulen vor allem Systematik betrieben. Verbunden damit war das genaue Beschreiben der Lebewesen, das Erfassen ihrer Gestalt (beschreibend-morphologische Betrachtungsweise). Im 19. Jahrhundert wurde August LÜBEN (1804–1873) zum wichtigsten Vertreter dieser Richtung. In den Preußischen Richtlinien von 1892 für Realschulen, Realoberschulen und Gymnasien wurden schwerpunktmäßig Kenntnisse in botanischer und zoologischer Systematik gefordert, während übergreifende Aspekte ökologischer oder allgemeinbiologischer Art nur in sehr geringem Ausmaß Berücksichtigung fanden.

Gegen die Vorherrschaft des Nützlichen und der Systematik bildeten sich auch andere Standpunkte und Strömungen aus. Unter dem Einfluss dichterischer Naturbeschreibungen wurde der Unterricht auf das „Erleben von Natur" ausgerichtet. Im Gegensatz zur Nüchternheit und Kargheit der beschreibend-morphologischen Richtung stand hier eine lebendige Darstellung von Pflanzen und Tieren im Vordergrund (sinnig-gemüthafte Betrachtungsweise). Diese geistige Haltung findet sich z. B. in den eindrucksvollen und gemütvollen Erzählungen im illustrierten „Tierleben" (6 Bde., 1864–1869) von Alfred BREHM (1829–1884).

Ende des 19. Jahrhunderts gingen von dem Lehrer Friedrich JUNGE (1832–1905) neue Impulse aus. Er stellte die Lebensgemeinschaft und ökologische Beziehungen von Organismen unter allgemeinbiologischen Gesichtspunkten in den Mittelpunkt des Unterrichts (ökologische Betrachtungsweise). Die Reformbemühungen JUNGES blieben jedoch erfolglos.

Die revolutionären Theorien von Charles DARWIN (1809–1882) über die Entstehung der Arten („On the origin of species", 1859) wurden im Biologieunterricht zunächst nicht berücksichtigt (in dem gedanklichen System von DARWIN sind mehrere Theorien verbunden: Evolutionstheorie als solche, Theorie der gemeinsamen Abstammung der Organismen, natürliche Variabilität der Organismen, Prinzip der natürlichen Auslese, gradueller Charakter der Evolution, Theorie der Vervielfältigung der Arten). Der Versuch, die DARWINschen Theorien im Unterricht zu behandeln, scheiterte am Widerstand der Öffentlichkeit. Die Vermittlung der Evolutionslehre wurde 1883 in Preußen für den gesamten Schulunterricht verboten.

Bis zur Wende vom 18. zum 19. Jahrhundert waren die Botanik und die Zoologie als Teile der Naturgeschichte mit der Erforschung anderer Naturbereiche eng verbunden. Die Naturgeschichte oder Naturkunde umfasste die lebende und nichtlebende Natur. Eine eigenständige Wissenschaft der Lebewesen konnte erst entstehen, als die Gemeinsamkeiten von Pflanzen und Tieren (und schließlich auch des Menschen) als Lebewesen gegenüber der nichtlebenden Natur stärker in den Blick kamen. Der französische Anatom und Physiologe Xavier BICHAT (1771–1802) stellte den sogenannten physischen Wissenschaften (Physik, Chemie, Geologie) die physiologischen Wissenschaften (Biologie, Medizin) gegenüber. Im Verlauf des 19. Jahrhunderts etablierte sich die Biologie als die umfassende „Wissenschaft von den Lebewesen" inhaltlich und institutionell als autonome Disziplin. Den Begriff „Biologie" als die „Wissenschaft vom Leben" haben zwei Naturforscher gleichzeitig 1802 in seiner heutigen Bedeutung geprägt: der Bremer Mediziner Gottfried Reinhold TREVIRANUS (1776–1837) sowie der französische Zoologe und Naturphilosoph Jean Baptiste de LAMARCK (1744–1829); allerdings konnte sich der Begriff erst in der zweiten Hälfte des 19. Jahrhunderts als übergeordneter Begriff für botanische und zoologische Disziplinen allgemein durchsetzen. Ende des 19. Jahrhunderts waren Botanik und Zoologie wissenschaftlich nicht mehr vorwiegend morphologisch-taxonomisch-entwicklungsgeschichtlich ausgerichtet, sondern versuchten in zunehmendem Maße durch das Experiment in die kausalen Abhängigkeiten der Lebensfunktionen vorzudringen. Schließlich entwickelte sich im 19. Jahrhundert mithilfe der mikroskopischen Technik die Cytologie zu einer zentralen Disziplin innerhalb der Biologie und bildete eine wesentliche Grundlage zur Herausbildung der „Allgemeinen Biologie". Zugleich wurde die Sonderentwicklung biologischer Disziplinen eingeleitet, die sich im 20. Jahrhundert in weitere Richtungen differenzierten. Der Augustinermönch und Naturforscher Gregor MENDEL (1822–1884) publizierte 1865 seine genialen „Versuche über Pflanzenhybriden", in denen er die – später nach ihm benannten – Gesetzmäßigkeiten bei der Weitergabe von Erbmerkmalen beschrieb. 1900 erfolgte die Wiederentdeckung der MENDELschen Vererbungsregeln, und es entstand die moderne Vererbungswissenschaft.

Aufgrund des wissenschaftlichen Fortschritts in den biologischen Teildisziplinen und des Bemühens um eine Zusammenführung im Rahmen einer „Allgemeinen Biologie" kam es um die Jahrhundertwende zu Reformbewegungen auf dem Gebiet des Biologieunterrichts. Hierbei gewann das Reformkonzept des Biologen und Pädagogen Otto SCHMEIL (1860–1943) einen großen Einfluss. SCHMEIL bemühte sich darum, eine allgemeinbiologisch ausgerichtete, experimentell arbeitende Biologie in den Schulen durchzusetzen. Im gesamten Unterricht sollten Bau und Funktion der Lebewesen miteinander verknüpft werden (funktionell-morphologische Betrachtungsweise). Die Ideen SCHMEILs förderten die Orientierung des Biologieunterrichts an der Entwicklung der Wissenschaft; sie hatten in der Folge eine bedeutende Wirkung und erfassten fast alle Schulen.

Nach der dauerhaften Etablierung des Naturkundeunterrichts in der zweiten Hälfte des 19. Jahrhunderts setzte mit Beginn des 20. Jahrhunderts eine allmähliche inhaltliche und methodische Umstrukturierung ein. Das Fach konnte sich stärker differenzieren, und es begann der Umbau der primär Sichtbares beschreibenden „Schul-Naturgeschichte" in einen auf die Erklärung von Lebensprozessen abzielenden „Biologieunterricht". Diese Entwicklung zeigt sich u. a. in den Preußischen Richtlinien von 1924/25. In den allgemeinen Bestimmungen wurden nun die Gesetzmäßigkeiten des Lebendigen betont und in den Stoffplan die Evolutionslehre und die MENDELsche Genetik eingeführt. Am Prinzip der Lehrstoffanordnung nach dem System der Lebewesen änderte sich allerdings wenig.

In den Jahren 1933–1945 wurde der Biologieunterricht in Deutschland in den Dienst der weltanschaulichen Ideen und politischen Absichten der nationalsozialistischen Machthaber gestellt. Dies geschah hauptsächlich in den Bereichen der Eugenik (Lehre von der Erbgesundheit), der Rassenlehre und in der Überbewertung der Funktion von Systemen (Lebensgemeinschaft, Rasse, Volk, Lebensraum), die das Individuum übergreifen. Eine genauere Beschreibung des Biologieunterrichts im Nationalsozialismus findet sich bei ESCHENHAGEN und Mitarbeitern (1998).

In der zweiten Hälfte des 20. Jahrhunderts erfolgte eine stürmische Entwicklung allgemeinbiologischer Teildisziplinen wie Physiologie, Biochemie, Biophysik, Verhaltensbiologie, Ökologie, Neurobiologie, Mikrobiologie, molekulare Genetik, molekulare Entwicklungsbiologie, Biotechnologie. Die Entwicklung wurde stimuliert durch neue methodische Zugänge, eine günstige wirtschaftliche Entwicklung der Industrienationen sowie durch interdisziplinäre und internationale Kooperation der Forschergruppen. Dementsprechend wuchs das Wissen in allen Teilbereichen der Biologie rasch an. Für den Unterricht wurde damit die Stoffauswahl zu einem zentralen Problem. In der begrenzt zur Verfügung stehenden Zeit konnte nicht mehr alles wichtig Erscheinende unterrichtet werden. Das Prinzip des exemplarischen Unterrichts gewann zunehmend an Bedeutung. Mit der Aufnahme neuer Ergebnisse und Forschungsrichtungen wurde zugleich das taxonomische Strukturierungsprinzip aufgegeben zugunsten einer Orientierung an den neuen Teildisziplinen und den damit betonten allgemeinbiologischen Phänomenen. Es besteht nun die Gefahr, dass die Schüler die im Unterricht besprochenen Prozesse nicht mit konkreten Lebensformen in Verbindung bringen können und kaum mehr Artenkenntnisse erwerben.

Die in der Bundesrepublik Deutschland Ende der 60er-Jahre einsetzende Aufarbeitung des Bildungswesens führte auch im Unterrichtsfach Biologie zu Beginn der 70er-Jahre zu einer Neukonzeption der Unterrichtsinhalte und Unterrichtsmethodik. Die Neugestaltung des Biologieunterrichts betraf neben der Auswahl und Anordnung von Inhalten auch die angestrebten Unterrichtsformen und Lernprozesse. Neben der Orientierung an der Entwicklung der Bezugswissenschaft Biologie (Wissenschaftsrelevanz) spielten bei der Wahl allgemeinbiologischer Strukturierungsprinzipien auch Überlegungen zur individualen und sozialen Bedeutung der biologischen Inhalte eine Rolle (Schülerrelevanz und Gesellschaftsrelevanz). In diesem Zusammenhang ist z. B. der Rahmenplan des Verbandes Deutscher Biologen (1973) zu stellen. Die Aufgabe des Biologieunterrichts besteht nicht nur in der Vermittlung wissenschaftlicher Fakten, vielmehr soll der Schüler zugleich einen Einblick erhalten, wie biologische Erkenntnisse gewonnen werden und auf welchen Voraussetzungen sie beruhen. In methodischer Hinsicht werden demgemäß wissenschaftliche Verfahrensweisen und eine experimentelle Ausrichtung des Unterrichts zur Förderung des entdeckenden Lernens empfohlen. Neben traditionellen fachgemäßen Arbeitsweisen (Beobachten, Vergleichen, Untersuchen, Mikroskopieren) wird dem Experimentieren eine elementare Bedeutung für das Verstehen und Beurteilen biologischer Erkenntnisse zugemessen. Experimentieren ist ein unverzichtbarer Bestandteil des biologischen Unterrichts.

Der Verband Deutscher Biologen legte 1987 einen neuen „Rahmenplan für das Schulfach Biologie" vor. Er ist eine Fortsetzung des Plans von 1973 und integriert neuere schulpraktische Erfahrungen und wissenschaftliche Sachverhalte. Dieser Rahmenplan soll u. a. dafür sorgen, dass zumindest ein begrenzter Katalog von einzelnen biologischen Themen in den Lehrplänen aller Bundesländer vorhanden ist. Im Zusammenhang mit der Konzeption einer stärkeren Schülerorientierung und der Kritik an manchen Auswüchsen lernzielorientierter Lehrpläne erfolgte in den 80er- und 90er-Jahren eine Modifizierung der überwiegend allgemeinbiologischen oder gesellschaftsbezogenen Strukturierung der Lehrpläne (vgl. KILLERMANN, 1995). Insgesamt soll neben der Vermittlung grundlegender biologischer Sachverhalte zugleich auch die erlebnishafte Begegnung des Schülers mit Tieren und Pflanzen gefördert werden, um ihn nicht nur kognitiv, sondern auch emotional anzusprechen (affektiv-emotionale Seite des Biologieunterrichts). In der gymnasialen Oberstufe ist die Strukturierung des Lehrstoffs nach wie vor an Teildisziplinen der Biologie ausgerichtet. Ein größeres Gewicht wird u. a. der Ökologie und Umweltfragen zugemessen.

II   Experimente als Erkenntnisquelle

Die experimentelle Methode ist keine Erfindung der Neuzeit; die Erkenntnisfortschritte in der Neuzeit sind jedoch ohne ihre konsequente und folgenreiche Anwendung nicht denkbar. Das fragende, prüfende Experiment (Experiment als Frage an die Natur) wurde insbesondere von Galileo GALILEI (1564–1642) in die Naturforschung eingeführt. Das Wichtige und Neue ist der methodische Stellenwert, den er dem Experiment im Erkenntnisprozess einräumt. Einen großen Einfluss auf die experimentelle Erkenntnismethode in der Naturforschung hatten die Philosophien von Francis BACON (1561–1626) und René DESCARTES (1596–1650). Immanuel KANT (1724–1804) beschreibt die experimentelle Methode der Naturforschung anhand des Bildes eines Gerichtsverfahrens (Kritik der reinen Vernunft, Vorrede zur 2. Auflage, 1787): Der Mensch setzt sich in einem Prozess mit der Natur auseinander. Gesucht wird das bisher Unbekannte, noch nicht Wahrgenommene, aber schon Vermutete. Unterstellt wird, dass die Natur das Gesuchte nicht freiwillig offenbart, sondern dass sie dazu „genötigt" werden muss (vgl. PUTHZ, 1988).

In den biologischen Wissenschaften erlangten Experimente als Erkenntnismethode bereits im 17. und 18. Jahrhundert große Bedeutung für grundlegende Entdeckungen, so z. B. bei der Aufklärung des großen Blutkreislaufs (1628) durch William HARVEY (1578–1657), den Erkenntnissen von Francesco REDI (1626–1697) über die Entstehung der Insekten aus Eiern (1668), dem Nachweis der geschlechtlichen Fortpflanzung der Pflanzen (1694) durch Rudolf Jacob CAMERARIUS (1665–1721), der Erforschung des Pflanzensaftstroms (1727) durch Stephen HALES (1677–1761) sowie bei der Entdeckung der Photosynthese (1779) durch Ian INGENHOUSZ (1730–1799).

Das Experiment wird häufig als eine gezielte Frage an die Natur verstanden, wobei oft ein geplanter Eingriff in den natürlich ablaufenden Prozess stattfindet, oder auch als Fortführung von Beobachtungen unter künstlich veränderten Bedingungen bezeichnet (ESCHENHAGEN et al., 1998). Ein Experiment ist ein Eingriff in die Natur unter genau definierten Bedingungen zum Zweck der Gewinnung wissenschaftlicher Erkenntnisse (KREMER und KEIL, 1993). Bei einer Untersuchung (Beobachtung mit Hilfsmitteln) wird ein Naturobjekt mithilfe verschiedener analytischer Methoden näher gekennzeichnet. Eine Untersuchung ist ein rein beschreibender (deskriptiver) Vorgang. Typische Untersuchungen wären z. B. die mikroskopische Anatomie eines Organs, die Ausstattung eines Organs an chemischen Inhaltsstoffen oder das Arteninventar eines Ökosystemausschnitts. Bei einem Experiment werden einzelne Randbedingungen, unter denen ein biologischer Prozess abläuft, kontrolliert und variiert. Die Isolation und Variation einer Randbedingung – bei Konstanthaltung der übrigen – ermöglicht eine Prüfung ihres Einflusses auf den biologischen Prozess. Zu jedem Versuch müssen geeignete Kontrollversuche durchgeführt werden. Ein Beispiel: Wenn nachgewiesen werden soll, dass von einer gelösten chemischen Substanz eine bestimmte Wirkung auf einen Organismus ausgeht, so muss auch gezeigt werden, dass das Lösungsmittel alleine diese Wirkung nicht hervorbringen kann.

Experimente müssen unter kontrollierten Bedingungen ablaufen und, wie ihre Ergebnisse, wiederholbar (reproduzierbar) und von der Person des Experimentators unabhängig (objektiv) sein. Mithilfe des Experimentes kann also Kausalforschung betrieben werden, denn es werden ursächliche Zusammenhänge erschlossen.

Neben Isolation und Variation von Randbedingungen ist die Reduktion eine potente Strategie des Experimentierens. Darunter versteht man das Zurückführen komplexer Systeme auf einfachere Komponenten, die leichter der experimentellen Analyse zugänglich sind. Man analysiert dann jede einzelne Komponente für sich und setzt die Teilergebnisse wieder zusammen (Prinzip der kleinen Schritte). Aufgrund dieser Synthese erhofft man sich Einblicke in komplexere Organisationsbereiche (vgl. NACHTIGALL, 1978). Die Organisation biologischer Systeme gründet sich auf eine Hierarchie von Strukturebenen, wobei jede Ebene auf der darunterliegenden aufbaut. Die experimentelle Forschung findet heute auf allen Organisationsebenen statt. Um Strukturen und Funktionen messtechnisch erfassbar zu machen, wird ein Verlust sogenannter emergenter Eigenschaften (Eigenschaften, die auf den einfacheren Ebenen noch nicht vorhanden sind, sondern aus Wechselwirkungen zwischen den Komponenten resultieren; lat.: emergere = auftauchen) zunächst in Kauf genommen.

Das Forschungsexperiment umfasst eine bestimmte Folge von Schritten: Beobachtung oder Frage, Hypothese, Entwurf eines Experiments zur Klärung der

Hypothese, Durchführung des Experiments, Bestätigung (Verifikation) bzw. Widerlegung (Falsifikation) der Hypothese. Ausgehend von einem Phänomen, das der Beobachter näher untersuchen will, werden zur Aufklärung Hypothesen spekulativ aufgestellt und dann mittels Experimenten überprüft. Im Experiment gibt die Natur ihren Gesetzen folgend Auskunft, ob die aus der Hypothese abgeleiteten Folgerungen richtig oder falsch sind. Widersprechen die Ergebnisse den Vorhersagen einer Hypothese, so wird diese entweder verworfen oder aber so abgewandelt, dass ihre Vorhersagen mit den Ergebnissen in Einklang stehen und durch weitere Experimente geprüft werden können.

Das wissenschaftliche Experiment dient zur Bestätigung bzw. Widerlegung einer Hypothese. Wissenschaftliche Hypothesen sind vorläufige Annahmen (versuchsweise Erklärungen) über einen unbekannten Zusammenhang, mit deren Hilfe bestimmte Ergebnisse von Beobachtungen und Experimenten vorhergesagt und erklärt werden können. Da die möglichen Versuchsergebnisse aus der Hypothese direkt hergeleitet werden, nennt man diesen Prozess der Erkenntnisgewinnung heute „hypothetisch-deduktives Denken". Bei der Deduktion schließt man vom Allgemeinen auf das Spezielle. Dabei gelangt man von allgemeinen Voraussetzungen zu speziellen Ergebnissen, die man, wenn die Prämisse korrekt ist, erwartet. Naturwissenschaftliche Deduktionen sind Voraussagen. Vorhergesagt wird in aller Regel der Ausgang eines Experiments oder ein zu beobachtendes Ereignis (vgl. CAMPBELL, 1997).

Im Experiment können die Rahmenbedingungen verwirklicht werden, unter denen ein bestimmter, in den Deduktionen der Hypothese vorausgesagter, Sachverhalt beobachtbar sein sollte. Manchmal liefert die Natur selbst die nötigen Bedingungen. Viel häufiger muss man sie aus der Hypothese erschließen und entwickeln und dann als geeignete experimentelle Rahmenbedingungen setzen.

III Die Bedeutung schulischer Experimente

Zu den wesentlichen Grundlagen des Biologieunterrichts gehört es, den Schülern praktische Erfahrungen zu ermöglichen (STAECK, 2009). Die Schüler sollen biologische Erkenntnisse nicht nur als feststehende Fakten erfahren, sondern auch die Wege kennenlernen, wie man zu solchen Ergebnissen gelangt. Das Verstehen biologischer Erkenntnisse setzt die Einsicht in die Voraussetzungen und Bedingungen sowie in den Weg der Erkenntnisgewinnung voraus. Hierzu ist es erforderlich, die Schüler mit bestimmten Arbeitsweisen des Fachs vertraut zu machen. Die Kenntnis und Anwendung fachgemäßer Arbeitsweisen ist deshalb ein wichtiges Unterrichtsziel. Im Rahmen des Biologieunterrichts handelt es sich hierbei um Arbeitsweisen und -techniken, die sich zum einen aus den Anforderungen der Bezugswissenschaft Biologie ableiten und zum anderen vom Lernprozess her begründet sind. Den fachspezifischen Arbeitsweisen kommt folgende Bedeutung zu: Die Schüler sollen Einblicke in die Methoden des naturwissenschaftlich-biologischen Arbeitens erhalten sowie die

Leistungsfähigkeit und Grenzen der Arbeitstechniken kennenlernen; zur kritischen Urteilsbildung über biologische Arbeitsergebnisse befähigt werden; vertraut werden im Umgang mit Geräten; eine Arbeitshaltung entwickeln, die durch Genauigkeit und Sorgfalt gekennzeichnet ist sowie Interesse und Fähigkeiten für die Erforschung biologischer Probleme und Aufgaben gewinnen.

Die Biologie ist auch heute keine rein experimentelle Wissenschaft, aber ihre experimentellen Anteile sind im Laufe ihrer Geschichte immer stärker in den Vordergrund getreten. Die wichtigsten Erkenntnisse der letzten Jahrzehnte sind auf experimentellem Weg gewonnen worden. Daraus ergibt sich für den Biologieunterricht die Aufgabe, den Schülern ein Verständnis von der Eigenart und der Bedeutung des Experiments zu vermitteln. Diese Aufgabe ist nur dadurch zu erfüllen, dass die Schüler selbst biologische Versuche durchführen (vgl. ESCHENHAGEN et al., 1998).

Aus der Komplexität und der Individualität der Organismen und ihrer Wechselwirkungen mit der Umwelt ergibt sich die Besonderheit biologischer Experimente. Ein experimenteller Chemie- und Physikunterricht kann zwar eine allgemeine Wertschätzung des experimentellen Vorgehens, einen Einblick in den formalen Ablauf eines Experiments sowie gewisse grundlegende Handfertigkeiten und Techniken vermitteln, er wird aber nie das Experiment im biologischen Bereich ersetzen können. Die Organisation biologischer Systeme und ihr Beziehungsgefüge, die Struktur-Funktionszusammenhänge sowie die vielfältigen Wechselwirkungen zwischen Organismen und ihrer Umwelt erfordern eine eigenständige biologisch-experimentelle Erfahrung. Die Untersuchungsobjekte der Biologie sind nicht nur komplexer als diejenigen der Physik und Chemie, sondern sie gehören auch anderen Systemebenen an. Die Organisationsebene des Organismus (wie die Ebenen von Populationen und Ökosystemen) besitzt ihre eigenen emergenten Systemgesetzmäßigkeiten, die aus den Wechselwirkungen zwischen den Komponenten resultieren, und die demgemäß als solche besonders zu erfassen und zu beschreiben sind. Ein Organismus ist ein lebendes Ganzes, das die Summe der Fähigkeiten seiner Organe übersteigt (Prinzip der Ganzheit).

Unter den Begriffen „schulisches Experiment" oder „experimenteller Unterricht" werden häufig sowohl das (deskriptive) Untersuchen als auch das (kausalanalytische) Experimentieren im eigentlichen Wortsinn zusammengefasst. Das vorliegende Buch gibt Anregungen zu beiden Arbeitsweisen. Das schulische Experiment nimmt aufgrund seiner hohen Ansprüche eine herausragende Stellung unter den fachspezifischen Arbeitsweisen ein. Gleichzeitig zählt es für die Schüler zu den interessantesten und faszinierendsten Tätigkeiten im Biologieunterricht. Das schulische Experiment kann vertiefte Erkenntnisse von biologischen Erscheinungen und praktische Erfahrungen vermitteln sowie den Weg der hypothetisch-deduktiven Erkenntnisgewinnung aufzeigen. Die experimentelle Arbeitsform umschließt zugleich eine Reihe weiterer Arbeitsweisen in sinnvoller Reihenfolge, z. B. Beobachten, Vergleichen, Beschreiben, Protokollieren, Zeichnen, Verwendung von Diagrammen, Statistik. Schließlich bewirken Schulversuche Lernfortschritte in den verschiedenen Lernzieldimensionen, d. h. in der kognitiven, affektiven und psychomotorischen Dimension.

Im kognitiven Bereich schult die Planung, Durchführung und Auswertung von Versuchen Wahrnehmungs-, Denk- und Gedächtnisfunktionen. Exaktes Beobachten, Vergleichen und sachliche Wiedergabe der Ergebnisdaten fördern das Wahrnehmungsvermögen. Sorgfältiges und kritisches Einüben der Stufenfolge und Separierung der Teilschritte des Experiments (Problemstellung, Hypothesenbildung, Versuchsentwicklung und Durchführung mit geeigneten Objekten, Beschreibung und Dokumentation, Interpretation, kritische Bewertung und Verbindung zur Ausgangsfrage) schulen das Denk- und Urteilsvermögen. Die Schüler erfahren eine Lernstrategie, die zu einem zielgerichteten und analytischen Denken erzieht. Durch eigenes Überlegen und Handeln erlangen die Schüler vertiefte Kenntnisse von biologischen Phänomenen und Prozessen. Neben Einsichten in naturgesetzliche Zusammenhänge gewinnen sie Einzelkenntnisse über Objekte und Versuchstechniken. Empirische Untersuchungen zeigen, dass diese durch intensive Auseinandersetzung gewonnenen Kenntnisse länger im Gedächtnis bleiben.

Auf der affektiven, emotionalen Ebene werden durch einen experimentellen Unterricht Interessen und Einstellungen entwickelt. Experimentieren regt die Schüleraktivität an und fördert die Selbständigkeit. Schulversuche können den vorhandenen Spieltrieb in geordnete, zielgerichtete und produktive Bahnen lenken. Versuche stellen den direkten Objektbezug her und bringen somit sowohl Anschaulichkeit als auch emotionale Bindung. Das Interesse an der Natur und die Freude an den Lebewesen kann dadurch geweckt werden. Ein Bezug des Experiments zur alltäglichen Erfahrungs- und Erlebniswelt der Schüler ist ebenfalls für das Interesse förderlich. Die Schüler erfahren, dass sorgfältiges und zielstrebiges Arbeiten wichtige Voraussetzungen für die erfolgreiche Durchführung von Versuchen sind. Experimentieren fördert das Vertrauen in die eigenen Fähigkeiten genauso wie die Einsicht in die Begrenztheit des eigenen Wissens und Könnens. Schülerversuche werden oft in Partner- oder auch Gruppenarbeit durchgeführt. Dabei kann gemeinsames Planen und Handeln eingeübt werden. Die Partner lernen nämlich, ihre gemeinsame Arbeit zu gliedern und aufzuteilen und die geforderte Aufgabe durch gegenseitiges Helfen gemeinsam zu erschließen. Partner- und Gruppenarbeit kann einen wichtigen Sozialisationseffekt erzielen.

Experimenteller Unterricht kann schließlich dazu beitragen, Lernfortschritte in der psychomotorisch-pragmatischen Dimension zu erzielen. Er spricht die praktischen und manuellen Fertigkeiten des Schülers an. Die Durchführung der Versuche erfordert oft den Einsatz besonderer Hilfsmittel und Techniken. Hierbei erlernen die Schüler die Handhabung von Arbeitsgeräten eines Biologen (Reagenzglas, Pipette, Waage, Lupe, Mikroskop etc.). Es bieten sich somit vielfältige Möglichkeiten der technischen Erziehung.

Schulische Experimente kann man in mehrerer Hinsicht näher differenzieren. So lässt sich zwischen qualitativen und quantitativen Experimenten unterscheiden. Qualitative Experimente lassen sich mit Ja oder Nein beantworten, der Ausfall quantitativer Experimente ist dagegen nach Maß und Zahl abgestuft. Qualitative Versuche sind einfacher und mit geringerem messtechnischen Aufwand durchzuführen. Oft reichen die Sinnesorgane zur Registrierung des Versuchsausfalls aus. Quantitative Versuche stellen dagegen höhere Anforderungen an das Versuchsmaterial, die Exaktheit des Arbeitens und die mathematischen Fähigkeiten der Schüler. Da in biologischen Systemen in aller Regel komplexe Kausalbeziehungen herrschen und außerdem eine Konstanz aller Messbedingungen selten wirklich gegeben ist, sind die Ergebnisse einzelner Versuche oft nur eingeschränkt aussagefähig; hier muss dann ein statistisches Mittel aus einer Reihe gleichartiger Versuche gezogen werden. Komplexe Kausalbeziehungen sind quantitativ nicht mehr nur durch **ein** Experiment fassbar, sondern es bedarf statistisch abgesicherter Versuchsreihen. Überall, wo Streuungen eine Rolle spielen, muss man in der Biologie statistisch arbeiten, um zuverlässige Daten zu erhalten. Qualitative Versuche sind bevorzugt in den unteren Jahrgangsstufen, quantitative Versuche zunehmend in den mittleren und oberen Jahrgangsstufen einsetzbar.

Nach dem Zeitaufwand kann zwischen Kurzzeit- und Langzeitversuchen unterschieden werden. Erstere können im Verlauf einer Stunde oder Doppelstunde abgeschlossen werden, während Langzeitversuche sich über einige Tage oder Wochen erstrecken. Viele biologische Vorgänge, besonders aus dem Bereich der Entwicklungsphysiologie, verlaufen relativ langsam, sodass häufig eine längere Beobachtungs- oder Wartezeit (Standzeit) erforderlich ist. Im Vergleich zur Chemie und Physik besitzt die Biologie einen hohen Anteil an Langzeitversuchen. Hier liegt ein Problem in der Garantie einer durchgängigen Betreuung des Versuchs bzw. in der Aufrechterhaltung der Motivation der Schüler.

Nach den ausführenden Personen lassen sich Schülerversuche (alle Schüler experimentieren alleine oder in Kleingruppen) und Demonstrationsversuche (eine Person, zumeist der Lehrer, experimentiert vor den Augen der Schüler) unterscheiden. Grundsätzlich sollte der Schwerpunkt des Experimentierens auf dem Schülerversuch liegen. Die Berechtigung oder Notwendigkeit für den durch den Lehrer vorgeführten Demonstrationsversuch kann gegeben sein, wenn der Versuchsaufbau nicht in Klassenstärke vervielfältigt werden kann (teure Geräte, komplizierter Versuchsaufbau), wenn die manuellen Voraussetzungen für ein erfolgreiches Experimentieren durch die Schüler noch nicht gegeben sind oder wenn dem Versuch besondere Gefahren innewohnen. Es wäre in jedem Fall zu prüfen, ob die Schüler nicht bei Teilaspekten des Versuchs (z. B. beim Aufbau) aktiv beteiligt sein können. Eine besondere Form des Schülerexperiments ist das in Form einer Hausaufgabe gestellte Experiment (z. B. SCHULZ und SCHARF, 1996).

Neben dem an realen biologischen Systemen durchgeführten Experiment kann auch mit Modellen experimentiert werden. Modelle sind vereinfachte, künstliche Abbilder eines biologischen Objekts, die bestimmte Aspekte seiner Struktur oder Funktion herausheben. Modelle haben ihren besonderen Wert durch ihre hohe Anschaulichkeit und können immer dann eingesetzt werden, wenn die realen Objekte oder Prozesse schwer zu beobachten und nachzuvollziehen sind. Allerdings sind immer die Grenzen der Aussagefähigkeit eines Modells in Erwägung zu ziehen (siehe z. B. die Diskussion des Modells einer Biomembran V 4.1.1). Neben den realen Modellen halten verstärkt virtuelle Modelle (z. B. in Form von Simulationsprogrammen) Einzug in den schulischen Unterricht.

Nach Aufgabe und Stellung im Unterricht können Versuche Einführungs-, Entdeckungs- oder Bestätigungscharakter besitzen. Der einführende Versuch dient dem Einstieg in eine neue Fragestellung. Er ist als Denkanstoß und Motivation für das später zu behandelnde Problem gedacht und soll als Ausgangspunkt der weiteren Arbeit dienen. Beim Einführungsversuch handelt es sich in den meisten Fällen um eine Demonstration durch den Lehrer, wobei allerdings auch einfache Schülerversuche infrage kommen. Das entdeckende (ESCHENHAGEN et al., 1998) oder klärende Experiment (KILLERMANN et al., 2005) folgt im Idealfall den Schritten, die auch für ein Forschungsexperiment charakteristisch sind. Da in der Schule zumeist nicht alle Merkmale eines Forschungsexperiments gegeben sind (z. B. die Zeit für statistische Absicherung von Versuchsergebnissen), spricht man auch von einem forschungsanalogen Experiment. Ein solches Experiment soll eingebettet sein in einen hypothetisch-deduktiven Prozess. Es soll Antwort auf eine zuvor formulierte Hypothese geben (hypothesengeleitetes Experimentieren). Damit werden die Schüler in die Rolle eines Forschers versetzt, selbst wenn dem betreuenden Lehrer der erwartete Ausfall des Experiments bekannt ist. Das bestätigende Experiment schließlich kann sowohl zur Bestätigung von Sachverhalten, die den Schülern bereits bekannt sind, als auch zur vertiefenden, veranschaulichenden Wiederholung dienen. Der bestätigende Versuch soll eine Vermutung oder Überlegung bekräftigen. Der Schüler prüft die Richtigkeit einer bekannten Schlussfolgerung. Ein schon geläufiger Sachverhalt wird bestätigt, eine Erkenntnis nochmals bekräftigt. Qualitative Schulversuche haben in aller Regel bestätigenden Charakter.

Von grundsätzlicher Bedeutung ist das Protokollieren des Versuchs. Das experimentelle Vorgehen muss schriftlich festgehalten werden. Zum Versuch gehört notwendigerweise die Dokumentation der Voraussetzungen, Vorgänge und Erfahrungen. Gefordert sind Eindeutigkeit, Kürze, Verständlichkeit und Nachvollziehbarkeit der Mitteilungen. Die Dokumentation sollte nicht nur ein bloßes Protokoll der jeweiligen Resultate sein, sondern sich prinzipiell in Einführung, Material und Methoden, Ergebnisse, Diskussion und Literaturverzeichnis gliedern.

Die Einleitung behandelt die thematische Hinführung zur Fragestellung und die im Experiment zu prüfende Hypothese. Sie sollte auf keinen Fall methodische Einzelheiten oder Ergebnisse vorwegnehmen. Unter Material und Methoden werden zunächst die verwendeten biologischen Objekte vorgestellt (Artzugehörigkeit, Herkunft, Gewinnung des Versuchsmaterials). Den weiteren versuchstechnischen Ablauf schildert man nur dann ausführlicher, wenn der Versuch von einer bestehenden Arbeitsvorschrift, die zitiert wird, abweicht; diese vielleicht in Teilschritten vereinfacht, verbessert oder erweitert. Im Ergebnisteil werden die qualitativen und quantitativen Befunde dargestellt. Die Einzeldaten können entweder verbal oder grafisch verarbeitet werden. Einfache Sachverhalte werden in knapper Form verbal beschrieben. Für komplexere Datengefüge sind Tabelle oder Diagramm, die zugleich mit einer Erklärung (Legende) versehen sind, das bevorzugte Darstellungsmittel. Besonders auffällige Ergebnisse tauchen sowohl im Text als auch in der bildlichen Dokumentation auf. Die Diskussion befasst sich mit der Deutung der Daten und ihrer Einordnung in den Rahmen des bereits etablierten Wissens. Hier sollte der Bezug zur aktuellen Literatur aufgenommen werden.

Vorbemerkungen zu den Versuchen

Zeitaufwand. Die Zeitangaben zu den einzelnen Versuchen sind als ungefähre Richtwerte zu verstehen. Es wird davon ausgegangen, dass alle benötigten Utensilien, die im „Kasten" aufgeführt sind, zur Verfügung stehen. Wenn die unter „Chemikalien" aufgeführten Lösungen noch angesetzt werden müssen, verlängert sich die Vorbereitungszeit entsprechend.

Pflanzenanzucht. Alle im Buch verwendeten Pflanzen lassen sich entweder ohne große Mühe aus Samen anziehen oder können im Gartenfachhandel erworben werden. Als Kultursubstrat hat sich Vermikulit bewährt. Vermikulit ist ein blättriges Schichtsilikat, das industriell als Dämmstoff verwendet wird. Es findet ebenfalls Verwendung in der Terrarienkultur. Der Fachhandel ist eine gute Bezugsquelle für kleine Gebindegrößen. Alternativ lassen sich Pflanzen auch in Erdkultur (hier ist am besten eine spezielle Anzuchterde zu verwenden) oder in Hydrokultur mit Blähton anziehen. Als Lichtquelle genügt in den Sommermonaten das Sonnenlicht. Für die Wintermonate ist eine über den Pflanzen angebrachte Pflanzenleuchte als Lichtquelle gut geeignet. Während der Anzucht muss auf eine ausreichende, aber nicht übermäßige Wasserversorgung der Pflanzen geachtet werden. Bei den in den meisten Fällen kurzen Standzeiten der Pflanzen kann auf eine zusätzliche Düngung in aller Regel verzichtet werden. Wenn sie doch erfolgen soll, kann dies mit einem handelsüblichen Flüssigdünger geschehen.

Sicherheit beim Experimentieren. Beim Experimentieren hat die Sicherheit der eigenen Person und die der Schüler unbedingten Vorrang. Schon bei der Planung eines Experiments müssen mögliche Gefahrenquellen bedacht werden. Um sicher experimentieren zu können, müssen Fachkenntnisse über die eingesetzten Substanzen und Geräte, die ablaufenden Reaktionen und die verwendeten Organismen vorhanden sein bzw. erworben werden. Weiterhin ist es unabdingbar, sich mit den Sicherheitseinrichtungen des Fachraums vertraut zu machen (Verbandkasten, Augenspülung, Feuerlöscher etc.) und die üblichen Sicherheitsstandards beim Experimentieren (wie z. B. das Tragen einer Schutzbrille und eines Labormantels beim Umgang mit ätzenden oder siedenden Flüssigkeiten) einzuhalten.

Für die Verwendung von Gefahrstoffen an Schulen sind die Regeln der Deutschen Gesetzlichen Unfallversicherung (DGUV) zu beachten. Dies sind die Regel „Unterricht in Schulen mit gefährlichen Stoffen" (DGUV SR-2003, Ausgabe 2010) und die zugehörige Stoffliste (DGUV SR-2004, Ausgabe 2010). Die Stoffliste enthält u. a. Hinweise auf besondere Gefahren (R-Sätze) und Ratschläge zum sicheren Umgang mit Gefahrstoffen (S-Sätze). Die von einem Stoff ausgehende Gefährdung wird in einem Kennbuchstaben zusammengefasst, der auch in diesem Buch als Indikator für das konzentrationsabhängige Gefahrenpotenzial einer Chemikalie verwendet wird. Es sind dies im Einzelnen folgende Kennbuchstaben (mit deutscher und englischer Umschreibung):

C: ätzend (*corrosive*)

E: explosionsgefährlich (*explosive*)

F/F⁺: leichtentzündlich bzw. hochentzündlich (*highly* bzw. *extremely flammable*)

O: brandfördernd (*oxidising*)

N: umweltgefährlich (*dangerous for the environment*)

T/T⁺: giftig bzw. sehr giftig (*toxic* bzw. *very toxic*)

Xi: reizend (*irritant*)

Xn: gesundheitsgefährdend (*harmful*).

Für die in diesem Buch beschriebenen Versuche kommen keine explosiven oder hochgiftigen Gefahrstoffe zur Anwendung. Auf giftige Gefahrstoffe wurde soweit als möglich verzichtet. Weiterhin findet sich in der oben genannten Stoffliste eine Einstufung, ob bei der Verwendung einer Chemikalie Tätigkeitsbeschränkungen seitens der Schüler zu beachten sind. Allgemein ist bei der Verwendung von Chemikalien darauf zu achten, dass sie – sofern sie sich nicht mehr im originalen Gebinde befinden – in sachgerechten und eindeutig beschrifteten Verpackungen aufbewahrt werden, die falls erforderlich mit den Gefahrenpiktogrammen versehen sind.

Es können an dieser Stelle nicht erschöpfend alle Aspekte des sicheren Experimentierens behandelt werden. Auf zwei Aspekte soll aber noch besonders hingewiesen werden. So sind zum einen flüchtige und entzündliche Substanzen (z. B. Laufmittel für die Chromatographie) in Abzügen zu handhaben. In diesen Abzügen ist offenes Feuer (BUNSEN- oder TECLU-Brenner) unzulässig. Weiterhin müssen zuweilen konzentrierte Säuren oder Laugen verdünnt werden. Hierbei ist stets die konzentrierte Lösung unter ständigem Rühren in die weniger konzentrierte Lösung bzw. in Wasser zu gießen. (*Gieße Wasser nie in Säure, sonst geschieht das Ungeheure.*) Vorsicht beim Neutralisieren von konzentrierten Säuren und Laugen! Ist die Wärmeentwicklung sehr hoch, muss ein Eisbad verwendet werden.

Entsorgung. Die Entsorgung sollte sowohl den Personen- und Umweltschutz berücksichtigen, als auch die Beschaffungs- und Entsorgungskosten für Chemikalien im Blick haben. Es ist daher zu bedenken, wie mit sparsamem Chemikalieneinsatz, aber zugleich auch effektvoll experimentiert werden kann. Die Entsorgung erfolgt in geeignete, permanent beschriftete Behälter, die mit den entsprechenden Gefahrenpiktogrammen versehen sind. Die Abfälle der in diesem Buch verwendeten Chemikalien werden nach drei Kategorien getrennt gesammelt: (a) flüssiger, halogenfreier organischer Müll, (b) flüssiger anorganischer Müll mit Beimischung von Schwermetallen, (c) mit Gefahrstoffen verunreinigte Festsubstanzen.

Findet sich bei einem Versuch kein besonderer Entsorgungshinweis, so können flüssige Reaktionsansätze über den Ausguss, Festsubstanzen etc. über den Hausmüll entsorgt werden.

1 Biologisch wichtige Makro- moleküle und ihre Bausteine I: Mono-, Di-, Polysaccharide

A   Theoretische Grundlagen

1.1   Einleitung

Kohlenhydrate oder Saccharide (griech.: sakcharon = Zucker) sind die am häufigsten vorkommenden organischen Moleküle der Erde, wobei unter den zahlreichen Verbindungen die Cellulose den ersten Platz einnimmt. Als Energiespeicher dient den Pflanzen die Stärke, den Tieren und Echten Pilzen das Glykogen, die beide zum zentralen Brennstoff des Stoffwechsels, der Glucose, abgebaut werden können. Die Zellwände der Pflanzen werden insbesondere aus Cellulose, das Exoskelett der Arthropoden und die Zellwand der Echten Pilze aus Chitin aufgebaut; hier dienen diese Kohlenhydrate als Bau- und Gerüstsubstanzen. Weiterhin sind sie als Desoxyribose und Ribose am Aufbau der Nucleinsäuren und damit an der Speicherung der genetischen Information beteiligt. Daneben treten Kohlenhydrate in vielen Strukturen im chemischen Verbund mit Proteinen (Glykoproteine) und Lipiden (Glykolipide) auf. Der Name Kohlenhydrat leitet sich von der Summenformel $C_n(H_2O)_n$ ab, mit der sich die Einfachzucker (Monosaccharide) charakterisieren lassen; er besagte ursprünglich wirklich Hydrat des Kohlenstoffs. Für die exakte Umgrenzung der Stoffklasse ist diese Summenformel heute ohne weitere Bedeutung. Zu den Kohlenhydraten zählen neben den Monosacchariden auch Derivate wie Aminozucker oder Zuckersäuren sowie die Oligo- und Polysaccharide. Andererseits gibt es biochemisch wichtige Verbindungen, auf die die Summenformel zwar zutrifft, wie Essigsäure ($C_2H_4O_2$) oder Milchsäure ($C_3H_6O_3$), die jedoch eine völlig andersartige Struktur besitzen und folglich keine Kohlenhydrate sind.

1.2   Monosaccharide (einfache Zucker)

Monosaccharide oder Einfachzucker entstehen aus Polyalkoholen dadurch, dass eine der Alkoholgruppen ($>C-OH$) zur Carbonylgruppe ($>C=O$) dehydriert wird. Als einfaches Beispiel wählen wir das Glycerin. Hierbei sind, wie

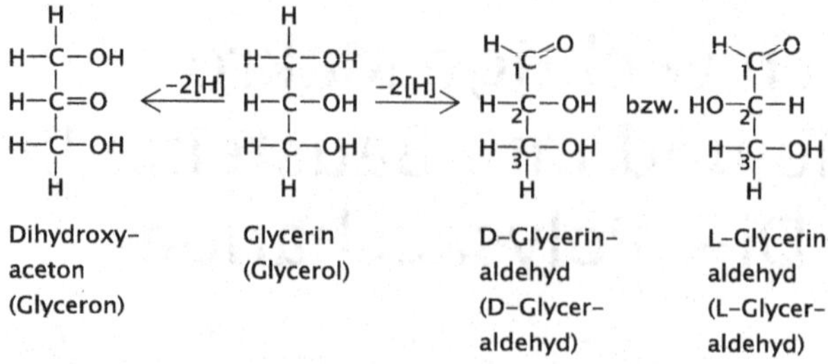

Abbildung 1.1 Dehydrierungsprodukte von Glycerin

Abbildung 1.1 zeigt, zwei Dehydrierungsprodukte möglich, ein Aldehyd und ein Keton. Man nennt die Zucker, die nach der oben gegebenen Ableitung eine Ketogruppe aufweisen, Ketosen (z. B. Dihydroxyaceton), die mit der Aldehydgruppe Aldosen (z. B. Glycerinaldehyd).

Im Glycerinaldehyd trägt das C-2 vier verschiedene Reste (-H, -OH, -CHO, -CH$_2$OH) und wird deswegen als asymmetrisches C-Atom bezeichnet. Die Betrachtung der FISCHER-Projektionsformel (Hermann Emil FISCHER, 1852–1919, deutscher Chemiker, Nobelpreis für Chemie 1902) von Glycerinaldehyd zeigt, dass für die Anordnung der OH-Gruppe am C-2 zwei Alternativen bestehen. Diese funktionelle Gruppe kann im Formelbild entweder nach links (L) oder nach rechts (D) weisen. D- und L-Glycerinaldehyd verhalten sich spiegelbildlich zueinander und sind − ebenso wie die rechte und linke Hand − durch einfache Drehung oder Verschiebung in der Ebene nicht zur Deckung zu bringen (Händigkeit oder Chiralität). Spiegelbildlich aufgebaute Moleküle gleicher Summenformel bezeichnet man auch als Enantiomere. Für die Zuweisung der Monosaccharide zur D- oder L-Reihe ist die Stellung der OH-Gruppe an demjenigen asymmetrischen C-Atom maßgebend, das am weitesten von der Aldehyd- bzw. Ketogruppe entfernt ist. Die weitaus meisten natürlich vorkommenden Kohlenhydrate gehören der D-Konfiguration an.

Kohlenstoffverbindungen mit asymmetrischem Kohlenstoffatom können in wässriger Lösung die Schwingungsebene von linear polarisiertem Licht drehen und sind folglich optisch aktiv. Dreht die betreffende Verbindung die Schwingungsebene im Uhrzeigersinn, erhält sie in Klammern ein positives Vorzeichen, bei Drehung im Gegenuhrzeigersinn ein negatives. Für die beiden optisch aktiven Triosemoleküle wäre demgemäß vollständig D(+)-Glycerinaldehyd sowie L(−)-Glycerinaldehyd zu schreiben.

Je nachdem, ob die Monosaccharide aus 3, 4, 5, 6 usw. Kohlenstoffatomen bestehen, werden sie als Triosen, Tetrosen, Pentosen, Hexosen usw. bezeichnet. Die wichtigsten Vertreter der Monosaccharide sind die Glucose (Traubenzucker) und die Fructose (Fruchtzucker). Glucose ist eine Aldohexose, während Fructose eine Ketohexose ist (Abbildung 1.2). Bei den Aldohexosen sind vier asymmetrische Kohlenstoffatome (C-2 bis C-5) vorhanden. Folglich beträgt die Anzahl der optischen Isomeren $2^4 = 16$. Davon kommen in der Natur jedoch

nur wenige vor, neben der D-Glucose insbesondere die D-Mannose (zur Glucose epimer am C-2) und die Galactose (zur Glucose epimer am C-4). Monosaccharide, die sich in der Konfiguration nur an einem C-Atom unterscheiden,
heißen Epimere.

Aldehyde (z. B. Ethanal) und Ketone gehen durch Addition von einem Molekül
Alkohol (z. B. Ethanol) sehr leicht in die entsprechenden Halbacetale über
(Abbildung 1.3). Bei den Monosacchariden erfolgt die Bildung der entsprechenden Halbacetale in wässriger Lösung intramolekular durch Verknüpfung
der jeweiligen Carbonylgruppe mit einer alkoholischen OH-Gruppe (Abbildung
1.2). Dabei entstehen heterocyclische, sauerstoffhaltige Ringe, die man als
Furanosen (Fünfring: 4 C + 1 O) oder Pyranosen (Sechsring: 5 C + 1 O) bezeichnet. Bei der Ringbildung entsteht ein neues asymmetrisches C-Atom; wo

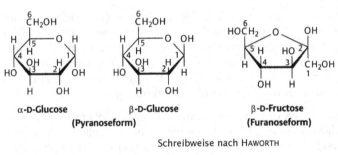

Abbildung 1.2 Verschiedene Schreibweisen am Beispiel von Glucose und Fructose (nach
NULTSCH, 2001. Mit freundlicher Genehmigung von Thieme)

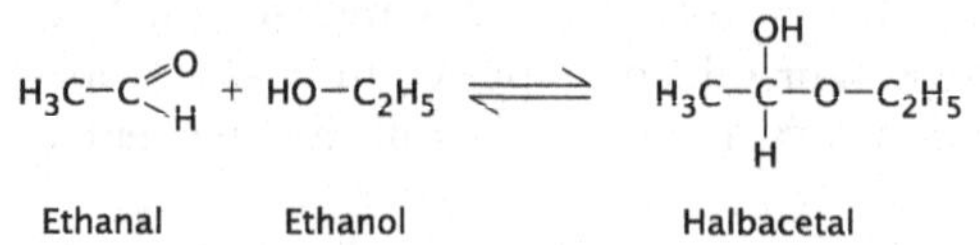

$$H_3C-C{\overset{O}{\underset{H}{}}} \;+\; HO-C_2H_5 \;\rightleftharpoons\; H_3C-\overset{OH}{\underset{H}{C}}-O-C_2H_5$$

| Ethanal | Ethanol | Halbacetal |

Abbildung 1.3 Halbacetalbildung aus einem Aldehyd (Ethanal)

vorher die C=O-Doppelbindung war, sind jetzt vier verschiedene Substituenten. Daher sind zwei verschiedene anomere Formen möglich, die man als α- und β-Form bezeichnet (Abbildung 1.2). Sie gehen leicht ineinander über, wahrscheinlich über die Aldehydform, die allerdings nur in verschwindender Konzentration am Gleichgewicht beteiligt ist.

Die Ringbildung der Monosaccharide kann unter Verwendung der FISCHER-schen Projektionsformel nur sehr unbefriedigend dargestellt werden; man muss für die Sauerstoffbrücke überlange Bindungsstriche nutzen. Die HAWORTH-Ringformeln (Walter Norman HAWORTH, 1883–1950, britischer Chemiker) berücksichtigen die Raumdarstellung eines Monosaccharids erheblich besser (Abbildung 1.2). Bei dieser Formeldarstellung sind die Fünf- oder Sechsringe als ebene Fünf- bzw. Sechsecke zu zeichnen, deren Ebenen man senkrecht zur Schreibebene anzunehmen hat. Auch diese Schreibweise ist noch ein Kompromiss, da die Sechsringe planar gezeichnet werden, während in Wirklichkeit eine sogenannte Sesselform bevorzugt wird (Abbildung 1.2).

1.3 Glykoside, Di– und Oligosaccharide

Die meisten Monosaccharide liegen als Halbacetale vor (s. voriger Abschnitt). Halbacetale können mit Alkoholen zu (Voll-)Acetalen reagieren, wobei Wasser abgespalten wird. Solche Acetale werden Glykoside genannt, und die Bindung zwischen einem Saccharid und einem Alkohol heißt glykosidische Bindung. In Analogie zur Isomerie am anomeren Kohlenstoffatom (α- und β-Form) spricht man von α-glykosidischer und β-glykosidischer Bindung.

Eine Glykosidbindung ist ganz allgemein mit Alkoholen, phenolischen Hydroxygruppen und Carbonsäuren (zu sog. Esterglykosiden) möglich. Besonders bei den glykosidischen Naturstoffen nennt man die alkoholische (oder phenolische) Komponente das Aglykon (zuckerfreier Rest). Neben den O-Glykosiden kennen wir noch die N-Glykoside, die dadurch entstehen, dass die Wasserabspaltung zwischen der halbacetalischen Hydroxy- und einer NH$_2$-Gruppe erfolgt. Hierzu gehören vor allem die Nucleotide und die Polynucleotide (Nucleinsäuren). Die Glykoside sind vor allem im Pflanzenreich verbreitet.

Wenn die halbacetalische Hydroxygruppe eines Monosaccharids mit einer der Hydroxygruppen eines zweiten Monosaccharidmoleküls reagiert, dann erhalten wir ein Disaccharid. Die Reaktion kann sich mit weiteren Zuckern fortsetzen; so entstehen Trisaccharide, Tetrasaccharide und so fort. Man nennt diese höhe-

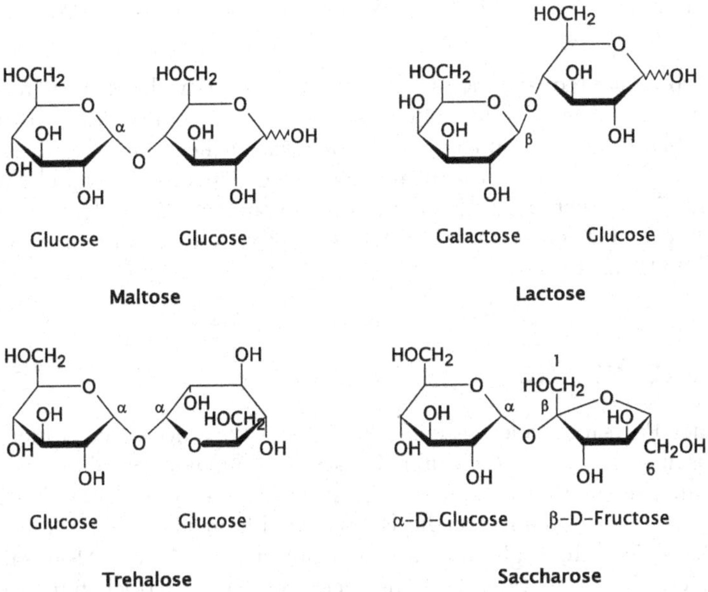

Abbildung 1.4 Disaccharide: Maltose, Lactose, Trehalose und Saccharose

ren Zucker Oligosaccharide. Diese können bis zu 50 und mehr Einheiten enthalten. Die Grenze zu den Polysacchariden (s. u.) ist nicht scharf zu ziehen. In der Acetalform wirken Glykoside nur dann reduzierend, wenn an einem endständigen Bindungspartner eine freie Carbonylgruppe erhalten bleibt. Solche Oligosaccharide gehören dem Maltose-Typ an, denn ihr Prototyp ist das Disaccharid Maltose (Abbildung 1.4); sie wirken bei der FEHLINGschen Probe reduzierend. Ganz andere Eigenschaften besitzen Disaccharide, bei denen beide halbacetalischen Hydroxyle miteinander reagiert haben. Beide Zucker liegen jetzt als Vollacetale vor. Diese Disaccharide reduzieren nicht. Der einfachste natürliche Vertreter ist die Trehalose. Man spricht deshalb vom Trehalose-Typ, zu dem auch die Saccharose gehört.

Saccharose, das am häufigsten vorkommende Disaccharid, ist der von Pflanzen synthetisierte handelsübliche (Tafel-)Zucker. Zur Gewinnung werden Zuckerrohr und Zuckerrüben verwendet. Saccharose ist ein O-α-D-Glucopyranosyl-(1→2)-β-D-Fructofuranosid, wobei (1→2) für die glykosidische Bindung zwischen dem C-1 der Glucose und dem C-2 der Fructose steht. Da die beiden Monosaccharide jeweils mit ihrem anomeren C-Atom reagiert haben, ist Saccharose ein nichtreduzierender Zucker vom Trehalose-Typ (auch am Suffix -id erkennbar). Da die Fructose in der furanoiden, weniger beständigen Ringform vorliegt, kann Saccharose schon durch sehr verdünnte Säuren in Glucose und Fructose gespalten werden. Dieser Vorgang wird auch Inversion genannt, weil sich dabei die optische Drehung von polarisiertem Licht ändert: Rechts (dextro) drehende Saccharose wird zu einem links (laevo) drehenden Spaltungsgemisch

(Invertzucker). Die Trehalose (α-D-Glucopyranosyl-[1→1]-α-D-Glucopyrano-sid) kommt in Pflanzen vor und ist der Blutzucker der Insekten.

Wichtig sind auch einige reduzierende Glucosyl-Glucose-Disaccharide. Maltose (α-D-Glucopyranosyl-[1→4]-D-Glucopyranose) ist ein enzymatisches Hydro-lyseprodukt der Stärke und kommt im Malz vor (Malzzucker). Die Cellobiose (β-D-Glucopyranosyl-[1→4]-D-Glucopyranose) ist die Baueinheit der Cellulo-se. Lactose (β-D-Galactopyranosyl-[1→4]-D-Glucopyranose) oder Milchzucker, der bei Hydrolyse D-Galactose und D-Glucose ergibt, kommt nur in Milch natürlich vor (Abbildung 1.4).

1.4   Polysaccharide

Die Moleküle der Polysaccharide bestehen aus Ketten von Monosaccharidein-heiten − Pentosen, Hexosen −, die durch Glykosidbindungen verknüpft sind. Ihre molekularen Bausteine entstammen somit nur einer Stoffklasse. Nach ihrem chemischen Aufbau kann man die Polysaccharide in Homoglycane und Heteroglycane einteilen. Homoglycane enthalten nur ein bestimmtes Monosac-charid als Baustein. Heteroglycane sind aus mehreren (meist jedoch nur zwei oder drei) verschiedenen Monosacchariden aufgebaut. In einer dritten Gruppe werden die Verbindungen vereinigt, die aus einem Polysaccharid und einer andersartigen chemischen Komponente (Protein, Lipid) bestehen: Glykoprote-ide und Glykolipide (zusammengesetzte Polysaccharidverbindungen).

Im Pflanzenreich findet man eine große Vielfalt von Polysacchariden. Sie erfül-len hier insbesondere zwei Funktionen. Zum einen sind sie als Gerüstsubstan-zen am Aufbau der pflanzlichen Zellwand beteiligt (Pektinverbindungen, Hemi-cellulosen, Cellulosen), und zum anderen sind sie in Form von Stärke und Inu-lin Reserve- oder Speicherstoffe.

Wichtigstes Reservepolysaccharid der Pflanzenwelt ist die Stärke. Sie ist beson-ders reichlich in Samen (z. B. Getreidekörnern) und Knollen (Kartoffeln u. a.) abgelagert, und zwar in Form von Stärkekörnern. Als Organellen ihrer Synthese fungieren in photosynthetisch aktiven Zellen die Chloroplasten, in Zellen der Speichergewebe die Amyloplasten. Die Stärkekörner der Amyloplasten sind oft in Form, Größe und Schichtung artspezifisch ausgebildet, sodass man daran ihre Herkunft unter dem Mikroskop feststellen kann. In den meisten Fällen liegen in der Stärke zwei Molekülformen vor: Amylose und Amylopektin. Der Anteil des Letzteren liegt zwischen 70 und 90 % bei den einzelnen Stärkearten. Bei der Amylose sind etwa 200 bis 1000 Glucoseeinheiten kettenförmig durch (α1→4)-Glykosidbindungen zu einem Makromolekül verknüpft (Abbildung 1.5). Jedes Molekül trägt an einem Ende ein glykosidisches C-Atom (reduzie-rendes Ende). Seitliche Verzweigungen an der Hauptkette sind bei der Amylose relativ selten. Die Molekülkette ist zu einer Schraube (Helix) aufgewunden. Bei der charakteristischen Farbreaktion mit Iodkaliumiodid-Lösung wird molekula-res Iod innerhalb der Umgänge eingelagert und festgehalten. Hieraus resultiert

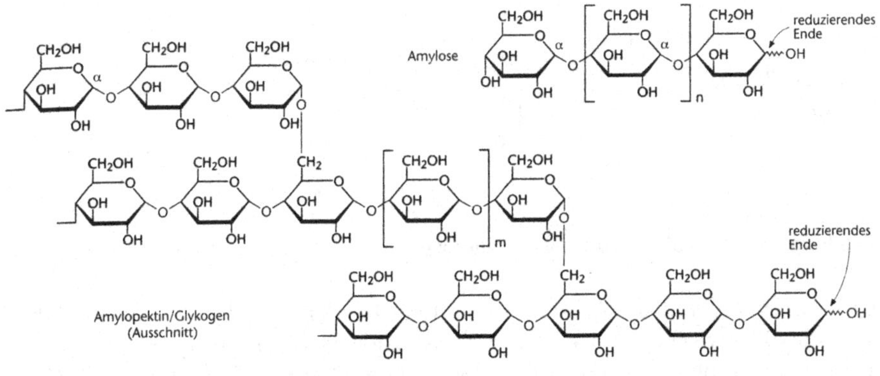

Abbildung 1.5 Molekülaufbau von Amylose und Amylopektin (BRESINSKY et al., 2008. Mit freundlicher Genehmigung von Springer Science and Business Media)

eine starke Absorption langwelliger Strahlungsanteile, sodass es zu einer blauvioletten Färbung des Iod-Stärke-Komplexes kommt. Das Molekül des Amylopektins besteht aus ca. 2000 bis 22.000 Glucose-Einheiten. Im Gegensatz zur Amylose ist es reich verzweigt, da Seitenketten unterschiedlicher Länge durch ($\alpha 1 \rightarrow 6$)-glykosidische Bindungen an der Hauptkette (bzw. an anderen Seitenketten) angeheftet sind (Abbildung 1.5). Seitenketten haben demgemäß kein reduzierendes Ende. Durchschnittlich kommt auf 25 Glucoseeinheiten eine Verzweigung. Möglicherweise sind Haupt- und Seitenketten ebenfalls schraubig aufgewunden. Mit Iodkaliumiodid-Lösung zeigt Amylopektin eine schwach violette bis rosa Färbung.

Die im Lichtmikroskop gut zu beobachtenden Anlagerungsschichten der Stärkekörner entstehen durch einen rhythmischen Wechsel von amorphen Zonen mit niedrigem Ordnungsgrad und semikristallinen Zonen mit hohem Ordnungsgrad der Amylopektinmoleküle. Innerhalb der semikristallinen Zonen wechseln wiederum amorphe mit kristallinen Lamellen. In den amorphen Lamellen liegen das reduzierende Ende und die Verzweigungspunkte des bäumchenförmigen Amylopektinmoleküls, in der kristallinen Zone dagegen die hochgeordneten ($\alpha 1 \rightarrow 4$)-verknüpften Zuckerketten.

Neben oder anstelle der Stärke akkumulieren Pflanzen verschiedener Familien auch Fructane. Diese bestehen chemisch aus einem Saccharose-Molekül, an das Fructosemoleküle in verschiedener Weise angeknüpft sind. Ein bekanntes Beispiel ist das in den Knollen und Rhizomen der Asteraceen (z. B. Topinambur, Schwarzwurzel) vorkommende Inulin mit ca. 30 ($\beta 2 \rightarrow 1$)-verknüpften Fructoseeinheiten. Fructane sind wasserlöslich und werden in den Vakuolen synthetisiert und abgelagert.

Wichtigster Bestandteil der Zellwand ist die Cellulose. Sie ist zumeist vergesellschaftet mit anderen Gerüstsubstanzen (Hemicellulosen, Lignin). Fast reine Cellulose findet sich z. B. in der Zellwand der Baumwollhaare. Technische Cellulose wird meist aus Holz gewonnen und durch verschiedene Methoden vom

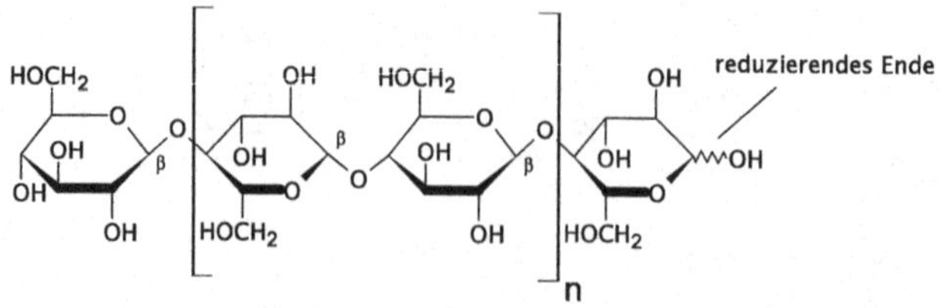

Abbildung 1.6 Molekülausschnitt von Cellulose

Lignin und anderen Begleitstoffen befreit. In der Cellulose sind die Glucosemoleküle zwischen C-1 und C-4 β-glykosidisch verknüpft (β1→4). Grundbaustein ist somit Cellobiose. Cellulose ist ein lineares Polymer aus bis zu 15.000 Glucoseeinheiten (Abbildung 1.6). Wie bei den meisten Polysacchariden lässt sich die Molekülgröße nicht exakt definieren, da sie im Gegensatz zu Proteinen und Nucleinsäuren ohne genetisch fixierte Matrix synthetisiert werden. In dem unverzweigten Makromolekül treten zusätzlich Wasserstoffbindungen auf, welche zur Stabilität der Kette beitragen.

Die genaue Anordnung der Cellulosemoleküle in der Zellwand ist zwar noch nicht klar, doch gibt es gut begründete Modellvorstellungen. Danach ist Cellulose in einer speziellen Grundstruktur am Zellwandbau beteiligt, welche auf einer Zusammenlagerung vieler linearer Cellulosemoleküle (40–100) beruht: die Elementarfibrille, die einen Durchmesser von 3,5–5 nm hat. Charakteristisch für diese sind Micellarbereiche, in denen die Makromoleküle parallel und gleichsinnig (reduzierende Molekülenden alle auf einer Seite) angeordnet sind. Den Zusammenhalt besorgen Wasserstoffbindungen zwischen dem Ringsauerstoff einer Glucoseeinheit und einer Hydroxygruppe des benachbarten Glucosemoleküls. An diese hochgeordneten Bereiche sollen sich solche mit einer gelockerten oder parakristallinen Parallelanordnung der Makromoleküle anschließen. Mehrere Elementarfibrillen sind zu einer Mikrofibrille (10–30 nm) vereint, die die Grundeinheit für die Konstruktion von fibrillären Bauelementen höherer Ordnung, den Makrofibrillen (etwa 0,5 μm), darstellt. Die Bündelung der Elementarfibrillen zur Makrofibrille ist nicht kompakt; vielmehr bleiben kleine Bereiche ausgespart, die intermicellären und die interfibrillären Räume (Ø 1–10 nm).

Im Wesentlichen sind es drei Gruppen von Kohlenhydraten, die im typischen Fall als Bausteine pflanzlicher Zellwände dienen: die Pektine in Form des Protopektins, die Cellulosane (Hemicellulosen) und die Cellulose. Außerdem enthalten die Zellwände Proteine, deren Anteil in der Größenordnung von 1–13 % liegt. Nachträgliche (sekundäre) Veränderungen der Zellwand führen zu einer Änderung der chemischen und physikalischen Eigenschaften. Dies gilt vor allem für die Verholzung, bei der bereits vorhandene und verdickte Zellwände durch Einlagerungen von Ligninen (Holzstoffen) in die interfibrillären Räume der Zellwand verfestigt werden. Auf Einzelheiten kann hier nicht eingegangen werden; sie finden sich in Lehrbüchern der Botanik.

B Versuche

V 1.1 Kohlenhydrate

V 1.1.1 Verkohlung von Zuckern mit Schwefelsäure

Kurz und knapp. Dieser Versuch eignet sich gut als Einstieg in die Thematik der Kohlenhydrate, da anhand des Versuchsergebnisses Rückschlüsse auf die allgemeine elementare Zusammensetzung von Zuckern gezogen werden können.

Zeitaufwand. Vorbereitung: 10 min, Durchführung: 5 min

Geräte:	Filterpapier, 2 Bechergläser (150 ml), Trichter, Messzylinder (50 ml), Haartrockner, Pinzette, Wanne (als Schutz)
Chemikalien:	Rohrzucker (Saccharose), 5 %ige Cobaltchloridlösung ($CoCl_2$), konz. Schwefelsäure (H_2SO_4)

Sicherheit. Cobaltchlorid (Festsubstanz): T, N. Schwefelsäure ($w \geq 25$ %): C. Beachten Sie bitte die Sicherheitshinweise für den Umgang mit konzentrierten Säuren! Bei der Herstellung von Cobaltchloridpapier sind darüber hinaus die Sicherheitshinweise für Cobaltchlorid zu beachten! Da bei dem Versuch gasförmiges Schwefeldioxid entsteht, sollte dieser im Abzug durchgeführt werden.

Durchführung. Die Herstellung von Cobaltchloridpapier darf nur durch den Lehrer erfolgen. Hierzu tränkt man ein Stück Filterpapier, in dessen Mitte ein kleines Loch geschnitten wurde, in einer 5 %igen Cobaltchloridlösung, lässt abtropfen und trocknet das Filterpapier mit einem Haartrockner. Hierbei kommt es zu einem Farbumschlag von rot nach blau. Falls das Papier nicht direkt verwendet wird, kann es in einem Exsikkator aufbewahrt werden.

Versuch: Der Boden eines Becherglases, das sich in einer Wanne befindet, wird etwa 0,5 cm hoch mit Rohrzucker bedeckt. Anschließend gibt man 40 ml konz. H_2SO_4 auf den Rohrzucker. Das Cobaltchloridpapier wird zügig mit der Pinzette auf das Becherglas gelegt und mit einem Trichter (umgestülpt) bedeckt.

Beobachtung. Der Zucker wird zunächst gelb, dann zu einer schwarzen, porösen Masse, die sich unter Gasentwicklung ausdehnt. Je nach Heftigkeit der Reaktion ist eine Ausdehnung der schwarzen Masse über den Becherglasrand möglich. Im Trichter kondensiert Wasserdampf, tropft auf das Cobaltchloridpapier und färbt es rot.

Erklärung. Die Schwefelsäure wirkt hygroskopisch. Sie entzieht dem Zucker Wasser, das als Wasserdampf freigesetzt wird. Im Trichter kondensiert der Wasserdampf und hydratisiert das Cobaltchlorid (hydratisiertes Cobaltchlorid: rot; dehydratisiertes Cobaltchlorid: blau). Bei der zurückbleibenden schwarzen, porösen Masse handelt es sich um elementaren Kohlenstoff. Der Name Kohlenhydrat besagte ursprünglich wirklich Hydrat des Kohlenstoffs (s. Abschnitt 1.1).

Bemerkung. Es dauert einige Zeit (bis zu fünf Minuten) bis zur Entstehung der schwarzen, aufquellenden Masse. Nicht nervös werden! Die Reaktion läuft auf jeden Fall ab. Erwärmt man das Becherglas etwas, läuft die Reaktion schneller an. Vorsicht beim Spülen! Im unteren Teil des Becherglases kann sich eventuell noch konz. H_2SO_4 befinden.

Entsorgung. Reste der zur Herstellung des Cobaltchloridpapiers verwendeten Cobaltchlorid-Lösung werden in einen Behälter für anorganische Abfälle (mit Schwermetallen) gegeben. Kleinere Reste unverbrauchter Schwefelsäure werden nach Neutralisation in den Ausguss gegeben. Cobaltchloridpapier selbst kann durch Trocknen regeneriert werden; verbrauchtes Papier wird in den Abfallbehälter für mit Gefahrstoffen verunreinigte Festsubstanzen gegeben.

V 1.1.2 Verkohlung von Zuckern: Pharaoschlangen

Kurz und knapp. Bei der Einführung in die Thematik Kohlenhydrate kann dieser Versuch als Ergänzung zur herkömmlichen Zuckerverkohlung dienen. Er kann diesen als Eingangsversuch jedoch nicht ersetzen, da die Emser Pastillen nicht ausschließlich aus Zucker bestehen und so kein Rückschluss auf die elementare Zusammensetzung von Zuckern möglich ist.

Zeitaufwand. Vorbereitung: 5 min, Durchführung: 10 min

Geräte:	Sand, feuerfeste Unterlage (Ceranplatte), Messzylinder (50 ml) , Feuerzeug
Chemikalien:	Emser Pastillen (mit Zucker, ohne Menthol), Brennspiritus, optional Holz– oder Zigarettenasche

Sicherheit. Brennspiritus: F. Aufgrund der offenen Flamme muss die Spiritusflasche verschlossen gehalten und Schutzbrillen getragen werden.

Durchführung. Auf der feuerfesten Unterlage wird der Sand zu einem Kegel aufgeschüttet und an seiner Spitze etwas eben gestrichen. Man legt nun zwei Emser Pastillen im Stapel übereinander auf diese Ebene. Anschließend tränkt man den Sand mit 10 ml Brennspiritus und entzündet diesen. Optional können die Pastillen vor dem Anzünden mit Asche eingerieben werden.

Beobachtung. Der Alkohol brennt und die Pastillen schwärzen sich. Nach kurzer Zeit bilden sich schlangenähnliche, schwarze, poröse Gebilde von unterschiedlicher Länge.

Erklärung. Emser Pastillen enthalten Saccharose, Natriumhydrogencarbonat und weitere Bestandteile, die in diesem Zusammenhang vernachlässigt werden können. Die Ethanolflamme liefert ausreichend Wärme, damit der in den Pastillen enthaltene Zucker unter Verkohlung verbrennt. Das bei der Zersetzung von Natriumhydrogencarbonat entstehende CO_2 (gleicher Effekt wie bei der Zersetzung von Backpulver) bewirkt, dass sich die verkohlten Pastillen zu einem voluminösen Schaum in Form von „Pharaoschlangen" aufblähen. Die in der Holz- bzw. Zigarettenasche enthaltenen Metalloxide fördern die Verbrennung der Pastillen und führen zu tendenziell größeren Schlangen.

Bemerkung. Der Versuch ist wegen des erstaunlichen Effekts als reiner Schauversuch geeignet. Der Name des Versuchs bezieht sich vermutlich auf eine Stelle im Buch Exodus, in der Aaron vor dem ägyptischen Pharao seinen Stab in eine Schlange verwandelt.

V 1.1.3 Qualitativer Kohlenhydratnachweis nach MOLISCH

Kurz und knapp. Mithilfe des Nachweises nach MOLISCH (Hans MOLISCH, 1856–1937, österreichischer Botaniker) lassen sich alle Kohlenhydrate sehr empfindlich nachweisen. Von daher eignet sich der MOLISCH-Nachweis gut, Lebensmittel auf Kohlenhydrate zu prüfen.

Zeitaufwand. Vorbereitung: 5 min, Durchführung: 5 min

Material:	Lebensmittelproben (Apfel, Wein, Fruchtsaft etc.)
Geräte:	Demonstrationsreagenzgläser und schmale Reagenzgläser mit Ständer, Spatel, Pasteurpipette (Tropfpipette)
Chemikalien:	Glucose, Saccharose, lösliche Stärke, konz. Schwefelsäure (H_2SO_4), entmin. Wasser, MOLISCH-Reagenz (3 %ige α-Naphthol-Lösung: 300 mg α-Naphthol in 10 ml Ethanol)

Sicherheit. Ethanol: F. α-Naphthol (Festsubstanz und Lösungen $w \geq 25$ %): Xn. Schwefelsäure ($w \geq 25$ %): C. Beachten Sie bitte die Sicherheitshinweise für den Umgang mit konzentrierten Säuren!

Durchführung. Die Lebensmittel werden in entmin. Wasser gelöst oder aufgeschwemmt. Man füllt die Demonstrationsreagenzgläser 5 cm hoch mit den verdünnten Lebensmittelproben. In drei weitere Demonstrationsreagenzgläser gibt man je eine Mikrospatelspitze der Kohlenhydrate (Glucose, Saccharose, Stärke) und füllt 5 cm hoch mit entmin. Wasser auf. Reines entmin. Wasser

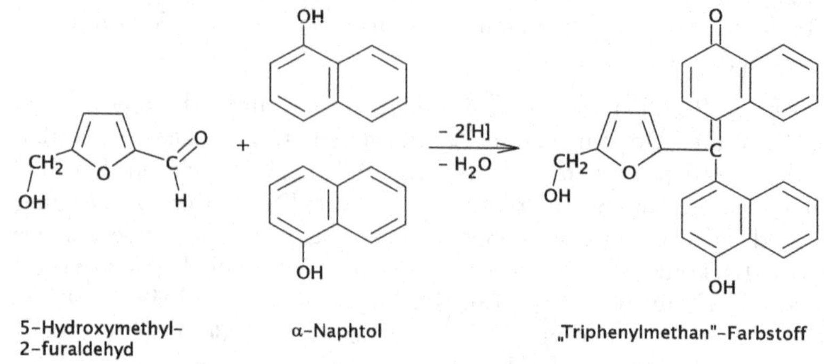

5-Hydroxymethyl-
2-furaldehyd   α-Naphtol   „Triphenylmethan"-Farbstoff

Abbildung 1.7 Bildung von „Triphenylmethan"-Farbstoff

dient als Vergleichsprobe. Nun gibt man in jedes Demonstrationsreagenzglas zehn Tropfen MOLISCH-Reagenz, schüttelt das Reagenzglas und stellt es zurück. Die konz. H_2SO_4 wird in soviel 5 ml-Portionen, wie zu untersuchende Proben vorhanden sind, in schmale Reagenzgläser pipettiert. Nun unterschichtet man die Lebensmittel- bzw. Zuckerprobe mit konz. H_2SO_4. Dies geschieht am besten so, dass man die Schwefelsäure aus dem schmalen Reagenzglas vorsichtig an der Innenseite des schräg gehaltenen Demonstrationsreagenzglases ablaufen lässt. Das Demonstrationsreagenzglas wird ohne Schütteln in den Ständer zurückgestellt und beobachtet.

Beobachtung. Es entstehen zwei Phasen, an deren Grenzfläche sich bei Anwesenheit von Kohlenhydraten ein braunvioletter Ring bildet. In der Vergleichsprobe mit entmin. Wasser bildet sich ein gelblich brauner Ring.

Erklärung. Die MOLISCH-Reaktion ist zwar unspezifisch, aber dennoch als Gruppenreaktion geeignet. Di- und Polysaccharide werden durch die konz. Schwefelsäure zunächst in Monosaccharide gespalten. Es entstehen Aldehyde des Furans, die mit phenolischen Substanzen wie α-Naphthol zu charakteristischen Farbstoffen kondensieren:

$$\text{Pentose} \xrightarrow{\text{konz. Schwefelsäure}} \text{2-Furaldehyd (Furfural)}$$
$$\text{Hexose} \xrightarrow{\text{konz. Schwefelsäure}} \text{5-Hydroxymethyl-2-furaldehyd}$$

5-Hydroxymethyl-2-furaldehyd + 2 α-Naphthol → „Triphenylmethan"-Farbstoff (Abbildung 1.7).   (1.1)

Bemerkung. Alle Lösungen, die man auf Kohlenhydrate prüfen will, sind sehr verdünnt anzusetzen, da die Violettfärbung sonst zu intensiv wird und schwarz erscheint. Sollte die Ringbildung nicht gelingen, so kann man das Reagenzglas schütteln, und es ergibt sich bei Anwesenheit von Kohlenhydraten eine rosaviolette Färbung der Lösung. Im Falle eines negativen Nachweises färbt sich die Lösung nach dem Schütteln gelblich.

Entsorgung. Die Reaktionsansätze werden neutralisiert und in einen Sammelbehälter für flüssige organische Abfälle gegeben.

V 1.2 Mono- und Disaccharide

V 1.2.1 Nachweis von reduzierenden Zuckern: die FEHLINGsche bzw. BENEDICTsche Probe

Kurz und knapp. Mit der FEHLINGschen (Hermann Christian FEHLING, 1811–1885, deutscher Chemiker) bzw. der sehr ähnlichen BENEDICTschen Probe (Stanley Rossiter BENEDICT, 1884–1936, US-amerikanischer Chemiker) kann man reduzierende von nicht reduzierenden Zuckern unterscheiden. Monosaccharide und Disaccharide mit einer freien halbacetalischen Hydroxylgruppe wirken reduzierend. Polysaccharide und Disaccharide ohne freie halbacetalische OH-Gruppe besitzen keine reduzierenden Eigenschaften.

Zeitaufwand. Vorbereitung: 10 min, Durchführung: 10 min

Geräte:	4 Demonstrationsreagenzgläser mit Ständer, Becherglas (1000 ml) als Wasserbad, Bunsenbrenner, Ceranplatte mit Vierfuß, Feuerzeug, Spatel, Becherglas, Messzylinder (10 ml)
Chemikalien:	Glucose, Lactose, Saccharose, lösliche Stärke, entmin. Wasser – FEHLING-Reagenz I (7 g $CuSO_4$ · 5 H_2O in 100 ml entmin. Wasser), FEHLING-Reagenz II (35 g Na-K-Tartrat · 4 H_2O und 12 g NaOH in 100 ml entmin. Wasser) – Alternativ: BENEDICT-Reagenz (17,3 g Natriumcitrat und 10 g Natriumcarbonat nacheinander in 70 ml entmin. Wasser unter Erwärmen lösen. 1,72 g $CuSO_4$ · 5 H_2O in 20 ml entmin. Wasser lösen. Beide Lösungen vereinigen und mit entmin. Wasser auf 100 ml auffüllen)

Sicherheit. FEHLING-Reagenz II, Natriumhydroxid (Festsubstanz und Lösungen w ≥ 2 %): C. Kupfer(II)-sulfat (Festsubstanz und Lösungen w ≥ 25 %): Xn, N. Natriumcarbonat (Festsubstanz und Lösungen w ≥ 20 %): Xi. FEHLING-Reagenz II ist aufgrund der verwendeten Natronlauge stark ätzend. Bitte beachten Sie die Sicherheitshinweise für den Umgang mit konzentrierten Laugen!

Durchführung. In die vier Reagenzgläser gibt man jeweils eine große Spatelspitze Glucose, Lactose, Saccharose oder lösliche Stärke und füllt sie mit 10 ml

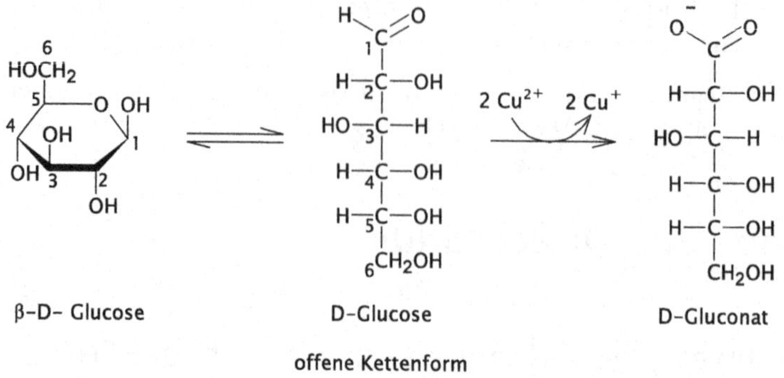

Abbildung 1.8 Fehling-Reaktion

entmin. Wasser. Nun mischt man in einem Becherglas die FEHLING-Reagenzien I und II in gleichen Teilen und fügt jedem Reagenzglas 10 ml des frischen Reagenzes hinzu. Alternativ kann der Versuch mit BENEDICT-Reagenz durchgeführt werden, wobei 10 ml des bereits gebrauchsfertig angesetzten Reagenzes hinzugefügt werden. Die Reaktionsansätze werden im Wasserbad bei 100 °C erhitzt.

Beobachtung. In den Reagenzgläsern mit Glucose- und Lactoselösung ist ein Farbumschlag von tiefblau (Farbe des FEHLING- bzw. BENEDICT-Reagenzes) nach rot zu erkennen. Die Saccharose- wie auch die Stärkelösung bleiben hingegen auch nach längerem Erhitzen tiefblau.

Erklärung. Der positive Verlauf der FEHLINGschen bzw. BENEDICTschen Probe für Glucose und Lactose ist auf die freie, reduzierend wirkende halbacetalische OH-Gruppe zurückzuführen. Die halbacetalische OH-Gruppe reduziert Cu^{2+} zu Cu^+ und wird dabei selbst unter Aufbrechen der Ringstruktur zur Carboxylgruppe oxidiert (Abbildung 1.8). Es bildet sich ein roter Niederschlag von Kupfer(I)-oxid:

$$\text{Zucker (red.)} + 2\,Cu^{2+} + 4\,OH^- \rightarrow \text{Zuckersäure} + Cu_2O\downarrow + $$

$$2\,H_2O \qquad (1.2)$$

Bei der Saccharose sind die Bausteine Fructose und Glucose mit ihren beiden halbacetalischen Hydroxylgruppen acetalartig verknüpft, sodass dieses Disaccharid keine reduzierenden Eigenschaften mehr hat. Das Polysaccharid Amylose (lösliche Stärke) besteht aus unverzweigten Ketten von Glucosemolekülen, die ($\alpha 1 \rightarrow 4$)-glycosidisch miteinander verknüpft sind und so keine reduzierend wirkenden OH-Gruppen aufweisen (außer dem „letzten Molekül" der Kette, was aber für einen Farbumschlag nicht ausreichend ist).

Bemerkung. Die Reagenzgläser können auch direkt über dem Bunsenbrenner erhitzt werden. In diesem Fall muss wegen der Gefahr eines Siedeverzugs eine Schutzbrille getragen werden.

Das BENEDICT-Reagenz reagiert nicht so alkalisch wie das FEHLING-Reagenz und ist deshalb für Schülerexperimente besser geeignet. Weiterhin ist das fertig angesetzte BENEDICT-Reagenz lange haltbar und muss nicht wie das FEHLING-Reagenz jeweils frisch aus den beiden Stammlösungen zubereitet werden.

Will man Lebensmittelproben auf die Anwesenheit reduzierender Zucker prüfen, so muss berücksichtigt werden, dass neben diesen eventuell auch andere reduzierende Agenzien, wie z. B. die Ascorbinsäure, vorliegen können. Diese ergeben mit FEHLING- bzw. BENEDICT-Reagenz ebenfalls einen positiven Ausfall.

Entsorgung. Die Reaktionsansätze werden neutralisiert und in einem Behälter für anorganische Abfälle (mit Schwermetallen) gesammelt.

V 1.2.2 Nachweis von reduzierenden Zuckern: Reduktion von Methylenblau

Kurz und knapp. Methylenblau ist ein blauer Farbstoff, der durch Reduktion in seine farblose Leukoform überführt wird. Dies macht man sich zunutze, um zwischen reduzierenden und nichtreduzierenden Zuckern zu unterscheiden.

Zeitaufwand. Vorbereitung: 5 min, Durchführung: 10 min

Geräte:	4 Demonstrationsreagenzgläser mit Ständer, Pasteurpipette, Spatel
Chemikalien:	Glucose, Saccharose, Lactose, lösliche Stärke, 0,005 %ige Methylenblaulösung (10 mg/200 ml), 2 mol/l Natriumhydroxid (NaOH)

Sicherheit. Methylenblau (Festsubstanz und Lösungen w ≥ 25 %): Xn. Natronlauge (w ≥ 2 %): C. Bitte beachten Sie die Sicherheitshinweise für den Umgang mit konzentrierten Laugen!

Durchführung. Man gibt eine Spatelspitze der Zucker in je ein Reagenzglas und füllt die Reagenzgläser etwa 5 cm hoch mit 2 mol/l NaOH. Zu allen Ansätzen gibt man nun mit einer Pasteurpipette Methylenblaulösung bis zu einer deutlichen Blaufärbung der Lösungen.

Beobachtung. Bei Glucose und Lactose ist eine Entfärbung zu beobachten, während bei Saccharose und Stärke die blaue Färbung des Methylenblaus erhalten bleibt. Schüttelt man die Reagenzgläser, in denen sich eine Entfärbung eingestellt hat, so tritt die Blaufärbung wieder auf und nach wenigen Augenblicken ist die Lösung wieder farblos.

Erklärung. Glucose und Lactose besitzen aufgrund ihrer freien halbacetalischen Hydroxylgruppen reduzierende Wirkung und können somit Methylenblau zu seiner farblosen Leukoform reduzieren. Saccharose wirkt nicht reduzierend, da ihre Bestandteile Fructose und Glucose über ihre beiden halbacetalischen Hydroxylgruppen verknüpft sind. Die Amylose besteht aus ca. 200–1000 Glucoseeinheiten, wobei nur am Ende der Kette eine halbacetalische Hydroxylgruppe vorliegt. Dies ist für einen Farbumschlag nicht ausreichend.

Die erneute Blaufärbung nach dem Schütteln des Reagenzglases erklärt sich dadurch, dass Leukomethylenblau durch Sauerstoff zu Methylenblau oxidiert wird.

Bemerkung. Dieser Versuch besitzt gegenüber der FEHLINGschen Probe den Vorteil, dass keine Erwärmung nötig ist. Weiterhin kann die reduzierende Eigenschaft der Zucker durch Schütteln des Reagenzglases wiederholt gezeigt werden. Die Entfärbung des Methylenblaus lässt sich solange wiederholen, bis der reduzierende Zucker verbraucht ist.

Die Geschwindigkeit der Entfärbung des Methylenblaus ist von der NaOH-Konzentration abhängig. Sollte die Entfärbung des Methylenblaus direkt bei der Zugabe einsetzen, sodass sich die Zuckerlösung erst gar nicht blau färbt, so ist die Zuckerlösung mit entmin. Wasser zu verdünnen.

Will man Lebensmittelproben auf die Anwesenheit reduzierender Zucker prüfen, so muss berücksichtigt werden, dass neben diesen eventuell auch andere reduzierende Agenzien, wie z. B. die Ascorbinsäure, vorliegen können.

Dieser Versuch ist unter dem Namen „Blue-Bottle-Experiment" (zumeist mit Glucose als reduzierendem Zucker) als Schauversuch in die Literatur eingegangen.

Entsorgung. Die Reaktionsansätze werden nach Neutralisation in den Ausguss gegeben.

V 1.2.3 Enzymatischer Glucosenachweis

Kurz und knapp. In der medizinischen Diagnostik dienen Glucoseteststäbchen zum spezifischen Nachweis der Glucose im Harn. Die Glucose kann aufgrund einer enzymatischen Reaktion sowohl qualitativ als auch quantitativ bestimmt werden.

Zeitaufwand. Vorbereitung: 10 min, Durchführung: 10 min

Geräte:	5 Bechergläser
Chemikalien:	Glucoseteststäbchen (z. B.: Diabur-Test 5000, Roche), Fructose, Saccharose, Amylose (lösliche Stärke), Glucoselösungen unterschiedlicher Konzentration (z. B.: 0,5 g/100 ml; 2 g/100 ml)

Durchführung. Man gibt eine Spatelspitze Fructose, Saccharose und Amylose jeweils in ein eigenes Becherglas und löst die Zucker mit entmin. Wasser auf. Die Glucoselösungen unterschiedlicher Konzentration gibt man ebenfalls in Bechergläser. Für jede Lösung verwendet man ein neues Teststäbchen. Dieses hält man maximal für eine Sekunde in die Lösung. Nach zwei Minuten werden die beiden Testbezirke mit der Farbskala auf dem Etikett verglichen. Verfärbungen, die nach mehr als drei Minuten oder nur an den Rändern der Testbezirke auftreten, sind ohne Bedeutung.

Beobachtung. Bei den Fructose-, Saccharose- und Amyloselösungen ist keine Verfärbung der Glucoseteststäbchen zu beobachten. Bei den Glucoselösungen verfärben sich die Teststäbchen. Aufgrund der unterschiedlichen Verfärbung kann die Konzentration der Glucoselösungen bestimmt werden.

Erklärung. Der enzymatische Glucosenachweis beruht auf der Substratspezifität der Glucoseoxidase, sodass spezifisch nur Glucose umgesetzt wird. Der Glucose-Peroxidase-Methode liegen folgende Reaktionen zugrunde:

$$\text{Glucose} + O_2 \xrightarrow{\text{Glucoseoxidase}} \text{Gluconolacton} + H_2O_2$$
$$\text{TMBH}_2 + H_2O_2 \xrightarrow{\text{Peroxidase}} \text{TMB} + 2\,H_2O \qquad (1.3)$$

TMBH_2: Reduziertes Tetramethylbenzidin (farblos), TMB: Oxidiertes Tetramethylbenzidin (blau). Je nach Glucosemenge ergeben sich unterschiedliche Farbabstufungen des Teststreifens.

Bei der Zuckerkrankheit ist die Regulation des Glucose-Stoffwechsels gestört. In vielen Fällen liegt ein Insulinmangel vor. Das Hormon Insulin steuert Abbau, Speicherung und Freisetzung der Glucose aus Glykogen so, dass der Blutzuckergehalt bei etwa 100 mg pro 100 ml Blut gehalten wird. Bei vielen Menschen erfolgt bei einem Blutzuckerspiegel um die 180 mg/dl (10,1 mmol/l) eine Ausscheidung von Glucose im Urin (Glucosurie).

Bemerkung. Die Versuchsdurchführung variiert in Abhängigkeit von den verwendeten Glucoseteststäbchen. Es eignen sich auch nicht alle in Apotheken erhältliche Teststreifen für eine quantitative Glucosebestimmung (auf Farbskala mit Konzentrationsangaben achten!). Dieser Versuch eignet sich ebenso innerhalb des Themenkomplexes „Enzyme" zur Erläuterung der Substratspezifität oder aber auch zur Erläuterung von Stoffwechselkrankheiten.

V 1.2.4 Nachweis von Pentosen

Kurz und knapp. Die Pentosen ($C_5H_{10}O_5$) und Hexosen ($C_6H_{12}O_6$) bilden die wichtigsten Monosaccharide. Die Pentosen können durch diesen Nachweis von den Hexosen unterschieden werden.

Zeitaufwand. Vorbereitung: 5 min, Durchführung: 5 min

Geräte:	2 Demonstrationsreagenzgläser mit Ständer, Spatel, Becherglas (1000 ml) als Wasserbad, Bunsenbrenner, Ceranplatte mit Vierfuß, Feuerzeug, Mikrospatel
Chemikalien:	Pentose (z. B. Arabinose), Glucose, 10 %ige Salzsäure (HCl), Phloroglucin

Sicherheit. Phloroglucin (Festsubstanz und Lösungen $w \geq 20\ \%$): Xi. Salzsäure ($10\% \leq w < 25\ \%$): Xi.

Durchführung. Eine Spatelspitze Glucose und eine Spatelspitze einer Pentose werden jeweils in ein Reagenzglas gegeben und 5 cm hoch mit HCl gefüllt. Zu beiden Ansätzen gibt man eine Mikrospatelspitze Phloroglucin und erwärmt im siedenden Wasserbad.

Beobachtung. In Gegenwart von Pentosen färbt sich die Lösung rotviolett. Der Ansatz mit Glucose ist gelb gefärbt.

Erklärung. Dieser Nachweis beruht darauf, dass Hexosen erst bei längerer Hitzeeinwirkung eine positive Reaktion zeigen. In der halbkonz. HCl wird aus der Pentose 2-Furaldehyd gebildet (s. Versuch V 1.1.3), das mit Phloroglucin zu einem charakteristischen Farbstoff kondensiert (Abbildung 1.9).

Bemerkung. Anstelle von Phloroglucin kann auch Orcin eingesetzt werden. In Gegenwart von Pentosen ergibt sich eine blaugrüne Färbung.

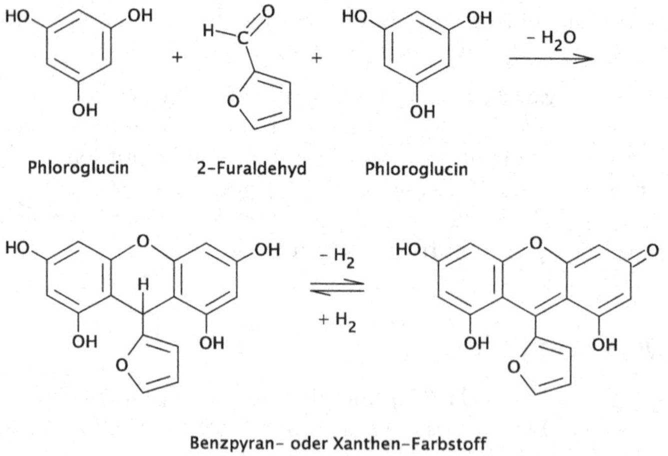

Phloroglucin — 2-Furaldehyd — Phloroglucin

Benzpyran- oder Xanthen-Farbstoff

Abbildung 1.9 Bildung von Benzpyran-/Xanthen-Farbstoff

Entsorgung. Die Reaktionsansätze werden nach Neutralisation in den Ausguss gegeben.

V 1.2.5 Nachweis von Ketohexose (SELIWANOFF-Probe)

Kurz und knapp. Die Fructose gehört wie die Glucose zu den Hexosen ($C_6H_{12}O_6$), wird allerdings nicht zu den Aldosen, sondern aufgrund der vorhandenen Ketogruppe zu den Ketosen gezählt. Die Ketogruppe geht mit der Hydroxylgruppe am 6. Kohlenstoffatom intramolekular eine Additionsreaktion ein (Abbildung 1.2). Die Fructose liegt in wässriger Lösung als Sechsring vor.

Zeitaufwand. Vorbereitung: 5 min, Durchführung: 5 min

Geräte:	2 Demonstrationsreagenzgläser mit Ständer, Bunsenbrenner, Vierfuß mit Ceranplatte, Feuerzeug, Becherglas (1000 ml) als Wasserbad
Chemikalien:	Fructose, Glucose, Resorcin, 10 %ige Salzsäure (HCl)

Sicherheit. Resorcin (Festsubstanz und Lösungen w ≥ 10 %): Xn, N. Salzsäure (10 % ≤ w < 25 %): Xi.

Durchführung. Eine Spatelspitze Glucose und Fructose wird in je ein Reagenzglas gegeben. Beide Reagenzgläser füllt man 5 cm hoch mit 10 %iger HCl. Anschließend gibt man noch jeweils eine Mikrospatelspitze Resorcin hinzu und erwärmt beide Ansätze im kochenden Wasserbad.

Beobachtung. Nur in dem Ansatz mit Fructose stellt sich eine Rotfärbung ein.

Erklärung. Fructose wird in Gegenwart von Salzsäure zu 5-Hydroxymethylfurfural dehydratisiert, das dann mit Resorcin zu einem rot gefärbten Farbstoff kondensiert. Diese Reaktion ist im Prinzip nicht charakteristisch für Fructose, da sämtliche Hexosen in Gegenwart von Säure dehydratisiert werden. Die Bildungsgeschwindigkeit des 5-Hydroxymethylfurfural aus Fructose ist jedoch signifikant größer als die aus Glucose. So ist es noch möglich, Fructose neben der 100-fachen Menge an Glucose nachzuweisen (Test nach Feodor Feodorowitsch SELIWANOFF, 1859–1938, russischer Chemiker).

Bemerkung. Es empfiehlt sich, ein bereits siedendes Wasserbad zu verwenden.

Entsorgung. Die Reaktionsansätze werden neutralisiert und in einem Behälter für flüssige organische Abfälle gesammelt.

V 1.3 Polysaccharide

V 1.3.1 Makromolekulare Struktur der Polysaccharide (FARADAY–TYNDALL–Effekt)

Kurz und knapp. Mit diesem Versuch können Polysaccharide aufgrund ihrer physikalischen Eigenschaften von den Mono- und Disacchariden unterschieden werden.

Zeitaufwand. Vorbereitung: 5 min, Durchführung: 5 min

Geräte:	Waage, 3 Bechergläser (150 ml), Spatel, Messzylinder (100 ml), Bunsenbrenner, Ceranplatte mit Vierfuß, Feuerzeug, Diaprojektor, kleines Stück Karton
Chemikalien:	Glucose, Saccharose, lösliche Stärke, entmin. Wasser

Durchführung. Man wiegt 10 mg Glucose, Saccharose und lösliche Stärke in je einem Becherglas ab und löst die Zucker in 100 ml entmin. Wasser (Stärkelösung kurz aufkochen). Man verdunkelt nun den Raum und stellt die drei Bechergläser nacheinander in den Lichtstrahl eines Diaprojektors. Dabei empfiehlt es sich, vor der Linse des Diaprojektors ein kleines Stück Pappkarton mit einem kleinen Loch zu befestigen, um den Lichtstrahl zu bündeln. Die drei Lösungen werden seitlich betrachtet.

Beobachtung. Bei seitlicher Betrachtung ist in der Glucose- wie auch in der Saccharoselösung der Lichtstrahl nicht zu sehen. In der Stärkelösung lässt sich der Lichtstrahl als breites helles Band verfolgen.

Erklärung. In der Stärkelösung wird das Licht diffus gestreut, während die Glucose- und Saccharoselösung optisch leer sind. Trifft Licht auf ein Hindernis von der Größenordnung seiner Wellenlänge (390–760 nm), so wird es diffus gestreut. Die Glucose- und Saccharosemoleküle sind viel zu klein, um eine merkliche Streuung zu bewirken. Die Stärkemoleküle verursachen dagegen eine Streuung, da sie im Größenordnungsbereich von 1000 nm liegen. Die Stärkemoleküle sind in etwa um den Faktor 10^3 größer als die Glucose- und Saccharosemoleküle. Der beschriebene Effekt ist benannt nach den britischen Physikern Michael FARADAY (1791–1867) und John TYNDALL (1820–1893).

Bemerkung. Die Lösungen sollten unbedingt klar erscheinen, bevor man sie in den Lichtstrahl des Diaprojektors stellt. Dies gilt vor allem für die Stärkelösung, da sich Stärke schlecht im Wasser löst. Alternativ zum Diaprojektor kann ein Laserpointer als Lichtquelle verwendet werden. Dabei ist unbedingt darauf zu achten, dass keine der umstehenden Personen direkt in den Laserstrahl blickt.

V 1.3.2 Nachweis von Stärke in Lebensmitteln

Kurz und knapp. Dieser Versuch zeigt auf sehr einfache und anschauliche Weise, in welchen Lebensmitteln Stärke enthalten ist.

Zeitaufwand. Vorbereitung: 10 min, Durchführung: 5 min

Material:	Brot, Kartoffel, Banane, Karotte, Zwiebel, Apfel, Maiskörner, Topinambur-Knolle etc.
Geräte:	Petrischalen, Messer, Pasteurpipette
Chemikalien:	0,25 %ige Iodkaliumiodid-Lösung (500 mg Kaliumiodid in 3-4 ml entmin. Wasser lösen, 250 mg Iod zugeben und mit entmin. Wasser auf 100 ml auffüllen)

Durchführung. Man schneidet die zu untersuchenden Lebensmittel in Scheiben und legt sie jeweils in Petrischalen. Auf die Schnittflächen gibt man wenige Tropfen der Iodkaliumiodid-Lösung und beobachtet die Verfärbung der Lebensmittel.

Beobachtung. Bei Brot, Mais, Kartoffel, Karotte und Banane ist eine dunkle, blaue Färbung zu beobachten. Mit Topinambur, Zwiebel und Apfel zeigt sich dagegen nur die bräunliche Eigenfärbung der Iodkaliumiodid-Lösung. Hier fällt die Iodprobe also negativ aus.

Erklärung. Die Lebensmittel, die Stärke enthalten, zeigen eine blauviolette Färbung. Stärke besteht zu ca. 20–30 % aus wasserlöslicher Amylose und zu ca. 70–80 % aus wasserunlöslichem Amylopektin. Die Polyiodid-Moleküle (I_3^-, I_5^- etc.) werden als Einschlussverbindungen in die spiralförmige Schraube der Amylose eingelagert. Die Blaufärbung beruht auf der Bildung eines Charge-Transfer-Komplexes von Iod mit Stärkemolekülen. Iodkaliumiodid-Lösung wird auch als LUGOLsche Lösung bezeichnet (nach Jean Guillaume Auguste LUGOL, 1786–1851, französischer Arzt).

Der negative Ausfall der Iodprobe bei einigen Pflanzenproben lässt sich folgendermaßen erklären: Küchenzwiebeln und Topinamburknollen speichern statt Stärke Oligomere oder Polymere der Fructose, die sog. Fructane. Diese können in wässrigen Auszügen aus diesen Pflanzenproben mit der SELIWANOFF-Probe (V 1.2.5) nachgewiesen werden. Bei Äpfelfrüchten wird dagegen die vorhandene Stärke im Zuge der Fruchtreifung abgebaut.

Bemerkung. Dieser Versuch eignet sich gut als Schülerversuch. Die Schüler können selbst mitgebrachte Lebensmittel auf ihren Stärkegehalt untersuchen.

V 1.3.3 Mikroskopische Untersuchung von Stärkekörnern

Kurz und knapp. Die mikroskopische Untersuchung von verschiedenen pflanzlichen Stärkeproben zeigt, dass Pflanzenarten Stärkekörner von spezifischer Größe, Form und Bildungsmuster synthetisieren können. Es ist daher bedingt möglich, eine Stärkeprobe einer bestimmten Pflanzenart zuzuordnen.

Zeitaufwand. Vorbereitung: 10 min, Durchführung: 5 min

Material:	Beispielsweise Kartoffel, Banane, Getreidekörner (Weizen, Mais, Hafer, Reis), Leguminosensamen (Bohne, Erbse), verschiedene Mehlsorten (Weizen-, Kartoffel-, Hafer-, Maismehl)
Geräte:	Mikroskop, Objektträger, Deckgläschen, Messer, Präpariernadel, Pasteurpipette
Chemikalien:	0,25 %ige Iodkaliumiodid-Lösung (vgl. V 1.3.2)

Durchführung. Von der frischen Schnittstelle einer Kartoffel schabt man etwas Material ab. Von der Banane wird etwas Gewebe des Fruchtfleisches entnommen. Getreidekörner und Leguminosensamen werden mit einer Rasierklinge halbiert. Mithilfe einer Präpariernadel wird bei den Getreidekörnern etwas Material vom Mehlkörper (Endosperm), bei den Leguminosensamen von den Speicherkotyledonen abgekratzt. Die stärkehaltigen Pflanzenproben werden in einem Tropfen Wasser mithilfe der Präpariernadel auf dem Objektträger verrührt und mit einem Deckgläschen bedeckt. Es wird mikroskopiert. Nun färbt man mit Iodkaliumiodid-Lösung, in dem man einen Tropfen der Lösung mit Filterpapier unter dem Deckgläschen durchsaugt und erneut mikroskopiert.

Beobachtung. Unter dem Mikroskop sind einzelne Stärkekörner zu erkennen. Besonders bei der Kartoffel werden durch Spielen mit der Mikrometerschraube Anlagerungsschichten der Stärkekörner sichtbar; diese ziehen sich bei der Kartoffel um ein am Rand des Stärkekorns gelegenes Bildungszentrum herum (exzentrische Schichtung). Stärkekörner verschiedener pflanzlicher Herkünfte unterscheiden sich nach Form und Größe sowie nach Lage des Bildungszentrums (mittig, mit konzentrischer Schichtung oder randlich, mit exzentrischer Schichtung); bei einigen Arten treten aus Teilkörnern zusammengesetzte Großkörner auf. Nach der Färbung mit Iodkaliumiodid-Lösung sind die Stärkekörner blauviolett gefärbt.

Die Merkmale der Stärkekörner einiger Pflanzenarten sind hier stichpunktartig zusammengestellt: *Kartoffel*: Stärkekörner relativ groß (15–100 µm), von eiförmigem Umriss, exzentrisch geschichtet (Abbildung 1.10 A). *Banane*: Stärkekörner groß (bis zu 100 µm), länglich bis unregelmäßig geformt, extrem exzentrisch geschichtet (Abbildung 1.10 B). *Weizen*: linsenförmige, in Flächenansicht rundliche Großkörner (30–40 µm) und Kleinkörner, unmerklich konzentrisch

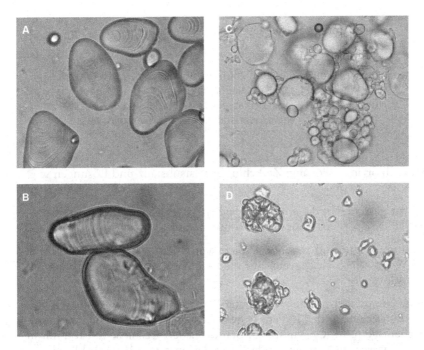

Abbildung 1.10 Stärkekörner in A Kartoffel, B Banane, C Weizenmehl, D Hafermehl

geschichtet (Abbildung 1.10 C). *Hafer*: aus vielen (50–100) Teilkörnern zusammengesetzte, bis zu 50 μm große Großkörner, sowie kantige, frei liegende Teilkörner (Abbildung 1.10 D). *Gartenbohne*: rundliche bis nierenförmige, bis zu 50 μm große Körner mit konzentrischer Schichtung.

Erklärung. In Speicherorganen werden Stärkekörner von Amyloplasten gebildet. Im Fall der Kartoffel werden den Körnchen täglich zwei bis drei Schichten Stärke aufgelagert. Die bei einigen Proben gut zu beobachtende Lamellenstruktur der Körner erklärt sich durch Dichteunterschiede zwischen kristallinen und halbkristallinen Bereichen.

V 1.3.4 Nachweis von Cellulose

Kurz und knapp. Mit diesem Versuch lässt sich demonstrieren, in welchen Gegenständen des Alltags Cellulose enthalten ist.

Zeitaufwand. Vorbereitung: 5 min, Durchführung: 5 min

Material:	Watte, Serviette, Papiertaschentücher, Seide, Wolle etc.
Geräte:	Petrischalen, Pasteurpipette
Chemikalien:	Chlorzinkiodlösung (20 g $ZnCl_2$ in 10 ml entmin. Wasser lösen, dazu eine Lösung aus 2 g Kaliumiodid und 0,1 g Iod in 5 ml Wasser; umrühren, ca. 1 h stehenlassen; Lösung vom Bodensatz abdekantieren und noch einen Iodkristall hinzugeben), entmin. Wasser

Sicherheit. Chlorzinkiodlösung; Zinkchlorid (Festsubstanz und Lösungen w $\geq$ 10 %): C, N.

Durchführung. Man gibt die unterschiedlichen Materialien in je eine Petrischale und gibt einige Tropfen Chlorzinkiodlösung darauf.

Beobachtung. Watte und manche Papiere verfärben sich dunkelviolett. Bei Seide und Wolle zeigt sich dagegen nur die leicht bräunliche Eigenfärbung der Chlorzinkiodlösung.

Erklärung. Die dunkelviolette Verfärbung beruht auf einer Einschlussverbindung der Iodmoleküle in den unverzweigten Celluloseketten, die sich zu Fibrillen zusammenlagern. Im Gegensatz zur Stärke reagiert Cellulose mit Iod nur in Gegenwart gewisser quellend wirkender Chemikalien, wie z. B. Zinkchlorid.

Bei manchen Gebrauchs- und Hygienepapieren fällt der Nachweis negativ aus, da sie zu einem hohen Anteil aus Holzschliff bestehen. Das darin enthaltene Lignin maskiert die Cellulose. Die tierischen Fasern Seide und Wolle enthalten dagegen keine Cellulose, sondern bestehen aus Protein.

2 Biologisch wichtige Makromoleküle und ihre Bausteine II: Aminosäuren, Peptide, Proteine

A   Theoretische Grundlagen

2.1   Einleitung

Der Name Protein leitet sich vom griechischen „proteios" ab, was soviel wie „an erster Stelle" bedeutet. Bereits 1836 erkannte Jöns Jakob BERZELIUS (1779–1848, schwedischer Chemiker), der den Namen einführte, die besondere Bedeutung dieser Stoffklasse für das Leben. Die Proteine tragen ihren Namen zu Recht, und es ist bemerkenswert, mit welcher klugen Voraussicht BERZELIUS diesen Namen gewählt hat.

Proteine spielen in jeder Zelle eine zentrale und herausragende Rolle. Eine einzige Zelle enthält Tausende verschiedener Proteine, wobei deren biologische Funktionen außerordentlich vielfältig sind. In gewissem Sinn sind Proteine die molekularen Instrumente, durch die genetische Information ausgedrückt wird. Alle Proteine sind aus demselben, ubiquitären Satz von 20 Aminosäuren (den sog. proteinogenen Aminosäuren) aufgebaut. Proteine sind Ketten von Aminosäuren, wobei jede an ihren Nachbarn durch spezifische kovalente Bindungen gekoppelt ist. Zellen können aus den 20 Standard-Aminosäuren durch variable Kombination dieser Untereinheiten Proteine mit den unterschiedlichsten Eigenschaften und Funktionen aufbauen, wie Enzyme, Hormone, Transportproteine, Nährstoff- und Speicherproteine, kontraktile oder motile Proteine, Strukturproteine, Abwehrproteine, regulatorische Proteine und eine Vielzahl anderer Proteine, deren Funktionen nicht einfach zu klassifizieren sind.

Nach der Gestalt der Proteine, die als Konformation bezeichnet wird, kann man fibrilläre (Faser-) und globuläre (Sphäro-) Proteine unterscheiden. Fibrilläre Proteine sind unlöslich in Wasser, von langgestreckter Gestalt und finden meist als Gerüstsubstanzen bei Tieren Verwendung, weshalb sie auch den Namen Skleroproteine führen. Die globulären Sphäroproteine sind aufgeknäult und haben eine mehr oder weniger kugelige Gestalt. Enzyme und Membranproteine sind typischerweise globuläre Proteine. Als dritte Gruppe kann man die Proteinkomplexe (Proteide) abgrenzen, die außer einem Proteinanteil auch nicht-proteinartige prosthetische Gruppen enthalten. So liegen z. B. viele pflanzliche Pigmente als Chromoproteine vor. Entsprechendes gilt für die Verbindungen von Proteinen mit Lipiden (Lipoproteine), mit Zuckern (Glykoproteine), mit Phosphorsäure (Phosphoproteine) und mit Metallen (Metalloproteine). Die Art der Bindung zwischen dem Proteinanteil und der prosthetischen Gruppe kann sehr unterschiedlich sein.

2.2 Aminosäuren – die Bauelemente der Proteine

Bausteine (Monomere) der Proteine sind die Aminosäuren, die sich formal von Mono- oder Dicarbonsäuren ableiten lassen. Neben der Carboxy-Gruppe -COOH, die leicht ein Proton (H^+) durch Dissoziation abgibt und somit als Säure wirkt, enthalten Aminosäuren mindestens eine weitere funktionelle Gruppe, die namengebende Aminogruppe ($-NH_2$). Die einfachste biologisch relevante Aminosäure lässt sich von der Essigsäure ableiten. Die Einführung einer Aminogruppe am C-2 (bei Monocarbonsäuren bezeichnet man das der Carboxy-Gruppe unmittelbar benachbarte C-Atom auch als α-C) führt zur α-Amino-Essigsäure, für die auch der Trivialname Glycin üblich ist (Abbildung 2.1).

Bei den in Proteinen vorkommenden Aminosäuren befindet sich die Aminogruppe an dem der Carboxy-Gruppe benachbarten C-Atom (α-Stellung). Der Rest R ist im Fall des Glycins ein H-Atom, bei allen anderen Aminosäuren dagegen eine unverzweigte oder verzweigte Kohlenstoffkette, die die Individualität der einzelnen Aminosäure ausmacht. Beginnend mit der α-Amino-Propionsäure (Alanin) trägt das α-Atom vier verschiedene Reste (Carboxy-Gruppe, Aminogruppe, H-Atom und Rest R) und ist daher asymmetrisch substituiert; folglich müssen händige (chirale) Moleküle als D- und L-Formen auftreten. Konventionsgemäß steht bei den L-Aminosäuren die Aminogruppe in der Projektionsformel (Carboxy-Gruppe oben, Rest R unten) links, bei den D-Formen rechts. In den Proteinen kommen nur L-Aminosäuren vor.

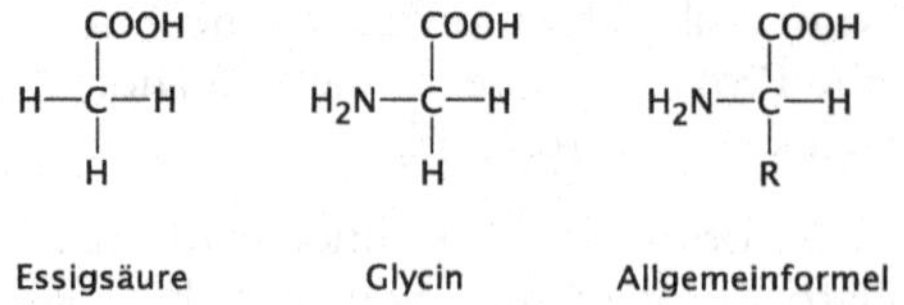

Abbildung 2.1 Ableitung von Glycin und Allgemeinformel von Aminosäuren

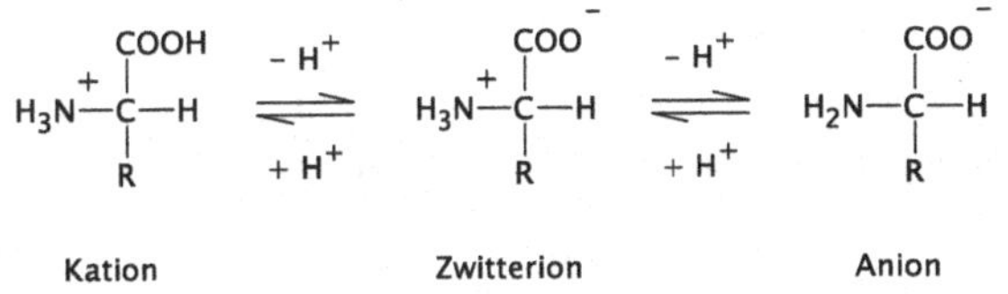

$$\underset{\text{Kation}}{\overset{\displaystyle\begin{array}{c}\text{COOH}\\ |\\ H_3\overset{+}{N}-C-H\\ |\\ R\end{array}}{}} \underset{+\,H^+}{\overset{-\,H^+}{\rightleftharpoons}} \underset{\text{Zwitterion}}{\overset{\displaystyle\begin{array}{c}\text{COO}^-\\ |\\ H_3\overset{+}{N}-C-H\\ |\\ R\end{array}}{}} \underset{+\,H^+}{\overset{-\,H^+}{\rightleftharpoons}} \underset{\text{Anion}}{\overset{\displaystyle\begin{array}{c}\text{COO}^-\\ |\\ H_2N-C-H\\ |\\ R\end{array}}{}}$$

Abbildung 2.2 Zwitterionenstruktur von Aminosäuren

In wässriger Lösung kann die saure Carboxy-Gruppe Protonen abgeben, während die basische Aminogruppe Protonen aufnehmen kann. So entsteht die typische Zwitterionen-Struktur. Wenn beide funktionellen Gruppen einer Aminosäure je eine elektrische Ladung tragen, reagiert das betreffende Molekül nach außen elektrisch neutral – man bezeichnet den pH-Wert, bei dem dieser Zustand vorliegt, als isoelektrischen Punkt (IEP oder pI). Verändert sich der pH-Wert (pH = potentia hydrogenii = Konzentration der Wasserstoffionen einer Lösung = $-\log[H^+]$) in Richtung höherer oder niedrigerer Wasserstoffionen-Konzentrationen (Zugabe von Säuren bzw. Basen), verschiebt sich entsprechend auch der Zwitterionen-Anteil in Richtung positiv bzw. negativ geladener Teilchen (Abbildung 2.2).

In der Natur bestehen die Proteine regulär aus 20 verschiedenen L-Aminosäuren, die sich durch ihre Seitenkette in Größe, Gestalt, Reaktivität sowie der Fähigkeit, intermolekulare Bindungen eingehen zu können, unterscheiden. Sie lassen sich in vier bzw. fünf Gruppen einteilen (Abbildung 2.3):

(1) Aminosäuren mit unpolarer (hydrophober) Seitenkette (Rest R unpolar). Die Seitenkette besteht bei den Aminosäuren Alanin, Valin, Leucin, Isoleucin, Phenylalanin und Prolin aus einer unsubstituierten Kohlenwasserstoffkette oder einem Ring. Wegen seiner besonderen Eigenschaften zählt man auch noch das Methionin dazu, welches sich durch eine Thioether-Gruppe (-S-CH$_3$) auszeichnet. Die Aminosäuren dieser Gruppe bilden den hydrophoben Kern der Proteinmoleküle. Man findet sie auch bei Transmembranproteinen in den Abschnitten, die mit den Membranlipiden in Wechselwirkung treten.

Grundsätzlich würde auch Glycin hierher gehören. Da es jedoch im Unterschied zu den übrigen Angehörigen dieser Gruppe nicht an hydrophoben Wechselwirkungen teilnimmt, bildet es eine eigene Gruppe (Abbildung 2.3, Gruppe 5).

(2) Aminosäuren mit polaren Gruppen in der Seitenkette. Dies sind Aminosäuren, die Wasserstoffbrückenbindungen eingehen können und deshalb für die Ausbildung der Tertiärstruktur von Bedeutung sind. Hierzu gehören die Hydroxygruppen von Serin und Threonin, die Iminogruppe des Tryptophans und die Amidgruppen von Asparagin und Glutamin. Bei physiologischen pH-Werten sind die polar wirkenden Gruppen dieser Aminosäuren ungeladen.

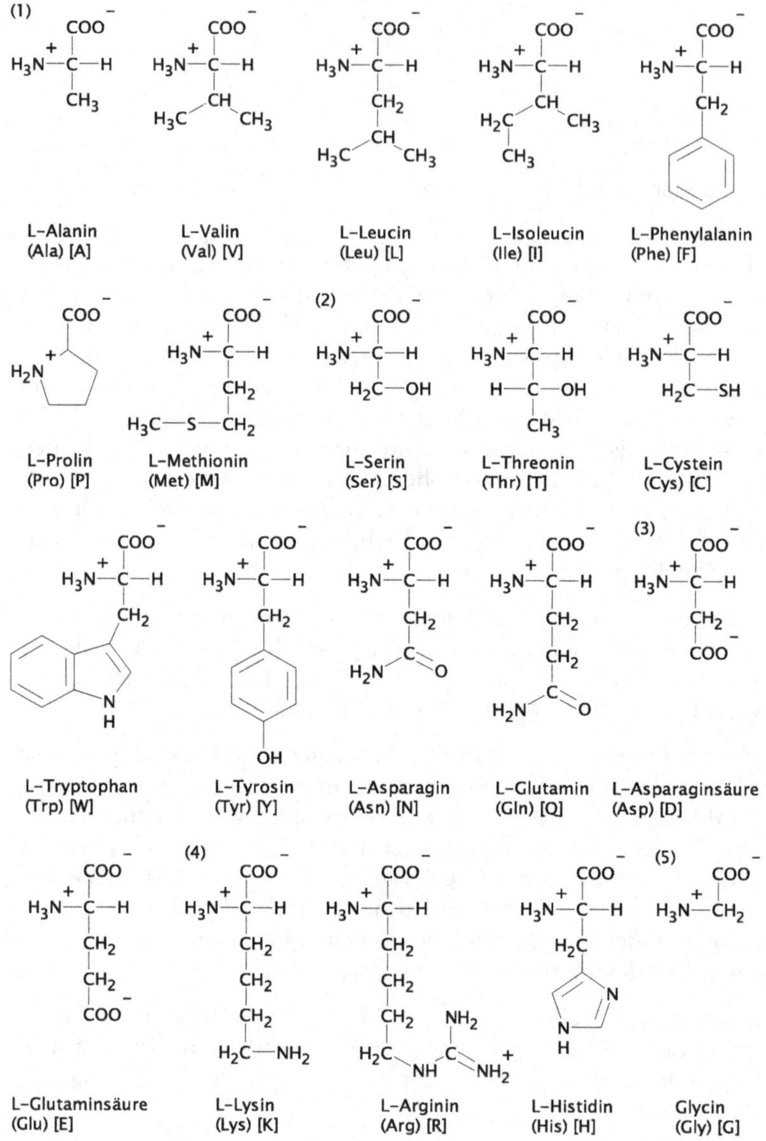

(1)

L-Alanin (Ala) [A]	L-Valin (Val) [V]	L-Leucin (Leu) [L]	L-Isoleucin (Ile) [I]	L-Phenylalanin (Phe) [F]

(2)

L-Prolin (Pro) [P]	L-Methionin (Met) [M]	L-Serin (Ser) [S]	L-Threonin (Thr) [T]	L-Cystein (Cys) [C]

(3)

L-Tryptophan (Trp) [W]	L-Tyrosin (Tyr) [Y]	L-Asparagin (Asn) [N]	L-Glutamin (Gln) [Q]	L-Asparaginsäure (Asp) [D]

(4)   (5)

L-Glutaminsäure (Glu) [E]	L-Lysin (Lys) [K]	L-Arginin (Arg) [R]	L-Histidin (His) [H]	Glycin (Gly) [G]

Abbildung 2.3 Die proteinogenen Standardaminosäuren. In Klammern sind die Abkürzungen im Drei- bzw. Einbuchstabencode angegeben

(3) Saure Aminosäuren. Die beiden Aminosäuren Asparaginsäure und Glutaminsäure sind Monoamino-Dicarbonsäuren. In Abhängigkeit vom pH-Wert in der Zelle tragen die zusätzlichen Carboxylgruppen nach Dissoziation eines

Protons eine negative Ladung. Sie können in deprotonierter Form Ionenbindungen eingehen. Die ionisierten Formen heißen Aspartat und Glutamat.

(4) Basische Aminosäuren. Sie tragen eine weitere basische Gruppe in der Seitenkette und können in protonierter Form wie die sauren Aminosäuren zu Ionenbeziehungen beitragen. Arginin und Lysin tragen bei neutralem pH-Wert positive Ladungen und reagieren basisch. Die Seitenkette von Histidin ist ebenfalls positiv geladen, was sich im Neutralbereich jedoch kaum bemerkbar macht.

Pflanzliche Organismen sind die Lieferanten der für den Menschen und viele Tiere essenziellen Aminosäuren Valin, Leucin, Isoleucin, Phenylalanin, Tryptophan, Methionin, Threonin, Lysin. Sie können von diesen Organismen nicht selbst synthetisiert werden.

2.3 Primärstruktur der Proteine

Die Makromoleküle der Proteine sind aus Aminosäuremolekülen aufgebaut, die miteinander verknüpft sind. Einzelne Aminosäuren lassen sich durch eine Kondensationsreaktion untereinander verbinden. Formal erfolgt die Verknüpfung durch Reaktion einer Carboxylgruppe der einen und der Aminogruppe der nächsten Aminosäure, dabei wird Wasser eliminiert. Die entstehende Säureamidbindung wird auch als Peptidbindung bezeichnet, und die so verknüpften Monomere bilden ein Peptid (Dipeptid, Abbildung 2.4).

Das Gleichgewicht dieser Reaktion liegt jedoch auf der Seite der Aminosäuren. Deshalb ist die Verknüpfung der Aminosäuren zu Peptiden und Proteinen nur unter Energieaufwand und Mitwirkung von Enzymen möglich. Mithilfe der Peptidbindungen sind die Aminosäuren zu Ketten verbunden, an denen als Seitenketten die Reste R der Aminosäuren stehen. Entsprechend der Zahl der Aminosäureglieder spricht man von Dipeptiden (2), Tripeptiden (3) usw., bis zu etwa 10 von Oligopeptiden und bei vielen von Polypeptiden. Diese leiten zu den Proteinen über, doch ist die Grenze nicht scharf zu ziehen. Die Molekülmassen der Proteine liegen zwischen 10.000 und einigen Millionen Dalton (1 Dalton = 1/12 der Masse des Kohlenstoffisotops ^{12}C; benannt nach John DALTON, 1766–1844, englischer Naturforscher). Die Reihenfolge verschiedener Aminosäuren bezeichnet man als Aminosäuresequenz oder Primärstruktur eines Peptids (Proteins). Grundsätzlich beträgt die Anzahl unterschiedlicher Primärstrukturen einer Kette mit 20 verschiedenen Aminosäuren, die n Monomere lang ist, 20^n. Für ein Protein aus 1000 Aminosäuren ergibt sich somit die

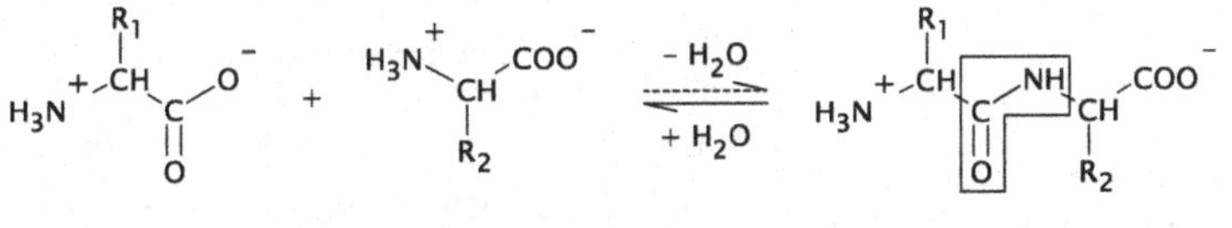

Abbildung 2.4 Kondensation von Aminosäuren

erstaunliche Anzahl von 20^{1000} (oder rund 10^{1300}) alternativen Primärstrukturen – eine unerschöpfliche Vielfalt, die praktisch unbegrenzte Kettenvarianz zulässt. Im Hinblick darauf ist es nicht überraschend, dass jede Tier- und Pflanzenart ihre spezifischen Proteine besitzt.

2.4 Sekundärstruktur

In bestimmten Bereichen nehmen die Proteine unter Ausbildung von Wasserstoffbrückenbindungen zwischen benachbarten CO- und NH-Gruppen der Peptidbindungen die Gestalt eines Faltblattes oder einer Schraube, einer α-Helix, an. Man bezeichnet dies als Sekundärstruktur der Proteine. Zwischen dem Wasserstoff der in die Peptidbindung eingegangenen Aminogruppe und einer beliebigen C=O-Gruppe einer anderen besteht wegen der beachtlichen Elektronegativität des Sauerstoffs ein kleiner Ladungsunterschied. Daher bilden sich entweder zwischen verschiedenen Abschnitten der gleichen oder zwischen zwei verschiedenen Proteinketten Wasserstoffbrücken aus, die fallweise zwei bevorzugte Raumgebilde (Sekundärstrukturen) stabilisieren:

(1) Relativ gleichförmig aus ähnlichen Aminosäuren zusammengesetzte Polypeptidketten (Abschnitte) lagern sich in größerer Anzahl nebeneinander und bilden durch Wasserstoffbrücken die sogenannte β-Faltblattstruktur aus, wobei die Seitenketten nahezu senkrecht nach oben oder nach unten von der Faltblattebene weg stehen. Durch die Abfaltung der einzelnen Ebenen wird es möglich, dass sich Wasserstoffbindungen nicht nur zwischen gegenläufigen, antiparallelen Ketten ausbilden, sondern auch zwischen gleichläufigen, parallelen Ketten.

Kommt es innerhalb der gleichen Kette zur Ausbildung von Wasserstoffbrücken, ist eine Struktur begünstigt, bei der sich die reaktiven Gruppen bereits innerhalb der eigenen Sequenz absättigen. Dabei nimmt das Polypeptid eine schraubige Grundgestalt an, bei der sich die C=O- und NH-Gruppen zwischen aufeinanderfolgenden Windungen gegenüberstehen. Das Ergebnis ist eine Schraube oder α-Helix mit durchschnittlich etwa 3,6 Aminosäureresten je Umgang (Abbildung 2.5). Die Wasserstoffbrückenbindungen bilden sich

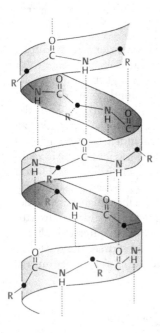

Abbildung 2.5 Modell der α-Helix einer Peptidkette (DOENECKE et al., 2005)

zwischen den Windungen in Richtung der Schraubenachse aus; das gibt der α-Helix eine besondere Stabilität. Die Seitenketten stehen nach außen von der Schraubenachse weg. Sie können mit ihrer Umgebung – z. B. in Membranen mit Membranlipiden oder mit anderen Abschnitten der Polypeptidkette – in Wechselwirkung treten. Die Aminosäure Prolin lässt sich wegen ihrer Ringstruktur nicht in eine Helix einfügen, sie ist ein „Helixbrecher".

2.5 Tertiär- und Quartärstruktur, supramolekulare Strukturen

Die Wechselwirkungen der Seitenketten untereinander ermöglichen eine charakteristische Knäuelung oder Faltung der Peptidkette. Diese endgültige räumliche Anordnung bezeichnet man als Tertiärstruktur. Sie wird durch folgende intermolekulare Bindungen hervorgerufen und stabilisiert (Abbildung 2.6).

(1) Wasserstoffbrückenbindungen. Sie kommen dadurch zustande, dass ein H-Atom zwischen zwei gleich starken elektronegativen Atomen, z. B. N und O, gewissermaßen pendelt, obwohl es an eines der beiden kovalent gebunden ist. Eine Wasserstoffbrückenbindung kann dargestellt werden als D-H···A, wobei D-H eine schwach saure Donorgruppe wie N-H oder O-H ist und A ein schwach basisches Akzeptoratom mit einem einsamen Elektronenpaar wie N oder O.

(2) Dipol-Dipol-Wechselwirkungen bzw. VAN-DER-WAALS-Kräfte im weiteren Sinne (Johannes Diderik VAN-DER-WAALS, 1837–1923, niederländischer Physiker). Durch Wechselwirkungen von Dipolen mit Dipolen, induzierten Dipolen sowie ionischen Ladungen entstehen Bindungskräfte. Für Proteine sind die Wechselwirkungen zwischen permanenten Dipolen bedeutende Strukturdeterminanten, da viele dieser Gruppen – wie die Carbonyl- und Amidgruppen des Peptidgerüstes – permanente Dipolmomente besitzen.

(3) Disulfidbrücken. Diese kommen durch Dehydrierung, d. h. Abspaltung von Wasserstoff zwischen den SH-Gruppen zweier benachbarter Cysteinmoleküle, zustande.

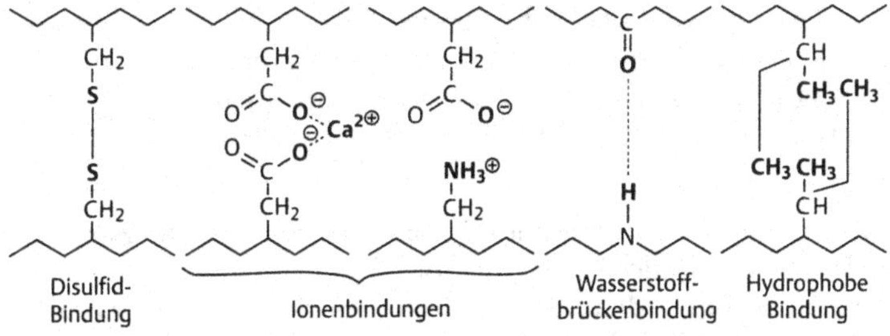

Abbildung 2.6 Mögliche intermolekulare Bindungen bei Proteinmolekülen (Nultsch, 2001. Mit freundlicher Genehmigung von Thieme)

(4) Ionische Bindungen. Eine für die Proteinstruktur bedeutsame Ionenbindung ist die zwischen der NH_3^+- und der COO^--Gruppe. Eine weitere Ionenbindung ist die Brückenbildung zwischen zwei negativ geladenen Carboxylgruppen durch zweiwertige Kationen, etwa Calcium- oder Magnesiumionen.

(5) Hydrophobe Wechselwirkungen. Sie entstehen, wenn apolare Gruppen der Aminosäureseitenketten miteinander in Kontakt treten und sich auf diese Weise der wässrigen Phase gewissermaßen entziehen. Als hydrophoben Effekt bezeichnet man Phänomene, die den Kontakt unpolarer Substanzen mit Wasser minimieren.

Polypeptidketten, die aus mehr als 200 Resten bestehen, falten sich gewöhnlich in zwei oder mehr globuläre Gruppen, auch Domänen genannt, die diesen Proteinen eine zwei- oder mehrlappige Struktur verleihen. Die meisten Domänen umfassen 100 bis 200 Aminosäurereste. Oft haben Domänen eine spezifische Funktion, z. B. die Bindung kleiner Moleküle.

Zahlreiche funktionelle Proteine bestehen aus Aggregaten mehrerer Polypeptidketten. Dabei kann es sich um gleichartige, aber auch um verschiedene Ketten (Untereinheiten) handeln. Diese Organisationsform wird als Quartärstruktur bezeichnet.

Obwohl die Konformation, d. h. die Sekundär- und Tertiärstruktur der Proteine, bereits durch deren Primärstruktur festgelegt ist, erfolgt die Faltung der Peptidketten und somit die Ausbildung der räumlichen Gestalt bei den meisten Proteinen nicht spontan, sondern unter Mitwirkung von Hilfsproteinen. Diese werden auch als Chaperone (engl.: chaperon = Anstandsdame) bezeichnet.

Erhitzt man Proteine oder behandelt sie mit unpolaren Lösungsmitteln, so kommt es zu einer Änderung der Konformation, da bestehende Bindungen gelöst und zufällig neu geknüpft werden. Das Protein verliert dadurch seine ursprüngliche Funktion, man sagt, es wird denaturiert. Bei Denaturierung eines Proteins wird seine hochgeordnete Raumstruktur in einen ungeordneten Zustand überführt, weil sich die stabilisierenden Bindungen lösen. Werden dabei Gruppen reaktiv, die zuvor in der Faltungsstruktur neutralisiert oder „maskiert" waren, so verliert das Protein aufgrund neuer Bindungsverhältnisse meistens seine biologische Aktivität. Bei einigen Proteinen lassen sich die eingetretenen Veränderungen teilweise rückgängig machen: Renaturierung.

Gruppen von Enzymen, die zwei oder mehr Schritte einer metabolischen Kaskade katalysieren, bilden oft nichtkovalente Assoziate, sogenannte Multienzymkomplexe. Diese hochgradig organisierten Assoziate erlauben einen effizienten Durchsatz der Substrate von einem Enzym des Stoffwechselweges zum nächsten.

Oligomere Proteine und Multienzymkomplexe repräsentieren das unterste Niveau der strukturellen Organisation von Makromolekülen. Supramolekulare Strukturen wie Ribosomen oder Membrankomponenten der Elektronentransportketten der Photosynthese und der Atmung sind Beispiele für eine höherrangige makromolekulare Organisation. Tatsächlich bildet die enorm komplexe, hierarchische Organisation von individuellen Molekülen die strukturelle Grundlage des Lebens.

B   Versuche

V 2.1 Aminosäuren

V 2.1.1 Nachweis von Kohlenstoff, Sauerstoff, Schwefel, Stickstoff und Wasserstoff in Aminosäuren

Kurz und knapp. Mit diesem Experiment kann man die elementare Zusammensetzung von Aminosäuren veranschaulichen.

Zeitaufwand. Vorbereitung: 10 min, Durchführung: 5 min

Geräte:	Demonstrationsreagenzglas, Spatel, Feuerzeug, Bunsenbrenner, Filterpapier, Haartrockner, Trichter, 2 Bechergläser, Stativ mit Muffe und Stativklammer, Pinzette
Chemikalien:	Cystein (alternativ: getrocknetes Eiklar), Bleiacetatlösung (500 mg $Pb(CH_3COO)_2$ in 20 ml entmin. Wasser), 5 %ige Cobaltchlorid-Lösung ($CoCl_2 \cdot 6 H_2O$), rotes Lackmuspapier

Sicherheit. Bleiacetat (Festsubstanz): T, N. Cobaltchlorid (Festsubstanz): T, N. Cystein (Festsubstanz): Xn. Bei der Herstellung von Bleiacetatpapier und Cobaltchloridpapier sind die Sicherheitshinweise für Bleiacetat bzw. Cobaltchlorid zu beachten! Alternativ zur eigenen Herstellung von Bleiacetatpapier kann dies auch schon fertig im Fachhandel bezogen werden. Da bei dem Versuch unangenehm riechende Verbrennungsgase entstehen, sollte dieser im Abzug durchgeführt werden.

Durchführung. Die Herstellung von Bleiacetat- und Cobaltchloridpapier darf nur durch den Lehrer erfolgen. Hierzu tränkt man ein Filterpapier in der Bleiacetatlösung und ein anderes in der Cobaltchloridlösung. Anschließend werden beide Filterpapiere mit einem Haartrockner getrocknet. Man befestigt das Reagenzglas am Stativ. Hierauf gibt man eine große Spatelspitze Cystein (alternativ: zwei bis drei Spatelspitzen getrocknetes Eiklar) in das Reagenzglas und stülpt einen passenden Trichter über die Reagenzglasöffnung. Nun erhitzt man das Reagenzglas mit dem Bunsenbrenner und hält über den Trichter zunächst ein feuchtes Lackmuspapier und anschließend Bleiacetatpapier. Mit der im Trichter niedergeschlagenen Flüssigkeit benetzt man das Cobaltchloridpapier.

Beobachtung. Die Aminosäure ist durch das Erhitzen zu einer schwarzen Masse verkohlt. Das rote Lackmuspapier färbt sich blau, das Bleiacetatpapier schwarz. Im Trichter kondensiert Wasserdampf, der das blaue Cobaltchloridpapier rot färbt.

Erklärung. Die nach dem Erhitzen zurückbleibende schwarze Masse lässt auf die Anwesenheit von Kohlenstoff schließen. Die Blaufärbung des Lackmuspapiers spricht für das Vorhandensein von Stickstoff. Durch das Erhitzen der Aminosäure entsteht Ammoniak. Der Farbumschlag des Lackmuspapiers geht auf die entstehenden Hydroxylionen zurück:

$$NH_3 + H_2O \rightarrow NH_4^+ + OH^- \tag{2.1}$$

Die Schwarzfärbung des Bleiacetatpapiers zeigt an, dass in der Aminosäure Schwefel enthalten ist. Beim Erhitzen von Cystein entsteht Schwefelwasserstoff, der mit Bleiacetat zu schwarzem Bleisulfid reagiert:

$$H_2S + Pb(CH_3COO)_2 \rightarrow PbS{\downarrow} + 2\,CH_3COOH \tag{2.2}$$

Der im Trichter kondensierte Wasserdampf lässt auf die Anwesenheit von Sauerstoff und Wasserstoff in der Aminosäure schließen. Der Wasserdampf bewirkt eine Hydratisierung des Cobaltchlorids, und so färbt sich das Cobaltchloridpapier von blau nach rot.

Entsorgung. Reste der zur Herstellung des Bleiacetat- bzw. Cobaltchloridpapiers verwendeten Lösungen werden in einen Behälter für anorganische Abfälle (mit Schwermetallen) gegeben. Cobaltchloridpapier kann durch Trocknen regeneriert werden. Verbrauchtes Bleiacetat- und Cobaltchloridpapier werden in den Abfallbehälter für mit Gefahrstoffen verunreinigte Festsubstanzen gegeben. Lackmuspapier und die verkohlten Aminosäuren bzw. Proteine können im Hausmüll entsorgt werden.

V 2.1.2 Farbreaktionen mit Ninhydrin

Kurz und knapp. Aminosäuren können mit Ninhydrin sehr empfindlich nachgewiesen werden. Mit diesem Experiment lässt sich demonstrieren, in welchen Lebensmitteln Aminosäuren enthalten sind.

Zeitaufwand. Vorbereitung: 10 min, Durchführung: 10 min

Material:	Eiweißlösung (Eiklar 1:10 mit entmin. Wasser verdünnt), Zitrone (*Citrus limon*), Orange (*Citrus sinensis*), Tomate (*Lycopersicon esculentum*)
Geräte:	Bleistift, Haartrockner, Zitronenpresse, Filterpapier, Trockenschrank oder Backofen (100 °C), Glaskapillaren
Chemikalien:	Ninhydrin als Sprühreagenz (300 mg Ninhydrin in 95 ml 1-Butanol und 5 ml 100 %iger Essigsäure lösen), 0,1 %ige Aminosäurelösungen

Sicherheit: 1-Butanol (Lösungen w $\geq$ 25 %): Xn. Essigsäure (w = 100 %): C. Ninhydrin (Festsubstanz und Lösungen w $\geq$ 25 %): Xn. Das Trocknen, Besprühen und Entwickeln des Filterpapiers sollte im Abzug vorgenommen werden. Beim Besprühen sollten Handschuhe getragen werden.

Durchführung. Zunächst werden Zitrone, Orange und Tomate frisch gepresst. Auf einem Streifen Filterpapier markiert man mit einem Bleistift die Auftragungspunkte für die verschiedenen Lösungen. Nun trägt man die unterschiedlichen Lösungen mit jeweils einer neuen Glaskapillare auf. Man trocknet die Auftragungspunkte mit einem Haartrockner, besprüht das Filterpapier mit Ninhydrinlösung und trocknet es für etwa fünf Minuten im Trockenschrank.

Beobachtung. Die aufgetragenen Aminosäurelösungen, die Eiweißlösung wie auch die frisch gepressten Fruchtsäfte erscheinen als violette Flecken.

Erklärung. Beim Erhitzen von Aminosäuren und Proteinen mit Ninhydrin entsteht ein rotvioletter Farbstoff, das sog. RUHEMANNS Purpur (Siegfried RUHEMANN, 1859–1943, deutscher Chemiker). Der sehr empfindliche Nachweis beruht auf einer Reaktion der Aminogruppe mit Ninhydrin (Abbildung 2.7). Prolin reagiert aufgrund seiner sekundären Aminogruppe als einzige proteinogene Aminosäure mit Ninhydrin über einen anderen Reaktionsmechanismus zu einem gelb gefärbten Produkt.

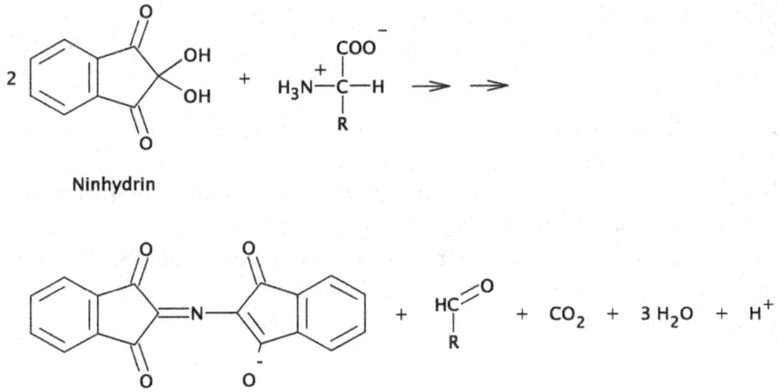

Abbildung 2.7 Ninhydrinreaktion

Bemerkung. Durch die Verwendung von Glaskapillaren kann in Hinblick auf die Chromatographie das Auftragen möglichst kleiner Substanzflecken eingeübt werden (die Auftragungsflecken sollten nicht größer als Ø 5 mm sein).

V 2.1.3 Xanthoproteinreaktion

Kurz und knapp. Mit diesem Experiment lassen sich aromatische von nicht aromatischen Aminosäuren unterscheiden. Weiterhin kann man demonstrieren, dass Eiweiße aromatische Aminosäuren enthalten.

Zeitaufwand. Vorbereitung: 10 min, Durchführung: 5 min

Material:	hart gekochtes Ei, Eiweißlösung (Eiklar 1:10 mit 0,9 %iger Natrium-chlorid-Lösung [NaCl] verdünnt)
Geräte:	3 Demonstrationsreagenzgläser mit Ständer, Petrischale, Pasteur-pipette
Chemikalien:	Tyrosin (alternativ: Phenylalanin oder Tryptophan), Glycin, konz. Salpetersäure (HNO_3)

Sicherheit. Salpetersäure: C; $w \geq 70$ %: O. Beachten Sie bitte die Sicherheitshinweise für den Umgang mit konzentrierten Säuren!

Durchführung. Eine Scheibe eines hart gekochten Eies legt man in eine Petrischale und gibt fünf Tropfen konz. HNO_3 auf das Eiweiß. Eine Spatelspitze Tyrosin und Glycin gibt man jeweils in ein separates Reagenzglas und füllt beide 2 cm hoch mit entmin. Wasser auf. Ein drittes Reagenzglas füllt man 2 cm hoch mit Eiweißlösung. Das Volumen in den drei Reagenzgläsern wird nun durch die Zugabe von konz. HNO_3 in etwa verdoppelt.

Beobachtung. Die Stellen des gekochten Eies, auf die konz. HNO_3 getropft wurde, erscheinen als gelbe Flecken. In dem Reagenzglas mit Tyrosin und Eiweißlösung ergibt sich eine deutliche Gelbfärbung. In dem Ansatz mit Eiweißlösung bildet sich ein gelblicher Niederschlag. Der Ansatz mit Glycin bleibt farblich unverändert.

Erklärung. Die Gelbfärbung tritt nur beim Vorhandensein von aromatischen Aminosäuren auf, da die Xanthoproteinreaktion auf einer Nitrierung des Benzolkerns beruht (Abbildung 2.8). Eiweiß enthält ein Aminosäurengemisch, in dem unter anderem auch aromatische Aminosäuren enthalten sind (s. Abbildung 2.3). Die konz. HNO_3 bewirkt in der Eiweißlösung neben der Nitrierung des Benzolkerns auch eine Denaturierung des Eiweißes, worauf die Niederschlagsbildung zurückzuführen ist.

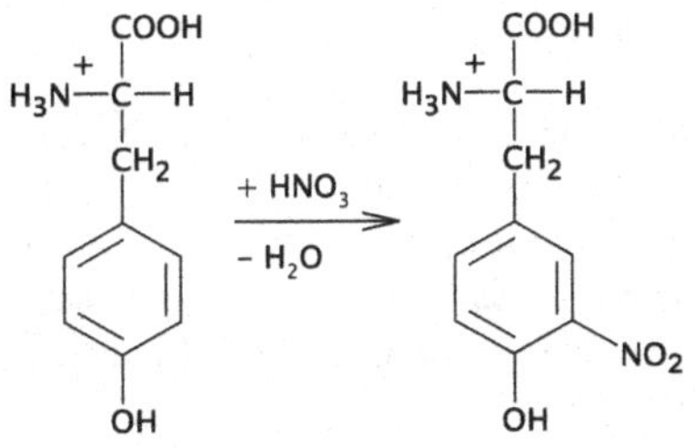

Abbildung 2.8 Xanthoproteinreaktion

Bemerkung. Die Gelbfärbung kann auch auf den Händen beobachtet werden, wenn unachtsam mit konz. HNO_3 hantiert wird.

Es ist zu empfehlen, das Eiklar mit 0,9 %iger Kochsalzlösung zu verdünnen, da man so eine klare Eiweißlösung erhält. Bei der Verwendung von entmin. Wasser ist die Eiweißlösung trüb, und etwas Eiweiß flockt aus. 0,9 %ige Kochsalzlösung wird auch als physiologische Kochsalzlösung bezeichnet.

Entsorgung. Die Reaktionsansätze werden nach Neutralisation in den Ausguss gegeben. Das hartgekochte Ei wird im Hausmüll entsorgt.

V 2.1.4 Bestimmung der pH-Werte von Aminosäuren

Kurz und knapp. Mit diesem Experiment lässt sich die Unterteilung der Aminosäuren in saure, basische und neutrale Aminosäuren demonstrieren.

Zeitaufwand. Vorbereitung: 5 min, Durchführung: 5 min

Geräte:	kleine Bechergläser, Spatel
Chemikalien:	Aminosäuregruppen (1), (2), (5) (s. Abbildung 2.3): Glycin, Alanin, Valin, Leucin, Isoleucin, Phenylalanin, Prolin, Serin, Threonin, Cystein, Methionin, Tryptophan, Tyrosin, Asparagin oder Glutamin; Aminosäuregruppe (3): Glutaminsäure oder Asparaginsäure; Aminosäuregruppe (4): Lysin, Histidin oder Arginin, entmin. Wasser, pH-Indikatorteststäbchen

Durchführung. Von den ausgewählten Aminosäuren gibt man je eine Spatelspitze in ein Becherglas und löst sie in wenig entmin. Wasser. Man bestimmt mithilfe der Indikatorteststäbchen den pH-Wert der Lösungen.

Beobachtung. Die Aminosäuren der Gruppen (1), (2), (5) reagieren neutral bis leicht sauer, die der Gruppe (3) sauer und die der Gruppe (4) basisch.

Erklärung. Alle Aminosäuren besitzen die allgemeine Formel R-CH(NH$_2$)-COOH (Ausnahme Prolin). Die Unterteilung der Aminosäuren ist von der Seitenkette R abhängig. Enthält R eine basische Gruppe, so spricht man von einer basischen Aminosäure. Enthält R eine weitere Carboxylgruppe, so liegt eine saure Aminosäure vor. Bei neutralen Aminosäuren trägt R keine Gruppe, die bei physiologischen pH-Werten merklich dissoziiert.

Bemerkung. Es ist darauf zu achten, dass man für die Bestimmung der pH-Werte nicht die Säurechloride der Aminosäuren verwendet, da diese unabhängig von ihrer Gruppenzugehörigkeit saure pH-Werte aufweisen.

V 2.1.5 Pufferwirkung von Aminosäuren

Kurz und knapp. Aufgrund der vorhandenen Carboxyl- und Aminogruppe ist jede Aminosäure in der Lage, geringe Mengen an Säure bzw. Base abzufangen. In diesem Experiment wird die Pufferwirkung der Aminosäuren exemplarisch an Glycin demonstriert.

Zeitaufwand. Vorbereitung: 5 min, Durchführung: 5 min

Geräte:	4 Erlenmeyerkolben (200 ml), Spatel, 4 Pasteurpipetten
Chemikalien:	Glycin, Phenolphthalein (100 mg in 10 ml 96 %igem Ethanol), Methylorange (100 mg in 50 ml 60 %igem Ethanol), 0,1 mol/l Salzsäure (HCl), 0,1 mol/l Natriumhydroxid (NaOH), entmin. Wasser

Sicherheit. Ethanol: F. Methylorange (Festsubstanz und Lösungen $w \geq 20$ %: T, Lösungen 3 % $\leq w < 25$ %: Xn). Phenolphthalein (Festsubstanz und Lösungen $w \geq 1$ %): T. Phenolphthalein-Lösungen sind in den gebräuchlichen Konzentrationen nicht mehr für Schülerexperimente zugelassen, dürfen aber vom Lehrer verwendet werden.

Durchführung. In zwei Erlenmeyerkolben gibt man jeweils 100 ml entmin. Wasser, zehn Tropfen Methylorange und fügt drei Tropfen 0,1 mol/l HCl hinzu. In einen der beiden Erlenmeyerkolben bringt man eine große Spatelspitze Glycin und schüttelt um.

In zwei weitere Erlenmeyerkolben gibt man 100 ml entmin. Wasser, zehn Tropfen Phenolphthalein und drei Tropfen 0,1 mol/l NaOH. Nun gibt man in einen der Erlenmeyerkolben eine große Spatelspitze Glycin und schüttelt um.

Beobachtung. Durch die drei Tropfen Säure ergibt sich ein Farbumschlag von gelb nach rot. Nach Zugabe des Glycins ist die Lösung wieder gelb.

Den drei Tropfen Base folgt ein Farbumschlag von farblos nach rosa. Nach Zugabe des Glycins ist die Lösung wieder farblos.

Erklärung. Glycin zeigt amphoteres Verhalten: Im Wasser bildet es Zwitterionen, die saure und basische Funktionen besitzen. Diese ergeben sowohl mit Laugen als auch mit Säuren Salze. Glycin kann in gewissem Maße sowohl Protonen als auch Hydroxylionen neutralisieren.

Bemerkung. Anstelle des mittlerweile als giftig eingestuften Phenolphthaleins können die ungiftigen Farbstoffe Thymolphthalein (100 mg in 10 ml 96 %igem Ethanol, Umschlag von farblos nach blau bei pH 9,3–10,5) bzw. Bromthymolblau (50 mg in 10 ml 60 %igem Ethanol, Umschlag von gelb über grün nach blau bei pH 5,8–7,6) zum Einsatz kommen. Auch Methylorange ist giftig. Anstelle dieses Farbstoffs kann man die ungiftigen pH-Indikatoren Methylrot (100 mg in 50 ml 60 %igem Ethanol, Umschlag von rot über orange nach gelb bei pH 4,4–6,2) bzw. Bromphenolblau (10 mg in 10 ml 60 %igem Ethanol, Umschlag von grüngelb nach blauviolett bei pH 3,0–4,6) verwenden. Alternativ zu Glycin ist auch die Verwendung von Alanin möglich.

Entsorgung. Mit Methylorange bzw. Phenolphthalein versetzte Aminosäurelösungen werden in einen Abfallbehälter für organische Lösungen gegeben.

V 2.1.6 Papierchromatographische Trennung von Aminosäuren

Kurz und knapp. Aminosäuren besitzen aufgrund ihrer verschiedenen Seitenketten unterschiedliche Polarität. Das Experiment demonstriert, wie man unter Ausnutzung dieser Eigenschaft Aminosäuren chromatographisch voneinander trennt.

Zeitaufwand. Vorbereitung: 10 min, Durchführung: 40 min

Geräte:	Petrischale (2 Unterteile oder 2 Deckel, Durchmesser ca. 10 cm), Chromatographiepapier (z. B. Whatman 1 Chr), Mikropipetten oder Glaskapillaren, 2-Cent-Stück, Bleistift, Haartrockner, Trockenschrank oder Backofen (100 °C), Messzylinder (25 ml)
Chemikalien:	1-Butanol/Eisessig/Wasser (16 ml/4 ml/4 ml; Eisessig: 96–100 %ige Essigsäure), 0,1 %ige Aminosäurelösungen von Prolin, Leucin, Asparagin (5 mg in 5 ml entmin. Wasser), Gemisch der 3 Aminosäuren (aus je 1 ml der 0,1 %igen AS-Lösungen), Ninhydrin als Sprühreagenz (s. V 2.1.2)

Sicherheit. 1-Butanol (Lösungen w ≥ 25 %): Xn. Essigsäure (w = 100 %): C. Ninhydrin (Festsubstanz und Lösungen w ≥ 25 %): Xn. Das Trocknen, Besprühen und Entwickeln des Filterpapiers sollte im Abzug vorgenommen werden. Beim Besprühen sollten Handschuhe getragen werden.

Durchführung. Zunächst füllt man das Laufmittelgemisch in die Petrischale und verschließt sie. Das Chromatographiepapier sollte mit bloßen Fingern höchstens am äußersten Rand berührt werden, da im Hautschweiß selbst Aminosäuren enthalten sind. Besser ist es, Handschuhe zu tragen. Man zeichnet auf das Chromatographiepapierstück (10 x 10 cm) mit Bleistift zwei Diagonalen so ein, dass man vier gleichgroße Sektoren erhält. Um den Schnittpunkt der Diagonalen wird ein Kreis von ca. 2 cm Durchmesser (Zweicent-Stück) markiert. Auf diesem Kreis markiert man mit einem Kreuz in jedem Sektor einen Startpunkt. Auf diese Startpunkte trägt man nun mit jeweils einer neuen Glaskapillare die Aminosäurelösungen auf. Die Aminosäurelösungen trägt man einmal auf den Startpunkt auf, das AS-Gemisch dreimal. Vor jedem erneuten Auftragen des AS-Gemisches muss der Fleck getrocknet sein (gegebenenfalls Haartrockner benutzen). Die Auftragungsflecken dürfen einen Durchmesser von 5 mm nicht überschreiten. Nachdem die Flecken getrocknet sind (gegebenenfalls Haartrockner benutzen), durchbohrt man den Schnittpunkt der Diagonalen mit einem spitzen Bleistift und steckt ein fest zusammengedrehtes ca. 2 cm langes Röllchen aus Chromatographiepapier hindurch. Das Chromatographiepapierstück wird zwischen die beiden Petrischalenhälften gelegt, sodass das hindurchgesteckte Röllchen in die mobile Phase taucht (Abbildung 2.9). Nach 30 Minuten bricht man die Chromatographie ab, entfernt das Papierröllchen und trocknet das Chromatographiepapier im warmen Luftstrom eines Haartrockners (oder im Trockenschrank bzw. Backofen). Das Chromatogramm wird bis zur guten Durchfeuchtung mit Ninhydrin besprüht und etwa fünf Minuten bei 100 °C getrocknet.

Beobachtung. Die Aminosäuren sind als farbige Flecken sichtbar. Leucin erscheint violett, Asparagin braunviolett und Prolin gelb. Das Aminosäurengemisch wurde aufgetrennt, und die einzelnen Aminosäuren können identifiziert werden.

Erklärung. Bei einer Papierchromatographie (PC) erfolgt die Trennung auf einem speziellen Cellulosepapier als Trägermaterial. Kapillarkräfte bewirken, dass das Laufmittel (die mobile Phase) aufgesaugt und über das Papier transportiert wird. Die Trennung der Aminosäuren beruht überwiegend auf dem Prinzip der Verteilungschromatographie. Die Trennung erfolgt zwischen zwei begrenzt miteinander mischbaren Phasen (alkoholische Phase – wässrige Phase). Die am Chromatographiepapier haftende Feuchtigkeit (selbst lufttrockenes Papier enthält 4–5 % adsorbiertes Wasser) stellt die stationäre polare Phase dar.

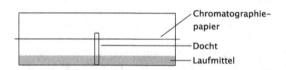

Abbildung 2.9 Versuchsaufbau Chromatographie

Die mobile Phase ist das mehr oder weniger unpolare Lösungsmittel Butanol. Aminosäuren, die in der polaren stationären Phase löslich sind, wandern nur sehr langsam. Aminosäuren, die in der unpolaren mobilen Phase löslich sind, bewegen sich hingegen schneller. Die polare Aminosäure Asparagin bleibt folglich dem Startpunkt am nächsten, während die unpolaren Aminosäuren Prolin und Leucin weiter wandern. Dabei ist Leucin wiederum unpolarer als Prolin.

Die Färbung der Aminosäuren beruht auf der Ninhydrinreaktion (s. V 2.1.2).

Bemerkung. Das Laufverhalten von aufgetrennten Substanzen in der Papier- oder Dünnschichtchromatographie lässt sich anhand des R_f-Wertes beschreiben (R_f: retardation factor). Darunter versteht man den Quotienten zwischen der Laufstrecke der aufgetrennten Substanz und der Laufstrecke des Laufmittels. Der R_f-Wert ist bei standardisierten Trennbedingungen für eine gegebene Substanz charakteristisch und kann zu ihrer Identifizierung herangezogen werden.

Die drei Aminosäuren wurden ausgewählt, da sie neben ihrem unterschiedlichen R_f-Wert auch farbliche Unterschiede bei der Färbung mit Ninhydrin zeigen. Andere günstige Kombinationen kann man sich je nach vorhandenen Aminosäuren mit der folgenden Auflistung zusammenstellen. Es ist darauf zu achten, dass sich die Aminosäuren hinsichtlich ihrer R_f-Werte ausreichend unterscheiden. R_f-Werte von Aminosäuren für das Laufmittel 1-Butanol/Eisessig/Wasser (4 : 1 : 1) bei papierchromatographischer Trennung in aufsteigender Reihenfolge: Lysin 0,14, Arginin 0,20, Histidin 0,20, Asparaginsäure 0,24, Glycin 0,26, Serin 0,27, Glutaminsäure 0,30, Threonin 0,34, Alanin 0,38, Prolin 0,43, Tyrosin 0,45, Methionin 0,55, Valin 0,60, Isoleucin 0,72, Leucin 0,73.

Entsorgung. Das restliche Laufmittel kann für weitere chromatographische Trennungen in einer verschlossenen und beschrifteten Flasche aufbewahrt werden. Alternativ wird es in einen Behälter für flüssige organische Abfälle gegeben. Das trockene Chromatographiepapier kann nach Auswertung und Dokumentation im Hausmüll entsorgt werden.

V 2.1.7 Dünnschichtchromatographische Trennung von Aminosäuren im Fruchtsaft der Zitrone

Kurz und knapp. Die im Fruchtsaft der Zitrone enthaltenen Aminosäuren können mithilfe der Dünnschichtchromatographie (DC) aufgetrennt und durch Vergleichsaminosäuren identifiziert werden.

Zeitaufwand. Vorbereitung: 20 min, Durchführung: Laufzeit ca. 3 h + 15 min zur Entwicklung

Material:	Zitrone (*Citrus limon*)
Geräte:	Bleistift, Lineal, Zitronenpresse, Trennkammer, Messzylinder (100 ml), Mikropipetten oder Glaskapillaren, DC-Fertigfolien Kieselgel 60 (z. B. Macherey & Nagel Alugram SIL G, 20 x 20 cm), Haartrockner, Trockenschrank oder Backofen (100 °C)
Chemikalien:	1-Butanol/Eisessig/Wasser (64 ml/16 ml/16 ml; Eisessig: 96–100 %ige Essigsäure), Ninhydrin als Sprühreagenz (s. V 2.1.2), 0,1 %ige Aminosäurelösungen von Leucin, Lysin, Prolin, Asparaginsäure, Asparagin, Glutaminsäure, Serin, Alanin (5 mg in 5 ml entmin. Wasser)

Sicherheit. 1-Butanol (Lösungen w $\geq$ 25 %): Xn. Essigsäure (w = 100 %): C. Ninhydrin (Festsubstanz und Lösungen w $\geq$ 25 %): Xn. Das Trocknen, Besprühen und Entwickeln der DC-Folie sollte im Abzug vorgenommen werden. Beim Besprühen sollten Handschuhe getragen werden.

Durchführung. Man füllt das Laufmittel etwa 1 cm hoch in die Trennkammer und verschließt diese, damit sich die Kammeratmosphäre mit den Lösungsmitteldämpfen sättigen kann. Die Kieselgelschicht der DC-Folie sollte nicht mit bloßen Fingern berührt werden, da im Hautschweiß selbst Aminosäuren enthalten sind. Besser ist es, Handschuhe zu tragen. Auf die DC-Fertigfolie zeichnet man mit einem weichen Bleistift vorsichtig eine etwa 2 cm vom unteren Rand entfernte Linie, ohne dabei die Kieselgelschicht zu zerstören. Auf dieser Linie markiert man im Abstand von 2 cm neun Startpunkte. Die äußersten Startpunkte sind 2 cm vom senkrechten Rand der Folie entfernt. Mit jeweils einer neuen Glaskapillare werden Aminosäurelösungen und Zitronensaft aufgetragen. Es ist zu beachten, dass die Auftragungsflecken einen Durchmesser von 5 mm nicht überschreiten. Die Aminosäurelösungen trägt man einmal auf, den Zitronensaft zweimal. Bei den Aminosäurelösungen entspricht dies ca. 2 µl, beim Zitronensaft ca. 4 µl. Vor erneutem Auftragen des Zitronensafts muss der Fleck getrocknet sein (gegebenenfalls Haartrockner benutzen). Nachdem die Auftragungsflecken getrocknet sind (gegebenenfalls Haartrockner benutzen), wird die DC-Folie in die Trennkammer gestellt, wobei die Folie die Seitenwände nicht berühren soll. Die Trennkammer wird nun verschlossen.

Nach zwei bis drei Stunden hat die Laufmittelfront das obere Viertel bis Fünftel der DC-Folie erreicht. Die DC-Folie kann nun der Trennkammer entnommen werden. Man trocknet sie im warmen Luftstrom eines Haartrockners (oder im Trockenschrank bzw. Backofen). Die DC-Folie wird bis zur guten Durchfeuchtung gleichmäßig mit Ninhydrinlösung besprüht und für etwa zehn Minuten bei 100 °C in den Trockenschrank gelegt. Die Aminosäureflecken werden mit Bleistift markiert, da sie unter Lichteinfluss verblassen.

Beobachtung. Die Aminosäuren Serin, Alanin, Asparaginsäure, Glutaminsäure, Lysin und Leucin sind violett gefärbt. Prolin ist als gelber Fleck und Asparagin als braunvioletter Fleck sichtbar. Der Zitronensaft wird aufgetrennt, und die in ihm enthaltenen Aminosäuren können durch Vergleich mit den reinen Aminosäuren identifiziert werden.

Erklärung. Die DC-Trennung erfolgt auf Kieselgel, welches auf Glas oder – wie hier – auf Aluminiumfolien aufgebracht ist. Bei Kieselgel handelt es sich um ein amorphes und hochporöses Siliciumdioxid ($SiO_2 \cdot n\ H_2O$). Die Trennung eines Stoffgemischs an Kieselgelschichten erfolgt in Form einer Adsorptions- oder Verteilungschromatographie, wobei Mischeffekte nicht auszuschließen sind. Bei einer Adsorptionschromatographie kommt es zu einer reversiblen Bindung (Adsorption) von Komponenten an die durch den Besitz von Si-OH-Gruppen polare Oberfläche der Kieselgelmatrix. Polare Substanzen wandern somit auf der DC-Folie langsamer als unpolare Substanzen. Die große innere Oberfläche und die höhere Standardisierung des Kieselgels bewirken im Vergleich zur Papierchromatographie schärfere und reproduzierbarere Trennergebnisse.

Im Zitronensaft finden sich insbesondere Prolin, Asparaginsäure, Glutaminsäure, Serin, Asparagin und Alanin, welche zusammen ca. 90 % der freien Aminosäuren repräsentieren. Ihre Konzentrationen betragen 15–50 mg/100 ml, während andere freie Aminosäuren Konzentrationen < 10 mg/100 ml aufweisen.

Bemerkung. Der gelbe Fleck der Aminosäure Prolin verblasst sehr schnell. Die Menge der im Fruchtsaft enthaltenen Aminosäuren variiert mit der Jahreszeit und der Reife der Zitrone. Zwei Tropfen Fruchtsaft können daher etwas zu viel oder zu wenig Substanzmenge sein (ausprobieren!).

Entsorgung. Das restliche Laufmittel kann für weitere chromatographische Trennungen in einer verschlossenen und beschrifteten Flasche aufbewahrt werden. Alternativ wird es in einen Behälter für flüssige organische Abfälle gegeben. Die trockene DC-Folie kann nach Auswertung und Dokumentation im Hausmüll entsorgt werden.

V 2.2 Peptide/Proteine

V 2.2.1 Biuret-Reaktion

Kurz und knapp. Mit der Biuret-Reaktion kann man die Peptidbindungen von Proteinen nachweisen.

Zeitaufwand. Vorbereitung: 5 min, Durchführung: 5 min

Material:	Eiweißlösung (Eiklar 1:10 mit 0,9 %iger NaCl-Lösung verdünnt)
Geräte:	3 Demonstrationsreagenzgläser mit Ständer, Pasteurpipette, Messzylinder (10 ml)
Chemikalien:	Glycin, 1 mol/l Natriumhydroxid (NaOH), 5 %ige Kupfersulfat-Lösung (5 g $CuSO_4$/100 ml entmin. Wasser), entmin. Wasser

Sicherheit. Kupfer(II)-sulfat (Festsubstanz und Lösungen $w \geq 25$ %): Xn, N. Natronlauge ($w \geq 2$ %): C. Bitte beachten Sie die Sicherheitshinweise für den Umgang mit konzentrierten Laugen!

Durchführung. In das erste Reagenzglas gibt man eine Spatelspitze Glycin und füllt dieses 4 cm hoch mit entmin. Wasser. In das zweite Reagenzglas gibt man 4 cm hoch Eiweißlösung. Das dritte Reagenzglas wird 4 cm hoch mit entmin. Wasser befüllt und dient als Kontrolle. Zu den drei Ansätzen gibt man nun 10 ml NaOH und zehn Tropfen $CuSO_4$-Lösung.

Beobachtung. Das Reagenzglas mit der Eiweißlösung färbt sich violett, während der Ansatz mit der Glycin-Lösung sich dunkelblau färbt. Die Kontrolle weist die hellblaue Farbe der Kupfersulfat-Lösung auf, wobei ein Ausflocken von blau gefärbten Partikeln zu beobachten ist.

Erklärung. Die violette Färbung geht auf die Bildung eines Komplexes der Cu^{2+}-Ionen mit der Peptidkette der Proteine zurück (Abbildung 2.10). Verbindungen mit mindestens zwei Peptidgruppen bilden mit Kupfer diesen violett gefärbten Komplex. Die Eiweißlösung enthält also Peptide bzw. Proteine. Die Aminosäure Glycin hingegen weist keine Peptidbindungen auf. Mit ihr bildet Kupfer dagegen einen dunkelblauen Komplex. In der Kontrolle kommt es durch Reaktion des Kupfer(II)-sulfats mit Natronlauge zur Bildung von Kupfer(II)-hydroxid ($Cu(OH_2)$), welches ausflockt.

Bemerkung. Die Bezeichnung „Biuret-Reaktion" ist insofern irreführend, als die Atomgruppierung des Biurets, $H_2N-CO-NH-CO-NH_2$, in Proteinen nicht vorhanden ist.

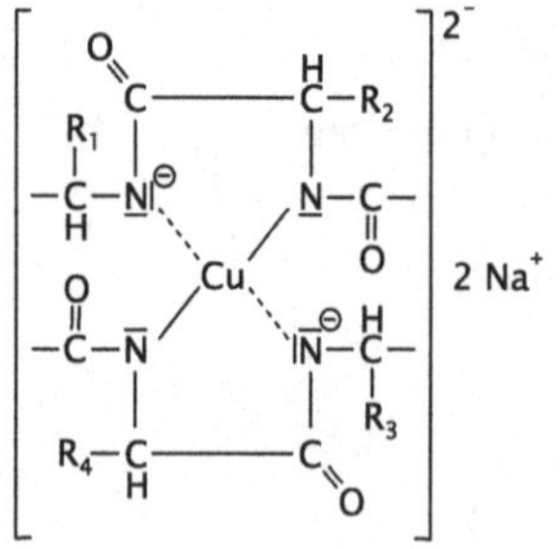

Abbildung 2.10 Komplex von Cu^{2+} mit Protein–Peptidkette (nach KLEBER et al., 1997)

Entsorgung:. Die Reaktionsansätze werden neutralisiert und in einen Behälter für anorganische Abfälle (mit Schwermetallen) gesammelt.

V 2.2.2 Kolloidaler Charakter von Proteinen (FARADAY–TYNDALL–Effekt)

Kurz und knapp. Ebenso wie die Kohlenhydrate gehören auch die Proteine zu den Makromolekülen. Dies lässt sich mithilfe des FARADAY-TYNDALL-Effektes demonstrieren.

Zeitaufwand. Vorbereitung: 5 min, Durchführung: 5 min

Material:	Eiweißlösung (Eiklar 1:100 mit 0,9 %iger NaCl-Lösung verdünnt)
Geräte:	kleines Stück Karton, 2 Bechergläser (150 ml), Spatel, Diaprojektor
Chemikalien:	Glycin, entmin. Wasser

Durchführung. Eine Spatelspitze Glycin wird in einem Becherglas in etwa 100 ml entmin. Wasser gelöst. Ein zweites Becherglas füllt man mit etwa 100 ml Eiweißlösung. Man verdunkelt nun den Raum und stellt die beiden Bechergläser nacheinander in den Lichtstrahl eines Diaprojektors. Dabei empfiehlt es sich, vor der Linse des Diaprojektors ein kleines Stück Pappkarton mit einem kleinen Loch zu befestigen, um den Lichtstrahl zu bündeln. Die beiden Lösungen werden seitlich betrachtet.

Beobachtung. Bei seitlicher Betrachtung ist in der Glycinlösung der Lichtstrahl nicht zu sehen. In der Eiweißlösung lässt sich der Lichtstrahl als breites helles Band verfolgen.

Erklärung. Zur Erklärung des FARADAY-TYNDALL-Effektes vgl. V 1.3.1. Die relativen Molekülmassen von Proteinen liegen oberhalb von 10.000 g/mol, die relative Molekülmasse von Glycin bei 75 g/mol. Die Proteinmoleküle sind meistens um den Faktor 10^3 größer als die Glycin-Moleküle.

Bemerkung. Vergleiche Bemerkungen in V 1.3.1.

V 2.2.3 Bedeutung des Cysteins bei Tertiärstrukturen

Kurz und knapp. Am Beispiel des Anfertigens von Dauerwellen lässt sich die Bedeutung des Cysteins bei der Ausbildung von Tertiärstrukturen von Proteinen veranschaulichen.

Zeitaufwand. Einwirkzeit des Wellschaums: 15 min, Einwirkzeit des Fixierschaums: 10 min

Material:	2 Haarsträhnen
Geräte:	2 Lockenwickler, Haartrockner
Chemikalien:	Schaumdauerwelle (Well- und Fixiermittel)

Sicherheit. Bitte beachten Sie die Sicherheitshinweise des Schaumdauerwellen-Präparats.

Durchführung. Die beiden Haarsträhnen werden jeweils auf einem Lockenwickler aufgewickelt. Die eine Haarsträhne wird mit Wasser befeuchtet, auf die andere trägt man Wellschaum auf. Nach 15 Minuten wird der Wellschaum abgespült und der Fixierschaum aufgetragen. Nach weiteren zehn Minuten wird die Fixierung ausgespült. Beide Haarsträhnen werden nun mit dem Haartrockner etwas angetrocknet und von dem Lockenwickler abgewickelt.

Beobachtung. Die zuvor glatten Haarsträhnen sind beide gewellt. Die mit Dauerwellenflüssigkeit behandelte Haarsträhne ist stärker gewellt und behält im Gegensatz zur unbehandelten Haarsträhne nach mehrmaligem Strecken ihre Form. Auch bei erneutem Anfeuchten der behandelten Haarsträhne bleiben die Dauerwellen erhalten.

Erklärung. Haar besteht aus α-Keratin, das eine α-Helixstruktur aufweist. Die einzelnen Helices sind durch Disulfidbrücken miteinander verbunden, die aus der Reaktion der SH-Gruppen zweier Cysteinbausteine der Polypeptidkette resultieren. Die Verknüpfung der einzelnen Helices ist mit dafür verantwortlich, ob das Haar glatt oder gelockt ist.

Das Wellmittel enthält Salze der Thioglykolsäure, die als Reduktionsmittel wirken. So werden die Cystin-Disulfidbrücken zwischen den Helices reduktiv gespalten (s. Abbildung 10.12). Das Fixierungsmittel enthält Wasserstoffperoxid als Oxidationsmittel. Durch die oxidative Wirkung des Fixierungsmittels werden neue Disulfidbrücken geknüpft. Auf diese Weise ist eine dauerhafte Formveränderung des Haares möglich.

Bemerkung. Dieses Experiment kann noch erweitert werden, indem man eine dritte Haarsträhne nur mit Wellmittel behandelt. Nach dem Anfeuchten dieser Haarsträhne bleibt die Form nicht erhalten, da durch das Fehlen des Fixiermittels keine neuen formstabilisierenden Disulfidbrücken ausgebildet werden.

Thioglykolsäure kann eine allergieauslösende Wirkung haben. Von daher könnte Cystein alternativ als Reduktionsmittel zum Einsatz kommen. Cystein ist allerdings etwa fünfzehnmal teurer als Thioglykolsäure, sodass eine breite Anwendung zurzeit an den hohen Kosten scheitert.

V 2.2.4 Fällung von Proteinen

Kurz und knapp. Dieses Experiment demonstriert, dass man Proteine reversibel und irreversibel fällen kann. Bei der Isolierung und Reinigung von Proteingemischen erfolgt eine erste Trennung verschiedener Proteine mithilfe einer reversiblen Fällung durch Aussalzen.

Zeitaufwand. Vorbereitung: 5 min, Durchführung: 5 min

Material:	Eiweißlösung (Eiklar 1:10 mit 0,9 %iger NaCl-Lösung verdünnt)
Geräte:	3 Demonstrationsreagenzgläser mit Ständer, Becherglas als Wasserbad, Bunsenbrenner, Ceranplatte mit Vierfuß, Feuerzeug, Pasteurpipette, Spatel, kleines Becherglas
Chemikalien:	10 %ige Salzsäure (HCl), Ammoniumsulfat ($(NH_4)_2SO_4$), entmin. Wasser

Sicherheit. Salzsäure ($10\% \leq w < 25\ \%$): Xi.

Durchführung. Folgende Ansätze werden hergestellt:

Reagenzglas	Vorlage (ca. 3 cm hoch)	Behandlung
1	Eiweißlösung	Erhitzen im siedenden Wasserbad
2	Eiweißlösung	Zugabe von 20 Tropfen konz. HCl
3	Eiweißlösung	Zugabe von 2 g Ammoniumsulfat, Schütteln
4	entmin. Wasser	Zugabe von 2 g Ammoniumsulfat, Schütteln

Anschließend füllt man alle Reagenzgläser mit entmin. Wasser auf.

Beobachtung. In den Reagenzgläsern 1–3 ist eine weißliche Trübung zu beobachten. Nach dem Auffüllen der Reagenzgläser mit entmin. Wasser löst sich diese nur im Reagenzglas 3 wieder auf.

Im vierten Reagenzglas löst sich das Ammoniumsulfat komplett auf.

Erklärung. Sowohl Erhitzen als auch Säurezugabe bewirken eine Denaturierung der Proteine. Die Sekundär- und Tertiärstruktur werden angegriffen, die Proteine verlieren ihre Löslichkeit, und es kommt zu einer irreversiblen Fällung der denaturierten Eiweiße. Die Aminosäuresequenz bleibt bei der Denaturierung unverändert. Das Ausfällen der Proteine durch Ammoniumsulfat beruht darauf, dass die zugegebenen Salzionen dem Protein für ihre eigene Hydratation Wassermoleküle entziehen. Entsprechend kann durch Wasserzugabe die Fällung wieder rückgängig gemacht werden. Die Proteine erhalten ihr Hydratationswasser zurück und gehen wieder in Lösung. Die Vergleichsprobe im vierten Reagenzglas verdeutlicht, dass die Trübung im Reagenzglas 3 nicht auf ungelöstes Ammoniumsulfat zurückgeht.

Bemerkung. Das Ammoniumsulfat sollte in feiner Form vorliegen (eventuell vorher mörsern).

Entsorgung. Der Reaktionsansatz mit Salzsäure wird nach Neutralisation in den Ausguss gegeben.

3 Eigenschaften und Wirkungsweise von Enzymen

A Theoretische Grundlagen

3.1 Einleitung

Sämtliche Stoffwechselreaktionen laufen in den Organismen nur aufgrund der Wirkung von Enzymen ab. Der Name kommt aus dem Griechischen: „zýme" heißt Sauerteig. Enzyme sind die Katalysatoren biologischer Systeme. Unter Katalysatoren versteht man Stoffe, die in der Lage sind, die Geschwindigkeit chemischer Reaktionen zu beschleunigen. Die Geschwindigkeit enzymatisch katalysierter Reaktionen ist etwa 10^6–10^{12} mal größer als die unkatalysierter Reaktionen, und größer als bei vergleichbaren technischen Katalysatoren. Die Reaktionsbedingungen von enzymkatalysierten Reaktionen sind relativ milde, es genügen Temperaturen unter 100 °C, Atmosphärendruck und nahezu neutrale pH-Werte – Bedingungen also, unter denen die meisten biochemischen Reaktionen von selbst nur sehr langsam oder gar nicht ablaufen würden. Im Gegensatz dazu benötigt eine wirksame chemische Katalyse häufig eine erhöhte Temperatur und Druck sowie extreme pH-Werte. Neben ihrer katalytischen Aktivität ist die Spezifität der Enzyme von besonderer Bedeutung. Enzyme besitzen gegenüber den Molekülen, die sie umsetzen, den sogenannten Substraten, eine ausgesprochene Substratspezifität. D. h. sie reagieren nur mit einem ganz bestimmten Molekül oder einer bestimmten Molekülklasse, während strukturell sehr ähnliche Verbindungen nicht umgesetzt werden. Zudem sind sie wirkungsspezifisch, indem nur eine von vielen möglichen Reaktionen des Substrats katalysiert wird. Infolge dieser generellen Spezifität treten bei biochemischen Reaktionen kaum überflüssige Nebenprodukte oder energie- und stoffverschwendende Nebenreaktionen auf. Enzyme besitzen weiterhin die Fähigkeit zu spezifischer Regulation. Diese ist in erster Linie notwendig, damit die Umsetzungen in der Zelle den jeweiligen Bedürfnissen des Stoffwechsels angepasst werden können. Sie erfolgt entweder durch Einflussnahme auf die Aktivität der beteiligten Enzyme oder auf ihre Menge. Danach unterscheidet man folgende Hauptmerkmale von Enzymen: (a) katalytische Effizienz, (b) Spezifität und (c) Regulationsfähigkeit.

3.2 Chemische Struktur der Enzyme

Bei den meisten Enzymen handelt es sich um globuläre Proteine mit Molekülmassen von mehr als 10.000 bis zu mehreren 100.000 Dalton. Oligomer strukturierte Enzyme (Quartärstruktur, s. Abschnitt 2.5) können auch höhere Molekülmassen erreichen. Verschiedene Formen eines Enzyms werden als Isoenzyme bezeichnet. Sie besitzen gleiche Substrat- und Wirkungsspezifität, sind jedoch von etwas unterschiedlicher Struktur und werden in aller Regel von unterschiedlichen Genen determiniert. Isoenzyme können sich in der Sensitivität gegenüber regulatorischen Faktoren unterscheiden. Sind mehrere Enzyme, die verschiedene aufeinanderfolgende Schritte einer Reaktionskette katalysieren, zu einer strukturellen und funktionellen Einheit zusammengefasst, spricht man von einem Multienzymkomplex. Das Wirkungsprinzip besteht darin, die Zwischenprodukte einer Reaktionskette von Enzym zu Enzym weiterzureichen.

Viele Enzyme bestehen aus einem Proteinteil, dem Apoenzym, und einer niedermolekularen Wirkgruppe, welche keine Proteinnatur besitzt. Beide sind zu einer funktionellen Einheit, dem Holoenzym, zusammengefasst.

Zahlreiche Wirkgruppen gehen auf Vitamine zurück; hieraus erklärt sich deren essenzielle biologische Funktion. Hauptproduzenten sind pflanzliche Organismen, über die der Mensch und tierische Organismen ihren Bedarf decken. Die Bindung der Wirkgruppe an das Protein kann unterschiedlich stark sein. Ist die Wirkgruppe permanent mit dem Apoenzym verbunden, spricht man von einer prosthetischen Gruppe. Solche prosthetischen Gruppen besitzen z. B. die Flavoproteine und Cytochrome in den Elektronentransportketten der Atmung und Photosynthese. Werden die Wirkgruppen hingegen in reversibler Weise gebunden, handelt es sich um Coenzyme. Sie übernehmen insbesondere die Rolle eines Wasserstoff- oder Gruppendonators. Beispiele für Coenzyme sind das Adenosintriphosphat (ATP), das Coenzym A (CoA) und das Nicotinamid-adenin-dinucleotid(phosphat) (NAD bzw. NADP). Die Coenzyme sind als Reaktionspartner an der Enzymkatalyse beteiligt und werden durch sie verändert. Sie gehen im Unterschied zum eigentlichen Katalysator also nicht unverändert aus dem Ablauf hervor, sondern müssen in einer weiteren Reaktion, die durch ein anderes Enzymprotein katalysiert wird, wieder in ihren ursprünglichen Zustand zurückverwandelt werden. Aus diesem Grund verwendet man anstelle der Bezeichnung Coenzym auch den Begriff Cosubstrat. Gerade weil die Coenzyme zwischen verschiedenen Enzymsystemen vermitteln, kommt ihnen im Stoffwechsel eine besondere Bedeutung zu. Die Regeneration einer prosthetischen Gruppe erfolgt im Gegensatz zu der eines Coenzyms durch Reaktion mit einem zweiten Substrat (s. Abbildung 3.4).

3.3   Enzyme verringern die Aktivierungsenergie

Die meisten biologisch wichtigen Moleküle sind unter physiologischen Bedingungen extrem reaktionsträge (metastabil). Um sie zur Reaktion zu bringen, ist die Zufuhr eines bestimmten Mindestbetrages an Energie erforderlich. Ein Katalysator hat keinen Einfluss auf das Energieniveau der Ausgangsstoffe und der Endprodukte einer Reaktion; er vermindert nur die Energie des Übergangszustands (oder der Übergangszustände). Für den Start jeder Reaktion ist nicht allein die freie Energie, sondern die sog. Aktivierungsenergie die entscheidende Größe, unabhängig davon, ob eine Reaktion endergon (Aufnahme von freier Energie) oder exergon (Freisetzung von freier Energie) verläuft (Abbildung 3.1). Folgendes Beispiel macht dies deutlich: In Gegenwart von Luftsauerstoff liegt für die meisten organischen Verbindungen das Gleichgewicht auf Seiten der Oxidation, bei CO_2 und H_2O. Wird die Reaktionsfähigkeit der Stoffe durch Erwärmen erhöht, dann verbrennen sie bekanntlich. Bei Zimmertemperatur hingegen sind sie metastabil; obwohl nicht im Gleichgewichtszustand, werden sie nicht verändert. Erst nach Zufuhr eines gewissen Energiebetrags, der Aktivierungsenergie, können sie mit Luftsauerstoff reagieren. Wäre keine Aktivierungsenergie erforderlich, so könnten Lebewesen aus organischen Bausteinen in Gegenwart von Sauerstoff gar nicht existieren. Durch einen Katalysator kann die Aktivierungsenergie eines chemischen Systems stark herabgesetzt werden. Enzyme sind Katalysatoren, die die Einstellung des thermodynamischen Gleichgewichts von biochemischen Reaktionen durch Reduktion der Aktivierungsenergie beschleunigen, und zwar ohne seine Lage (Gleichgewichtskonstante K) zu verändern.

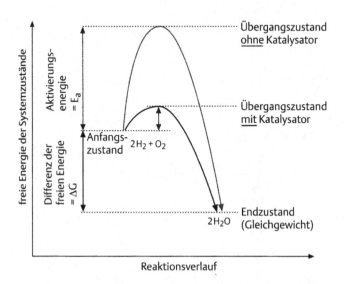

Abbildung 3.1 Schema zur Enzymwirkung bei der Knallgasreaktion 2 H_2 + O_2 → 2 H_2O (DOENECKE et al., 2005. Mit freundlicher Genehmigung von Thieme)

Im Stoffwechsel laufen allerdings zahlreiche Synthesen ab, die endergon sind. Damit sie überhaupt stattfinden können, müssen sie mit exergonen Reaktionen gekoppelt sein. Die exergonen Vorgänge finden jedoch häufig nicht dort statt, wo die Synthesen erfolgen sollen. Daher ist eine energetische Kopplung notwendig, wobei als Bindeglied zwischen den energieliefernden und energieverbrauchenden Reaktionen der Zelle meistens das System von Adenosintriphosphat (ATP) und Adenosindiphosphat (ADP) fungiert. Das ATP dient bei vielen biochemischen Reaktionen als Energieträger (s. Kapitel 7, 9, 10).

3.4 Mechanismus der enzymatischen Katalyse

Die Wirkung von Enzymen als Katalysatoren wird verständlich durch die Zerlegung der Gesamtreaktion in mehrere Einzelschritte nach dem Prinzip der Zwischenstoffkatalyse (Abbildung 3.2). Der erste Schritt ist die Bildung eines Enzym-Substrat-Komplexes (ES). Der zweite Schritt ist die Reaktion vom Substrat zum Produkt. Die Reaktionspartner sind dabei immer im aktiven Zentrum des Enzyms gebunden (EP). Der dritte Schritt ist die Freisetzung des Produkts (E+P). Wichtig ist vor allem, dass die Aktivierungsenergie für jeden Einzelschritt gering ist und deshalb die Gesamtreaktion rasch ablaufen kann.

Eine enzymatisch katalysierte Reaktion beginnt mit der reversiblen Bindung des Substratmoleküls an das aktive Zentrum des Enzyms, wobei ein Enzym-Substrat-Komplex gebildet wird. Die Substratbindung erfolgt gewöhnlich über nichtkovalente Bindungen (Ionen- und Wasserstoffbrücken), über hydrophobe

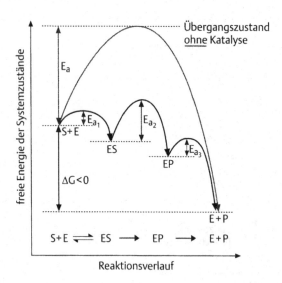

Abbildung 3.2 Zwischenstoffkatalyse: Der Gesamtbetrag der Aktivierungsenergie (E_a) wird bei der enzymkatalysierten Reaktion in kleinere Teilbeträge zerlegt (E_{a1}–E_{a3}). S Substrat, E Enzym, P Produkt der katalysierten Umsetzung (S→P) (nach DOENECKE et al., 2005. Mit freundlicher Genehmigung von Thieme)

Wechselwirkungen oder auch nur unter Vermittlung durch VAN-DER-WAALS-sche Kräfte. Das Substrat (bzw. die Substrate) wird aus der wässrigen Umgebung entfernt und in einer anderen chemischen Umgebung eingeschlossen. Mit dem Augenblick der Substratbindung wird ein weiterer Bereich aus der Aminosäuresequenz des Enzyms aktiv und katalysiert am gebundenen Substrat eine ganz bestimmte Reaktion. Substratbindungsstelle und katalytisch wirksamer Bereich liegen häufig eng benachbart in einer Kaverne oder einem Spalt des Proteins. Beide Wirkbereiche fasst man als aktives Zentrum des Enzyms zusammen.

3.5 Kinetik der Enzymreaktionen

Die Kinetik befasst sich mit den Geschwindigkeiten chemischer Reaktionen, mit der Zielsetzung einer detaillierten Beschreibung der einzelnen Reaktionsschritte sowie ihrer Abfolge in einem Gesamtprozess. Enzymreaktionen verlaufen über kurzlebige Zwischenstufen, die man zu einer Einheit, dem Enzym-Substrat-Komplex (ES), zusammenfassen kann, der entweder in Enzym (E) und Substrat (S) oder in Enzym und Produkt (P) zerfallen kann:

$$E + S \underset{k_2}{\overset{k_1}{\rightleftharpoons}} ES \overset{k_3}{\rightarrow} E + P \tag{3.1}$$

Die Bildung des Enzym-Substrat-Komplexes ist in aller Regel reversibel; die Dissoziation dieses Komplexes in freies Enzym und Produkt ist irreversibel und stellt den geschwindigkeitsbestimmenden Schritt für die Gesamtreaktion dar.

Zwischen der Substratkonzentration S (mol/l) und der Reaktionsgeschwindigkeit V (mol/[L· s]) lässt sich eine Beziehung herstellen, die sehr häufig in einer hyperbolischen Sättigungskurve zum Ausdruck kommt (Abbildung 3.3 A). Bei niedrigen Substratkonzentrationen ist die Reaktionsgeschwindigkeit direkt proportional zur Substratkonzentration; bei höheren Substratkonzentrationen dagegen nähert sich die Kinetik einer Reaktion 0. Ordnung an, d. h., sie wird zunehmend von der Substratkonzentration unabhängig. Die MICHAELIS-MENTEN-Gleichung (nach Leonor MICHAELIS, 1875–1949, deutsch-amerikanischer Biochemiker und Mediziner, und Maud MENTEN, 1879–1960, kanadische Biochemikerin und Medizinerin) beschreibt diese Zusammenhänge:

$$V = V_{max} \cdot [S] / (K_M + [S]) \tag{3.2}$$

V_{max} ist die maximale Reaktionsgeschwindigkeit, die bei vollständiger Sättigung des Enzyms mit Substrat erreicht wird. [S] ist die Substratkonzentration. K_M nennt man MICHAELIS-Konstante. Sie ist definiert als diejenige Substratkonzentration, bei der die Hälfte der Maximalgeschwindigkeit erreicht ist. Sie ist eine wichtige Kenngröße für die Affinität des Enzyms zum Substrat. Sie ist unabhängig von der Konzentration des Enzyms, kann aber durch Effektoren (Aktivatoren, Inhibitoren) beeinflusst werden. Je kleiner der K_M-Wert, desto größer ist die Affinität des Enzyms zum Substrat.

Zur Bestimmung des K_M-Wertes wird meist die doppelt reziproke Darstellung nach LINEWEAVER und BURK (Hans LINEWEAVER, 1907–2009, und Dean BURK, 1904–1988, US-amerikanische Biochemiker) benutzt (Abbildung 3.3 B). Dazu wird die MICHAELIS-MENTEN-Gleichung umgeformt in:

$$\frac{1}{V} = \frac{K_M + [S]}{V_{max} \cdot [S]} = \frac{K_M}{V_{max} \cdot [S]} + \frac{[S]}{V_{max} \cdot [S]} = \frac{K_M}{V_{max}} \cdot \frac{1}{[S]} + \frac{1}{V_{max}} \qquad (3.3)$$

Mit den Variablen $1/V$ und $1/[S]$ ist das eine lineare Gleichung vom Typ $y = ax + b$, d. h. die graphische Auftragung ergibt eine Gerade mit der Steigung K_M/V_{max}. Aus ihren Schnittpunkten mit der Ordinate und der Abszisse sind die charakteristischen Konstanten K_M und V_{max} abzulesen. Der y-Achsenabschnitt des Graphen gibt den Wert $1/V_{max}$ an; der x-Achsenabschnitt entspricht dagegen dem Wert $-1/K_M$. Sobald K_M und V_{max} bekannt sind, kann man nach der MICHAELIS-MENTEN-Gleichung die Reaktionsgeschwindigkeit für beliebige Substratkonzentrationen berechnen. Aufgrund der zunehmenden Verbreitung von Mikrocomputern können V_{max} und K_M mittlerweile auch mithilfe nichtlinearer Regressionen genauer als mit dem LINEWEAVER-BURK-Verfahren ermittelt werden.

Der MICHAELIS-MENTEN-Formalismus lässt sich auch auf viele komplexe physiologische Vorgänge anwenden (z. B. Aufnahme- und Transportprozesse), die einer hyperbolischen Sättigungskurve folgen. Dabei ergibt sich ein „appa-

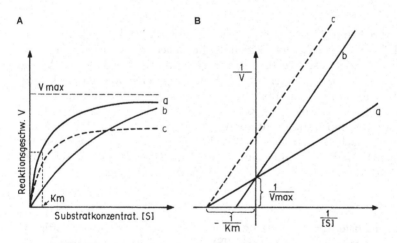

Abbildung 3.3 Abhängigkeit der Reaktionsgeschwindigkeit von der Substratkonzentration (bei konstanter Enzymkonzentration). A in direkter Auftragung, B in der Auftragung nach LINEWEAVER und BURK. a ohne Hemmstoff, b in Gegenwart eines kompetitiven, c in Gegenwart eines nichtkompetitiven Hemmstoffs (nach JÄGER et al., 2003. Mit freundlicher Genehmigung von Springer Science and Business Media)

renter K_M-Wert", der die kinetischen Eigenschaften des Gesamtprozesses reflektiert.

V_{max} ist keine enzymspezifische Konstante, da sie von der Enzymkonzentration abhängt. Ist diese bekannt (was Kenntnis des Molekulargewichts des betreffenden Enzyms verlangt), dann lässt sich die katalytische Konstante K_{cat} = V_{max}/E_T (E_T = totale Enzymkonzentration) bestimmen; sie wird auch als Wechselzahl bezeichnet und hat die Dimension s^{-1}.

Dank der spezifischen katalytischen Eigenschaften von Enzymen können Enzymaktivitäten *in vitro* sehr präzise gemessen werden, auch wenn sie stark mit anderen Zellinhaltsstoffen stark verunreinigt sind. Man misst in aller Regel die Reaktionsintensität bei sättigender Substratkonzentration (V_{max}). Standardeinheiten der Enzymaktivität sind das Katal (Symbol: kat; Umsatz von 1 mol Substrat pro s bei definierter Temperatur, meist 25 °C, und optimalen Bedingungen, z. B. optimalem pH) und die „internationale Einheit" (engl.: International Unit IU oder kurz als Unit bezeichnet: Umsatz von 1 µmol Substrat pro min unter definierten Reaktionsbedingungen). Die spezifische Aktivität eines Enzyms ist die Gesamteinheit an Enzymaktivität in einer Probe dividiert durch das in der Probe vorhandene Gesamtprotein (IU/mg Protein).

3.6   Beeinflussung und Regulation von Enzymen

Die Enzymaktivität wird nicht nur vom Substratangebot, sondern auch von der Temperatur, dem pH-Wert und dem Ionenmilieu des Mediums bestimmt. Die Geschwindigkeit chemischer Reaktionen nimmt mit steigender Temperatur zu. Als Faustregel gilt, dass eine Temperaturerhöhung um 10 °C eine Erhöhung der Reaktionsgeschwindigkeit um den Faktor zwei bis drei bewirkt. Dieses Verhalten wird vielfach auch als RGT-Regel bezeichnet (RGT: Reaktions-Geschwindigkeit, Temperatur). Die Abhängigkeit von der Temperatur folgt einer Optimumskurve, wobei bei vielen Enzymen das Optimum zwischen 40 °C und 60 °C liegt. Bei höheren Temperaturen nimmt die Aktivität sehr schnell ab, was auf eine Änderung der Konformation der Proteinkette des Enzyms zurückzuführen ist. Änderungen des pH-Wertes führen zu Protonierungen oder Deprotonierungen ionisierbarer Gruppen des Substrats oder aber des Enzyms. Eine Ladungsänderung der Gruppen im aktiven Zentrum ist häufig die Ursache für die Aktivitätsänderung. Das pH-Optimum der Enzyme liegt meist im Bereich von 6,0 bis 8,5. Aufgrund individueller Unterschiede im pH-Optimum der einzelnen Enzyme können Veränderungen im pH-Milieu der Zelle oder auch Unterschiede im pH-Wert der einzelnen Zellkompartimente wesentlich zur Regulation der Enzymaktivität beitragen. Verschiedene andere Ionen (z. B. Na^+, K^+, Ca^{2+}, Mg^{2+}, Mn^{2+}) können ebenfalls als Aktivatoren und Inhibitoren (Hemmstoffe) von Enzymen fungieren.

Darüber hinaus kann die Aktivität von Enzymen sehr spezifisch durch Inhibitoren verringert und durch Aktivatoren gesteigert werden. Konkurriert ein Inhibitor mit einem der Substrate um einen Platz am aktiven Zentrum, dann liegt eine kompetitive Hemmung vor. Hier ist davon auszugehen, dass der Inhibitor reversibel an das Enzym bindet. In diesem Fall nimmt die Hemmwirkung mit zunehmender Substratkonzentration ab. Bei der kompetitiven Hemmung ist V_{max} nicht beeinflusst, K_M ist dagegen erhöht. In diesem Fall schneiden die doppelt-reziproken Kurven (LINEWEAVER-BURK-Auftragung) mit verschiedenen Konzentrationen des Inhibitors alle die $1/V$-Achse bei $1/V_{max}$ (Abbildung 3.3 B); daran lässt sich die kompetitive Hemmung von anderen Arten der Hemmung unterscheiden. Bindet ein Inhibitor irreversibel an das Enzym, wird er als Inaktivator bezeichnet. Inaktivatoren senken bei allen Substratkonzentrationen das Wirkungsniveau der Enzymkonzentration. Nichtkompetitive Inhibitoren binden an einer anderen Stelle an das freie Enzym oder an den ES-Komplex.

Viele Enzyme sind oligomer aus mehreren Untereinheiten aufgebaut. Sie können daher auch mehrere katalytische Zentren besitzen. Sind diese hinsichtlich Substratbindung und kinetischem Verhalten voneinander unabhängig, so verhält sich ein solches Enzym entsprechend der MICHAELIS-MENTEN-Beziehung. In vielen Fällen folgt die Substratabhängigkeit jedoch einer sigmoiden Sättigungskurve, die dadurch ausgezeichnet ist, dass sich der Ordinatenwert innerhalb eines engen Bereiches von Abszissenwerten stark ändert. Die Aktivität von Enzymen dieses Typs kann häufig reversibel verändert werden, indem positive (Aktivatoren) oder negative (Inhibitoren) Effektoren die Affinität zum Substrat dramatisch erhöhen oder erniedrigen. Durch Bindung der niedermolekularen Effektoren am regulatorischen Zentrum (allosterisches Zentrum) des Enzyms wird eine Konformationsänderung des Proteins induziert, die zu veränderter Bindungsfähigkeit des Substrats an das katalytische Zentrum führt. Die Substratkonzentration, bei der die Geschwindigkeit einer durch ein allosterisches Enzym katalysierten Reaktion die Hälfte ihres Maximalwertes besitzt, bezeichnet man mit dem Symbol $[S]_{0,5}$ oder $K_{0,5}$.

Aktivitätskontrolle ist auch über chemische Veränderungen am Enzymprotein möglich (kovalente Modifikationen von Proteinen). Die chemische Modifikation kann praktisch ein vollkommenes Ein- oder Ausschalten bewirken. Hier ist in erster Linie die Phosphorylierung bzw. Dephosphorylierung zu nennen; beide können hemmend oder fördernd auf die Aktivität wirken. Die verantwortlichen Kontrollenzyme, Kinase und Phosphatase, unterliegen ihrerseits einer übergeordneten Regulation.

Eingriffe zur Steuerung des Stoffwechsels durch Veränderung der Aktivität von Enzymmolekülen ergeben sehr schnelle Effekte. Sie sind somit verwendbar für Anpassungen des Stoffwechsels an kurzfristige Veränderungen des inneren und äußeren Milieus der Zelle bzw. des Organismus. Daneben sind aber auch längerfristige Umstellungen des Stoffwechsels erforderlich, die über Veränderungen der Enzymkonzentrationen in der Zelle erfolgen.

3.7 Einteilung und Nomenklatur der Enzyme

Gewöhnlich werden Enzyme durch Anhängen der Nachsilbe „-ase" benannt, und zwar entweder an den Namen ihres Substrats oder an einen Begriff, der die katalytische Wirkung des Enzyms beschreibt. So katalysiert „Urease" die Hydrolyse von Harnstoff (lat.: Urea) und „Alkoholdehydrogenase" die Oxidation von Alkoholen zu den entsprechenden Aldehyden. Um Verwirrungen zu beseitigen, die aufgetreten waren, hat 1961 eine internationale Kommission bestimmte Regeln für die Nomenklatur und die Einteilung der Enzyme aufgestellt. Enzyme werden gemäß ihres empfohlenen Namens, ihres systematischen Namens und ihrer Klassifizierungsnummer systematisch geordnet. Nach der Art der katalysierten Reaktion werden sechs Hauptklassen unterschieden; innerhalb der Hauptklassen wird nach den chemischen Bindungen, die gelöst oder geknüpft werden, weiter differenziert.

Tabelle 3.1 Enzym–Klassifizierung nach dem Reaktionstyp

Klassifizierung	Typ der katalysierten Reaktion
1. Oxidoreduktasen	Oxidation/Reduktion
2. Transferasen	Transfer funktioneller Gruppen
3. Hydrolasen	Hydrolysereaktionen
4. Lyasen	Gruppeneliminierung zur Bildung von Doppelbindungen
5. Isomerasen	Isomerisierung
6. Ligasen	Kovalente Bindung, gekoppelt mit ATP–Hydrolyse

Aufgrund dieser Einteilung sind alle ausreichend charakterisierten Enzyme in einer Liste aufgeführt und erhalten eine Klassifizierungsnummer (EC-Nr; EC: Enzyme Commission); die ersten drei Ziffern geben die Haupt- und Unterklassen an, die vierte ist die Seriennummer innerhalb der zweiten Untergruppe. So umfasst etwa Gruppe 1 die Oxidoreduktasen, also alle Enzyme, die Redoxprozesse in Zellen katalysieren. Untergruppe 1.1 sind dann jene Oxidoreduktasen, die auf -CHOH-Gruppen wirken; zu 1.1.1 werden jene Enzyme gerechnet, die den Wasserstoff auf NAD^+ oder auf $NADP^+$ übertragen, und 1.1.1.1 ist schließlich das Enzym Alkoholdehydrogenase, dessen Substrat Ethylalkohol ist. Das Enzym, das die Reaktion

$$ATP + D\text{-Glucose} \rightarrow ADP + D\text{-Glucose-6-phosphat} \qquad (3.4)$$

katalysiert, heißt formal ATP-Glucose-Phosphotransferase, d. h. es katalysiert die Übertragung einer Phosphatgruppe von ATP auf Glucose. Seine Enzymklassifizierungsnummer (EC-Nummer) ist 2.7.1.1. Die erste Ziffer (2) bezeichnet den Klassennamen (Transferase), die zweite (7) die Unterklasse (Phosphotransferase), die dritte (1) besagt, dass es sich um eine Phosphotransferase mit einer Hydroxygruppe als Akzeptor handelt, und die vierte (1), dass D-Glucose als Phosphatgruppen-Akzeptor fungiert. Bei langen systematischen Namen kann ein Trivialname verwendet werden – in diesem Fall Hexokinase.

B   Versuche

V 3.1 Wirkungsweise von Enzymen

V 3.1.1 Katalytische und biokatalytische Zersetzung von Wasserstoffperoxid

Kurz und knapp. Die Wirkungsweise der Katalase als Biokatalysator und ihre Bedeutung für lebende Systeme wird in diesem Versuch anhand eines Vergleiches mit dem anorganischen Katalysator Mangandioxid (Braunstein) demonstriert. Das Enzym Katalase ermöglicht ebenso wie der anorganische Katalysator Braunstein die Zersetzung von Wasserstoffperoxid. H_2O_2 entsteht bei verschiedenen Stoffwechselreaktionen und ist als starkes Oxidationsmittel ein beachtliches Zellgift. Aus diesem Grund muss es in der Zelle sofort unschädlich gemacht werden. Katalase ist in lebenden Geweben daher weit verbreitet.

Zeitaufwand. Vorbereitung: 5 min, Durchführung: 5 min

Material:	Kartoffel (Knolle von *Solanum tuberosum*; enthält Katalase)
Geräte:	3 Demonstrationsreagenzgläser mit Ständer, Kartoffelreibe, Glimmspan, Messer, Feuerzeug, Spatel, Messzylinder (50 ml)
Chemikalien:	30 %ige Wasserstoffperoxidlösung (H_2O_2), Braunstein (MnO_2), entmin. Wasser, Octanol

Sicherheit. Mangan(IV)-oxid (Braunstein; Festsubstanz und Lösungen w $\geq$ 25 %): Xn. Octanol: Xi. Wasserstoffperoxid (Lösungen 20 % $\leq$ w < 60 %): C. Beim Experimentieren sind Schutzbrille und Handschuhe zu tragen.

Durchführung. Zunächst gibt man in jedes der drei Reagenzgläser 10 ml 30 %ige Wasserstoffperoxidlösung und 20 ml entmin. Wasser. Dann zerkleinert man eine kleine ungeschälte Kartoffel mit einer Reibe oder im Mörser mit Pistill, sodass man einen frischen Kartoffelbrei erhält. Anschließend gibt man in das erste Reagenzglas eine Spatelspitze Braunstein, in das zweite etwas Kartoffelbrei und Octanol. Das dritte Reagenzglas enthält nur 10 %ige Wasserstoffperoxidlösung und dient als Kontrollansatz. Mit allen drei Ansätzen führt man die Glimmspanprobe durch.

Beobachtung. Nach kurzer Zeit setzt in den Reagenzgläsern 1 und 2 eine heftige Bläschenbildung ein. In dem Ansatz mit Kartoffelbrei kommt es zur Schaumbildung, die durch Zugabe einiger Tropfen Octanol unterdrückt wird. Ein in die Reagenzgläser gehaltener, glimmender Holzspan leuchtet in den Ansätzen 1 und 2 auf. Der Kontrollansatz bleibt unverändert, und die Glimmspanprobe ist negativ.

Erklärung. Die Bläschenbildung in den Reagenzgläsern 1 und 2 ist auf die Sauerstoffbildung bei der Zersetzung von H_2O_2 zurückzuführen. Der Sauerstoff wird durch den aufglimmenden Holzspan nachgewiesen. Das Wasserstoffperoxid zerfällt bei Zimmertemperatur nicht, und so kann kein Sauerstoff nachgewiesen werden. Das im Kartoffelbrei enthaltene Enzym Katalase ist wie der anorganische Katalysator MnO_2 in der Lage, H_2O_2 zu zersetzen. Sowohl Katalase als auch MnO_2 setzen die für den Zerfall benötigte Aktivierungsenergie herab.

Die Katalase (EC 1.11.1.6) ist ein im Tier- und Pflanzenreich weit verbreitetes Enzym mit einer sehr hohen Wechselzahl von ca. 200.000 s^{-1}. Das Holoenzym besteht aus vier identischen Untereinheiten, von denen jede ein Häm (einen eisenhaltigen Porphyrin-Komplex) als prosthetische Gruppe trägt. Die Katalase arbeitet in einer Zweistufenreaktion: Die Häm-Gruppe wird zunächst durch ein Molekül H_2O_2 oxidiert, wobei atomarer Sauerstoff am zentralen Eisenion gebunden wird. H_2O_2 selbst wird dabei zu H_2O reduziert. Dann wird ein zweites Molekül H_2O_2 unter Einwirkung der oxidierten Häm-Gruppe zu H_2O und O_2 disproportioniert. Die Oxidationsstufe des Eisenions pendelt in diesem Prozess zwischen III und IV (Abbildung 3.4).

Bemerkung. Es empfiehlt sich, dem Ansatz mit Kartoffelbrei etwas Octanol zuzusetzen, da so die Schaumbildung unterdrückt wird und sich die Glimmspanprobe besser durchführen lässt.

Die O-O-Bindung im Wasserstoffperoxid (H-O-O-H) ist schwach und ihre Bindungsenergie klein. H_2O_2 ist daher eine metastabile Verbindung, die sich bei höherer Temperatur zersetzt. Auch bei Zimmertemperatur müsste normalerweise ein sehr langsamer Zerfall des Wasserstoffperoxids stattfinden. Dies wird jedoch bei handelsüblichen Wasserstoffperoxidlösungen durch den Zusatz von sogenannten Stabilisatoren wie z. B. Phosphorsäure oder Natriumstannat unterbunden. Die Stabilisierung ist so effektiv, dass selbst durch Erhitzen der

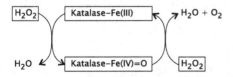

Abbildung 3.4 Wirkungsweise der Katalase

Lösung mit dem Bunsenbrenner keine Zersetzung des Wasserstoffperoxids festzustellen ist.

Entsorgung. Nicht zersetztes Wasserstoffperoxid kann durch Zugabe von einer Spatelspitze Braunstein zersetzt werden. Der Inhalt der Reagenzgläser kann nach dem Ende der Sauerstoffentwicklung in den Ausguss gegeben werden.

V 3.1.2 Verringerung der Aktivierungsenergie durch Urease

Kurz und knapp. Viele chemische Reaktionen laufen nur dann ab, wenn ihnen für den Start die nötige Aktivierungsenergie zugeführt wird, da durch sie die Moleküle in einen reaktionsfähigen Zustand gebracht werden. Die Reaktion kann z. B. durch Hitzezufuhr aktiviert werden oder mittels eines Katalysators, der die Aktivierungsbarriere so weit herabsetzt, dass die Reaktion unter den gegebenen Bedingungen ablaufen kann. Das Enzym Urease ermöglicht die Harnstoffspaltung, indem es als Biokatalysator die erforderliche Aktivierungsenergie erniedrigen kann. Dadurch verläuft die Reaktion wesentlich energiesparender und schneller.

Zeitaufwand. Vorbereitung: 5 min, Durchführung: 5 min

Material:	Sojabohnen (Samen von *Glycine max*, enthalten Urease)
Geräte:	3 Demonstrationsreagenzgläser mit Ständer, Bunsenbrenner, Becherglas, Spatel, Glasstab, Standmixer, 2 Pasteurpipetten, Reagenzglasklammer, Messzylinder (25 ml)
Chemikalien:	1 %ige Harnstofflösung (1 g Harnstoff in 100 ml entmin. Wasser), 0,5 %iges Bromthymolblau (50 mg in 10 ml 60 %igem Ethanol)

Sicherheit. Ethanol: F. Beim Erhitzen des Reagenzglases ist eine Schutzbrille zu tragen.

Durchführung. Gewinnung der Urease aus Sojabohnen: 3 g Sojabohnen werden abgewogen und im Mixer zerkleinert (dreimal fünf Sekunden mit kurzer Pause zwischen den Mahlgängen). Von dem so erhaltenen Sojapulver gibt man 2 g in ein Becherglas mit 20 ml entmin. Wasser und rührt kurz mit einem Glasstab um. Das Sojapulver setzt sich nach kurzer Zeit auf dem Boden des Becherglases ab, und die trübe Ureasesuspension kann ohne Filtrieren direkt eingesetzt werden.

Drei Demonstrationsreagenzgläser füllt man jeweils ca. 5 cm hoch mit 1 %iger Harnstofflösung und gibt vier Tropfen Bromthymolblaulösung hinzu. Das erste

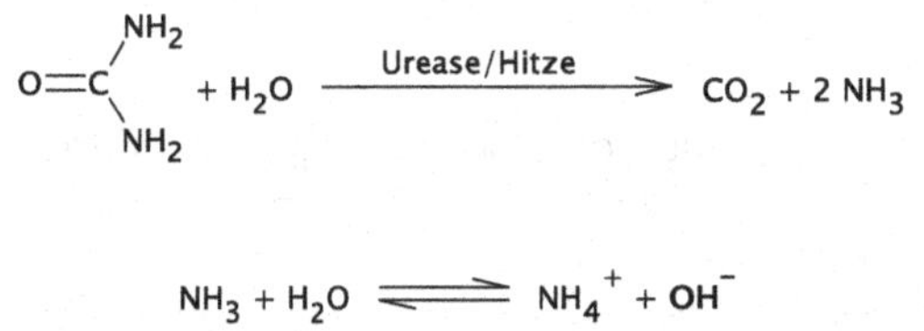

$$O{=}C\overset{\displaystyle NH_2}{\underset{\displaystyle NH_2}{{\Large<}}} + H_2O \xrightarrow{\text{Urease/Hitze}} CO_2 + 2\,NH_3$$

$$NH_3 + H_2O \rightleftharpoons NH_4^+ + OH^-$$

Abbildung 3.5 Ureasereaktion

Reagenzglas dient als Kontrolle. Das zweite Reagenzglas erhitzt man sehr stark bis zur ersten leichten Farbveränderung (darauf achten, dass es zu keinem Siedeverzug kommt!), zu dem dritten gibt man zehn Tropfen der Ureasesuspension.

Beobachtung. Im ersten Reagenzglas bleibt die Harnstofflösung gelb gefärbt. Im zweiten verfärbt sich die Lösung nach längerem Erhitzen ins Grünliche. Im dritten Reagenzglas ist ein Farbumschlag ins Blaue zu beobachten.

Erklärung. Bei Bromthymolblau handelt es sich um einen pH-Indikator, dessen Umschlagsbereich zwischen pH 5,8–7,6 liegt. Im Sauren ist der Indikator gelb gefärbt. Mit steigendem pH-Wert schlägt der Säure-Base-Indikator von gelb über grün nach blau um.

Die unveränderte Gelbfärbung der Kontrolle zeigt, dass Harnstoff bei Zimmertemperatur stabil ist. Durch starkes Erhitzen der Harnstofflösung tritt eine langsame Zersetzung des Harnstoffs in Ammoniak und Kohlendioxid ein. Das entstehende Ammoniak reagiert in wässriger Lösung zu NH_4^+ und OH^-. Durch die entstehenden Hydroxylionen steigt der pH-Wert an, und der Indikator schlägt von gelb nach grün um. Der sehr langsame Umschlag des Indikators ins Grünliche zeigt an, dass trotz der hohen Energiezufuhr durch Erhitzen nur geringe Mengen Harnstoff zersetzt werden. Durch die katalytisch wirksame Urease erfolgt dieselbe Reaktion wesentlich „energiesparender". Es entsteht mehr Ammoniak als bei der Zersetzung durch Erhitzen, und so schlägt der Indikator ins Blaue um (Abbildung 3.5).

Urease (Harnstoff-Amido-Hydrolase, EC 3.5.1.5) ist das einzige bislang bekannte Enzym bei Höheren Pflanzen, welches Nickel als Cofaktor benötigt. Die Samen der Leguminosen, wie der hier verwendeten Sojabohne, zeichnen sich durch einen sehr hohen Gehalt an Urease aus. Die Urease der verwandten Jackbohne (*Canavalia ensiformis*) war das erste Enzym, das kristallisiert werden konnte (James Batcheller SUMNER, 1887–1955, US-amerikanischer Biochemiker, 1946 Nobelpreis für Chemie).

Bemerkung. Das starke Erhitzen der Harnstofflösung hat keinen Einfluss auf den Indikator. Bromthymolblau zersetzt sich nicht durch Hitzeeinwirkung, wie man durch Aufkochen von entmin. Wasser mit einigen Tropfen Bromthymolblau zeigen kann.

V 3.1.3 Aktivität der Katalase bei verschiedenen Substratkonzentrationen

Kurz und knapp. Am Beispiel der Zersetzung von Wasserstoffperoxid durch Katalase kann die Abhängigkeit der Enzymaktivität von der Substratkonzentration gezeigt werden. Die Messergebnisse zeigen in einem Michaelis-Menten-Diagramm die charakteristische Kurve für die Abhängigkeit einer enzymatischen Reaktion von der Substratkonzentration.

Zeitaufwand. Vorbereitung: 20 min, Durchführung: 10 min

Material:	Kartoffel (Knolle von *Solanum tuberosum*)
Geräte:	6 Messzylinder (100 ml), Messzylinder (50 ml), Messzylinder (10 ml), 5 Reagenzgläser mit Ständer, Pipette (5 ml), Reibe, Tee- oder Küchensieb, 2 Bechergläser, Glasstab, Peleusball, Waage
Chemikalien:	ca. 8 %ige Wasserstoffperoxidlösung (27 ml 30 %iges H_2O_2 mit entmin. Wasser auf 100 ml auffüllen), entmin. Wasser, Phosphat-Puffer pH 7,5 (43 ml 0,1 mol/l K_2HPO_4, 7 ml 0,1 mol/l KH_2PO_4)

Sicherheit. Wasserstoffperoxid (Lösungen 20 % $\leq$ w < 60 %: C, Lösungen 5 % $\leq$ w < 20 %: Xi). Beim Experimentieren sind Schutzbrille und Handschuhe zu tragen.

Durchführung.

Endkonzentration H_2O_2 [%]	0,5	1	2	4	8
8 %ige H_2O_2 [ml]	3	6	13	25	50
dest. H_2O [ml]			je auf 50 ml auffüllen		

Gewinnung der Katalase aus Kartoffeln: Eine gewaschene Kartoffel wird mit Schale (etwa 100 g) mit einer Reibe zerkleinert. Zu dem Reibegut gibt man 50 ml Phosphatpuffer pH 7,5, rührt mit einem Glasstab um und filtriert anschließend die Aufschwemmung mit einem Sieb in ein Becherglas. Man pipettiert jeweils 5 ml des Filtrats (= Katalaselösung) in fünf Reagenzgläser.

In den großen Messzylindern setzt man die Wasserstoffperoxidlösungen gemäß obiger Tabelle an und gibt dann zügig hintereinander jeweils 5 ml Katalaselösung zu; die entstandenen Schaummengen notiert man nach fünf Minuten. Dabei empfiehlt es sich, die Gesamtmilliliter abzulesen und davon das Ausgangsvolumen (55 ml) abzuziehen.

Für die Erstellung eines Michaelis-Menten-Diagramms trägt man die gebildete Schaummenge gegen die Substratkonzentration auf.

Beobachtung. Die entstandene Schaummenge steigt entsprechend der Konzentration an Substrat (H₂O₂). Beginnend mit der 2 %igen H₂O₂-Lösung steigt die Schaummenge nur noch sehr gering bzw. nicht mehr weiter an.

Erklärung. Ein Katalaseextrakt, der aus einer geriebenen, rohen Kartoffel durch einfaches Abfiltrieren gewonnen wird, enthält viel Stärke und Eiweiß. Die bei der Einwirkung des Katalaseextrakts auf das Substrat Wasserstoffperoxid einsetzende Sauerstoffentwicklung ist daher durch große Schaumbildung gekennzeichnet. Die Schaumbildung ist der Sauerstoffentwicklung und somit der Katalaseaktivität proportional. Als ein Maß für die Reaktionsgeschwindigkeit (V) dient die gebildete Schaummenge in ml pro Zeiteinheit (fünf Minuten).

Im Michaelis-Menten-Diagramm ist zu erkennen, dass mit zunehmender Substratkonzentration die Reaktionsgeschwindigkeit zunächst linear ansteigt und sich schließlich asymptotisch der maximalen Reaktionsgeschwindigkeit V_{max} annähert. Mit steigender Substratkonzentration sind zunehmend mehr aktive Zentren des Enzyms besetzt, bis schließlich bei voller Absättigung der aktiven Zentren die maximale Reaktionsgeschwindigkeit (V_{max}) erreicht ist. Da nun alle Enzymmoleküle besetzt sind, kann die Reaktionsgeschwindigkeit durch Erhöhung der Substratkonzentration nicht weiter gesteigert werden. Eine weitere Zufuhr von Substratmolekülen führt sogar zu einer Verringerung der Geschwindigkeit, da sich die Substratmoleküle gegenseitig behindern (Hemmung durch Substratüberschuss).

Bemerkung. Es ist eine Braunfärbung des Kartoffelextrakts festzustellen. Sie geht auf die oxidative Wirkung der Phenoloxidasen zurück, die auch im Extrakt enthalten sind (Melaninbildung). Die Braunfärbung der Lösungen nimmt allerdings mit steigender Wasserstoffperoxidkonzentration ab. Dies ist dadurch zu erklären, dass mit steigender Wasserstoffperoxidkonzentration die Bleichwirkung des H₂O₂ zunimmt.

Da die Enzymmenge mit der Kartoffelsorte variiert, empfiehlt es sich, mit dem 4 %igen Ansatz einen Vorversuch durchzuführen, um zu sehen, wie stark die Schaumbildung nach fünf Minuten ist. Bei zu starker Schaumbildung (über 50 ml) ist die Menge an einzusetzender Kartoffel zu verringern, bei zu geringer Schaumbildung entsprechend zu erhöhen.

Bei der Erprobung dieses Versuchs wurde getestet, inwieweit sich mit dieser Methode auch die Temperaturabhängigkeit von Enzymen und die Einwirkung von Schwermetallen demonstrieren lässt. Schwermetalle wie Kupfer und Blei, die eine hemmende Wirkung auf die Katalase haben, zersetzen gleichzeitig katalytisch Wasserstoffperoxid. Andere Schwermetalle, die H₂O₂ katalytisch nicht zersetzen, haben aber auch keine hemmende Wirkung auf die Katalase. Bei der Demonstration der Temperaturabhängigkeit ergibt sich das Problem, dass bereits ab 40 °C fast keine Schaumbildung mehr festzustellen ist. Denaturierungseffekte sind bei diesen Temperaturen wohl noch auszuschließen. Es ist wohl eher zu vermuten, dass Proteasen, die in dem Gesamtextrakt enthalten sind, die Katalase abbauen.

Entsorgung. Der Inhalt der Messzylinder kann nach dem Ende der Sauerstoffentwicklung in den Ausguss gegeben werden.

V 3.2 Eigenschaften von Enzymen

V 3.2.1 Substratspezifität und kompetitive Hemmung der Urease

Kurz und knapp. Am Beispiel der Einwirkung von Urease auf Harnstoff und Thioharnstoff lassen sich Substratspezifität und kompetitive Hemmung von Enzymen demonstrieren. Die Substratspezifität der Urease ist so groß, dass sie nur Harnstoff als Substrat erkennt. Der Thioharnstoff kann von der Urease zwar nicht umgesetzt werden, tritt aber mit dem aktiven Zentrum des Enzyms in Wechselwirkung. Dadurch wird die Urease kompetitiv gehemmt.

Zeitaufwand. Vorbereitung: 10 min, Durchführung: 5 min

Material:	Sojabohnen (Samen von *Glycine max*)
Geräte:	2 Demonstrationsreagenzgläser mit Ständer, Becherglas, Spatel, Standmixer, 3 Pasteurpipetten, Glasstab
Chemikalien:	1 %ige Harnstofflösung (1 g Harnstoff in 100 ml entmin. Wasser), 10 %ige Harnstofflösung (1 g in 10 ml entmin. Wasser), 1 %ige Thioharnstofflösung (1 g Thioharnstoff in 100 ml entmin. Wasser), 0,5 %iges Bromthymolblau (50 mg in 10 ml 60 %igem Ethanol)

Sicherheit. Ethanol: F. Thioharnstoff (Festsubstanz und Lösungen w $\geq$ 1 %): Xn, N.

Durchführung. Gewinnung der Urease aus Sojabohnen: siehe V 3.1.2. Demonstrationsreagenzglas 1 wird etwa 5 cm hoch mit 1 %iger Harnstofflösung gefüllt, Reagenzglas 2 etwa 5 cm hoch mit 1 %iger Thioharnstofflösung. Zu beiden Reagenzgläsern gibt man fünf Tropfen Bromthymolblau und fünf Tropfen Urease. Nachdem man Reagenzglas 1 und 2 verglichen hat, gibt man zu Reagenzglas 2 zusätzlich zehn Tropfen 10 %iger Harnstofflösung.

Beobachtung. Der Ansatz mit der Harnstofflösung verfärbt sich nach Zugabe der Urease blau. Der Ansatz mit der Thioharnstofflösung bleibt dagegen unverändert gelb. Nach der Zugabe von zehn Tropfen 10 %iger Harnstofflösung in den Ansatz mit Thioharnstofflösung kann man eine langsame Verfärbung von gelb über grün nach blau erkennen.

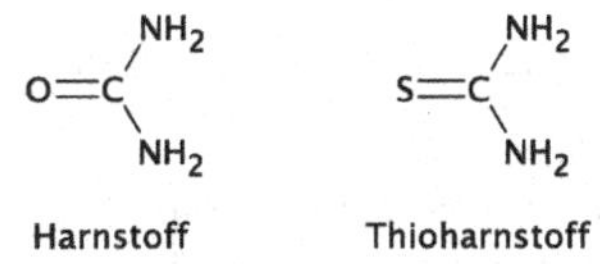

$$O=C\begin{smallmatrix} NH_2 \\ \\ NH_2 \end{smallmatrix} \qquad S=C\begin{smallmatrix} NH_2 \\ \\ NH_2 \end{smallmatrix}$$

Harnstoff   Thioharnstoff

Abbildung 3.6 Strukturformeln von Harnstoff und Thioharnstoff

Erklärung. Harnstoff und Thioharnstoff unterscheiden sich nur geringfügig. Das Sauerstoffatom des Harnstoffs ist beim Thioharnstoff durch Schwefel ersetzt (Abbildung 3.6). Trotzdem erkennt die Urease ganz spezifisch nur Harnstoff als Substrat.

Bei der Zersetzung von Harnstoff entsteht Ammoniak, das mit Wasser zu Ammonium- und Hydroxylionen reagiert (s. Abbildung 3.5).

Den Anstieg des pH-Werts, bedingt durch die entstandenen Hydroxylionen, kann man durch Bromthymolblau nachweisen. Der Indikator schlägt im schwach alkalischen Milieu von gelb nach blau um. Der Säure-Base-Indikator zeigt demnach die Aktivität des Enzyms Urease an.

Das Ausbleiben des Farbumschlags im Fall des Thioharnstoffs zeigt, dass die Urease diese Substanz nicht katalytisch zersetzen kann. Der Thioharnstoff kann zwar an das katalytische Zentrum der Urease binden, ohne jedoch katalytisch umgesetzt zu werden. Dies liegt daran, dass der Atomradius des Schwefels größer ist als der des Sauerstoffs.

Die langsame Verfärbung des Thioharnstoff-Ansatzes nach Zusatz 10 %iger Harnstofflösung zeigt, dass der Thioharnstoff die Aktivität der Urease hemmt. Aufgrund des sehr ähnlichen Aufbaus von Harnstoff und Thioharnstoff konkurrieren beide Moleküle um das aktive Zentrum.

Bemerkung. Wegen des gesundheitsschädlichen Potenzials von Thioharnstoff soll eine Ersatzstoffprüfung durchgeführt werden. Als Ersatzstoff kann N,N'-Dimethylharnstoff zum Einsatz kommen.

Entsorgung. Der Reaktionsansatz mit Thioharnstoff wird in einen Behälter für flüssige organische Abfälle gegeben.

V 3.2.2 Enzymhemmung durch Schwermetalle

Kurz und knapp. Der Versuch zeigt die schädigende Wirkung von Schwermetallionen auf Enzyme am Beispiel der Einwirkung von Zinkionen auf Urease.

Zeitaufwand. Vorbereitung: 10 min, Durchführung: 5 min

Material:	Sojabohnen (Samen von *Glycine max*)
Geräte:	2 Demonstrationsreagenzgläser mit Ständer, 2 Pasteurpipetten, Spatel, Becherglas, Standmixer, Glasstab
Chemikalien:	1 %ige Harnstofflösung (1 g Harnstoff in 100 ml entmin. Wasser), Zinksulfat ($ZnSO_4$), 0,5 %iges Bromthymolblau (50 mg in 10 ml 60 %igem Ethanol)

Sicherheit. Ethanol: F. Zinksulfat (Festsubstanz und Lösungen w $\geq$ 25 %): Xn, N.

Durchführung. Gewinnung der Urease aus Sojabohnen: siehe V 3.1.2. Beide Reagenzgläser werden jeweils 5 cm hoch mit Harnstofflösung gefüllt und mit fünf Tropfen Bromthymolblau versetzt. In das erste Reagenzglas gibt man eine Spatelspitze $ZnSO_4$; das zweite Reagenzglas dient als Kontrolle. In beide Reagenzgläser gibt man nun fünf Tropfen Ureasesuspension.

Beobachtung. Die Probe mit den Schwermetall-Kristallen bleibt gelblich gefärbt, während der Kontrollansatz eine blaue Färbung annimmt.

Erklärung. Die Aktivität der Urease wurde durch das Zinksulfat gehemmt. Das Schwermetall bildet mit den SH-Gruppen der Proteinseitenketten Komplexe und verändert dadurch das aktive Zentrum des Enzyms. Eine Reaktion mit dem Substrat wird verhindert. Die Schwermetalle gelten daher als Enzymgifte. Die Blaufärbung im Kontrollansatz zeigt, dass Harnstoff in Ammoniak und Kohlendioxid zersetzt wurde.

Bemerkung. Es kann auch Kupfersulfat ($CuSO_4$) als Schwermetallsalz Verwendung finden, wobei die $CuSO_4$-Kristalle eine blaue Eigenfärbung aufweisen. Alternativ zu Bromthymolblau kann bei diesem Versuch auch Phenolphthalein (100 mg in 10 ml entmin. Wasser) als Indikator zum Einsatz kommen.

Entsorgung. Der Reaktionsansatz mit Zinksulfat wird in einen Behälter für anorganische Abfälle (mit Schwermetallen) gegeben.

V 3.2.3 pH–Abhängigkeit des Stärkeabbaus durch die Mundspeichel-Amylase

Kurz und knapp. Das Polysaccharid Stärke wird von der Mundspeichel-Amylase in kleinere Fragmente gespalten. Dabei ist die Enzymaktivität wesentlich vom pH-Wert des Reaktionsmediums abhängig. Bei bestimmten pH-Werten erreicht die Enzymaktivität ein Wirkungsmaximum, in anderen pH-Bereichen sinkt sie auf ein Minimum oder erlischt völlig. Fast alle Enzyme zeigen ein charakteristisches pH-Optimum.

Zeitaufwand. Vorbereitung: 10 min, Durchführung: 5 min

Material:	Mundspeichel (Amylase)
Geräte:	4 Demonstrationsreagenzgläser mit Ständer, 4 Reagenzgläser mit Ständer, Messzylinder (25 ml), 2 Messpipetten (5 ml) , Peleusball, Pasteurpipette, Trinkglas, Stoppuhr
Chemikalien:	0,1 %ige Amyloselösung (0,1 g lösliche Stärke in 100 ml entmin. Wasser; kurz aufkochen, bis die Lösung klar ist), 0,25 %ige Iodkaliumiodidlösung (500 mg Kaliumiodid [KI] in 3–4 ml entmin. Wasser lösen, 250 mg Iod [I] zugeben und mit entmin. Wasser auf 100 ml auffüllen), 0,5 mol/l Hydrogenphosphat (8,9 g Na_2HPO_4 · 2 H_2O auf 100 ml), 0,25 mol/l Zitronensäure (5,3 g Zitronensäure · H_2O auf 100 ml)

Sicherheit. Zitronensäure (Festsubstanz und Lösungen w ≥ 20 %): Xi.

Durchführung. Man stellt sich in einem geeigneten Messzylinder Pufferlösungen her, indem man das Volumen an Na_2HPO_4 vorlegt und dann die entsprechenden ml an Zitronensäure hinzugibt:

End–pH	5	6	7	8
0,5 mol/l Na_2HPO_4 [ml]	11	14	18	20
0,25 mol/l Zitronensäure [ml]	9	6	2	0

Von der 0,1 %igen Amyloselösung pipettiert man je 5 ml in vier Reagenzgläser. Zur Gewinnung der Mundspeichelamylase füllt man 10 ml entmin. Wasser in ein Trinkglas, nimmt das Wasser in den Mund, spült den Mund 1 min damit aus, spuckt es wieder in das Trinkglas zurück und füllt mit entmin. Wasser auf etwa 50 ml auf (verdünnter Mundspeichel). Nun werden die Demonstrationsreagenzgläser mit den jeweiligen Pufferlösungen und je 1 ml verdünntem Mundspeichel befüllt. Zum Reaktionsstart gießt man zügig hintereinander die Amyloselösungs-Portionen in die Demonstrationsreagenzgläser und betätigt die Stoppuhr. Die Reaktion wird nach 5 min mit zehn Tropfen 0,25 %iger Iodkaliumiodidlösung abgebrochen.

Beobachtung. pH 5: blaue Färbung; pH 6: leichte rosa Färbung; pH 7: Entfärbung (bzw. Eigenfarbe der Iodlösung); pH 8: blaue Färbung.

Erklärung. Amylose, ein Polysaccharid, besteht aus 200–1000 Glucoseeinheiten, die glykosidisch miteinander verknüpft sind (s. Abschnitt 1.4). Die unverzweigten Ketten bilden eine spiralförmige Helix (Schraube), in die sich die Polyiodid-Ionen einlagern können und eine blauviolette Iod-Amylose-Einschlussverbindung bilden. Die im Mundspeichel enthaltene Amylase (Ptyalin, EC 3.2.1.1) kann die Amylose in kleinere Bruchstücke spalten, die dann weiter zu Maltose und Glucose zerlegt werden. Die Abbauprodukte weisen keine Helixstruktur mehr auf und zeigen somit keine Färbung mehr.

Die Aktivität der Amylase ist vom pH-Wert abhängig, da sich im aktiven Zentrum reversibel protonierbare Gruppen befinden. Durch die Änderung des Ladungszustands dieser Gruppen kommt es zu Änderungen der Konformation und somit auch der katalytischen Aktivität des Enzyms. Die Aktivität der Mundspeichel-Amylase ist bei pH 6 und 7 am größten, da in diesem pH-Bereich keine oder nur sehr geringe Mengen Stärke nachgewiesen werden können. Bei den beiden anderen Ansätzen ist die Aktivität der Mundspeichel-Amylase deutlich geringer, wie durch den positiven Stärkenachweis ersichtlich ist. Das exakte pH-Optimum der Amylase liegt bei pH 6,7.

Bemerkung. Bei diesem Versuch handelt es sich durch die Verwendung der Mundspeichel-Amylase nicht um einen rein pflanzenphysiologischen Versuch. Er hat trotzdem seine Berechtigung, da das Enzym Amylase auch in Pflanzen vorkommt, wie z. B. in gekeimten Weizenkörnern und Darrmalz. Die Mundspeichel-Amylase ist gegenüber den pflanzlichen Enzymen für dieses Experiment einfacher verfügbar.

Bei diesem Versuch sollten keine weiter basischen Reaktionsmedien als pH 8 betrachtet werden, da die Iod-Stärke-Reaktion zum Nachweis von Amylose im Basischen nicht mehr funktioniert. Hier disproportioniert Iod nach folgender Reaktion:

$$I_2 + 2\,NaOH \;\rightarrow\; NaI + NaOI + H_2O \tag{3.5}$$

Ohne die Kenntnis der Disproportionierung von Iod im basischen Milieu kann der Eindruck entstehen, dass das pH-Optimum der Mundspeichel-Amylase im hohen pH-Bereich liegt. Ab Pufferlösungen mit pH 9 müsste man durch Zugabe von Säure die Lösung erst für die Iod-Stärke-Reaktion neutralisieren. Die Verwendung einer sauren Iodlösung wäre ebenfalls denkbar. Diese müsste allerdings so sauer sein, dass bereits mit wenigen Tropfen eine Neutralisation der Pufferlösungen erfolgt. Weiterhin muss ab pH 9 ein anderes Puffersystem zum Einsatz kommen. Der Citrat-Phosphat-Puffer ist nur bis pH 8 geeignet.

Je nach gewünschter Intensität der blauvioletten Färbung kann man den Ansätzen auch mehr als zehn Tropfen 0,25 %iger Iodlösung zufügen.

Gibt man die Iodlösung direkt zu Beginn mit in die Reagenzgläser, so sind alle vier Ansätze blau gefärbt. Nach dem Reaktionsstart mit der Amyloselösung ist jedoch in keinem Ansatz eine Entfärbung zu beobachten. Die Zugabe der Iodlösung bewirkt also einen Reaktionsstopp bzw. eine deutliche Herabsetzung der Amylase-Aktivität.

Die eingesetzte Amyloselösung muss für den Versuch abgekühlt sein, da die Mundspeichel-Amylase sonst denaturiert und das Versuchsergebnis verfälscht wird.

V 3.2.4 Abhängigkeit der Katalaseaktivität vom pH-Wert

Kurz und knapp. Dieser Versuch zeigt ebenso wie V 3.2.3 den Einfluss des pH-Werts auf die Enzymaktivität. Die Abhängigkeit der Enzymaktivität vom pH-Wert lässt sich bei diesem Versuchsansatz in Form einer Optimumkurve darstellen.

Zeitaufwand. Vorbereitung: 20 min, Durchführung: 10 min

Material:	Kartoffel (Knolle von *Solanum tuberosum*)
Geräte:	5 Messzylinder (100 ml), Messzylinder (50 ml), 2 Messpipetten (5 ml), 2 Bechergläser (200 ml), Reibe, Küchen- oder Teesieb, 5 Reagenzgläser mit Ständer, langer Glasstab, kurzer Glasstab, Peleusball
Chemikalien:	30 %ige Wasserstoffperoxidlösung (H_2O_2), entmin. Wasser, 0,25 mol/l Zitronensäure (5,3 g Zitronensäure · H_2O pro 100 ml), 0,5 mol/l Dinatriumhydrogenphosphat (17,8 g Na_2HPO_4 · 2 H_2O/ 200 ml), 0,5 mol/l Glycin (3,8 g/100 ml), 0,5 mol/l Natronlauge (2 g NaOH/100 ml)

Sicherheit. Natriumhydroxid (Festsubstanz und Lösungen w ≥ 2 %): C. Wasserstoffperoxid (Lösungen 20 % ≤ w < 60 %): C. Zitronensäure (Festsubstanz und Lösungen w ≥ 20 %): Xi. Beim Experimentieren sind Schutzbrille und Handschuhe zu tragen.

Durchführung. Gewinnung der Katalase aus Kartoffeln: siehe V 3.1.3; anstelle des Phosphatpuffers wird jedoch entmin. Wasser verwendet. Man stellt die Pufferlösungen (pH 6, 7, 8, 9, 10) direkt in den Messzylindern her, indem man das Volumen der einen Komponente vorlegt und die ml der anderen hinzufügt. Die 5 ml H_2O_2 gibt man erst unmittelbar vor Reaktionsstart hinzu und mischt anschließend die Lösungen in den Messzylindern gut durch Rühren mit einem langen Glasstab.

pH-Wert	6	7	8	9	10
0,5 mol/l Na_2HPO_4 [ml]	31	41	45		
0,25 mol/l Zitronensäure [ml]	14	4	–		
0,5 mol/l Glycin [ml]				35	25

pH–Wert	6	7	8	9	10
0,5 mol/l NaOH [ml]				10	20
30 %iges H_2O_2			je 5 ml		

Man startet die Reaktion, indem man zu den fünf Messzylindern zügig hintereinander jeweils 5 ml Katalaselösung gibt. Nach 5 min notiert man die entstandenen Schaummengen. Dabei empfiehlt es sich, die Gesamtmilliliter abzulesen und davon das Ausgangsvolumen (55 ml) abzuziehen. Die entstandenen Schaumvolumina [ml] trägt man in einem Diagramm gegen die pH-Werte auf.

Beobachtung. Bei pH 8 ist die entstandene Schaummenge am größten. Die Auftragung der Messwerte ergibt die für die pH-Abhängigkeit von Enzymen typische Optimumkurve.

Erklärung. Die Aktivität der Katalase ist vom pH-Wert abhängig, da sich im aktiven Zentrum reversibel protonierbare Gruppen befinden. Durch die Änderung der H^+- bzw. OH^--Konzentration wird der Ladungszustand dieser Gruppen verändert. Es kommt zur Konformationsänderung des Enzyms, und damit verändert sich auch seine katalytische Aktivität. Wie aus der Optimumkurve zu erkennen, ist die katalytische Aktivität der Katalase bei pH 8 am größten.

Bemerkung. Bei längerem Stehen der 3 %igen H_2O_2-Lösung zersetzt sich bei pH 9 und pH 10 das Wasserstoffperoxid bereits ohne Einwirkung von Katalase. OH^--Ionen zersetzen Wasserstoffperoxid katalytisch. Gibt man die Wasserstoffperoxidlösung erst direkt vor dem Reaktionsstart mit dem Katalaseextrakt zu den basischen Pufferlösungen, hat die katalytische Wirkung der OH^--Ionen keinen Einfluss auf das Versuchsergebnis. Um für alle Ansätze die gleichen Versuchsbedingungen zu haben, empfiehlt es sich, die 5 ml 30 %iges Wasserstoffperoxid erst unmittelbar vor Versuchsbeginn in die Messzylinder zu geben.

Die verwendeten Pufferlösungen müssen eine ausreichende Pufferkapazität aufweisen, damit auch nach Zugabe der sauren Wasserstoffperoxidlösung der pH-Wert in etwa konstant bleibt. Dies ist bei den verwendeten Pufferlösungen der Fall.

Entsorgung. Der Inhalt der Messzylinder kann nach dem Ende der Sauerstoffentwicklung in den Ausguss gegeben werden.

V 3.2.5   Einfluss der Temperatur auf die Enzymaktivität am Beispiel der Urease

Kurz und knapp. Mit diesem Versuch lässt sich die Temperaturabhängigkeit der Enzyme am Beispiel der Zersetzung von Harnstoff durch Urease zeigen. Eine Temperaturerhöhung führt zunächst zu einer Erhöhung der Enzymaktivität und damit zu einer schnelleren Zersetzung des Harnstoffs. Bei höheren

Temperaturen nimmt die Aktivität des Enzyms aufgrund von Denaturierungsprozessen schnell ab.

Zeitaufwand. Vorbereitung: 10 min, Durchführung: 10 min

Material:	Sojabohnen (Samen von *Glycine max*)
Geräte:	4 Demonstrationsreagenzgläser mit Ständer, 4 Reagenzgläser mit Ständer, 7 Bechergläser (1 x 2000 ml, 4 x 800 ml, 1 x 200 ml, 1 x 100 ml), Messzylinder (50 ml), Messpipette (5 ml), Standmixer, Spatel, Glasstab, Bunsenbrenner, Vierfuß mit Ceranplatte, Feuerzeug, Thermometer, Waage, Peleusball
Chemikalien:	5 %ige Harnstofflösung (5 g Harnstoff in 100 ml), 0,5 %iges Bromthymolblau (50 mg in 10 ml 60 %igem Ethanol), Citrat–Phosphatpuffer pH 5 (13 ml 0,2 mol/l $Na_2HPO_4 \cdot 2 H_2O$ und 12 ml 0,1 mol/l Zitronensäure $\cdot H_2O$)

Sicherheit. Ethanol: F. Zitronensäure (Festsubstanz und Lösungen w ≥ 20 %): Xi. Das Umfüllen des kochenden Wassers wird durch die Verwendung hitzebeständiger Handschuhe erleichtert.

Durchführung. Gewinnung der Urease aus Sojabohnen: 6 g Sojabohnen werden abgewogen und im Mixer zerkleinert (siehe V 3.1.2). 5 g des Sojapulvers werden in ein Becherglas mit 50 ml entmin. Wasser gegeben. Man rührt kurz mit einem Glasstab um. Nachdem sich das Sojapulver auf dem Boden des Becherglases abgesetzt hat, werden jeweils 5 ml des Ureaseextrakts in vier Reagenzgläser pipettiert.

Die 100 ml 5 %ige Harnstofflösung gibt man mit den 25 ml Pufferlösung in ein 200 ml Becherglas und ergänzt tropfenweise 0,5 %iges Bromthymolblau, bis die Lösung intensiv gelb gefärbt ist.

Nun bringt man im 2000 ml Becherglas etwa 1,5 l Wasser mit dem Bunsenbrenner auf der Ceranplatte mit Vierfuß zum Kochen. Mit dem kochenden Wasser (100 °C) füllt man ein 800 ml Becherglas und stellt dieses auf die Ceranplatte mit Vierfuß, wobei das Wasser weiterhin durch den Bunsenbrenner am Kochen gehalten wird. In einem weiteren 800 ml Becherglas stellt man sich durch Mischen von kochendem und kaltem Wasser ein Wasserbad von 50 °C her. Die beiden übrigen 800 ml Bechergläser füllt man mit Eis (0 °C) bzw. Leitungswasser (20 °C).

Die durch Bromthymolblau gelb gefärbte Harnstofflösung teilt man gleichmäßig auf die vier Demonstrationsreagenzgläser auf und stellt diese in die Wasserbäder mit 0 °C, 20 °C, 50 °C und 100 °C. Die vier Reagenzgläser mit Ureaseextrakt stellt man nun ebenfalls in die Wasserbäder. Harnstofflösung und Ureaseextrakt sollen mindestens 3 min vorgewärmt werden. Dann füllt man den Ureaseextrakt zu der Harnstofflösung.

Beobachtung. Der 50 °C-Ansatz zeigt den schnellsten Farbumschlag von gelb über grün nach blau. Nach etwa 10 min erhält man folgendes Ergebnis:

Temperatur [°C]	0	20	50	100
Färbung	gelb	grün	blau	hellgrün

Die unterschiedliche Farbabstufung lässt sich am besten im direkten Vergleich beobachten. Dazu nimmt man die Reagenzgläser aus den Wasserbädern und stellt sie nebeneinander in einen Ständer. Lässt man die Reagenzgläser bis zum Ende der Stunde stehen, so verfärben sich die Ansätze von 0 °C und 20 °C weiter ins Bläuliche, während der Ansatz von 100 °C unverändert hellgrün bleibt.

Erklärung. Die Enzymkatalyse ist wie alle chemischen Reaktionen temperaturabhängig. Auch für sie gilt die sogenannte RGT-Regel, nach der sich die Reaktionsgeschwindigkeit bei einer Temperaturzunahme um 10 °C in etwa verdoppelt. Neben der Beschleunigung der Reaktionsgeschwindigkeit bewirkt die steigende Temperatur eine abnehmende Enzymstabilität. Bei einer Temperatur von 100 °C wird die Urease thermisch denaturiert. Die Urease wird unwirksam, da es bei dieser Temperatur zur Konformationsänderung der Proteinkette des Enzyms kommt. Die Urease wird irreversibel zerstört. Der Ansatz zeigt auch, nachdem er aus dem Wasserbad genommen wurde, keine Ureaseaktivität mehr. Bei den Ansätzen von 0 °C bzw. 20 °C wurde die Konformation des Enzyms nicht verändert, und so ist die Urease weiterhin aktiv.

Bemerkung. Es ist unbedingt notwendig, dass man zu der Harnstofflösung eine Pufferlösung vom pH 5 gibt, da sonst der Farbumschlag des Indikators Bromthymolblau schlagartig erfolgt und nicht langsam beobachtet werden kann. Der Ansatz von 100 °C muss ständig mit dem Bunsenbrenner erhitzt werden, da sonst die Temperatur des Wasserbads sehr schnell absinkt und das Versuchsergebnis verfälscht wird. Für den Ansatz von 50 °C kann man für die Versuchsdauer Temperaturkonstanz annehmen. Man kann mit diesem Versuch das Temperaturoptimum der Urease zwar „nur" rein qualitativ bestimmen, allerdings werden die Effekte der Temperaturabhängigkeit von Enzymen eindeutig veranschaulicht: Erhöhung der Enzymaktivität und Denaturierung des Enzyms. Die exakten Temperaturen des Temperaturoptimums oder der beginnenden Denaturierung zu kennen, ist für eine halbquantitative Betrachtung unbedeutend.

V 3.2.6 Todesringe und Todesstreifen

Kurz und knapp. Mit diesem Versuch lassen sich sowohl die zelluläre Kompartimentierung von Enzymen als auch ihre Temperatursensitivität demonstrieren. Je nach dem Ausmaß der Hitzeeinwirkung werden die Enzyme denaturiert und die zelluläre Kompartimentierung aufgehoben, oder es wird nur die zellulä-re Kompartimentierung aufgehoben. Sind die Enzyme noch intakt und die zelluläre Kompartimentierung aufgehoben, können die in der Vakuole gespei-cherten Phenole mit den Phenoloxidasen in Kontakt treten. Es ist eine dunkle Färbung des Blattes zu beobachten.

Zeitaufwand. Vorbereitung: 10 min, Durchführung: 5 min

Material:	Laubblätter (z. B. Efeublätter, *Hedera helix*)
Geräte:	großes Becherglas mit Wasser, Bunsenbrenner, Ceranplatte mit Vierfuß, Reagenzglasklammer, Glasstab

Durchführung. Man erhitzt Wasser bis zum Kochen und taucht den unteren Teil eines Efeublattes, das man mit einer Holzzange am Becherglasrand fixiert, hinein.

Währenddessen erhitzt man einen Glasstab für ca. 30 Sekunden in der Bunsen-brennerflamme und drückt diesen anschließend sanft auf ein weiteres Efeublatt.

Beobachtung. Bis zur Eintauchgrenze ist das Efeublatt hellgrün gefärbt. Über der Wasseroberfläche bildet sich ein braunschwarzer Streifen. Oberhalb dieses Streifens ist das Blatt unverändert.

Dort, wo der Glasstab auflag, beobachtet man eine grüne Kreisfläche, die von einem braunschwarzen Ring umrahmt ist (Abbildung 3.7).

Erklärung. In einem gesunden Gewebe befinden sich die Phenoloxidasen (Polyphenoloxidasen, EC 1.10.3.1 und EC 1.14.18.1) und ihr Substrat, die Phe-nole, in zwei unterschiedlichen Kompartimenten. In Höheren Pflanzen sind diese Enzyme in den Plastiden enthalten, während die Phenole in der Vakuole vorliegen. Sie können daher nicht miteinander reagieren.

Im vorliegenden Versuch wer-den nun aufgrund von Erhitzen Teile des Blattes geschädigt, und es kommt zu einer Farbverände-rung. Die Farbveränderung des Efeublattes wird durch die Reak-tion der Phenoloxidasen mit den Phenolen hervorgerufen. Die Enzyme oxidieren die Phenole, und es entstehen über chinoide Zwischenprodukte Melanine, die die braunschwarze Färbung aus-machen. In der eingetauchten

Abbildung 3.7 Todesring (METZNER, 1982)

Blatthälfte sind sowohl die Blattzellen als auch die Enzyme vollständig durch Hitze zerstört worden. Deshalb bleibt die Fläche, die der größten Hitze ausgesetzt ist, grün. Oberhalb der Eintauchmarke reichte die Hitze zur Enzymdenaturierung nicht aus. Dort wurden nur die Membranen geschädigt. Die Polyphenole und die Phenoloxidasen treten aus ihren Kompartimenten aus und reagieren zu dem braunen Farbstoff Melanin. Über dem braunen Streifen findet man wieder intaktes Gewebe.

Die Entstehung der Todesringe durch sanftes Drücken eines heißen Glasstabs ist auf das gleiche Phänomen zurückzuführen.

Bemerkung. Es ist darauf zu achten, dass der Glasstab nicht zu stark erhitzt wird, da das Efeublatt sonst an der Stelle, an der der Glasstab aufliegt, verkohlt.

Bei sehr heftig kochendem Wasser kann die Bildung des dunklen Streifens ausbleiben, da aufgrund der Einwirkung des Wasserdampfs im ganzen Blatt Enzyme und Zellen zerstört werden. Man sollte das Wasser also in moderater Weise zum Kochen bringen und zusätzlich immer nur die untere Spitze des Blattes in das kochende Wasser eintauchen.

V 3.2.7 Haushaltstipp: Braunfärbung aufgeschnittener Äpfel

Kurz und knapp. Dieser Versuch demonstriert, wie die zelluläre Kompartimentierung von Enzym und Substrat durch die Verletzung von Gewebe aufgehoben wird. Beim Anschneiden von Äpfeln kommen die Phenoloxidasen der Plastiden mit ihren Substraten, den Phenolen, in Kontakt, und es kommt zur Braunfärbung.

Zeitaufwand. Vorbereitung: 5 min, Durchführung: 5 min

Material:	Apfel, Zitronensaft
Geräte:	4 Petrischalen, Messer, Pistill mit Mörser oder Reibe
Chemikalien:	Ascorbinsäure (1 Spatelspitze in 10 ml entmin. Wasser), Zitronensäure (1 Spatelspitze in 10 ml entmin. Wasser)

Sicherheit. Zitronensäure (Festsubstanz und Lösungen $w \geq 20\,\%$): Xi.

Durchführung. Den Apfel schälen, in kleine Stücke schneiden und auf die vier Petrischalen verteilen. Zusätzlich gibt man in alle vier Petrischalen etwas frischen Apfelbrei, den man durch Zerreiben der Apfelstücke mit Pistill im Mörser oder Reibe herstellt. In einer Schale beträufelt man Apfelstücke wie auch Apfelbrei mit Zitronensaft, in der nächsten beträufelt man mit Ascorbinsäure und in der dritten mit Zitronensäure. Die vierte Schale dient als Kontrolle.

Beobachtung. Der Apfelbrei verfärbt sich in den Schalen mit der Kontrolle und Zitronensäure direkt bräunlich. Bei den Ansätzen mit Zitronensaft und Ascorbinsäure bleibt die Braunfärbung aus. Bei den Apfelstücken ist dasselbe zu beobachten, jedoch mit einiger zeitlicher Verzögerung. Nach 10 min ist in dem Ansatz mit Zitronensäure und der Kontrolle eine leichte Braunfärbung zu erkennen. Nach 30 min ist bei der Kontrolle und der Schale mit Zitronensäure eine deutliche Braunfärbung feststellbar, während in den Ansätzen mit Ascorbinsäure und Zitronensaft keine Verfärbung auftritt.

Erklärung. Durch die Zerkleinerung des Apfels in kleine Stücke bzw. Apfelbrei sind die Zellen zerstört worden. Dabei sind bei der Herstellung des Apfelbreis mehr Zellen beschädigt worden als beim Schneiden des Apfels in kleine Stücke. Die zuvor räumlich voneinander getrennten Phenoloxidasen und die Substrate, die Polyphenole, können miteinander in Kontakt treten. Diese kupferhaltigen Enzyme hydroxylieren Monophenole zu Diphenolen (EC 1.14.18.1) und Diphenole zu Dichinonen (EC 1.10.3.1), die über eine Reihe weiterer Stoffwechselschritte schwärzliche Pigmente (Melanine) bilden. Auf ihre Bildung ist die Braunfärbung der Apfelscheiben und des Apfelbreis zurückzuführen. Die Phenoloxidasen benötigen aber nicht nur ihr Substrat zur Umsetzung, sondern auch Luftsauerstoff als Oxidationsmittel. Daher beginnt die Verfärbung an den Grenzflächen zur Luft.

Die im Zitronensaft enthaltene Ascorbinsäure und nicht die Zitronensäure, wie man vermuten könnte, unterbindet die Melaninbildung. Die Ascorbinsäure kann aufgrund des relativ niedrigen Redoxpotenzials ($E_0' = + 0,08$ V) leicht zur Dehydroascorbinsäure oxidiert werden. Anstelle der Phenole wird in diesem Ansatz die Ascorbinsäure oxidiert, und so bleibt die Braunfärbung der Apfelscheiben und des Apfelbreis aus. Diese Eigenschaft der Ascorbinsäure macht man sich bei der Konservierung von Nahrungsmitteln zunutze.

Bemerkung. Dieses Experiment ist sehr anschaulich und hat Alltagsbezug, da die Braunfärbung von Apfelscheiben beim Schälen eines Apfels oder auch bei Apfelstücken im Obstsalat zu beobachten ist. Da auch beim Obstsalat das Auge mitisst, sollte man die Apfelstücke mit Zitronensaft beträufeln, um ihre Braunfärbung zu verhindern. In dem Experiment wird Apfelbrei neben den Apfelstücken nur deshalb verwendet, weil sich die Braunfärbung bei diesem schneller einstellt.

4 Bau, Eigenschaften und Funktionen von Biomembranen Die pflanzliche Zelle als osmotisches System

A Theoretische Grundlagen

4.1 Einleitung

Alle Zellen sind von einer Membran umgeben, die ihnen lebenswichtige Individualität verleiht. Die Zell- oder Plasmamembran, das Plasmalemma, trennt das Cytoplasma von der extrazellulären Außenwelt, während sich die Organellen durch ihre Membranen gegen das Cytoplasma abgrenzen. Membranen sind sehr selektive Permeabilitätsschranken (Permeabilität = Durchlässigkeit), die einerseits aufgrund ihrer physikalisch-chemischen Struktur, andererseits über spezifische Kanäle und Pumpen einen kontrollierten Stoffaustausch mit ihrer Umgebung ermöglichen. Sie trennen damit Reaktionsräume (Kompartimente) voneinander. Diese Kompartimentierung ermöglicht eine Aufgabenteilung, sodass viele unterschiedliche Stoffwechselprozesse, ohne sich gegenseitig zu stören, in den Organellen ablaufen können. Damit eine sinnvolle Kompartimentierung erreicht wird, sind Membranen nie als Lamellen ausgebildet, sondern stets in sich geschlossen, d. h. sie sind immer als Vesikel ausgebildet. Membran-Biogenese beruht auf Flächenwachstum vorhandener Membranen durch Einbau neuer Moleküle und schließlich Zerlegung von Kompartimenten durch Membranfluss. Die beiden wichtigsten Bausteine von Biomembranen, Strukturlipide und Membranproteine, werden vor allem am Endoplasmatischen Retikulum (ER) synthetisiert. Vesikulation und Fusion über zwischengeschaltete Vesikel, also Membranfluss, führt zur Verteilung dieses Materials an die übrigen Membranen und zur Vermehrung bestimmter Membranen und Vesikel. Die meisten intrazellulären Membranen und die Plasmamembran können über Vesikelströme, d. h. indirekt durch Membranfluss, miteinander kommunizieren – sie gehören letztlich zum selben Membransystem. Nicht zu diesem System gehören die inneren Mitochondrienmembranen, die inneren Hüllmembranen und Thylakoide der Plastiden. Die Pflanzenzelle enthält also nicht nur drei permanent separierte Plasmen, sondern auch drei nicht durch Membranfluss verbundene

Systeme. Jede dieser Membranen trennt zwei unterschiedliche Räume voneinander und ist selbst asymmetrisch strukturiert; man unterscheidet eine dem Cytoplasma zugewandte P-Seite (plasmatische Seite) von einer dem Cytoplasma abgewandten E-Seite (extraplasmatische oder externe Seite). Viele wichtige Zellfunktionen, wie z. B. Signalaufnahme, Signalleitung, Transport, Energiekonservierung, Biosynthese oder Motilität sind zu wesentlichen Teilen an Membranen gebunden.

4.2 Chemischer Aufbau von Membranen

Die biologischen Membranen sind grundsätzlich aus Proteinen und Lipiden aufgebaut, wobei je nach Funktion der Membran die eine oder andere Komponente überwiegen kann. Unter Lipiden versteht man eine Gruppe von Naturstoffen, die zwar chemisch unterschiedlich aufgebaut sind, aber in ihren physikalisch-chemischen Eigenschaften weitgehend übereinstimmen. Die Zugehörigkeit zu dieser Gruppe wird allein vom Löslichkeitsverhalten bestimmt. In Wasser sind alle Lipide unlöslich, dagegen können sie in unpolaren organischen Lösungsmitteln wie Ether und Chloroform gelöst werden. Aufgrund ihrer chemischen Struktur lassen sich die Lipide in zwei Gruppen einteilen, nämlich in Lipide, die in ihrem Molekül Fettsäuren enthalten und solche, die keine Fettsäuren als Bausteine besitzen. Zur ersten Gruppe zählen Verbindungen wie Fette, Wachse, Phospho- und Glykolipide, zur zweiten Carotinoide und Steroide. Die Phospho- und Glykolipide bauen die Grundstruktur der Membranen, die Matrix, auf. Sie dienen als Lösungsmittel für die in der Membran eingebetteten Proteine und bilden aufgrund ihrer hydrophoben Eigenschaft eine Permeabilitätsschranke. Die Proteine vermitteln die speziellen Membranfunktionen, wie Stofftransport, Elektronen- und Ionentransport und Katalyse.

Der Aufbau eines Phospholipids soll am Beispiel des Lecithins erläutert werden (Abbildung 4.1). Wie bei einem Neutralfett ist der dreiwertige Alkohol Glycerin mit Fettsäuren verestert, allerdings nur mit zwei, mit Palmitinsäure ($C_{15}H_{31}COOH$) und der ungesättigten Ölsäure ($C_{17}H_{33}COOH$). Die übrige Hydroxylgruppe ist mit Phosphorsäure verestert, die ihrerseits mit dem positiv geladenen Alkohol Cholin einen Ester bildet. Das ganze Molekül ist nun nicht mehr hydrophob, sondern weist mit der negativ geladenen Gruppe der Phosphorsäure und der positiven Ladung des Cholins auch einen hydrophilen Pol gegenüber dem hydrophoben Pol aus Fettsäuren auf. Man sagt, Lecithin ist

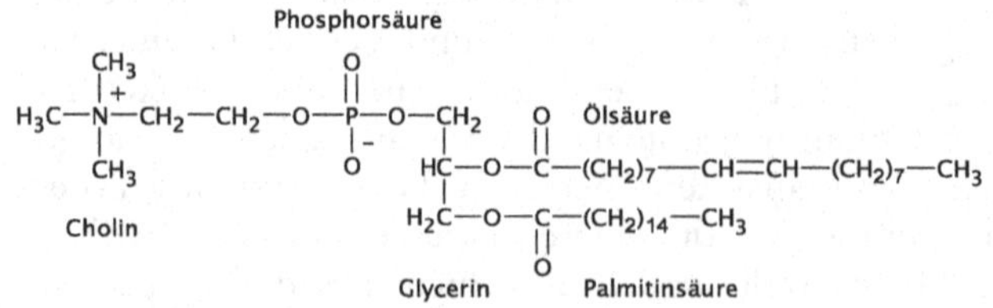

Abbildung 4.1 Lecithin (Phosphatidylcholin)

amphiphil (amphipathisch), d. h. hydrophil und lipophil zugleich. Bei den Glykolipiden bilden Zuckermoleküle den hydrophilen Pol, sie enthalten aber keine Phosphorsäure.

In einer wässrigen Phase ordnen sich die Phospholipide aufgrund ihres amphiphilen Charakters bevorzugt in Form von Micellen oder Lamellen an. Die Micelle ist eine Kugel mit hydrophiler Oberfläche und hydrophobem Innenraum, während die Lamelle eine Fläche darstellt, die aus einer Lipiddoppelschicht aufgebaut ist. Die hydrophilen Lipidköpfe bilden dabei die Ober- bzw. Unterseite der Lamelle, die Molekülschwänze sind dagegen nach innen einander zugekehrt. Auf der Oberfläche der Micelle oder Lamelle werden die hydrophilen Lipidköpfe von den Wassermolekülen hydratisiert, die hydrophoben Schwänze lagern sich zu einem wasserfreien hydrophoben Raum zusammen, da sie keine Wasserstoffbrücken mit den Wassermolekülen ausbilden können. Die Phospho- bzw. Glykolipide bevorzugen jedoch die Lamellenstruktur, da die sperrigen Fettsäurereste eine kugelförmige Anordnung behindern. Die Ausbildung einer solchen Lipiddoppelschicht geschieht in einem wässrigen Medium spontan; diese Fähigkeit steckt im amphiphilen Aufbau der Lipide. Stabilisiert wird diese Anordnung einerseits durch hydrophobe Wechselwirkungen wie die VAN-DER-WAALS-Kräfte zwischen den unpolaren Fettsäureresten, andererseits durch elektrostatische Wechselwirkungen zwischen den Wassermolekülen und den hydrophilen Lipidköpfen (VAN-DER-WAALS-Kräfte sind nichtkovalente Anziehungskräfte zwischen elektrisch neutralen Molekülen, die aus elektrostatischen Wechselwirkungen zwischen permanenten oder induzierten Dipolen bestehen, vgl. Abschnitt 2.5). In flüssig-kristallinen Lipiddoppelschichten ist die laterale Beweglichkeit der einzelnen Moleküle hoch. Nachbarschaftsaustausche liegen bei etwa 10^6 pro Sekunde. Die transversale Beweglichkeit (Flip-Flop) ist dagegen praktisch ausgeschlossen.

Hinsichtlich der Permeabilität erweisen sich Lipiddoppelschichten als ausgesprochen impermeabel, d. h. undurchlässig für hydratisierte Ionen und größere polare Moleküle, z. B. Glucose, da diese den hydrophoben Bereich nicht durchdringen können. Zum Transport dieser Moleküle über Biomembranen bedarf es bestimmter Membranproteine (siehe weiter unten). Kleine polare und insbesondere unpolare Moleküle können Biomembranen dagegen leicht passieren; sie lösen sich gleichsam durch Membranen hindurch. Membranen bezeichnet man daher wegen ihres unterschiedlichen Permeabilitätsverhaltens gegenüber polaren bzw. unpolaren Verbindungen als semipermeabel, d. h. halbdurchlässig. Mittlerweile wird jedoch für Biomembranen der Begriff der selektiven Permeabilität bevorzugt, welcher die vielfältigen Mechanismen des selektiven Transports polarer Substanzen besser erfasst.

Die Membranproteine lassen sich nach ihrer Lage in der Membran in zwei Gruppen einteilen. Die peripheren Membranproteine liegen quasi auf der Membranoberfläche auf bzw. tauchen gerade in die Membran ein, mit der sie durch Wasserstoffbrücken oder Ionenbindungen assoziiert sind. Durch Lösungen hoher Ionenstärke können die peripheren Proteine leicht von der Membranoberfläche gelöst werden. Die integralen Membranproteine sind dagegen durch hydrophobe Wechselwirkungen mit den Lipiden der Membran gekenn-zeichnet. Fast alle bekannten integralen Proteine durchspannen die Lipiddop-pelschicht (Transmembranproteine) mit einem oder mehreren Membrandurch-gängen. Sie bilden Membranrezeptoren, Enzyme, Ionenpumpen, Kanäle und Ankerproteine für das Cytoskelett. Damit die Proteine in die hydrophoben Innenbereiche der Membran eindringen können, bestehen die membrandurch-spannenden Anteile der Proteinkette vorwiegend aus unpolaren Aminosäuren, deren Sekundärstruktur als α-Helix ausgebildet ist (vgl. Abschnitt 2.4). Solch eine hydrophobe Helix besteht aus 20–25 Aminosäuren; ihre Länge entspricht damit der Dicke des unpolaren Bereichs einer Lipiddoppelschicht. Jene Domä-nen der Transmembranproteine, die beidseits aus der Membran herausragen, weisen hydrophile Oberflächen auf. Im Gegensatz zu den peripheren Proteinen lassen sich die integralen Proteine nur durch das Auflösen der Membran mittels Detergenzien wie z. B. Natriumdodecylsulfat (SDS, engl.: Sodium Dodecylsul-fate) gewinnen.

Membranproteine spielen eine wichtige Rolle für den Transport von Ionen und polaren Molekülen über Biomembranen. Nach der Art der vermittelten Trans-portvorgänge kann man sie unterteilen in Pumpen (ermöglichen einen aktiven Stofftransport gegen ein Konzentrationsgefälle, wobei die dafür notwendige Energie aus ATP-Spaltung gewonnen wird), Translokatoren oder Carrier (schleusen Substrate über die Membran, wobei in manchen Fällen durch Cotransport eines Substrats entlang eines Konzentrationsgefälles ein zweites Substrat gegen ein Konzentrationsgefälle transportiert werden kann) sowie Kanäle (ermöglichen einen raschen stoffspezifischen Transport ausschließlich entlang eines Konzentrationsgefälles). Auch der Massentransport von Wasser über Biomembranen erfolgt mithilfe spezifischer Kanalproteine, der sog. Aquaporine (Peter AGRE, US-amerikanischer Molekularbiologe, Nobelpreis für Chemie 2003). Obwohl die Kanäle so engporig sind, dass sie nur von einer Kette einzelner Wassermoleküle passiert werden können, ist die Leitfähigkeit doch erstaunlich hoch (pro Kanal bis zu $3 \cdot 10^9$ Wassermoleküle $\cdot$ s^{-1}).

4.3 Membranmodelle

Nachdem zu Beginn des 20. Jahrhunderts bekannt war, dass Membranen Lip-iddoppelschichten sind, die zusätzlich Proteine enthalten, entwickelten 1935 James Frederic DANIELLI (1911–1984) und Hugh DAVSON (1909–1996, beide britische Physiologen) ein Membranmodell, nach dem die Proteine auf beiden Seiten der Lipiddoppelschicht adsorbiert sein sollten. Dieses Modell wurde noch modifiziert, indem zusätzlich bindende Proteine eingeführt wurden, um der festen Haftung der Proteine an die Membran gerecht zu werden. Die Ent-wicklung der Elektronenmikroskopie brachte einen weiteren Fortschritt für die Membranforschung. Alle Membranen weisen im elektronenmikroskopischen Bild die gleiche Grundstruktur auf. Ein $\approx$ 3 nm breiter, heller Bereich ist von zwei $\approx$ 2 nm dicken Schichten umgeben. Die Membrandicke schwankt je nach

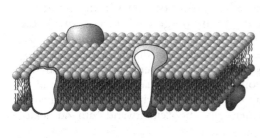

Abbildung 4.2 Fluidmosaik-Modell der Membranstruktur nach SINGER und NICOLSON

Objekt und Membrantypus zwischen 7 und 10 nm. Die unterschiedliche Färbung geht dabei auf die zur Fixierung verwendeten Chemikalien zurück. Diese trilamellare Struktur wurde 1960 von J. David ROBERTSON (1922–1995, US-amerikanischer Zellbiologe) als „Unit Membrane"-Konzept beschrieben. Zwölf Jahre später formulierten dann Seymour Jonathan SINGER und Garth L. NICOLSON (US-amerikanische Zellbiologen) das bis heute gültige Membranmodell, das Fluidmosaik-Modell (engl.: Fluid Mosaic Model). Nach diesem Modell bilden die doppelschichtig angeordneten Glyko- und Phospholipide eine zweidimensionale flüssig-kristalline Matrix für Proteine, die sich darin frei lateral bewegen können (Abbildung 4.2). Man kann dies am besten mit dem Driften von Eisbergen im Meer veranschaulichen. Für viele membrangebundene Vorgänge ist die laterale Beweglichkeit von Membranproteinen ein funktionelles Erfordernis. Der Flüssigkeitscharakter oder die Fluidität der Membran hängt im Wesentlichen von der Temperatur und der Zusammensetzung der Lipide ab. Sie steigt prinzipiell mit dem Anteil ungesättigter Fettsäuren an. Die Fluidität ist zugleich die Voraussetzung für die Fusion von Membranen, was die Grundlage für den Transport in Vesikeln oder den Austausch von Membransegmenten darstellt.

4.4   Transportphänomene: Diffusion und Osmose

Gibt man einen Zuckerwürfel in eine Tasse Kaffee, so schmeckt der Kaffee auch ohne Umrühren nach einiger Zeit süß. Die Zuckermoleküle haben sich von selbst im ganzen Kaffee verteilt. Alle Teilchen der Kaffeelösung befinden sich unablässig in Bewegung aufgrund der Wärme, die sich auf Teilchenebene als Bewegungsenergie äußert. Die Bewegung ist ungerichtet, da die Teilchen dauernd zusammenstoßen. Nach einem ihrer Entdecker heißt diese Bewegung BROWNsche Molekularbewegung (Robert BROWN: 1773–1858, britischer Botaniker). Die Zuckermoleküle beginnen sich nun nach dem Herauslösen aus dem Zuckerkristall im gesamten zur Verfügung stehenden Raum gleichmäßig zu verteilen, bis überall die gleiche Konzentration herrscht. Diese Ausbreitung von Molekülen bis zu einem Konzentrationsausgleich nennt man Diffusion. Quantitativ wurde die Diffusion von Adolf Eugen FICK (1829–1901, deutscher Physiologe) untersucht. Dabei zeigte sich, dass die Diffusionsgeschwindigkeit proportional dem Konzentrationsgefälle und der Fläche, durch die die Teilchen diffundieren können, ist. Dies gilt jedoch nur bei konstanter Temperatur; mit steigender Temperatur nimmt auch die Diffusionsgeschwindigkeit zu, da die Bewegungsenergie der Teilchen steigt. Für die Zelle ist die Diffusion als Transportprozess nur über kurze Strecken bedeutsam, etwa durch Membranen hindurch. Denn die Zeit, die eine Substanz braucht, um eine bestimmte Strecke per Diffusion zu durchqueren, ist proportional zum Quadrat dieser Distanz (s. 2. FICKsches Diffusionsgesetz). Konkret heißt das, dass beispielsweise bei einer Verdoppelung der Diffusionsstrecke der vierfache Zeitaufwand zum Zurücklegen dieser Strecke nötig ist.

Osmose ist die Diffusion durch eine semipermeable Membran. Dies lässt sich mithilfe der PFEFFERschen Zelle (Wilhelm PFEFFER: 1845–1920, deutscher Botaniker) demonstrieren (Abbildung 4.3, links). In einer solchen Zelle befindet sich in einer porösen Tonwand eine Niederschlagsmembran aus Kupferhexacyanoferrat II ($Cu_2[Fe(CN)_6]$), die semipermeabel in der oben beschriebenen Weise ist. Füllt man die Zelle mit Rohrzuckerlösung und taucht sie in reines Wasser, dann dringt Wasser in den Tonzylinder ein. Die Rohrzuckerlösung ist osmotisch aktiv. Je mehr osmotisch aktive Teilchen in der Lösung A vorhanden sind, desto geringer wird die Konzentration der Wassermoleküle in dieser Lösung, und das Wasserpotenzial Ψ (ausgesprochen: Psi) der Lösung nimmt ab. Die treibende Kraft und Voraussetzung für die Wasseraufnahme ist ein Wasserpotenzialgefälle $\Delta\Psi$, also ein energetischer Gradient zwischen dem Wasser in der Umgebung der Zelle (B) und dem Wasser in der Zelle (A) selbst. Der Wassereinstrom bewirkt eine Volumenzunahme der Lösung im Kompartiment A. Durch die Volumenzunahme wird Wasser im Steigrohr nach oben gedrückt. Dadurch baut sich ein hydrostatischer Druck auf. Der Wassereinstrom dauert solange an, bis der hydrostatische Druck der Wassersäule gleich dem osmoti-

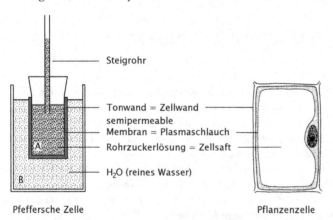

Steigrohr

Tonwand = Zellwand
semipermeable
Membran = Plasmaschlauch
Rohrzuckerlösung = Zellsaft

H_2O (reines Wasser)

Pfeffersche Zelle

Pflanzenzelle

Abbildung 4.3 Osmometermodell der Pflanzenzelle. Links: Osmometer (PFEFFERsche Zelle). Rechts: Pflanzenzelle (nach JÄGER et al., 2003. Mit freundlicher Genehmigung von Springer Science and Business Media)

schen Potenzial Ψ_π der nun verdünnten Lösung ist.

Das osmotische Potenzial einer wässrigen Lösung ist stets negativ. Das osmotische Potenzial von reinem Wasser ist Null. Nach Jacobus Henricus VAN'T HOFF (1852–1911, niederländischer Chemiker, 1901 Nobelpreis für Chemie) hängt das osmotische Potenzial Ψ_π von der Konzentration der gelösten Moleküle oder Ionen und der Temperatur ab: $\Psi_\pi = -R \cdot c \cdot T$, wobei c die Konzentration [mol · l^{-1}], T die absolute Temperatur in [K] und R die allgemeine Gaskonstante (8,3145 J · mol^{-1} · K^{-1}) bedeutet. Eine 1 M (molare) Lösung einer nicht dissoziierten Substanz wie z. B. Rohrzucker hat demnach bei 0 °C (= 273,16 K) ein osmotisches Potenzial Ψ_π von $-8,3145$ J · mol^{-1} · K^{-1} · 1 mol · l^{-1} · 273,16 K = -2271 J · l^{-1} = -2271 kPa [J · l^{-1} = J · dm^{-3} = 1000 J · m^{-3} = 1000 N · m · m^{-3} = 1000 N · m^{-2} = 1000 Pa = 1 kPa]. Dies entspricht $-22,7$ bar (1 bar = 10^5 Pa). Es spielt keine Rolle, um welche Moleküle oder Ionen es sich handelt, nur deren Menge ist für die Größe des osmotischen Potenzials von Bedeutung. Äquimolare (ideale) Lösungen verschiedener, nichtdissoziierender Substanzen haben demnach gleiche Ψ_π-Werte: Sie sind isoosmotisch.

4.5 Die pflanzliche Zelle als osmotisches System, Wasserpotenzial der Zelle, Plasmolyse und Deplasmolyse

Die vakuolisierte Pflanzenzelle ist ein osmotisches System (Abbildung 4.3, rechts). Die Vakuole weist eine Gesamtkonzentration an Zuckern, organischen Säuren und deren Salzen sowie anorganischen Ionen von 0,2–0,8 mol·l^{-1} auf und besitzt daher ein bestimmtes osmotisches Potenzial. Sowohl der Tonoplast, der die Vakuole vom Cytoplasma trennt, als auch das Plasmalemma der Zelle können als selektiv permeable Membranen aufgefasst werden. Ähnlich den Verhältnissen in der PFEFFERschen Zelle kommt es bei der Pflanzenzelle – dem Wasserpotenzialgefälle entsprechend – zu einem osmotischen Wassereinstrom in die Vakuole. Hierdurch entsteht ein Innendruck, der den Protoplastenschlauch gegen die Zellwand presst und diese dabei dehnt. Die Wasseraufnahme hält solange an, bis der mit zunehmender elastischer Spannung der Zellwand größer werdende Wanddruck, der auch als Druckpotenzial Ψ_p bezeichnet wird, den weiteren Wassereinstrom stoppt. In diesem Zustand gilt: $\Psi_p = -\Psi_\pi$. Da das matrikale Potenzial Ψ_τ in diesem System zu vernachlässigen ist, wird der osmotische Zustand der Zelle durch folgende Form der Wasserpotenzialgleichung wiedergegeben:

$$\Psi_{Zelle} \quad = \quad (-)\Psi_\pi \quad + \quad (+)\Psi_p$$

| Wasser-potenzial | osmotisches Potenzial | Druck-potenzial | (4.1) |

Bei gleichen Absolutbeträgen von Ψ_π und Ψ_p ist das Wasserpotenzial der Zelle gleich Null. Sie ist voll turgeszent, befindet sich mit dem Wasser der Umgebung im Gleichgewicht und nimmt kein Wasser auf.

Da das umgebende Milieu einer Zelle meist nicht reines Wasser ist, sondern in aller Regel selbst ein negatives Wasserpotenzial hat, ist nicht der Absolutwert des Wasserpotenzials der Zelle entscheidend, sondern dessen Differenz $\Delta\Psi$ zum Potenzial des Außenmediums. Wenn $\Delta\Psi = 0$, erfolgt kein weiterer Wassereinstrom.

Legt man nun pflanzliche Zellen in eine Lösung, deren Konzentration an gelösten Substanzen höher ist als innerhalb der Vakuole, dann strömt Wasser aus der Zelle aus, da das osmotische Potenzial der äußeren, sogenannten hypertonischen Lösung, negativer ist als das osmotische Potenzial in der Vakuole. Ist die Potenzialdifferenz groß genug, tritt selbst nach völliger Erschlaffung der Zelle noch Wasser aus. Das ausströmende Wasser bewirkt eine Volumenabnahme der Vakuole, sodass sich daraufhin der Protoplast von der Zellwand löst. Diesen Vorgang nennt man Plasmolyse. Ersetzt man die äußere Lösung durch reines Wasser (hypotonische Lösung), nimmt die Zelle osmotisch Wasser auf und ihre ursprüngliche Gestalt wieder an, was man als Deplasmolyse bezeichnet. Diese Vorgänge können wiederholt ablaufen. Der Wassereinstrom kommt dadurch zum Erliegen, dass die Zellwand einer weiteren Volumenzunahme des Protoplasten durch den Wanddruck entgegenwirkt. Ist der Wanddruck genauso groß wie das osmotische Potenzial, wird kein Wasser mehr aufgenommen. Durch geeignete Wahl des Plasmolytikums (= Plasmolyse hervorrufende [hypertone] Lösung) kann die Form der Plasmolyse beeinflusst werden, die zusätzlich von der Viskosität des Protoplasten und der Wandhaftung abhängt. Rundet sich der Protoplast beim Ablösen von der Zellwand weitgehend ab, so spricht man von Konvexplasmolyse (Abbildung 4.4 C). Bleibt der Protoplast an einigen Stellen in Verbindung mit der Zellwand, spricht man von Konkavplasmolyse (Abbildung 4.4 D). Schreitet die Ablösung von der Zellwand weiter fort und bilden sich zwischen Protoplast und Zellwand dünne Fäden, die sogenannten HECHTschen Fäden, liegt eine Krampfplasmolyse vor (Abbildung 4.4 E). Nur lebende Zellen sind zur Plasmolyse fähig, da nur sie über funktionstüchtige semipermeable Membranen verfügen. Mithilfe der

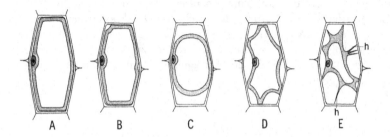

Abbildung 4.4 Plasmolyseformen: A turgeszente Zelle, B Grenzplasmolyse, C Konvexplasmolyse, D Konkavplasmolyse, E Krampfplasmolyse, h HECHTsche Fäden (NULTSCH, 2001. Mit freundlicher Genehmigung von Thieme)

Plasmolyse lässt sich das osmotische Potenzial der Vakuole bestimmen, indem man die Konzentration der Außenlösung so wählt, dass die Plasmolyse gerade herbeigeführt wird (Grenzplasmolyse, Abbildung 4.4 B).

B   Versuche

V 4.1 Bau von Biomembranen

V 4.1.1 Vereinfachtes Modell einer Biomembran

Kurz und knapp. Anhand eines vereinfachten Modells soll das Prinzip des Membranaufbaus demonstriert werden.

Zeitaufwand. Vorbereitung: 30 min, Durchführung: 5 min

Geräte:	Draht, 50–100 Verpackungschips oder Styroporkugeln, großer durchsichtiger Glas- oder Plastikbehälter
Chemikalien:	gelbe Wasserfarbe, Wasser

Durchführung. Aus den Verpackungschips bzw. Styroporkugeln und dem Draht werden Modelle für Phospholipide, wie in der Abbildung 4.5 zu sehen, hergestellt. Der Schaumstoffkopf steht für den hydrophilen Anteil, der Drahtteil für den lipophilen Anteil des „Membranlipids".

Man füllt den Behälter mit Wasser und färbt dieses mit gelber Wasserfarbe („fetthaltiges Medium") an. Nun gibt man die Drahtmodelle in den Behälter mit dem „fetthaltigen Medium".

Beobachtung. Die Phospholipidmodelle ordnen sich einheitlich an. Die „hydrophilen" Styroporkugeln ragen aus dem „fetthaltigen Medium" heraus, während die „lipophilen" Drahtanteile in das „fetthaltige Medium" eintauchen.

Erklärung. Aufgrund der hydro-/lipophilen Ausrichtung der Phospholipidmodelle hat sich ein Lipidmonolayer gebildet. Diese Schicht ist beweglich, wie sich demonstrieren lässt, indem man mit der Hand leicht auf die Styroporkugeln drückt.

Abbildung 4.5 Bauanleitung für ein Phospholipidmolekül

Abbildung 4.6 Modell einer Membranhälfte

Bemerkung. Mithilfe dieses Modells kann man von dem chemischen Aufbau der Phospholipide gut auf die Struktur der Membranbestandteile überleiten. Weiterhin lässt sich die flexible Strukur einer Zellmembran verdeutlichen.

Das Modell lässt sich auf einfache Weise um Membranproteinmodelle erweitern. Hierzu kann man größere Styroporkugeln wählen und diese zum Teil mit Kunststoffröhren versehen, in die je eine Styroporkugel so hineingesteckt wird, dass sie zur Hälfte aus der Röhre hervorschaut. Kunststoffröhren lassen sich z. B. aus verklebten oder gehefteten Folien selbst herstellen. Die Styroporkugeln ohne Röhre repräsentieren der Membran aufgelagerte (periphere) Proteine, die Styroporkugeln mit Röhre in die Membran eingelagerte (integrale) Proteine (Abbildung 4.6).

V 4.2 Transportphänomene: Diffusion und Osmose

V 4.2.1 Diffusion von Kaliumpermanganat in Wasser

Kurz und knapp. Dieser Versuch verdeutlicht, wie sich Teilchen aufgrund ihrer temperaturabhängigen Eigenbewegung (BROWNsche Molekularbewegung) in einem Lösungsmittel gleichmäßig verteilen.

Zeitaufwand. Durchführung: 10 min

Geräte:	Overhead–Projektor, Petrischale (Ø 10 çm), Mikrospatel
Chemikalien:	Kaliumpermanganat ($KMnO_4$), entmin. Wasser bzw. Leitungswasser

Sicherheit. Kaliumpermanganat (Festsubstanz): O, Xn, N.

Durchführung. Man stellt die Petrischale auf den Overhead-Projektor und füllt sie mit entmin. Wasser. Wenn die Turbulenzen des Wassers zum Erliegen gekommen sind, gibt man vorsichtig eine Mikrospatelspitze $KMnO_4$-Kristalle in die Mitte der Petrischale.

Beobachtung. Die $KMnO_4$-Kristalle gehen in Lösung. Ausgehend von der Mitte der Petrischale breitet sich die violette $KMnO_4$-Lösung kontinuierlich aus. Nach etwa 10 min ist der Inhalt der Petrischale gleichmäßig violett gefärbt.

Erklärung. In der violetten Lösung befinden sich Permanganat- und Kaliumionen, in reinem Wasser nicht. Im Wasser dagegen ist die Konzentration der Wassermoleküle größer als in der gefärbten Lösung. Sowohl die Ionen als auch die Wassermoleküle diffundieren entsprechend dem Konzentrationsgefälle jeweils in das Gebiet niedrigerer Konzentration und streben einen Konzentrationsausgleich an.

V 4.2.2 Modellversuch zur Osmose

Kurz und knapp. Mit diesem Modell lässt sich verdeutlichen, dass es sich bei der Osmose um die Diffusion durch eine semipermeable Membran handelt. Die semipermeable Membran behindert die freie Diffusion. Kleinere Moleküle können frei durch die Membran treten, während größere Moleküle die Membran nicht passieren.

Zeitaufwand. Vorbereitung: 30 min, Durchführung: 5 min

Material:	Samen von möglichst kugeliger Form, kleine Samen (z. B. vom Senf) und große Samen (z. B. Erbsen, Sojabohnen)
Geräte:	durchsichtiger Plastikkasten mit Deckel, dicke Pappe, Schere, Overhead-Projektor

Durchführung. Man schneidet die Pappe so zurecht, dass die Pappscheibe wenige Millimeter breiter ist als der Plastikkasten. Stellt man die Pappscheibe nun in den Plastikkasten, gerät sie etwas unter Spannung und ist dadurch fixiert (ausprobieren!). Der über den Rand des Kastens ragende Teil der Pappe wird abgeschnitten, sodass die Pappscheibe bündig mit dem Deckel abschließt. Man nimmt die Pappscheibe aus dem Plastikkasten heraus und schneidet in ihre Unterseite kleine Vierecke. Die Öffnungen müssen größer als die kleinen Samen aber kleiner als die großen Samen sein. Die vorbereitete Pappscheibe wird nun so in den Plastikkasten gestellt, dass sie diesen in zwei gleichgroße Hälften teilt.

Abbildung 4.7 Osmose-Grundmodell (nach KUHN und PROBST, 1983)

In die linke Hälfte gibt man 20 große Samen und 30 kleine Samen, in die rechte Hälfte 50 kleine Samen. Der Plastikkasten wird nun mit dem Deckel verschlossen und auf dem Overhead-Projektor waagerecht hin und her bewegt (Abbildung 4.7).

Beobachtung. Die Zahl der großen Samen (20) ist in der linken Hälfte gleich geblieben. Die Zahl der kleinen Samen hat in der rechten Hälfte abgenommen und in der linken zugenommen. In beiden Hälften liegen etwa 40 kleine Samen.

Erklärung. Die kleinen Samen repräsentieren in diesem Modell Wassermoleküle, die großen Samen z. B. Zuckermoleküle. Die Pappscheibe stellt eine semipermeable Membran dar, die nur für die Wassermoleküle durchlässig ist. In einer Zuckerlösung ist die Konzentration der Wassermoleküle geringer als in reinem Wasser. Folglich diffundieren mehr Wassermoleküle in die Zuckerlösung als aus der Zuckerlösung in das reine Wasser. Die Diffusion der Zuckermoleküle in das reine Wasser ist dagegen durch die Semipermeabilität der Membran nicht möglich. Die Zuckerlösung wird verdünnt, und es kommt zu einem Anstieg des osmotischen Drucks der Zuckerlösung. Diese Verhältnisse werden durch das Modell gut abgebildet. Die Zunahme der Zahl der Samen auf der linken Seite des Modells korrespondiert mit einem Anstieg des osmotischen Drucks.

Bemerkung. Die Unterseite der Pappscheibe muss dicht auf dem Plastikkasten aufsitzen, sodass die kleinen Samen nur durch die kleinen Öffnungen in die andere Hälfte gelangen können.

V 4.2.3 Künstliche osmotische Zellen: der Chemische Garten

Kurz und knapp. Mithilfe des Chemischen Gartens kann die Semipermeabilität von künstlich hergestellten Membranen und das Prinzip der Osmose in sehr eindrucksvoller Weise demonstriert werden.

Zeitaufwand. Durchführung: 10 min

Geräte:	Becherglas, Spatel
Chemikalien:	Natronwasserglas (Natriumsilikatlösung = $Na_2Si_3O_7$-Lösung), Kristalle von Schwermetallsalzen, z. B. Eisen(III)-chlorid ($FeCl_3$), Kupferchlorid ($CuCl_2$), Kupfersulfat ($CuSO_4$), Manganchlorid ($MnCl_2$), entmin. Wasser

Sicherheit. Eisen(III)-chlorid (Festsubstanz und Lösungen w ≥ 25 %): Xn. Kupfer(II)-chlorid (Festsubstanz und Lösungen w ≥ 25 %): Xn, N. Mangan(II)-chlorid: (Festsubstanz und Lösungen w ≥ 25 %): Xn. Natriumsilikat (Wasserglas, Lösungen w ≥ 20 %): Xi.

Durchführung. In einem Becherglas wird die Wasserglaslösung im Verhältnis 1 : 1 mit entmin. Wasser verdünnt. Nun verteilt man auf dem Boden des Becherglases möglichst große Kristalle der ausgewählten Schwermetallsalze ($FeCl_3$ sollte auf jeden Fall darunter sein!).

Beobachtung. Es bilden sich fädige Strukturen („magischer Kristallgarten"), die entfernt an Wasserpflanzen erinnern.

Erklärung. Die Kristalle der Schwermetallsalze gehen an ihrer Oberfläche in Lösung und bilden mit dem Silikat der Wasserglaslösung Niederschlagsmembranen von Schwermetallsilikaten. Diese Membranen sind semipermeabel und trennen die stark konzentrierten Schwermetalllösungen von der schwach konzentrierten Wasserglaslösung. Auf osmotischem Wege strömt Wasser aus der Wasserglaslösung in Richtung Kristall, bis die Membranen dem Innendruck nicht mehr standhalten und platzen. Die Schwermetalllösungen treten aus, kommen mit dem Silikat der Wasserglaslösung in Berührung, und es bilden sich neue Membranen. Da sich diese Vorgänge wiederholen, wachsen die „Wasserpflanzen" sukzessive heran. Derartige künstliche osmotische Zellen werden im weiteren Sinne auch TRAUBEsche Zellen genannt (nach Moritz TRAUBE, 1826–1894, deutscher Chemiker, Abbildung 4.8). Die bekannteste TRAUBEsche Zelle besitzt eine Membran aus Kupferhexacyanoferrat II und war Vorbild für die schon weiter oben angesprochene PFEFFERsche Zelle.

Bemerkung. Natronwasserglas ist in Apotheken erhältlich.

Je größer die Kristalle und damit die Diffusionsfläche, desto schöner die Er-

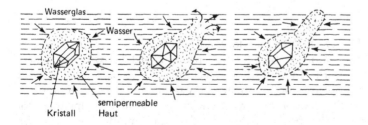

Abbildung 4.8 Wachstum der „Wasserpflanzen" (HÄUSLER et al., 1995)

Abbildung 4.9 aus einem FeCl₃-Kristall entstehende „Wasserpflanze"

gebnisse. Es empfiehlt sich die Verwendung von $FeCl_3$, da man schnell gute Ergebnisse erhält und das Wachstum der „Wasserpflanzen" ruckartig erfolgt. Das Platzen der Niederschlagsmembran lässt sich besonders deutlich beobachten.

Um dieses Phänomen zu beobachten, bietet sich folgendes Schülerexperiment an: Man verteilt Reagenzgläser, die mit Wasserglas (1 : 1 mit entmin. Wasser verdünnt) gut halbgefüllt sind. Die Schüler geben den $FeCl_3$-Kristall in die Wasserglaslösung und beobachten die entstehenden „Wasserpflanzen" (Abbildung 4.9).

Entsorgung. Der Reaktionsansatz wird in einen Behälter für anorganische Abfälle (mit Schwermetallen) gegeben.

V 4.2.4 Osmometermodell der Pflanzenzelle

Kurz und knapp. Mit einem einfachen Osmometer, bestehend aus Plastik-Filmdöschen, Cellophan-Folie und Messpipette, lässt sich der osmotische Druck anhand einer steigenden Flüssigkeitssäule demonstrieren. Weiterhin bietet es sich an, dieses Modell und eine Pflanzenzelle vergleichend zu betrachten.

Zeitaufwand. Vorbereitung: 10 min, Durchführung: 15–20 min

Geräte:	Becherglas (400 ml), durchsichtiges Plastik-Filmdöschen, passender Stopfen mit Loch, Cellophan-Folie („Einmachhaut"), Messpipette (1 ml), Schere, Skalpell, Stativ, Klemme, Muffe
Chemikalien:	entmin. Wasser, 50 %ige Saccharoselösung (Rohrzucker), rote Tinte, Vaseline, Glycerin

Durchführung. Der Deckel des Filmdöschens wird so ausgeschnitten, dass ein festsitzender O-Ring übrig bleibt. Der Boden des Döschens wird mit einem Skalpell komplett entfernt. In dieses Loch steckt man einen passenden Stopfen mit Messpipette und dichtet den Stopfen mit Vaseline ab. Das Einführen der Messpipette in die Stopfenbohrung wird erleichtert, wenn die Pipette zuvor äußerlich mit wenig Glycerin bestrichen wurde. Vorsicht: Bruchgefahr beim

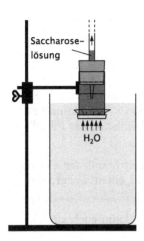

Saccharose-
lösung

H₂O

Abbildung 4.10 Osmometermodell

Einführen der Messpipette! Die Öffnung der Messpipette hält man mit einem Finger verschlossen und füllt das Döschen bis zum Rand mit der rot gefärbten Saccharoselösung. Ein Stück „Einmachhaut" wird über den Dosenrand gelegt und mit dem ausgeschnittenen Deckel (O-Ring) fest eingespannt. Sollte der Flüssigkeitsstand in der Messpipette zu hoch sein, schüttet man etwas Saccharoselösung ab. Das so präparierte Filmdöschen wird abgespült und in ein mit entmin. Wasser gefülltes Becherglas gehängt (Abbildung 4.10). Dabei ist darauf zu achten, dass beim Eintauchen des Filmdöschens auf der Unterseite der Einmachhaut keine Luftblase eingeschlossen wird.

Beobachtung. Die Flüssigkeitssäule in der Messpipette steigt an. Das entmineralisierte Wasser im Becherglas bleibt farblos.

Erklärung. Man geht bei diesem Experiment davon aus, dass die „Einmachhaut" eine semipermeable Membran darstellt. Die Membran ist für die gefärbte Saccharoselösung undurchlässig, für die Wassermoleküle hingegen durchlässig. Die Wassermoleküle diffundieren durch die Cellophan-Folie in die rot gefärbte Lösung, da die Konzentration der Wassermoleküle in der Saccharoselösung geringer ist als in reinem Wasser. Dadurch gelangt zunehmend mehr Flüssigkeit in die Messpipette. Der Wassereinstrom erfolgt solange, bis er durch eine Gegenkraft kompensiert wird. Dies ist dann der Fall, wenn der hydrostatische Druck der osmotisch gehobenen Flüssigkeitssäule dem osmotischen Potenzial der nun verdünnten Lösung entspricht. Bei dem gewählten Versuchsansatz wird jedoch dieser Punkt nicht erreicht; vielmehr läuft die gefärbte Zuckerlösung bei fortschreitender Dauer des Experiments am oberen Ende der Messpipette aus.

Tabelle 4.1 Vergleich des Osmometermodells mit einer Pflanzenzelle

Osmometermodell	Pflanzenzelle
entmin. Wasser	Außenmedium bzw. Zwischenzellflüssigkeit
Cellophan–Folie („Einmachhaut")	Biomembranen: Plasmalemma und Tonoplast
osmotisch wirksame Lösung (gefärbtes Innenmedium)	Zellsaft und Vakuoleninhalt
steigende Höhe der Flüssigkeitssäule	steigender osmotischer Druck der Zelle

Osmometermodell	Pflanzenzelle
Eigengewicht der Flüssigkeitssäule und dadurch erzeugter hydrostatischer Druck	Wanddruck

Bemerkung. Am besten gelingt das Befüllen des Filmdöschens durch zwei Personen. Spannt man zuerst die „Einmachhaut" mit dem O-Ring ein und füllt dann das Döschen mit Saccharoselösung, ergeben sich Probleme, das Filmdöschen mit dem Stopfen gut abzudichten.

Am Stativ sollte man zwei Pfeile fixieren: einen, um den Stand der Flüssigkeitssäule zu Beginn des Experiments zu markieren, und einen weiteren, um das Ansteigen der Flüssigkeitssäule zu verfolgen.

Alternativ zur selbst hergestellten gefärbten Zuckerlösung kann auch ein farbiger Fruchtsirup verwendet werden.

V 4.3 Osmotische Eigenschaften der Zelle

V 4.3.1 Selektive Permeabilität von Biomembranen

Kurz und knapp. Am Beispiel der Küchenzwiebel lässt sich das unterschiedliche Permeabilitätsverhalten der Membranen gegenüber polaren und unpolaren Verbindungen demonstrieren.

Zeitaufwand. Vorbereitung: 5 min, Durchführung: 15 min

Material:	Küchenzwiebel (*Allium cepa*)
Geräte:	3 Demonstrationsreagenzgläser mit Ständer, 3 Stopfen, 4 Pasteurpipetten, Mikroskop, Pinzette, Rasierklinge, Objektträger, Deckgläschen, Mikrospatel, Messzylinder (100 ml), Becherglas (150 ml)
Chemikalien:	0,1 %ige Neutralrotlösung, 1 mol/l Natriumhydroxid (NaOH), 1 mol/l Salzsäure (HCl), lipophiles Lösungsmittel (z. B. Petrolether, Petroleumbenzin)

Sicherheit. Kaliumnitrat (Festsubstanz): O. Natronlauge (w ≥ 2 %): C. Petrolether bzw. Petroleumbenzin: F, Xn, N.

Durchführung. Die 0,1 %ige Neutralrotstammlösung wird unmittelbar vor Versuchsbeginn mit Leitungswasser im Verhältnis 1 : 10 verdünnt. Die 0,01 %ige Neutralrotlösung hat nun einen pH-Wert von etwa 7.

Vorversuch: Man füllt drei Reagenzgläser etwa 3 cm hoch mit der nun 0,01 %igen Neutralrotlösung. In das erste Reagenzglas gibt man zehn Tropfen 1 mol/l HCl, in das zweite zehn Tropfen Leitungswasser, in das dritte zehn Tropfen 1 mol/l NaOH. Alle drei Reagenzgläser werden nun etwa 3 cm hoch mit Petroleumbenzin überschichtet und mit einem Stopfen verschlossen. Man schüttelt alle drei Reagenzgläser und beobachtet die organische Phase.

Hauptversuch: Die konkave Oberseite der Zwiebelepidermis (durchsichtiges Häutchen, das mit dem darunterliegenden Gewebe locker verbunden ist) teilt man in Rechtecke von etwa 5 mm x 5 mm. Eines der Rechtecke zieht man mit einer Pinzette vorsichtig ab. Man überträgt es mit der Oberseite der Epidermis nach unten auf einen Objektträger, auf den zuvor schon ein Tropfen der Neutralrotlösung pipettiert wurde und deckt das Präparat mit einem Deckglas ab. Es kann direkt mikroskopiert werden.

Beobachtung. Vorversuch: Der Ansatz mit HCl färbt sich rotviolett, der mit Pufferlösung bleibt rot gefärbt, und der mit NaOH färbt sich gelborange. Bei Zugabe von Petroleumbenzin erkennt man eine Zweiphasenbildung. Nach dem Schütteln der Reagenzgläser ist die organische Phase bei dem sauren Ansatz weiterhin farblos, bei der neutralen und basischen Neutralrotlösung gelblich gefärbt.

Hauptversuch: Die Vakuolen lebender Epidermiszellen färben sich zart rot. Während der Präparation abgestorbene Epidermiszellen weisen keine Vakuolenfärbung auf. Hier nehmen das degenerierte Cytoplasma und die Zellkerne eine rötliche Färbung an.

Erklärung. Vorversuch: Neutralrot liegt bei einem pH-Wert unterhalb von 6,8 als rotviolettes Kation vor. Es ist hydrophil und folglich in der wässrigen Phase gelöst. Oberhalb von pH 8 liegt Neutralrot überwiegend als ungeladenes, gelboranges Molekül vor (Abbildung 4.11). Das Neutralrotmolekül ist lipophil und kann so in die organische Phase überführt werden. Im neutralen pH-Bereich

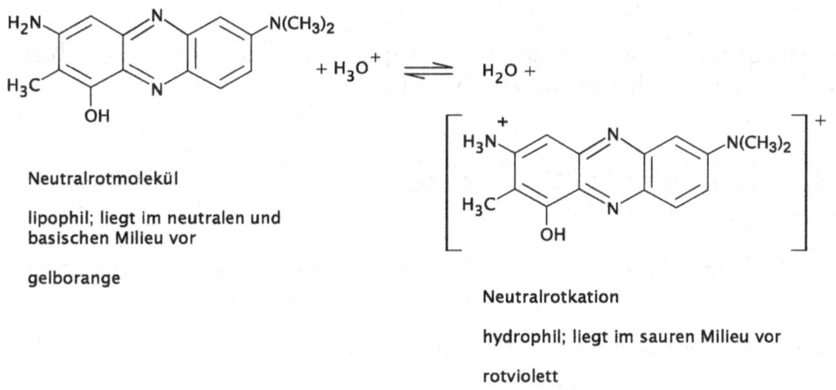

Neutralrotmolekül

lipophil; liegt im neutralen und basischen Milieu vor

gelborange

Neutralrotkation

hydrophil; liegt im sauren Milieu vor

rotviolett

Abbildung 4.11 pH–abhängiger Farbwechsel von Neutralrot

liegen sowohl hydrophile Kationen als auch lipophile Moleküle vor, die für die gelbliche Färbung der organischen Phase verantwortlich sind.

Hauptversuch: Die lipophilen Neutralrotmoleküle diffundieren dem Konzentrationsgradienten folgend durch Plasmalemma und Tonoplast in die Vakuole. Aufgrund des sauren pH-Werts der Vakuole (ca. 5,8) werden die Moleküle in die hydrophile kationische Form überführt. Die hydrophilen Neutralrotkationen können den Tonoplasten nicht mehr passieren, und so reichert sich der Farbstoff in der Vakuole an (Prinzip der Ionenfalle). Ersetzt man die Farbstofflösung durch entmin. Wasser, indem man Wasser mit einem Filterpapierstreifen unter dem Deckgläschen durchzieht, bleibt die Rotfärbung der Vakuolen erhalten.

Bemerkung. Neutralrot kann für dieses Experiment nicht in seiner gelborangen Molekülform eingesetzt werden, da die Epidermiszellen der Zwiebel durch einen basischen pH-Wert (über pH 8) zerstört werden. Eine in entmin. Wasser angesetzte Neutralrotlösung hat einen pH-Wert von etwa 5. Dies erklärt sich durch den leicht sauren pH-Wert von entmin. Wasser, welches über Ionenaustauscher gewonnen wird. Bei diesem pH-Wert liegt Neutralrot in kationischer Form vor, und so kann der Farbstoff nicht durch die Membran diffundieren. Um diese zwei Probleme zu umgehen, verwendet man eine Neutralrotlösung mit einem pH von etwa 7. Erzielt man trotz Verdünnung der Stammlösung mit Leitungswasser keine Färbung der Vakuolen, so ist eine Pufferlösung pH 7 zu verwenden: 87 ml 0,02 mol/l Na_2HPO_4 und 13 ml 0,01 mol/l Zitronensäure. Man verdünnt ebenfalls im Verhältnis 1 : 10.

Die Lösungen von Neutralrot in Leitungswasser bzw. in Puffer pH 7 sind nicht lange haltbar, da der Farbstoff allmählich in Form nadelförmiger Kristalle ausfällt. Sie sollten daher erst unmittelbar vor Versuchsbeginn aus der Stammlösung hergestellt werden.

Zum Mikroskopieren der oberen Zwiebelepidermis sollte die hydrophobe Oberseite nach unten auf den Objektträger gelegt werden, da sich sonst leicht ein Luftfilm zwischen Objekt und Deckgläschen bildet, was die mikroskopische Beobachtung erschwert.

Entsorgung. Vorversuch: Benzinische Oberphase mithilfe einer Pipette abziehen und in einen Behälter für flüssige organische Abfälle geben.

V 4.3.2 Osmotische Wirksamkeit verschiedener Substanzen

Kurz und knapp. Dieser Versuch zeigt, welche Substanzen osmotisch wirksam sind und welche nicht.

Zeitaufwand. Vorbereitung: 5 min, Durchführung: 10 min

Material:	Mohrrübe (*Daucus carota*), Rettich (*Raphanus sativus*) oder Kartoffelknolle (*Solanum tuberosum*)
Geräte:	Messer
Chemikalien:	Puderzucker (alternativ: Rohrzucker, Speisesalz), Speisestärke (alternativ: Mehl)

Durchführung. Die Speicherwurzel bzw. Knolle wird der Länge nach halbiert und die beiden Hälften etwas ausgehöhlt. Die eine Hälfte wird mit Puderzucker, die andere mit Speisestärke gefüllt.

Beobachtung. Der Ansatz mit Puderzucker ist nach kurzer Zeit feucht, während der Ansatz mit Speisestärke trocken bleibt.

Erklärung. Bei Puderzucker handelt es sich um eine osmotisch wirksame Substanz, die dem hypotonischen Gewebe Wasser entzieht. Speisestärke hat keine osmotische Wirkung, und so erfolgt keine Wasserabgabe des Gewebes.

Bemerkung. Die Verwendung von Puderzucker und Stärke empfiehlt sich aus zwei Gründen. Zum einen steigern die beiden ähnlich aussehenden Substanzen den Demonstrationseffekt. Zum anderen kann damit verdeutlicht werden, wieso Pflanzen Zucker in Form von osmotisch unwirksamer Stärke speichern.

V 4.3.3 Welken durch Turgorverlust

Kurz und knapp. Mit diesem Experiment lässt sich demonstrieren, dass der Turgordruck für die Stabilisierung krautiger, unverholzter Pflanzen von entscheidender Bedeutung ist.

Zeitaufwand. Vorbereitung: 10 min, Durchführung: ein Tag oder länger

Material:	frisch geschnittene Sprosse von krautigen Pflanzen mit Laub- oder Blütenblättern z. B. Fleißiges Lieschen (*Impatiens walleriana*), Flieder (*Syringa vulgaris*-Hybriden)
Geräte:	2 Demonstrationsreagenzgläser
Chemikalien:	gesättigte Natriumchloridlösung (NaCl)

Durchführung. Ein Spross wird in eine gesättigte Kochsalzlösung gestellt, der andere in Leitungswasser.

Beobachtung. Der in der Kochsalzlösung stehende Spross welkt. Der Kontrollansatz hingegen zeigt nach einem Tag keine Veränderungen.

Erklärung. In der hypertonischen Kochsalzlösung wird der Pflanze auf osmotischem Wege Wasser entzogen. Der Turgordruck wird dadurch verringert, die Zellen werden schlaff, und die Pflanze welkt. In Leitungswasser sind die Pflanzenzellen nach einem Tag noch turgeszent.

Bemerkung. Es ist zu bedenken, dass der in Leitungswasser stehende Spross nach einiger Zeit ebenfalls zu welken beginnt. Deshalb sollten zwischen Ansetzen des Experiments und Auswertung nicht mehr als drei Tage liegen.

V 4.3.4 Plasmolyse und Deplasmolyse

Kurz und knapp. Bei der roten Küchenzwiebel können aufgrund ihrer gefärbten Vakuolen verschiedene Plasmolyseformen und auch der Umkehrvorgang, die Deplasmolyse, auf mikroskopischer Ebene gut beobachtet werden.

Zeitaufwand. Durchführung: 20 min

Material:	rote Küchenzwiebel (*Allium cepa*)
Geräte:	Mikroskop, Objektträger, Deckgläschen, Rasierklinge, Pinzette
Chemikalien:	Lösung A, bestehend aus 0,8 mol/l Kaliumnitrat (KNO_3); Lösung B, bestehend aus 0,8 mol/l KNO_3 und 0,2 mol/l Calciumnitrat ($Ca[NO_3]_2$)

Sicherheit. Calciumnitrat (Festsubstanz): O, Xi. Kaliumnitrat (Festsubstanz): O.

Durchführung. Man legt ein frisches Speicherblatt frei und fertigt mit einer Rasierklinge dünne Schnittpräparate von der konvexen, durch Anthocyane violett gefärbten Unterseite der Zwiebelepidermis an.

Das weitere Vorgehen erfolgt in drei Schritten:

1. Die Schnitte werden in einem Tropfen Leitungswasser mikroskopiert.

2. Das Wasser wird nun durch verschiedene Plasmolytika ersetzt. Man tropft an einer Seite des Deckglases das jeweilige Plasmolytikum hinzu, saugt auf der gegenüberliegenden Seite mit einem Filterpapierstreifen die Flüssigkeit ab und mikroskopiert. Ansatz a): Lösung A; Ansatz b): Lösung B.

3. Nach Beobachtung der Plasmolyse wird das Plasmolytikum durch entmin. Wasser ersetzt und das Präparat unter dem Mikroskop betrachtet.

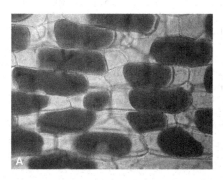

Abbildung 4.12 Plasmolyseformen in Zellen der Zwiebelepidermis

Beobachtung.

Im Leitungswasser liegt der Protoplast der Zellwand an.

1. Ansatz a) Es ist eine Abrundung des Protoplasten zu beobachten (Abbildung 4.12 A). Ansatz b) Der Protoplast hebt sich nicht vollständig von der Zellwand ab. Es entstehen konkave Ablösestellen. Zum Teil wird das Plasma zu dünnen Fäden ausgezogen (Abbildung 4.12 B).

2. Nachdem das Plasmolytikum durch Leitungswasser ersetzt ist, beginnt der Protoplast sich wieder der Zellwand anzulegen.

Erklärung.

Die Zellen sind im Leitungswasser maximal turgeszent.

1. Im hypertonischen Medium gibt die Zelle auf osmotischem Wege Wasser ab. Die mit dem Wasseraustritt verbundene Volumenabnahme führt zunächst zu einer Entspannung der gedehnten Zellwand (s. Abbildung 4.4 A, B). Ist die Zellwand ganz entspannt, so löst sich der Protoplast von dieser ab. Diesen Vorgang bezeichnet man als Plasmolyse (griech.: lysis = Lösung, Scheidung). Die Art der Plasmolyse hängt u. a. wesentlich von der Viskosität des Protoplasten und seiner Wandhaftung ab. Durch das gewählte Plasmolytikum kann die Plasmolyseform beeinflusst werden: Ansatz a): Die Kaliumionen vermindern die Viskosität des Plasmas, und so kommt es zur Abrundung des Protoplasten. Man spricht von Konvexplasmolyse (s. Abbildung 4.4 C, Abbildung 4.12 A). Es ist durchaus möglich, dass die Plasmolyse zunächst konkav beginnt. Ansatz b): Die Calciumionen hingegen erhöhen die Viskosität des Plasmas. Durch die stärkere Wandhaftung hebt sich der Protoplast nicht gleichförmig von der Zellwand ab, und man beobachtet Konkavplasmolyse (s. Abbildung 4.4 D). Bei stärkerer Ausprägung der Plasmolyse wird das Plasma dabei zu dünnen Fäden (Hechtsche Fäden) ausgezogen. In diesem Fall spricht man von Krampfplasmolyse (s. Abbildung 4.4 E, Abbildung 4.12 B).

2. In einem hypotonischen Medium nimmt die Zelle auf osmotischem Wege Wasser auf. Der Protoplast legt sich der Zellwand wieder an. Die Zellwand wird gedehnt, bis die Zelle wieder vollturgeszent vorliegt. Diesen Vorgang bezeichnet man als Deplasmolyse.

Bemerkung. Die Zellen plasmolysieren nicht alle ideal konvex, konkav oder krampfartig. In Abhängigkeit vom verwendeten Plasmolytikum überwiegt jedoch die entsprechende Plasmolyseform.

Hat man die jeweilige Plasmolyseform beobachtet, sollte man zügig mit dem Ersetzen des Plasmolytikums durch Wasser beginnen, um zu lange Deplasmolysezeiten zu vermeiden.

V 4.4 Membranschädigungen

V 4.4.1 Schädigung von Biomembranen durch Tenside

Kurz und knapp. Mit diesem Experiment lässt sich die membranschädigende Wirkung von Spülmittel demonstrieren. Durch die fettlösende Eigenschaft von Spülmittel wird die selektive Permeabilität von Biomembranen zerstört.

Zeitaufwand. Vorbereitung: 15 min, Durchführung: 10 min

Material:	Schraubenalge (*Spirogyra* spec.)
Geräte:	3 Bechergläser (100 ml), 2 Petrischalen, Pinzette
Chemikalien:	Spülmittel, 3 %ige Eisen(III)–chlorid-Lösung (FeCl$_3$)

Sicherheit. Eisen(III)-chlorid (Festsubstanz und Lösungen w $\geq$ 25 %): Xn.

Durchführung. Man füllt zwei Bechergläser mit Leitungswasser und gibt in eines zusätzlich drei bis fünf Tropfen Spülmittel. Man legt nun in jedes Becherglas einige Fäden von *Spirogyra* (Abbildung 4.13). Nach etwa 10 min nimmt man die Fäden aus den beiden Ansätzen heraus und taucht sie nacheinander jeweils dreimal kurz in die FeCl$_3$-Lösung. Man spült das Algenmaterial unter fließendem Wasser ab und legt es in zwei Petrischalen.

Beobachtung. Die Algenfäden aus der Spülmittellösung zeigen eine deutliche Schwarzfärbung, die bei dem Kontrollansatz nicht zu beobachten ist.

Erklärung. Gerbstoffe ergeben mit dreiwertigem Eisen eine schwärzliche Färbung. In den intakten Zellen von *Spirogyra* sind in der Vakuole Gerbstoffe gespeichert, die nicht durch die Biomembranen (Vakuolen- und Plasmamembran) diffundieren können. Bei intakten Biomembranen können auch keine Ei-

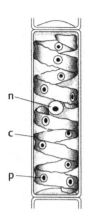

Abbildung 4.13 *Spirogyra* spec. (ca. 200fach). c Chromatophor, n Zellkern mit Nucleolus, p Pyrenoid, zum Teil von Stärke umgeben (NULTSCH, 2001. Mit freundlicher Genehmigung von Thieme)

sen(III)-Ionen in die Vakuole gelangen. Die oberflächenaktiven Substanzen des Spülmittels (Tenside bzw. Detergenzien) lösen die Lipide durch Micellenbildung aus den Biomembranen heraus. Dies führt zu einer Zerstörung der Biomembranen, die Kompartimentierung ist aufgehoben, und die Eisen(III)-Ionen können mit den Gerbstoffen reagieren.

Bemerkung. Um die Schwarzfärbung der Algenfäden zu verdeutlichen, empfiehlt es sich, unter den beiden Petrischalen einen weißen Hintergrund zu befestigen. Eine geringe Schwarzfärbung bei der in Leitungswasser eingelegten *Spirogyra* geht auf eine Verletzung der Zellen durch Knicke oder Brüche zurück.

Die geschädigten und ungeschädigten Algenfäden können auch vergleichend unter dem Mikroskop betrachtet werden.

Die Schraubenalge findet man relativ einfach in ruhigen, stehenden Gewässern. Charakteristischerweise fühlen sich die frei schwebenden, fädigen, gelbgrünen Watten glitschig an. Schleimige unverzweigte Algenfäden sprechen zuverlässig für *Spirogyra*. Unter dem Mikroskop werden die schraubenförmigen Chloroplasten sichtbar.

V 4.4.2 Austritt von Vakuolenfarbstoffen als Indikator einer Membranschädigung

Kurz und knapp. Rotkohl ist aufgrund der in seinen Vakuolen enthaltenen Anthocyane violett gefärbt. Eine Schädigung der Zellmembran bewirkt das „Ausbluten" der Farbstoffe und damit eine Färbung des Außenmediums.

Zeitaufwand. Vorbereitung: 20 min, Durchführung: 10 min

Material:	Rotkohl (*Brassica oleracea* convar. *capitata* var. *rubra*)
Geräte:	Messer, Sieb, Becherglas, 5 Demonstrationsreagenzgläser mit Ständer, Bunsenbrenner, Ceranplatte mit Vierfuß, Feuerzeug
Chemikalien:	0,1 mol/l Essigsäure, 0,1 mol/l Natriumhydroxid (NaOH), Ethanol (60 %ig)

Sicherheit. Ethanol: F.

Durchführung. Zunächst zerschneidet man die Rotkohlblätter in kleine Stücke und wässert diese für mindestens 15 min in einem Becherglas mit Leitungswasser. Dann spült man die Rotkohlstücke in einem Sieb kurz unter fließendem Wasser ab. Nun gibt man jeweils fünf Rotkohlstücke in die verschiedenen Ansätze: Leitungswasser, kochendes Leitungswasser, 0,1 mol/l NaOH, 60 %iges Ethanol und 0,1 mol/l Essigsäure – je 3 cm hoch in Reagenzgläser eingefüllt.

Beobachtung.

Ansatz	Beobachtung
Leitungswasser	farblos
kochendes Leitungswasser	blau
0,1 mol/l NaOH	gelb
60 %iges Ethanol	schwach violett
0,1 mol/l Essigsäure	rot

Erklärung. Wie der Ansatz mit Leitungswasser zeigt, können die Anthocyane aufgrund der selektiven Permeabilität der Biomembranen nicht in das hypotonische Außenmedium diffundieren. Durch die Einwirkung von Säure, Base, Alkohol und heißem Leitungswasser werden die Biomembranen der Vakuole (Tonoplast) und der Zelle (Plasmalemma) geschädigt. Die in der Membran enthaltenen Proteine werden denaturiert. Die selektiv permeable Eigenschaft der Biomembranen geht verloren, und so gelangen die Anthocyane ins Außenmedium („Ausbluten" des Rotkohls).

Bemerkung. Es ist sehr wichtig, den Rotkohl gut zu wässern, um die Anthocyane aus den geschädigten Zellen auszuwaschen. Wird nicht ausreichend gewässert, so ergibt sich auch in dem Ansatz mit Leitungswasser eine deutliche Färbung.

Die Anthocyane färben sich im Basischen gelb, im Sauren rot und im Neutralen blau bzw. violett; dies wirkt sich entsprechend auf die Färbung des zubereiteten „Rotkohls" aus. Kocht man ihn in Wasser, so färbt er sich blau. Gibt man in das Wasser etwas Essig oder Zitronensaft, ergibt sich eine rote Färbung.

Alternativ zum Rotkohl kann die Rote Rübe (*Beta vulgaris* var. *conditiva*) nach gleicher Vorbehandlung verwendet werden. Bei dem sehr intensiv färbenden Farbstoff der Roten Rübe handelt es sich um das Betanin. Dieser Farbstoff gehört jedoch nicht zu den Anthocyanen, sondern zu den chemisch mit diesen nicht verwandten Betalainen. Das durch Einwirkung von heißem Wasser, Säuren und Ethanol austretende Pigment ist rot bis rotviolett gefärbt. In Anwesenheit von Laugen entsteht dagegen ein blasses Gelb.

5 Wasserhaushalt der Pflanzen

A Theoretische Grundlagen

5.1 Einleitung

Wasser ist Hauptbestandteil aller Lebewesen. Es dient ihnen als universelles Lösungsmittel für die meisten anorganischen und organischen Verbindungen. Daher laufen praktisch alle Stoffwechselvorgänge im wässrigen Milieu ab. Für pflanzliche Organismen ist Wasser als Elektronendonator unentbehrlicher Reaktionspartner in der Photosynthese. Außerhalb der Zellen übernimmt das Wasser bei Höheren Pflanzen die Funktion eines Transportmittels, mit dem Nährsalze bzw. in den Blättern gebildete Assimilate zu ihrem Bestimmungsort gelangen. Diese vielfältigen Funktionen des Wassermoleküls machen deutlich, dass eine ausreichende Versorgung des pflanzlichen Organismus mit Wasser eine der wichtigsten biologischen Aufgaben ist.

5.2 Besondere physikalische und chemische Eigenschaften des Wassers

Wasser (H_2O) hat im Vergleich zu analogen Wasserstoffverbindungen (NH_3, H_2S) trotz ähnlich großer Molekülmasse ganz besondere physikalische und chemische Eigenschaften. Es liegt anders als die genannten Verbindungen bei Raumtemperatur und Atmosphärendruck als Flüssigkeit vor, eine Grundvoraussetzung für die Entwicklung von Leben auf der Erde. Die relativ hohe spezifische Wärmekapazität sorgt in Verbindung mit dem hohen Wassergehalt der meisten Organismen (60–90 %) dafür, dass die bei den Stoffwechselreaktionen anfallende Wärme nicht zu spürbaren Temperaturänderungen führt. Andererseits kann überschüssige Wärme durch Verdunsten von Wasser abgeführt werden. Eine weitere wichtige Eigenschaft ist die Oberflächenspannung. Sie entsteht aufgrund von Kohäsionskräften zwischen den Wassermolekülen. Die hohe Oberflächenspannung des Wassers bewirkt die Bildung von Filmen, z. B. auf Bodenpartikeln, die verhindern, dass das eindringende Regenwasser einfach abfließt. In Verbindung mit den Adhäsionskräften – Kräften zwischen Wassermolekülen und einem Feststoff – ist die Oberflächenspannung die Ursache für die Kapillarität, d. h. das Aufsteigen von Wasser gegen die Schwerkraft in

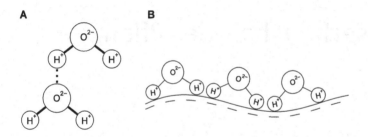

Abbildung 5.1 A Wasserdipole, B Wasserfilm an geladener Oberfläche

engen Röhren. Die Kapillarität bildet eine physikalische Grundlage für die Wasseraufnahme und den Wassertransport in der transpirierenden Pflanze. Die hohe Dielektrizitätskonstante macht Wasser schließlich zu einem ausgezeichneten Lösungs- und Transportmittel für Ionen und polare organische Moleküle. Ökologisch wichtig ist die Dichteanomalie von Wasser. Vom festen über den flüssigen zum gasförmigen Aggregatzustand nimmt die Dichte eines Stoffes normalerweise ab. Anders beim Wasser, das bei 4 °C, also als Flüssigkeit, seine höchste Dichte (= 1 g/cm³) aufweist. Eis (Dichte = 0,92 g/cm³) schwimmt daher auf Wasser, und hinreichend tiefe Gewässer frieren nicht vollständig zu, da sich in der Tiefe das schwere, 4 °C „warme" Wasser sammelt, in dem Organismen überwintern können.

Diese Eigenschaften sind auf den chemischen Aufbau des Moleküls zurückzuführen. Im Wassermolekül sind die beiden Wasserstoffatome über eine Atombindung mit dem Sauerstoffatom verknüpft. Da Sauerstoff aufgrund seiner höheren Elektronegativität gegenüber Wasserstoff die Bindungselektronen etwas näher an sich zieht, entsteht am Wasserstoff eine positive Teilladung (δ+), während der Sauerstoff eine negative Teilladung (δ-) trägt. Da das Wassermolekül eine gewinkelte Struktur hat (Bindungswinkel 104,5 °), entsteht somit ein Dipolmolekül. Positive und negative Pole verschiedener Moleküle ziehen sich nun gegenseitig an und sorgen für den Zusammenhalt innerhalb des Wassers (Kohäsion; Abbildung 5.1). Auf diese Weise können zahlreiche Wassermoleküle zu einem dreidimensionalen Netzwerk verbunden werden. Die intermolekulare Bindung zwischen den Wassermolekülen bezeichnet man als Wasserstoffbrückenbindung, da jeweils ein Wasserstoffatom eines Moleküls verbrückt ist. Diese Bindungen sind die Ursache für den hohen Schmelz- und Siedepunkt bzw. die hohe Verdampfungswärme des Wassers. Die geringe Viskosität des Wassers kann damit erklärt werden, dass nur ein Teil der Wassermoleküle durch Wasserstoffbrückenbindungen untereinander vernetzt ist, sodass gewissermaßen Schwärme (engl.: cluster) entstehen, die durch solitäre Wassermoleküle voneinander getrennt und somit gegeneinander verschiebbar sind.

Polare Moleküle ziehen Wassermoleküle an und bilden mit diesen Wasserstoffbrücken. Sie sind also hydrophil und damit wasserlöslich. Polarität in organischen Molekülen entsteht durch Anwesenheit von funktionellen Gruppen wie

Hydroxy-, Carbonyl-, Carboxyl-, Amino- und Sulfhydryl-Gruppen. Diese Hydratation findet auch an polaren Gruppen von Proteinen oder Polysacchariden statt und bildet die Grundlage der Quellung. Sind Ionen in Wasser gelöst, so üben sie infolge ihrer elektrischen Ladung eine Anziehungskraft auf die Wasserdipole aus und umgeben sich mit einer Wasserhülle. Je nach Ladungssinn sind entweder die positiven oder negativen Pole der Wassermoleküle den Ionen zugekehrt. Die Größe der Hydrathülle ist abhängig von der Ladungsdichte (Ladung bezogen auf die Oberfläche). Durch das Entstehen der Hydrathülle werden die Wassercluster stark verkleinert, die Strukturordnung des Wassers also verringert, was in einer Änderung seiner Eigenschaften zum Ausdruck kommt. So verursacht die Lösung von Substanzen in Wasser eine der Konzentration des gelösten Stoffes entsprechende Gefrierpunkterniedrigung, Siedepunkterhöhung und Dampfdruckerniedrigung. Außerdem nimmt mit steigender Konzentration der potenzielle osmotische Druck einer Lösung zu bzw. das osmotische Potenzial einer Lösung gegenüber reinem Wasser ab. So erzeugt z. B. eine 1 M (molare, mol/l) Lösung eines nicht dissoziierenden Stoffes im Osmometer bei 0 °C ein osmotisches Potenzial Ψ_π von $-22,7$ bar bzw. bei 25 °C von $-24,8$ bar (vgl. VAN'T HOFFsches Gesetz, Kap. 4.4; 1 bar = 750 Torr = 0,9869 atm = 10^5 Pa = 0,1 MPa).

5.3   Verfügbarkeit von Wasser im Boden

Die feste Phase des Bodens besteht einerseits aus mineralischen Partikeln, die durch die Bodenverwitterung entstanden sind, andererseits aus organischen Partikeln, die durch den mikrobiellen Abbau aus biologischem Material gebildet werden. Zwischen diesen Partikeln befinden sich unterschiedlich große Hohlräume, die sowohl mit Bodenluft als auch mit Bodenwasser gefüllt sein können. Dieses Wasser wird als Haftwasser bezeichnet, welches im Gegensatz zum Senkwasser den Pflanzen zur Verfügung steht. Senkwasser fließt schnell ins Grundwasser ab und kann daher nur von sehr tiefwurzelnden Pflanzen erreicht werden. Das Haftwasser ist durch Oberflächenkräfte an Bodenkolloide angelagert, es wird kapillar in Bodenporen festgehalten und kann (besonders in Salzböden) durch Ionen osmotisch gebunden sein. Das Aufnahmevermögen des Bodens für Haftwasser heißt Wasser- oder Feldkapazität und hängt von der Zusammensetzung und der Größe der Bodenpartikel ab.

Dem Boden lässt sich nun wie einer pflanzlichen Zelle ein bestimmtes Wasserpotenzial (griech.: ψ = Psi, vgl. Abschnitt 4.5) zuordnen, das anschaulich als Bodensaugspannung bezeichnet wird. Eine Wasseraufnahme durch die Wurzel ist nur dann möglich, wenn das Wasserpotenzial in der Wurzel negativer als das des Bodens ist. Das Wasser strömt nur entlang eines abfallenden ψ-Gradienten, d. h. von Orten mit höherem zu Orten mit niedrigerem (negativerem) ψ (Abbildung 5.3). Bei gut durchlüfteten Böden liegt ψ in einer Größenordnung von $-0,1$ bis $-0,3$ MPa.

Der permanente Welkepunkt kennzeichnet den Potenzialbereich, bei dem Pflanzen dem Boden kein Wasser mehr entziehen können und daher welken. Dieser Bereich ist von Pflanze zu Pflanze verschieden und liegt in aller Regel zwischen −0,5 und −2,5 MPa (oft als fixer Wert von −1,5 MPa angegeben).

5.4 Wasseraufnahme

Die Wasseraufnahme einer Pflanze kann grundsätzlich auf zwei Wegen erfolgen, entweder osmotisch oder durch Quellung. Unter Quellung versteht man die reversible Aufnahme von Wasser oder eines anderen Lösungsmittels, wobei die Moleküle in eine quellbare Substanz unter Volumen- und Gewichtszunahme eingelagert werden. Die Wassermoleküle lagern sich dabei einerseits an polare Gruppen der Zellwand an (Hydratation), andererseits dringen sie in die freien intermicellären und interfibrillären Räume aufgrund von Kapillarkräften ein. Die Quellung ist ein rein physikalischer Prozess, der nicht an Lebensvorgänge gebunden ist. Aufgrund der Volumenzunahme entsteht ein gewaltiger Quellungsdruck, der in der Lage ist, selbst Fels durch quellendes Holz zu sprengen.

Da die oberirdischen Organe der Landpflanzen mit einem Verdunstungsschutz versehen sind, findet bei ihnen die Wasseraufnahme hauptsächlich über die Wurzel statt. Das Wurzelsystem der Höheren Pflanzen hat neben der Verankerung des Sprosses in der Erde die Aufgabe, Wasser sowie darin gelöste Ionen aus dem Boden aufzunehmen und den oberirdischen Organen zuzuführen. Die Wasseraufnahme erfolgt vor allem über die Wurzelhaare und gegebenenfalls durch mit der Wurzel assoziierte Pilzhyphen, wie es bei einer Mykorrhiza der Fall ist. Wurzelhaare sind dünnwandige, nicht cutinisierte schlauchförmige Ausstülpungen der äußeren Wurzelrindenschicht, der Rhizodermis. Die Wurzelhaare drängen sich durch Spitzenwachstum zwischen die Bodenpartikel und vergrößern die wasseraufnahmefähige Oberfläche durch ihre große Anzahl be-

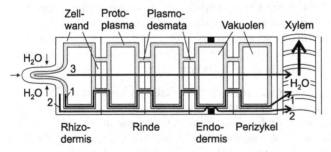

Abbildung 5.2 Radialer Wasserfluss in der Wurzel einer Höheren Pflanze (Mittelstreckentransport, schematische Darstellung). Das Wasser dringt durch die Wurzelhaare der Rhizodermiszellen ein und wird durch die Rinde (mehrschichtig) über die Endodermis (mit CASPARYschem Streifen, schwarz) und Perizykel in die Gefäße des Xylems transportiert. 1 = symplasmatischer Transport, 2 = apoplasmatischer Transport, 3 = transmembraner Transport (nach NEWMAN, 1976, Fig. 3. Mit freundlicher Genehmigung von The Royal Society)

trächtlich. So wurde bei einer ausgewachsenen Roggenpflanze die Oberfläche der Wurzelhaare auf ca. 400 m² geschätzt. Der Besitz membranständiger Wasserkanäle (Aquaporine) erleichtert den Wurzelhaaren die Wasseraufnahme.

Die Aufnahme von Haftwasser, v. a. Kapillarwasser, durch die Wurzelhaare kann nur dann erfolgen, wenn eine Wasserpotenzialdifferenz zwischen Boden und Wurzel besteht. Die Pflanze entnimmt dem Boden nur so lange Wasser, als ihre Feinwurzeln ein niedrigeres Wasserpotenzial als der Boden in ihrer unmittelbaren Umgebung aufweisen.

Die Wasseraufnahme in die Wurzelhaarwand erfolgt zunächst durch Quellung. Dabei tritt das Wasser zunächst in die intermicellären und interfibrillären Räume der Zellwand ein, die stärker quillt. Das hierdurch zwischen Zellwand und Cytoplasma entstehende Ungleichgewicht im Quellungszustand wird ausgeglichen, indem auch das Cytoplasma stärker quillt und damit der Zellwand wieder Wasser entzieht. Infolge des zwischen dem Leitsystem der Wurzel und der Rhizodermis bestehenden Wasserpotenzialgefälles wird die angrenzende Zelle des Rindengewebes der Rhizodermiszelle Wasser entziehen, sodass ein symplasmatischer Wassertransport von der Rhizodermis bis zur Endodermis resultiert (Symplast: gesamtes, über Plasmodesmen funktionell miteinander verbundenes Cytoplasma eines Gewebes). Außerdem kann der Wassertransport auf apoplasmatischem Wege, z. B. in den intermicellären und interfibrillären Räumen, bis zur Endodermis erfolgen (Apoplast: freier Diffusionsraum außerhalb der Plasmamembran). Dort endet dieser apoplasmatische Transport zunächst für die mitgeführten Ionen, welche den CASPARYschen Streifen (nach Robert CASPARY, 1818–1887, deutscher Botaniker) nicht passieren können, später auch für die Wassermoleküle, wenn die Wandung der Endodermiszellen sekundär mit einer Suberinlamelle abgedeckt ist. Alle aufgenommenen Stoffe müssen somit die Zellen passieren, wodurch dem Protoplasten bzw. seinen Biomembranen die Möglichkeit zu einer Kontrolle und Selektion gegeben wird. Neben symplasmatischem und apoplasmatischem Transport kann ein transmembraner oder interzellulärer Transport unterschieden werden, wobei beim Ein- und Ausstrom aus einer Zelle jeweils die Plasmamembran durchquert wird (Abbildung 5.2). Untersuchungen an Maiswurzeln ergaben, dass der symplasmatische Wasserfluss den geringsten Widerstand leistet und daher wahrscheinlich der wichtigste Transportweg für den radialen Wasserfluss in der Wurzel dieser Pflanze ist. Auf welche Weise an der Endodermis der Übertritt des Wassers aus der Rinde in den Zentralzylinder bewerkstelligt wird, ist noch nicht völlig geklärt. Es erscheint grundsätzlich möglich, dass auch hierfür das von außen nach innen gerichtete Wasserpotenzialgefälle verantwortlich ist. Mit Sicherheit sind aber aktive, d. h. energieverbrauchende Kräfte wirksam, die sich als Wurzeldruck nachweisen lassen. Dekapitiert man den Spross einer Pflanze und setzt auf die Schnittfläche ein Manometer auf, so ist der Wurzeldruck direkt messbar. Er liegt meist unter 0,1 MPa, kann bei manchen Pflanzenarten jedoch bis zu 0,6 MPa erreichen. Offenbar kommt die Beladung des Xylems und somit der Wurzeldruck dadurch zustande, dass die Transferzellen des Xylemparenchyms osmotisch wirksame Substanzen, insbesondere anorganische

Ionen, mittels eines aktiven Transports in die leitenden Elemente des Xylems transportieren, sodass ein osmotisches Potenzial entsteht. Infolgedessen strömt Wasser in die Leitungsbahnen ein, wodurch sich ein hydrostatischer Druck, eben der Wurzeldruck, aufbaut.

5.5   Wasserabgabe

Die Abgabe von Wasser in Form von Wasserdampf durch die Oberfläche oberirdischer Pflanzenteile bezeichnet man als Transpiration. Daneben sind einige Pflanzen in der Lage, Wasser in flüssiger Form auszuscheiden (Guttation). Die Transpiration ist die zwangsläufige Folge des Wasserpotenzialgefälles $\Delta\Psi$ zwischen den Pflanzen und der sie umgebenden Atmosphäre, also eine physikalische Notwendigkeit. Das stark negative Ψ der Atmosphäre entzieht der Pflanze ständig Wasser; die Pflanze transpiriert. Die Pflanze ist Bestandteil eines aus Luft-Pflanze-Boden gebildeten Kontinuums. In diesem Kontinuum weist die Atmosphäre das negativste Wasserpotenzial auf, sofern sie nicht mit Wasserdampf gesättigt ist. Am geringsten negativ ist Ψ hingegen im Boden. Da Wasser spontan vom Ort des weniger negativen zum Ort des stärker negativen Ψ strömt, muss $\Delta\Psi$ zwischen Wurzel und Luft zu einem Wasserstrom durch die Pflanze führen (Abbildung 5.3). Die Transpiration ist jedoch keineswegs ein lediglich unerwünschter, weil für den Wasserhaushalt gefährlicher Vorgang. Sie ist vielmehr Voraussetzung für die lebenswichtige Versorgung des Sprosses mit Wasser und den darin gelösten Nährsalzen aus dem Boden. Außerdem wird durch die Transpiration Wärme abgeführt und die Überhitzung der Blätter bei starker Bestrahlung verhindert.

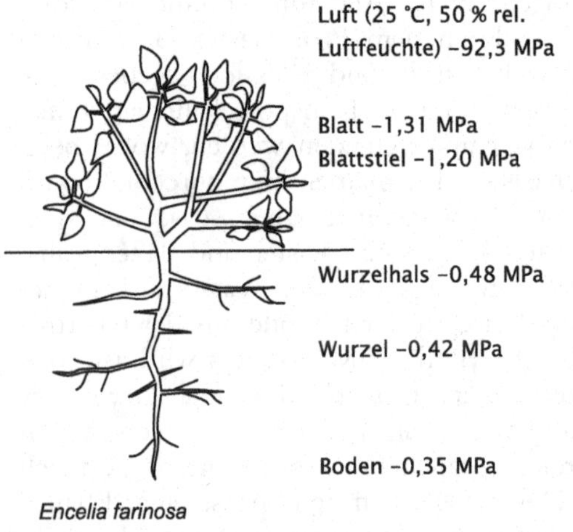

Die Haupttranspirationsorgane der Kormophyten (Farne und Samenpflanzen) sind die Blätter, wobei man hier zwischen cuticulärer und stomatärer Transpiration unterscheidet. Über die Cuticula der Epidermiszellen gelangt aufgrund ihrer hydrophoben Eigenschaft weniger als 10 % des Wasserdampfs nach außen. Die cuticuläre Transpiration kann von der Pflanze nicht reguliert werden, sie hängt vom gerade herrschenden Wasserpotenzialgefälle der Umgebung ab. Durch die Auflagerung epicuticulärer

Luft (25 °C, 50 % rel. Luftfeuchte) –92,3 MPa

Blatt –1,31 MPa
Blattstiel –1,20 MPa

Wurzelhals –0,48 MPa

Wurzel –0,42 MPa

Boden –0,35 MPa

Encelia farinosa

Abbildung 5.3 Wasserpotenzialgefälle zwischen Boden, Pflanze und Luft (nach NOBEL & JORDAN, 1983. Mit freundlicher Genehmigung von Oxford University Press)

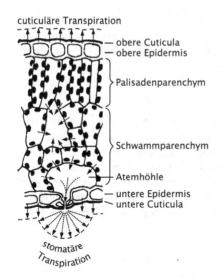

cuticuläre Transpiration

— obere Cuticula
— obere Epidermis

Palisadenparenchym

Schwammparenchym

Atemhöhle

— untere Epidermis
— untere Cuticula

stomatäre Transpiration

Abbildung 5.4 Cuticuläre und stomatäre Transpiration

Wachsschichten können Xerophyten (Trockenpflanzen) den cuticulären Wasserverlust noch einmal reduzieren. Die stomatäre Transpiration erfolgt über die Spaltöffnungen (Stomata) und ist über den Schließzellenmechanismus regulierbar. Bei voll geöffneten Stomata werden mehr als 90 % des gesamten Wasserdampfs über sie abgegeben. Obwohl die Stomata nur etwa 1–2 % der gesamten Blattfläche ausmachen, erreicht die Transpiration dennoch beachtliche Werte. Vergleicht man die Transpiration einer Blattfläche mit der Verdunstung von Wasser über einer gleich großen Wasserfläche (Evaporation), so erreicht die stomatäre Transpiration immerhin 70 % der Evaporation. Dies ist auf den sogenannten Randeffekt zurückzuführen. Infolge des Randeffektes wird nämlich das Diffusionsfeld jeder Spaltöffnung erheblich vergrößert (Wasserdampfkuppe, Abbildung 5.4), sodass ihr Spalt in der Zeiteinheit von ungleich mehr Wasserdampfmolekülen passiert wird als ein entsprechend großer Abschnitt einer freien Wasseroberfläche.

Die Öffnungsweite der Stomata hängt stark von Außenfaktoren ab, insbesondere von Licht, Luftfeuchtigkeit, CO_2-Konzentration und Temperatur. Die Spaltöffnungsbewegung ist eine Turgorbewegung (s. Abschnitt 13.2). Infolge lokaler Verdickungen der Zellwände führt hier die Turgorzunahme zu einer Krümmung der Schließzellen und somit zum Öffnen des Spalts, die Turgorabnahme zur Entkrümmung der Schließzellen und somit zum Spaltenschluss. Die Turgorveränderung erfolgt innerhalb einiger Minuten. Entscheidend ist dabei der Transport von Kalium-Ionen (K^+) aus den Nachbarzellen gegen das Konzentrationsgefälle in die Vakuolen der Schließzellen. Der K^+-Transport kommt zustande durch die Wirkung einer im Plasmalemma lokalisierten Protonenpumpe, welche spannungsabhängige K^+-Kanäle im Plasmalemma aktiviert. Sowohl K^+ als auch Äpfelsäure (Malat), die in den Schließzellen gebildet wird, können schließlich aus dem Cytoplasma durch den Tonoplasten in die Vakuole aufgenommen werden, was einen Abfall des osmotischen Potenzials und somit eine Wasseraufnahme in die Vakuole zur Folge hat. Ergebnis: Der Turgor der Schließzellen steigt. Bei einigen Objekten wurde gleichzeitig mit der K^+-Aufnahme eine Cl^--Aufnahme beobachtet.

Die Spaltöffnungsweite reguliert neben der Transpiration gleichzeitig die CO_2-Zufuhr für die Photosynthese. Transpiration und CO_2-Gaswechsel sind daher notwendigerweise verknüpft. Das Verhältnis zwischen Wasserverbrauch und Stoffproduktion ist von großer Bedeutung. Als Maß dient der Transpirationskoeffizient (er gibt an, wie viel Liter Wasser zur Produktion von 1 kg Trockensubstanz transpiriert werden) oder sein Reziprokwert, der als Wasserausnutzungskoeffizient bezeichnet wird.

Wie oben bereits erwähnt, sind einige, v. a. kleine Pflanzen, in der Lage, Wasser durch Guttation abzugeben. Die Guttation ermöglicht der Pflanze auch unabhängig von der Transpiration einen Nährsalzstrom aufrechtzuerhalten. In wasserdampfgesättigter Luft, in unseren Breiten nachts oder im tropischen Regenwald, ist eine Transpiration nicht möglich. Das überschüssige Wasser wird dann in Tropfenform an bestimmten Stellen des Blattes, den Hydathoden, abgegeben, was man an den Blattspitzen von Gräsern nach einer feuchtwarmen Nacht beobachten kann.

5.6 Mechanismus des Wasserferntransports

Die physikalische Grundlage des Wasserferntransports ist der Transpirationssog, der durch das Wasserpotenzialgefälle zwischen Boden und Atmosphäre verursacht wird, in das die Pflanze sich einschaltet (Abbildung 5.3). Aus den Zellwänden der Mesophyllzellen des Blattes verdunstet Wasser in den Interzellularraum, das sodann über die Atemhöhle und die Stomata nach außen gelangt. Die Energie, die zum Verdunsten des Wassers notwendig ist, liefert die Sonnenwärme.

Die Saugspannung (negativer Druck), die den Wasserstrom innerhalb des Xylems antreibt, entsteht hauptsächlich in den Blattzellwänden, welche an die Interzellularräume grenzen. Wasser verdunstet aus dem dünnen Wasserfilm auf der Oberfläche der Mesophyllzellen und ersetzt den Wasserdampf, der den Interzellularräumen durch Diffusion durch die Spalten der Stomata verlorengeht. Mit zunehmender Verdunstung zieht sich das Wasser in die Zellwandporen zurück. Durch Adhäsion des Wassers an den Porenwänden ist der Wasserstand an der Wandung am höchsten; am niedrigsten ist er in der Porenmitte (Meniskenbildung, Abbildung 5.5). In Abhängigkeit vom Poren- bzw. allgemein vom Kapillarendurchmesser entsteht ein negativer hydrostatischer Druck. Dieser steht in Bezie-

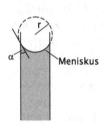

Abbildung 5.5 Phänomen der Kapillarität, bewirkt durch Kohäsion, Adhäsion und Oberflächenspannung (σ); r = Krümmungsradius des Meniskus; α = Kontaktwinkel zwischen Wasseroberfläche und Kapillarenwand, < 90 °

hung zum Krümmungsradius des Meniskus (Tabelle 5.1). Verdunstet Wasser aus der Pore bzw. Kapillare, kann eine entsprechende Menge aus einem Reservoir nachgezogen werden.

Tabelle 5.1 Transpirationssog (negativer hydrostatischer Druck). Der hydrostatische Druck wird nach folgender Formel berechnet: $\Psi_p = -2\,\sigma/r$. ($\sigma = 7{,}28 \cdot 10^{-8}$ MPa $\cdot$ m)

Krümmungsradius [µm]	hydrostatischer Druck [MPa]
1,0	−0,15
0,1	−1,5
0,01	−15,0

Beim Wasserferntransport muss im Xylem Arbeit gegen die Schwerkraft und den Reibungswiderstand der Leitungsbahnen geleistet werden. Dies führt je nach Gefäßtyp in der betreffenden Pflanze zu unterschiedlichen Strömungsgeschwindigkeiten. Die Geschwindigkeit der Wasserbewegung liegt im Allgemeinen zwischen einem bis mehreren Metern in der Stunde, in Ausnahmefällen bei über 100 m $\cdot$ h^{-1} (Lianen!). Der Transpirationssog reicht aus, um selbst über 100 Meter hohe Mammut- oder Eukalyptusbäume mit Wasser und Nährsalzen zu versorgen.

Der Wasser- und Stofftransport über längere Strecken erfolgt bei den Kormophyten in besonderen Leitungsbahnen, deren Gesamtheit man als Leitsystem bezeichnet. Das Leitsystem der Sprossachse ist in einzelne Stränge aufgelöst, die aus zwei funktionell verschiedenen Komplexen, dem Xylem und dem Phloem, bestehen. Im Xylem sind die Elemente der Wasserleitung, d. h. Tracheen (Gefäße) und Tracheiden, zusammengefasst. Wesentlich ist, dass die Wasserleitungszellen im funktionsfähigen Zustand tot, d. h. plasmafrei sind, da das Cytoplasma dem Wassertransport einen außerordentlich großen Widerstand entgegensetzen würde. Bei den Tracheen werden während der Zelldifferenzierung auch die Querwände aufgelöst, sodass sie im fertigen Zustand lange Röhren kapillarer Dimension darstellen, die von den Wurzelspitzen bis in die letzten Verzweigungen der Leitbündel der Blätter ununterbrochene Wasserleitungsbahnen bilden. Die ununterbrochenen Wasserfäden in den Leitungsbahnen sind durch eine hohe Zerreißfestigkeit (Zugfestigkeit) gekennzeichnet. Diese Eigenschaft ist auf die Kohäsion der Wassermoleküle (intermolekulare Wasserstoffbrücken) zurückzuführen. Man spricht deshalb auch von der Kohäsionstheorie des Wassertransports, wobei das Aufsteigen des Wassers in den Gefäßen und Tracheiden durch die saugende Wirkung der Transpiration in den Blättern bewerkstelligt wird. Auch die Adhäsion der Wasserfäden an die Gefäßwand ist so groß, dass selbst bei starkem Sog die kapillaren Wasserfäden in den Gefäßen nicht abreißen. Die versteiften Wände der Tracheen und Tracheiden können einen starken Sog aushalten; sie geben dem Sog lediglich elastisch nach. Da der stärkste Sog in den Leitungsbahnen während der Zeit höchster

Transpiration auftritt, besitzen die Stämme der Bäume um die Mittagszeit den geringsten, gegen Ende der Nacht dagegen den größten Durchmesser.

Die Zerreißfestigkeit der Wassersäulen in den Leitungsbahnen hängt nicht nur von der Beschaffenheit der Leitelemente ab, sondern auch von der Reinheit des Wassers. Obwohl die Zugspannungen in den Wasserleitungsbahnen der Pflanzen 40 bar selten überschreiten, tritt das Abreißen der Wassersäulen in den Leitungsbahnen durch Bildung von Gasblasen (Wasserdampf oder Luft) nicht selten auf. Das Abreißen der Wassersäulen in den Tracheen und Tracheiden infolge von Gasblasen wird als Cavitation bezeichnet.

Bei einem angenommenen Durchschnittswert der Reißfestigkeit des Xylemwassers von ca. 35 bar und einem Reibungswiderstand, dessen Überwindung bei einem hohen Baum etwa 20 bar erfordert, bleiben etwa 15 bar Zugfestigkeit für die Überwindung der Schwerkraft. Durch einen Druck von 1 bar wird eine Wassersäule 10 m hoch gehoben. Daher ist der verfügbare Druck von 15 bar in der Lage, das Wasser maximal 150 m hoch zu heben. Tatsächlich hat man auch nie höhere Bäume beobachtet. Die höchsten Bäume der Welt, Exemplare von *Sequoia sempervirens* in Kalifornien, messen etwa 120 m.

Beim Laubaustrieb im Frühjahr kann der Wassertransport durch osmotische Vorgänge in Gang gebracht werden. Im Holzparenchym wird Stärke zu Zuckermolekülen abgebaut; diese sind osmotisch wirksam. Wenn noch keine Blätter vorhanden sind, die das Wasser übernehmen, kann ein positiver Systemdruck entstehen. Beim Anschneiden einer Sprossachse tritt dann der zuckerhaltige Xylem-„Blutungssaft" aus (z. B. bei Weinrebe, Birke u. a.; beim Zuckerahorn mit 2,5–5 % Zucker). Nach dem Laubaustrieb wandern im Xylem keine Zucker mehr.

B   Versuche

V 5.1 Wasserabgabe

V 5.1.1 Blätter als Transpirationsorgane

Kurz und knapp. Vergleicht man den Wasserverbrauch eines beblätterten und eines unbeblätterten Sprosses, so wird deutlich, dass die Blätter die Transpirationsorgane der Pflanzen sind.

Zeitaufwand. Vorbereitung: 5 min, Durchführung: ein bis zwei Tage

Material:	Fleißiges Lieschen (*Impatiens walleriana*)
Geräte:	3 Messzylinder (10 ml), 2 Pasteurpipetten, 2 Bechergläser (50 ml), Rasierklinge
Chemikalien:	lipophiler Farbstoff (z. B. Sudan III), Leitungswasser, Salatöl

Durchführung. Man schneidet vom Fleißigen Lieschen zwei Sprosse schräg ab und stellt sie in zwei etwa zur Hälfte mit Wasser gefüllte Messzylinder. Einem Spross werden alle Blätter entfernt, der andere bleibt unverändert. Die Messzylinder werden auf 10 ml aufgefüllt und etwa 2 mm mit gefärbtem Salatöl überschichtet (Verdunstungsschutz). Den dritten Messzylinder füllt man mit 10 ml Wasser und überschichtet mit gefärbtem Salatöl (Kontrolle).

Beobachtung. In dem Messzylinder mit unbeblättertem Spross ist deutlich weniger Wasser verbraucht worden als in dem Messzylinder mit beblättertem Spross. Die Kontrolle bleibt unverändert.

Erklärung. Da die Wassermenge bei der Kontrolle konstant bleibt, ist der Wasserverbrauch auf die Pflanzen zurückzuführen. Aufgrund der Transpiration wird Wasser aus dem Messzylinder nachgesaugt (Transpirationssog). Der unterschiedliche Wasserverbrauch in den beiden Ansätzen zeigt, dass die Blätter die Haupttranspirationsorgane der Pflanzen darstellen.

V 5.1.2 Nachweis der Lage und Transpiration der Spaltöffnungen

Kurz und knapp. Mithilfe der Cobaltchloridmethode lässt sich auf anschauliche Weise die Lage der Spaltöffnungen bei mono- und dikotylen Pflanzen demonstrieren.

Zeitaufwand. Vorbereitung: 15 min, Durchführung: 20 min

Material:	Blätter von einkeimblättrigen (monokotylen) Pflanzen: Hafer (*Avena sativa*) oder Mais (*Zea mays*), Blätter von zweikeimblättrigen (dikotylen) Pflanzen: Gartenbohne (*Phaseolus vulgaris*) oder Fleißiges Lieschen (*Impatiens walleriana*)
Geräte:	4 Glasplatten, 8 Wäscheklammern, Folienstift
Chemikalien:	Cobaltchloridpapier (s. V 1.1.1)

Sicherheit. s. V 1.1.1.

Durchführung. Man legt jeweils ein frisch abgeschnittenes Blatt einer mono- und dikotylen Pflanze zwischen zwei Cobaltchloridpapiere. Diese kommen

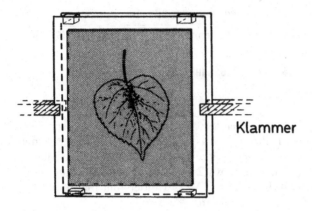

Klammer

Abbildung 5.6 Lage und Transpiration der Spaltöffnungen (METZNER, 1982)

zwischen zwei Glasplatten, die mit Wäscheklammern zusammengehalten werden (Abbildung 5.6). Die Blätter dürfen dabei nicht gepresst werden, da sonst das Versuchsergebnis verfälscht wird. Auf den Glasplatten wird markiert, wo sich jeweils die Ober- und Unterseite der Blätter befindet.

Beobachtung. Bei dem Blatt der dikotylen Pflanze färbt sich das Cobaltchloridpapier auf der Blattunterseite rot. Das Blatt der monokotylen Pflanze färbt beide Cobaltchloridpapiere rot.

Erklärung. Die Rotfärbung des Cobaltchloridpapiers geht auf eine Hydratisierung zurück:

$$CoCl_2 + 6\,H_2O \;\rightarrow\; [Co(H_2O)_6]^{2+} + 2\,Cl^-$$

blau   rot   (5.1)

Da die stomatäre Transpiration sehr viel stärker ist als die cuticuläre, kann man anhand der Verfärbung des Cobaltchloridpapiers Rückschlüsse auf die Lage der Spaltöffnungen ziehen. Bei den dikotylen Pflanzen liegen die Spaltöffnungen auf der Blattunterseite (hypostomatische Blätter). Die Monokotylen weisen auf beiden Blattseiten Spaltöffnungen auf (amphistomatische Blätter).

Bemerkung. Je nach verwendetem dikotylen Blatt kann auch eine schwache Rotfärbung des Cobaltchloridpapiers auf der Blattoberseite zu beobachten sein. Dies erklärt sich damit, dass die Blattoberseite auch eine geringe Zahl von Spaltöffnungen aufweisen kann. Die Bohne kann beispielsweise auf der Blattoberseite etwa 40 und auf der Blattunterseite etwa 280 Spaltöffnungen pro mm² Blattfläche besitzen.

Entsorgung. Cobaltchloridpapier s. V 1.1.1.

V 5.1.3 Ein Blätter-Mobilé

Kurz und knapp. Dieses Experiment bietet eine Alternative zur klassischen Cobaltchloridmethode. Auf spielerische Weise lassen sich Transpiration und Lage der Spaltöffnungen demonstrieren.

Zeitaufwand. Vorbereitung: 15 min, Durchführung: 20–30 min

Material:	2 Blätter einer dikotylen Pflanze (z. B. Bohne, Fleißiges Lieschen)
Geräte:	langer, leichter Stab (40–50 cm), Stopfgarn, Schere, Reißbrettstift
Chemikalien:	Vaseline

Durchführung. Zunächst wird ein langer Faden Stopfgarn mit einem Reißbrettstift in der Decke befestigt. Zwei etwa gleichgroße Blätter einer dikotylen Pflanze werden abgetrennt. Nun muss rasch gearbeitet werden! Zunächst wird die Schnittstelle mit Vaseline abgedichtet. Eines der Blätter wird auf der Oberseite, das andere auf der Unterseite mit Vaseline gut eingefettet. Die beiden Blätter werden nun möglichst weit an den Enden des Stabes festgebunden. Es ist darauf zu achten, dass die Blätter nicht verletzt werden, da sonst aus den beschädigten Stellen Wasser austritt. Der Stab wird an dem freihängenden Faden befestigt und ausbalanciert.

Beobachtung. Das Blätter-Mobilé kommt nach einiger Zeit aus dem Gleichgewicht. Das Blatt mit der vaselinebeschichteten Oberseite steigt nach oben.

Erklärung. Bei dikotylen Blättern ist die Anzahl der Spaltöffnungen auf der Blattunterseite wesentlich höher als auf der Blattoberseite. Das auf der Oberseite eingefettete Blatt transpiriert also viel stärker als das auf der Unterseite eingefettete Blatt. Folglich wird das auf der Oberseite eingefettete Blatt leichter und steigt nach oben.

Bemerkung. Es kann davon ausgegangen werden, dass die Transpiration der Blätter im Zeitraum von 10–15 min nach Abschneiden im Wesentlichen durch die stomatäre Transpiration bestimmt wird. Danach erfolgt ein stressbedingter Stomaschluss. Die weitere Transpiration wird nun immer stärker von der cuticulären Transpiration bestimmt, wobei Blattober- und -unterseite unterschiedliche Eigenschaften aufweisen können.

Betrachtet man vergleichsweise ein zweites Mobilé mit monokotylen Blättern (z. B. Mais oder Hafer), kann man die unterschiedliche Lage der Spaltöffnungen bei mono- und dikotylen Pflanzen herausarbeiten.

V 5.1.4 Mikroskopie von Spaltöffnungen mit einem Abdruckverfahren

Kurz und knapp. Mithilfe eines Klebstoffs lässt sich ein transparenter und detailgetreuer Abdruck von pflanzlichen Oberflächen herstellen, der auf die Anwesenheit von Stomata untersucht werden kann.

Zeitaufwand. Vorbereitung: 5 min, Durchführung: 5 min

Material:	Pflanzen mit hypostomatisch (z. B. Bohne, Fleißiges Lieschen, Efeu), amphistomatisch (z. B. Mais, Weizen) oder epistomatisch (z. B. Seerose) gebauten Blättern
Geräte:	Lichtmikroskop, Pinzette mit flacher Spitze, Objektträger mit Deckgläschen, Becherglas (50 ml), Tesafilm
Chemikalien:	Klebstoff „Uhu hart"

Durchführung. Es wird ein kleiner Tropfen „Uhu hart" auf die Fingerbeere getropft und dieser vorsichtig auf der Blattober- bzw. -unterseite zu einem dünnen Film verstrichen. Nach einer Trocknungszeit von 3 min kann der Klebstofffilm mit einer spitzen Pinzette abgezogen und mit der Abdruckseite nach oben auf einen Objektträger gelegt werden. Der Abdruck wird ohne Zugabe von Wasser mit einem Deckgläschen bedeckt. Die Ränder des Deckgläschens werden mithilfe von Tesafilm auf den Objektträger geklebt, sodass der Abdruck plan auf dem Objektträger liegt. Nun kann der Abdruck unter dem Mikroskop betrachtet werden.

Beobachtung. Der transparente Abdruck zeigt reliefartig die Oberfläche der Blattepidermen, wobei die Zellgrenzen gut ausgemacht werden können. Vorhandensein und Muster der Anordnung der Spaltöffnungen lassen sich klar erkennen.

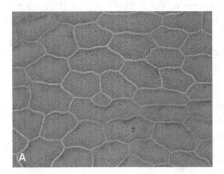 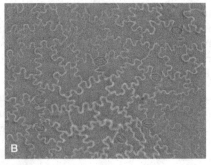

Abbildung 5.7 Ausschnitt aus der Epidermis des Fleißigen Lieschens: A Blattoberseite; B Blattunterseite

Erklärung. Die Verteilung der Stomata auf beide Blattseiten ist artspezifisch unterschiedlich. Häufig finden sich die Stomata ausschließlich oder überwiegend auf der Blattunterseite (hypostomatischer Blattbau, vgl. Abbildung 5.7), seltener gleichmäßig auf beiden Blattseiten (amphistomatischer Blattbau). Bei den Schwimmblattpflanzen wie der Seerose sind die Stomata auf der Blattoberseite lokalisiert (epistomatischer Blattbau; vgl. V 5.1.6). Weiterhin lässt sich der Bau des Spaltöffnungsapparats ermitteln. Es lassen sich im Wesentlichen Spaltöffnungen vom *Helleborus*-Typ mit bohnenförmigen Schließzellen oder vom Gräser-Typ mit hantelförmigen Schließzellen unterscheiden.

Bemerkung. Das Abdruckverfahren gelingt auch mit wenig geübten Schülern und ist somit eine hervorragende Alternative zu Flächenschnitten mit Rasierklingen. Es können mit dieser Methode auch quantitative Angaben über die Stomadichte gemacht werden. Dazu wird an einem Abdruck die Zahl der Stomata pro mikroskopischem Bildfeld ausgezählt, dieses Bildfeld ausgemessen und die Zahl der Stomata pro mm² Blattfläche kalkuliert. Es resultieren typischerweise Werte zwischen 100 und 300 Stomata pro mm².

V 5.1.5 Modellversuch zum Randeffekt

Kurz und knapp. Mit diesem Experiment lässt sich demonstrieren, dass die Verdunstung einer zusammenhängenden Wasseroberfläche geringer ist als die einer gleichgroßen Fläche, die aus vielen kleinen Löchern besteht.

Zeitaufwand. Vorbereitung: 15 min, Durchführung: nach 24 h

Geräte:	2 Petrischalen (Ø 10 cm), Alufolie, Schere, Rasierklinge, Nagel (Ø 2 mm), Lineal, Waage, Messzylinder (50 ml)
Chemikalien:	Leitungswasser

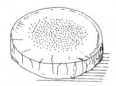

Abbildung 5.8 Versuchsaufbau zur Demonstration des Randeffekts (KUHN und PROBST, 1983)

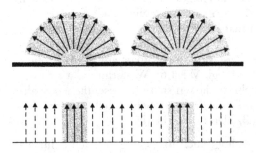

Abbildung 5.9 Modell zur Erklärung des Randeffekts (DEMMER und THIES, 1994)

Durchführung. Man schneidet für jede Petrischale ein Stück Alufolie so zurecht, dass sie sich komplett einwickeln lassen. In das erste Folienstück schneidet man ein Loch mit 2 cm Kantenlänge (Rasierklinge), in das zweite werden 127 Löcher mit einem Durchmesser von 2 mm gestochen (Nagel). Die Fläche der Löcher beträgt in beiden Fällen 4 cm². Die beiden Petrischalen werden nun mit 30 ml Wasser gefüllt, mit der Alufolie gut verschlossen und gewogen (Abbildung 5.8). Nach einem Tag oder später werden sie erneut gewogen.

Beobachtung. In beiden Ansätzen ist ein Gewichtsverlust festzustellen. Bei dem Ansatz mit den vielen kleinen Löchern ist der Gewichtsverlust deutlich höher als bei dem Ansatz mit dem großen Loch.

Erklärung. Aus der Petrischale mit den vielen kleinen Löchern verdunstet deutlich mehr Wasser, da sich die austretenden Wassermoleküle bei der Diffusion weniger stark behindern und auch zu den Seiten diffundieren können. Die kleineren Löcher haben ein größeres Diffusionsfeld als ein gleich großes Areal einer offenen Fläche. Dieses Phänomen bezeichnet man als Randeffekt (Abbildung 5.9).

V 5.1.6 Besonderheiten bei Schwimmblättern

Kurz und knapp. Mit diesem Experiment lässt sich sehr anschaulich die Lage der Spaltöffnungen bei Schwimmblättern von Wasserpflanzen demonstrieren.

Zeitaufwand. Vorbereitung: 5 min, Durchführung: 5 min

Material:	Seerosenblatt (*Nymphaea alba*) mit Blattstiel
Geräte:	Fahrradpumpe, dünner Gummischlauch, Glasschale, 3 Gewichte oder Steine
Chemikalien:	Leitungswasser

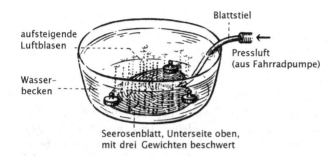

aufsteigende Luftblasen

Blattstiel

Pressluft (aus Fahrradpumpe)

Wasserbecken

Seerosenblatt, Unterseite oben, mit drei Gewichten beschwert

Abbildung 5.10 Spaltöffnungen bei Seerosenblättern (nach BUKATSCH, 1980)

Durchführung. Ein Seerosenblatt wird mit seinem Blattstiel über einen Schlauch an eine Fahrradpumpe angeschlossen. Man legt es mit seiner Oberseite nach oben in eine wassergefüllte Glasschale, beschwert es mit drei Gewichten und presst mit einer Fahrradpumpe Luft durch den Stiel in das Blatt. Anschließend dreht man das Seerosenblatt um, sodass die Unterseite oben liegt und presst Luft hindurch (Abbildung 5.10).

Beobachtung. Aus zahlreichen Stellen der Blattoberseite perlen Luftbläschen heraus. Aus der Blattunterseite perlen keine Luftbläschen. Ist das Seerosenblatt an einer Stelle verletzt, so perlen dort besonders viele Luftbläschen heraus.

Erklärung. Die Luftbläschen treten aus den mikroskopisch kleinen Spaltöffnungen aus, die sich nur auf der Blattoberseite befinden (epistomatische Blätter). Die Blattunterseite der Schwimmblätter liegt im natürlichen Lebensraum dem Wasser auf, und so sind Gasaustausch und Transpiration nur über die Blattoberseite möglich. Die Wegsamkeit des Blattstiels für die eingepumpte Luft ist durch die besondere Anatomie des Grundgewebes der Blattstiele gegeben. Dieses verfügt über sehr große Interzellularräume und erleichtert daher als Durchlüftungsgewebe (Aërenchym) die Diffusion von Gasen in dem untergetauchten Pflanzenkörper.

Bemerkung. Seerosen stehen unter Naturschutz. Die Seerosenblätter dürfen deshalb nicht aus ihren natürlichen Lebensräumen entfernt werden. Um dieses Experiment durchführen zu können, muss man auf Seerosen aus künstlichen Lebensräumen zurückgreifen (z. B. Botanischer Garten, Gartenteich).

V 5.1.7 Verdunstungsschutz durch Cuticula und Korkschicht

Kurz und knapp. Dieser Versuch zeigt, dass Cuticula und Korkschicht einen wirksamen Transpirationsschutz für die Pflanzen darstellen.

Zeitaufwand. Vorbereitung: 5 min, Durchführung: mehrere Tage

| Material: | 2 Äpfel, 2 Kartoffeln |
| Geräte: | Messer, 2 Petrischalen, Waage |

Durchführung. Zunächst wird das Leergewicht der vier Petrischalenhälften bestimmt und notiert. Nun werden je ein geschälter bzw. ungeschälter Apfel und eine geschälte bzw. ungeschälte Kartoffel in je eine Petrischalenhälfte gelegt und mit dieser gewogen. Das Gewicht der Äpfel und Kartoffeln wird über mehrere Tage verfolgt. Zur Schlussauswertung wird das Leergewicht der Petrischalen von den Messwerten subtrahiert. Zur besseren Vergleichbarkeit der Daten wird das Ausgangsgewicht der Äpfel und Kartoffeln als 100 % gesetzt und der prozentuale Wasserverlust über den Untersuchungszeitraum kalkuliert.

Beobachtung. Der geschälte Apfel und die geschälte Kartoffel schrumpfen deutlich und verlieren an Volumen, während bei dem ungeschälten Apfel und der ungeschälten Kartoffel optisch kein Unterschied zu erkennen ist. Der Gewichtsverlust ist bei dem geschälten Apfel und der geschälten Kartoffel deutlich höher als bei den ungeschälten Kontrollen.

Erklärung. Bei Äpfeln stellt die die Epidermis überziehende Cuticula (lat.: Häutchen) einen wirksamen Verdunstungsschutz dar. Kartoffeln werden durch ihre dünne Korkhülle vor Austrocknung geschützt. Die extrem geringe Wasserdurchlässigkeit von Cuticula und Korkschicht geht hauptsächlich auf ihren Wachsgehalt zurück

Bemerkung. Die Undurchlässigkeit von Kork für Wasser und Gase macht man sich beim Verschluss von Wein- und Sektflaschen zunutze.

V 5.2 Mechanismus des Wasserferntransports

V 5.2.1 Gipspilzmodell

Kurz und knapp. Mit diesem Modell lässt sich der für den Wasserferntransport verantwortliche Transpirationssog demonstrieren und auf die Pflanze übertragen.

Zeitaufwand. Gipspilzherstellung: 1 h, Einweichen: 24 h, Vorbereitung: 10 min, Durchführung: 15 min

Geräte:	Porzellanschale (Ø etwa 12 cm), PE-Folie (z. B. Frischhaltefolie), Gummischale (Gipserbecher), kleine Spachtel, kleiner Trichter, Spülschüssel, dünner Schlauch, Messpipette (1 ml), Stativ, Muffe, Eisenring, Pasteurpipette, Haartrockner, 2 Bechergläser (50 ml), Peleusball
Chemikalien:	schnellbindender Gips (Stuckgips), Leitungswasser, Tinte

Durchführung. Der Gips wird mit Wasser laut Herstellerangabe in einer Gummischale mithilfe eines Spachtels angerührt. Eine Porzellanschale wird mit Plastikfolie ausgelegt und mit Gips ausgegossen. Vor dem Erstarren wird ein Trichter mit der breiten Öffnung in den Gips eingedrückt. Nach dem Erstarren kann der Gipspilz an der Plastikfolie leicht aus der Schale herausgelöst werden. Die Plastikfolie wird entfernt und der Gipspilz über Nacht in Wasser getaucht, damit er sich vollsaugt. Man nimmt den Gipspilz aus dem Wasser, füllt den Trichter mit einer Pasteurpipette komplett mit Wasser und steckt ein Stück dicht abschließenden Schlauch über den Trichter. Der Gipspilz wird so in den Eisenring am Stativ gehängt. Man saugt die Messpipette mit einem Peleusball voll Wasser, verschließt das untere Ende mit einem Finger und befestigt die Pipette am Schlauch. Die Pipette taucht in ein Becherglas mit Wasser. Man fönt nun den Gipspilz, bis in der Messpipette eine durchgängige Wassersäule vorhanden ist.

Für den eigentlichen Versuch wird das Becherglas mit Wasser durch eins mit einer gefärbten Flüssigkeit ersetzt (Abbildung 5.11).

Beobachtung. Die farbige Flüssigkeit steigt in der Messpipette nach oben.

Erklärung. Das Gipspilzmodell ist – wie die Pflanzen – in das Wasserpotenzialgefälle zwischen wassergetränktem Boden (Farblösung) und wasserarmer Luft eingeschaltet. Aufgrund des stärker negativen Wasserpotenzials der Luft gegenüber dem des Bodens wird Wasser über die Blätter (Gipspilz) an die Luft abgegeben und Wasser aus dem Boden (Farblösung) aufgenommen. So wird innerhalb der Pflanze (Gipspilzmodell) ein ständiger Transpirationssog aufrechterhalten. Die Energie, die zur Verdunstung des Wassers an der Blattoberfläche (Gipspilz) notwendig ist, liefert die Sonnenwärme (Raumtemperatur). Entschei-

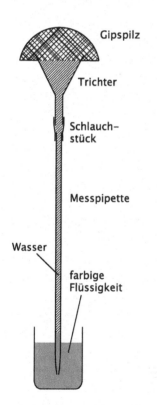

Gipspilz

Trichter

Schlauchstück

Messpipette

Wasser

farbige Flüssigkeit

Abbildung 5.11 Gipspilzmodell

dend für das „Nicht-Abreißen" der Wassersäule sind die Kohäsionskräfte des Wassers und die Adhäsion der Wasserfäden an der Gefäßwand. Beim Transpirationssog handelt es sich also um einen rein physikalischen Vorgang.

Bemerkung. Fönt man den Gipspilz, so kann man das Aufsteigen der farbigen Flüssigkeit beschleunigen. Der Gipspilz kann im trockenen Zustand aufbewahrt und mehrfach verwendet werden.

V 5.2.2 Transpirationsmessung mit dem Potometer

Kurz und knapp. Mithilfe eines einfach zu konstruierenden Potometers lässt sich der Transpirationsstrom durch den Spross einer Pflanze volumetrisch bestimmen.

Zeitaufwand. Vorbereitung: 10 min, Durchführung: 20 min

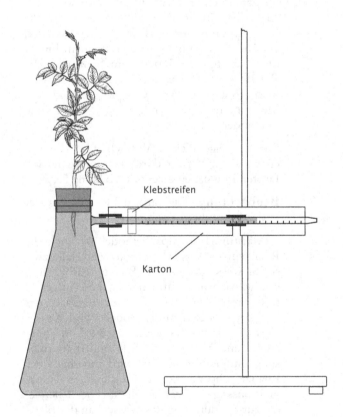

Abbildung 5.12 Versuchsaufbau mit Saugflasche

Material:	Zweig einer laubblättrigen Pflanze mit rundem, festem Spross (z. B. Hundsrose, *Rosa canina*)
Geräte:	3 Bechergläser (150 ml), Saugreagenzglas (= Reagenzglas mit Stopfenbett und seitlichem Ansaugstutzen [Olive]) oder Saugflasche, Schlauch, Messpipette (1 ml), Stopfen mit Loch, Stativ, 2 Klammern mit Muffen, Messer, Wollfett, Stift, weißer Karton
Chemikalien:	Leitungswasser, rote Tinte

Durchführung. Man befestigt ein Saugreagenzglas am Stativ und schließt eine Messpipette über ein kurzes Schlauchstück an der seitlichen Öffnung an. Alternativ lässt sich eine Saugflasche verwenden. Hinter die Messpipette stellt man einen weißen Karton als Hintergrund. Das Saugreagenzglas wird bis zum Rand mit gefärbtem Leitungswasser gefüllt. Der Zweig der Pflanze wird durch das Loch des Stopfens gesteckt. Das Loch des Stopfens wird oben und unten mit Wollfett abgedichtet und der Trieb der Pflanze schräg angeschnitten. Man befestigt den so präparierten Stopfen im Saugreagenzglas, wobei sich die Messpipette füllt (Abbildung 5.12). Da hierbei Wasser aus Saugreagenzglas und Messpipette läuft, stellt man unter beide ein Becherglas. Der Stand der Flüssigkeitssäule wird zu Versuchsbeginn notiert und über 20 Minuten verfolgt.

Beobachtung. Der Flüssigkeitsstand in der Messpipette nimmt über die Versuchszeit kontinuierlich ab.

Erklärung. siehe V 5.2.1.

Die Transpiration der Pflanze pro Stunde lässt sich näherungsweise nach folgender Formel berechnen:

$$\frac{\text{Wasserabgabe der Pflanze in ml} \times 60 \text{ min}}{20 \text{ min}} \qquad (5.2)$$

Bemerkung. Um in den Gefäßen (wasserleitenden Elementen) eine Bildung von Luftblasen zu vermeiden, stellt man den Zweig nach dem Abschneiden sofort in Wasser. Bei Verwendung von Rosen aus dem Blumenhandel muss unbedingt auf die Frische der Blumen geachtet werden.

V 5.2.3 Demonstration des Transpirationssogs

Kurz und knapp. Der Transpirationssog lässt sich mithilfe von gefärbtem Wasser an einer lebenden Pflanze demonstrieren.

Zeitaufwand. Durchführung: 20 min

Material:	Fleißiges Lieschen, weißblühende Pflanze (z. B. Margerite)
Geräte:	Becherglas (50 ml), Rasierklinge
Chemikalien:	0,5 %ige Säurefuchsinlösung

Durchführung. Man schneidet etwa 10 cm lange Sprosse der verwendeten Pflanzen schräg ab und stellt sie sofort in ein mit wenig Säurefuchsinlösung gefülltes Becherglas.

Beobachtung. Bei der Margerite ist eine Rotfärbung der weißen Blüte zu erkennen. Die Leitbündel des Fleißigen Lieschens färben sich nach fünf Minuten rot. Mit fortschreitender Versuchsdauer färben sich auch die Blattstiele und Blattadern rot.

Erklärung. Die Pflanzen sind in das zwischen Boden (Säurefuchsinlösung) und Luft bestehende Wasserpotenzialgefälle eingeschaltet und geben daher Wasser durch Transpiration ab. Der dadurch entstehende Transpirationssog wirkt als „Motor" des Wasserferntransports. Die Säurefuchsinlösung gelangt über das Xylem der Sprossachse in die Blätter und in die Blüte.

Bemerkung. Bei der Kombination von Fleißigem Lieschen und Säurefuchsin als Farbstoff ist zu beachten, dass die Sprossachse des Fleißigen Lieschens schon von Natur aus durch Anthocyane rötlich gefärbt sein kann. Die Rotfärbung betrifft einzelne Zellen des Rinden- und Markparenchyms. Eine in ungefärbtes Wasser eingestellte Kontrollpflanze dient als Vergleich zur mit Säurefuchsin gefärbten Pflanzen.

Die wenig verholzte Sprossachse des Fleißigen Lieschens lässt sich gut schneiden. Ein Querschnittpräparat der in Säurefuchsin eingestellten Pflanze lässt die rot gefärbten Xylem-Anteile der Leitbündel erkennen.

V 5.3 Wurzeldruck

V 5.3.1 „Bluten" verletzter Pflanzen

Kurz und knapp. Verletzt man eine Pflanze, so beobachtet man eine Saftabscheidung: Die Pflanze „blutet". Das „Bluten" der Pflanze wird auf den Wurzeldruck zurückgeführt, der mit diesem Experiment veranschaulicht wird.

Zeitaufwand. ca. 10 Tage, Durchführung: 20 min

Material:	Buschbohnen (*Phaseolus vulgaris* ssp. *nanus*)
Geräte:	dünne Trinkhalme, Rasierklinge, Folienstift
Chemikalien:	Vaseline

Durchführung. Anzucht der Pflanzen: siehe V 6.1.2.

Die Pflanzen werden vor der Versuchsdurchführung nochmals gut gegossen. Der Spross wird unterhalb der vorgesehenen Schnittstelle (etwa 5 cm oberhalb des Vermikulits) gut mit Vaseline eingefettet. Anschließend schneidet man die Pflanzen ab und stülpt einen Trinkhalm so weit über den Stumpf der Pflanze, bis er fest sitzt. Der Flüssigkeitsstand im Trinkhalm wird markiert.

Beobachtung. Der Spross beginnt an der Schnittstelle sofort zu bluten. Im Trinkhalm ist ein Ansteigen der Flüssigkeitssäule zu beobachten.

Erklärung. Der aus der Schnittstelle austretende Blutungssaft wird durch den Wurzeldruck aus den Leitbündeln gepresst. Durch den Wurzeldruck wird die Flüssigkeitssäule gegen die Schwerkraft nach oben gepumpt. Den Hauptantrieb für die Wasserströmung im Xylem stellt allerdings nicht der Wurzeldruck, sondern der Transpirationssog dar.

Bemerkung. Das direkte Aufsetzen der Trinkhalme auf den Sprossstumpf und das Einfetten des Sprosses mit Vaseline gewährleisten eine gute Abdichtung des Versuchsaufbaus.

V 5.3.2 Guttation

Kurz und knapp. Dieses Experiment verdeutlicht, dass Pflanzen auch unabhängig von der Transpiration einen Nährsalzstrom aufrechterhalten können.

Zeitaufwand. Anzucht der Pflanzen: ca. fünf Tage, Durchführung: 15 min

Material:	10 Weizenkörner
Geräte:	Becherglas (1000 ml), Filterpapier, Gefrierbeutel
Chemikalien:	Leitungswasser

Durchführung. In ein Becherglas legt man drei Lagen Filterpapier, sät darauf zehn Weizenkörner aus, gibt so viel Wasser hinzu, dass die Weizenkörner nicht wegschwimmen und stülpt über das Becherglas einen Gefrierbeutel. Die Weizenpflanzen werden so in einer wassergesättigten Atmosphäre angezogen, bis sie 3–5 cm hoch sind.

Beobachtung. An den Blattspitzen der Weizenpflanzen bilden sich Flüssigkeitstropfen. Nimmt man den Gefrierbeutel ab, entfernt die Tropfen mit Filterpapier und stülpt den Gefrierbeutel wieder über das Becherglas, so bilden sich erneut Tropfen.

Erklärung. In der wassergesättigten Atmosphäre ist keine Transpiration möglich. Um den Nährsalzstrom aufrechtzuerhalten, scheiden die Pflanzen durch die sogenannten Hydathoden (Wasserspalten) Wasser in Tropfenform aus. Man spricht von Guttation. Die Triebkraft für die Abscheidung der Guttationsflüssigkeit liegt bei den passiven Hydathoden der Weizenblätter im Wurzeldruck.

Bemerkung. Guttation kann auch durch aktive Hydathoden (z. B. Kichererbse, Gartenbohne) unabhängig vom Wurzeldruck hervorgerufen werden. Wie die aktiven Hydathoden arbeiten, ist im Detail noch nicht geklärt.

6 Ernährung und stoffliche Zusammensetzung der Pflanzen

A Theoretische Grundlagen

6.1 Einleitung

Die grünen Pflanzen sind photoautotroph, d. h. sie sind in der Lage, energiereiche organische Verbindungen (z. B. Kohlenhydrate, Fette, Proteine) mithilfe des Sonnenlichts in der Photosynthese aus einfachen energiearmen, anorganischen Molekülen (Kohlendioxid, Wasser) aufzubauen. Die Pflanze deckt ihren Energiebedarf durch die Photosynthese. In dieser Hinsicht unterscheidet sich die Höhere Pflanze grundsätzlich vom Tier und von zahlreichen Mikroorganismen, welche mit der Nahrung nicht nur stoffliche Substanz, sondern auch Energie aufnehmen müssen. Die Pflanze nimmt – im Unterschied zum tierischen Organismus – anorganische Stoffe als Nährstoffe auf; niedermolekulare organische Stoffe, wie Glucose, Aminosäuren usw., können zwar ebenfalls verwertet werden, sind jedoch als solche nicht lebensnotwendig.

Die Erkenntnis, dass einfache anorganische Verbindungen für die Pflanzenernährung vollkommen ausreichen und keinerlei organische Verbindungen aus der Humusauflage des Bodens benötigt werden, geht vor allem auf den Franzosen Jean-Baptiste BOUSSINGAULT (1802–1887) und den Deutschen Justus von LIEBIG (1803–1873) zurück, die um 1850 die Grundlage für die Agrikulturchemie legten (Humus ist die aus Abbauprodukten vornehmlich pflanzlicher Organismen hervorgegangene organische Bodensubstanz, die in den Böden gewöhnlich mit mineralischen Verwitterungsprodukten vermengt ist). Die Anwendung dieser Erkenntnis in der Landwirtschaft führte zur Düngung mit anorganischen Salzen. Sie legte aber auch den Grundstein für die Einführung der Wasserkultur (Hydroponik) um 1860 durch den Botaniker Julius SACHS (1832–1897). In wissenschaftlicher Hinsicht stellt die Hydrokultur eine bequeme Methode zur Durchführung ernährungsphysiologischer Versuche dar. Außerdem hat die Methode der Wasserkultur Eingang in die gärtnerische Praxis gefunden.

6.2 Nährelemente und Nährstoffe

Als Nährelemente bezeichnen wir diejenigen chemischen Elemente, die für das Wachstum, für eine normale Entwicklung und für die Vollendung des Lebenszyklus der Pflanze notwendig (essenziell) sind. Die Essenzialität eines Nährelements wird ausgewiesen durch das Kriterium, dass es durch kein anderes in seinen spezifischen Funktionen im Stoffwechsel der Pflanzen ersetzt werden kann. Die Notwendigkeit der verschiedenen Nährelemente für eine photoautotrophe Pflanze kann durch Anzucht der Pflanzen in Nährlösungen bekannter Zusammensetzung erschlossen werden. Neben Kohlenstoff (C), Sauerstoff (O) und Wasserstoff (H), die über das Wasser oder gasförmig als CO_2 bzw. O_2 aufgenommen werden, sind in größeren Konzentrationen (zumeist > 20 mg/l) folgende weiteren sieben Elemente erforderlich, die man auch als Makronährelemente bezeichnet: Stickstoff (N), Phosphor (P), Schwefel (S), Kalium (K), Calcium (Ca), Magnesium (Mg), Eisen (Fe). Die übrigen Elemente, die in weit geringerer Menge im Nährmedium zugeführt werden müssen (< 0,5 mg/l), gehören zur Gruppe der Mikronährelemente (Spurenelemente): Mangan (Mn), Zink (Zn), Kupfer (Cu), Bor (B), Chlor (Cl), Molybdän (Mo), Nickel (Ni). Eisen (Bedarf ca. 6 mg/l) steht an der Grenze zwischen Makro- und Mikronährelementen. Darüber hinaus treten bei manchen Pflanzen zusätzliche Bedürfnisse auf, z. B. Natrium (Na) bei vielen C_4- und CAM-Pflanzen und bei Halophyten (Pflanzen, die salzige Standorte bevorzugen), Cobalt (Co) bei luftstickstofffixierenden Organismen (Leguminosen-Rhizobium-Symbiosen), Silicium (Si) bei Kieselalgen, Schachtelhalmen und Gräsern.

Nährstoffe sind die Verbindungen, in denen diese Elemente enthalten und die der Pflanze verfügbar sind. Als Nährstoffe dienen der Pflanze neben Kohlendioxid und Wasser vor allem anorganische Ionen. Deren Verfügbarkeit, Aufnahme und Transport bestimmen in entscheidender Weise das Wachstum pflanzlicher Organismen (s. Abschnitt 6.5).

6.3 Verfügbarkeit der Pflanzennährstoffe

Der Boden ist Standort für die meisten Landpflanzen. Sie wurzeln in ihm, finden Halt und beziehen Wasser und Mineralstoffe aus ihm. Der Boden selbst ist ein heterogenes System, das sich in seinen Grundzügen aus drei Komponenten aufbaut: der festen Phase (anorganische und organische Partikel), der flüssigen Phase (Bodenlösung) und der gasförmigen Phase (Bodenluft). Die feste Phase dient hierbei vornehmlich als Nährstoffspeicher, die flüssige Phase als Transportmittel für die Nährstoffe und die gasförmige Phase erlaubt die Zufuhr von Sauerstoff sowie den Abtransport von Kohlendioxid. Die Nährsalze können von der Pflanze nur in gelöstem Zustand aufgenommen werden. Direkt verfügbar sind deshalb nur die Nährstoffe, die in der Bodenlösung in Form von Ionen vorliegen, denn sie können per Diffusion oder mit dem Wasserstrom zur Wurzeloberfläche gelangen und die Wurzelzellwände durchdringen. Alle Nährstoffe, die diesen Weg nicht zurücklegen können, also alle mehr oder weniger fest gebundenen Nährionen, sind nicht direkt verfügbar. Im Bodenwasser gelöst ist nur ein sehr geringer Teil (weniger als 0,2 %) des Nährstoffvorrats. Etwa 98 % sind in Mineralien, schwer löslichen Verbindungen, Humus und sonstigem organischen Material festgehalten. Sie stellen eine Nährstoffreserve dar, die nur sehr langsam durch Verwitterung und Humusmineralisierung freigesetzt wird. Ungefähr 2 % sind an Bodenkolloide adsorbiert. Als Träger für diese adsorptiv gebundenen Ionen kommen vor allem Tonmineralien und Humussubstanzen in Frage. Kolloidale Tonteilchen und Huminstoffe ziehen aufgrund ihrer elektrischen Oberflächenladung Ionen und Dipolmoleküle an sich und binden diese reversibel. Die sorptive Bindung von Nährionen bietet eine Reihe von Vorteilen: Die bei der Verwitterung und beim Humusaufschluss frei werdenden Nährstoffe werden abgefangen und sind vor Auswaschung geschützt; die Konzentration der Bodenlösung bleibt niedrig und ausgeglichen, sodass die Pflanzenwurzeln und Bodenorganismen nicht osmotisch belastet werden; bei Bedarf sind die sorbierten Nährionen der Pflanze aber doch leicht durch Abgabe von H^+ und HCO_3^- zugänglich.

Wesentlichen Einfluss auf die Nährstoffverfügbarkeit im Boden hat der pH-Wert. Die H^+-Konzentration der Bodenlösung nimmt direkt Einfluss auf die Entwicklung zahlreicher im Boden befindlicher Organismen. Die meisten Bakterienarten sind empfindlich gegenüber niedrigen pH-Werten. Unter diesen Bedingungen sind der Abbau organischer Substanz und die Mineralisation von organischem N und S gestört. Die entscheidende Komponente im Mineralstoffumsatz zwischen Pflanzengesellschaften und Boden ist der Rücklaufmechanismus. In sehr sauren Böden werden vermehrt Al-, Fe- und Mn-Ionen freigesetzt; Ca^{2+}, Mg^{2+}, K^+, PO_4^{3-} und MoO_4^{2-} verarmen und liegen in schlecht aufnehmbarer Form vor. In alkalischen Böden werden Fe, Mn, Phosphat und einige Mikronährelemente in schwer löslichen Verbindungen gebunden, wodurch die Pflanzen unzureichend mit diesen Nährstoffen versorgt sind. Die verschiedenen Pflanzenarten bevorzugen bzw. vertragen verschiedene pH-Bereiche im Boden. Man unterscheidet zwischen acidophilen und basiphilen Gewächsen (Acido- und Basiphyten), denen die große Zahl der bezüglich der Bodenacidität indifferenten Formen (Neutrophyten) gegenübersteht.

Die Wasserpflanzen finden die Nährsalze im Wasser gelöst vor. Ihr Gedeihen hängt somit vom Gehalt des Wassers an Nährsalzen ab. In dieser Hinsicht unterscheidet man zwischen eutrophen (nährstoffreichen) und oligotrophen (nährstoffarmen) Gewässern. Der Reichtum oder die Armut an Nährstoffen verschafft sich Geltung in der Vegetation, die um so üppiger sein wird, je größer unter sonst günstigen Bedingungen der Vorrat an verwertbaren Mineralsubstanzen ist. In natürlichen Gewässern sind (neben Licht) Stickstoff und insbesondere Phosphor limitierend. Für das Wachstum des Phytoplanktons ist Phosphor in aller Regel der begrenzende Faktor, d. h. durch Eintrag von Phosphat in das Gewässer steigt die Eutrophierung (übermäßiges Wachstum von Algen, Algenblüte) meist sprunghaft an. Der mikrobielle Abbau der nunmehr reichlich vorhandenen organischen Substanz erfordert große O_2-Mengen.

Insbesondere in stehenden Gewässern kann dann die O_2-Zufuhr limitiert sein, das Gewässer „kippt" um. D. h. es gerät in einen Zustand des Sauerstoffmangels (Anoxie), sodass sich ein anaerober (sauerstofffreier) Abbau einstellt, wobei Schwefelwasserstoff, Ammoniak und Methan, also giftig wirkende Stoffe, entstehen, die die Lebewelt zum Absterben bringen können.

6.4 Bedeutung der Mikroflora der Rhizosphäre

Das unmittelbar um die Wurzel befindliche Bodenmedium im Bereich von etwa 1–2 mm Abstand von der Wurzel nennt man Rhizosphäre. Durch dauerndes Absterben von Wurzelhaaren, Abschabungen und Wurzelausscheidungen wird die Rhizosphäre mit organischem Material versorgt. Dementsprechend ist die Rhizosphäre gewöhnlich wesentlich dichter mit Mikroorganismen besiedelt. Im Nahkontakt mit der Oberfläche der Feinwurzeln, der Rhizoplane, befinden sich äußerst stoffwechsel- und vermehrungsaktive Bakterien. Die Pflanze wird durch den gegenseitigen Stoffaustausch mit der Mikroflora der Rhizoplane gefördert. Außerdem werden die Wurzeln durch antibiotische Ausscheidungen der assoziierten Mikroflora vor pflanzenpathogenen Organismen abgeschirmt.

Eine besondere Form der Symbiose mit Bodenbakterien gehen manche Pflanzenarten durch die Bildung von Wurzelknöllchen ein. Besonders gut untersucht ist die Symbiose zwischen den Vertretern der Familie Schmetterlingsblütler (Fabaceae) und den Knöllchenbakterien (Rhizobien). Die Rhizobien infizieren die Wurzelhaare und gelangen über einen Infektionsschlauch in die Wurzelrinde, wo sie in das Innere der Rindenzellen aufgenommen werden. Diese vergrößern sich zu einem knöllchenartigen Gebilde. Die Samenpflanze profitiert in dieser Symbiose von der bakteriellen Fähigkeit, den Luftstickstoff (N_2) mithilfe des Enzyms Nitrogenase auf die Stufe des Ammoniums (NH_4^+) reduzieren zu können und bietet dem Enzym im Inneren der Wurzelknöllchen optimale Reaktionsbedingungen. Die Schmetterlingsblütler können mithilfe ihrer Symbionten somit auch auf stickstoffarmen Böden wachsen.

Die Wurzeln der meisten Pflanzenarten leben außerdem in enger Assoziation und Symbiose mit Mykorrhiza-Pilzen. Hierbei unterscheidet man eine ektotrophe und eine endotrophe Mykorrhiza. Die Vertreter der ektotrophen Mykorrhiza überziehen die jungen, unverkorkten Wurzelenden mit einem dichten Hyphenmantel. Die Hyphen dringen auch in die Interzellularen der Wurzelrinde ein. Etwa 3 % aller Samenpflanzen-Arten, darunter viele unserer Waldbäume, bilden mit geeigneten Pilzpartnern eine Ektomykorrhiza aus. Die Mykorrhizapilze sind Vertreter der Ständerpilze (Basidiomyceten) und seltener der Schlauchpilze (Ascomyceten), darunter zahlreiche bekannte Speisepilze.

Weitaus häufiger ist eine endotrophe Mykorrhiza, bei der die Pilzhyphen bis in die Zellen der Wurzelrinde vordringen. Neben speziellen Formen bei den Heidekrautgewächsen und Orchideen ist vor allem die Arbuskuläre Mykorrhiza weit verbreitet. Man schätzt, dass etwa 80 % aller Samenpflanzen-Arten eine Symbiose mit Arbuskulären Mykorrhizapilzen (Glomeromyceten) eingehen. Ihren Namen erhielt diese Mykorrhizaform aufgrund der bäumchenförmigen (arbuskulären) Verzweigung der Pilzhyphen in einer Wurzelzelle.

Durch die Mykorrhizierung der Wurzeln vergrößert sich die resorbierende Oberfläche. Über das ausgedehnte Mycelnetz im Boden führt der Pilz Wasser und Mineralstoffe heran und leitet beides in die Wirtspflanze weiter. Das Pilzwachstum wird durch die reichliche Kohlenhydratzufuhr aus der Wirtspflanze unterstützt.

6.5 Aufnahme der Nährstoffe durch die Pflanze

Unter natürlichen Bedingungen werden die Nährelemente in der folgenden Form als Nährstoffe aufgenommen: C, O und H als CO_2, O_2 und H_2O (O und H auch als $H_2PO_4^-$, NO_3^-, NH_4^+ usw.), N, S, P, Cl, B und Mo als Anionen (Nitrat, Sulfat, Phosphat, Chlorid, Borat, Molybdat) und alle übrigen Elemente als Kationen (K^+, Mg^{2+}, Ca^{2+}, $Fe^{2+, 3+}$, Mn^{2+}, Zn^{2+}, Cu^{2+}; N auch als Ammonium). Von großer Tragweite ist vor allem die Tatsache, dass auch der Stickstoff in Salzform aus dem Boden bezogen wird, obwohl er bekanntlich 78 Vol. % der atmosphärischen Luft ausmacht. Diesen Luftstickstoff kann die Pflanze – mit Ausnahme der in Abschnitt 6.4 geschilderten Symbiosen mit N_2-fixierenden Bakterien – nicht verwerten. Sie ist vielmehr – wie zuerst der Schweizer Nicolaus Théodore de SAUSSURE (1767–1845) und danach vor allem der Franzose Jean-Baptiste BOUSSINGAULT dargetan haben – auf die anorganischen Stickstoffverbindungen des Bodens angewiesen, auf Ammoniumsalze und insbesondere auf Nitrate.

Die Pflanze nimmt die Nährstoffe teilweise in gasförmigem Zustand (vor allem CO_2 und O_2), meist aber gelöst im Bodenwasser als Ionen auf. Die Gase (CO_2, O_2, aber auch SO_2, NH_3 und NO_x) werden vorwiegend von den Blättern über die Spaltöffnungen aufgenommen; sie gelangen über Atemhöhle und Interzellularräume in das Mesophyll. Landpflanzen besorgen die benötigten Mineralsalze normalerweise über das hierfür spezialisierte Wurzelsystem. In geringer Menge können Mineralstoffe auch über Sprossoberflächen eintreten. Hierauf beruht die im Gartenbau und in der Landwirtschaft praktizierte Blattdüngung. Wasserpflanzen nehmen die Nährstoffe über die gesamte Oberfläche auf. Die Wurzel entnimmt die Nährstoffe aus der Bodenlösung. Diese Ionen sind unmittelbar und sofort verfügbar. Die Pflanze greift aber auch aktiv in den Vorgang der Nährstoffaufnahme durch Wurzelausscheidungen ein. Durch Abgabe von H^+ und HCO_3^- sowie von organischen Säuren kann die Wurzel zusätzlich den Ionenaustausch an der Oberfläche der Ton- und Humusteilchen fördern und gewinnt im Eintausch dafür Nährionen. Darüber hinaus können von den Wurzeln ausgeschiedene organische Säuren sowie reduzierende und komplexierende Stoffe wirksam werden und damit Mineralstoffe pflanzenaufnehmbar machen. Auf diese Weise entstehende Metall-Chelat-Komplexe spielen für Mobilität und

Aufnahme von Phosphat und Schwermetallen eine bedeutsame Rolle. Hochmolekulare gelatinöse Substanzen und Ektoenzyme wirken in ähnlicher Richtung.

Aus der Bodenlösung gelangen die Nährionen mit dem einströmenden Wasser oder durch Diffusion zunächst in den frei zugänglichen Apoplasten, d. h. in das zusammenhängende Zellwandnetz der Wurzelhaare und der Wurzelrindenzellen (apoplastischer Transport, s. Abschnitt 5.4). Dort können sie durch Oberflächenladungen an die Zellwände und die Außengrenze der Protoplasten adsorbiert werden. Die Ionenaufnahme in das Cytoplasma geschieht hauptsächlich im Rindenparenchym. Im Plasmalemma (die das Cytoplasma nach außen abgrenzende Biomembran) dieser Zellen sind Membranproteine (Carrier und Kanäle, s. Abschnitt 4.2) lokalisiert, die eine selektive Aufnahme der Nährionen gestatten. Die Verlagerung der Ionen von Zelle zu Zelle verläuft entlang einer zusammenhängenden Kette lebender Protoplasten, die über Plasmodesmen (plasmatische Verbindungen zwischen benachbarten Zellen) miteinander in direktem Kontakt stehen (symplastischer Transport, s. Abschnitt 5.4). Die Transportgeschwindigkeit im Symplasten ist wesentlich höher als im Apoplasten; sie wird hauptsächlich durch die Plasmaströmung bedingt. Der apoplastische Zellwandtransport wird durch hydrophobe oder abdichtende Wandeinlagerungen (CASPARYscher Streifen, verholzte Zellwände) in der Wurzelendodermis weitgehend unterbrochen. Der Symplastweg führt bis an die Leitelemente des Zentralzylinders heran. In die wassergefüllten, toten Tracheen und Tracheiden des Xylems fließen die Ionen, dem Konzentrationsgefälle folgend, passiv ein; außerdem werden sie von Parenchymzellen aktiv in die Gefäße abgeschieden.

In den Leitelementen des Xylems erfolgt der hauptsächliche Ferntransport von Wasser und Ionen. Der Transport im Xylem verläuft nur in einer Richtung, nämlich von den Wurzeln zur Sprossachse und von hier zu den Blättern. Die Triebkraft für den im Xylem verlaufenden Stofftransport ist die Transpiration (s. Abschnitt 5.6). Auf dem Transportweg werden Ionen und Moleküle aus den benachbarten Zellen aufgenommen bzw. an diese abgegeben. Die Ausbreitung der Ionen von den Xylemgefäßen in die benachbarten Gewebe ist wesentlich langsamer als der Xylemtransport. Es werden immer die Bereiche am ehesten versorgt, die den Xylemsträngen benachbart sind. Die Ausbreitung der Ionen im Gewebe oberirdischer Pflanzenteile erfolgt von den Gefäßbündeln aus hauptsächlich über das Plasma.

Neben dem Xylem (Leitgewebe von Wasser und Nährionen) ist das Phloem (Leitgewebe der Assimilate) eine wichtige Transportbahn für den Ferntransport. Das Phloem ist primär für den Transport organischer Moleküle (Assimilatstrom), aber auch für den anorganischer Ionen, weniger jedoch für H_2O zuständig. Der Assimilatstrom im Phloem besorgt vor allem die Umlagerung von bereits einverleibten Mineralstoffen der Pflanze (Retranslokation). Die verschiedenen Bioelemente sind ungleich gut verlagerbar. Nährstoffe, die wie N, P und S in organische Verbindungen überführt werden, sind gut translozierbar, desgleichen die Alkaliionen, besonders K^+. Schlecht umlagerbar sind

Schwermetalle und Erdalkaliionen, besonders das Ca^{2+}. Im Laufe des Jahres werden Nährelemente häufig umverteilt, in krautigen Pflanzen vor allem von alternden Blättern in wachsende Triebspitzen und reproduktive Organe, in Holzpflanzen im Frühjahr in die Knospen, im Sommer und Herbst in die Speichergewebe.

6.6 Stoffliche Zusammensetzung der Pflanzen

Pflanzen bestehen im Allgemeinen zu 50–95 % aus Wasser. Besonders wasserreich sind fleischige Früchte (85–95 % des Frischgewichts), weiches Laub (80–90 %) und Wurzeln (70–95 %). Saftfrisches Holz enthält etwa 50 % Wasser. Am wasserärmsten sind reife Samen (5–15 %).

Die Trockensubstanz, die man nach der restlosen Entfernung des Wassers erhält, umfasst sämtliche organischen und mineralischen Bestandteile. Die Trockensubstanz (Trockenmasse, Trockengewicht) des Pflanzenkörpers kann durch Trocknung bei etwas über 100 °C (meist mehrere Stunden bei 105 °C) bis zur Gewichtskonstanz ermittelt werden. Auf die Trockensubstanz bezogen nehmen die Elemente C und O mit jeweils zu etwa 40–45 % den weitaus größten Anteil ein. Auf den Wasserstoff entfallen etwa 5–7 % und auf den unverbrennbaren Rest (Asche) meist zwischen 5 und 10 %.

Erhitzt man die Trockensubstanz unter Luftzutritt auf hohe Temperaturen, so entweicht ein Teil der Hauptnährelemente in Form von Verbrennungsgasen (CO_2, H_2O, Stickoxide und SO_2), während in der Asche (Reinasche) vor allem die Oxide zahlreicher mineralischer Komponenten anderer Elemente zurückbleiben. Der Anteil der Asche an der Trockensubstanz ist je nach Pflanzenart und -organ sowie nach Standort sehr verschieden. Blätter von Laubbäumen haben z. B. 4–6 % und das Holz dieser Bäume 0,5–3 % Aschengehalt der Trockensubstanz.

6.7 Funktionen der einzelnen Nährelemente und Ernährungszustände der Pflanze

Entsprechend ihren Eigenschaften und ihrem Verhalten in den Pflanzen kann man die Nährelemente in Bauelemente und Funktionselemente einteilen. Die Makronährelemente sind vor allem Bestandteile von organischen Verbindungen (Bauelemente) und die Mikronährelemente von Enzymen (Funktionselemente). Geht man von den physikalisch-chemischen Eigenschaften der Elemente aus, so sind die Nichtmetalle in aller Regel als Bauelemente in organischen Verbindungen vorhanden, während die Metalle und Schwermetalle als Funktionselemente wirken.

Das Wachstum der Pflanze wird von dem Nährelement bestimmt, das relativ zu den anderen Nährelementen in mangelhafter Konzentration vorliegt. Ein Erhöhen der Konzentration der übrigen Nährelemente kann den Mangel eines anderen nicht ausgleichen. Dieses Phänomen erkannten bereits Carl SPRENGEL (1787–1859) und Justus von LIEBIG um 1850. Das LIEBIGsche „Gesetz" vom Faktor im Minimum (Gesetz des Minimums) besagt, dass der in unzureichender Menge vorhandene Nährstoff das Wachstum und die Massenentwicklung begrenzt. Allerdings ist der im Minimum befindliche Nährstoff nicht allein ertragsbestimmend. Für einen geregelten Stoffwechsel, für eine reichliche Stoffproduktion und für eine unbehinderte Entwicklung müssen die Hauptnährstoffe und die Mikronährelemente nicht nur in ausreichender Menge, sondern auch in ausgewogenem Verhältnis von der Pflanze aufgenommen werden. Betrifft der Nährstoffmangel ganz bestimmte Elemente, oder beansprucht die Pflanzenart einzelne Elemente in außergewöhnlicher Menge, dann treten spezifische Mangelsymptome auf. Ein Mangel an einem bestimmten Nährelement macht eine normale vegetative und generative Entwicklung der Pflanze entweder unmöglich oder behindert sie wesentlich und führt zu charakteristischen Ernährungsstörungen mit makroskopisch wahrnehmbaren Mangelsymptomen.

In der Landwirtschaft entsteht Mangel besonders an Stickstoff, Phosphor und Kalium, da ein erheblicher Nährstoffentzug durch die Kulturpflanzen stattfindet. Zur Erhaltung von Bodenfruchtbarkeit und Ertragsleistung wird mineralischer Dünger eingesetzt, sodass eine ausreichende Versorgung der Pflanzen mit Nährelementen gewährleistet ist. In vielen Wäldern unserer Mittelgebirge herrscht heute – bedingt durch die Versauerung der Böden – Mangel an Magnesium. Dies führt zur Erkrankung der Bäume (z. B. „Montane Vergilbung" der Fichten), die man durch Düngung mit Dolomit ($CaMg[CO_3]_2$) zu beheben versucht. Durch die Kalkung werden sowohl der pH-Wert und der Gehalt an austauschbaren Ca^+- und Mg^{2+}-Ionen erhöht als auch die Konzentration an Mn^{2+}- und Al^{3+}-Ionen erniedrigt sowie Phosphat mobilisiert.

Die Beziehung zwischen der mineralischen Ernährung (Mineralstoffkonzentration in der Pflanze) und dem Wachstum (Trockensubstanzproduktion) ergibt eine charakteristische Kurve mit drei klar definierten Regionen. Im ersten Bereich nimmt das Wachstum mit steigender Nährstoffaufnahme zu (Bereich der Mangelernährung), um bei adäquater Mineralstoffkonzentration im zweiten Bereich ein optimales Wachstum zu erreichen (Bereich der ausreichenden Ernährung). Werden darüber hinaus Nährelemente aufgenommen, bringen sie keinen weiteren Ertrag. Die üppige Versorgung bringt keinen Wachstumsvorteil mehr (Luxusernährung). Bei besonders übermäßiger Aufnahme, vor allem bei einseitigem Überangebot, erfolgt schließlich der Übergang in die dritte Region, in der die Wachstumsrate wieder abfällt (Überschussbereich), d. h. bei einem Übermaß wirken viele Mineralstoffe toxisch. Der Übergang von förderlichen zu schädlichen Konzentrationen vollzieht sich bei Makronährelementen allmählich, bei Mikronährelementen kann er dagegen in engen Bereichen stattfinden.

B   Versuche

V 6.1 Nährstofferschließung im Boden durch Pflanzen

V 6.1.1 Ladung der Bodenkolloide

Kurz und knapp. Mit diesem Experiment wird die Ladung der Bodenkolloide durch ihr Adsorptionsverhalten gegenüber anionischen und kationischen Farbstoffen demonstriert.

Zeitaufwand. Vorbereitung: 10 min, Durchführung: 10 min

Material:	luftgetrockneter, gesiebter, komposthaltiger Boden
Geräte:	Waage, 2 Erlenmeyerkolben (200 ml) mit Stopfen, Filtriergestell, 2 Trichter, 2 Faltenfilter, 4 Demonstrationsreagenzgläser mit Ständer, 2 Messzylinder (50 ml), Löffel
Chemikalien:	0,005 %ige Eosin Y–Lösung, 0,005 %ige Methylenblaulösung

Sicherheit. Eosin gelblich (= Eosin Y, Festsubstanz): Xi. Methylenblau (Festsubstanz und Lösungen w $\geq$ 25 %): Xn.

Durchführung. Man gibt je 30 g komposthaltigen Boden in zwei Erlenmeyerkolben. In den einen fügt man 50 ml Eosinlösung, in den anderen 50 ml Methylenblaulösung hinzu. Man verschließt die beiden Erlenmeyerkolben mit Stopfen und schüttelt kräftig. Anschließend wird in zwei Reagenzgläser filtriert. Man vergleicht die Filtrate mit den Ausgangslösungen.

Beobachtung. Das Methylenblaufiltrat ist fast farblos, das Eosinfiltrat ist orange gefärbt.

Erklärung. Bei Methylenblau handelt es sich um einen kationischen (positiv geladenen) Farbstoff, bei Eosin hingegen um einen anionischen (negativ geladenen) Farbstoff (Abbildung 6.1).

Die Bodenteilchen binden den negativ geladenen Farbstoff kaum, den positiv geladenen dagegen stark. Dies zeigt, dass die Bodenteilchen überwiegend negativ geladen sind und bevorzugt Kationen adsorbieren.

Bemerkung. Da das Filtrieren der Lösungen langsam vor sich geht, empfiehlt es sich, die beiden Reagenzgläser an einem Stativ vor einem weißen Hinter-

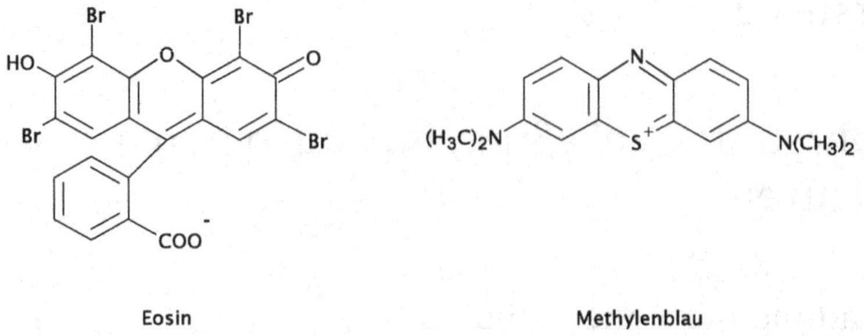

Eosin   Methylenblau

Abbildung 6.1 Die Farbstoffe Eosin Y (anionisch) und Methylenblau (kationisch)

grund zu befestigen. So kann man bereits bei wenigen Millilitern die Farbe des Filtrats erkennen.

V 6.1.2 Protonenabgabe durch die Wurzel

Kurz und knapp. Die Pflanzen sind in der Lage, in den Vorgang der Nährstoffaufnahme aktiv einzugreifen. Eine Möglichkeit stellt die Abgabe von Protonen (H^+) über die Wurzel dar, die sich durch den Farbumschlag eines Indikatorfarbstoffs demonstrieren lässt.

Zeitaufwand. Anzucht der Pflanzen: ca. sieben Tage, Vorbereitung: 20 min, Durchführung: 15 min

Material:	Erbsenpflanzen (*Pisum sativum*)
Geräte:	Blumentopf, Plastikwanne, Becherglas (400 ml), Petrischalen (Ø 10 cm), Waage, Messzylinder (250 ml), Bunsenbrenner mit Vierfuß und Ceranplatte, Spatel, Feuerzeug, Glasstab, Thermometer, pH-Meter, Wasserbad, Pasteurpipette
Chemikalien:	Vermikulit (alternativ Blähton-Granulat), Agar–Agar, Bromthymolblau, Calciumchlorid ($CaCl_2$), Kaliumchlorid (KCl), entmin. Wasser, 0,01 mol/l Natriumhydroxid (NaOH)

Sicherheit. Calciumchlorid (Festsubstanz und Lösungen w ≥ 20 %): Xi.

Durchführung. Anzucht der Pflanzen: Man füllt einen Blumentopf mit Vermikulit, legt fünf Samen darauf und gibt so viel Vermikulit hinzu, dass die Samen gerade bedeckt sind. Anschließend stellt man den Blumentopf in eine Plastikwanne, die mit Leitungswasser gefüllt ist. So sind die Pflanzen während der Anzucht ausreichend mit Wasser versorgt. Man stellt die Plastikwanne an ein Fenster ohne starke Sonnenbestrahlung.

Austopfen der Pflanzen: Das Vermikulit wird vorsichtig ausgeschüttelt und das restliche Substrat unter fließendem Leitungswasser ausgespült. Die Wurzeln werden anschließend durch Eintauchen in ein mit entmin. Wasser gefülltes Becherglas kurz abgespült.

Herstellung des Agars: In ein Becherglas gibt man 1,5 g Agar-Agar, 10 mg Bromthymolblau, 200 mg $CaCl_2$, 200 mg KCl und 200 ml entmin. Wasser. Man erhitzt über dem Bunsenbrenner unter gelegentlichem Umrühren so lange, bis der Agar in Lösung gegangen ist und die Flüssigkeit klar erscheint. Nachdem der Agar auf etwa 45 °C abgekühlt ist (Wasserbad verwenden!), wird der pH-Wert mit 0,01 mol/l NaOH auf 6,5 eingestellt. Der Indikatorfarbstoff Bromthymolblau weist bei diesem pH-Wert eine grüne Färbung auf. Der erstarrte Agar kann längere Zeit aufbewahrt werden (im Kühlschrank, falls vorhanden).

Versuchsansatz: Der Agar wird über dem Bunsenbrenner unter Umrühren verflüssigt und in einem Wasserbad abgekühlt. Die Erbsenpflanzen werden ausgetopft (s. o.) und mit ihren Wurzeln in die Petrischalen gelegt. Wenn der Agar auf 40 °C abgekühlt ist, werden die Wurzeln mit diesem völlig überschichtet.

Beobachtung. Nach etwa fünf Minuten verfärbt sich die Agarplatte in unmittelbarer Umgebung der Wurzeln von blaugrün nach gelb. Mit zunehmender Versuchsdauer breitet sich die Gelbfärbung immer weiter aus.

Erklärung. Der Indikator Bromthymolblau verfärbt sich aufgrund einer pH-Absenkung von grün (etwa pH 6,5) nach gelb (unterhalb pH 6). Die Wurzeln geben Protonen (H^+) in den Rhizosphärenraum ab und bewirken somit eine leichte Ansäuerung ihrer unmittelbaren Umgebung. Mit den Protonen werden an Bodenkolloiden Kationen wie Ca^{2+} oder K^+ ausgetauscht (Ionenaustausch, Abbildung 6.2).

Bemerkung. Die 200 ml Agar sind für vier Petrischalen ausreichend. Um den Farbumschlag des Indikators gut zu erkennen, empfiehlt es sich, die Agarplatten gegen das Tageslicht zu betrachten. Alternativ zu Bromthymolblau lässt sich auch Bromkresolpurpur dem Agar als pH-Indikator zusetzen (ebenfalls 10 mg auf 200 ml entmin. Wasser). Bromkresolpurpur schlägt zwischen pH 6,8 und 5,2 von purpur (alkalisch) nach gelb (sauer) um.

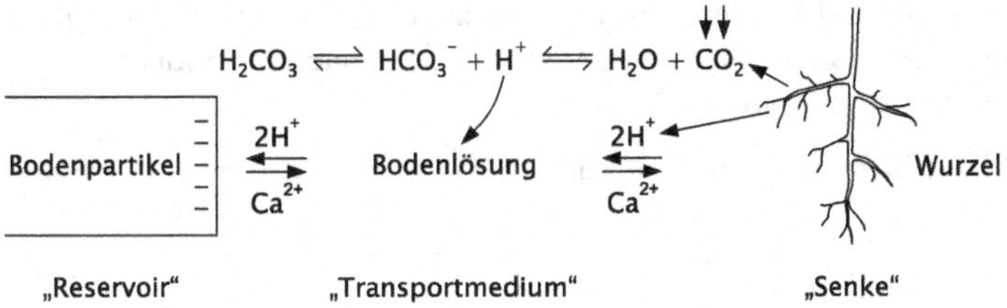

Abbildung 6.2 Ionenaustausch zwischen Bodenpartikel, Bodenlösung und Pflanzenwurzel (nach GISI et al., 1997. Mit freundlicher Genehmigung von Thieme)

V 6.1.3 Ionenaustausch an den Bodenkolloiden

Kurz und knapp. Mithilfe von verdünnten Säuren, die in etwa den pH-Werten der Wurzelausscheidungen entsprechen, lässt sich der Ionenaustausch an der Oberfläche der Bodenkolloide demonstrieren.

Zeitaufwand. Vorbereitung: 10 min, Durchführung: 10 min

Material:	luftgetrockneter, gesiebter, komposthaltiger Boden
Geräte:	2 Erlenmeyerkolben (200 ml) mit Stopfen, 4 Demonstrationsreagenzgläser mit Ständer, 2 Messpipetten (2 ml), Messzylinder (10 ml), 2 Messzylinder (50 ml), Pasteurpipette, Löffel, 2 Trichter, 2 Faltenfilter, Waage
Chemikalien:	2 ·%ige Ammoniumoxalatlösung, 0,1 mol/l Essigsäure, entmin. Wasser

Sicherheit. Ammoniumoxalat (Festsubstanz und Lösungen $w \geq 25$ %): Xn.

Durchführung. Man füllt jeweils 30 g komposthaltigen Boden in zwei Erlenmeyerkolben. In den einen gibt man 40 ml entmin. Wasser, in den anderen 40 ml 0,1 mol/l Essigsäure. Man verschließt die beiden Erlenmeyerkolben mit Stopfen, schüttelt kräftig und filtriert in zwei Reagenzgläser. Man entnimmt jeweils 2 ml Filtrat und füllt in jedes Reagenzglas zusätzlich 10 ml entmin. Wasser. Nun gibt man in beide Reagenzgläser je fünf Tropfen 2 %ige Ammoniumoxalatlösung.

Beobachtung. Das Filtrat der mit Essigsäure geschüttelten Bodenprobe zeigt einen deutlichen weißen Niederschlag. In dem Filtrat der mit entmin. Wasser geschüttelten Bodenprobe ist kein bzw. ein sehr geringer Niederschlag sichtbar.

Erklärung. Es bildet sich der für Calciumionen charakteristische weiße Niederschlag von Calciumoxalat (Abbildung 6.3).

Es hat eine Ionenaustauschreaktion an den Bodenkolloiden des komposthaltigen Bodens stattgefunden. Die sorbierten Calciumionen sind nur locker an die Bodenkolloide gebunden und können durch die Protonen (H^+) der Essigsäure leicht ausgetauscht werden. Die verdünnte Essigsäure, die in etwa dem pH-Wert der Wurzelabscheidungen entspricht, löst aus der gleichen Bodenmenge mehr Nährstoffe als dasselbe Volumen Wasser.

Bemerkung. Da das Filtrat eine gewisse Eigenfarbe aufweist, verwendet man

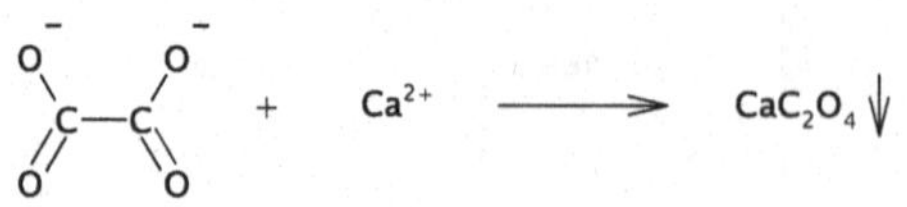

Abbildung 6.3 Bildung von Calciumoxalatniederschlag

nur eine geringe Menge (2 ml) und verdünnt mit entmin. Wasser. So hat man klare Filtrate für den durchzuführenden Nachweis.

V 6.1.4 Der „Marmorplattenversuch"

Kurz und knapp. Pflanzen können mit ihren Wurzelhaaren auch aus festem Gestein durch Ionenaustausch Salze herauslösen. Dies lässt sich durch Ätzspuren an polierten Marmorplatten demonstrieren.

Zeitaufwand. Vorbereitung: 5 min, Kulturzeit der Pflanzen: ca. sechs Wochen, Auswertung: 5 min

Material:	Buschbohnensamen (*Phaseolus vulgaris* ssp. *nanus*)
Geräte:	2 Blumentöpfe, 2 polierte Marmorplatten, Plastikwanne, Papierhandtücher
Chemikalien:	Vermikulit (alternativ Blähton-Granulat), Tinte

Durchführung. In zwei Blumentöpfe stellt man jeweils schräg eine polierte Marmorplatte. Man füllt die Blumentöpfe mit Vermikulit und steckt in einen fünf Samen. Der zweite Ansatz dient als Kontrolle. Die beiden Blumentöpfe stellt man in eine mit Wasser gefüllte Plastikwanne. Wenn sich die Pflanzen gut entwickelt haben (nach etwa sechs Wochen), leert man die beiden Blumentöpfe und reibt die Marmorplatten mit Tinte ein.

Beobachtung. Die Marmorplatte in dem Ansatz mit den Buschbohnen zeigt deutliche Ätzspuren, und man kann einen Abdruck des Wurzelwerks erkennen. In dem Kontrollansatz ohne Pflanzen ist keine Veränderung der Marmorplatte sichtbar.

Erklärung. Die Wurzelhaare sind in der Lage, auch aus einem festen Gestein durch Ionenaustausch Salze herauszulösen. Diese Fähigkeit führt zu den Ätzspuren auf der Marmorplatte. Dort, wo die Ätzspuren zu beobachten sind, haben die Wurzelhaare Ca^{2+} im Austausch gegen H^+ aufgenommen. Die Protonen greifen den Marmor ($CaCO_3$) unter Bildung von löslichem $Ca(HCO_3)_2$ an:

$$CaCO_3 + CO_2 + H_2O \rightarrow Ca^{2+} + 2\,HCO_3^- \qquad (6.1)$$

Bemerkung. Abfallstücke von Marmorplatten lassen sich bei einem Steinmetzbetrieb zuweilen kostenlos erwerben. Die Versuchskultur der Pflanzen dauert zwar lange, ist jedoch aufgrund des erstaunlichen Effekts sicherlich lohnenswert.

V 6.1.5 Reduktion von Eisen(III)-Ionen durch Wurzeln

Kurz und knapp. Im Boden liegt das Nährelement Eisen fast ausschließlich in seiner oxidierten Form (Fe^{3+}) vor. Von den Pflanzen (Ausnahme: Gräser) können aber nur Fe^{2+}-Ionen aufgenommen werden. Dieses Experiment zeigt, dass an der Wurzeloberfläche die Reduktion von Fe^{3+} zu Fe^{2+} erfolgt.

Zeitaufwand. Anzucht der Pflanzen: ca. sieben Tage, Vorbereitung: 10 min, Durchführung: 15 min

Material:	5 Erbsenpflanzen (*Pisum sativum*)
Geräte:	Becherglas (150 ml), 2 Messzylinder (100 ml, 10 ml)
Chemikalien:	Kaliumhexacyanoferrat(III)-Lösung (30 mg $K_3[Fe(CN)_6]$, 100 mg $CaCl_2$, 80 mg KCl in 100 ml entmin. Wasser), Eisen(III)-chlorid-Lösung (900 mg $FeCl_3 \cdot 6\,H_2O$ in 100 ml entmin. Wasser)

Sicherheit. Calciumchlorid (Festsubstanz und Lösungen w $\geq$ 20 %): Xi. Eisen(III)-chlorid (Festsubstanz und Lösungen w $\geq$ 25 %): Xn.

Durchführung. Man füllt 100 ml Kaliumhexacyanoferrat(III)-Lösung und 5 ml $FeCl_3$-Lösung in ein Becherglas. In diese Lösung stellt man fünf Erbsenpflanzen mit ihren Wurzeln.

Beobachtung. Nach fünf Minuten ist bereits eine leichte Blaufärbung der Wurzeln zu erkennen. Die Blaufärbung intensiviert sich mit zunehmender Versuchsdauer.

Erklärung. Die Reduktion von dreiwertigem Eisen an der Wurzeloberfläche ist auf im Plasmalemma lokalisierte Redoxenzyme (Fe^{III}-Chelatreduktase) zurückzuführen. Diese Enzyme bewirken, dass rotes Blutlaugensalz zu gelbem Blutlaugensalz reduziert wird:

$$[Fe^{III}(CN)_6]^{3-} + e^- \quad \rightarrow \quad [Fe^{II}(CN)_6]^{4-} \qquad (6.2)$$

rotes Blutlaugensalz   gelbes Blutlaugensalz

Das gelbe Blutlaugensalz lässt sich durch das in der Lösung befindliche Fe^{3+} ($FeCl_3$) als Berlinerblau nachweisen:

$$3\,[Fe^{II}(CN)_6]^{4-} + 4\,Fe^{3+} \quad \rightarrow \quad Fe_4^{III}[Fe^{II}(CN)_6]_3 \qquad (6.3)$$

gelbes Blutlaugensalz   Berlinerblau

Bemerkung. Es empfiehlt sich, die Wurzeln der Erbsenpflanzen vor einem weißen Hintergrund zu betrachten.

V 6.1.6 Aktivität von sauren Phosphatasen im Wurzelbereich

Kurz und knapp. Das im Boden organisch gebundene Phosphat ist für die Pflanzen nicht direkt verfügbar. Die im äußeren Zellwandbereich der Wurzel lokalisierten Phosphatasen ermöglichen den Pflanzen die Erschließung von organischen Phosphorverbindungen. Mit diesem Experiment lässt sich die Wirkung der sauren Phosphatasen demonstrieren.

Zeitaufwand. Anzucht der Pflanzen: ca. sieben Tage, Vorbereitung: 10 min, Durchführung: 20 min

Material:	3 Erbsenpflanzen (*Pisum sativum*)
Geräte:	2 Becherqläser (50 ml, 100 ml), Spatel, 2 Demonstrationsreagenzgläser mit Ständer, Messzylinder (50 ml), Messpipette (10 ml), Pasteurpipette, Waage
Chemikalien:	4-Nitrophenylphosphat, 2 mol/l Natriumhydroxid (NaOH), entmin. Wasser, Acetatpuffer (0,1 mol/l Natriumacetat mit 0,1 mol/l Essigsäure auf pH 5,6 eingestellt)

Sicherheit. Natriumhydroxid (Festsubstanz und Lösungen w $\geq$ 2 %): C.

Durchführung. Man wiegt 15 mg 4-Nitrophenylphosphat in einem Becherglas ab und löst es in 50 ml Acetatpuffer. Anschließend füllt man davon 30 ml in ein anderes Becherglas und stellt drei Erbsenpflanzen so in die Lösung, dass nur die Wurzeln eintauchen. Die restlichen 20 ml bleiben zur Kontrolle stehen. Nach 20 Minuten überführt man von der Kontrolle und dem Versuchsansatz je 10 ml in die Demonstrationsreagenzgläser und gibt jeweils fünf Tropfen 2 mol/l NaOH hinzu.

Beobachtung. Der Versuchsansatz färbt sich gelb, die Kontrolle bleibt farblos.

Erklärung. Die im äußeren Zellwandbereich der Wurzel lokalisierten sauren Phosphatasen können an das Außenmedium abgegeben werden. Durch die Phosphatasen wird der Phosphatrest des 4-Nitrophenylphosphats abgespalten. Das entstehende 4-Nitrophenol färbt sich im alkalischen Milieu gelb (Abbildung 6.4).

Bemerkung. Durch die Zugabe der NaOH wird das Reaktionsmedium alkalisch und somit die Wirkung der sauren Phosphatasen gestoppt. Das pH-Optimum der sauren Phosphatasen liegt bei pH 5,6 (pH-Wert des Acetatpuffers).

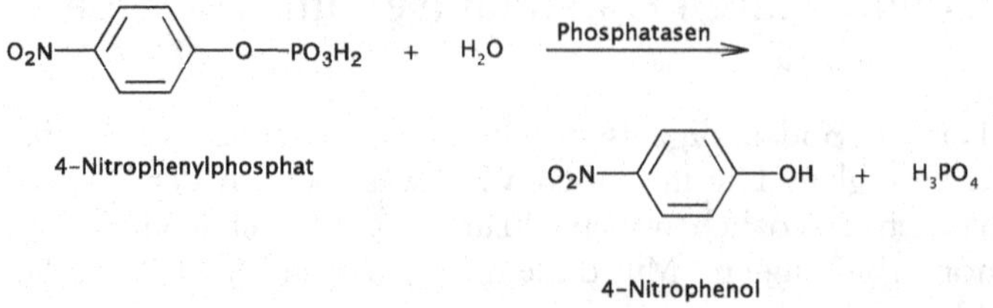

Abbildung 6.4 Bildung von 4-Nitrophenol durch Phosphatasewirkung

Entsorgung. Bei der Reaktion entsteht 4-Nitrophenol (Festsubstanz und Lösungen w $\geq$ 25 %): Xn. Der Reaktionsansatz wird nach Neutralisation in einen Behälter für flüssige organische Abfälle gegeben.

V 6.2 Stoffliche Zusammensetzung der Pflanzen

V 6.2.1 Bestimmung des Wassergehalts von Pflanzen

Kurz und knapp. Dieses Experiment veranschaulicht den unterschiedlichen Wassergehalt verschiedener Pflanzenteile.

Zeitaufwand. Vorbereitung: 10 min, Trocknen: 24 h, Durchführung: 5 min

Material:	frische Laubblätter, Samen, Früchte
Geräte:	Kaffeemühle oder Mörser mit Pistill, Trockenschrank oder Backofen, Waage (Wägegenauigkeit ± 10 mg), Petrischalen aus Glas, Exsikkator, Tiegelzange, Messer, alternativ: Balkenwaage und Bürette (s. Bemerkung)
Chemikalien:	Kieselgel

Durchführung. Zunächst werden die leeren Petrischalen gewogen und ihr Gewicht notiert. Die Samen werden in einer Kaffeemühle pulverisiert, das Blattmaterial mit der Hand und das Fruchtmaterial mit einem Messer grob zerkleinert. Man wiegt nun in etwa 10 g Blatt-, Frucht- und Samenmaterial in die vorher ausgewogenen Petrischalen ein. Es ist nicht wichtig, exakt 10,0 g einzuwiegen, sondern die exakt eingewogene Menge zu notieren (z. B. 10,34 g). Das Material wird in den Schalen flach ausgebreitet und bei 105 °C im Trockenschrank für einen Tag getrocknet. Danach nimmt man die Petrischalen mithilfe einer Tiegelzange aus dem Trockenschrank und lässt sie in einem Exsikkator über Kieselgel abkühlen. Während des Abkühlens ist der Exsikkatorhahn zu öffnen. Anschließend bestimmt man das Gewicht der Proben. Das Experiment kann prinzipiell auch ohne Exsikkator durchgeführt werden, allerdings nimmt die Aschensubstanz dann beim Abkühlen geringfügig Wasserdampf aus der Luft auf. Der prozentuale Wassergehalt wird nach folgender Formel bestimmt:

$$\text{prozentualer Wassergehalt} = \frac{\text{Frischgewicht - Trockengewicht}}{\text{Frischgewicht}} \cdot 100 \qquad (6.4)$$

Beobachtung. Das Blatt- und Fruchtmaterial hat sichtbar an Gewicht und Volumen abgenommen. Beim Samenpulver ist optisch kein Unterschied festzustellen.

Erklärung. Durch die starke Hitze (105 °C) wird das in den Pflanzenteilen enthaltene Wasser restlos entfernt. Die sogenannte Trockensubstanz umfasst sämtliche organischen und mineralischen Bestandteile.

Richtwerte für mögliche prozentuale Wassergehalte: Laubblätter: 70–80 %, Samen: 5–15 %, fleischige Früchte: 85–95 %.

Bemerkung. Der Demonstrationseffekt des Experiments lässt sich durch folgende Variante verstärken: Man wiegt nochmals eine identische Menge frisches Material ab und stellt dieses dem Trockenmaterial auf einer Balkenwaage gegenüber. Um den Wassergehalt zu demonstrieren, gibt man mit einer Bürette so lange Wasser zur leichteren Seite, bis sich die Balkenwaage im Gleichgewicht befindet.

V 6.2.2 Einfache Elementaranalyse der Trockensubstanz

Kurz und knapp. Die Hauptmasse der Trockensubstanz besteht aus einer Vielzahl von organischen Verbindungen. Mit diesem Experiment lassen sich die Makroelemente Kohlenstoff, Wasserstoff, Stickstoff und Schwefel in der Trockensubstanz nachweisen.

Zeitaufwand. Trocknen: 24 h, Vorbereitung: 10 min, Durchführung: 10 min

Material:	Samen (z. B. Sojabohnen)
Geräte:	Kaffeemühle, Trockenschrank oder Backofen, Petrischale, 3 Demonstrationsreagenzgläser mit Ständer, einfach durchbohrter Stopfen, gebogenes Glasrohr, 2 Stative mit Klammern und Muffen, Spatel, 2 Trichter, Filterpapier, Feuerzeug, Bunsenbrenner, Waage
Chemikalien:	0,1 mol/l Bariumhydroxid ($Ba[OH]_2$) oder Calciumhydroxid ($Ca[OH]_2$), Kupfer(II)-oxid (CuO), Cobaltchloridpapier (s. V 2.1.1), Bleiacetatpapier (s. V 2.1.1), Lackmuspapier

Sicherheit. Bariumhydroxid (Festsubstanz und Lösungen $w \geq 10\,\%$): C; Lösungen $c = 0,1\,\text{mol/l}$ entspricht $w = 1,71\,\%$). Calciumhydroxid (Festsubstanz und Lösungen $w \geq 10\,\%$): Xi. Kupfer(II)-oxid (Festsubstanz): Xn, N. Zu Cobaltchloridpapier und Bleiacetatpapier vgl. V 2.1.1.

Durchführung. 3 g Sojabohnen werden in der Kaffeemühle pulverisiert. Das Samenpulver wird flach in einer Petrischale ausgebreitet und 24 Stunden im Trockenschrank getrocknet.

1. Über ein Reagenzglas, das etwa fünf Spatelspitzen Trockensubstanz enthält, stülpt man einen Glastrichter und erhitzt langsam. Über die Trichteröffnung hält man nacheinander ein feuchtes Lackmus- und Bleiacetatpapier.

2. In einem zweiten Reagenzglas werden 1 g Trockensubstanz und 2 g CuO vermengt. Man verschließt das Reagenzglas mit einem durchbohrten Stopfen und verbindet es über ein gebogenes Glasrohr mit einem weiteren Reagenzglas, das etwa 3 cm hoch mit frisch filtrierter $Ba(OH)_2$-Lösung gefüllt ist. Nun wird die Trockensubstanz mit dem Bunsenbrenner langsam erhitzt.

Beobachtung.

1. An den kälteren Stellen des Reagenzglases und vor allem im Glastrichter bildet sich ein feiner Beschlag zunächst farbloser, bei stärkerem Erhitzen bräunlicher Tropfen. Die Tropfen färben blaues Cobaltchloridpapier rot. Das rote Lackmuspapier färbt sich blau, und das Bleiacetatpapier färbt sich braun bis schwarz.

2. Die $Ba(OH)_2$-Lösung trübt sich, und es bildet sich ein weißer Niederschlag.

Erklärung.

1. Beim Erhitzen der Trockensubstanz mit dem Bunsenbrenner entstehen Wasser, Ammoniak, Schwefelwasserstoff und Kohlenstoffdioxid. Das Wasser entsteht durch die Reaktion des Wasserstoffs der Trockensubstanz mit dem Sauerstoff der Luft und bildet mit blauem Cobaltchlorid rotes Hexaaquacobalt(II)-chlorid. Der Farbumschlag des Lackmuspapiers geht auf die beim Stickstoffnachweis entstehenden Hydroxylionen zurück. Die Schwarzfärbung des Bleiacetatpapiers beruht auf der Bildung von schwarzem Bleisulfid.

2. Kupfer(II)-oxid wird zu elementarem Kupfer reduziert und organischer Kohlenstoff zu CO_2 oxidiert. CO_2 reagiert mit Lösungen von Bariumhydroxid bzw. Calciumhydroxid zu schwerlöslichem Bariumcarbonat bzw. Calciumcarbonat, welche als weißer Niederschlag sichtbar werden.

Wasserstoffnachweis:

$$6\,H_2O + CoCl_2 \ \rightarrow \ [Co(H_2O)_6]^{2+} + 2\,Cl^- \tag{6.5}$$

$$\text{blau} \qquad\quad \text{rot}$$

Stickstoffnachweis:

$$NH_3 + H_2O \rightarrow NH_4^+ + OH^- \tag{6.6}$$

Schwefelnachweis:

$$H_2S + Pb(CH_3COO)_2 \rightarrow PbS + 2\,CH_3COOH \tag{6.7}$$

Kohlenstoffnachweis:

$$CO_2 + Ba(OH)_2 \rightarrow BaCO_3 + H_2O \tag{6.8}$$

Bemerkung. Ist das Erhitzen der Trockensubstanz mit CuO beendet, nimmt man das Glasrohr sofort aus der Ba(OH)$_2$-Lösung, um ein Zurückschlagen der Lösung zu vermeiden.

Entsorgung. Reste der zur Herstellung des Bleiactetat- bzw. Cobaltchlorid-papiers verwendeten Lösungen, sowie barium- und kupferhaltige Reste werden in einen Behälter für anorganische Abfälle (mit Schwermetallen) gegeben. Cobaltchloridpapier kann durch Trocknen regeneriert werden. Verbrauchtes Blei-acetat- und Cobaltchloridpapier werden in den Abfallbehälter für mit Gefahr-stoffen verunreinigte Festsubstanzen gegeben. Lackmuspapier und die verkohl-te Trockensubstanz von Ansatz a) können im Hausmüll entsorgt werden.

V 6.2.3 Bestimmung des Aschegehalts an der Trocken-substanz

Kurz und knapp. Erhitzt man getrocknete Pflanzenteile bei schwacher Rotglut an der Luft, entweichen die organischen Substanzen in Form von Verbren-nungsgasen (CO_2, H_2O, SO_2, Stickoxide). In der Asche bleibt ein Gemisch von anorganischen Salzen zurück. Mit diesem Experiment lässt sich der unter-schiedliche Mineralstoffanteil von Samen und Pflanzen demonstrieren.

Zeitaufwand. Trocknen: 24 h, Veraschen: 15 min, Durchführung: 10 min

Material:	Samen (z. B. Sojabohnen), Laubblätter
Geräte:	Kaffeemühle, Trockenschrank oder Backofen, 2 Petrischalen, Ab-zug, 2 Bunsenbrenner mit Dreifuß mit Tondreieck bzw. Muffelofen, Tiegelzange, weicher Bleistift, 2 Porzellantiegel, Mörser mit Pistill, Waage (Wägegenauigkeit ± 10 mg), Feuerzeug, Spatel, 2 Wäge-gläschen, Exsikkator
Chemikalien:	Kieselgel

Sicherheit. Vorsicht beim Umgang mit den sehr heißen Porzellantiegeln!

Durchführung. 2 g Sojabohnen werden in der Kaffeemühle pulverisiert und 10 g Laubblätter mit der Hand grob zerkleinert. Blatt- wie auch Samenmaterial werden jeweils in einer Petrischale flach ausgebreitet und im Trockenschrank bei 105 °C getrocknet. Nach der Trocknung des Materials bestimmt man zunächst das Leergewicht der Porzellantiegel und kennzeichnet sie mit einem weichen Bleistift auf der Unterseite. Das getrocknete Blattmaterial wird mit Mörser und Pistill pulverisiert. Die Trockensubstanz von Blatt- und Samenmaterial wird mit einer Wägegenauigkeit von 0,01 g in je ein Wägeschälchen eingewogen. Es genügt eine Einwaage von jeweils 1 g. Man stellt die zwei Tiegel jeweils auf ein Tondreieck bzw. in den Muffelofen und erhitzt bis zur schwachen Rotglut. Erst dann bringt man die zu veraschenden Substanzen mit einem Spatel in kleinen Portionen in die heißen Tiegel. Man wartet, bis die organische Substanz völlig verbrannt ist, ehe man neue Trockensubstanz zugibt. Nach dem Veraschen stellt man die Tiegel sofort in einen Exsikkator mit Kieselgel; während des Abkühlens ist der Exsikkatorhahn zu öffnen. Nach dem Abkühlen (nach 15 min oder in der nächsten Schulstunde) werden die beiden Tiegel gewogen. Durch Subtraktion der Masse des leeren Tiegels wird der Anteil der Asche an den untersuchten Trockensubstanzen bestimmt. Der prozentuale Aschengehalt ergibt sich nach folgender Formel:

$$\text{prozentualer Aschengehalt} = \frac{\text{Aschenmasse}}{\text{Trockenmasse}} \cdot 100 \qquad (6.9)$$

Beobachtung. In beiden Tiegeln bleibt eine weißliche Substanz zurück, die sogenannte Pflanzenasche. Blatt- wie auch Samenmaterial verlieren wesentlich an Volumen und Gewicht. Der Aschengehalt der Samen ist geringer als der der Blätter.

Erklärung. Je nach Pflanzenart und -organ sowie nach Standort variiert der Anteil der Asche an der Trockensubstanz. Der Aschengehalt der Samen ist geringer, da sie zum größten Teil organische Substanzen enthalten. Das Speichergewebe der Samen besteht überwiegend aus Stärke, Proteinen und Fetten, deren Grundelemente C, O, H, N und S in Form von Verbrennungsgasen entweichen. Blätter enthalten vor allem in Enzymen und Chlorophyll (hier Mg, s. Abbildung 7.2) anorganische, nicht flüchtige Bestandteile. Weiterhin erfolgt in den Blättern aufgrund des Transpirationsstroms eine Anreicherung mit mineralischen Substanzen.

Bemerkung. Gibt man eine zu große Substanzmenge auf einmal in den Tiegel, bilden sich größere zusammenhängende Kohleklumpen, und der Veraschungsprozess dauert sehr lange. Sofern kein Muffelofen vorhanden ist, kann auch ein Ofen für keramische Arbeiten genutzt werden. Das Experiment kann prinzipiell auch ohne Exsikkator durchgeführt werden, allerdings nimmt die Aschensubstanz dann beim Abkühlen geringfügig Wasserdampf aus der Luft auf.

V 6.2.4 Qualitative Analyse von Pflanzenasche

Kurz und knapp. Mit diesem Experiment wird das Vorkommen der Makronährelemente P, Ca, Mg und Fe in pflanzlichem Gewebe nachgeprüft.

Zeitaufwand. Trocknen: 24 h, Veraschen: 30 min, Durchführung: 15 min

Material:	Samen (z. B. Sojabohnen)
Geräte:	Kaffeemühle, Petrischale, Trockenschrank oder Backofen, Abzug, 2 Porzellantiegel, Wägeschälchen, Feuerzeug, 2 Bunsenbrenner mit Dreifuß und Tondreieck, 4 Demonstrationsreagenzgläser mit Ständer, Becherglas (50 ml), Trichter, Faltenfilter, Spatel, Vierfuß mit Ceranplatte, 4 Pasteurpipetten, 2 Messzylinder (10 ml, 25 ml), Reagenzglasklammer, Waage
Chemikalien:	Ammoniummolybdat, Salpetersäure (konzentriert, HNO$_3$), 1 mol/l Salzsäure (HCl), 1 mol/l Natriumhydroxid (NaOH), Titangelb (Thiazolgelb), 2 %ige Ammoniumoxalatlösung, Kaliumhexacyanoferrat (II) (gelbes Blutlaugensalz, K$_4$[Fe(CN)$_6$]), pH-Papier

Sicherheit. Ammoniummolybdat (Festsubstanz): Xi. Ammoniumoxalat (Festsubstanz und Lösungen w $\geq$ 25 %): Xn. Natriumhydroxid (Lösungen 2 % $\leq$ w < 5 %): C. Salpetersäure: C, O.

Durchführung. Man zerkleinert 6 g Sojabohnen mit der Kaffeemühle, breitet das Samenpulver flach in einer Petrischale aus und stellt sie über Nacht in den Trockenschrank. 5 g des getrockneten Sojabohnenpulvers werden in einem Wägeschälchen abgewogen. Man stellt die beiden Tiegel jeweils auf ein Tondreieck und erhitzt bis zur schwachen Rotglut. Dann bringt man das zu veraschende Sojabohnenpulver mit einem Spatel in kleinen Portionen in die heißen Tiegel. Man wartet bis die organische Substanz völlig verbrannt ist, ehe man neue Trockensubstanz zugibt. Nach dem Abkühlen der Aschensubstanz gibt man in die beiden Tiegel etwas 1 mol/l HCl und kocht auf. Die Lösung wird anschließend in einen Messzylinder filtriert. Man wäscht mit 1 mol/l HCl nach bis 20 ml Filtrat vorliegen. Diese Lösung ist für die folgenden Testreaktionen ausreichend.

Phosphatnachweis: Man füllt 5 ml des Ascheauszugs in ein Reagenzglas und fügt zehn Tropfen konzentrierte Salpetersäure und eine Spatelspitze Ammoniummolybdat hinzu. Danach wird das Reagenzglas leicht über dem Bunsenbrenner erwärmt.

Calciumnachweis: In ein Becherglas gibt man 5 ml des Aschenauszugs und stellt die Lösung durch Zutropfen von 1 mol/l NaOH auf etwa pH 5 ein (pH-Papier). Die so eingestellte Lösung füllt man in ein Reagenzglas und gibt zehn Tropfen 2 %ige Ammoniumoxalatlösung hinzu.

Magnesiumnachweis: Zu 5 ml des Auszugs gibt man 7 ml 1 mol/l NaOH und eine Spatelspitze Titangelb (eventuell leicht erwärmen).

Eisennachweis: Zu 5 ml des Aschenauszugs gibt man wenige Kristalle gelben Blutlaugensalzes.

Beobachtung.

Phosphatnachweis: Es fällt ein gelber Niederschlag aus.

Calciumnachweis: Es fällt ein weißer Niederschlag aus.

Magnesiumnachweis: Es bildet sich zunächst ein weißer Niederschlag. Nach der Zugabe von Titangelb färbt sich die Lösung rot. Nach kurzer Zeit setzt sich ein roter Niederschlag im unteren Teil des Reagenzglases ab.

Eisennachweis: Die Lösung färbt sich blau.

Erklärung.

Phosphatnachweis: In stark salpetersaurer Lösung entsteht aus Ammoniummolybdat $(NH_4)_2MoO_4$ mit Phosphorsäure H_3PO_4 ein gelber kristalliner Niederschlag der Zusammensetzung $(NH_4)_3[PMo_{12}O_{40}]$ (Triammoniumdodecamolybdatophosphorsäure), der für den analytischen Nachweis von Phosphor wichtig ist. Nur der gelbe Niederschlag ist für Phosphationen charakteristisch. Silikat bildet ebenfalls eine gelbe Heteropolysäure, aber keinen gelben Niederschlag.

Calciumnachweis: Der weiße Niederschlag von Calciumoxalat ist für Calciumionen charakteristisch (siehe Abbildung 6.3).

Magnesiumnachweis: Im Alkalischen fällt ein Niederschlag von Magnesiumhydroxid aus, der durch Titangelb deutlich rot gefärbt wird:

$$Mg^{2+} + 2\,OH^- \rightarrow Mg(OH)_2 \tag{6.10}$$

Eisennachweis: Gelbes Blutlaugensalz bildet mit Fe^{3+}-Ionen Berlinerblau:

$$4\,Fe^{3+} + 3\,[Fe(CN)_6]^{4-} \rightarrow Fe_4[Fe(CN)_6]_3 \tag{6.11}$$

Bemerkung. Um zu verdeutlichen, dass die Nachweise für die vier Makroelemente charakteristisch sind, kann man die Nachweise parallel mit verdünnten Lösungen von K_3PO_4 oder KH_2PO_4, $CaCl_2$, $MgCl_2$ und $FeCl_3$ durchführen (Positivkontrolle). Weiterhin kann eine Blindprobe (Negativkontrolle) mit 1 mol/l Salzsäure mitgeführt werden.

Entsorgung. Die Reaktionsansätze werden nach Neutralisation in den Ausguss gegeben.

V 6.3 Einfluss der Nährelemente auf das Wachstum der Pflanzen

V 6.3.1 Visuelle Symptome eines Nährstoffmangels (Mangelkulturen)

Kurz und knapp. Mit diesem Langzeitexperiment lässt sich das von Justus von LIEBIG – dem Mitbegründer der „künstlichen" Düngung – entdeckte „Gesetz des Minimums" demonstrieren.

Zeitaufwand. Anzucht der Pflanzen: 10–14 Tage, Vorbereitung: 1 h, Versuchsergebnis: nach drei bis vier Wochen

Material:	Buschbohnensamen (*Phaseolus vulgaris* ssp. *nanus*)
Geräte:	5 Messzylinder (100 ml), Messpipette (10 ml), 5 Kunststoffflaschen, Messzylinder (1000 ml), Alufolie, Folienstift
Chemikalien:	1 mol/l Stammlösungen (in entmin. Wasser) von: $Ca(NO_3)_2$, KNO_3, KH_2PO_4, $NaNO_3$, $MgSO_4$, $CaCl_2$, KCl; entmin. Wasser
	Eisenstammlösung: 2,42 g $FeCl_3$ · $6H_2O$ und 3,34 g Na_2EDTA (Titriplex III) in 100 ml entmin. Wasser
	Stammlösung der Spurenelemente: 2,86 g H_3BO_3, 1,81 g $MnCl_2$, 0,05 g $ZnCl_2$ und 0,025 g Natriummolybdat (Na_2MoO_4) in 1 l entmin. Wasser

Sicherheit. Borsäure (Festsubstanz): T. Calciumchlorid (Festsubstanz): Xi. Calciumnitrat (Festsubstanz): O, Xi. Eisen(II)-chlorid (Festsubstanz): Xn. Kaliumnitrat (Festsubstanz): O. Mangan(II)-chlorid (Festsubstanz): Xn. Natriumnitrat (Festsubstanz): O, Xn. Zinkchlorid (Festsubstanz): C, N.

Durchführung. Anzucht und Austopfen der Pflanzen: siehe V 6.1.2.

Die Kunststoffflaschen werden mithilfe des Messzylinders auf einen Liter geeicht. Man legt etwa 200 ml entmin. Wasser in den Kunststoffflaschen vor, gibt die Stammlösungen hinzu (s. Tabelle 6.1) und füllt auf einen Liter auf. Die fünfte Kunststoffflasche wird nur mit entmin. Wasser gefüllt (Kontrolle).

Tabelle 6.1 Zusammensetzung der Nährlösungen (Volumen ein Liter)

Stammlösung	komplett	ohne Ca	ohne Fe	ohne N
$Ca(NO_3)_2$	5 ml	–	5 ml	–

Stammlösung	komplett	ohne Ca	ohne Fe	ohne N
KNO_3	5 ml	5 ml	5 ml	–
$MgSO_4$	2 ml	2 ml	2 ml	2 ml
KH_2PO_4	1 ml	1 ml	1 ml	1 ml
Eisenlösung	1 ml	1 ml	–	1 ml
Spurenelemente	1 ml	1 ml	1 ml	1 ml
$NaNO_3$	–	10 ml	–	–
$CaCl_2$	–	–	–	5 ml
KCl	–	–	–	5 ml

Von den 10–14 Tage alten Pflanzen entfernt man die Kotyledonen und hängt die Buschbohnen mit ihren Wurzeln in die mit 50 ml Nährlösung gefüllten Messzylinder. Um Algenwuchs zu verhindern, werden die Messzylinder mit Alufolie umwickelt. Die Messzylinder werden nun an ein Fenster ohne direkte Sonnenbestrahlung gestellt. Die Pflanzen werden über drei bis vier Wochen beobachtet und der Flüssigkeitsstand in den Messzylindern kontrolliert. Von Zeit zu Zeit müssen die Nährlösungen wieder auf 50 ml aufgefüllt werden.

Beobachtung.

Nährlösung	Erscheinungsbild der Pflanzen
komplett	grüne Primär- und Folgeblätter
ohne Ca	Bildung brauner (nekrotischer) Areale auf Primär- und Folgeblättern, eventuell Sprossspitze verwelkt, Primärblätter welken, werden gelb und fallen ab
ohne Fe	Primärblätter bleiben grün, Folgeblätter weisen starke Gelb- bis fast Weißfärbung (Chlorose) auf
ohne N	diffuse Gelbfärbung (Chlorose) von Primär- und Folgeblättern, Primärblätter entwickeln nekrotische Blattränder
entmin. Wasser	Folgeblätter bleiben klein, erst relativ spät Bildung von Nekrosen und Chlorosen

Erklärung. Fehlt in der Nährlösung ein essenzielles Element, so kann es nicht durch ein anderes Element ersetzt werden. Es treten charakteristische Mangelsymptome auf. Das Gedeihen der Pflanzen richtet sich nach dem Nährstoff, der ihnen am wenigsten zur Verfügung steht („Gesetz des Minimums"). Die Mangelsymptome lassen sich durch die biochemische Funktion der fehlenden Nährelemente erklären (Tabelle 6.2).

Tabelle 6.2 Bedeutung der Nährelemente im Stoffwechsel

Nährelement	Biochemische Funktion
Ca	Enzymaktivator, Zellwandbaustoff, Cofaktor, Quellungsregulation
Fe	Hämproteide, Eisenschwefelproteide, manche Flavoproteide, häufig unter Valenzwechsel an Redoxreaktionen beteiligt
N	Aminosäuren, Proteine, Enzyme, Nucleinsäuren

Bemerkung. Aufgrund seines hohen Zeitaufwands ist dieses Experiment vorwiegend im Rahmen von Projekttagen geeignet. Vorbereitung und Durchführung verkürzen sich erheblich, wenn man sich auf die Betrachtung von kompletter Nährlösung und einer Nährlösung ohne Calcium beschränkt. Der Calciummangel wird bereits nach sieben bis zehn Tagen deutlich sichtbar.

7 Photosynthese I: Energieumwandlung

A Theoretische Grundlagen

7.1 Einleitung

Bei der Photosynthese der Pflanzen wird anorganische Substanz (CO_2, H_2O) mithilfe von Strahlungsenergie (Licht) in organische Substanz (z. B. Kohlenhydrate) umgewandelt. Die produzierte organische Substanz, das Assimilat, enthält sowohl die gewonnene Energie als auch die aufgenommene Substanz. Dementsprechend hat die Photosynthese zwei verschiedene Aspekte: die Energieumwandlung und die Substanzumwandlung. Man kann demgemäß die Vorgänge, die bei der Photosynthese ablaufen, in zwei Abschnitte gliedern. Der erste Abschnitt ist ein durch Lichtenergie getriebener Elektronentransport, der in den Thylakoiden der Chloroplasten abläuft und zur Bildung von Sauerstoff (oxygene Photosynthese), reduziertem Nicotinamid-Adenin-Dinucleotid-Phosphat (NADPH + H$^+$) und Adenosintriphosphat (ATP) führt. Dieser Teilbereich der Photosynthese wird als Lichtprozess (Lichtreaktionen, photochemischer Reaktionsbereich, Energieumwandlung) der Photosynthese bezeichnet. Der zweite Abschnitt der Photosynthese umfasst die Reaktionen der CO_2-Assimilation, die im Stroma der Chloroplasten stattfinden. Sie sind als sogenannter Dunkelprozess (oder auch Dunkelreaktionen, biochemischer Reaktionsbereich, Substanzumwandlung) der Photosynthese selber nicht direkt vom Licht abhängig, sondern nur auf die Produkte des Elektronentransports, ATP und NADPH + H$^+$, angewiesen. Dieser zweite Teilbereich der Photosynthese wird neben der Bruttogleichung der Photosynthese in Kapitel 8 behandelt.

7.2 Chloroplasten als Organellen der Photosynthese

Die Chloroplasten sind die Organellen der Photosynthese. Sie enthalten alle für die Photosynthese benötigten Komponenten. Chloroplasten sind eine Differenzierungsform der Plastiden. Plastiden sind Zellorganellen, die nur in Pflanzenzellen vorkommen. Sie vermehren sich durch Zweiteilung. Die Teilung erfolgt im Fall der Höheren Pflanzen bereits bei der Jugendform, den Proplastiden, die sich im Rahmen der Zellteilung auf die Tochterzellen verteilen. Die Proplastiden sind ca. 1 µm groß und ebenfalls bereits von einer Plastidenhülle umgeben, aber noch weitgehend undifferenziert. Die Proplastiden werden zumeist mütterlich mit der Eizelle vererbt. Dies bedeutet, dass alle Plastiden einer Pflanze von den Proplastiden der Eizelle abstammen. Bei der Zelldifferenzierung erfolgt eine Differenzierung in grüne, photosynthetisch aktive Chloroplasten, gelb bis orange und rot gefärbte Chromoplasten (z. B. bei Blüten und Früchten) und farblose Leukoplasten. Leukoplasten können als Amyloplasten der Stärke-Bildung und -Speicherung dienen. Im Dunkeln entstehen farblose Vorstufen der Chloroplasten, die Etioplasten, die sich bei nachfolgender Belichtung in photosynthetisch aktive Chloroplasten umwandeln. Trotz erheblicher struktureller und funktioneller Unterschiede handelt es sich bei den Plastiden nur um einen Typus von Organellen. Sie können sich nämlich prinzipiell ineinander umwandeln und gehen aus gemeinsamen Vorstufen, den Proplastiden, hervor.

Die Chloroplasten der Höheren Pflanzen sind von linsenförmig abgeflachter Gestalt (Abbildung 7.1). Sie haben einen Durchmesser von 4 bis 8 µm und eine Dicke von 2 bis 3 µm. Von ihnen enthält jede photosynthetisch aktive Zelle meist mehrere bis viele (5–150). Bei starker Vergrößerung sind mit dem Lichtmikroskop in den Chloroplasten der Höheren Pflanzen grüne Körnchen zu erkennen, die als Grana (Einzahl: Granum) bezeichnet werden. Im elektronenmikroskopischen Bild erkennt man, dass die Chloroplastenhülle aus zwei Membranen von ca. 5 nm Durchmesser besteht, die durch einen Zwischenraum, den Intermembranraum, von 2–3 nm Breite voneinander getrennt sind. Kontaktstellen zwischen den beiden Membranen besitzen einen Proteinapparat zum Import von Proteinen aus dem Cytoplasma der Zelle. Die äußere Membran enthält porenbildende Proteine, sog. Porine, die für Moleküle unterhalb einer Molekulargröße von 10.000 Dalton durchlässig sind. Daher bildet die innere Hüllmembran die eigentliche Grenze des chloroplastidären Stoffwechselkompartiments. Die Chloroplastenhülle umschließt die plasmatische Grund-

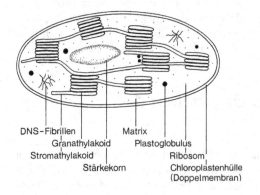

DNS-Fibrillen Matrix
Granathylakoid Plastoglobulus
Stromathylakoid
Stärkekorn Ribosom
Chloroplastenhülle
(Doppelmembran)

Abbildung 7.1 Schematische Darstellung der Feinstruktur eines Chloroplasten, wie sie sich aus elektronenmikroskopischen Aufnahmen von Dünnschnitten ergibt

substanz, das Stroma (oder die Matrix), das zahlreiche granuläre Einschlüsse enthält, insbesondere die zum 70S-Typ gehörenden Plastiden-Ribosomen sowie Lipidglobuli, die als Plastoglobuli bezeichnet werden (Abbildung 7.1). Nach längerer Belichtung enthalten die Chloroplasten der Höheren Pflanzen Körnchen aus Assimilationsstärke (Stärkegranula), die bei anschließender Verdunkelung wieder verschwinden.

Im Stroma liegen zahlreiche Membranen, die Träger der Photosynthesepigmente sind. Diese inneren Membranen sind als flache Säckchen angeordnet; sie wurden deshalb 1961 von Wilhelm MENKE (1910–2007, deutscher Pflanzenphysiologe) als Thylakoide bezeichnet (griech.: thylakos = Sack, Beutel; -eides = ähnlich). Die Chloroplasten vom Grana-Typ, die für die Höheren Pflanzen charakteristisch sind, enthalten neben den ausgedehnten, den Chloroplasten bisweilen in seiner ganzen Länge durchziehenden Stromathylakoiden relativ kurze Granathylakoide, die jeweils zu 3–40 geldrollenartig übereinander gestapelt sind. Diese Bereiche entsprechen den lichtmikroskopisch erkennbaren Grana. Die Grana- und Stromathylakoide bilden einen zusammenhängenden Membrankörper, in dem die Grana durch schmalere oder breitere Stege von Stromathylakoiden untereinander in Verbindung stehen. Es gibt demnach im Chloroplasten drei verschiedene Räume: den Intermembranraum zwischen äußerer und innerer Hüllmembran, den Stromaraum zwischen innerer Hüllmembran und den Thylakoiden sowie den Innenraum der Thylakoide, den Intrathylakoidraum oder Loculus.

Die Thylakoidmembranen bestehen, wie alle biologischen Membranen, aus Lipiden und Proteinen. Bei den Lipiden überwiegen die Galaktolipide, während die Phospholipide zurücktreten. Der Proteinanteil ist relativ hoch und beträgt etwas über 50 %. Ungefähr 60 Polypeptide besitzen eine Funktion bei den photochemischen Prozessen der Photosynthese. Wir nehmen heute an, dass zumindest 100 verschiedene Polypeptide in der Thylakoidmembran der Höheren Pflanzen vorhanden sind.

7.3 Chlorophylle und Carotinoide

Die Chlorophylle sind die wichtigsten Photosynthesepigmente. Typisch für die Höheren Pflanzen sind das Chlorophyll a und das Chlorophyll b. Das gewöhnliche Mengenverhältnis von a : b ist etwa 3 : 1. Chlorophylle sind, ähnlich dem Häm des roten Blutfarbstoffs Hämoglobin und den Cytochromen, durch den Besitz eines Porphyrinringsystems charakterisiert, in dem vier Pyrrolkerne durch Methinbrücken ($-C=$) verbunden sind (Abbildung 7.2). Im Zentrum des Porphyrinrings ist ein Magnesiumatom über zwei kovalente und zwei koordinative Bindungen mit den Stickstoffatomen der Pyrrolringe verbunden. Außerdem befindet sich am Pyrrolring C ein fünfgliedriger isozyklischer Ring, dessen Carboxylgruppe mit Methylalkohol verestert ist. Die Kohlenstoffatome 17 und 18 tragen zwei zusätzliche Wasserstoffatome. Diese Hydrogenierung, die zum Verlust der Doppelbindung zwischen C_{17} und C_{18} führt, hat einen

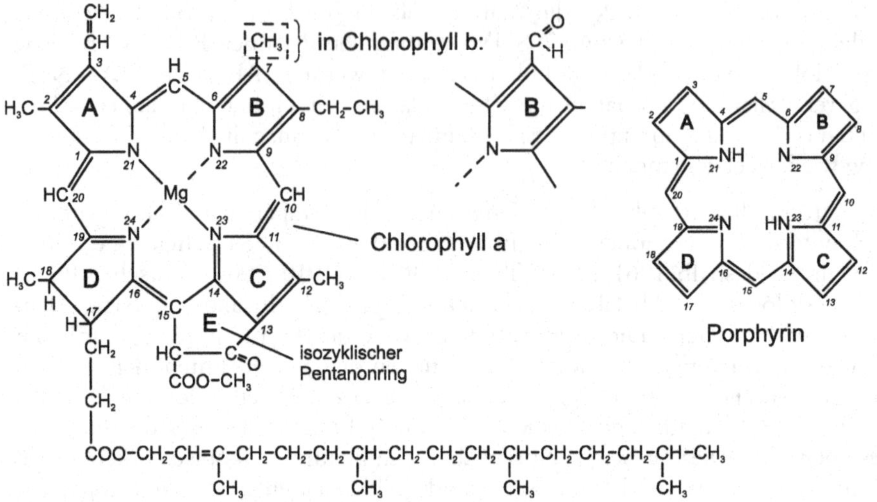

Abbildung 7.2 Chemische Strukturen von Chlorophyll a und b und von Porphyrin

starken Einfluss auf Lage und Höhe der Rot-Absorptionsbande. Die Hydrogenierung kann bei den Samenpflanzen nur im Licht stattfinden. Im Dunkeln ist daher die Chlorophyllbiosynthese gehemmt, und es kommt zur Bildung von Etioplasten. Bei Chlorophyll a sind außerdem folgende Seitenketten vorhanden: vier Methyl-, eine Ethyl- und eine Vinylgruppe sowie ein Propionsäurerest, der mit dem langkettigen Alkohol Phytol $C_{20}H_{39}OH$ verestert ist. Die Phytylesterkette bedingt die Lipidlöslichkeit der Chlorophylle. Chlorophyll b unterscheidet sich von Chlorophyll a nur dadurch, dass die Methylgruppe in Position 7 am Pyrrolring B durch eine Aldehydgruppe ersetzt ist.

Eine genaue Aussage über die spezifische Absorption einer Verbindung ergibt sich anhand ihres Absorptionsspektrums. In aller Regel wird jedoch nicht die Absorption (Absorptionsgrad: I/I_0) sondern die Extinktion (Absorbanz) für die Aufstellung eines Absorptionsspektrums verwendet. Nach dem Gesetz von BOUGUER-LAMBERT-BEER ist sie definiert als E (oder A) = log I_0/I, wobei I_0 dem auftreffenden Quantenfluss und I dem transmittierten Quantenfluss entspricht. In den Absorptionsspektren der Chlorophylle a und b (Abbildung 7.3) zeigen die beiden Absorptionsmaxima an, dass hellrote und blaue Strahlung sehr stark, grüne und dunkelrote wenig bzw. gar nicht absorbiert wird. Chlorophyll a ist blaugrün, Chlorophyll b gelbgrün gefärbt. Dieser Unterschied kommt auch im Absorptionsspektrum zum Ausdruck.

Neben den Chlorophyllen befinden sich im photosynthetischen Apparat immer auch Carotinoide. Die Carotinoide sind gelb, orange oder rot gefärbte lipidlösliche Pigmente (Lipochrome), deren Struktur das aus acht Isopreneinheiten aufgebaute Carotingerüst $C_{40}H_{56}$ zugrunde liegt. Die an der Photosynthese beteiligten Carotinoide werden als „Primärcarotinoide" den „Sekundärcaro-

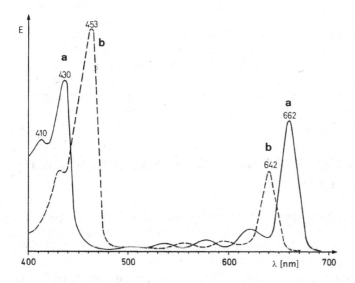

Abbildung 7.3 Absorptionsspektren von Chlorophyll a und Chlorophyll b in Ether

tinoiden" gegenübergestellt, die in vielfältiger Form vor allem in Blüten und Früchten als Bestandteile von Chromoplasten vorkommen. Man unterscheidet chemisch zwei Gruppen: die Carotine und die Xanthophylle. Die Carotine enthalten keinen Sauerstoff im Molekül, wie z. B. das regelmäßig in den Chloroplasten zu findende β-Carotin (Abbildung 7.4). Die Xanthophylle enthalten Sauerstoff in Form von Hydroxy-, Epoxy- u. a. Gruppen. In den Chloroplasten der Höheren Pflanzen findet man Lutein, Violaxanthin, Zeaxanthin und Neoxanthin. Wie die Färbung der Carotinoide verrät, absorbieren sie vor allem violette, blaue und blaugrüne Anteile sichtbarer Strahlung. In den Chloroplasten der Höheren Pflanzen wird die typische Färbung der Carotinoide durch die Chlorophylle überdeckt. Die Carotinoide gehören zu den lichtsammelnden Antennenpigmenten, die auch als akzessorische Pigmente bezeichnet werden. Gleichzeitig erfüllen sie eine Schutzfunktion, indem sie wichtige Membranbestandteile, insbesondere die Chlorophylle, vor photooxidativer Zerstörung bewahren (s. Abschnitt 7.4).

Die Chlorophylle und Carotinoide erlangen ihre Funktionstüchtigkeit im Photosyntheseapparat erst in Assoziation mit spezifischen Proteinen. Tatsächlich finden wir sie denn auch nur in dieser Form in den photosynthetischen Strukturen. Diese Komplexbildung beruht auf schwachen hydrophoben oder auch

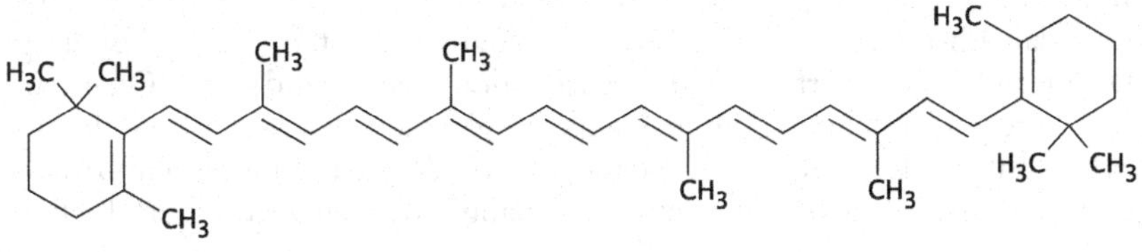

Abbildung 7.4 Chemische Struktur von β–Carotin

polaren Wechselwirkungen zwischen beiden Partnern. Mit der Komplexbildung ändert sich die spezifische Absorption der Pigmente. Das Maximum der Rotabsorption von Chlorophyll a wird hierdurch um ca. 15 nm auf 678–680 nm verschoben (engl.: red shift). Zugleich wird die Rotabsorptionsbande breiter, indem verschiedene Absorptionsformen der Chlorophylle auftreten. Diese Veränderung der Absorption findet ihren messbaren Ausdruck in den In-vivo-Spektren von Zellen bzw. von photosynthetisch aktiven Strukturen.

7.4 Lichtabsorption und Energieleitung in den Pigmentantennen

Licht wird in Form diskontinuierlicher Energiepakete, der Quanten oder Photonen, ausgestrahlt und absorbiert. Der Energiegehalt der Quanten wird nach der Beziehung $E = h \cdot \nu = h \cdot c/\lambda$ anhand der Frequenz ν bzw. der Wellenlänge λ bestimmt, wobei c die Lichtgeschwindigkeit ($2{,}998 \times 10^8$ m $\cdot$ s^{-1}) und h das PLANCKsche Wirkungsquantum ($6{,}626 \times 10^{-34}$ J$\cdot$s) bedeuten. Der Energiegehalt von 1 mol ($6{,}023 \times 10^{23}$) Photonen lässt sich danach für beliebige Wellenlängen berechnen (z. B. 199,54 kJ bei 600 nm). Bei der Lichtabsorption ändert sich die Energie der Pigmentmoleküle in charakteristischer Weise. Ein Molekül, das ein Photon absorbiert, geht in einen angeregten Zustand über, der um den Energiegehalt des absorbierten Lichtquants über dem Energieniveau des Grundzustands liegt. In einem Molekül wird die Energie eines Photons nicht, wie in einem Atom, zur Gänze in Elektronenenergie umgesetzt, sondern unterschiedliche Energieanteile werden in Vibrationsenergie (Schwingung von Atomen gegeneinander) und Rotationsenergie (Rotation der Moleküle um ihre Hauptträgheitsachse) verwandelt. Moleküle besitzen deshalb keine schmalen Absorptionslinien wie Atome, sondern breite Absorptionsbanden.

Für die Lichtabsorption der Chlorophylle und Carotinoide sind vorwiegend die π-Elektronen der konjugierten Doppelbindungen verantwortlich. Die Aktivierung der π-Elektronen wird als π-π*-Übergang bezeichnet. Die Anregung von Chlorophyll durch blaues und violettes Licht führt innerhalb von 10^{-15} s zum 2. oder 3. Singulett-Zustand. Diese höheren Anregungszustände sind sehr instabil und gehen innerhalb von etwa 10^{-12} s (10^{-12} s = 1 Picosekunde, 1 ps) in den 1. Singulett-Zustand über. Die Energiedifferenz geht als Wärme verloren. Der 1. Singulett-Zustand ist der wichtigste angeregte Zustand. Er kann auch erreicht werden, wenn das Molekül im Grundzustand im roten Spektralbereich absorbiert (Abbildung 7.5). Seine Lebenszeit beträgt etwa 10^{-9} s. Die anschließende Energiefreigabe in Form von Strahlung (Fluoreszenz), Wärme, Energietransfer oder photochemischer Arbeit erfolgt in beiden Fällen (nach Absorption eines Rot- oder Blau-Photons) vom 1. angeregten Singulett-Zustand aus (Abbildung 7.5). Hierdurch wird erklärt, dass die Absorption blauer und roter Quanten, trotz ihres unterschiedlichen Energiegehalts, zu gleichen Beträgen photochemischer Arbeit führt. Hierdurch wird weiter erklärt, dass das Fluoreszenz-Emissionsspektrum, unabhängig von der Wellenlänge des eingestrahlten Lichts,

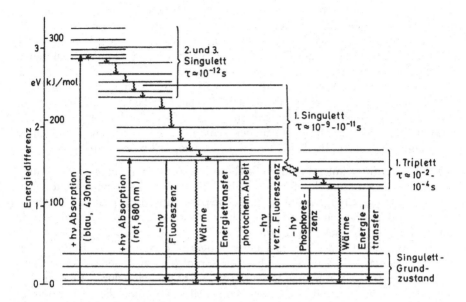

Abbildung 7.5 Übergänge zwischen Anregungszuständen des Chlorophylls nach Absorption von Blau- bzw. Rotquanten. Termschema, wobei die Rotationsterme nicht eingezeichnet sind. Wellenlinien: Energiedissipation (strahlungslos), τ-Halbwertszeiten; Phosphoreszenz ist eine im Vergleich zur Fluoreszenz langsamere (Spinumkehr!) und langwelligere Leuchterscheinung (nach LIBBERT, 1993, WILD, 2003)

immer das Gleiche ist und auch gegenüber dem absorbierten Rotlicht etwas zum Langwelligen (Energieärmeren) verschoben ist. Verlust der Anregungsenergie durch Strahlung (Fluoreszenz), Verlust als Wärme (Dissipation), Energietransfer (Anregung eines benachbarten Moleküls), photochemische Arbeit (Elektronenverschiebungen entgegen dem Redoxpotenzialgefälle) konkurrieren miteinander, wobei der schnellste Prozess dominiert. Das ist *in vivo*, in der intakten Thylakoidmembran, bei Antennenpigmenten der Energietransfer, im Reaktionszentrum dagegen die photochemische Arbeit.

Durch Abgabe eines Teils der Anregungsenergie als Wärme kann das Chlorophyllmolekül auch in einen anderen Anregungszustand niedrigeren Energiegehalts übergehen, den sogenannten 1. Triplett-Zustand. Dabei wird der Spin (der Eigendrehimpuls) des angeregten Elektrons umgekehrt. Der Triplett-Zustand des Chlorophylls hat keine Bedeutung für die Photosynthese per se, jedoch kann Chlorophyll im Triplett-Zustand Sauerstoff zu Singulett-Sauerstoff ($^1O_2$) anregen, wodurch der Sauerstoff sehr reaktiv wird und dadurch Zellbestandteile schädigt. Carotinoide haben die Eigenschaft, sowohl den Triplett-Zustand des Chlorophylls wie auch den angeregten Sauerstoff wieder in die entsprechenden Grundzustände zu überführen. Dadurch haben Carotinoide eine unentbehrliche Schutzfunktion für den Photosyntheseapparat.

Eine effiziente Photosynthese ist nur möglich, wenn die Energie von Photonen verschiedener Wellenlänge über eine gewisse Fläche durch eine sogenannte Antenne eingefangen wird. Die Pigmentantennen der beiden Photosysteme (PSI und PSII) bestehen aus einer großen Anzahl von an Protein gebundenen Chlorophyllmolekülen, die Photonen absorbieren und deren Energie an die Reaktionszentren weiterleiten. Von den im Blatt vorkommenden Chlorophyll-a-Molekülen sind nur wenige Tausendstel Bestandteil der eigentlichen Reaktionszentren, der Rest ist in den Antennen angeordnet. Zur besseren spektralen Ausnutzung des Lichts in der Grünlücke enthalten die Antennen noch weitere sogenannte akzessorische Pigmente – z. B. Chlorophyll b und Carotinoide.

Wenn Pigmentmoleküle, die durch Strahlungsabsorption in angeregte Zustände überführt werden können, räumlich dicht beieinander liegen, besteht die Möglichkeit, dass das Energiepaket des absorbierten Photons von einem Chromophor (Farbträger) zu einem nächsten Chromophor weitergereicht wird. So wie ein Quant Strahlungsenergie Photon heißt, bezeichnet man ein Quant Anregungsenergie als Exciton. Eine Übertragung (engl.: transfer) von Excitonen setzt voraus, dass die beteiligten Chromophoren in spezifischer Weise zueinander ausgerichtet und voneinander entfernt sind. Dies wird durch Proteine bewirkt, an die die Pigmente gebunden sind. Daher kommen die Chromophore der Antennen auch stets als Proteinkomplexe vor. Die Energieübertragung kann nach dem Prinzip der Excitonen-Kopplung oder durch FÖRSTER-Resonanz-Energie-Transfer (FRET) stattfinden (Theodor FÖRSTER, 1910–1974, deutscher Physikochemiker). Die Excitonen-Kopplung ist eine ultraschnelle Energieleitung durch kohärente Elektronen innerhalb eines Systems aus äußerst eng gekoppelten Molekülen, die sehr nahe benachbart sind (< 1 nm). Der Energiegehalt eines angeregten Zustands ist über eine ganze Gruppe von Molekülen verteilt (man spricht dann von delokalisierten Excitonen). Die Excitonen-Kopplung kann zwischen den Chlorophyllen innerhalb eines Lichtsammelkomplexes (LHC, engl.: Light Harvesting Complex) auftreten. Beim FRET ist dagegen der angeregte Zustand zu jedem Zeitpunkt an einem definierten Molekül lokalisiert (lokalisierte Excitonen). Der FRET funktioniert aufgrund einer Dipol-Dipol-Wechselwirkung (Coulomb-Wechselwirkung) zwischen dem Donor und Akzeptor im Bereich von 1 bis 10 nm. Es bedarf einer Überlappung zwischen der Emissionsbande des Excitonendonors und der Absorptionsbande des Excitonen-Akzeptors. Dieser Mechanismus kann u. a. zwischen den einzelnen Lichtsammelkomplexen der Antennen ablaufen.

Je langwelliger der Absorptionsgipfel eines Pigments, desto energieärmer ist der Anregungszustand dieses Pigments. Darum ist der Transfer hin zu einem Pigment mit langwelligerem Absorptionsspektrum wahrscheinlicher und deshalb viel häufiger als der umgekehrte. Statistisch gesehen erfolgt daher die Energiewanderung zwangsläufig gerichtet, und zwar zu demjenigen Chlorophyll mit dem langwelligsten Absorptionsgipfel im Kollektiv. Durch die physikalischen Charakteristika der Anregungszustände der Pigmente und die strukturelle Anordnung der Lichtsammelproteinkomplexe ist gewährleistet, dass innerhalb von 10^{-12}–10^{-11} s die absorbierte Lichtenergie das Reaktionszentrum erreicht, welches durch sein langwelliges Absorptionsspektrum und durch seine schnelle Umsetzung der Energie durch Photochemie wie eine Energiefalle (engl.: trapping center) wirkt.

7.5   Z-Schema des photosynthetischen Elektronentransports

Bei den sauerstoffproduzierenden pflanzlichen Organismen vollzieht sich die Umwandlung der Energie der absorbierten Photonen in für die Zelle nutzbare chemische Energie in den Thylakoidmembranen. In einem durch Lichtenergie getriebenen Elektronentransport werden „Reduktionsäquivalente" in Form von reduziertem Nicotinamid-Adenin-Dinucleotid-Phosphat (NADPH + H$^+$) und „Energieäquivalente" in Form von Adenosintriphosphat (ATP) gebildet, die für den biochemischen Reaktionsbereich zur Umwandlung von CO_2 in Kohlenhydrat benötigt werden. Die strukturelle und funktionelle molekulare Basis hierzu bilden vier supramolekulare Reaktionskomplexe: Photosystem II (PSII), Photosystem I (PSI), Cytochrom b$_6$f (Cyt b$_6$f) und H$^+$-ATP-Synthase (ATP-Synthase) (Abbildung 7.6). Am Aufbau dieser Komplexe sind ca. 60 Proteine und Proteide beteiligt. Die Reaktionskomplexe sind inhomogen in den ver-

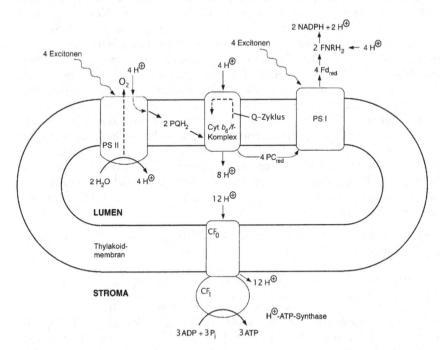

Abbildung 7.6 Schematische Darstellung der Anordnung der Photosynthesekomplexe und der H$^+$-ATP-Synthase in der Thylakoidmembran. Die Spaltung des Wassers erfolgt an der Lumenseite, die Bildung des NADPH und ATP an der Stromaseite. Der Gradient der in das Lumen transportierten Protonen treibt die ATP-Synthese an

schiedenen Abschnitten der Thylakoidmembranen verteilt. Im Granabereich, wo die Membranen gestapelt vorliegen und sich ohne Kontakt zum Stroma unmittelbar berühren (engl.: appressed membranes), befindet sich insbesondere das PSII (ca. 85 %) in dichter Packung. In den übrigen Abschnitten des Thylakoidsystems, den sogenannten exponierten (engl.: exposed) Membranen, die Kontakt mit dem Stroma haben (Stromathylakoide und Granaendmembranen), befinden sich das PSI und die ATP-Synthase. Cyt b_6f befindet sich sowohl in den „appressed" als auch in den „exposed" Membranen. Sowohl der PSII-Komplex als auch der Cyt-b_6f-Komplex sind jeweils als dimere Einheiten zusammengelagert. Zwischen den supramolekularen Partikeln sind nicht partikelgebundene, relativ bewegliche Redoxsysteme vorhanden: Plastochinon (PQ) in der Thylakoidmembran, Plastocyanin (PC) an der Membraninnenseite und Ferredoxin (Fd) an der Membranaußenseite. Diese stellen die funktionelle Verbindung zwischen den größeren Partikeln her. PQ ist in größerer Menge vorhanden (7−10 PQ pro PSII); deshalb wurde die Bezeichnung PQ-Pool eingeführt.

Der nichtzyklische (offenkettige, lineare) photosynthetische Elektronentransport, der vom H_2O zum $NADP^+$ führt, erfolgt über eine Sequenz von Redoxsystemen, welche zwei photochemische Reaktionen einschließt. Beim oxygenen Elektronentransport in Algen und Höheren Pflanzen sind zwei Photosysteme, PSII und PSI, hintereinander geschaltet. Wenn die Komponenten des Elektronentransports und die Photosysteme nach ihrem Normalpotenzial angeordnet werden, ergibt sich ein Zick-Zack-Schema, das auch Z-Schema heißt (Abbildung 7.7). Diese Reihenfolge wird offensichtlich auch in der Membran durchlaufen. Das Z-Schema des Elektronentransports wurde zwischen 1960–1965 von verschiedenen Arbeitsgruppen aufgestellt und später verfeinert. In den Reaktionszentren der Photosysteme wird elektronische Anregungsenergie in die Energie chemischer Potenzialdifferenzen umgewandelt. Das angeregte und daher energetisch aufgeladene Reaktionszentrum (Chlorophyll a-Dimer), P680* bzw. P700*, tritt in die photochemische Primärreaktion ein. Diese besteht darin, dass das Pigment-Dimer in einer äußerst schnell verlaufenden Reaktion ein Elektron an einen Akzeptor abgibt, der dadurch reduziert wird. Im Reaktionszentrum bleibt kurzfristig eine Elektronenvakanz in Form des oxidierten $P680^+$ bzw. $P700^+$ zurück, die über einen Elektronendonator wieder ergänzt wird.

Die photochemische Primärreaktion im PSII lässt sich im Einzelnen folgendermaßen darstellen:

$$P680^*PheoQ_A \xrightarrow{3\,ps} P680^+Pheo^-Q_A \xrightarrow{200\,ps} P680^+PheoQ_A^- \quad (7.1)$$

Die Anregung des Reaktionszentrums durch ein Exciton führt zu einer sehr schnellen Ladungstrennung im Picosekunden-Bereich. Von dem Chlorophyllpaar wird ein Elektron auf Pheophytin a (Pheo) und dann weiter auf ein festgebundenes Plastochinon (Q_A) übertragen. Dabei entsteht ein Semichinonradikal. Das Elektron wird dann auf ein locker gebundenes Plastochinon (Q_B) übertragen. Dieses nimmt durch einen weiteren photochemischen Prozess im PSII ein weiteres Elektron und zudem zwei Protonen aus dem Stroma auf und wird dadurch zu einem Hydrochinon (PQH_2) reduziert. Das Hydrochinon wird von dem PSII-Komplex freigesetzt und bildet so das eigentliche Produkt des PSII. Das PSII kann daher als lichtgetriebene Wasser-Plastochinon-Oxidoreduktase bezeichnet werden.

Das $P680^+$-Radikal mit einem Redoxpotenzial von etwa +1,2 V ist ein so starkes Oxidationsmittel, dass es einem Tyrosinrest des zentralen D1-Proteins (Tyr161) ein Elektron entreißen kann. Es entsteht ein Tyrosinradikal. Dieser reaktive Tyrosinrest trägt in der Literatur auch die Bezeichnung Z oder Y_Z. Die Elektronenlücke im Tyrosinradikal wird durch die Oxidation des sauerstoffentwickelnden Komplexes (OEC, engl.: oxygen evolving complex) aufgefüllt. Die Freisetzung von einem Molekül O_2 aus zwei Molekülen Wasser erfordert die Abgabe von vier Elektronen und damit vier photochemische Reaktionen im PSII. Der $(Mn)_4$Ca-Cluster des OEC durchläuft dabei nach dem Grundzustand S_0 vier verschiedene Oxidationsstufen ($S_1 \rightarrow S_4$). Nach Erreichen der vierten Oxidationsstufe (S_4) wird Sauerstoff (O_2) freigesetzt, und der $(Mn)_4$Ca-Cluster

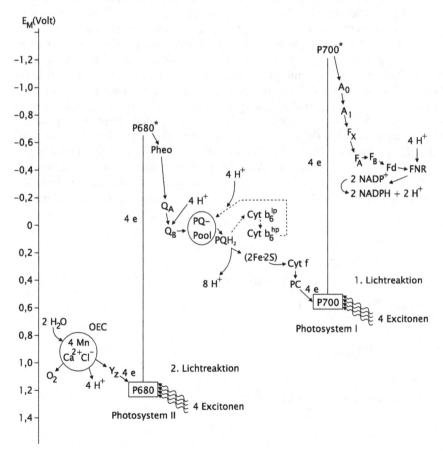

Abbildung 7.7 Z-Schema des photosynthetischen Elektronentransports vom Wasser zum NADP

geht wieder in den Grundzustand zurück. Bei diesem Prozess werden die aus dem Wasser gebildeten Protonen durch Protonenkanäle in das Lumen der Thylakoide abgegeben. Demgegenüber entweicht der Sauerstoff durch hydrophobe Bereiche des PSII in das Stroma; er wird dadurch vom Entstehungsort entfernt und akkumuliert nicht im Lumen (Abbildung 7.6).

Das durch PSII gebildete Plastohydrochinon (Plastochinol) diffundiert durch die Lipidphase der Thylakoidmembran und findet seine spezifische Andockstelle Q_Z an der Innenseite (Lumenseite) des Cyt-b_6f-Komplexes. Dieser empfängt zwei Elektronen und zwei Protonen vom Plastohydrochinon, welches zum Plastochinon oxidiert wird. Der Cyt-b_6f-Komplex kann von seiner Funktion her auch als Plastohydrochinon-Plastocyanin-Oxidoreduktase bezeichnet werden.

Aus der Analogie des Cyt-b_6f-Komplexes mit dem Cyt-bc_1-Komplex der Mitochondrien ergibt sich ferner die Vermutung eines zyklischen Elektronentransports im Cyt-b_6f-Komplex mithilfe von Cytochrom b (Cyt b), der als Q-Zyklus bekannt ist. Hierzu wird folgender Mechanismus angenommen: PQH_2 wird an der Q_Z-Bindestelle an der Lumenseite durch das Rieske-Eisen-Schwefel-Zentrum nur zu Semichinon oxidiert. Das Elektron wird über Cytochrom f und Plastocyanin an das PSI weitergegeben. Das verbleibende Semichinon ist sehr instabil und überträgt sein Elektron auf das erste Häm von Cyt b_6; von dort geht das Elektron auf das äußere Häm dieses Cytochroms über. Die äußere reduzierte Hämgruppe ist dann in der Lage, an der Stromaseite des Cyt-b_6f-Komplexes ein an der Q_C-Bindestelle gebundenes Plastochinon zu reduzieren. Durch einen zweiten in derselben Weise ablaufenden Reduktionsprozess kommt es an der Q_C-Bindestelle zur Bildung von PQH_2, das sich ablöst und in den PQ-Pool eingeht. Bei der Oxidation dieses PQH_2 an der Innenseite (Q_Z-Stelle) geht das erste Elektron wieder in den offenkettigen Transport zum PSI über, während das zweite Elektron aus dem entstandenen Semichinon über Cyt b_6 in den Q-Zyklus eingeht (Abbildung 7.8). Mithilfe des Q-Zyklus kann pro

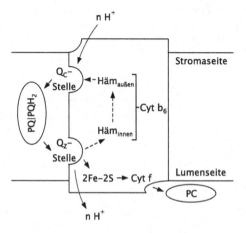

Abbildung 7.8 Q–Zyklus im Cyt–b_6f-Komplex (nach TREBST, 1999)

transportiertem Elektron ein zusätzliches Proton vom Stroma in den Intrathylakoidraum gelangen (Abbildung 7.6, vgl. Abschnitt 10.5).

Das durch Cyt f reduzierte Plastocyanin diffundiert als kleines lösliches Protein durch das Thylakoidlumen, bindet an eine positiv geladene Bindungsstelle des PSI, überträgt sein Elektron auf das oxidierte $P700^+$ und diffundiert in oxidierter Form zum Cyt b_6f zurück. Der Elektronenübergang des Plastocyanins beruht auf dem Valenzwechsel zwischen Cu^{2+} und Cu^+. Im Reaktionszentrum von PSI führt die Anregung von P700 durch ein Exciton ($P700^*$; $E_m = -1,29$ V) zu einer Ladungstrennung. Man nimmt an, dass P700 sein angeregtes Elektron – möglicherweise über ein Chlorophyll a (A) – auf ein Chlorophyll-a-Monomer (A_0; $E_m = -1$ V) überträgt, das seinerseits das Elektron an A_1, ein gebundenes Phyllochinon (Vitamin K_1; $E_m = -0,8$ V), weiterleitet. Es herrscht folgende Vorstellung:

$$P700^*A_0A_1 \xrightarrow{2\,ps} P700^+A_0^-A_1 \xrightarrow{25\,ps} P700^+A_0A_1^- \qquad (7.2)$$

Von der Semichinon-Form des Phyllochinons wird das Elektron auf ein Eisen-Schwefel-Zentrum übertragen, das als F_X bezeichnet wird. F_X ist ein [4Fe-4S]-Zentrum mit einem negativen Redoxpotenzial von $-0,7$ V. Es überträgt das Elektron auf zwei weitere [4Fe-4S]-Zentren, F_A und F_B; durch diese wird schließlich Ferredoxin ($E_m = -0,42$ V), ein ca. 11 kDa großes, lösliches Protein mit einem [2Fe-2S]-Zentrum, reduziert. Die Reduktion erfolgt an der Stromaseite der Membran. Reduziertes Ferredoxin liefert die Elektronen für die Reduktion von $NADP^+$ ($E_m = -0,32$ V), welche ein Hydrid-Ion einbeziehen. Diese Reaktion wird von der Ferredoxin-NADP$^+$-Oxidoreduktase (FNR) katalysiert, einem Flavoprotein mit Flavinadenindinucleotid (FAD) als Wirkgruppe. Mit der Bildung von NADPH + H$^+$ als Reduktionsäquivalent haben ursprünglich aus dem Wasser stammende Elektronen eine stabile und dennoch reaktionsfähige, weil energiereiche Bindung gefunden.

Neben dem nichtzyklischen oder offenkettigen Elektronentransport ist auch ein zyklischer Elektronentransport möglich, der von PSI photochemisch angetrieben wird. Hierbei dockt reduziertes Ferredoxin an der Außenseite des Cyt-b_6f-Komplexes an und übergibt sein Elektron an ein PQ. Dieses geht nach vollständiger Reduktion zu PQH_2 in den PQ-Pool ein. PQH_2 bindet an der Innenseite des Cyt-b_6f-Komplexes, wobei die Protonen in das Lumen gelangen und die Elektronen in der beschriebenen Weise unter Einbeziehung des Q-Zyklus zum PSI transferiert werden. Darüber hinaus wird diskutiert, inwiefern ein NADPH-Dehydrogenase-Komplex bei einem zyklischen Elektronentransport um PSI eine Rolle spielt. Der zyklische Elektronentransport erhöht die protonenbewegende Kraft (engl.: Proton Motive Force, PMF). Die PMF ist die Summe der im H$^+$-Gradienten und im Membranpotenzial gespeicherten freien Energie, um H$^+$ vom Lumen zum Stroma zurückzutransportieren.

7.6 Photophosphorylierung – Bildung des Energieäquivalents

Peter MITCHELL (1920–1992, britischer Biochemiker, Nobelpreis 1978) postulierte 1961 in seiner chemiosmotischen Hypothese, dass bei der ATP-Synthese der Atmung und der Photosynthese ein Protonengradient über die Membran als energiereicher Zwischenzustand gebildet werde, dessen protonenmotorische Kraft zum Antrieb der ATP-Synthese diene:

$$\text{Elektronentransport} \rightarrow \text{Protonengradient} \rightarrow \text{ATP} \qquad (7.3)$$

Diese damals revolutionäre Theorie ist in ihren Grundzügen voll bestätigt worden.

Bei der Beschreibung des Elektronentransports ist schon darauf hingewiesen worden, dass bei einzelnen Übertragungsschritten nicht nur Elektronen zwischen Redoxsystemen transferiert, sondern auch Protonen (H^+-Ionen) in den Intrathylakoidraum befördert werden (Abbildung 7.6, CF von „coupling factor" = Kopplungsfaktor, weil über diesen Komplex die ATP-Synthese mit dem photosynthetischen Elektronentransport gekoppelt ist). Somit arbeiten die beteiligten Redoxsysteme wie Protonenpumpen, angetrieben von der bei Elektronenübergängen anfallenden Redoxenergie. Mit der resultierenden Konzentrierung von Protonen im Binnenraum der Thylakoide wird ein arbeitsfähiges System etabliert, und zwar in Form eines beachtlichen elektrochemischen Potenzials, dessen bestimmende Größen die Konzentrationsdifferenz von Protonen (ΔpH) und ein Membranpotenzial ($\Delta\Psi$) sind. Die Arbeitsfähigkeit des Protonengradienten entspricht der Änderung der freien Enthalpie beim Fluss der Protonen vom Lumen in das Stroma. Die darin gespeicherte Energie (ΔG) ist durch folgende Gleichung gegeben:

$$-\Delta G \, [kJ \cdot mol^{-1}] = 2{,}3 \cdot R \cdot T \cdot \Delta pH + F \cdot \Delta\Psi \qquad (7.4)$$

F = FARADAY-Konstante: $96{,}5 \, kJ \cdot V^{-1} \cdot mol^{-1}$; R = Gaskonstante: $8{,}314 \, J \cdot mol^{-1} \cdot K^{-1}$; T = absolute Temperatur in Kelvin, K, 25 °C $\triangleq$ (273,16 + 25) K = 298,16 K; ΔpH = Differenz der pH-Werte in den beiden durch die Membran getrennten Bereichen; $\Delta\Psi$ = Membranpotenzial in Volt, V.

Bei 25 °C gilt:

$$-\Delta G \, [kJ \cdot mol^{-1}] = (5{,}7 \, kJ \cdot mol^{-1}) \, \Delta pH + (96{,}5 \, kJ \cdot V^{-1} \cdot mol^{-1}) \, \Delta\Psi$$

$$(7.5)$$

Die relativen Anteile des Membranpotenzials und des H^+-Konzentrationsgradienten am elektrochemischen Potenzial sind bei verschiedenen biologischen Systemen unterschiedlich. Während bei der mitochondrialen oxidativen Phosphorylierung das Membranpotenzial den Hauptanteil ausmacht, ist bei Chloroplasten der Anteil des Membranpotenzials klein. Unter Dauerlichtbedingungen stellt sich an der Thylakoidmembran eine Differenz von $\Delta pH \approx 3$ ein (außen etwa pH 8, innen etwa pH 5), d. h. ein Konzentrationsunterschied von 1 : 1000. Das Membranpotenzial wird durch den Aufbau eines entgegengesetzten Gradienten divalenter Kationen (Mg^{2+}) elektrisch weitgehend kompensiert; das resultierende Membranpotenzial liegt daher nur bei etwa 20 mV (= 0,02 V). Dabei ist die Stromaseite negativ geladen, die Lumenseite positiv. Nach Einsetzen der Werte für ΔpH und $\Delta\Psi$ in Gleichung (7.5) ergibt dies ein ΔG von ca. -19 kJ · mol^{-1}.

Der Prozess der Photophosphorylierung vollzieht sich an einem weiteren Komplex der Thylakoidmembran, dem F-ATP-Synthase-Komplex oder CF_1/CF_0-Komplex (Abbildung 7.6, Abbildung 7.9). Der ATP-Synthase-Komplex besetzt Thylakoidmembranen, deren Außenfläche an das Stroma grenzt. Er setzt sich aus zwei Komponenten zusammen: dem membrandurchspannenden CF_0-Komplex, welcher Protonen über die Thylakoidmembran transportiert, und dem köpfchenförmigen CF_1-Komplex (Untereinheiten $\alpha_3\beta_3\gamma\delta\epsilon$), welcher der Stromaseite der Membran aufgelagert ist und die Synthese von ATP aus ADP und P_i katalysiert. Die beiden Komplexe sind über zwei stielförmige Strukturen verbunden, einem zentralen Stiel (Untereinheiten γ und ϵ) und einem peripheren Stiel (Untereinheiten b, b', δ). In Chloroplasten bilden offenbar 14 Monomere der Untereinheit c einen Ring, welcher zusammen mit dem zentralen Stiel in Rotationsbewegung versetzt werden kann, während der CF_1-Komplex, der periphere Stiel und das Membranprotein a unbeweglich sind. Die Rotation wird durch Bindung je eines Protons an eine Untereinheit c auf der luminalen Seite bewerkstelligt, wodurch sich der Rotor um eine Vierzehnteldrehung bewegt. An der stromalen Seite wird pro Vierzehnteldrehung ein

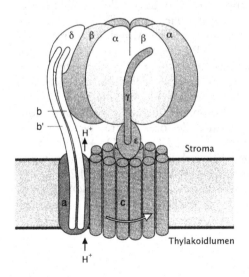

Abbildung 7.9 Strukturschema der ATP–Synthase. Es sind nur 12 c–Untereinheiten gezeichnet, entsprechend den Verhältnissen bei *Escherichia coli* (nach JUNGE et al., 1997. Mit freundlicher Genehmigung von Elsevier)

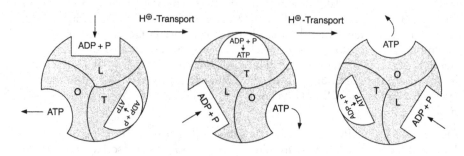

Abbildung 7.10 ATP-Synthese nach der „binding-change"-Hypothese (Erklärung s. Text) (HELDT, 2008. Mit freundlicher Genehmigung von Springer Science and Business Media)

Proton freigesetzt. Pro voller Umdrehung des Rotors werden somit 14 Protonen transportiert. Der Rotor kann sich mit bis zu ca. 100 Umdrehungen pro Sekunde drehen.

Die ATP-Synthese geschieht an dem CF_1-Komplex. Die Proteine α und β alternieren miteinander und bilden eine kranzförmige Struktur. Im Zentrum dieser Struktur befindet sich die γ-Untereinheit (Abbildung 7.9). An der β-Untereinheit findet die ATP-Synthese statt. Insgesamt besitzt ein CF_1-Komplex drei Bindungsstellen. Durch die Rotation des aus den Untereinheiten c aufgebauten Rings und des mit ihm verbundenen, asymmetrisch gebauten zentralen Stiels werden Konformationsänderungen der β-Untereinheiten erzwungen. Dadurch werden nacheinander folgende Katalyseschritte durchlaufen: Als Erstes werden ADP und P_i an die sogenannte lose Bindungsstelle L (engl.: loose) gebunden. Durch eine Konformationsänderung wird die Stelle L in eine feste Bindungsstelle T (engl.: tight) verwandelt, an der unter Ausschluss von Wasser aus ADP und Phosphat die Synthese von ATP erfolgt, das sehr fest gebunden ist. Durch eine weitere Konformationsänderung wird die Bindungsstelle T in eine offene Bindungsstelle O (engl.: open) umgewandelt, und das gebildete ATP wird freigesetzt (Abbildung 7.10). Ein entscheidender Punkt ist hierbei, dass bei jedem durch die Energie des Protonengradienten getriebenen Konformationswechsel von CF_1 die Konformation der drei Zentren gleichzeitig in die jeweils nächste Konformation übergeht (L → T, T → O, O → L). Pro vollständiger Rotorumdrehung werden drei ATP gebildet und 14 Protonen transportiert. Es ergibt sich also ein Protonen/ATP-Verhältnis von 4,7 : 1. Die Grundzüge der ATP-Synthese wurden insbesondere von Paul BOYER (geb. 1918, US-amerikanischer Biochemiker, Nobelpreis 1997) als „Binding-Change"-Hypothese formuliert.

B   Versuche

V 7.1 Chloroplasten als Organellen der Photosynthese

V 7.1.1 Lichtmikroskopische Beobachtung von Chloroplasten

Kurz und knapp. Dieser Versuch gibt erste Auskünfte über Form und Größe der Chloroplasten sowie über ihre Lage und Verteilung innerhalb der pflanzlichen Zelle.

Zeitaufwand. 25 min

Material:	Blätter der Wasserpest (*Elodea densa* oder *canadensis*) oder Blättchen von Laubmoosen (z. B. Drehmoos, *Funaria hygrometrica* oder die Sternmoose *Mnium*, *Plagiomnium* und *Rhizomnium*)
Geräte:	Lichtmikroskop mit Ölimmersionsobjektiv, Objektträger, Deckgläser, Pinzette, Rasierklinge
Chemikalien:	Immersionsöl, 10 %ige Saccharoselösung

Durchführung. Ein Moosblättchen oder ein kleines, hellgrünes Blatt der Wasserpest (wenn möglich aus dem Bereich der Gipfelknospe) wird mithilfe einer Rasierklinge abgetrennt oder mit der Pinzette abgezupft, in Wasser auf einen Objektträger gebracht und mit einem Deckgläschen abgedeckt. Die lichtmikroskopische Untersuchung kann dann direkt, d. h. ohne Schnitt, vorgenommen werden.

Um die Feinstruktur der in der Zelle dicht gepackten Chloroplasten schon im Lichtmikroskop beobachten zu können, werden diese durch ein Quetschen der Blättchen auf einem Objektträger in Saccharoselösung (um die Chloroplasten intakt zu halten) „isoliert". Die Reste der Blätter werden mit der Pinzette entfernt.

Beobachtung. Man kann im Lichtmikroskop die Lage der Chloroplasten in den Zellen sowie in vielen Fällen ihre Bewegung mit der Cytoplasmaströmung erkennen. Außerdem sind die Chloroplasten grün gefärbt und von linsenförmiger Gestalt (Abbildung 7.11). Bei näherer Betrachtung der Feinstruktur „isolierter" Chloroplasten bei stärkster Vergrößerung (1000 x, Ölimmersion) lässt sich

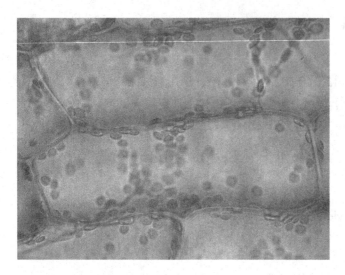

Abbildung 7.11 Chloroplasten in den Zellen der Wasserpest

zudem eine körnige Struktur bzw. ein Muster dunklerer Bereiche auf hellerem Grund beobachten.

Erklärung. Die Grünfärbung zeigt, dass in der pflanzlichen Zelle das Chlorophyll nur in den Chloroplasten enthalten ist, sie sind die Organellen der Photosynthese. Sie haben einen Durchmesser von 4–8 μm, sind 2–3 μm dick und liegen in der Zelle zu mehreren vor, eingebettet in das Cytoplasma. Bei den innerhalb der Chloroplasten beobachteten dunkleren, körnigen Bereichen handelt es sich um die Grana, d. h. um Abschnitte, in denen zahlreiche Granathylakoide dicht übereinander gestapelt sind. Ihre Größe liegt an der Auflösungsgrenze des Lichtmikroskops. Der hellere Hintergrund entspricht der von einzelnen Stromathylakoiden durchzogenen Grundsubstanz, dem Stroma oder der Matrix (s. Abbildung 7.1).

Bemerkung. Selbstverständlich lässt sich die lichtmikroskopische Betrachtung der Chloroplasten auch anhand von Blattquerschnitten von Bohne, Erbse etc. durchführen. Das hier verwendete Material erweist sich jedoch als geeigneter. Die Blätter der Wasserpest bestehen nur aus zwei epidermalen Zellschichten, einer kleinzelligen Schicht auf der Blattoberseite und einer großzelligen Schicht auf der Blattunterseite. Sie sind demnach deutlich weniger komplex gebaut als die Laubblätter einer typischen Landpflanze. Die genannten Laubmoose besitzen einschichtige Blättchen mit in etwa isodiametrischen Zellen. Die Herstellung aufwendiger Schnitte entfällt damit.

V 7.2 Isolation und Trennung der Chloroplastenfarbstoffe (Chlorophylle und Carotinoide)

V 7.2.1 Extraktion der Photosynthesepigmente aus Blättern – Gewinnung eines Rohchlorophyllextrakts

Kurz und knapp. Die Extraktion der Photosynthesepigmente aus frischem Pflanzenmaterial gelingt am besten mit organischen Lösungsmitteln mittlerer Polarität, welche sich mit Wasser mischen lassen (z. B. Aceton, Ethanol, Methanol). Folgende Versuche zeigen verschiedene Möglichkeiten zur Herstellung von Rohchlorophyllextrakten, die für weitere Versuche, z. B. chromatographische Trennungen, verwendet werden können.

Zeitaufwand. Vorbereitung: 5 min, Durchführung: 15 min

Material:	grüne Blätter der Bohne (*Phaseolus vulgaris*), Erbse (*Pisum sativum*), Brennnessel (*Urtica dioica*) oder anderen
Geräte:	Reibschale und Pistill, Messzylinder (100 ml), Glastrichter, Faltenfilter, Erlenmeyerkolben (100 ml), Becherglas (100 ml), Spatel, Alufolie, Wasserbad, Abzug, Waage, Schere, evtl. Scheidetrichter (200 ml), Becherglas (200 ml), Messkolben (50 ml)
Chemikalien:	Methanol, 96 %iges Ethanol, Aceton, Seesand, Calciumcarbonat ($CaCO_3$), evtl. Petroleumbenzin (Siedebereich 50–70 °C), entmin. Wasser, Natriumchlorid (NaCl), Dinatriumsulfat (Na_2SO_4 wasserfrei)

Sicherheit. Aceton: F, Xi. Ethanol: F. Methanol: F, T. Methanol ist giftig beim Einatmen und Verschlucken, Aceton ist leicht flüchtig, deshalb sollten die Extraktionen – wenn möglich – unter einem Abzug durchgeführt werden. Da organische Lösungsmittel außerdem leicht entflammbar sind, sollte nicht in der Nähe von Zündquellen und offenen Flammen gearbeitet (z. B. elektrisch beheizbares Wasserbad benutzen) und die Vorratsflaschen sofort nach Entnahme der Substanzen verschlossen werden.

Durchführung. Die Extraktion der Pigmente kann mithilfe verschiedener Lösungsmittel erfolgen:

a) Extraktion mit Aceton: Etwa 10 g Blattmaterial werden grob zerkleinert und in einer Reibschale nach Zugabe von etwas Seesand sowie einer Spatelspitze $CaCO_3$ mit 60 ml Aceton versetzt und für fünf bis zehn Minuten zerrieben, bis eine breiartige Masse entstanden ist. Diese wird durch einen Faltenfilter in ein mit Alufolie umhülltes Becherglas filtriert. Je länger und intensiver der Blattaufschluss durchgeführt wird, desto größer ist die Ausbeute an β-Carotin.

Da der acetonische Rohchlorophyllextrakt nur wenige Tage relativ unverändert im Kühlschrank aufbewahrt werden kann, sollte er entweder möglichst rasch verwendet oder durch Überführung in ein wasserfreies Medium (z. B. Petroleumbenzin) haltbarer gemacht werden. Hierzu wird das Filtrat mit etwa 25 ml Petroleumbenzin in einen Scheidetrichter gegeben und gründlich durchmischt, aber nicht geschüttelt. Anschließend fügt man 50–100 ml halbgesättigte NaCl-Lösung hinzu und schwenkt vorsichtig um. Dabei lösen sich die lipophilen Chloroplastenpigmente in der oberen Petroleumbenzinphase, die sich tiefgrün färbt, während die untere wässrige Phase fast farblos erscheint. Sie wird abgelassen und verworfen. Die zurückbleibende Benzinphase wird weitere 2–3-mal mit jeweils 10 ml Wasser versetzt, wobei sich noch vorhandene Reste von Aceton in der wässrigen Phase lösen und so entfernt werden. Um den Petroleumbenzinextrakt schließlich völlig wasserfrei zu machen, gibt man eine Spatelspitze wasserfreies Na_2SO_4 hinzu, welches die letzten Wasserreste bindet. Der Extrakt wird dann in einem Messkolben aufgefangen und kann im Dunkeln im Kühlschrank einige Wochen aufbewahrt werden.

b) Extraktion mit Ethanol: Ca. 10 g grob zerkleinertes Blattmaterial werden in einer Reibschale mit etwas Seesand und einer Spatelspitze $CaCO_3$ versetzt, nach Zugabe einer kleinen Menge 96 %igen Ethanols kräftig zerrieben und der entstehende Extrakt in ein Becherglas filtriert, das mit Alufolie umwickelt ist. Dieser Vorgang wird mehrmals wiederholt, bis der in der Reibschale zurückbleibende Blattbrei nahezu farblos ist. Die filtrierte Lösung kann im Dunkeln im Kühlschrank für einige Tage ohne wesentliche Veränderungen aufbewahrt werden.

Die Extraktion der Pigmente lässt sich durch ein kurzes Überbrühen der Blätter bzw. die Verwendung von heißem Alkohol beschleunigen.

c) Extraktion mit Methanol: Etwa 10 g zerschnittenes oder per Hand grob zerkleinertes Blattmaterial werden zusammen mit einer Spatelspitze $CaCO_3$ in einen Erlenmeyerkolben gegeben, mit 80 ml Methanol versetzt und im Wasserbad bei 50 °C (da der Siedepunkt von Methanol bei 65 °C liegt, sollte diese Temperatur nicht wesentlich überschritten werden) so lange extrahiert, bis das Methanol tiefgrün gefärbt ist. Der Vorgang kann durch Umrühren mit einem Glasstab beschleunigt werden. Anschließend wird der so entstandene Extrakt in ein mit Alufolie umhülltes Becherglas filtriert. Im Kühlschrank ist der Rohchlorophyllextrakt für einige Tage ohne wesentliche Veränderungen haltbar.

Entsorgung. Nicht mehr für weitere Versuche benötigte Pigmentextrakte werden in den Behälter für flüssige organische Abfälle gegeben.

V 7.2.2 Trennung der Blattpigmente durch Ausschütteln und Verseifung des Chlorophylls

Kurz und knapp. Dieser Versuch dient der Sichtbarmachung und Trennung der drei in einem Rohchlorophyllextrakt vorhandenen, für die Photosynthese wichtigen Stoffgruppen der Chlorophylle, der Carotine und Xanthophylle. Die Isolierung der einzelnen Komponenten beruht auf der Tatsache, dass die verschiedenen Chloroplastenfarbstoffe in bestimmten Lösungsmitteln unterschiedlich gut löslich sind.

Zeitaufwand. Vorbereitung: Die Vorbereitungszeit entfällt bei Verwendung eines bereits hergestellten Rohchlorophyllextrakts, andernfalls müssen etwa 15 min für die Herstellung eingeplant werden. Durchführung: 15 min.

Material:	methanolischer Rohchlorophyllextrakt (nach V 7.2.1)
Geräte:	Scheidetrichter (200 ml), Messzylinder (50 ml), 3 Bechergläser (100 ml), Alufolie
Chemikalien:	Benzin, Methanol, Kaliumhydroxid (KOH-Plätzchen), 10 %ige Kochsalz-Lösung (NaCl)

Sicherheit. Benzin: F, Xn, N. Kaliumhydroxid (Festsubstanz): C. Methanol: F, T.

Durchführung, Beobachtung und Erklärung.

a) Abtrennung der Xanthophylle: 50 ml methanolischer Rohchlorophyllextrakt werden in einen Scheidetrichter (Abbildung 7.12) gegeben und mit ungefähr 20 ml Benzin und 10 ml 10 %iger Kochsalzlösung versetzt (dabei sollte der Scheidetrichter höchstens zu $^2/_3$ gefüllt sein). Anschließend wird er mit dem Stopfen verschlossen und vorsichtig geschüttelt, wobei sowohl der Stopfen als auch der Auslaufhahn festgehalten werden müssen. Um den durch das Durchmischen entstandenen Überdruck aufzuheben, wird bei nach oben gerichtetem Auslauf der Trichterhahn kurz geöffnet. Dann bringt man den Scheidetrichter wieder in die richtige Position und kann nun eine obere tiefgrüne Benzinphase (Epiphase), sie enthält die Chlorophylle und Carotine, und eine untere gelb gefärbte methanolisch wässrige Schicht (Hypophase) beobachten. Diese enthält die Xanthophylle, die aufgrund der in den Molekülen enthaltenen Hydroxy- und Epoxy-Gruppen einen etwas polareren Charakter aufweisen als die Chlorophylle und Carotine. Sie sind deshalb in der polaren methanolischen Phase besser löslich als in der unpolaren Benzinphase. Die Kochsalzlösung hat dabei die Funktion, die methanolische

Abbildung 7.12 Scheidetrichter mit Epi- und Hypophase

Hypophase stärker polar zu machen, sodass sich die Chlorophylle nicht mehr darin lösen, wohl aber die Xanthophylle. Die Hypophase, d. h. der Xanthophyllauszug, wird dann in einem mit Alufolie (Lichtschutz!) umhüllten Becherglas aufgefangen, die Grenzphase wird verworfen. Durch nochmaliges Ausschütteln des Auszugs mit Benzin und Kochsalzlösung können Chlorophyll- und Carotinreste entfernt werden.

b) Abtrennung der Chlorophylle: Die im Scheidetrichter verbliebene tiefgrüne Benzinphase wird nun mit 20 ml gesättigter methanolischer Kalilauge versetzt und vorsichtig umgeschüttelt. Dabei färbt sich die Lösung zunächst braun. Nach der Phasentrennung ist die obere Benzinphase, sie enthält die Carotine, jedoch gelb, die untere methanolische Phase grün. Sie enthält die Chlorophylle a und b, die durch die Verseifung des im Chlorophyllmolekül enthaltenen Propionsäure-Phytolesters durch KOH (Hydrolyse der Esterbindung durch Alkali) zu Kalium-Chlorophyllid werden. Dieses löst sich besser in Methanol als in Benzin und geht deshalb in die methanolische Phase über. Auch der Chlorophyllauszug wird dann in einem Becherglas aufgefangen, das mit Alufolie umwickelt ist.

c) Gewinnung der Carotine: Die im Scheidetrichter verbliebene goldgelbe Benzinphase entspricht einem Carotinextrakt, der allerdings noch einen gewissen Anteil an Chlorophyll enthält. Aus diesem Grund wird er ein weiteres Mal mit 20 ml methanolischer Kalilauge ausgeschüttelt. Die grünliche Hypophase wird verworfen, die gelbe Epiphase, d. h. der gereinigte Carotinextrakt, wird in ein drittes mit Alufolie umhülltes Becherglas gefüllt.

Bemerkung. Falls beim Ausschütteln der Hahn des Scheidetrichters undicht werden sollte, kann er mit Vaseline nachgefettet werden. Die Extrakte können z. B. für spektroskopische Untersuchungen lichtgeschützt im Kühlschrank für einige Tage aufbewahrt werden.

Entsorgung. Die benzinischen und methanolischen Extrakte werden nach den Anschlussuntersuchungen in den Behälter für flüssige organische Abfälle gegeben.

V 7.2.3 Papierchromatographische Trennung der Chloroplastenfarbstoffe

Kurz und knapp. Die Chromatographie ist eine der wichtigsten Methoden zur Trennung von Stoffgemischen. Das in diesem Versuch beschriebene Verfahren der Papierchromatographie (PC), bei dem homogenes Filtrierpapier als Trägersubstanz zum Einsatz kommt, ist sehr einfach und bringt rasche Ergebnisse. Es zeigt den Schülern, aus welchen Pigmenten sich ein Rohchlorophyllextrakt zusammensetzt, da diese aufgrund der Unterschiede in ihrer chemischen Struktur eine unterschiedliche Löslichkeit und ein unterschiedliches Adsorptionsverhalten aufweisen.

Zeitaufwand. Vorbereitung: 5 min bei Verwendung eines bereits hergestellten bzw. 20 min zur Herstellung eines acetonischen Rohchlorophyllextrakts, Durchführung: 40–60 min

Material:	acetonischer Rohchlorophyllextrakt (nach V 7.2.1)
Geräte:	2 Petrischalenhälften (Durchmesser: 20 cm), Demonstrationsreagenzglas mit passendem Stopfen und Ständer, Draht oder Büroklammer, Chromatographiepapier (z. B. Whatman 1 Chr; 20 x 20 cm und Reststück für Docht sowie Streifen von 12 x 1,5 cm), Becherglas (500 ml), feine Tropfpipette, Haartrockner
Chemikalien:	PC-Laufmittel: Petroleumbenzin (Siedeb. 100–140 °C), Petroleumbenzin (Siedeb. 40–60 °C), Aceton im Volumenverhältnis 10 : 2,5 : 2 gemischt

Sicherheit. Aceton: F, Xi. Petroleumbenzin bzw. PC-Laufmittel: F, Xn, N.

Durchführung.

1. Rundfilterchromatographie: Mit einer feinen Tropfpipette wird in der Mitte des 20 x 20 cm großen Chromatographiepapierstücks mehrmals hintereinander ein Tropfen des acetonischen Rohchlorophyllextrakts aufgebracht, bis ein intensiv grün gefärbter Fleck entstanden ist. Der Durchmesser des Flecks sollte 1,5 cm nicht übersteigen. Um ein Auseinanderlaufen des Pigmentextrakts zu verhindern, muss der Fleck nach jedem Auftropfen mit dem Kaltluftstrom des Haartrockners getrocknet werden. Anschließend werden einige Tropfen Aceton in der Mitte des Flecks aufgesetzt. Die Farbstoffe wandern jetzt nach außen. Solange das Chromatographiepapier

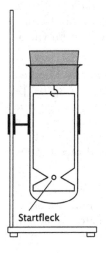

Startfleck

Abbildung 7.13 Papierchromatographie im Reagenzglas (nach KRÜGER, 1978)

noch feucht ist, wird die Auftragsstelle in der Mitte mit einem Loch versehen, in das ein aus einem Rest Chromatographiepapier gerollter, etwa
streichholzdicker Docht eingesetzt wird. Eine Petrischalenhälfte wird zu
einem Drittel mit dem zuvor im Becherglas angesetzten PC-Laufmittel gefüllt. Dann wird das Chromatographiepapier so auf die Petrischale gelegt,
dass der Docht in das Laufmittel eintaucht. Mit der zweiten Petrischalenhälfte wird das Papier abgedeckt (s. Abbildung 2.9).

2. Papierchromatographie im Reagenzglas: Bei dieser Chromatographie im
   kleinen Maßstab wird der acetonische Rohchlorophyllextrakt mittels einer
   feinen Tropfpipette auf einen besonders zugeschnittenen Streifen Chromatographiepapier aufgetragen (Abbildung 7.13). Lässt man das zu trennende
   Substanzgemisch bzw. den Pigmentextrakt nämlich zunächst durch eine
   „Brücke" oder „Taille" laufen, so steigt die Trennschärfe wesentlich an.
   Der pigmentbeladene, trockene Papierstreifen wird dann mit einem Draht
   oder einer zurechtgebogenen Büroklammer an einem Stopfen befestigt und
   so in ein 1–1,5 cm hoch mit PC-Laufmittel gefülltes Demonstrationsreagenzglas eingebracht, dass er einige Millimeter in das Laufmittel eintaucht
   und die Glaswände nicht berührt. Der Auftragepunkt des Pigmentextrakts
   darf dabei nicht selbst vom Laufmittel benetzt werden.

Die Chromatographie sollte dunkel aufgestellt werden (eventuell mit einem
lichtundurchlässigen Tuch abdecken). Die Laufzeit beträgt bei beiden Ansätzen
ca. 20–30 Minuten.

Beobachtung.

1. Auf dem fertigen Chromatogramm lassen sich von außen nach innen folgende Pigmentringe erkennen: das gelbe β-Carotin (in der Nähe der Lauf-
   mittelgrenze), die gelblichen Xanthophylle Lutein und Violaxanthin, eine
   relativ breite blaugrüne Chlorophyll-a-Bande und eine kleinere gelbgrüne
   Bande von Chlorophyll b. Das Neoxanthin kann mit dem Chlorophyll b
   zusammenfallen. Es ist dann kaum bzw. nur am inneren Rand dieser Bande
   sichtbar. In frischen Blattextrakten und bei entsprechender Abpufferung
   mit CaCO₃ ist Pheophytin nur in Spuren enthalten und deshalb im Chromatogramm nicht sichtbar.

2. Auf dem Chromatographiepapierstreifen haben sich nach etwa 40 Minuten
   die einzelnen Komponenten in klaren Zonen abgesetzt: Das gelbe β-
   Carotin findet sich oben an der Lösungsmittelfront; darunter folgt eine
   Zone von gelblichen Xanthophyllderivaten; in weiterem Abstand sieht man
   das breite blaugrüne Band von Chlorophyll a und darunter die etwas
   schmalere gelbgrüne Chlorophyll-b-Zone. Am unteren Rand dieser Zone
   ist das Neoxanthin zu erkennen.

Erklärung. Aufgrund der unterschiedlichen chemischen Struktur unterscheiden sich die Photosynthesepigmente in ihrer Löslichkeit und ihrem Adsorptionsverhalten. Diese Unterschiede werden bei der Papierchromatographie zur
Auftrennung der lipophilen Chloroplastenfarbstoffe genutzt, da hier Adsorpti-

onsvorgänge zumindest mitbeteiligt sind. Das organische Lösungsmittel läuft durch Kapillarkräfte vom Auftrags- oder Startpunkt an den Rand des Chromatographiepapiers und nimmt dabei die gelösten Stoffe mit. Diese gelösten Stoffe werden nun durch polare Wechselwirkungen mit dem Trägermaterial, d. h. den Celluloseschichten des homogenen Chromatographiepapiers, verschieden stark festgehalten. Die Substanzen wechseln dabei ständig zwischen dem gelösten und dem adsorbierten Zustand. Die mittlere Verweilzeit am Trägermaterial bestimmt also die Wanderungsgeschwindigkeit der Stoffe im Laufmittelstrom und bewirkt so die Auftrennung des Substanzgemischs in die einzelnen Komponenten. Allgemein lässt sich sagen, dass polare Stoffe stärker festgehalten werden als unpolare und deshalb langsamer wandern. Entsprechend ist bei der papierchromatographischen Auftrennung des Rohchlorophyllextrakts in beiden Ansätzen das β-Carotin am weitesten gewandert, da es von den Photosynthesepigmenten am unpolarsten ist. Das β-Carotinmolekül enthält keine hydrophilen Gruppen wie Hydroxy- oder Epoxy-Gruppen (s. Abbildung 7.4). Je höher jedoch die Anzahl an hydrophilen Gruppen, desto langsamer bzw. weniger weit laufen die einzelnen Pigmente im Chromatogramm. Selbst der geringfügige chemische Unterschied zwischen Chlorophyll a und Chlorophyll b (bei Chlorophyll b ist die Methylgruppe am C-Atom 7 durch eine Aldehydgruppe ersetzt; s. Abbildung 7.2) verleiht dem Chlorophyll b polarere Eigenschaften, weshalb die Chlorophyll-b-Bande im Chromatogramm näher zur Auftragsstelle liegt.

Bemerkung. Es sollte nicht in grellem Licht gearbeitet werden. Zudem sollten die Versuchsansätze während ihrer Entwicklung dunkel lagern. Bei der anschließenden Auswertung der Chromatogramme ist zu berücksichtigen, dass die einzelnen Banden infolge der Oxidation der Pigmente rasch verblassen; eine Markierung der entsprechenden Zonen mit Bleistift ist hilfreich.

Entsorgung. Reste des PC-Laufmittels können in die Vorratsflasche zurückgegeben werden. Ansonsten werden sie in den Behälter für flüssige organische Abfälle gegeben.

V 7.2.4 Chromatographie mit Tafelkreide

Kurz und knapp. Die Chromatographie mit Tafelkreide ist eine leicht durchzuführende Alternative zur Papierchromatographie.Die Auftrennung des Rohchlorophyllextraktes folgt ebenfalls den allgemeinen Regeln einer Adsorptionschromatographie.

Zeitaufwand. Vorbereitung: 3 min bei Verwendung eines bereits hergestellten bzw. 20 min zur Herstellung eines acetonischen Rohchlorophyllextrakts; Kreide 1 h trocknen, Durchführung: 30 min

Material:	acetonischer Rohchlorophyllextrakt (nach V 7.2.1)
Geräte:	2 intakte Stücke Tafelkreide, Becherglas (100 ml), Trockenschrank, Haartrockner
Chemikalien:	PC-Laufmittel: Petroleumbenzin (Siedeb. 100-140 °C), Petroleumbenzin (Siedeb. 40-60 °C), Aceton im Volumenverhältnis 10 : 2,5 : 2 gemischt

Sicherheit. Aceton: F, Xi. Petroleumbenzin bzw. PC-Laufmittel: F, Xn, N.

Durchführung. Vor Versuchsbeginn wird die Tafelkreide (ein großes Stück für die Chromatographie sowie ein kleines Stück als „Sockel") eine Stunde bei etwa 100 °C im Trockenschrank getrocknet. Das so vorbehandelte große Kreidestück wird dann mehrmals einige Millimeter in den Pigmentextrakt eingetaucht und mit dem Haartrockner getrocknet. Der Vorgang wird so oft wiederholt, bis das untere Ende der Kreide, d. h. die Startzone, intensiv grün gefärbt ist. Anschließend wird ein Becherglas 5–10 mm hoch mit Laufmittel gefüllt und das kleine Kreidestück als Sockel so hineingelegt, dass es gerade mit dem Laufmittel abschließt und damit völlig mit diesem durchtränkt ist. Auf diesen Sockel stellt man dann die mit Pigmenten beladene Kreide, die aufgrund der Kapillarwirkung das Laufmittel aus dem Sockel übernimmt, und lässt den Versuchsansatz 15 min dunkel stehen, wobei man den Fortschritt der chromatographischen Trennung zwischenzeitlich kontrollieren sollte.

Beobachtung. Nach etwa 15 Minuten zeichnen sich auf der Kreide mehrere in Größe, Farbe und Intensität unterschiedliche Banden ab: im Bereich der Laufmittelfront die gelbe Bande des β-Carotins, etwas unterhalb ein blaugrüner Streifen von Chlorophyll a und darunter das gelbgrüne Chlorophyll b. Unterhalb der Chlorophylle befinden sich die Xanthophylle, die zuweilen jedoch nur undeutlich zu erkennen sind.

Erklärung. Da auch der Chromatographie mit Tafelkreide die allgemeinen Regeln der Adsorptionschromatographie zugrunde liegen, kann als Erklärung für die Auftrennung des Pigmentextrakts in die einzelnen Komponenten auf die erläuternden Ausführungen zur Papierchromatographie in V 7.2.3 verwiesen werden.

Bemerkung. Die Chromatographie mit Tafelkreide nimmt einerseits etwas weniger Zeit in Anspruch als die Papierchromatographie und erfordert zudem weniger Geräte, andererseits erfolgt die Isolation der einzelnen Farbstoffe aufgrund der geringeren Homogenität der Kreide im Vergleich zum Papier hier weniger deutlich. Tafelkreide kann aus unterschiedlichen Materialien gefertigt sein. Neben der ursprünglichen Kalktafelkreide (aus Calciumcarbonat, $CaCO_3$) wird häufig Gipstafelkreide (aus Calciumsulfat, $CaSO_4$) angeboten, was jedoch der Verpackung in aller Regel nicht zu entnehmen ist. Manche Tafelkreidesorten sind auch deshalb ungeeignet, weil sie im feuchten Zustand zerfallen. Daher ist in einem Vorversuch zu klären, ob sich eine konkrete Tafelkreide für die Chromatographie eignet.

Entsorgung. Reste des zur Chromatographie verwendeten PC-Laufmittels können in die Vorratsflasche zurückgegeben werden. Ansonsten werden sie in den Behälter für flüssige organische Abfälle gegeben.

V 7.2.5 Dünnschichtchromatographische Trennung der Chloroplastenfarbstoffe

Kurz und knapp. Mit der Dünnschichtchromatographie (DC) wird in diesem Versuch ein weiteres Verfahren zur Zerlegung eines Pigmentextrakts in die einzelnen Komponenten vorgestellt. Dabei werden nur sehr geringe Substanzmengen benötigt, und durch die verhältnismäßig geringe Ausbreitung der Flecken bzw. Banden bei gleichzeitig großer Trennschärfe wird eine sehr deutliche Trennung der Chloroplastenfarbstoffe erreicht.

Zeitaufwand. Vorbereitung: 15 min zur Herstellung eines acetonischen Rohchlorophyllextrakts (falls noch nicht vorhanden). Werden keine DC-Fertigplatten verwendet, müssen 40–60 min für die Beschichtung der Platten eingeplant werden. Durchführung: ca. 40 min

Material:	acetonischer Rohchlorophyllextrakt (nach V 7.2.1)
Geräte:	Trennkammer oder großer Standzylinder mit dicht schließendem Deckel, DC-Fertigfolien Kieselgel 60 (z. B. Macherey & Nagel Alugram SIL G, 20 x 20 cm), Glaskapillaren, Filtrierpapier, Becherglas (200 ml). Bei eigenhändiger Beschichtung der Platten: Kieselgel 60, Glasplatten passender Größe, Streichgerät, Arbeitsschablone (gegen Verrutschen), Küchenmixer. Optional: UV-Lampe (langwelliges UV = UV A, ca. 350 nm), Schutzbrillen
Chemikalien:	DC-Laufmittel: Petroleumbenzin (Siedeb. 100–140 °C), Isopropanol, entmin. Wasser im Volumenverhältnis 100 : 10 : 0,25 gemischt (Achtung: entmin. Wasser zuerst in Isopropanol geben!). Bei eigenhändiger Beschichtung der Platten: Kieselgel (silanisiert, z. B. Kieselgel 60 H_{254}, Fa. Merck), entmin. Wasser

Sicherheit. Aceton: F, Xi. Petroleumbenzin bzw. DC-Laufmittel: F, Xn, N. Nicht direkt in das UV-Licht schauen, Schutzbrille tragen!

Durchführung. Für die eigenhändige Beschichtung von zehn Platten (5 x 20 cm) werden 15 mg Kieselgel und 50 ml entmin. Wasser in einem Küchenmixer auf höchster Stufe eine Minute verrührt. Die Masse wird anschließend etwa 0,25 mm dick mit dem Streichgerät ausgestrichen und luftgetrocknet.

Mit einer 5 µl- oder 10 µl-Glaskapillare werden in einer Höhe von ca. 2,5 cm über dem Plattenrand 10, 20 und 30 µl Pigmentextrakt an zuvor markierten Punkten auf die DC-Platte aufgetragen. Die saubere und trockene Trennkammer wird mit Filtrierpapier ausgekleidet, das mit Laufmittel befeuchtet wird (dabei Spalt freilassen, um später die eingestellte Platte beobachten zu können). Anschließend füllt man die Trennkammer etwa 1 cm hoch mit dem in einem Becherglas angesetzten Laufmittel und verschließt sie sofort mit einem Deckel. Nach dem Trocknen der Flecken wird die DC-Platte so in die mit Laufmittel gefüllte Kammer gestellt, dass die Auftragspunkte nicht benetzt werden (Abbildung 7.14). Falls mehrere Platten in die gleiche Kammer kommen, sollten sie gleichzeitig eingestellt werden. Nach dem Einstellen ist die Kammer sofort wieder zu verschließen. Die Versuchsanordnung sollte bis zum Abschluss der Entwicklung nicht mehr geöffnet und für 30 Minuten dunkel aufgestellt werden, bis eine Laufhöhe von etwa 10 cm erreicht ist. Die DC-Folie wird nun der Kammer entnommen und getrocknet. Da die Pigmente im Licht rasch ausbleichen, sollte die Auswertung in gedämpftem Licht erfolgen. Die Lage der Pigmentflecken wird mit einem weichen Bleistift markiert. Die Dokumentation kann durch eine Skizze oder durch Einscannen auf einem Flachbettscanner erfolgen. Optional kann die DC-Folie in einem abgedunkelten Raum mit langwelligem UV-Licht beleuchtet werden.

Beobachtung. Nach etwa 30 Minuten hat sich der Pigmentextrakt in die einzelnen Komponenten aufgetrennt. Diese sind als deutlich umgrenzte Flecken in unterschiedlicher Höhe auf der DC-Platte zu erkennen. Das goldgelbe β-Carotin befindet sich in der Nähe der Laufmittelfront. Dahinter folgen in absteigender Reihenfolge das blaugrüne Chlorophyll a, das gelbgrüne Chlorophyll b und die drei Xanthophylle Lutein, Violaxanthin und Neoxanthin (Abbildung 7.14). Zwischen dem β-Carotin und dem Chlorophyll a findet sich häufig ein grauer Fleck, das Pheophytin a.

Bei der Bestrahlung mit langwelligem UV-Licht sind die Chlorophylle und ihre magnesiumfreien Derivate, die Pheophytine, an ihrer roten Fluoreszenz zu

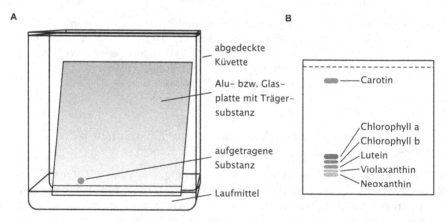

Abbildung 7.14 Dünnschichtchromatographie; A Versuchsaufbau, B Chromatogramm

erkennen. Eine rote Fluoreszenz in der Nähe des Startpunkts deutet auf die Anwesenheit von Chlorophylliden hin. Pheophytine und Chlorophyllide können artifiziell während der Pigmentextraktion entstehen. Bei sehr hohen Chlorophyll-Konzentrationen ist die Intensität der Fluoreszenz gering (vgl. V 7.4.3).

Erklärung. Wie bei der Papierchromatographie erfolgt auch hier die Trennung der Pigmente durch das in den Kapillarräumen der Trägersubstanz hochsteigende Laufmittel. Allerdings stellt die beschriebene Dünnschichtchromatographie mit Kieselgelplatten im Gegensatz zur Papierchromatographie in V 7.2.3 keine reine Adsorptionschromatographie dar. Es handelt sich vielmehr bestimmend um eine Verteilungschromatographie, bei der sich die Substanzen je nach ihrer Löslichkeit auf die polare, flüssige stationäre Phase (Isopropanol/Wasser) und die mehr oder weniger unpolare, lipophile mobile Phase (Petroleumbenzin) verteilen. Beide Phasen sind nur begrenzt miteinander mischbar. Stoffe, die in der polaren stationären Phase löslich sind, bewegen sich gar nicht oder nur sehr langsam, Stoffe, die in der unpolaren mobilen Phase löslich sind, bewegen sich schneller fort und wandern weiter. Zugrunde gelegt werden kann der NERNSTsche Verteilungssatz:

$$\alpha = \frac{C_1}{C_2} = \text{konstant} \tag{7.6}$$

(α = Verteilungskoeffizient; C_1, C_2 = Gleichgewichtskonzentration einer Substanz in der stationären bzw. mobilen Phase)

Zwei Substanzen mit verschiedenen Verteilungskoeffizienten für ein zweiphasiges Lösungsmittelsystem reichern sich also unterschiedlich in einer Phase an. Diese Tatsache wird bekanntlich beim Ausschütteln von gelösten Substanzen ausgenützt. Wenn die α-Werte nicht stark verschieden sind, benötigt man unter Umständen viele aufeinanderfolgende Ausschüttelvorgänge, um zu reinen Frak-

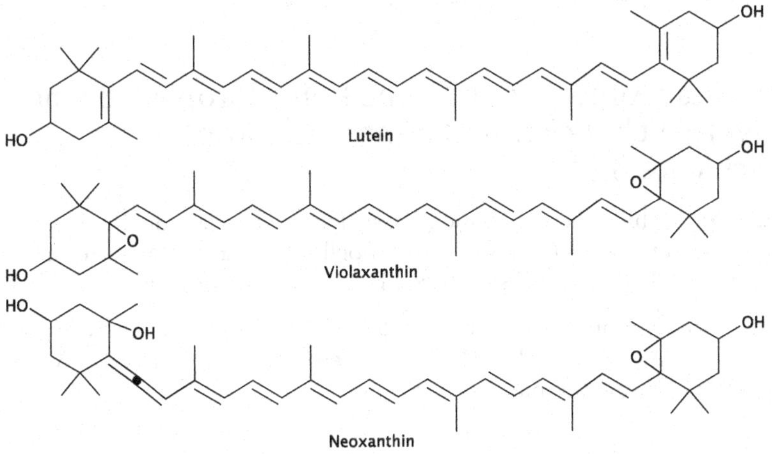

Abbildung 7.15 Strukturformeln von Lutein, Violaxanthin und Neoxanthin (=·= kumulierte Doppelbindung)

tionen zu kommen. Bei der Verteilungschromatographie handelt es sich um eine kontinuierliche Folge vieler derartiger Austauschprozesse zwischen einer stationären Phase und einer mobilen Phase. Unter ständiger Neueinstellung der Gleichgewichte zwischen beiden Phasen kommt es dann zu einer Trennung der einzelnen Komponenten. Die Trägerschicht ist also hier am eigentlichen Trennprozess nicht beteiligt; sie dient lediglich dazu, die stationäre Phase aufzunehmen und der Diffusion entgegenzuwirken.

Wie bei der papierchromatographischen Trennung (V 7.2.3) wandert das unpolare β-Carotin am weitesten. Bei den Xanthophyllen sind Hydroxy-, Carbonyl- und Epoxygruppen für die polaren Eigenschaften verantwortlich. Während Lutein zwei Hydroxygruppen besitzt, verfügt das Violaxanthin über zwei Hydroxy- und zwei Epoxygruppen, das Neoxanthin über drei Hydroxy- und eine Epoxygruppe (Abbildung 7.15). Diese bewirken eine stärkere Löslichkeit in der polaren stationären Phase und somit eine geringere Wanderung bei der dünnschichtchromatographischen Trennung. Das Wanderungsverhalten der Chlorophylle wurde schon in V 7.2.3 besprochen.

Bemerkung. Um eine Ausbleichung der Pigmente zu verhindern, sollte bei der Durchführung und Auswertung der Dünnschichtchromatographie nicht in grellem Licht gearbeitet werden.

Entsorgung. Reste des zur Chromatographie verwendeten DC-Laufmittels können in die Vorratsflasche zurückgegeben werden. Ansonsten werden sie in den Behälter für flüssige organische Abfälle gegeben.

V 7.3 Lichtabsorption der Chloroplastenfarbstoffe

V 7.3.1 Lichtabsorption durch eine Rohchlorophylllösung (Vergleich dicker und dünner Chlorophyllschichten)

Kurz und knapp. Mithilfe dieses Versuchs lässt sich zeigen, dass die Photosynthesepigmente aufgrund ihrer konjugierten Doppelbindungen in der Lage sind, Licht bestimmter Wellenlängen im sichtbaren Bereich zu absorbieren.

Zeitaufwand. Vorbereitung: 15 min zur Herstellung eines methanolischen Rohchlorophyllextrakts (falls noch nicht vorhanden), 20–30 min für den Versuchsaufbau, Durchführung: 5 min

Material:	methanolischer Rohchlorophyllextrakt (nach V 7.2.1)
Geräte:	Diaprojektor, Schlitzblende, Sammellinse, großes Prisma, große, schmale, planparallele Glasküvette (z. B. 6 x 2 cm), Laborboys, Stativmaterial o. Ä. zum Fixieren von Linse, Prisma und Küvette, verdunkelbarer Raum, helle Fläche (z. B. Leinwand)
Chemikalien:	evtl. Methanol zum Verdünnen

Sicherheit. Methanol: F, T.

Durchführung. Der Versuchsaufbau bzw. das Justieren der Gerätschaften erfolgt gemäß Abbildung 7.16.

Das Licht des mit einer Schlitzblende versehenen Diaprojektors wird durch die davor positionierte Sammellinse gebündelt und fällt so auf ein Prisma. Das entstehende Spektrum (von violett über blau, blaugrün, grün, gelbgrün, gelb, orange, hellrot bis dunkelrot) wird in dem verdunkelten Raum auf eine helle Fläche projiziert. Dann füllt man eine große, schmale Glasküvette mit dem methanolischen Rohchlorophyllextrakt und schiebt sie zwischen Projektor und Sammellinse in den Strahlengang. Dabei lässt man das Licht zunächst durch die Breit- und dann durch die Längsseite der Küvette fallen.

Beobachtung. Beim Durchtritt des Lichts durch die Breitseite der Küvette (kurzer Weg durch die Lösung) sind von dem ursprünglich von violett bis dunkelrot reichenden Spektrum nur noch die Farben grün und dunkelrot zu erkennen (Abbildung 7.16). Dreht man die Küvette so, dass das Licht nun durch die Schmalseite der Küvette fällt (langer Weg durch die Lösung), verschwindet auch der Grünlichtanteil nahezu vollständig aus dem Spektrum, lediglich der Dunkelrotanteil bleibt sichtbar.

Korrespondierend dazu erscheint das durch die Breitseite der Küvette durchtretende Licht grün und das durch die Schmalseite durchtretende Licht dunkelrot, wenn man durch die Küvette in das Licht des Diaprojektors schaut.

Erklärung. Durch das Prisma wird das für das menschliche Auge sichtbare

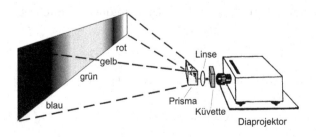

Abbildung 7.16 Versuchsaufbau zur Lichtabsorption der Chloroplastenfarbstoffe

Weißlicht (es umfasst einen Wellenlängenbereich von etwa 390–760 nm) in die Spektralfarben zerlegt. Jeder Farbe entspricht dabei ein definierter Wellenlängenbereich: violett λ = 390–430 nm; blau λ = 430–470 nm; blaugrün λ = 470–500 nm; grün λ = 500–530 nm; gelbgrün λ = 530–560 nm; gelb λ = 560–600 nm; orange λ = 600–640 nm; hellrot λ = 640–675 nm; dunkelrot λ = 675–760 nm. Fällt nun das weiße Licht zuerst durch eine farbige Lösung, so werden bestimmte Wellenlängen absorbiert und sind folglich im projizierten Spektrum nicht mehr sichtbar. Da die Absorptionsmaxima der Chlorophylle a und b bei 430 und 662 nm bzw. bei 453 und 642 nm liegen (bezogen auf das Lösungsmittel Ether, s. Abbildung 7.3; in Methanol tritt demgegenüber eine Verschiebung um wenige nm in den langwelligen Bereich ein), werden hellrote und blaue Strahlung von der Rohchlorophylllösung sehr stark, grüne und dunkelrote dagegen weniger bzw. gar nicht absorbiert. Wird die Konzentration oder die Dicke der Chlorophyllschicht durch das Drehen der Küvette (langer Weg durch die Lösung) erhöht, wird auch der größte Teil der grünen Strahlung absorbiert, die sogenannte „Grünlücke" geschlossen. Im Spektrum ist folglich nur mehr der Dunkelrotanteil zu beobachten. Zur Empfindlichkeit des menschlichen Auges gegenüber dem grünen und dunkelroten Spektralbereich des Lichts vergleiche die Erklärung zu V 7.3.2.

Bemerkung. Da das Justieren von Prisma und Sammellinse eine unter Umständen etwas diffizile Angelegenheit ist, sollte die Apparatur vor der Versuchsdurchführung ausprobiert werden.

Entsorgung. Nicht weiter benötigter methanolischer Chlorophyllextrakt wird in den Behälter für flüssige organische Abfälle gegeben.

V 7.3.2 Lichtabsorption durch verschieden dicke Blattschichten

Kurz und knapp. Aufgrund des in den Chloroplasten vorhandenen Chlorophylls, welches im grünen und dunkelroten Bereich nur schwach bzw. gar nicht absorbiert, erscheinen die meisten Blätter grün. Dieser Versuch soll zeigen, dass bei entsprechend hoher Chlorophyllmenge durch Übereinanderschichten mehrerer Blätter auch die grüne Strahlung absorbiert und damit die „Grünlücke" im Absorptionsspektrum geschlossen wird.

Zeitaufwand. Vorbereitung: 3 min zum Aufbau der Lichtquelle, Durchführung: 5 min

Material:	grüne Blätter (z. B. Bohne , *Phaseolus vulgaris*; Brennnessel, *Urtica dioica* etc.)
Geräte:	starke Lichtquelle, deren Licht sich bündeln lässt

Durchführung. Man hält zunächst nur ein Blatt dicht vor die Lichtquelle und schaut direkt darauf. Dann wird schrittweise, d. h. Blatt um Blatt, die Schichtdicke erhöht und die Farbe des durchfallenden Lichts beobachtet.

Beobachtung. Das durchfallende Licht erscheint anfangs grün. Mit steigender Anzahl der Blattschichten (z. B. etwa sieben Blätter bei der Bohne) verschwindet die Grünfärbung jedoch, und es wird nur mehr dunkelrotes Licht wahrgenommen.

Erklärung. Auch wenn die Absorption der Chlorophylle a und b im grünen Bereich nur schwach ist, so ist sie dennoch vorhanden (s. Abbildung 7.3). Die Absorption der Chlorophylle im langwelligen Dunkelrotbereich ist dagegen tatsächlich null. Die spektrale Empfindlichkeit des helladaptierten menschlichen Auges ist jedoch – bedingt durch die Eigenschaften der drei Zapfentypen in der Netzhaut – für grüne Strahlung wesentlich höher als für dunkelrote Strahlung. Ihr Maximum liegt bei ca. 555 nm, also im hellgrünen Spektralbereich. Erhöht man nun durch Übereinanderlagern mehrerer Blätter die Menge des Chlorophylls, so kommt es zu einer Steigerung der Absorption des grünen Lichts, die „Grünlücke" wird geschlossen. Wird auf diese Weise das grüne Licht fast völlig absorbiert und nur mehr die dunkelrote Strahlung durchgelassen, so kann auch das menschliche Auge das dunkelrote Licht erkennen.

V 7.3.3 Lichtabsorption durch eine Carotinlösung

Kurz und knapp. Dieser Versuch macht deutlich, dass nicht nur die Chlorophylle, sondern auch die Carotinoide (Carotine und Xanthophylle, s. Abschnitt 7.3) einen Teil der sichtbaren Strahlung absorbieren. Anhand der Färbung der Carotinoide können schon vorab Vermutungen angestellt werden, in welchem Bereich die Carotinlösung aus Karotten wohl absorbieren wird.

Zeitaufwand. Vorbereitung: etwa 1 h zur Herstellung einer Carotinlösung, 20–30 min für den Versuchsaufbau, Durchführung: 5 min

Material:	Karotten (*Daucus carota*)
Geräte:	2 Bechergläser (200 ml), Glasstab, Glastrichter, Faltenfilter, Messer, Küchenreibe, Waage, Alufolie, Diaprojektor, Schlitzblende, Sammellinse, großes Prisma, große, schmale, planparallele Glasküvette, Laborboys, Stativmaterial o. Ä. zum Fixieren von Linse, Prisma und Küvette, verdunkelbarer Raum, helle Fläche (z. B. Leinwand)
Chemikalien:	Benzin

Sicherheit. Petroleumbenzin: F, Xn, N.

Durchführung. Etwa 100 g Karotten werden am besten mit einer Küchenreibe (alternativ mit einem Messer) zerkleinert, wobei das Mark möglichst nicht verwendet werden sollte, wenn es schwächer gefärbt ist. In einem Becherglas werden die geriebenen Karotten mit 40–60 ml Benzin übergossen und mit einem Glasstab umgerührt. Der Karottenbrei sollte völlig mit Benzin bedeckt sein. Diesen Ansatz lässt man abgedeckt für ca. 50 Minuten im Dunkeln stehen, bis sich das Benzin intensiv gelb gefärbt hat. Anschließend wird der Extrakt über einen Faltenfilter in ein zweites, mit Alufolie umhülltes Becherglas filtriert. Kühl und lichtgeschützt ist die Carotinlösung mindestens mehrere Stunden haltbar.

Das Filtrat wird dann in eine große Küvette gefüllt und zwischen Projektor und Sammellinse in den Strahlengang gebracht (Versuchsaufbau gemäß Abbildung 7.16).

Beobachtung. Im projizierten Absorptionsspektrum verschwinden der violette, der blaue und der blaugrüne Anteil.

Erklärung. Wie bereits ihre Färbung verrät, absorbieren die Carotine vor allem violette, blaue und blaugrüne Anteile sichtbarer Strahlung (390–500 nm). Alle längerwelligen Strahlungsanteile werden dagegen von der Carotinlösung durchgelassen und sind folglich im Spektrum zu beobachten. Wegen ihres Carotingehalts und aufgrund der Tatsache, dass hier die typische Färbung der Carotine nicht wie in den Chloroplasten der Höheren Pflanzen durch die Chlorophylle überdeckt wird, erscheinen die Karotten orangegelb.

Bemerkung. Auch bei diesem Experiment sollte der Versuchsaufbau vor der Versuchsdurchführung ausprobiert werden.

Entsorgung. Der benzinische Carotin-Extrakt wird in den Behälter für flüssige organische Abfälle gegeben.

V 7.4 Eigenschaften des Chlorophylls

V 7.4.1 Chlorophyllabbau durch Säuren – Pheophytinbildung; Kupferchlorophyll

Kurz und knapp. Der Grund für die grüne Färbung des Chlorophylls ist das im Porphyrinring vorliegende System von π-Elektronen, die das Molekül zur Absorption vor allem von hellroter und blauer Strahlung befähigen. Im Zentrum dieses Porphyrinringsystems befindet sich ein Magnesiumion. Der Versuch soll nun aufzeigen, welchen Einfluss die Störung dieses Systems auf das Absorptionsverhalten und damit auf die Färbung des Chlorophylls hat.

Zeitaufwand. Vorbereitung: 15 min zur Herstellung eines methanolischen oder acetonischen Rohchlorophyllextrakts (sofern nicht schon vorhanden), Durchführung: 10 min

Material:	methanolischer oder acetonischer Rohchlorophyllextrakt (nach V 7.2.1)
Geräte:	4 Reagenzgläser mit Ständer, Becherglas (50 ml), Messzylinder (50 ml), Pipette (10 ml), 2 Tropfpipetten
Chemikalien:	Methanol oder Aceton, 1 mol/l Salzsäure (HCl), 1 mol/l Natronlauge (NaOH), FEHLING I (7 g $CuSO_4 \cdot 5H_2O$ in 100 ml entmin. Wasser)

Sicherheit. Aceton: F, Xi. FEHLING-I-Reagenz: Xn, N. Methanol: F, T. Natronlauge (1 mol/l): C.

Durchführung. Etwa 10 ml des Rohchlorophyllextrakts werden mit 30 ml des entsprechenden Lösungsmittels (Aceton oder Methanol) in einem Messzylinder verdünnt und dann in ein Becherglas gegeben. Jeweils 10 ml dieser verdünnten Chlorophylllösung werden nun in vier Reagenzgläser pipettiert. Reagenzglas 1 dient als Kontrolle. Die Chlorophylllösung in den drei übrigen Reagenzgläsern 2–4 wird mit fünf Tropfen 1 mol/l Salzsäure angesäuert. Der Inhalt der Reagenzgläser 3 und 4 wird anschließend durch fünf Tropfen 1 mol/l Natronlauge wieder neutralisiert. Zu Reagenzglas 4 werden abschließend zehn Tropfen $CuSO_4$-Lösung (FEHLING-I-Reagenz) gegeben und gut geschüttelt.

Beobachtung. Nach dem Zutropfen der Salzsäure ist ein Farbumschlag von grün nach oliv bis braun zu beobachten. Diese Farbe ändert sich auch dann nicht, wenn der Extrakt durch Natronlauge wieder neutralisiert wird. Die Braunfärbung weicht erst nach dem Zusatz der $CuSO_4$-Lösung allmählich (zwei bis drei Minuten) einer erneuten Grünfärbung. Allerdings zeigt sich bei einem Vergleich mit der Chlorophyll-Kontrolle (Reagenzglas 1), dass diese Grünfärbung nicht mit der ursprünglichen identisch ist.

Erklärung. Durch die Säure wird das zentrale Magnesiumion aus dem Porphyrinringsystem des Chlorophyllmoleküls verdrängt und durch zwei Wasserstoffionen ersetzt. Es entsteht so das magnesiumfreie Pheophytin, welches aufgrund dieser Veränderung in der chemischen Struktur ein im Vergleich zum Chlorophyll verändertes Absorptionsverhalten und eine andere Färbung (braun) zeigt. Daran ändert auch die anschließende Neutralisation mit Natronlauge nichts. Wird der Pheophytinansatz nun aber mit $CuSO_4$-Lösung versetzt, so tritt Kupfer an die Stelle des zentralen Magnesiumions. Man spricht vom sogenannten Kupferchlorophyll, welches ebenfalls eine Grünfärbung aufweist, die jedoch nicht mit der Farbe des magnesiumhaltigen Chlorophylls identisch ist.

Bemerkung. Kupferchlorophyll ist unter der Nummer E 141 als Lebensmittelzusatzstoff zugelassen. Es wird vor allem zur Färbung von normalerweise grünem Gemüse verwendet, welches in Essig oder Salzlake eingelegt ist. Somit wird ein unappetitlich wirkendes Braun infolge der Bildung von Pheophytinen vermieden.

Entsorgung. Die Reaktionsansätze werden in den Behälter für flüssige organische Abfälle gegeben.

V 7.4.2 Umfärben von Blättern beim Kochen (Pheophytinbildung)

Kurz und knapp. Wie dieser Versuch verdeutlicht, lässt sich die Pheophytinbildung nicht nur durch künstlichen Zusatz von Säure im Reagenzglas, sondern auch durch das Eintauchen stark säurehaltiger Blätter in siedendes Wasser nachweisen.

Zeitaufwand. Vorbereitung: 5 min, Durchführung: 5 min

Material:	Blätter, deren Vakuolen einen hohen Säuregehalt aufweisen (z. B. Sauerklee, *Oxalis acetosella*; Sauerampferarten, *Rumex* spec.). Zum Vergleich: Blätter, deren Vakuolen einen niedrigeren Säuregehalt aufweisen, wie Bohne oder Erbse
Geräte:	Becherglas (200 ml), Bunsenbrenner, Ceranplatte mit Vierfuß, Feuerzeug (alternativ: Elektrischer Wasserkocher), Pinzette
Chemikalien:	Wasser

Durchführung. Wasser wird in einem Becherglas über einem Bunsenbrenner bis zum Sieden erhitzt bzw. aus dem Wasserkocher in ein Becherglas geschüttet. In das siedende Wasser werden stark und schwach säurehaltige Blätter mithilfe einer Pinzette für einige Sekunden eingetaucht. Dabei sollte je ein Blatt als Kontrolle zurückbehalten werden.

Beobachtung. Man kann beobachten, dass sich die stark säurehaltigen Blätter beim Eintauchen augenblicklich braun verfärben, während die schwach säurehaltigen Blätter grün bleiben.

Erklärung. Durch die Hitze werden die Zellen und ihre Membranen zerstört. Die im intakten Zustand in den Vakuolen gespeicherten Säuren – im Fall von Sauerklee und Sauerampfer ist es die Oxalsäure – können nun austreten und kommen so mit dem in den Chloroplasten vorhandenen Chlorophyll in Kontakt. Sie lösen das komplex gebundene Magnesiumion aus dem Porphyrinring, ersetzen es durch Wasserstoffionen, und es entsteht so das braun gefärbte Pheophytin, was eine Braunfärbung der gesamten Blätter zur Folge hat.

V 7.4.3 Fluoreszenz von Chlorophyll in Lösung (*in vitro*)

Kurz und knapp. Der Versuch zeigt, dass ein elektronisch angeregtes Chlorophyllmolekül unter bestimmten Bedingungen die absorbierten Lichtquanten auch wieder in Form von längerwelliger, d. h. energieärmerer, Strahlung abgeben und dadurch in den energieärmeren Ausgangszustand zurückkehren kann.

Zeitaufwand. Vorbereitung: falls nicht bereits vorhanden 15 min zur Herstellung eines methanolischen Rohchlorophyllextrakts, Durchführung: 5–10 min

Material:	methanolischer Rohchlorophyllextrakt (nach V 7.2.1)
Geräte:	3 Reagenzgläser mit Ständer, Tropfpipette, UV-Lampe (langwelliges UV = UV-A: ca. 350 nm) und dunkler Hintergrund, verdunkelbarer Raum, Schutzbrillen
Chemikalien:	Methanol, entmin. Wasser

Sicherheit. Methanol: F, T. Nicht direkt in das UV-Licht schauen, Schutzbrille tragen!

Durchführung. Reagenzglas 1 wird einige Zentimeter hoch mit Methanol gefüllt und fungiert als Kontrolle. In die Reagenzgläser 2 und 3 gibt man unverdünnten bzw. mit Methanol verdünnten Rohchlorophyllextrakt. Die Füllhöhe der drei Reagenzgläser sollte in etwa identisch sein. Dann werden alle drei Ansätze im abgedunkelten Raum unter der UV-Lampe betrachtet und miteinander verglichen.

Anschließend gibt man mit einer Tropfpipette schrittweise entmin. Wasser in die Reagenzgläser 2 und 3 und beobachtet abermals unter der UV-Lampe und danach im normalen Licht.

Beobachtung. Bei Bestrahlung mit UV-Licht fluoresziert das Methanol nicht, die Rohchlorophylllösungen zeigen dagegen eine deutliche Rotfluoreszenz, die verdünnte Lösung in Ansatz 3 jedoch stärker als die unverdünnte Lösung.

Setzt man den beiden fluoreszierenden Ansätzen dann tropfenweise entmin. Wasser zu, so beobachtet man eine allmähliche Löschung der Fluoreszenz. Im normalen Licht erscheinen die Lösungen nun nicht mehr klar, sondern trübe.

Erklärung. Durch die energiereiche UV-Strahlung werden die π-Elektronen der Chlorophyllmoleküle in höhere Anregungszustände (2. oder 3. Singulettzustand) versetzt. Diese sind allerdings sehr instabil und gehen innerhalb von etwa 10^{-12} s in den 1. Singulettzustand über, wobei die Energiedifferenz gänzlich als Wärme verloren geht. Erst beim Rückfall vom 1. Singulett- in den Grundzustand kann die Energiefreigabe in Form von Strahlung erfolgen, die jedoch längerwelliger und damit energieärmer ist als die Anregungsstrahlung (Fluoreszenz; vgl. Abbildung 7.5). Die beobachtete geringere Fluoreszenz der konzentrierten Chlorophylllösung beruht auf der Tatsache, dass hier das entstehende Fluoreszenzlicht durch eine starke Rückabsorption abgeschwächt bzw. durch Kollision der Chlorophyllmoleküle als Wärme abgegeben wird.

Die Löschung der Fluoreszenz (engl.: quenching) durch Zugabe von entmin. Wasser rührt daher, dass das Chlorophyll aus einer echten Lösung in die kolloidale Verteilungsform übergeht. Die Chlorophyllmoleküle besitzen neben dem hydrophilen Porphyringerüst einen hydrophoben Phytolschwanz (s. Abbildung 7.2). In wässriger Lösung ordnen sich die Moleküle deshalb in Form von Micellen zusammen, wobei die hydrophilen Anteile nach außen zum Wasser hin, die hydrophoben Anteile nach innen weisen. Durch die Bildung dieser Chlorophyllaggregate wird die Energieübertragung auf die Nachbarmoleküle und die Energiefreigabe in Form von Wärme begünstigt, die Fluoreszenz erlischt. Zudem führt diese Anordnung zu einer starken Lichtstreuung, weshalb die Lösungen im normalen Weißlicht trübe erscheinen.

Bemerkung. Sollte die Konzentration der Rohchlorophylllösung nicht hoch genug sein, so kommt es bei einer Verdünnung mit Methanol zu keiner nennenswerten Steigerung der Fluoreszenz.

Entsorgung. Die Chlorophyllextrakte werden in den Behälter für flüssige organische Abfälle gegeben.

V 7.5 Photochemische Aktivität

V 7.5.1 Fluoreszenz von Chlorophyll an Blättern (*in vivo*), Steigerung der Chlorophyllfluoreszenz durch Hemmung der Photosynthese mit Herbiziden sowie durch tiefe Temperatur

Kurz und knapp. Während in organischen Lösungsmitteln (*in vitro*) etwa 30 % der absorbierten Strahlung wieder als rotes Fluoreszenzlicht emittiert wird, beträgt die Fluoreszenz *in vivo* maximal 3 %. Dieser Versuch dient nicht nur der Darstellung der Fluoreszenz intakter pflanzlicher Systeme, sondern zeigt zudem den Zusammenhang zwischen Fluoreszenzausbeute – als Indikator der für die Photosynthese verlorenen Energie – und Wirkungsgrad der Photosynthese auf.

Zeitaufwand. Vorbereitung: 5 min, Durchführung: 20 min

Material:	weichlaubige, grüne Blätter (z. B. Bohne, *Phaseolus vulgaris*)
Geräte:	UV-Lampe (langwelliges UV = UV-A, ca. 350 nm) und dunkler Hintergrund, verdunkelbarer Raum, Tropfpipette, evtl. Becherglas (50 ml), Schutzbrillen
Chemikalien:	Lösung eines Photosyntheseherbizids, z. B. 10^{-4} mol/l Lösung von 3-(3,4-Dichlorphenyl)-1,1-Dimethylharnstoff (DCMU; 5,8 mg DCMU in 25 ml Methanol lösen, dann 1 : 10 mit entmin. Wasser verdünnen), kleiner Eiswürfel, entmin. Wasser

Sicherheit. DCMU (Festsubstanz): Xn, N. Methanol: F, T. Nicht direkt in das UV-Licht schauen, Schutzbrille tragen!

Durchführung. In einem verdunkelbaren Raum werden ein größeres oder zwei kleinere Blätter mit der Unterseite nach oben auf eine geeignete Unterlage (z. B. die Hälfte einer Petrischale) gelegt. Dann trägt man mit je einer Tropfpipette DCMU-Lösung bzw. als Kontrolle 10 %iges Methanol auf je einer Blatthälfte bzw. Blatt auf. Dabei soll die Blattoberfläche nicht verletzt werden. Man lässt die Lösungen ca. 20 Minuten einwirken. Danach wird der Raum verdunkelt und die Blätter unter einer UV-Lampe betrachtet. Als Alternativansatz können frisch abgeschnittene Blätter vor der Betrachtung unter der UV-Lampe auch für etwa drei Stunden in ein Becherglas mit stärker verdünnter DCMU-Lösung (10^{-5} mol/l) eingestellt werden, sodass der Photosynthesehemmstoff über den Transpirationsstrom in die Blattzellen aufgenommen wird.

Unter ein weiteres mit der UV-Lampe bestrahltes Blatt legt man dann einen kleinen Eiswürfel und beobachtet die so abgekühlte Stelle des Blatts genau, bevor man den Eiswürfel wieder entfernt und das Blatt für weitere drei bis fünf Minuten unter der UV-Lampe betrachtet.

Beobachtung. Mit ausreichend dunkeladaptiertem Auge ist vor dem dunklen Hintergrund der UV-Lampe eine schwache Rotfluoreszenz des bestrahlten Blatts zu erkennen.

Diese Rotfluoreszenz wird durch das Auftropfen der Herbizidlösung deutlich verstärkt, während das Lösungsmittel (10 %iges Methanol) keine Fluoreszenzsteigerung bewirkt.

Auch tiefe Temperaturen, hervorgerufen durch den Eiswürfel, führen zu einer Steigerung der Fluoreszenz in dem betreffenden Blattbereich. Diese verstärkte Fluoreszenz geht allerdings nach Entfernung des Eiswürfels innerhalb weniger Minuten wieder zurück.

Erklärung. Da in einem intakten Blatt bzw. in den Thylakoiden ein Großteil des absorbierten Lichts, d. h. der Anregungsenergie, für photochemische Prozesse genutzt wird, ist die hier beobachtete Fluoreszenz des frisch abgeschnittenen mehr oder weniger unversehrten Blatts nur gering. Sind nun aber Fluoreszenz und Photochemie (neben Dissipation und Energietransfer) miteinander konkurrierende Prozesse, so muss jede Störung der Photosynthese zu einer erhöhten Fluoreszenzausbeute führen. Die Blockierung des photosynthetischen Elektronentransports ist auch der Grund für die verstärkte Fluoreszenz nach Zugabe der Herbizidlösung: DCMU bindet an der Plastochinon-(Q_B)-Bindenische des D_1-Proteins vom Photosystem II, weshalb Plastochinon (PQ) nun nicht mehr zum Plastohydrochinon (PQH_2) reduziert werden kann.

Auch die beobachtete Steigerung der Fluoreszenz durch Zugabe eines Eiswürfels beruht auf der Störung der Photosynthese. Durch die tiefen Temperaturen werden die Enzyme des Photosyntheseapparats gehemmt. Allerdings ist diese Hemmung reparabel, wie die Abschwächung der Fluoreszenz nach Entfernen des Eiswürfels beweist.

Bemerkung. DCMU als Photosyntheseherbizid (Totalherbizid) wird unter dem Handelsnamen Diuron (Fa. Sigma) zur Unkrautbekämpfung eingesetzt.

Entsorgung. Die DCMU-haltige Lösung kann über einige Wochen im Kühlschrank aufgehoben werden. Nicht mehr benötigte Lösung wird in den Behälter für flüssige organische Abfälle gegeben.

V 7.5.2 Photoreduktion von Methylrot durch Chlorophyll und Ascorbinsäure

Kurz und knapp. Das photochemisch aktive Chlorophyll der Photosysteme I (P700) und II (P680) fungiert nach Anregung mit Licht bestimmter Wellenlänge als Elektronenpumpe. Dabei wird durch die lichtinduzierte Erniedrigung des Redoxpotenzials des photochemisch aktiven Chlorophylls ein Elektron auf einen Akzeptor (letztlich NADPH/NADP$^+$) übertragen und die kurzfristig entstehende „Elektronenlücke" durch einen Donator (letztlich $H_2O/\frac{1}{2}$ O_2) geschlossen (vgl. Abbildung 7.7). Der folgende Versuch will nun diese ausschließlich nach Anregung durch Lichtabsorption stattfindende Elektronenübertragung modellhaft veranschaulichen.

Zeitaufwand. Vorbereitung: 10–15 min zum Ansetzen der Lösungen, 15 min zur Herstellung eines acetonischen Rohchlorophyllextrakts (falls noch nicht vorhanden), Durchführung: ca. 20 min

Material:	acetonischer Rohchlorophyllextrakt (nach V 7.2.1)
Geräte:	5 Reagenzgläser mit Ständer, Messkolben (100 ml), 2 kleine Bechergläser (25 ml), Pipetten (10 ml, 3 x 2 ml), Spatel, Waage, Alufolie, starke Lichtquelle (z. B. 500 W–Halogenfluter), wassergefüllter Glasbehälter als Wärmeschutz (z. B. Chromatographiekammer)
Chemikalien:	Methylrot, 96 %iges Ethanol, Ascorbinsäure, Natriumdithionit ($Na_2S_2O_4$), Aceton, entmin. Wasser

Sicherheit. Aceton: F, Xi. Ethanol: F. Natriumdithionit (Festsubstanz und Lösungen w ≥ 25 %): Xn. Da Natriumdithionit gesundheitsschädlich ist, sollte der Kontakt mit Augen und Haut vermieden werden. Berührungsstellen sind sofort abzuwaschen.

Durchführung.

1. Herstellung der Lösungen: Methylrot: 10 mg Methylrot werden in einem Messkolben in 100 ml Ethanol gelöst. Die Methylrotlösung ist über einen längeren Zeitraum haltbar. Ascorbinsäure: 200 mg Ascorbinsäure abwiegen, aber erst unmittelbar vor Verwendung in 10 ml entmin. Wasser lösen. Natriumdithionit: 25 mg $Na_2S_2O_4$ abwiegen, aber ebenfalls erst unmittelbar vor der Verwendung in 2 ml entmin. Wasser lösen.

2. Bereitung der Versuchsansätze nach folgender Tabelle:

Versuchs-ansatz	Methyl-rot	Chloro-phyll-extrakt	Ascorbin-säure	entmin. Wasser/ Aceton	Natrium-dithionit	Licht
1	5 ml	2 ml	2 ml	—	—	abdunkeln (Alufolie)
2	5 ml	2 ml	2 ml	—	—	belichten
3	5 ml	2 ml	—	2 ml entmin. Wasser	—	belichten
4	5 ml	—	2 ml	2ml Aceton	—	belichten
5	5 ml	—	—	—	2 ml	keine Belichtung nötig

Alle Versuchsansätze müssen gründlich durchmischt werden. Der Halogenfluter wird im Abstand von etwa 30 cm, der Wärmeschutz unmittelbar vor der Lichtquelle aufgestellt.

Beobachtung.

Versuchsansatz 1: Der Ansatz hat auch nach 15 Minuten noch die ursprüngliche bräunliche Färbung.

Versuchsansatz 2: Bereits nach vier Minuten beginnt sich der bräunliche Ansatz zu entfärben. Nach 12–15 Minuten ist die Entfärbung vollständig abgeschlossen, der Ansatz zeigt nun eine Grünfärbung, die ungefähr dem Farbton des Rohchlorophyllextrakts entspricht.

Versuchsansatz 3: Wie bei Ansatz 1 ist auch hier nach 15 Minuten kein Farbumschlag zu beobachten.

Versuchsansatz 4: Wie bei den Ansätzen 1 und 3 ist auch hier nach 15 Minuten kein Farbumschlag zu beobachten.

Versuchsansatz 5: Nach Zugabe von $Na_2S_2O_4$ entfärbt sich die Lösung spontan.

Erklärung. Der Azofarbstoff Methylrot wird durch Reduktion, d. h. durch Aufnahme von Elektronen, entfärbt. Für diese Reduktion wird jedoch ein stark negativer Elektronendonator, wie etwa das Natriumdithionit in Ansatz 5, benötigt. Es besitzt ein so negatives Redoxpotenzial ($S_2O_4^{2-} + 2\,H_2O \rightleftharpoons 2\,SO_3^{2-} + 4\,H^+ + 4\,e^-$, $E_0' = -1{,}99$ V), dass es Elektronen unmittelbar auf das Methylrot übertragen kann. Es kommt somit zu einer spontanen Entfärbung des Ansatzes. Die Ascorbinsäure ($E_0' = 0{,}06$ V) ist dagegen allein nicht fähig, das Methylrot zu reduzieren (Ansatz 4). Auch das Chlorophyll alleine vermag das Methylrot nicht zu entfärben (Ansatz 3). Nur wenn Chlorophyll und Ascorbinsäure kombiniert und belichtet werden, kommt es zur Reduktion des Farbstoffs (Ansatz 2; die Dunkelkontrolle in Ansatz 1 zeigt keine Reaktion). Ob nun allerdings das Chlorophyll selbst – nach Anregung durch Lichtabsorption – seine Elektronen auf das Methylrot (Akzeptor, analog zum $NADPH/H^+$) überträgt und das vorübergehend entstehende Elektronendefizit durch Elektronen der Ascorbinsäure (Donator, analog zum $H_2O/\frac{1}{2}\,O_2$) behoben wird oder ob das Chlorophyll nur eine katalysierende Funktion hat und die Elektronen direkt von der Ascorbinsäure auf das Methylrot transferiert werden, kann nicht mit endgültiger Sicherheit entschieden werden.

Entsorgung. Die Reaktionsansätze werden in den Behälter für flüssige organische Abfälle gegeben.

V 7.5.3 Einfacher Versuch zur HILL–Reaktion mit DCPIP (Dichlorphenolindophenol) als Elektronenakzeptor

Kurz und knapp. Unter einer HILL-Reaktion (nach Robert HILL, 1899–1991, britischer Biochemiker) versteht man allgemein die Sauerstoffentwicklung isolierter Chloroplasten bei gleichzeitiger Reduktion eines künstlichen Elektronenakzeptors (HILL-Reagenz). Dieser Versuch beschreibt eine sehr anschauliche HILL-Reaktion, die zudem noch einfach und deshalb für die Schule gut geeignet ist, da eine aufwendige Isolation der Chloroplasten entfällt.

Zeitaufwand. Vorbereitung: Zum Ansetzen des Phosphatpuffers und der Lösungen Mörser und Pistill 1 h vor Versuchsbeginn im Kühlschrank kalt stellen, Durchführung: 20–30 min

Material:	frische Blätter der Erbse (*Pisum sativum*) oder Bohne (*Phaseolus vulgaris*)
Geräte:	Mörser und Pistill, engmaschige Gaze (Nylon, Kunstseide o. Ä., alternativ: Verbandmull, Watte, Trichter, kleines Becherglas), Messzylinder (100 ml), 4 Bechergläser (2 x 100 ml, 2 x 50 ml), Messkolben (500 ml), Spatel, Waage, Trichter, Faltenfilter, Kühlschrank, 4 Reagenzgläser mit Ständer, Pipetten (1 x 10 ml, 3 x 1 ml), Alufolie, Lichtquelle (z. B. 200-W-Glühbirne), Eisbad
Chemikalien:	Dinatriumhydrogenphosphat ($Na_2HPO_4 \cdot 2\ H_2O$), Kaliumdihydrogenphosphat (KH_2PO_4), Natriumchlorid ($NaCl$), Magnesiumchlorid ($MgCl_2 \cdot 6\ H_2O$), Saccharose, 2,6-Dichlorphenolindophenol (DCPIP, TILLMANS' Reagenz), 3-(3,4-Dichlorphenyl)-1,1-dimethylharnstoff (DCMU), Methanol, entmin. Wasser

Sicherheit. DCMU (Festsubstanz): Xn, N. Methanol: F, T.

Durchführung.

1. Herstellung des Phosphatpuffers (pH 7): 3,18 g $Na_2HPO_4 \cdot 2\ H_2O$, 0,56 g KH_2PO_4, 1,46 g NaCl und 0,51 g $MgCl_2 \cdot 6\ H_2O$ werden in 500 ml entmin. Wasser gelöst und in einen Messkolben gegeben. Es kann auch eine geringere Menge der Lösung angesetzt werden, doch ist der Puffer im Kühlschrank durchaus einige Zeit haltbar und kann deshalb auf Vorrat hergestellt werden.

2. Herstellung der DCPIP- und DCMU-Lösungen: 25 mg DCPIP in 50 ml entmin. Wasser lösen und anschließend filtrieren. 5,8 mg DCMU in 25 ml Methanol lösen und dann 1 : 10 mit entmin. Wasser verdünnen.

3. Bereitung der Versuchsansätze: In 50 ml Pufferlösung werden 1,2 g Saccharose gelöst und in das Eisbad gestellt (Isolationsmedium). Dann schlägt man etwa 2 g grob zerkleinerte, frische Blattspreiten in Gaze ein und hält diese oben zu bzw. verschließt sie mit einem Gummi. In diesem Säckchen werden die Blätter in den eine Stunde im Kühlschrank vorgekühlten Mörser gegeben und unter Zusatz von 20 ml gekühltem, saccharosehaltigen Puffer (Isolationsmedium) für ca. eine Minute kräftig zerrieben. Das entstehende dunkelgrüne Isolat wird ebenfalls auf Eis gelagert. Alternativ können die Blätter auch ohne Gaze homogenisiert werden. Allerdings muss das entstehende Homogenat dann durch drei Lagen Mull und eine Lage Watte filtriert werden.

Anschließend wird 1 ml des dunkelgrünen Isolats mit den verbliebenen 30 ml des gekühlten, saccharosehaltigen Puffers verdünnt und gut durchmischt. Diese verdünnte Lösung wird dann in vier saubere Reagenzgläser pipettiert, d. h. zur Bereitung der eigentlichen Versuchsansätze verwendet, die anhand der Tabelle erfolgt:

Versuchsansatz	Chloroplasten-isolat	DCPIP	DCMU	Licht
1	7 ml	0,2 ml	—	abdunkeln (Alu)
2	7 ml	0,2 ml	0,2 ml	belichten
3	7 ml	0,2 ml	—	belichten
4 (Kontrolle)	7 ml	—	—	belichten

Alle Ansätze werden gründlich durchmischt, in etwa 30 cm Abstand vor der Lichtquelle aufgestellt und beobachtet.

Beobachtung.

Versuchsansatz 1: Die ursprüngliche blaugrüne Färbung bleibt während des gesamten Versuchs unverändert erhalten.

Versuchsansatz 2: Die ursprüngliche blaugrüne Färbung bleibt während des gesamten Versuchs unverändert erhalten.

Versuchsansatz 3: Bereits nach drei Minuten ist ein Verblassen der Blaufärbung bzw. eine erste Verschiebung von blaugrün nach grün zu beobachten. Die Entfärbung setzt sich fort, bis die Lösung nach 10–15 Minuten eine gelbgrüne Farbe hat, die mit der Färbung des Kontrollansatzes 4 identisch ist.

Versuchsansatz 4 (Kontrolle): Die gelbgrüne Färbung des verdünnten Chloroplastenisolats bleibt während des gesamten Versuchs unverändert erhalten.

Erklärung. Das hier verwendete DCPIP ist ein sogenanntes HILL-Reagenz, d. h. es fungiert als künstlicher Akzeptor für die in den Chloroplasten transportierten und in der intakten Zelle schließlich auf den Endakzeptor $NADP^+$ übertragenen Elektronen. Es übernimmt die Elektronen aus der Elektronentransportkette im Bereich des Plastochinon-Pools (PQ-Pool) sowie nach dem Photosystem I. DCPIP ist im oxidierten Zustand blau, im reduzierten Zustand ($DCPIPH_2$) farblos. Da nur bei Versuchsansatz 3 eine Entfärbung der blaugrünen Lösung zu beobachten war, kann auch nur hier eine Reduktion des in den Versuchsansätzen 1–3 vorhandenen DCPIP zum $DCPIPH_2$ stattgefunden haben. Nur hier sind die Voraussetzungen für ein reibungsloses Ablaufen des photosynthetischen Elektronentransports erfüllt. Im Ansatz 1 fehlt dagegen die

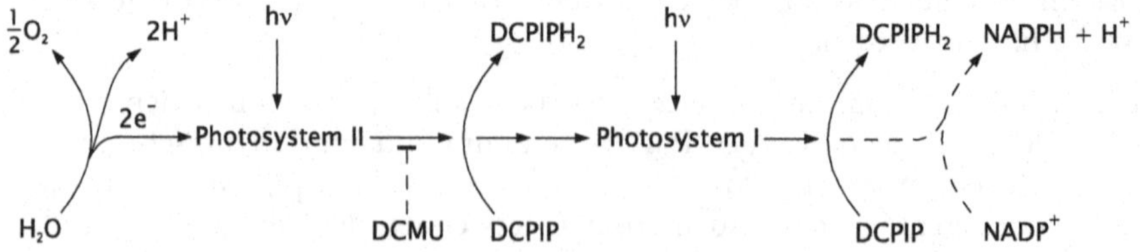

Abbildung 7.17 Photosynthetisches Elektronentransportsystem

Belichtung, die zur Anregung des Chlorophylls nötig ist. In Ansatz 2 verhindert DCMU die Reduktion des Plastochinons zum Plastohydrochinon durch Blockierung der Plastochinon-(Q_B)-Bindenische und hemmt so die Elektronentransportkette, sodass das DCPIP als künstlicher Endakzeptor nicht reduziert werden kann (Abbildung 7.17).

Entsorgung. Der DCMU-haltige Reaktionsansatz (Nr. 2) wird in den Behälter für flüssige organische Abfälle gegeben, die restlichen Ansätze können in den Ausguss gegeben werden.

V 7.5.4 Einfacher Versuch zur HILL-Reaktion mit Ferricyanid als Elektronenakzeptor

Kurz und knapp. Dieses Experiment zur HILL-Reaktion mit Kaliumferricyanid als Elektronenakzeptor ist sehr einfach und schnell durchzuführen, weil hier lediglich eine Chloroplastenaufschwemmung mit Wasser nötig ist. Eine aufwendige Isolation oder die Herstellung eines Puffers entfällt.

Zeitaufwand. Vorbereitung: 10 min zum Ansetzen der Lösungen, Durchführung: 30 min

Material:	frische Blätter der Erbse (*Pisum sativum*), der Bohne (*Phaseolus vulgaris*) oder des Fleißigen Lieschens (*Impatiens walleriana*)
Geräte:	Mörser und Pistill, Schere, engmaschige Gaze (Nylon, Kunstseide o. Ä., alternativ: Verbandmull, Watte, Trichter, kleines Becherglas), Messzylinder (50 ml), 3 Bechergläser (50 ml), Spatel, Waage, 2 Reagenzgläser mit Ständer, Pipette (2 ml), 3 Pasteurpipetten, Glasplatte oder Glaspetrischalenhälfte auf weißem Untergrund, Alufolie, Lichtquelle (z. B. 200-W-Glühbirne)
Chemikalien:	Kaliumhexacyanoferrat(III) $K_3[Fe(CN)_6]$ (Kaliumferricyanid = Rotes Blutlaugensalz), Kaliumhexacyanoferrat(II) $K_4[Fe(CN)_6]$ (Kaliumferrocyanid = Gelbes Blutlaugensalz), Eisen(III)-chlorid (FeCl$_3$ · 6 H$_2$O), entmin. Wasser

Sicherheit. Eisen(III)-chlorid (Festsubstanz und Lösungen w $\geq$ 25 %): Xn.

Durchführung.

1. Herstellung der Lösungen: Es werden eine 1 %ige Lösung von Rotem Blutlaugensalz, eine 1 %ige Lösung von Gelbem Blutlaugensalz und eine 0,1 %ige FeCl$_3$-Lösung hergestellt.

2. Bereitung der Versuchsansätze: Etwa 2 g Blattspreiten werden eventuell mit einer Schere grob zerkleinert, in Gaze eingeschlagen und in einen Mör-

ser gegeben. Nach Zusatz von etwa 20 ml entmin. Wasser werden die Blätter kräftig zerrieben bis das Blattisolat dunkelgrün gefärbt ist. 2 ml dieses Isolats werden dann mit weiteren 20 ml entmin. Wasser verdünnt, gut durchmischt und auf zwei Reagenzgläser verteilt, von denen eines vollständig mit Alufolie umhüllt und abgedeckt ist (Lichtschutz). In beide Ansätze gibt man mit einer Pasteurpipette je zehn Tropfen Ferricyanid-Lösung und belichtet anschließend für etwa 25 Minuten in 30 cm Entfernung von der Lichtquelle. Nach Beendigung der Belichtung pipettiert man von jedem Ansatz drei Tropfen auf eine Glasplatte und setzt jeweils einen Tropfen $FeCl_3$-Lösung hinzu. Zum Vergleich werden außerdem Blindproben mit Rotem und Gelbem Blutlaugensalz hergestellt.

Beobachtung. Bei dem belichteten Ansatz sowie bei der Lösung des Gelben Blutlaugensalzes zeigt sich eine Blaufärbung. Allerdings ist auch bei der Dunkelkontrolle eine leichte, jedoch im Vergleich zum belichteten Ansatz wesentlich schwächere Blaufärbung zu beobachten.

Erklärung. Gelbes Blutlaugensalz reagiert mit $FeCl_3$ bei einem Molverhältnis von 1 : 1 zu löslichem ($K[Fe^{III}Fe^{II}(CN)_6]$) bzw. bei einem Überschuss an Eisen(III)-Ionen zu unlöslichem Berlinerblau ($Fe^{III}[Fe^{III}Fe^{II}(CN)_6]_3$). Die deutliche Blaufärbung des belichteten Ansatzes lässt deshalb darauf schließen, dass hier das zugesetzte Rote zum Gelben Blutlaugensalz reduziert wurde. Die aus der Photolyse des Wassers stammenden Elektronen werden vom Ferricyanid nach dem Photosystem I aus der Elektronentransportkette entnommen, wobei dann Fe^{3+} zu Fe^{2+} reduziert wird:

$$4\ [Fe(CN)_6]^{3-} + 2\ H_2O \xrightarrow{\text{Licht, Chloroplasten}} 4\ [Fe(CN)_6]^{4-} + 4\ H^+ + O_2$$

8 Photosynthese II: Substanzumwandlung und Ökologie der Photosynthese

A Theoretische Grundlagen

8.1 Einleitung

Ausgangsstoffe der Photosynthese der Pflanzen sind die energiearmen anorganischen Moleküle Wasser und Kohlendioxid, die in einer komplexen biochemischen Reaktionsfolge zunächst zu Kohlenhydraten umgesetzt werden, und zwar hauptsächlich zu Saccharose und Stärke. Als Nebenprodukt entsteht Sauerstoff, der zum Teil von der Pflanze selbst veratmet, hauptsächlich aber an die Atmosphäre abgegeben wird. Die vereinfachte Bruttogleichung der Photosynthese der Pflanzen lautet:

$$CO_2 + 2\,H_2O \xrightarrow{\text{Licht}} (CH_2O) + H_2O + O_2$$
$$\Delta G^{\circ\prime} = +479\ kJ \cdot mol^{-1}\ CO_2 \tag{8.1}$$

oder

$$6\,CO_2 + 12\,H_2O \xrightarrow{\text{Licht}} C_6H_{12}O_6 + 6\,H_2O + 6\,O_2$$
$$\Delta G^{\circ\prime} = +2872\ kJ \cdot mol^{-1}\ Hexose \tag{8.2}$$

Bei diesem Prozess wird das Kohlendioxid auf die Stufe des Kohlenhydrats reduziert. Die Reduktionsäquivalente [H] werden dem Wasser entnommen, dessen Sauerstoff dabei frei wird. Man bezeichnet diesen Typ der Photosynthese, der bei allen Höheren Pflanzen und Algen sowie bei den Cyanobacteria (Blaualgen) vorkommt, als oxygene Photosynthese.

Die Photosynthese einiger Bakteriengruppen unterscheidet sich von diesem Typ der oxygenen Photosynthese dadurch, dass sie als Donator für die Reduktionsäquivalente nicht Wasser, sondern z. B. reduzierte Schwefelverbindungen oder organische Substanzen benötigt:

$$6\,CO_2 + 12\,H_2S \xrightarrow{\text{Licht}} C_6H_{12}O_6 + 6\,H_2O + 12\,S \tag{8.3}$$

In diesem Fall führt die Photosynthese nicht zur Entwicklung von Sauerstoff, sondern zur Abscheidung von Schwefel oder von dehydrierten organischen Verbindungen.

Der oxygene Photosyntheseprozess der Algen und Höheren Pflanzen führte zur Bildung der oxidierenden sauerstoffhaltigen Atmosphäre, die wir heute kennen. Man schätzt, dass jährlich auf der gesamten Erdoberfläche (Kontinente + Süßwasser + Ozeane) durch die Photosynthese ungefähr 275 x 10^{12} kg CO_2 assimiliert, ca. 200 x 10^{12} kg O_2 produziert und in der gebildeten organischen Substanz ungefähr 3 x 10^{18} kJ an Energie gespeichert werden. Die Photosynthese erfüllt somit zugleich zwei notwendige Funktionen für den Bestand des Lebens: a) Durch Umwandlung von Sonnenlichtenergie in chemische Energie wird dem Leben extraterrestrische Energie zugeführt, die in den reduzierten organischen Verbindungen gespeichert wird. b) Durch die Bildung von Sauerstoff wird die Nutzung der in den reduzierten organischen Verbindungen angelegten chemischen Energie ermöglicht.

8.2 CO₂-Assimilation (CALVIN-BENSON-Zyklus)

Die energiereichen Produkte des photosynthetischen Elektronentransports (NADPH+H⁺ und ATP) werden an der Stromaseite der Thylakoidmembranen gebildet. Sie stehen prinzipiell für alle endergonen Reaktionen zur Verfügung, zu denen der Chloroplast durch seine Ausstattung mit Enzymen und Substraten befähigt ist. Die Synthesekapazität der Chloroplasten ist außerordentlich vielseitig. Sie umfasst praktisch alle Bereiche des Grundstoffwechsels. Die Assimilation des CO_2 zu Kohlenhydraten ist aber die bei weitem wichtigste Syntheseleistung des Chloroplasten. Die CO_2-Assimilation ist eingebettet in einen zyklischen Prozess, der nach seinen Entdeckern als CALVIN-BENSON-Zyklus (Melvin CALVIN 1911–1997, US-amerikanischer Biochemiker, Nobelpreis für Chemie 1961; Andrew Alm BENSON 1917*, US-amerikanischer Biochemiker und Pflanzenphysiologe) oder auch als reduktiver Pentosephosphat-Zyklus bezeichnet wird. Der CALVIN-BENSON-Zyklus vollzieht sich in drei Phasen: (1) Fixierung von CO_2 über einen spezifischen Akzeptor: carboxylierende Phase; (2) Umwandlung des entstandenen Bindungsprodukts zum Zuckerphosphat: reduzierende Phase und (3) Rückbildung des Akzeptors aus dem anfallenden Zuckerphosphat: regenerierende Phase.

Carboxylierende Phase. Schlüsselreaktion für die photosynthetische CO_2-Assimilation ist die Bindung von CO_2 an den Akzeptor Ribulose-1,5-bisphosphat (RuBP), eine zweifach phosphorylierte Ketopentose (Abbildung 8.1). Die Reaktion ist stark exergonisch ($\Delta G^{\circ\prime}$ = −35 kJ·mol⁻¹; *in vivo* $\Delta G \approx$ −40 kJ·mol⁻¹) und daher irreversibel. Das Enzym, das diese Reaktion katalysiert, wird als Ribulosebisphosphat-Carboxylase/Oxygenase (Rubisco) bezeichnet, da es auch eine Nebenreaktion katalysiert, bei der das Ribulosebisphosphat mit O_2 reagiert (s. Abschnitt 8.3). Durch den Ablauf der Carboxylasereaktion entstehen zwei Moleküle 3-Phospho-D-glycerat (3-Phosphoglycerat). Die kata-

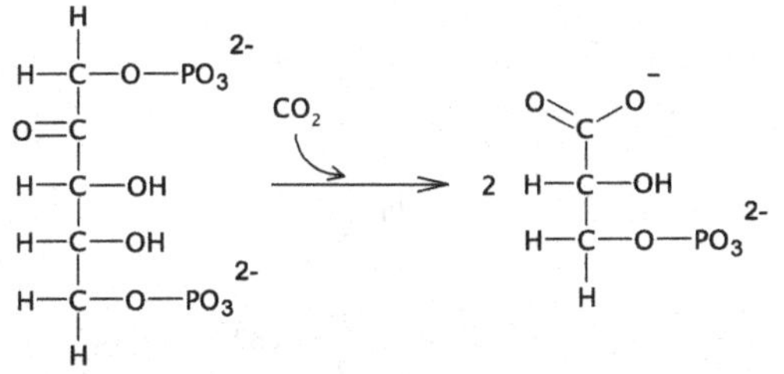

Ribulose-1,5-bisphosphat (RuBP)   3-Phospho-D-glycerat

Abbildung 8.1 Carboxylierung von RuBP mithilfe der Rubisco in zwei Moleküle 3–Phospho-D-glycerat (3-Phosphoglycerat)

lytische Reaktion besteht aus mehreren Teilschritten, die heute bekannt sind und in neuen Lehrbüchern der Pflanzenbiochemie beschrieben werden.

Reduzierende Phase. Die nachfolgende reduktive Umformung von 3-Phospho-D-glycerat (3-Phosphoglycerat) zu D-Glycerinaldehyd-3-phosphat ist stark endergon und bedarf der Zufuhr von Energie; sie wird über die Spaltung von ATP verfügbar. Den benötigten Wasserstoff liefert das Reduktionsäquivalent NADPH + H$^+$ (Abbildung 8.2).

Regenerierende Phase. Da die Bindung von CO_2 entscheidend von der Verfügbarkeit des Akzeptors abhängt, muss D-Ribulose-1,5-bisphosphat ständig nachgebildet werden. Dies geschieht, indem sich fünf von sechs gebildeten Triosephosphat-Molekülen in einer komplizierten Reaktionsfolge wieder zu Ribulosebisphosphat umsetzen. Aus fünf Triosephosphaten (C_3) entstehen drei Pentosephosphate (C_5). Als Zwischenverbindungen entstehen Zucker mit sechs, vier und sieben C-Atomen (Abbildung 8.3). Alle gebildeten Pentosephosphate werden zu Ribulosephosphat umgesetzt und mit ATP zu Ribulosebisphosphat phosphoryliert. Die Ribulosephosphat-Kinase-Reaktion (⑧ in Abbildung 8.3) ist die zweite Stelle des CALVIN-BENSON-Zyklus, die ATP als

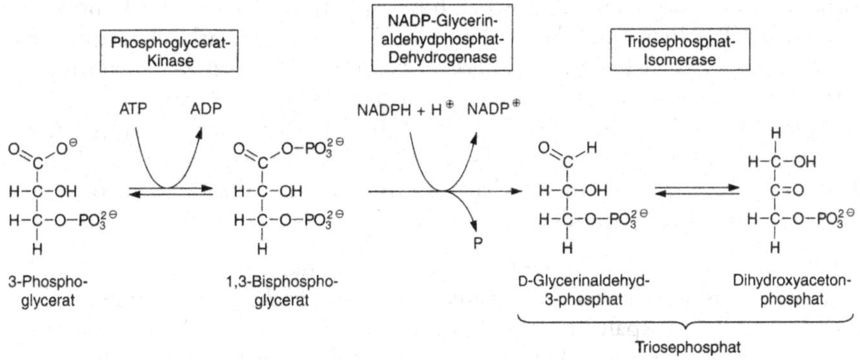

Abbildung 8.2 Umsetzung von 3-Phospho-D-glycerat zu Triosephosphat (HELDT, 2008. Mit freundlicher Genehmigung von Springer Science and Business Media)

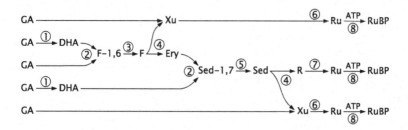

Abbildung 8.3 Schema der regenerierenden Phase des CALVIN-BENSON-Zyklus. GA Gly-cerinaldehyd-3-phosphat, DHA Dihydroxyacetonphosphat, F-1,6 Fructose-1,6-bis-phosphat, F Fructose-6-phosphat, Ery Erythrose-4-phosphat, Sed-1,7 Sedoheptulose-1,7-bisphosphat, Sed Sedoheptulose-7-phosphat, Xu Xylulose-5-phosphat, R Ribose-5-phosphat, Ru Ribulose-5-phosphat, RuBP Ribulose-1,5-bisphosphat; (1) Triose-phosphat-Isomerase, (2) Aldolase, (3) Fructose-1,6-bisphosphat-1-Phosphatase, (4) Transketolase, (5) Sedoheptulose-1,7-bisphosphat-1-Phosphatase, (6) Ribulose-5-phosphat-3-Epimerase, (7) Ribosephosphat-Isomerase, (8) Ribulosephosphat-Kinase (nach LIBBERT, 1993)

Produkt des Lichtprozesses braucht (ein ATP pro regenerierende Phase).

Reingewinn des CALVIN-BENSON-Zyklus und Export. Die Fixierung von einem Molekül CO_2 erfordert insgesamt zwei Moleküle NADPH (für die reduzierende Phase) und drei ATP (zwei ATP für die reduzierende Phase und ein ATP für die Phosphorylierung von Ribulose-5-phosphat zu Ribulose-1,5-bisphosphat). Das Ergebnis sind zwei Moleküle Triosephosphat. Jedes sechste Triosephosphat-Molekül ist Reingewinn des Zyklus und steht für weitere Umsetzungen zur Verfügung (Abbildung 8.4). Das in den Chloroplasten gebildete Dihydroxyacetonphosphat wird über den Phosphat-Translokator im Gegentausch mit Phosphat in das Cytosol transportiert, wo es zum Aufbau des Transportmoleküls Saccharose verwendet werden kann. Dabei wird anorganisches Phosphat frei, das wieder in die Chloroplasten über den Phosphat-Translokator zurücktransportiert wird. Im Chloroplasten kann auch Fructose-6-phosphat weiter reagieren zu Glucose-6-phosphat, das dann über Glucose-1-phosphat die Bausteine für die Bildung der Assimilationsstärke liefert, welche als mittelfristiger Speicher dient. Diese Festlegung in unlöslicher, makromolekularer Form verhindert gleichzeitig einen gefährlichen Anstieg des osmotischen Drucks im plastidären Kompartiment. In der Nacht wird die gespeicherte Stärke (transitorische Stärke) mobilisiert, das entstehende Triosephosphat als Dihydroxyacetonphosphat in das Cytosol exportiert und dort zum Aufbau von Transportmolekülen verwendet.

Aktivierung des CALVIN-BENSON-Zyklus im Licht. Der CALVIN-BENSON-Zyklus weist insgesamt vier irreversible Schritte auf: die Carboxylasereaktion, die hydrolytische Abspaltung des Phosphatrests in Position 1 von Fructose- und Sedoheptulosebisphosphat und die Phosphorylierung von Ribulose-5-phosphat. Spezifische Regulationsprozesse sorgen dafür, dass diese Schlüsselre-

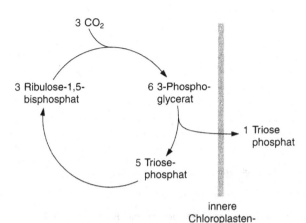

Abbildung 8.4 Fünf Sechstel des bei der Photosynthese gebildeten Triosephosphats sind für die Regenerierung von Ribulose-1,5-bisphosphat erforderlich. Triosephosphat ist das eigentliche Produkt und kann von der Zelle genützt werden (HELDT, 2008. Mit freundlicher Genehmigung von Springer Science and Business Media)

aktionen des reduktiven Pentosephosphatwegs nur im Licht aktiv und im Dunkeln ausgeschaltet sind.

8.3   Lichtatmung (Photorespiration)

Bei den meisten Pflanzen, den C_3-Pflanzen (sie heißen so, da das erste Carboxylierungsprodukt die C_3-Verbindung 3-Phosphoglycerat ist, s. Abschnitt 8.2), ist der respiratorische Gaswechsel, d. h. Sauerstoffaufnahme und CO_2-Abgabe, im Licht um ein Mehrfaches höher als im Dunkeln. Dieser im Licht erhöhte Gasaustausch heißt Photorespiration oder Lichtatmung. Die Ähnlichkeit mit dem an Mitochondrien gebundenen normalen Atmungsgaswechsel ist nur formal. Im Mechanismus und hinsichtlich der an ihr beteiligten Zellstrukturen unterscheiden sich mitochondriale Atmung und Photorespiration grundsätzlich. Die Photorespiration ist eng mit der Photosynthese und dem Glykolsäurestoffwechsel in der Pflanze verbunden. Ausgangspunkt ist die Doppelfunktion der Ribulosebisphosphat-Carboxylase/Oxygenase. Dieses Enzym verfügt neben der carboxylierenden Eigenschaft noch über die einer Oxygenase (Abbildung 8.5). Als Folge der Oxygenierungsaktivität der Rubisco entsteht in großen Mengen 2-Phosphoglycolat, das im Photorespirationsweg in die Aminosäuren Glycin und Serin umgewandelt oder in Form von 3-Phosphoglycerat für den CALVIN-BENSON-Zyklus zurückgewonnen werden kann. Hierbei handelt es sich um ein komplexes Reaktionsgeschehen, welches in verschiedenen Kompartimenten einer photosynthetisch aktiven Zelle abläuft und Umsetzungen beinhaltet, welche insgesamt durch Sauerstoffverbrauch und Freisetzung von CO_2 den typischen Gaswechsel bedingen (Abbildung 8.6).

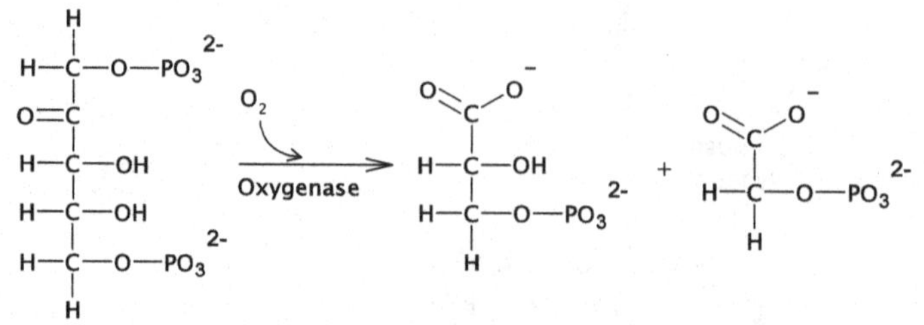

Ribulose-1,5-bisphosphat (RuBP)   3-Phospho-D-glycerat   2-Phospho-glycolat

Abbildung 8.5 Rubisco katalysiert eine Nebenreaktion, bei der das RuBP mit O_2 reagiert. hierbei wird ein Molekül 3-Phospho-D-glycerat und ein Molekül 2-Phosphoglycolat gebildet

Mit der Photorespiration ist ein massiver Kreislauf von NH_4^+ verbunden. Das bei der Decarboxylierung von Glycin freigesetzte NH_4^+ wird in den Chloroplasten reassimiliert (Abbildung 8.6). Die Refixierung katalysiert der gleiche Enzymapparat, der auch an der Nitratassimilation beteiligt ist, wobei die Rate der NH_4^+-Refixierung ein Vielfaches der assimilatorischen Nitratreduktion ausmacht.

CO_2 und O_2 konkurrieren an der Rubisco, daher hemmt CO_2 und fördert O_2 die Oxygenasefunktion. Temperaturerhöhung steigert den Anteil der Photorespiration aus zwei Ursachen: Erstens sinkt die Affinität der Rubisco für CO_2, zweitens sinkt die Wasserlöslichkeit von CO_2 stärker als diejenige von O_2. Aufgrund des Antagonismus zwischen CO_2-verbrauchenden und CO_2-produzierenden Vorgängen ist es sehr schwierig, die tatsächliche Photosynthese (reelle oder Brutto-Photosynthese) zu bestimmen. Gaswechselmessungen können vielmehr nur die Differenz zwischen reeller Photosyntheserate und Photorespiration (und mitochondrialer Atmung) erfassen. Diese Differenz heißt apparente oder Netto-Photosynthese:

$$\text{Apparente Photosynthese} = \text{reelle Photosynthese} - (\text{Photorespiration} + \text{mitochondriale Atmung}) \qquad (8.4)$$

Die Photorespiration vermindert den Gewinn an Kohlenstoff durch die CO_2-Assimilation beträchtlich. Man schätzt, dass der Kohlenstoffgewinn durch die Photosynthese für die betroffene Pflanze um 30 % höher sein könnte, wenn es die Photorespiration nicht gäbe. Die Funktion der Photorespiration ist angesichts der großen, durch sie verursachten Photosyntheseverluste schwer zu begreifen. Eine Teilfunktion ist zweifellos die als Hauptweg für die Biosynthese von Glycin und Serin. Nach einer anderen Erklärung ist die Oxygenierung als eine unvermeidbare Nebenreaktion der RuBP-Carboxylase in Gegenwart von Sauerstoff zu betrachten, vielleicht im Zusammenhang damit, dass sich die Evolution der Photosynthese in Abwesenheit von O_2 vollzogen hat.

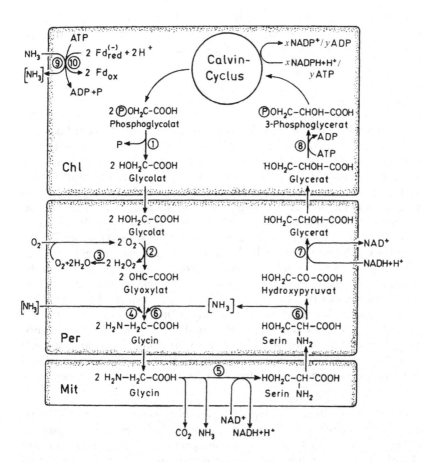

Abbildung 8.6 Photorespirationsweg und seine Kompartimentierung. Chl Chloroplast, Per Peroxisom, Mit Mitochondrium. (1) Phosphoglycolat-Phosphatase, (2) Glycolat-Oxidase, (3) Katalase, (4) Glutamat-Glyoxylat-Aminotransferase, (5) Glycin-Decarboxylase und Serin-Hydroxymethyltransferase, (6) Serin-Glyoxylat-Aminotransferase, (7) Hydroxypyruvat-Reduktase, (8) Glycerat-Kinase, (9) und (10) Glutamin-Synthetase und Glutamat-Synthase (LIBBERT, 1993)

Dann ist die Photorespiration als ein Mechanismus zur Wiederaufbereitung (Recycling) zwangsläufiger Photosyntheseverluste anzusehen, der immerhin 75 % des Verlusts (drei der vier C-Atome von zweimal Glycolat) rettet. Der Photorespirationsweg kann für die Pflanze auch nützlich sein, indem er unter extremen Bedingungen zusammen mit dem CALVIN-BENSON-Zyklus zur Beseitigung von Produkten des Lichtprozesses, d. h. von Reduktions- und Energieäquivalenten, dient. Eine derartige Situation liegt vor, wenn die Spaltöffnungen bei Blättern unter vollem Licht wegen Wassermangel geschlossen sind und dadurch kein CO_2 aufgenommen werden kann. Unter dieser Bedingung liefert der CALVIN-BENSON-Zyklus RuBP für die Oxygenasereaktion (Abbildung 8.5).

Eine Überreduktion und Überenergetisierung des Photosyntheseapparats kann schwere Schäden verursachen. Die Photorespiration als zunächst unvermeidliche Nebenreaktion gewinnt so eine Schutzfunktion.

8.4 C₄-Pflanzen

Pflanzen, die ihre photosynthetische CO_2-Assimilation ausschließlich über den CALVIN-BENSON-Zyklus mit der C_3-Verbindung 3-Phosphoglycerat als primärem Fixierungsprodukt betreiben, heißen C_3-Pflanzen. Bei einer größeren Anzahl von Pflanzen unterschiedlicher systematischer Zugehörigkeit tritt demgegenüber eine Variante der CO_2-Assimilation auf, die sich durch eine Reihe von Besonderheiten auszeichnet. Als primäres Fixierungsprodukt treten Säuren mit vier C-Atomen auf: Oxalacetat, Malat und Aspartat. Danach spricht man von C_4-Pflanzen bzw. vom C_4-Typ oder dem C_4-Dicarbonsäurezyklus der Photosynthese. Die CO_2-Assimilation findet bei den C_4-Pflanzen in einem Zweistufenprozess statt, bei dem die primäre Fixierung des CO_2 (C_4-Prozess) und die Kohlenhydratbildung (C_3-Prozess, CALVIN-BENSON-Zyklus) in zwei räumlich getrennten Bereichen des Blattes erfolgen. Über den C_4-Typ der Photosynthese verfügen insbesondere Pflanzen aus Verbreitungsgebieten mit hohen Temperaturen und periodischer Trockenheit (Tropen und Subtropen). Zu ihnen gehören Kulturgräser mit außergewöhnlich hoher Stoffproduktion wie Mais und Zuckerrohr. Inzwischen weiß man, dass der C_4-Typ der Photosynthese bei Höheren Pflanzen − Monocotyledonen wie Dicotyledonen − weit verbreitet ist.

Strukturelle Besonderheiten. Das typische Laubblatt einer zweikeimblättrigen (dikotylen) C_3-Pflanze weist im Querschnitt eine Differenzierung des Assimilationsgewebes in ein zur Blattoberseite hin gelegenes Palisadenparenchym und ein zur Blattunterseite hin gelegenes Schwammparenchym auf. In aller Regel befinden sich die Spaltöffnungen mehrheitlich auf der Blattunterseite. Diese „rücken"- und „bauchseitige" Asymmetrie wird mit dem Begriff des dorsiventralen Blattbaus beschrieben (vgl. Abbildung 8.17).

Die Blätter der zu den einkeimblättrigen (monokotylen) Pflanzen zählenden Gräser weisen demgegenüber im Querschnitt zumeist keine deutliche Differenzierung des Assimilationsgewebes in Palisaden- und Schwammparenchym auf und besitzen Spaltöffnungen auf beiden Blattseiten. Blattober- und -unterseite sind sich strukturell ähnlich, weshalb man diese Blätter auch als äquifacial gebaut bezeichnet. Die bekannten C_4-Gräser wie z. B. der Mais weisen als strukturelle Besonderheit eine sogenannte Kranzanatomie auf.

Die Leitbündel, in denen sich die Siebröhren und Xylemgefäße befinden, sind kranzartig von einer Scheide von Zellen (Bündelscheidenzellen) umgeben, die zahlreiche Chloroplasten besitzen. Diese werden durch Mesophyllzellen ebenfalls kranzartig umschlossen, die ihrerseits Kontakt mit dem interzellulären Gasraum der Blätter haben. Berücksichtigt man die dreidimensionale Realität, so werden aus den Kränzen natürlich entsprechende Röhren. Diese Anordnung der assimilatorisch tätigen Zellen hat bereits 1904 Gottlieb HABERLANDT (1854–1945, österreichisch-deutscher Botaniker) in seinem berühmten Buch „Physiologische Pflanzenanatomie" (3. Auflage) beschrieben und eben „Kranztyp" genannt.

Die Grenze zwischen Mesophyll- und Bündelscheidenzellen wird durch eine sehr große Anzahl von Plasmodesmen (feine plasmatische Verbindungen) unterbrochen. Diese Plasmodesmen ermöglichen einen Diffusionsstrom von Metaboliten zwischen den Mesophyll- und Bündelscheidenzellen.

In Abbildung 8.7 wird der Blattquerschnitt von Mais mit einem C_3-Gras (Dachtrespe) verglichen. Auffallend beim Mais sind die Kränze aus großen Leitbündelscheidenzellen und die darum gelagerten Mesophyllzellen. Bei der Dachtrespe sind die Leitbündelscheidenzellen kleiner und größenvariabler. Außerdem sind sie nicht so dicht aneinandergelagert wie beim Mais. Die Mesophyllzellen ordnen sich viel unregelmäßiger an.

In Maisblättern unterscheiden sich die Chloroplasten aus Mesophyll- und Bündelscheidenzellen in ihrer Struktur. Während die Chloroplasten aus Mesophyllzellen ausgeprägte Granabezirke aufweisen, enthalten die Bündelscheidenchloroplasten in erster Linie Stromathylakoide; es finden sich dort nur wenige Granabezirke. Dementsprechend besitzen Bündelscheidenchloroplasten eine sehr niedrige Photosystem-II-Aktivität. Die Funktion der Stromathylakoide der

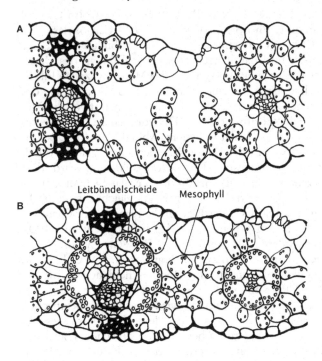

Abbildung 8.7 Blattaufbau (Querschnitt) bei C_3- und C_4-Gräsern. A Dachtrespe (*Bromus tectorum*; C_3), B Mais (*Zea mays*; C_4) (nach DICKISON, 2000)

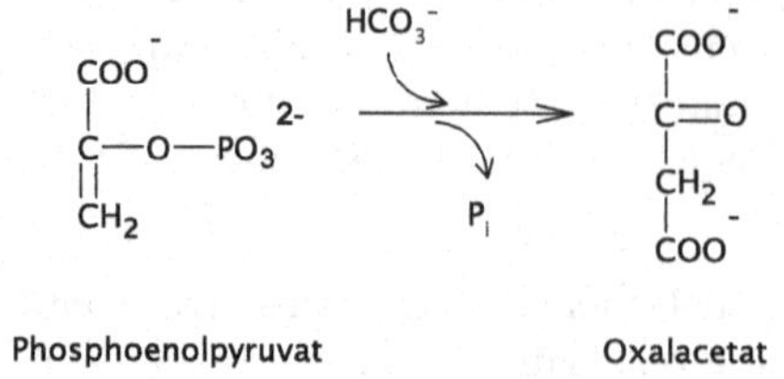

Phosphoenolpyruvat   Oxalacetat

Abbildung 8.8 Durch das Enzym Phosphoenolpyruvat–Carboxylase reagiert Phospho-enolpyruvat mit HCO_3^- zu Oxalacetat

Bündelscheidenchloroplasten besteht daher in erster Linie in der Bereitstellung von ATP durch zyklische Photophosphorylierung über das Photosystem I. Auch findet die Bildung der Assimilationsstärke in den Bündelscheidenchloroplasten statt. Dieser Chloroplasten-Dimorphismus tritt in aller Regel immer dann bei einer C_4-Pflanzenart auf, wenn Malat am Dicarbonsäurezyklus beteiligt ist.

C_3-Gräser, wie z.B. unsere heimischen Getreidearten Weizen oder Gerste, teilen mit den C_4-Gräsern den äquifacialen Bau ihrer Blätter. Sie besitzen zwar ebenfalls Leitbündelscheiden, doch weisen die Bündelscheidenzellen keine oder zumindest keine auffällig großen Chloroplasten auf. Weiterhin wird die Assimilationsstärke bei den C_3-Gräsern im Mesophyll gebildet.

Biochemie des C_4-Dicarbonsäurezyklus (NADP-Malatenzym-Typ). Im Cytosol der Mesophyllzellen katalysiert Phosphoenolpyruvat-(PEP-)Carboxylase die Bindung von CO_2 aus HCO_3^- an Phosphoenolpyruvat (Abbildung 8.8). Die Reaktion ist stark exergonisch und damit irreversibel. Die Bildung des Bicarbonats (HCO_3^-) aus CO_2 wird durch ein im Cytosol der Mesophyllzellen lokalisiertes Enzym, die Carboanhydrase, katalysiert. Das bei der Carboxylierung des Phosphoenolpyruvats entstehende Oxalacetat wird nach Transport in die Mesophyllchloroplasten durch eine spezifische Malat-Dehydrogenase mithilfe von lichtproduziertem NADPH + H^+ zu Malat reduziert (Abbildung 8.9). Das Malat diffundiert über Plasmodesmen in die Bündelscheidenzellen, gelangt durch spezifischen Transport in die Bündelscheidenchloroplasten und wird dort durch die decarboxylierende, NADP-spezifische Malat-Dehydrogenase (NADP-Malatenzym-Typ) in CO_2 und Pyruvat zerlegt; gleichzeitig entsteht NADPH + H^+ (Abbildung 8.9). Das CO_2 wird durch die Rubisco zur Carboxylierung von Ribulose-1,5-bisphosphat genutzt. Malat liefert nicht nur CO_2, sondern auch Reduktionsäquivalente für den CALVIN-BENSON-Zyklus. Wenn deren Menge nicht ausreicht, kann ein indirekter Transfer von NADPH und ATP von den Mesophyllchloroplasten in die Bündelscheidenchloroplasten durch einen Triosephosphat-3-Phosphoglycerat-Shuttle erfolgen. Das durch die Decarboxylierung von Malat entstehende Pyruvat wird über einen spezifischen Translokator aus den Chloroplasten exportiert, diffundiert über Plasmodesmen in die Mesophyllzellen und wird – wiederum über einen spezifischen Translokator – in die Mesophyllchloroplasten transportiert. Dort wird Pyruvat wieder zu

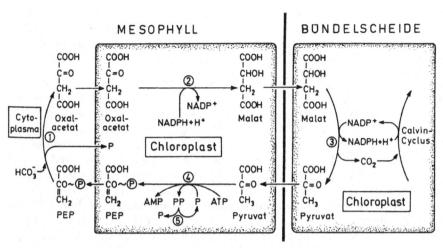

Abbildung 8.9 C$_4$-Dicarbonsäurezyklus, Malattyp (NADP–Malatenzym–Typ). (1) PEP–Carboxylase, (2) Malatdehydrogenase, (3) NADP–Malatenzym, (4) Pyruvat–Phosphat–Dikinase, (5) Pyrophosphatase (LIBBERT, 1993)

Phosphoenolpyruvat umgesetzt. Die Bildung von PEP aus Pyruvat ist sehr energiebedürftig und verbraucht zwei energiereiche Phosphatbindungen (ATP wird zu AMP umgesetzt). PEP wird durch einen spezifischen Translokator im Gegentausch mit anorganischem Phosphat aus dem Chloroplasten exportiert.

Bei dem geschilderten NADP-Malatenzym-Typ erfolgt die CO$_2$-Freisetzung unter Reduktion von NADP$^+$ in den Bündelscheidenchloroplasten, und die Transportverbindungen zwischen den beiden Zelltypen sind Malat und Pyruvat. Der C$_4$-Stoffwechsel im Mais, Zuckerrohr und in der Mohrenhirse verläuft nach diesem NADP-Malatenzym-Typ. Darüber hinaus existieren bei den C$_4$-Pflanzen noch zwei weitere biochemische Variationen, die nach der Art der Freisetzung des CO$_2$ in den Bündelscheidenzellen als NAD-Malatenzym-Typ und als Phosphoenolpyruvat-Carboxykinase-Typ bezeichnet werden. Bei diesen C$_4$-Pflanzen findet man als Transportverbindungen die Aminosäuren Aspartat und Alanin anstelle von Malat und Pyruvat.

Physiologische und ökologische Bedeutung des C$_4$-Stoffwechsels. Der C$_4$-Dicarbonsäurezyklus kann als eine Hilfseinrichtung zur Unterstützung des CALVIN-BENSON-Zyklus betrachtet werden. Im Bereich der Mesophyllzellen erfüllt er eine Sammelfunktion für CO$_2$, das in gebundener Form zu den Chloroplasten der Bündelscheide in den Einzugsbereich des CALVIN-BENSON-Zyklus transportiert und dort konzentriert wird („CO$_2$-Pumpe"). Der entscheidende Punkt für den Ablauf der C$_4$-Photosynthese ist somit das Vorhandensein einer biochemischen Pumpe, durch die das CO$_2$ von der sehr niedrigen Konzentration von etwa 5 µM in den Mesophyllzellen auf eine Konzentration von etwa 70 µM in den Bündelscheidenzellen angehoben wird. Diese erhöhte CO$_2$-Konzentration im Bereich der Rubisco in den Bündelscheidenchloroplasten muss auch die Photorespiration einschränken; das wenige photorespiratorische CO$_2$, das in den Bündelscheidenzellen gebildet wird, kann außerdem durch die umgebenden Mesophyllzellen mithilfe der PEP-Carboxylase reassimiliert werden. Im Endeffekt erlaubt der C_4-Dicarbonsäureweg bei tropisch-subtropischen Bedingungen und starker Beleuchtung extrem hohe Photosyntheseleistungen.

C_4-Pflanzen sind in aller Regel in warmen und zeitweise trockenen Gebieten beheimatet. Eine günstige Voraussetzung hierfür ist, dass C_4-Pflanzen in der Lage sind, den Wasserverbrauch durch Transpiration während der Photosynthese wesentlich zu verringern. Eine Erhöhung des stomatären Diffusionswiderstands durch Verengung der Stomata vermindert den Diffusionsfluss des Wasserdampfs aus der C_4-Pflanze. Sie benötigen daher nur 400 bis 600 Mol Wasser für die Fixierung von einem Mol CO_2; dies entspricht etwa der Hälfte des entsprechenden Wasserverbrauchs von C_3-Pflanzen. Im Gegenzug müssen sich C_4-Pflanzen durch den erhöhten Diffusionswiderstand einen hohen Diffusionsgradienten für CO_2 zu Eigen machen, um einen ausreichenden CO_2-Diffusionsfluss in das Blattinnere zu gewährleisten. Dies bedeutet, dass bei einer CO_2-Außenkonzentration von 350 ppm eine Innenkonzentration im Blatt von 150 ppm und damit eine CO_2-Konzentration in der wässrigen Phase der Mesophyllzellen von nur etwa 5 µM vorhanden ist. Die Reaktion der PEP-Carboxylase mit HCO_3^-, das in Gegenwart von Carboanhydrase in wesentlich höherer Konzentration (ca. 40-fach) vorliegt als CO_2, sowie das Anreicherungsverfahren durch den C_4-Dicarbonsäureweg beseitigen jedoch den CO_2-Mangel und bilden somit ebenfalls die Voraussetzung für den verminderten Wasserverbrauch.

C_4-Pflanzen haben den weiteren Vorteil, dass sie wegen der hohen CO_2-Konzentration in den Bündelscheidenchloroplasten mit weniger Rubisco auskommen. Da Rubisco das Hauptprotein der Blätter ist, brauchen C_4-Pflanzen weniger Stickstoff zur Bildung des Photosyntheseapparats als C_3-Pflanzen. Bei niedrigeren Temperaturen ist der geringere Gehalt an Rubisco allerdings ein wesentlicher Nachteil für die C_4-Pflanzen, da dann der geringere Enzymgehalt die Photosyntheseleistung entsprechend stark herabsetzt.

Insgesamt ist zu beachten, dass der C_4-Dicarbonsäurezyklus eine Anpassung der Pflanzen an höhere Temperaturen und zeitweisen Wassermangel darstellt. Der Vorteil der C_4-Pflanzen macht sich erst bei Temperaturen oberhalb von 25 °C bemerkbar. Mit dem C_4-Dicarbonsäurezyklus haben wir den biochemischen Hintergrund einer ökologischen Adaptation an Wärme und Wassermangel kennengelernt.

8.5 Crassulaceen–Säurestoffwechsel (CAM)

Einen besonderen Typ der ökologischen Anpassung an wasserarme Standorte besitzen die sogenannten CAM-Pflanzen. Diese Variante der CO_2-Assimilation wurde bei sukkulenten Arten der Crassulaceen (Dickblatt-Gewächse) früh und besonders eingehend erforscht und ist in dieser Familie weit verbreitet: CAM ist somit die Abkürzung für „Crassulacean Acid Metabolism". In der Nacht speichern diese Pflanzen in ihren großen Vakuolen erhebliche Mengen an Säuren, vor allem Äpfelsäure, was mit einem starken Abfall des pH-Werts verbunden ist. Am Tag verschwindet die Säure wieder aus den Vakuolen, und damit verbunden steigt der pH-Wert an. Diesem „diurnalen Säurerhythmus" liegt ein zellphysiologischer und biochemischer Mechanismus zugrunde, der viele Ähnlichkeiten mit der C_4-Photosynthese hat. Der CAM findet sich besonders bei vielen Spross- und Blattsukkulenten; er kommt allerdings auch bei semisukkulenten Arten vor. Eine wesentliche anatomische Voraussetzung für CAM sind Assimilationsgewebe, deren Zellen große Vakuolen sowie Chloroplasten aufweisen. Man spricht auch von einer Mesophyll-Sukkulenz. Bisher sind 28 Monokotylen- und Dikotylen-Familien bekannt, in denen CAM-Pflanzen vorkommen. Hinzu kommen einige sukkulente tropische Farne – ein Hinweis auf die frühe Etablierung von CAM während der Phylogenie. CAM-Pflanzen repräsentieren etwa 6 % der geschätzten 260.000 Arten an bekannten Gefäßpflanzen.

Reaktionsabläufe bei CAM-Pflanzen im Nacht-Tag-Wechsel. CAM-Pflanzen zeigen vorwiegend eine nächtliche CO_2-Aufnahme – eine im Pflanzenreich singuläre Erscheinung –, verbunden mit einer nächtlichen Zunahme an Äpfelsäure. Am Tag schließen die Spaltöffnungen, sodass die CO_2-Aufnahme zum Erliegen kommt, während die Äpfelsäure abgebaut wird. Die biochemische Reaktionsfolge beginnt in der Nacht mit der Bindung von CO_2 aus der Außenluft. Akzeptorverbindung ist Phosphoenolpyruvat (PEP), welches im Gegensatz zum C_4-Weg hier beim Abbau von Stärke anfällt. Aber auch lösliche Zucker können in manchen CAM-Pflanzen als Kohlenstoffspeicher für die Bildung von PEP dienen. Katalysiert wird die Bindungsreaktion von der PEP-Carboxylase (Abbildung 8.8). Die Reduktion des entstehenden Oxalacetats erfolgt – anders als beim C_4-Weg – im Cytosol unter Mitwirkung einer NAD-spezifischen Malat-Dehydrogenase. Das gebildete Malat (Salz der Äpfelsäure) wird größtenteils in die große Zellsaftvakuole überführt und gespeichert. Diese Akkumulation im Verlauf der Nacht ist von einer starken Ansäuerung begleitet (pH-Wert: 3,5–4,0). Der Eintransport von Malat in die Zellsaftvakuole, welcher gegen ein Konzentrationsgefälle erfolgt, erfordert Energie. Der energieverbrauchende Schritt besteht im Transport von Protonen durch die H^+-ATPase der Vakuolenmembran. Das durch das Protonenpotenzial über einen Malatkanal aufgenommene Malat wird in den Vakuolen durch die steigende Ansäuerung als Äpfelsäure, der protonierten Form von Malat, gespeichert.

Das in der Nacht gespeicherte Malat wird während des Tages aus der Vakuole durch einen regulierten Ausfluss über den Malatkanal wieder entlassen. Analog zum C_4-Stoffwechsel erfolgt auch beim CAM-Stoffwechsel die Freisetzung des CO_2 in verschiedenen Pflanzen auf unterschiedliche Weise, entweder über NADP-Malat-Enzym, NAD-Malat-Enzym oder auch über Phosphoenolpyruvat-Carboxykinase. Beim NADP-Malatenzym-Typ wird das Malat durch einen spezifischen Translokator in die Chloroplasten aufgenommen und dort unter Bildung von NADPH decarboxyliert. Das CO_2 dient als Substrat der Rubisco.

Somit wird die Synthese von Kohlenhydrat mit „endogenem" CO_2 betrieben: Die Stomata bleiben am Tag weitgehend geschlossen, um Wasserverlust zu vermeiden. Mit dem Efflux von Äpfelsäure aus der Vakuole beginnt dort der pH-Wert auf 7,5–8,0 anzusteigen („Absäuerung").

Während die C_4-Pflanzen die primäre Fixierung des CO_2 zu Malat und die eigentliche reduktive Assimilation des CO_2 im CALVIN-BENSON-Zyklus gleichzeitig, aber räumlich getrennt in verschiedenen Geweben ablaufen lassen (Zweistufenprozess), führen die CAM-Pflanzen diese beiden Teilprozesse in der gleichen Zelle zeitlich getrennt hintereinander durch (Zweizeitenprozess). Sie erreichen dadurch eine außerordentliche Ökonomie des Wasserhaushalts und sind so an trockenen Standorten anderen Pflanzen gegenüber im Vorteil.

Die nächtliche CO_2-Aufnahme erfordert natürlich ein Öffnen der Stomata. Während der Nacht herrscht allerdings bei wesentlich niedrigeren Temperaturen hohe relative Luftfeuchte. Damit ist der Gradient des Wasserpotenzials zwischen Blatt und Außenluft wesentlich geringer als am Tage, und die Transpirationsrate bleibt nachts niedrig. Das ökologisch vorteilhafte Verhalten der Stomata der CAM-Pflanzen wird von den biochemischen Prozessen des CAM in den Mesophyllzellen gesteuert. Die Steuerung erfolgt über Änderungen der CO_2-Konzentration in den Interzellularen. Der Wasserbedarf der CO_2-Assimilation beträgt bei der CAM-Photosynthese nur 5 bis 10 % des entsprechenden Betrags bei der Photosynthese von C_3-Pflanzen. Dafür ist nicht zuletzt wegen der eingeschränkten Speichermöglichkeit für Malat der tägliche Zuwachs an Biomasse bei den CAM-Pflanzen sehr niedrig. Daher wachsen bei CAM-Stoffwechsel Pflanzen im Allgemeinen nur langsam.

Der CAM hilft nicht nur Wasser zu sparen, sondern auch bei dessen Aufnahme. Die nächtliche Äpfelsäure-Anhäufung erhöht den osmotischen Druck in den Vakuolen der assimilierenden Organe beträchtlich und schafft eine treibende Kraft für die Wasseraufnahme aus der Umgebung, vor allem nach Taubildung in der Nacht.

CAM-Pflanzen sind häufig Bewohner periodisch trockener Wuchsplätze und substratarmer Standorte: Sämtliche Kakteen und die meisten Asclepiadaceen und Euphorbien in den Sukkulentensteppen und Wüsten der Subtropen und Tropen sind CAM-Pflanzen. Auch viele Epiphyten niederschlagsreicher, tropischer Wälder sind aufgrund der geringen Speicherfähigkeit ihres Wuchsortes für Wasser CAM-Pflanzen, so etwa 50–60 % aller epiphytischen Orchideen und Bromelien. Bei all diesen Standorten ist die zeitliche Trennung von nächtlicher CO_2-Fixierung und CO_2-Verarbeitung am folgenden Tag ökologisch vorteilhaft. Dadurch ist die Kohlenstoffversorgung ohne ernste Gefährdung des Wasserhaushalts gesichert.

8.6 Anpassung an die Lichtbedingungen

Die Standorte, an denen Höhere Pflanzen gedeihen, können sich bezüglich der Lichtintensität um mehr als zwei Zehnerpotenzen unterscheiden. Es ist deshalb nicht überraschend, dass sich speziell an die jeweiligen Standorte angepasste Formen von sogenannten Schattenpflanzen und Sonnenpflanzen herausgebildet haben. Genetisch determinierte Schattenpflanzen können an einem sonnigen Standort nicht gedeihen, da sie Strahlenschäden erleiden. Andererseits wachsen Sonnenpflanzen an einem schattigen Standort nicht mehr oder zu langsam und kommen nicht zur Reproduktion. Während z. B. Kiefern, Birken und Lärchen schon sterben, wenn sie dauernd weniger als $1/9$ des vollen Tageslichts erhalten, kommen Buchen und Weißtannen noch mit $1/60$, Sauerklee mit $1/100$ aus. Am besten sind oft blütenlose Pflanzen an niedere Lichtintensitäten angepasst. Der niedrige Lichtbedarf von Moosen und Farnen zeigt sich vor allem bei der Besiedelung von Höhleneingängen. Moosprotonema soll in Höhlen noch bei $1/2000$ bis $1/10.000$ des vollen Tageslichts gedeihen.

Die Mehrzahl der Höheren Pflanzen ist allerdings in der Lage, sich dem Faktor Licht in einem weiten Bereich anzupassen. In Abhängigkeit von der durchschnittlichen Lichtintensität am Standort bilden sie beim Wachstum Schattenblätter oder Sonnenblätter aus. An den Nord- und Südseiten bzw. Außen- und Innenseiten von Baumkronen kann man dieses Phänomen an derselben Pflanze beobachten. Selbst innerhalb eines Blattes können an der Ober- und Unterseite unterschiedliche Differenzierungen der Chloroplasten auftreten. Die bei der Anpassung an die Lichtbedingungen entstehenden morphologischen und physiologischen Veränderungen sind von grundsätzlicher Bedeutung, da sie die photosynthetische Produktivität und schließlich das Überleben im Pflanzenbestand wesentlich mitbestimmen.

Blattquerschnitte lassen erkennen, dass das Starklichtblatt in aller Regel wesentlich dicker ist als das Schwachlichtblatt. Es besitzt eine besonders deutlich ausgeprägte Differenzierung des assimilatorischen Gewebes in Palisadenparenchym und Schwammparenchym. Oft ist das Palisadenparenchym von Starklichtblättern sogar mehrschichtig. Ein weiterer struktureller Unterschied betrifft die Feinstruktur der Chloroplasten. Schwachlichtchloroplasten besitzen große Granastapel, während die Grana der Starklichtchloroplasten nur aus wenigen Thylakoiden bestehen (eine umfassende Beschreibung der Schwachlicht-Starklichtanpassung findet sich bei WILD und BALL, 1997).

B Versuche

V 8.1 Nachweis des bei der Photosynthese gebildeten Sauerstoffs

V 8.1.1 Pflanzen machen „verbrauchte" Luft wieder „frisch"

Kurz und knapp. Bereits 1771 beobachtete der Engländer Joseph PRIESTLEY (1733–1804), dass ein Minzezweig in der Lage war, Luft, die durch Tiere oder eine brennende Kerze „verdorben" worden war, wieder in „gute" oder „frische" Luft zu verwandeln. Er legte damit den Grundstein für die Entdeckung und Erforschung der Photosynthese als einem Prozess, bei dem grüne Pflanzen Kohlendioxid (CO_2) und Wasser (H_2O) mithilfe von Licht in organische Substanz und Sauerstoff (O_2) umwandeln. Der folgende Versuch soll dieses Grundexperiment PRIESTLEYs nachvollziehen und verdeutlichen, dass die Photosynthese der grünen Pflanzen stets mit der Bildung von Sauerstoff verbunden ist.

Zeitaufwand. Vorbereitung: etwa 20 min zum Vorbereiten der Versuchsansätze, Standzeit der Ansätze im Tag-Nacht-(Hell-Dunkel-)Rhythmus mindestens vier Tage, Durchführung: 10–15 min für den Kerzentest

Material:	Sprosse von Pflanzen, die nicht zu leicht welken (z. B. Efeu, *Hedera helix*)
Geräte:	6 Einmachgläser mit dicht schließendem Deckel (1 oder 2 l mit Schnappverschluss), evtl. Gummiringe zur Abdichtung, 6 Bechergläser (100 ml), 6 Teelichter, 6 Holzspieße (Länge 15-20 cm), Strohhalm, Alufolie, Dunkelsturz (Schrank o. Ä.), Stoppuhr (oder Uhr mit Sekundenzeiger)
Chemikalien:	Leitungswasser

Durchführung.

a) Vorbereitung: Um die Atmosphäre in den Einmachgläsern möglichst wenig zu stören, sollten die Teelichter rasch eingestellt werden. Man steckt deshalb je einen Holzspieß so fest zwischen den Kerzeneinsatz und die Kerzenummantelung, dass er nicht mehr herausrutscht und die Teelichter mithilfe dieses „Griffs" problemlos in das Glas überführt werden können. Falls die Spieße zu lang sind, müssen sie so weit gekürzt werden, dass sie bei geschlossenem Glas nicht an den Deckel stoßen.

Da die Dochtlänge einen deutlichen Einfluss auf die Flammengröße und damit die Brenndauer der Kerzen hat, sollten zudem Teelichter mit etwa gleich langen Dochten zum Einsatz kommen. In einem Vorversuch lässt sich feststellen, ob die Kerzen in den verschlossenen Gläsern gleich lange brennen.

Weiterhin kann vor dem eigentlichen Versuch getestet werden, welche Auswirkungen die ausgeatmete Luft auf die Brenndauer hat. Dazu atmet man bei leicht geöffnetem Deckel über einen Strohhalm mehrere Male kräftig in ein Einmachglas aus und verschließt es danach sofort. Anschließend wird in das beatmete und in ein unbeatmetes Kontrollglas je ein brennendes Teelicht eingestellt, der Deckel geschlossen und die Zeit bis zum Verlöschen der Kerzen gemessen.

b) Bereitung der Versuchsansätze: Drei Bechergläser werden mit Alufolie umhüllt (gegen Algenbesiedlung im Licht), mit Leitungswasser gefüllt und in drei Einmachgläser gestellt. Glas 1 wird anschließend sofort verschlossen und dient als Kontrolle. In Glas 2 wird ein frisch abgeschnittener, vitaler Pflanzenspross in das mit Alufolie umwickelte Becherglas eingestellt und so platziert, dass später ein störungsfreies Einführen der brennenden Kerze möglich ist. In die Gläser 2 und 3 wird dann bei nur mehr leicht geöffnetem Deckel über einen Strohhalm mehrere Male (z. B. jeweils viermal) tief ausgeatmet und die Gläser danach sofort luftdicht verschlossen. Anschließend stellt man alle drei Ansätze für mindestens vier Tage am Fenster oder einem anderen hellen Ort auf.

c) In der gleichen Weise wie eben beschrieben werden drei weitere Versuchsansätze vorbereitet, luftdicht verschlossen und unter einem Dunkelsturz, in einem Schrank o. Ä. für ebenfalls vier Tage dunkel gestellt.

Nach vier Tagen wird in die belichteten sowie in die dunkel platzierten Gläser je ein brennendes Teelicht eingestellt, der Deckel wieder geschlossen und die Zeit bis zum Verlöschen der Kerzen in den jeweiligen Versuchsansätzen mit einer Stoppuhr gemessen. Die ermittelten Werte der belichteten und abgedunkelten Ansätze werden untereinander verglichen.

Beobachtung. Wie bereits der Vorversuch zeigt, hat die ausgeatmete Luft einen deutlichen Einfluss auf die Brenndauer der Kerze. Diese ist in dem mit Atemluft gefüllten Glas eindeutig kürzer als in dem mit Umgebungsluft gefüllten Ansatz.

Bei dem belichteten Ansatz (b) beobachtet man nach vier Tagen ebenfalls eine Verkürzung der Brenndauer des Teelichts in dem mit Atemluft gefüllten Glas 3 im Vergleich zur Kontrolle mit Umgebungsluft (Glas 1). Dagegen lässt sich bei dem zusätzlich mit einer Pflanze beschickten beatmeten Ansatz in Glas 2 eine verlängerte Brenndauer des Teelichts bis hin zum Kontrollwert feststellen.

Bei dem dunkel gestellten Ansatz (c) kann man nach vier Tagen eine im Vergleich zur Kontrolle verkürzte Brenndauer des Teelichts in dem mit Atemluft

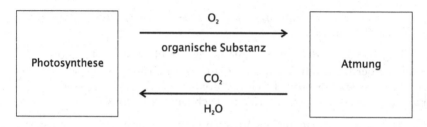

Abbildung 8.10 Die Biokreisläufe von CO_2, O_2 und H_2O

gefüllten Glas und eine noch weiter reduzierte Brenndauer im Glas mit Atemluft und Pflanze beobachten.

Pflanzen sind offensichtlich in der Lage, bei ausreichender Belichtung „verbrauchte" Luft zu verbessern, wohingegen Dunkelheit eine weitere „Verschlechterung" der Luft durch die Pflanze zur Folge hat.

Erklärung. Wie bereits von dem Franzosen Antoine Laurent LAVOISIER (1743–1794) erstmals erkannt wurde, wird bei Verbrennungsprozessen O_2 verbraucht. Ist also die O_2-Menge in den geschlossenen Einmachgläsern durch die brennende Kerze verbraucht bzw. für den weiteren Verbrennungsprozess nicht mehr ausreichend, kommt es zum Erlöschen der Flamme. Dies ist in den mit Atemluft gefüllten Gläsern deshalb schneller der Fall, da hier der Sauerstoffgehalt im Vergleich zu den mit Umgebungsluft gefüllten Ansätzen geringer ist. So besteht die Umgebungsluft zu etwa 78 % aus Stickstoff, 0,04 % aus Kohlendioxid und 21 % aus Sauerstoff, während die Ausatemluft neben 78 % Stickstoff nur etwa 16 % Sauerstoff dafür aber 4 % Kohlendioxid enthält.

Die Beobachtung, dass sich in dem belichteten Ansatz mit Atemluft und Pflanze die Brenndauer der Kerze bis auf den Wert der Kontrolle verlängert, beruht auf der Tatsache, dass grüne Pflanzen in der Lage sind, bei ausreichender Belichtung Photosynthese zu betreiben. Da bei der Photosynthese von der Pflanze unter Verbrauch von H_2O und CO_2 nicht nur organische Substanz aufgebaut, sondern auch O_2 freigesetzt wird, erhöht sich so die O_2-Konzentration im beatmeten Einmachglas. Das Teelicht brennt länger. Der frei werdende O_2 stammt dabei aus der Photolyse des Wassers gemäß der Gleichung:

$$2\ H_2O \xrightarrow[\text{grünes Blatt}]{\text{Licht}} 4\ e^- + 4\ H^+ + O_2 \uparrow \qquad (8.5)$$

Da die grünen Pflanzen H_2O als Elektronendonator des photosynthetischen Elektronentransports und damit für die CO_2-Reduktion verwenden, ist diese Photosynthese stets mit der Bildung und Freisetzung von O_2 verbunden.

Umgekehrt wird von der Pflanze bei der im Dunkeln ablaufenden Atmung – ebenso wie bei der Atmung von Tier und Mensch – O_2 verbraucht und CO_2 abgegeben. Entsprechend erlischt die Kerze bei den dunkel platzierten Ansätzen am schnellsten in dem Glas mit Atemluft und Pflanze. Denn hier ist der im

Vergleich zur Umgebungsluft ohnehin geringere O_2-Gehalt durch den O_2-Verbrauch der atmenden Pflanze zusätzlich erniedrigt.

Bemerkung. Dieser Versuch eignet sich gut als Einstieg in die Thematik der Photosynthese und der Lebensweise grüner Pflanzen schon in der Unterstufe. Außerdem lässt sich der Versuch auch zur Demonstration der Biokreisläufe von CO_2, O_2 und H_2O verwenden (Abbildung 8.10).

V 8.1.2 „Nagelprobe": Abhängigkeit der Sauerstoffbildung vom Licht

Kurz und knapp. Wasserpflanzen, wie z. B. die Wasserpest (*Elodea*), eignen sich unter anderem deshalb so gut für einen Nachweis der photosynthetischen Sauerstoffproduktion, da in einem „Unterwasserversuch" die Freisetzung von Sauerstoff (O_2) in Form von Gasbläschen optisch sichtbar wird. In diesem Versuch wird der Nachweis, dass es sich bei dem von der Pflanze bei der Photosynthese freigesetzten Gas tatsächlich um Sauerstoff handelt, mithilfe eines Eisennagels erbracht, der bei Anwesenheit von Wasser und Sauerstoff rostet.

Zeitaufwand. Vorbereitung: 5–10 min, Durchführung: zwei bis drei Tage Standzeit der Versuchsansätze, 5 min zur Auswertung des Versuchs

Material:	2 frische, etwa gleich lange Sprosse der Wasserpest (*Elodea densa* oder *E. canadensis*)
Geräte:	3 Schraubdeckelgläser mit dicht schließendem Deckel (250 ml, z. B. leere Marmeladegläser), 3 große Eisennägel, Feile, Spatel, Rasierklinge, Topf und Heizplatte (Wasserkocher, Tauchsieder o. Ä.), Dunkelsturz (Schrank o. Ä.)
Chemikalien:	entmin. Wasser, Natriumhydrogencarbonat ($NaHCO_3$)

Durchführung. Zunächst wird etwa ein Liter entmin. Wasser in einem Topf zum Sieden gebracht und für einige Minuten gekocht, um den im Wasser gelösten Sauerstoff (O_2) so weit wie möglich zu entfernen. Nach dem Abkühlen wird das abgekochte Wasser dann auf die drei Gläser verteilt. Diese sollten jeweils randvoll gefüllt werden. Da durch das Kochen nicht nur O_2, sondern auch das darin gelöste Kohlendioxid (CO_2) aus dem Wasser entfernt wurde, gibt man in alle drei Ansätze zusätzlich eine Spatelspitze $NaHCO_3$ (als CO_2-Lieferant). Anschließend werden die drei Gläser mit je einem großen Eisennagel beschickt. Eine eventuell vorhandene Rostschutzschicht ist durch vorheriges Abfeilen der Nägel zu entfernen. Ein Glas wird nun möglichst luftdicht verschlossen und dient als Kontrolle (Achtung: Da beim Zudrehen der Deckel meist etwas Wasser überläuft, empfiehlt es sich, eine Petrischale oder ein Handtuch unterzulegen). In die übrigen zwei Gläser gibt man zusätzlich je einen frisch abgeschnittenen vitalen Spross der Wasserpest und verschließt auch hier möglichst luftdicht. Der Kontrollansatz sowie ein Ansatz mit *Elodea* werden dann an einem Fenster oder einem anderen hellen Ort aufgestellt. Der zweite *Elodea*-Ansatz wird dunkel platziert.

Die Auswertung erfolgt nach zwei bis drei Tagen.

Beobachtung. Bereits nach 20–30 Minuten lassen sich in dem belichteten *Elodea*-Ansatz kleine Gasbläschen im Bereich der Blätter und der Schnittstelle des Sprosses beobachten, während im abgedunkelten Ansatz sowie bei der Kontrolle keine Gasentwicklung festzustellen ist.

Nach zwei Tagen dann ist der Nagel im belichteten *Elodea*-Ansatz mit einer rotbraunen Rostschicht überzogen, die nach drei Tagen bereits abzublättern beginnt. Die Nägel in den übrigen Gläsern sind dagegen nahezu unverändert blank.

Erklärung. Bei den beobachteten Gasblasen im belichteten *Elodea*-Ansatz handelt es sich um den durch Photosynthese gebildeten O_2. Dass es sich bei dem aufsteigenden Gas tatsächlich um O_2 handelt, beweist dann die nach ein bis zwei Tagen deutlich zu erkennende Rostschicht des betreffenden Eisennagels. Eisen rostet nur dann, wenn es mit Wasser und O_2 in Berührung kommt. Genauer wird Eisen an feuchter Luft oder in CO_2- und O_2-haltigem Wasser unter Bildung von Eisen(III)-oxid-Hydrat $= Fe_2O_3 \cdot H_2O$ („Rost") angegriffen, indem sich zunächst Eisencarbonate bilden, die dann der Hydrolyse unterliegen. Die auf diesem Weg gebildete Oxidhaut ist nicht zusammenhängend, sondern springt in Schuppen ab und legt frische Metalloberflächen frei, sodass der Rostvorgang weiter in das Innere fortschreiten kann.

Die Tatsache, dass in dem Ansatz ohne Licht keine Gasentwicklung und kein Rosten der Nägel zu erkennen war, zeigt zudem, dass die Photosynthese nur unter Anwesenheit dieses exogenen Faktors ablaufen kann.

Den Beweis dafür, dass der für das Rosten des Nagels verantwortliche Sauerstoff tatsächlich von der Wasserpest stammt, liefert schließlich die Kontrolle. Da auch hier keinerlei Rostspuren zu beobachten sind, kann O_2 nicht von außen aus der Luft, sondern vielmehr nur von der Pflanze selbst stammen.

Bemerkung. Auch dieser Versuch lässt sich gut schon in der Unterstufe durchführen; eventuell sogar in Form einer „Hausaufgabe". Natriumhydrogencarbonat ist unter dem Trivialnamen „Natron" als Backzutat in Lebensmittelmärkten erhältlich.

Die Wasserpest-Pflanzen sind im Aquarienhandel (Zoohandlung) zu beziehen.

V 8.1.3 Nachweis der Sauerstoffbildung mit Indigocarmin

Kurz und knapp. Bei untergetaucht lebenden (submersen) Wasserpflanzen lässt sich die Bildung von Sauerstoff (O_2) durch die Photosynthese sehr sensitiv mithilfe einer Farbreaktion nachweisen. Dabei wird deutlich, dass die Sauerstoffbildung von den Blättern der belichteten Pflanze ihren Ausgang nimmt.

Zeitaufwand. Vorbereitung: 20 min, Durchführung: 20–30 min

Material:	ein frischer Spross der Wasserpest (*Elodea densa*, *Elodea canadensis*) oder einer anderen Tauchblattpflanze
Geräte:	2 Enghals-Glasflaschen (500 ml) mit Schliffstopfen, 2 Petrischalenhälften, 2 Bechergläser (1 x 1000 ml, 1 x 100 ml), Analysenwaage, Spatel, Bürette, Magnetrührer, evtl. künstliche Lichtquelle (z. B. 200-W-Glühbirne)
Chemikalien:	Indigocarmin (Indigosulfonat-Dinatriumsalz), Natriumdithionit ($Na_2S_2O_4$), Natriumhydrogencarbonat ($NaHCO_3$), entmin. Wasser

Sicherheit. Natriumdithionit (Festsubstanz und Lösungen ≥ 25 %): Xn.

Durchführung. Zunächst werden 300 mg Natriumdithionit in 30 ml entmin. Wasser gelöst und die Lösung in eine Bürette gefüllt. Unter dem Auslauf der Bürette wird ein Magnetrührer platziert. Nun werden in 1 l entmin. Wasser 1 g Natriumhydrogencarbonat und 50 mg Indigocarmin gelöst, wobei die Lösung auf dem Magnetrührer gerührt wird. Die Indigocarmin-Lösung färbt sich tiefblau. Die Farblösung wird bis etwa 1 cm unter den Rand in beide Flaschen gefüllt. Beide Flaschen werden mit je einem Rührkern versehen und nacheinander auf den Magnetrührer gestellt. Nun wird bei der ersten Flasche tropfenweise so lange Natriumdithionit-Lösung zugegeben, bis ein Farbumschlag nach gelb erfolgt. Beim Umrühren sollen keine blauen Schlieren mehr sichtbar sein. Es empfiehlt sich, mit zwei Tropfen über den Farbumschlag hinaus zu titrieren. Die Flasche wird vom Magnetrührer genommen, in eine Petrischalenhälfte gestellt und sofort mit dem Schliffstopfen verschlossen. Die Petrischalenhälfte dient dazu, die dabei überlaufende Indigocarminlösung aufzufangen. Es ist zu beachten, dass keine Luft in den Flaschen eingeschlossen wird! Die zweite Flasche wird ebenso behandelt, wobei vor dem Verschließen ein *Elodea*-Spross hineingegeben wird. Beide Flaschen werden an ein helles Fenster oder vor eine Lichtquelle gestellt und über einen Zeitraum von 20–30 min beobachtet.

Beobachtung. Die Flüssigkeit in der Kontrollflasche ohne *Elodea*-Spross bleibt im Beobachtungszeitraum unverändert gelb. In der Flasche mit dem *Elodea*-Spross lässt sich nach 5–10 Minuten eine blaue Verfärbung der die Blätter unmittelbar umgebenden Wasserschicht beobachten. Nach weiteren 5–10 Minuten zeigen sich blaue Schlieren, die ihren Ausgang von den Blättern nehmen.

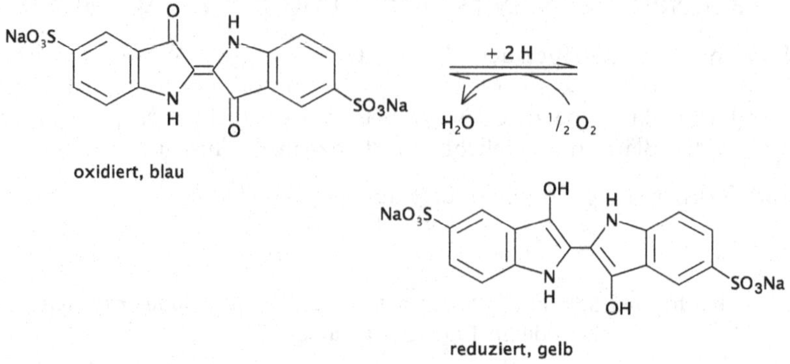

Abbildung 8.11 Der Redoxfarbstoff Indigocarmin

Bei längerer Belichtung färbt sich die komplette Flüssigkeit in der Flasche mit dem *Elodea*-Spross blau.

Erklärung. Bei dem verwendeten Indigocarmin handelt es sich um einen Redoxindikator, der im reduzierten Zustand gelb und im oxidierten Zustand blau ist (Abbildung 8.11). Die O_2-Produktion der *Elodea*-Sprosse wird somit chemisch durch die Oxidation von reduziertem gelbem zu oxidiertem blauen Indigocarmin nachgewiesen. Der Beginn der Blaufärbung in der Umgebung der grünen Laubblätter der Wasserpflanze zeigt, dass die Blätter der Ursprung der O_2-Bildung im Licht sind.

Entsorgung. Überschüssige Natriumdithionit-Lösung wird in den Abfallbehälter für anorganische Abfälle gegeben.

Bemerkung. In gleicher Weise, wie oben beschrieben, lässt sich auch eine Dunkelkontrolle herstellen, also ein Ansatz mit Wasserpflanze, der jedoch nicht belichtet, sondern dunkel gestellt wird. Dieser lässt keine Blaufärbung des Indigocarmins erkennen; es kommt also im Dunkeln nicht zur O_2-Bildung. Problematisch bei diesem Ansatz ist jedoch, dass länger andauernde anaerobe Verhältnisse zum Absterben der im Dunkeln auf Atmung angewiesenen Wasserpflanze führen können.

V 8.1.4 Messung der Photosyntheseintensität mit der Aufschwimmmethode

Kurz und knapp. Infiltriert man frisch ausgestanzte Blattscheibchen im Wasserstrahlpumpenvakuum mit wässrigen Lösungen, dann werden sie spezifisch schwerer als diese und sinken in ihnen ab. Im Verlauf der Photosynthese sammelt sich der bei der Photolyse des Wassers freigesetzte Sauerstoff (O_2) in den „luftfreien" Interzellularen an, das spezifische Gewicht der Scheibchen verringert sich, und sie schwimmen auf. Die Zeit bis zum Aufschwimmen kann dabei als relatives Maß für die Intensität der Photosynthese verwendet werden. Im folgenden Versuch soll nun die Abhängigkeit der Photosyntheseintensität von der Beleuchtungsstärke gezeigt werden.

Zeitaufwand. Vorbereitung: ca. 15 min, Durchführung: ca. 30 min

Material:	frische, unbeschattete Blätter z. B. von Flieder (*Syringa vulgaris*), Gartenbohne (*Phaseolus vulgaris*) oder Erbse (*Pisum sativum*). (möglichst keine Blätter mit starker Behaarung oder stark ausgeprägter Wachsschicht verwenden, da diese aufgrund der schlechten Benetzbarkeit nicht oder nur schwer infiltrierbar sind)
Geräte:	3 Bechergläser (2 x 100ml, 1 x 250 ml), Messkolben (250 ml), Saugreagenzglas mit durchbohrtem Stopfen, Wasserstrahlpumpe, Korkbohrer (Rohrdurchmesser z. B. 6 mm), kleine Styroporplatte, 2 Glaspetrischalenhälften, Spatel, Pinzette, Sonde, Overheadprojektor (oder andere Lichtquelle), Waage, Stoppuhr, Rasierklinge, einige Blätter weißes Papier
Chemikalien:	Citronensäure, Dinatriumhydrogenphosphat ($Na_2HPO_4 \cdot 12H_2O$), Natriumhydrogencarbonat ($NaHCO_3$), entmin. Wasser

Sicherheit. Citronensäure (Festsubstanz und Lösungen $\geq 20\,\%$): Xi.

Durchführung.

a) Herstellung des Citronensäure/Na_2HPO_4-Puffers: Man stellt zunächst 50 ml einer 0,1 molaren Citronensäurelösung und 200 ml einer 0,2 molaren Na_2HPO_4-Lösung her. Dazu werden 0,96 g Citrat in 50 ml entmin. Wasser und 14,33 g $Na_2HPO_4 \cdot 12\,H_2O$ in 200 ml entmin. Wasser gelöst. 45,6 ml dieser Citrat- und 154,4 ml der Na_2HPO_4-Lösung gibt man dann in einen Messkolben und setzt 2,2 g $NaHCO_3$ zu. Nach vollständiger Lösung wird mit entmin. Wasser auf 250 ml aufgefüllt.

b) Bereitung der Versuchsansätze: Zum Ausstanzen der Blattscheibchen legt man frisch abgeschnittene Blätter mit der Unterseite nach oben auf eine Styroporplatte. Dann sticht man mit einem scharfen Korkbohrer 30 bis 40 Scheibchen aus, wobei Bereiche, in denen größere Rippen oder Blattadern verlaufen, ausgespart werden sollten. Die ausgestanzten Blattscheibchen werden sofort in ein mit 20–30 ml Citronensäure/Na_2HPO_4-Puffer gefülltes Saugreagenzglas überführt. Dieses wird anschließend mit einem durchbohrten Stopfen verschlossen und an eine Wasserstrahlpumpe angeschlossen.

Für die Infiltration lässt man die Wasserstrahlpumpe kräftig laufen und hält den Daumen ca. 30 Sekunden lang fest auf die Stopfenöffnung bis Blasen im Reagenzglas aufsteigen. Dann hebt man den Daumen abrupt an und unterbricht so das Vakuum im Saugreagenzglas. Dieser Vorgang wird sooft wiederholt, bis die

Blattscheibchen mehr oder weniger glasig aussehen und spontan bzw. bei leichtem Schütteln auf den Gefäßboden absinken.

Die infiltrierten Scheibchen werden dann in einem Zug in ein Becherglas gegeben und von dort auf zwei Glaspetrischalenhälften verteilt, die mit noch einmal durchmischtem Citronensäure/Na₂HPO₄-Puffer gefüllt sind. Dabei ist möglichst rasch und in gedämpftem Licht zu arbeiten. Jeder Ansatz sollte 10–15 Blattscheibchen enthalten, die zu Versuchsbeginn alle einzeln und ohne sich gegenseitig zu überdecken am Boden der Petrischalen positioniert werden. (Je nach verwendetem Blattmaterial kann es zu einem Zusammenrollen und Verkleben der einzelnen Scheibchen nach der Infiltration kommen. Beim Überführen und Ausbreiten der Scheibchen sollte deshalb vorsichtig und mit stumpfen Sonden gearbeitet werden, um die Blattstücke nicht zu beschädigen.)

Im Anschluss stellt man beide Ansätze auf einen Overheadprojektor, wobei man die auf die erste Petrischale einwirkende Lichtintensität durch das Unterlegen von z. B. drei Blättern Papier verringert. Mit dem Einschalten des Projektors bzw. dem Einsetzen der Belichtung startet man die Stoppuhr, beobachtet und notiert die Zeitpunkte, an denen die Blattscheiben zur Oberfläche aufschwimmen.

Beobachtung. In dem voll belichteten Ansatz ist ein früheres und schnelleres Aufschwimmen der Blattscheibchen zu beobachten als in dem Ansatz mit Papierunterlage. Insgesamt ist die durchschnittliche Zeit bis zum Aufschwimmen bei höherer Lichtintensität deutlich kürzer als bei geringerer Lichtintensität.

Erklärung. Durch die Infiltration mit dem hydrogencarbonathaltigen Citronensäure/Na₂HPO₄-Puffer, der wegen der Zugabe von $NaHCO_3$ gleichzeitig auch als Kohlendioxidquelle (CO_2-Quelle) dient, wird die Luft aus den Interzellularen der Blattscheiben verdrängt. Sie sinken ab. Mit der Beleuchtung setzt dann die Photosynthese ein, in deren Verlauf durch die Photolyse des Wassers O_2 freigesetzt wird. Dieser verdrängt nun die Flüssigkeit aus den Interzellularen und bewirkt so ein Aufschwimmen der Blattscheibchen. Das schnellere Aufschwimmen der Blattscheibchen bei höherer Lichtintensität zeigt außerdem, dass unterhalb der Lichtsättigung die Photosyntheseleistung der Pflanzen mit steigender Beleuchtungsstärke zunimmt.

Bemerkung. Es ist darauf zu achten, dass tatsächlich unbeschattetes Blattmaterial für den Versuch verwendet wird, da andernfalls die Gefahr besteht, dass sich die Pflanze bezüglich ihrer Photosyntheseleistung den geringen Lichtintensitäten angepasst hat.

V 8.2 Nachweis der photosynthetisch gebildeten Stärke in Blättern

V 8.2.1 Chloroplasten als Ort der photosynthetischen Stärkebildung

Kurz und knapp. Bei den meisten Höheren Pflanzen erfährt die Glucose im Anschluss an den eigentlichen Assimilationsprozess eine Umwandlung zur sogenannten Assimilationsstärke. Diese sammelt sich vorübergehend in den Chloroplasten an, wenn der Abtransport infolge intensiver Photosynthese nicht mit der Anlieferung der Kohlenhydrate mithalten kann. Durch Anfärben mit Iodkaliumiodid-Lösung sollen in diesem Versuch die winzigen Stärkeeinschlüsse lichtmikroskopisch sichtbar gemacht und die Chloroplasten so als Orte der photosynthetischen Stärkebildung erkennbar werden.

Zeitaufwand. Vorbereitung: mehrere Stunden zur Belichtung des Stärkeansatzes sowie mindestens zwölf Stunden für den Dunkelansatz, Durchführung: 20–30 min

Material:	Sprosse der Wasserpest (*Elodea densa* oder *E. canadensis*) oder von Laubmoosen (z. B. Drehmoos, *Funaria hygrometrica*)
Geräte:	2 Bechergläser (1000 ml), Lichtmikroskop mit Ölimmersionsobjektiv, Objektträger, Deckgläser, Pinzette, Rasierklinge, Tropfpipette, Spatel, Filterpapierstreifen, Lichtquelle (z. B. 200-W-Glühbirne), wassergefüllter Glasbehälter als Wärmeschutz, Dunkelsturz (Schrank o. Ä.)
Chemikalien:	Iodkaliumiodid-Lösung (IKI-Lösung, LUGOLsche Lösung, s. V 1.3.2), Natriumhydrogencarbonat (NaHCO₃), Immersionsöl, Leitungswasser

Durchführung.

a) Bereitung der Versuchsansätze: Einige Sprosse der Wasserpest werden in einem mit Leitungswasser gefüllten Becherglas, dem zur Erhöhung der Photosyntheserate eine Spatelspitze NaHCO₃ zugesetzt worden ist, mithilfe einer 200-W-Glühbirne, vor die zusätzlich eine wassergefüllte Chromatographiekammer als Wärmefilter gestellt wird, für mehrere Stunden beleuchtet. Ein Parallelansatz wird für mindestens zwölf Stunden dunkel gestellt. Bei der Verwendung von Laubmoosen muss lediglich ein Ansatz für mindestens zwölf Stunden verdunkelt und ein anderer mehrere Stunden beleuchtet werden.

b) Mikroskopieren der Versuchsansätze: Ein kleines Becherglas wird mit wenig Iodkaliumiodid-Lösung befüllt. Von dem unbelichteten Spross werden im Be-

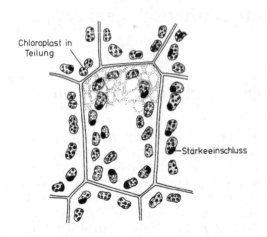

Chloroplast in Teilung

Stärkeeinschluss

Abbildung 8.12 Chloroplasten mit Stärkeeinschlüssen (KUHN und PROBST, 1983)

reich der Sprossspitze mit der Pinzette einige Blätter abgezupft, in die Iodkaliumiodid-Lösung überführt und dort für etwa fünf Minuten belassen. Danach werden die Blätter in einem Tropfen Wasser auf einen Objektträger gebracht, mit einem Deckglas bedeckt und mikroskopiert. Danach wird mit den Blättern der belichteten Sprosse in gleicher Weise verfahren.

Beobachtung. In den Chloroplasten der belichteten Blätter ist die Assimilationsstärke in Form winziger dunkel gefärbter Körnchen gut zu erkennen (Abbildung 8.12). Die Chloroplasten der unbelichteten Blätter sind dagegen stärkefrei.

Erklärung. Die beobachtete blauviolette Färbung der Stärkekörner als typischem Stärkenachweis beruht auf der Einlagerung von Iodmolekülen in die schraubenförmig gewundenen Stärkemoleküle, was eine starke Absorption der langwelligen sichtbaren Strahlung und damit eine blauviolette Färbung zur Folge hat.

Bei der Bildung und Speicherung der Assimilationsstärke handelt es sich um einen diurnalen Vorgang. Tagsüber bzw. während der Belichtung kommt es in der Zelle infolge reger Photosynthese zu einem Zuckerüberschuss. Diesem Überschuss begegnet die Pflanze durch Überführung der osmotisch wirksamen Glucose in die osmotisch unwirksame Form der Stärke. Es kommt zur Bildung von Stärkekörnern. Diese Stärkebildung ist jedoch reversibel, d. h. die Stärke wird in der Nacht wieder mobilisiert und die Abbauprodukte abtransportiert bzw. bei der im Dunkeln ablaufenden Atmung verbraucht. Man spricht deshalb auch von transitorischer Stärke. Entsprechend muss der Stärkenachweis bei den dunkel gestellten Sprossen der Wasserpest negativ ausfallen.

V 8.2.2 Abhängigkeit der Stärkebildung vom Licht

Kurz und knapp. Die in den Chloroplasten der meisten Höheren Pflanzen ablaufende Stärkebildung (Stärkepflanzen) beruht auf der Kohlendioxid-Assimilation im Licht und damit auf der Photosynthese. Mit der Iodstärkereaktion lassen sich nun die Regionen eines Blattes erkennen, in denen Stärke aufgebaut wird und die folglich photosynthetisch aktiv sind. Durch geeignete Versuchsanordnungen können so die zur Photosynthese notwendigen Faktoren qualitativ nachgewiesen werden.

Im folgenden Versuch werden bestimmte Bereiche eines Blattes mithilfe einer Schablone abgedeckt. Die Iodstärkereaktion soll dann zeigen, dass nur die vom Licht getroffenen Blattregionen zur Kohlendioxid-Assimilation und damit zur Stärkebildung fähig sind.

Zeitaufwand. Vorbereitung: ca. 10 min, zwei Tage für die Belichtung der Versuchsansätze (Pflanzen sollten außerdem zwölf Stunden vor Versuchsbeginn dunkel gestellt werden), Durchführung: ca. 15 min

Material:	großblättrige Pflanzen mit flächig entwickelten grünen Blättern z. B. Gartenbohne bzw. Feuerbohne, *Phaseolus vulgaris* bzw. *Phaseolus coccineus*, Gurke, *Cucumis sativus* oder Kapuzinerkresse, *Tropaeolum majus*. Ungeeignet sind Blätter von manchen einkeimblättrigen Pflanzen wie den Laucharten (*Allium*), da sie keine Stärke, sondern andere Reservekohlenhydrate speichern (vgl. V 1.3.2)
Geräte:	Schablonen (aus schwarzem Tonpapier, Alufolie, Karton etc.), Büroklammern, Standzylinder (zum Abstützen der schablonetragenden Blätter), Lichtquelle, große mit Wasser gefüllte Glasküvette als Wärmefilter, 2 Bechergläser (500 ml), große Glaspetrischale, elektrisch beheizbares Wasserbad (Kochplatte o. Ä.), Glasstab, Pinzette, Rasierklinge, weißer Karton
Chemikalien:	Methanol (alternativ: 96 %iges Ethanol), Iodkaliumiodid-Lösung (IKI-Lösung, Lugolsche Lösung, s. V 1.3.2), Leitungswasser

Sicherheit. Methanol: F, T. Methanol ist giftig beim Einatmen und Verschlucken und, wie auch Ethanol, leicht entflammbar. Es sollte daher im Abzug und nicht in der Nähe von offenen Flammen erhitzt werden (z. B. elektrisch beheizbares Wasserbad benutzen).

Durchführung.

a) Bereitung der Versuchsansätze: Die verwendeten Pflanzen sollten zwölf Stunden vor Versuchsbeginn dunkel gestellt werden, damit die Blätter zu Versuchsbeginn weitgehend stärkefrei sind. An einem dem Sonnenlicht zugekehrten Blatt wird dann mithilfe von Büroklammern eine Schablone befestigt, die einen breiten Streifen des Blattes mit Ausnahme der Buchstaben LICHT, STÄRKE o. Ä. abdeckt. Das so umhüllte Blatt wird mit einem hohen Standzylinder abgestützt, um ein Abknicken zu vermeiden. Diesen Versuchsansatz stellt man bei Tageslicht mindestens zwei Tage auf, schneidet dann (am Nachmittag!) das Versuchsblatt mit einer Rasierklinge ab und führt anschließend den Stärkenachweis durch.

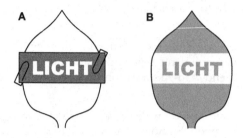

Abbildung 8.13 Licht-Stärkeprobe. A mit Schablone, B nach Stärkenachweis

Wird das Blatt einer künstlichen Lichtquelle ausgesetzt (z. B. im Winter oder an trüben Tagen), so ist zusätzlich für einen Wärmeschutz zwischen Lichtquelle und Pflanze zu sorgen.

b) Durchführung des Stärkenachweises: Um die im intakten Zustand mehr oder weniger undurchlässigen Zellmembranen durchlässig zu machen, werden die frisch abgeschnittenen Blätter für etwa zwei Minuten in kochendes Wasser getaucht. Anschließend gibt man die Blätter mithilfe einer Pinzette in ein mit heißem Methanol (Der Siedepunkt von Methanol bei 65 °C sollte nicht überschritten werden!) gefülltes Becherglas und belässt sie darin, bis sie sich weitgehend entfärbt haben. Die Pigmentextraktion kann durch Umrühren mit einem Glasstab beschleunigt werden. Die entfärbten Blätter werden dann mit Wasser abgespült und in einer Petrischale mit Iodkaliumiodid-Lösung übergossen. Nach fünf bis zehn Minuten sind die Blätter „entwickelt" und können auf einem weißen Untergrund oder im Durchlicht betrachtet werden.

Beobachtung. Das belichtete Blatt färbt sich nur in den Bereichen dunkelviolett bis schwarz, die nicht von der Schablone abgedeckt waren und somit vom Licht getroffen werden konnten (Abbildung 8.13).

Erklärung. Wie Julius SACHS (1832–1897, deutscher Botaniker) bereits 1864 zeigte, wird von der Pflanze tagsüber, d. h. bei Belichtung, Stärke in den Chloroplasten gebildet und in der Nacht wieder abgebaut. Bei der Stärkebildung handelt es sich folglich um einen diurnalen Prozess. Während der im Licht ablaufenden Photosynthese wird Kohlendioxid (CO_2) in Kohlenhydrate umgewandelt und in Form von Stärke gespeichert. Aus diesem Grund ist bei dem hier beschriebenen Schablonenversuch nur in den belichteten, photosynthetisch aktiven Bereichen des Blattes die Bildung von Stärke zu beobachten. Im Dunkeln wird diese Assimilationsstärke dann wieder mobilisiert und die Kohlenhydrate aus den Chloroplasten bzw. den Blättern abtransportiert oder bei der Atmung verbraucht.

Bemerkung. Methanol ist giftig beim Einatmen und Verschlucken und zudem – wie alle organischen Lösungsmittel – leicht entflammbar. Es sollte deshalb nicht in der Nähe von Zündquellen und offenen Flammen gearbeitet werden (z. B. elektrisch beheizbares Wasserbad benutzen).

Entsorgung. Das zur Chlorophyllextraktion verwendete, abgekühlte Methanol wird in den Behälter für flüssige organische Abfälle gegeben.

V 8.2.3 Abhängigkeit der Stärkebildung vom Kohlendioxidgehalt der Luft

Kurz und knapp. In diesem Versuch wird einem Blatt durch „Aufkleben" auf einen mit Kalilauge gefüllten Standzylinder das Kohlendioxid (CO_2) vorenthalten. Der anschließend durchgeführte Stärkenachweis soll dann zeigen, dass das Blatt nur dann Stärke bilden kann, wenn der Kohlendioxidgehalt der Luft für die Photosynthese ausreichend ist.

Zeitaufwand. Vorbereitung: ca. 15 min, zwei bis drei Tage für die Belichtung der Versuchsansätze (Pflanzen sollten außerdem zwölf Stunden vor Versuchsbeginn dunkel gestellt werden), Durchführung: ca. 15 min

Material:	großblättrige Pflanzen mit flächig entwickelten grünen Blättern z. B. Gartenbohne bzw. Feuerbohne, *Phaseolus vulgaris* bzw. *Phaseolus coccineus*, Gurke, *Cucumis sativus* oder Kapuzinerkresse, *Tropaeolum majus*. Ungeeignet sind Blätter von manchen einkeimblättrigen Pflanzen wie den Laucharten (*Allium*), da sie keine Stärke, sondern andere Reservekohlenhydrate speichern (vgl. V 1.3.2)
Geräte:	2 Standzylinder (250 ml), 2 auf dem Zylinderrand aufliegende Glasdeckel, Lichtquelle, große mit Wasser gefüllte Glasküvette als Wärmefilter, 2 Bechergläser (500 ml), große Glaspetrischale, elektrisch beheizbares Wasserbad (Kochplatte o. Ä.), Glasstab, Pinzette, Rasierklinge, weißer Karton
Chemikalien:	5 %ige Natriumhydroxid-Lösung (NaOH–Lösung, Natronlauge), 5 %ige Natriumhydrogencarbonatlösung (NaHCO₃-Lösung), Vaseline, Methanol (alternativ: 96 %iges Ethanol), Iodkaliumiodid-Lösung (IKI–Lösung, LUGOLsche Lösung, s. V 1.3.2), Leitungswasser

Sicherheit. Methanol: F, T. Methanol ist giftig beim Einatmen und Verschlucken und, wie auch Ethanol, leicht entflammbar. Es sollte daher im Abzug und nicht in der Nähe von offenen Flammen erhitzt werden (z. B. elektrisch beheizbares Wasserbad benutzen). Natriumhydroxid-Lösung (w $\geq$ 5 %): C.

Durchführung.

1. Bereitung der Versuchsansätze: Die verwendete Pflanze sollte zwölf Stunden vor Versuchsbeginn dunkel gestellt werden, damit die Blätter zu Versuchsbeginn weitgehend stärkefrei sind. Am Versuchstag selbst wird dann zunächst ein Standzylinder mit 200 ml 5 %iger KOH-Lösung, der andere

mit 200 ml 5 %iger NaHCO$_3$-Lösung gefüllt. Danach bestreicht man die Ränder der Zylinder mit Vaseline und klebt je ein Blatt der verwendeten Pflanze auf die Standzylinder auf. Die Blattunterseite mit den Spaltöffnungen muss dabei nach unten weisen. Außerdem ist darauf zu achten, dass der überstehende Teil der Blattspreite nicht mit Vaseline beschmiert wird, damit der Gasaustausch über die Spaltöffnungen nicht gehemmt wird. Um die Standzylinder möglichst luftdicht abzuschließen, beschwert man die Blätter zusätzlich mit einer Glasplatte und belichtet die Ansätze anschließend für zwei bis drei Tage mit einer künstlichen Lichtquelle oder an einem hellen Fenster. Nach drei Tagen werden die Blätter mit einer Rasierklinge abgeschnitten, vorsichtig von den Standzylindern gelöst und der Stärkenachweis durchgeführt (Abbildung 8.14).

2. Durchführung des Stärkenachweises: Der Stärkenachweis erfolgt wie in V 8.2.2.

Beobachtung. Das über der KOH-Lösung angebrachte Blatt zeigt einen runden gelbbraun gefärbten stärkefreien Bereich, der der eingekitteten Fläche entspricht. Das über der NaHCO$_3$-Lösung angebrachte Blatt weist dagegen auch in dem während der Belichtung abgekitteten Bereich eine intensiv dunkelviolette bis schwarze Färbung auf.

Erklärung. Neben dem Licht ist der CO$_2$-Gehalt der Luft ein weiterer die Photosynthese begrenzender Faktor. So ist eine optimale Photosynthese und CO$_2$-Assimilation nur dann möglich, wenn ausreichend CO$_2$ zur Verfügung steht.

Durch die KOH-Lösung wird nicht nur das in der Luftsäule des Standzylinders vorhandene CO$_2$ gebunden, sondern dem Blatt zusätzlich das durch die Atmung erzeugte CO$_2$ entzogen:

$$H_2O + CO_2 \;\rightleftharpoons\; H_2CO_3$$

$$H_2CO_3 + 2\,KOH \;\rightleftharpoons\; 2\,H_2O + K_2CO_3 \qquad (8.6)$$

Die Pflanze kann somit in dem abgekitteten Bereich nicht mehr mit CO$_2$ versorgt werden. Infolgedessen wird die photosynthetische CO$_2$-Assimilation und damit auch die Stärkebildung verhindert.

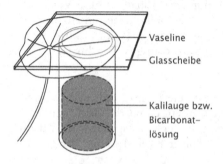

Vaseline

Glasscheibe

Kalilauge bzw. Bicarbonatlösung

Abbildung 8.14 CO$_2$-Stärkeprobe (nach KUHN und PROBST, 1983)

Im Gegensatz dazu erfolgt in dem mit $NaHCO_3$-Lösung gefüllten Standzylinder die CO_2-Freisetzung auf folgende Weise:

$$2\,NaHCO_3 \rightleftharpoons H_2O + CO_2 + Na_2CO_3 \qquad (8.7)$$

Die Pflanze ist darum auch in dem während des Versuchs abgekitteten Bereich ausreichend mit CO_2 versorgt, kann folglich optimal Photosynthese betreiben und somit Stärke bilden.

Bemerkung. Methanol ist giftig beim Einatmen und Verschlucken und zudem – wie alle organischen Lösungsmittel – leicht entflammbar. Es sollte deshalb nicht in der Nähe von Zündquellen und offenen Flammen gearbeitet werden (z. B. elektrisch beheizbares Wasserbad benutzen).

Entsorgung. Das zur Chlorophyllextraktion verwendete, abgekühlte Methanol wird in den Behälter für flüssige organische Abfälle gegeben. Die Natriumhydroxid-Lösung wird nach Neutralisation in den Ausguss gegeben.

V 8.2.4 Stärkenachweis an panaschierten Blättern

Kurz und knapp. Bei grün-weiß gescheckten (panaschierten) Blättern enthalten nur die grünen Areale der Blattspreite funktionstüchtige und photosynthetisch aktive Chloroplasten. Die Zellen der bleichen Blattareale enthalten dagegen Plastiden, die photosynthetisch inaktiv sind. Nur in den grünen Blattarealen lässt sich eine Stärkebildung im Licht als Folge der Photosynthese nachweisen.

Zeitaufwand. Vorbereitung: zwei bis drei Tage für die Belichtung der Versuchsansätze, Durchführung: ca. 15 min

Material:	panaschierte Blätter, gut geeignet sind Blätter der Buntnessel (*Solenostemon scutellarioides*, syn. *Coleus blumei*)
Geräte:	Lichtquelle, Wasserkocher, elektrisch beheizbares Wasserbad, 2 Bechergläser (500 ml), Glasstab, Pinzette, Petrischale, transparente Folie (z. B. für Overheadprojektor) und Folienstift, alternativ: digitale Fotokamera, evtl. künstliche Lichtquelle (z. B. 200-W-Glühbirne)
Chemikalien:	Iodkaliumiodid-Lösung (LUGOLsche Lösung), Methanol (alternativ: 96 %iges Ethanol), Leitungswasser

Sicherheit. Methanol: F, T. Methanol ist giftig beim Einatmen und Verschlucken und, wie auch Ethanol, leicht entflammbar. Es sollte daher im Abzug und nicht in der Nähe von offenen Flammen erhitzt werden (z. B. elektrisch beheizbares Wasserbad benutzen).

Durchführung.

a) Vorbereitung. Die Blätter panaschierter Zuchtformen der Buntnessel weisen grüne und bleiche Blattareale auf. Zusätzlich durch Anthocyane rot gefärbte Varietäten können grüne Areale (nur Chlorophyll), hellrote Areale (nur Anthocyan) und dunkelrote Areale (Chlorophyll und Anthocyan) aufweisen. (Die Anthocyane sind in Vakuolen gelöste und an der Photosynthese unbeteiligte Farbstoffe; bei der Buntnessel enthalten zumeist nur die Zellen der oberseitigen Epidermis Anthocyane.) Um eine ausreichende Belichtung zu gewährleisten, sollte die Versuchspflanze entweder an einem hellen Fenster stehen oder durch eine helle, künstliche Lichtquelle belichtet werden. Will man den Versuch am Vormittag durchführen, so sollte die Pflanze die Nacht über dauernd belichtet worden sein. Bei einer Belichtung mit einer künstlichen Lichtquelle mit hoher Wärmeabstrahlung ist für einen Wärmeschutz zwischen Lichtquelle und Pflanze zu sorgen.

b) Durchführung des Stärkenachweises. Man schneidet ein panaschiertes Blatt ab, legt es in eine Petrischalenhälfte und dokumentiert das Muster der Scheckung, entweder durch Abzeichnen der Konturen auf einer transparenten Folie oder fotografisch. Nun wird das Blatt für ein bis zwei Minuten in kochendes Wasser getaucht, um die Zellmembranen durchlässig zu machen. Bei rot gefärbten Blättern werden dadurch zugleich die wasserlöslichen Anthocyane ausgewaschen, und es tritt die reine Chlorophyllfärbung zutage. Anschließend gibt man das Blatt mithilfe einer Pinzette in ein mit heißem Methanol gefülltes Becherglas und belässt es darin, bis es sich weitgehend entfärbt hat (vgl. V 7.2.1). Der Siedepunkt von Methanol bei 65 °C (Ethanol: 78 °C) sollte dabei nicht überschritten werden! Die Pigmentextraktion kann durch Umrühren mit einem Glasstab beschleunigt werden. Das entfärbte Blatt wird dann vorsichtig mit Wasser abgespült und in der Petrischale mit Iodkaliumiodid-Lösung übergossen. Nach einigen Minuten spült man die Blätter noch einmal mit Wasser ab. Das Blatt kann nun auf einem weißen Hintergrund betrachtet und zusätzlich fotografiert werden. Man vergleicht das Muster der stärkehaltigen Blattareale mit dem Muster der Scheckung des Blattes anhand der Zeichnung auf der Transparentfolie oder anhand der Fotografien.

Beobachtung. Der Vergleich des unbehandelten Blattes mit dem durch LUGOLsche Lösung gefärbten Blatt ergibt, dass nur die Blattareale, die durch Chlorophyll grün gefärbt waren, auch eine schwarze Färbung infolge der Iod-Stärke-Reaktion aufweisen. Die am unbehandelten Blatt bleichen oder ausschließlich durch Anthocyan hellrot gefärbten Areale nehmen lediglich die blass gelbbraune Eigenfarbe der Iodkaliumiodid-Lösung an.

Erklärung. Manche Zuchtformen von Zierpflanzenarten weisen eine ästhetisch ansprechende grün-weiße Scheckung (Panaschierung, Variegation) der Blätter auf (z. B. Efeu, Dieffenbachien oder Grünlilien). In den bleichen Blattarealen unterbleibt die Ausbildung von Plastiden mit funktionstüchtigem Photosyntheseapparat entweder aufgrund eines spezifischen Genexpressionsmusters, oder sie wird durch einen genetischen Defekt des Kern- oder Plastidengenoms unmöglich gemacht. Ein solcher genetischer Defekt kann durch eine somatische Mutation im Kerngenom einzelner Stammzellen in den Blattanlagen entstehen. Von den schätzungsweise 1900–2300 verschiedenen Proteinen in Plastiden ist die weitaus überwiegende Mehrzahl im Zellkern codiert und wird nach Synthese im Cytoplasma in die Plastiden importiert. (Das Plastidengenom [Plastom] selbst codiert dagegen nur für 90–100 Proteine.) Durch fortgesetzte Teilung dieser Stammzellen wird der genetisch bedingte Defekt auf die von ihnen abstammenden Gewebe ganzer Blattareale übertragen und betrifft dort alle Plastiden. Es ist aber auch möglich, dass eine Mutation im Plastidengenom zur Bildung einzelner defekter Plastiden führt, die sich bei aufeinanderfolgenden Zellteilungen zufällig auf die entstehenden Tochterzellen verteilen. Dabei kann es zu Entmischungen kommen, sodass neben Zellen mit einer Mischung aus defekten und photosynthetisch aktiven Plastiden auch Zelllinien mit ausschließlich defekten bzw. ausschließlich intakten Plastiden auftreten. Weitere mögliche Ursachen einer Panaschierung können ein Virenbefall oder das Auftreten transposabler genetischer Elemente („springende Gene") sein, durch die regulatorische Gene an- oder ausgeschaltet werden können.

Bemerkung. Für den Versuch sind Pflanzenarten mit derben panaschierten Blättern ungeeignet, da deren Chlorophyll sich nur schwer extrahieren lässt. Über die Eignung einer bestimmten Pflanzenart muss im Zweifelsfall ein Vorversuch durchgeführt werden.

Entsorgung. Das zur Chlorophyllextraktion verwendete, abgekühlte Methanol wird in den Behälter für flüssige organische Abfälle gegeben.

V 8.3 Beobachtungen und Experimente bei C4-Pflanzen

V 8.3.1 Vergleichende anatomische Untersuchung der Blattquerschnitte von C3- und C4-Pflanzen

Kurz und knapp. Die C4-Pflanzen weisen eine Reihe anatomischer Besonderheiten auf, die in der folgenden Untersuchung durch eine vergleichende Betrachtung von selbst hergestellten Blattquerschnitten von C3- und C4-Pflanzen deutlich gemacht werden sollen.

Zeitaufwand. Durchführung: ca. 45 min

Material:	Blatt einer C_3-Pflanze (z. B. Rotbuche, *Fagus sylvatica*; Bohne, *Phaseolus vulgaris*), Blatt einer C_4-Pflanze (z. B. Mais, *Zea mays*)
Geräte:	Lichtmikroskop mit Ölimmersionsobjektiv, Objektträger, Deckgläser, Rasierklingen (fabrikneu!), Pinzette, Pinsel, Styropor oder Holundermark, Filterpapier (Zellstoff o. Ä.)
Chemikalien:	Immersionsöl, Leitungswasser

Durchführung. Um die anatomischen Unterschiede zwischen C_3- und C_4-Pflanzen eindeutig erfassen zu können, ist die Herstellung möglichst dünner Blattquerschnitte nötig. Aus diesem Grund empfiehlt es sich, die Blätter zwischen Styropor oder Holundermark zu schneiden.

Man spannt also die Blätter zwischen zwei Styroporstücke oder zwei Holundermarkspalthälften und drückt diese mit Daumen und Zeigefinger fest zusammen. Um eine glatte Schnittfläche zu erhalten, kann der erste Schnitt etwas dicker geführt und dann verworfen werden. Die einzelnen Schnitte sollten nun genau senkrecht zur Längsrichtung des Blattes geführt werden. Dazu setzt man eine scharfe, am besten fabrikneue Rasierklinge vor dem Objekt auf dem Styropor bzw. dem Holundermark an und zieht sie unter leichtem Druck in Richtung auf den Körper durch das Objekt. Die Schnitte werden anschließend mit einem feinen Pinsel abgestreift oder mithilfe einer Pinzette in einem Tropfen Wasser auf einen Objektträger gebracht und mit einem Deckglas abgedeckt. Dabei sollte man das Deckglas mit der Kante neben dem Wassertropfen ansetzen und es langsam nach unten gleiten lassen, um die Bildung von Luftblasen zu vermeiden. Eventuell überschüssiges Wasser kann am Rande des Deckglases mit Filterpapier oder einem Papiertaschentuch abgesaugt werden.

Danach legt man die Objektträger unter ein Lichtmikroskop und vergleicht den Blattaufbau der verschiedenen Präparate.

Beobachtung und Erklärung. Im Lichtmikroskop werden die Unterschiede im Blattaufbau von C_3- und C_4-Pflanzen sehr deutlich. So zeigen die Blätter der C_3-Pflanzen einen zweischichtigen Aufbau des Assimilationsgewebes. Es besteht aus einem ein- oder zweischichtigen Palisadenparenchym mit schmalen, säulenförmigen Zellen und einem Schwammparenchym mit mehr oder weniger unregelmäßig geformten Zellen, in dem auch die Leitbündel vorliegen (vgl. Abbildung 8.7). Beide Zelltypen enthalten lichtmikroskopisch mehr oder weniger gleich aussehende Chloroplasten.

Bei den C_4-Pflanzen lässt sich ein von dieser horizontalen Schichtung abweichender Blattaufbau beobachten. Hier ist das photosynthetische Gewebe radiär um die Leitbündel angeordnet („Kranztyp"), wobei sich zwei Zelllagen unterscheiden lassen: ein innerer Ring von relativ großen Zellen, die sogenannte Leitbündelscheide, und ein äußerer Kranz von locker stehenden Mesophyllzellen (vgl. Abbildung 8.7). Beide Zelltypen enthalten Chloroplasten, wobei die Chloroplasten der Mesophyllzellen bei genauer Betrachtung etwas dunkler grün gefärbt scheinen.

Bemerkung. In dieser Untersuchung wird ein dorsiventral gebautes Blatt einer C_3-Pflanze mit einem äquifacial gebauten Blatt einer C_4-Pflanze verglichen. Diese Auswahl ist im Hinblick auf eine didaktische Reduktion begründet. Es kann aber zusätzlich noch ein äquifacial gebautes Blatt eines C_3-Grases, z. B. Weizen oder Gerste, mikroskopiert werden. Die Blätter eines C_3-Grases besitzen, ähnlich wie Mais, keine horizontale Schichtung des Assimilationsparenchyms. Im Gegensatz zum Mais und anderen C_4-Gräsern enthalten die Zellen der Leitbündelscheide jedoch nur wenige und unauffällige Chloroplasten. Weiterhin sind die Leitbündelscheiden der C_3-Gräser nicht konzentrisch von einem Kranz unmittelbar angrenzender Mesophyllzellen umgeben.

Das Anfertigen dünner, für die vergleichende anatomische Betrachtung geeigneter Blattquerschnitte kann den Schülerinnen und Schülern anfänglich Schwierigkeiten bereiten. Eine gewisse Zeit zum „Üben" sollte deshalb bei der Planung der Untersuchung miteingerechnet werden.

V 8.3.2 Stärkebildung in Maisblättern

Kurz und knapp. In den Blättern der C_4-Pflanzen findet eine Arbeitsteilung zwischen den Mesophyllzellen und den Bündelscheidenzellen statt. In den Ersteren erfolgt der vorübergehende Einbau von Kohlendioxid (CO_2) in eine Dicarbonsäure (C_4-Dicarbonsäureweg), in den Letzteren der CO_2-Einbau über den CALVIN-BENSON-Zyklus und die Bildung der Kohlenhydrate. Dieser Versuch soll nun zeigen, dass in Maisblättern die Stärkebildung in den Bündelscheidenchloroplasten erfolgt.

Zeitaufwand. Vorbereitung: 10 min, zwei Tage zur Belichtung der Ansätze, Durchführung: ca. 30–40 min

Material:	frisch abgeschnittene Blätter von jungen Maispflanzen (*Zea mays*)
Geräte:	4 Bechergläser (2 x 50 ml, 2 x 100 ml), Waage, evtl. Lichtquelle, Wasserbad (elektrisch beheizbar), 2 große Petrischalenhälften, Spatel, Glasstab, Lichtmikroskop (evtl. mit Ölimmersionsobjektiv), Objektträger, Deckgläser, Rasierklinge (fabrikneu!), Pinzette, Pinsel, Tropfpipette, Styropor oder Holundermark, weißer Karton
Chemikalien:	Methanol (alternativ: 96 %iges Ethanol), Iodkaliumiodid-Lösung (IKI-Lösung, LUGOLsche Lösung, s. V 1.3.2), Leitungswasser, evtl. Immersionsöl

Sicherheit. Methanol: F, T. Methanol ist giftig beim Einatmen und Verschlucken und, wie auch Ethanol, leicht entflammbar. Es sollte daher im Abzug und nicht in der Nähe von offenen Flammen erhitzt werden (z. B. elektrisch beheizbares Wasserbad benutzen).

Durchführung.

a) Vorbereitung. Um eine ausreichende Belichtung zu gewährleisten, sollte die Versuchspflanze entweder an einem hellen Fenster stehen oder durch eine helle, künstliche Lichtquelle belichtet werden. Will man den Versuch am Vormittag durchführen, so sollte die Pflanze die Nacht über dauernd belichtet worden sein. Bei einer Belichtung mit einer künstlichen Lichtquelle mit hoher Wärmeabstrahlung ist für einen Wärmeschutz zwischen Lichtquelle und Pflanze zu sorgen.

b) Stärkenachweis an ganzen Blättern. Ein Blatt wird abgeschnitten und gemäß dem Stärkenachweis in V 8.2.2 behandelt. Für die Betrachtung der „entwickelten" Blätter empfiehlt sich zusätzlich, eine Lupe bzw. die schwächste Vergrößerung des Mikroskops zu benutzen.

c) Stärkenachweis an Blattquerschnitten. Ein weiteres Maisblatt wird für die Herstellung von möglichst dünnen Blattquerschnitten verwendet. Die Herstellung der Blattquerschnitte erfolgt entsprechend der Beschreibung von V 8.3.1. Die Schnitte werden mit einem feinen Pinsel oder mithilfe einer feinen Pinzette in einem Tropfen Iodkaliumiodid-Lösung auf einen Objektträger gebracht und mit einem Deckglas abgedeckt. Dabei sollte man das Deckglas mit der Kante neben dem Flüssigkeitstropfen ansetzen und es langsam auf das Präparat gleiten lassen, um die Bildung von Luftblasen zu vermeiden. Anschließend wird das Präparat mikroskopiert.

Beobachtung. Betrachtet man das entfärbte und mit Iodkaliumiodid-Lösung entwickelte Maisblatt vor einem hellen Hintergrund bzw. bei schwächster Vergrößerung im Mikroskop, so beobachtet man in Längsrichtung der Blätter verlaufende schwärzliche Streifen.

Bei den in Iodkaliumiodid-Lösung gebrachten Blattquerschnitten ist zu erkennen, dass fast ausschließlich die Chloroplasten der Leitbündelscheide schwärzlichviolett gefärbte Stärkekörner enthalten, während die Chloroplasten der Mesophyllzellen stärkefrei sind.

Erklärung. Die Stärkesynthese erfolgt ausschließlich in den Chloroplasten der Bündelscheidenzellen. Nur hier finden sich die Enzyme des CALVIN-BENSON-Zyklus und der Stärkesynthese. Da die Bündelscheidenzellen die in der Längsrichtung des Blattes verlaufenden Leitbündel röhrenförmig umgeben, führt die Färbung der Stärke zu einer dunkelvioletten bis schwarzen Streifung der Blätter.

Bemerkung. Bei jungen und rasch wachsenden Maispflanzen kann es sein, dass sich trotz ausreichender Belichtung nur wenig Stärke in der Leitbündelscheide nachweisen lässt, da die Pflanzen die durch Photosynthese gebildeten

Kohlenhydrate vollständig für die Biomassenproduktion (Wachstum) verbrauchen und keine Stärkedepots anlegen. In diesem Fall können abgeschnittene Blätter in eine Glucose-Lösung (500 mg gelöst in 15 ml Leitungswasser) eingestellt und belichtet werden. Die Glucose wird dem Blatt über den Transpirationsstrom zugeführt. Der Überschuss an Glucose wird zu Stärke umgesetzt und gespeichert, sodass der Stärkenachweis intensiver ausfällt.

Entsorgung. Das zur Chlorophyllextraktion verwendete, abgekühlte Methanol wird in den Behälter für flüssige organische Abfälle gegeben.

V 8.3.3 Nachweis des nichtzyklischen Elektronentransports in den Mesophyllchloroplasten von Maisblättern mithilfe der HILL-Reaktion

Kurz und knapp. Die Chloroplasten in den Mesophyll- und Bündelscheidenzellen der Maisblätter unterscheiden sich in ihrer Struktur (Chloroplastendimorphismus). Während die Chloroplasten der Mesophyllzellen ausgeprägte Granabezirke aufweisen, enthalten die Bündelscheidenchloroplasten kaum Granabezirke, sondern überwiegend Stromathylakoide. Folglich ist hier die Aktivität vom Photosystem II und dementsprechend des nichtzyklischen Elektronentransports sehr niedrig. Der folgende Versuch soll nun mithilfe von Nitroblautetrazoliumchlorid als HILL-Reagenz nachweisen, dass der nichtzyklische Elektronentransport überwiegend in den Chloroplasten der Mesophyllzellen abläuft.

Zeitaufwand. Vorbereitung: 15 min, Durchführung: ca. 45 min

Material:	Blatt einer mehr als 3 Wochen alten Maispflanze (*Zea mays*)
Geräte:	3 Bechergläser (2 x 100 ml, 1 x 25 ml), Messkolben (50 ml), Messzylinder (50 ml), Pipette (10 ml), Pipettierhilfe, Analysenwaage, pH-Meter, Spatel, Lichtmikroskop (evtl. mit Ölimmersionsobjektiv), Objektträger, Deckgläser, Rasierklinge (fabrikneu!), Pinzette, Pinsel, Pasteurpipette, Styropor oder Holundermark, Filter-papierstreifen
Chemikalien:	Kaliumdihydrogenphosphat (KH$_2$PO$_4$), Dinatriumhydrogenphosphat (Na$_2$HPO$_4$ · 12 H$_2$O), p-Nitroblautetrazoliumchlorid (pNBT), 1 molare Salzsäure (HCl), Saccharose, entmin. Wasser

Durchführung.

a) Herstellung des HILL-Reagenz: Für die Herstellung von 100 ml Puffer-Lösung bzw. HILL-Reagenz werden in einem 100-ml-Becherglas 544 mg KH$_2$PO$_4$ (0,04 mol/l), 716 mg Na$_2$HPO$_4$ · 12 H$_2$O (0,02 mol/l) sowie 100 mg Nitroblautetrazoliumchlorid (Konzentration 1 mg/ml Reagenz) in 100 ml ent-

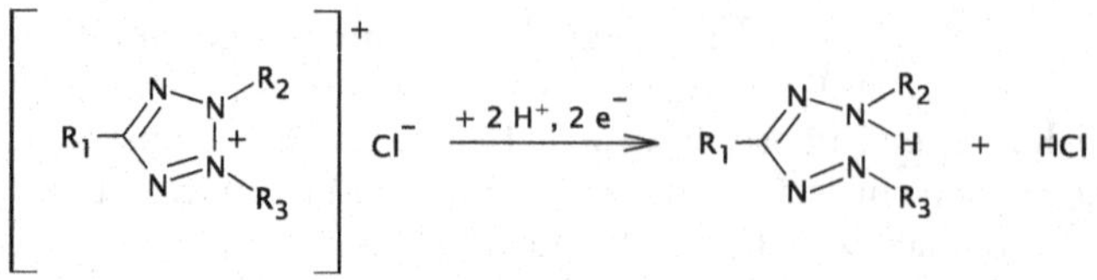

Abbildung 8.15 Reduktion von Tetrazoliumchlorid zu Formazan

min. Wasser gelöst. Anschließend stellt man mithilfe eines pH-Meters und unter Zugabe von 1 molarer HCl den pH-Wert des Puffers auf 6,2 ein. Das so hergestellte HILL-Reagenz kann im Kühlschrank gelagert werden.

Für den Versuch werden 140 mg Saccharose in 2 ml pNBT-haltigen Puffer gelöst.

b) Bereitung der Versuchsansätze: Von einem frischen, vital aussehenden Maisblatt werden dünne Querschnitte hergestellt, da nur so eine Unterscheidung in Mesophyll- und Bündelscheidenzellen möglich ist. Die Herstellung der Blattquerschnitte erfolgt entsprechend der Beschreibung von V 8.3.1. Die Schnitte werden mit einem feinen Pinsel oder mithilfe einer Pinzette auf einen Objektträger übertragen. Es empfiehlt sich, die Schnitte erst in einen Tropfen Wasser zu bringen und sie unter dem Mikroskop auf ihre Brauchbarkeit hin zu untersuchen.

Hat man ein geeignetes Objekt ausgewählt, belässt man es bei günstiger Vergrößerung (z. B. 400 x) im Beobachtungsfeld und stellt die Mikroskopierleuchte möglichst hell. Dann wird mit einer Pasteurpipette ein größerer Tropfen der vorbereiteten pNBT-Lösung neben das Deckglas gebracht und mit einem auf der gegenüberliegenden Deckglasseite angesetzten Filterpapierstreifen unter das Deckglas gesaugt. Das Objekt wird so allmählich vom HILL-Reagenz umspült. Sollte es dabei zu einem „Wegschwimmen" des Schnittes kommen, so muss dieser wieder in das Blickfeld geholt werden.

Anschließend wird das Präparat auf Farbveränderungen in den Chloroplasten hin beobachtet.

Beobachtung. Bereits nach wenigen Minuten haben sich die Chloroplasten der Mesophyllzellen schwärzlich verfärbt, während die Bündelscheidenchloroplasten noch grün erscheinen. Allmählich werden aber auch diese dunkler und nehmen eine graue Färbung an.

Erklärung. Die beobachtete Schwärzung der Chloroplasten beruht auf der Reduktion des wasserlöslichen, mehr oder weniger ungefärbten Tetrazoliumchlorids zu wasserunlöslichem, stark gefärbten Formazan (Abbildung 8.15). Eine Reaktion findet nur da statt, wo ein Reduktionsvermögen vorhanden ist. Das ist in den Chloroplasten der Mesophyllzellen der Fall. Hier ist durch das Vorkommen zahlreicher Granaregionen auch das hauptsächlich granaständige Photosystem II in ausreichendem Maß vorhanden, sodass der vollständige nichtzyklische Elektronentransport ablaufen kann. Dabei wird am Photosystem

II im Licht Wasser gespalten und Protonen, Elektronen sowie molekularer Sauerstoff freigesetzt. Die Elektronen durchlaufen die photosynthetische Elektronentransportkette und dienen letztlich zusammen mit Protonen der Reduktion von $NADP^+$ zu $NADPH + H^+$ (vgl. Abbildung 7.7). Das Nitroblautetrazoliumchlorid ist nun in der Lage, an die Stelle des $NADP^+$ zu treten bzw. die Elektronen schon früher aus der Elektronentransportkette abzuziehen.

In den Chloroplasten der Bündelscheidenzellen dominieren dagegen die Stromathylakoide, sodass – verursacht durch den „Mangel" an Photosystem II – hier nicht ständig Elektronen durch die Wasserspaltung in die Elektronentransportkette eingespeist werden. Infolgedessen ist auch die Versorgung des Nitroblautetrazoliumchlorids mit Elektronen reduziert, die Färbung der Bündelscheidenchloroplasten fällt so deutlich schwächer aus.

Bemerkung. Nitroblautetrazoliumchlorid ist gesundheitsschädlich beim Verschlucken oder bei Berührung mit der Haut. Kontaktstellen sollten deshalb sofort mit Wasser abgewaschen und beim Pipettieren unbedingt eine Pipettierhilfe benutzt werden.

V 8.3.4 Nachweis der unterschiedlichen Photosynthese-Effektivität von C3- und C4-Pflanzen

Kurz und knapp. C_4-Pflanzen können unter günstigen Umweltbedingungen (hohe Lichtintensität und hohe Temperatur) Kohlendioxid (CO_2) effektiver assimilieren als C_3-Pflanzen. Die vorgeschaltete Anreicherung von Kohlendioxid durch den C_4-Dicarbonsäurezyklus („CO2-Pumpe") führt dazu, dass die Kohlendioxidkonzentration in den Bündelscheidenzellen wesentlich höher ist als in der Interzellularenluft und in den Mesophyllzellen (s. Abschnitt 8.4). Das optimale Kohlendioxidangebot fördert in den Chloroplasten der Bündelscheidenzellen die Kohlendioxidfixierung durch die Ribulose-1,5-bisphosphat-Carboxylase/Oxygenase (Rubisco) im CALVIN-BENSON-Zyklus. Zugleich wird durch den Kohlendioxid-Konzentrierungsmechanismus der Prozess der Photorespiration stark vermindert.

Die unterschiedliche Photosynthese-Effektivität von C_3- und C_4-Pflanzen soll im folgenden Versuch demonstriert werden.

Zeitaufwand. Vorbereitung: ca. 25 min, Durchführung: ca. 60 min

Material:	frische Blätter einer C_3-Pflanze (z. B. Bohne, *Phaseolus vulgaris*; Erbse, *Pisum sativum* u. a.) und einer C_4-Pflanze (z. B. Mais, *Zea mays*, älter als 3 Wochen) mit etwa gleichen Blattspreitengewichten
Geräte:	6 Bechergläser (1 x 1000 ml, 1 x 100 ml, 4 x 25 ml), Messzylinder (50 ml), 3 Weithalserlenmeyerkolben (200 ml) mit passenden Gummistopfen, 2 Pipetten (1 x 2 ml, 1 x 10 ml), Pipettierhilfe, Spatel, Strohhalm, Pinzette, Rasierklinge, Lichtquelle (z. B. 200-W-Glühbirne), wassergefüllte Glasküvette als Wärmeschutz, Analysenwaage, weißer Karton
Chemikalien:	Natriumhydrogencarbonat ($NaHCO_3$), Bromthymolblau, entmin. Wasser

Durchführung.

a) Herstellung der Indikatorlösung: Zunächst stellt man eine 0,1 millimolare $NaHCO_3$- sowie eine 0,5 %ige Bromthymolblau-Lösung her. Dazu werden 8,4 mg $NaHCO_3$ in 1 l bzw. 0,1 g Bromthymolblau in 20 ml entmin. Wasser gelöst. Anschließend versetzt man 50 ml der $NaHCO_3$-Lösung mit 0,5 ml der Bromthymolblau-Lösung und bläst über einen Strohhalm so lange CO_2-reiche Atemluft in den Ansatz, bis die Lösung deutlich gelb gefärbt ist.

b) Bereitung der Versuchsansätze: In drei 25-ml-Bechergläser werden je 10 ml entmin. Wasser pipettiert. In eines der Gläser wird dann ein mit einer Rasierklinge frisch abgeschnittenes Maisblatt, in ein zweites Glas ein Bohnenblatt eingestellt. Das dritte Glas bleibt leer und dient der Kontrolle. Die Blätter sollten nach dem Abschneiden möglichst rasch in die wassergefüllten Bechergläser überführt werden. Außerdem ist durch Wiegen zu überprüfen, dass sie etwa gleiche Blattspreitengewichte aufweisen. Dafür wird das mit Wasser gefüllte Glas ohne Blatt auf die Waage gestellt und auf „Null" austariert. So kann das Blatt direkt eingebracht und sein Gewicht bestimmt werden, ohne dass es zu einer Austrocknung der Schnittfläche kommt.

Im Anschluss pipettiert man jeweils 10 ml der hergestellten Indikatorlösung in drei Weithalserlenmeyerkolben und stellt mithilfe einer Pinzette je eines der vorbereiteten Bechergläser (zwei mit Blattmaterial, eines ohne Blattmaterial) ein. Alle drei Ansätze werden sofort mit passenden, eventuell angefeuchteten Gummistopfen luftdicht verschlossen und auf einem weißen Untergrund in ca. 20 cm Entfernung vor einer hellen Lichtquelle positioniert. Als Wärmeschutz dient eine große, mit Wasser gefüllte Glasküvette.

Die Färbung der Indikatorlösung in den einzelnen Ansätzen wird über einen längeren Zeitraum in regelmäßigen Abständen beobachtet und protokolliert.

Beobachtung.

Beispielprotokoll:

Belichtungszeit [min]	Mais	Bohne	Kontrolle
0	gelb	gelb	gelb
15	grüngelb	gelb	gelb
30	grün	grüngelb	gelbgrün
45	blaugrün	grün	gelbgrün
60	blau	grün	gelbgrün
75	intensiv blau	blaugrün	gelbgrün

Erklärung. Zwischen der $NaHCO_3$-haltigen Indikatorlösung und dem Gasraum der luftdicht verschlossenen Erlenmeyerkolben stellt sich folgendes Gleichgewicht ein:

$$\text{Gasraum:} \qquad CO_2$$
$$\downarrow\uparrow \qquad\qquad\qquad\qquad (8.8)$$
$$\text{Lösung: } H_2O + CO_2 \leftrightarrow H_2CO_3 \leftrightarrow HCO_3^- + H^+$$

In den Probeansätzen entnehmen die belichteten, photosynthetisch aktiven Blätter CO_2 aus dem Gasraum und stören so das Gleichgewicht. Das System strebt nun danach, dieses Gleichgewicht wieder herzustellen, indem vermehrt Protonen (H^+) und Hydrogencarbonationen (HCO_3^-) über die Kohlensäure (H_2CO_3) zu CO_2 und H_2O reagieren. Durch dieses verstärkte Ablaufen der Rückreaktion sinkt jedoch die Protonenkonzentration der Indikatorlösung, und ihr pH-Wert (= der negative dekadische Logarithmus der Wasserstoffionenkonzentration) steigt an.

Der zugesetzte Indikator Bromthymolblau weist den Vorgang nach. Er schlägt bei pH 6 von gelb nach grün und bei pH 7,6 von grün nach blau um. Die Geschwindigkeit des Farbumschlags bzw. des pH-Anstiegs ist damit ein Maß für die Photosyntheseintensität, und der Grad des Farbumschlags bzw. des pH-Anstiegs ist ein Maß für die CO_2-Affinität. Der schnellere Farbumschlag beim Mais gegenüber der Bohne zeigt eine höhere Photosyntheseleistung der C_4- gegenüber der C_3-Pflanze an. Die zudem zu beobachtende intensivere Blaufärbung der Indikatorlösung des Mais-Ansatzes, die im Bohnen-Ansatz auch nach langem Stehenlassen nicht erreicht wird, beweist außerdem, dass die C_4-Pflanzen in der Lage sind, den CO_2-Vorrat stärker auszuschöpfen.

Die auch in der Kontrolle eintretende Farbveränderung beruht auf einer anfänglichen leichten Alkalisierung der Indikatorlösung, schreitet aber nicht weiter fort.

Bemerkung. Das Einblasen der Luft in die Indikator-Lösung über einen Strohhalm sollte durch den Lehrer erfolgen, jedoch so, dass die Schüler den Farbumschlag gut verfolgen können.

V 8.3.5 Kohlendioxid–Konkurrenz zwischen C_3– und C_4– Pflanzen

Kurz und knapp. Bei den C_3-Pflanzen ist der respiratorische Gaswechsel, d. h. Sauerstoffaufnahme und Kohlendioxidabgabe, im Licht wesentlich höher als im Dunkeln. Dies ist eine Folge der im Licht stattfindenden Photorespiration oder Lichtatmung (s. Abschnitt 8.3). Die Photorespiration wirkt der Photosynthese entgegen und vermindert ihre sichtbare Bilanz (apparente Photosynthese) beträchtlich. Außerdem geben dadurch C_3-Pflanzen an eine Atmosphäre, die nur wenig Kohlendioxid (CO_2) enthält, mehr Kohlendioxid ab als sie aufnehmen. Diejenige Kohlendioxid-Konzentration der Luft, bei der Kohlendioxid-Aufnahme und -Abgabe durch die Pflanze im Gleichgewicht stehen, wird als Kohlendioxid-Kompensationspunkt bezeichnet; er liegt für C_3-Pflanzen bei 40– 80 µl $\cdot$ l^{-1} (0,004–0,008 %) Kohlendioxid in der Atmosphäre. Demgegenüber besitzen C_4-Pflanzen eine sehr geringe Kohlendioxid-Abgabe im Licht. Dies ergibt sich aus der hohen Kohlendioxid-Anreicherung in den Bündelschei-denchloroplasten, die den Prozess der Photorespiration vermindert, sowie durch die Refixierung von gebildetem Kohlendioxid in den kranzartig angeord-neten Mesophyllzellen (s. Abschnitt 8.4). C_4-Pflanzen haben daher einen sehr niedrigen Kohlendioxid-Kompensationspunkt (etwa 5 µl $\cdot$ l^{-1} = „Low-Com-pensation-Point"-Pflanzen).

Dieses unterschiedliche Verhalten von C_3- und C_4-Pflanzen soll im folgenden Versuch demonstriert werden, indem eine C_3- und eine C_4-Pflanze in einem geschlossenen System um das im Gasraum vorhandene Kohlendioxid konkur-rieren.

Zeitaufwand. Vorbereitung: 20 min, Durchführung: sechs bis acht Tage Beleuchtung des Versuchsansatzes, 5 min für die Auswertung

Material:	Topfpflanzen von Bohne (*Phaseolus vulgaris*) und Mais (*Zea mays*). Die Pflanzen sollten mindestens 3-4 Wochen alt sein und einzeln oder in geringer Dichte unter stärkeren Lichtbedingungen angezo-gen werden (am besten in Hydrokultur)
Geräte:	2 große Einmachgläser mit fest verriegelbarem Deckel (2 l, Gum-midichtung und Schnappverschluss), alternativ gut dichtende Glas-glocken oder größere Exsikkatoren, 4 Bechergläser (100 ml), Licht-quelle (z. B. 200-W-Glühbirne), Alufolie
Chemikalien:	Leitungswasser, Nährlösung (z. B. Flori 9)

Durchführung. Zum Schutz gegen Algenansiedlung im Licht werden vier 100-ml-Bechergläser mit Alufolie umhüllt und etwa zu $^2/_3$ mit Nährlösung gefüllt. Dann entnimmt man zwei Bohnen- und zwei Maispflanzen mitsamt Wurzeln aus den Anzuchtsgefäßen und befreit sie (eventuell unter fließendem Wasser) von anhaftendem Substrat. Dabei sollte sehr vorsichtig vorgegangen werden, um die Wurzeln möglichst nicht zu beschädigen. Eventuell bei der Bohne noch vorhandene Speicherkotyledonen werden abgetrennt. Die so gereinigten Pflanzen werden sofort in je eines der vorbereiteten Bechergläser überführt. Jedes der beiden großen Einmachgläser wird nun mit einer Bohnen- und einer Maispflanze beschickt. Sollte dabei innerhalb eines Ansatzes die Blattspreitenfläche der Bohnenpflanze wesentlich größer sein als die der Maispflanze, so können zwei Maispflanzen in ein Becherglas eingestellt werden. Anschließend füllt man etwa 1 cm hoch Leitungswasser in beide Einmachgläser und verschließt einen Ansatz luftdicht. Blätter und Sprossachse der Pflanzen sollten dabei nicht allzu stark abgeknickt oder in das zur Befeuchtung eingefüllte Wasser am Gefäßboden eingetaucht werden. Der zweite Ansatz dient der Kontrolle und bleibt offen. Bei großen Pflanzen können anstelle der Einmachgläser Glasglocken zum Einsatz kommen. Der Rand der einen Glasglocke wird mit Vaseline eingestrichen und die Glocke dicht schließend auf eine plane Unterlage über die Pflanzen gestülpt. Bei der anderen Glasglocke wird durch Untersetzen zweier Holzstäbe o. Ä. für eine dauernde Belüftung gesorgt. Bei der Verwendung großer Exsikkatoren ist einer nach Beschickung mit Pflanzen dicht zu schließen, der andere bleibt geöffnet.

Beide Einmachgläser werden dann für mehrere Tage ständig (ohne Unterbrechung durch eine Dunkelphase) mit einer hellen Lichtquelle beleuchtet (z. B. in 30 cm Entfernung unter einer 200-W-Glühlampe) und beobachtet.

Beobachtung. Nach zwei bis drei Tagen sind im geschlossenen System bei der Bohnenpflanze erste Welkungserscheinungen besonders im Bereich der Primärblätter zu beobachten. Nach vier bis fünf Tagen welken auch jüngere Sprossteile oder fallen sogar ab. Nach sieben bis acht Tagen sind die Primärblätter vertrocknet, die übrigen Sprosselemente welk. Die Maispflanze des geschlossenen Systems zeigt dagegen keine bzw. nur minimale Welkungserscheinungen und sieht auch nach acht Tagen noch weitgehend vital aus. Eine nach zwei Tagen eventuell zu erkennende Braunfärbung der unteren, kleineren Blätter der Maispflanze kann – zeitlich etwas nach hinten versetzt – auch bei der Kontrollpflanze stattfinden und lässt sich somit nicht auf einen CO_2-Mangel zurückführen.

Die Pflanzen des nicht verschlossenen Kontrollansatzes weisen demgegenüber auch nach sieben Tagen keine nennenswerten Welkungserscheinungen auf. Beide, sowohl Mais- als auch Bohnenpflanze, sind vollständig grün und turgeszent.

Erklärung. Im geschlossenen System sinkt durch die photosynthetische Aktivität der eingestellten Pflanzen der CO_2-Gehalt der Einmachglas-Atmosphäre stetig ab. Wird schließlich eine CO_2-Konzentration erreicht bzw. unterschritten, die dem CO_2-Kompensationspunkt der C_3-Pflanzen (je nach Spezies und Temperatur bei 40–80 μl · l^{-1}, das sind ca. 10–20 % der CO_2-Konzentration der Atmosphäre) entspricht, so ist die C_3-Pflanze (Bohne) nicht mehr in der Lage, eine positive Nettophotosynthese zu betreiben. Statt CO_2 zu binden, gibt sie nun im Zuge der respiratorischen Prozesse (Photorespiration und mitochondriale Atmung) ständig CO_2 ab, sodass es letztlich zu einem Absterben der Pflanze kommt.

Demgegenüber verfügen die C_4-Pflanzen über einen wesentlich niedrigeren CO_2-Kompensationspunkt (etwa 5 μl · l^{-1}). Die C_4-Pflanze (Mais) ist demnach auch dann noch in der Lage, eine positive Nettophotosynthese zu betreiben, wenn die CO_2-Konzentration so gering ist, dass die C_3-Pflanze dies nicht mehr kann und nur noch atmet. Das während der respiratorischen Prozesse von der C_3-Pflanze abgegebene CO_2 kann daher von der C_4-Pflanze zum Aufbau organischer Substanz genutzt werden. So wächst im geschlossenen System die C_4- auf Kosten der C_3-Pflanze.

Anders verhält es sich im offenen System (Kontrollansatz). Das bei der Photosynthese verbrauchte CO_2 wird hier aus der Atmosphäre nachgeliefert, sodass die CO_2-Konzentration stets oberhalb des CO_2-Kompensationspunktes der C_3-Pflanze bleibt. Beiden Pflanzen ist es dadurch möglich, eine positive Nettophotosynthese zu betreiben, CO_2 in Form von organischer Substanz zu fixieren und zu wachsen.

V 8.4 Experimente zum Crassulaceen–Säurestoffwechsel (CAM)

V 8.4.1 Kohlendioxid–Fixierung der CAM–Pflanzen bei Nacht

Kurz und knapp. Im Gegensatz zu den übrigen Pflanzen nehmen die sogenannten CAM-Pflanzen (CAM = Crassulacean Acid Metabolism) nachts über die geöffneten Spaltöffnungen Kohlendioxid (CO_2) auf und bauen es in verschiedene Carbonsäureanionen, hauptsächlich Malat (= Salz der Äpfelsäure), ein. Diese werden dann in großen Vakuolen bis zum Morgen gespeichert. Durch den Abbau jener Carbonsäuren am Tag und die damit verbundene Freisetzung von Kohlendioxid ist es den CAM-Pflanzen möglich, die Spaltöffnungen tagsüber geschlossen zu halten und dennoch Photosynthese (Kohlendioxid-Assimilation) zu machen (s. Abschnitt 8.5).

Anhand des Farbumschlags einer Indikatorlösung soll im folgenden Versuch diese allein den CAM-Pflanzen zukommende Fähigkeit der nächtlichen Kohlendioxid-Fixierung nachgewiesen werden.

Zeitaufwand. Vorbereitung: 15 min, 12–24 h zum Dunkelstellen der Ansätze, Durchführung: 5 min zur Auswertung

Material:	frisch abgeschnittene Blätter einer C_3-Pflanze, z. B. Bohne (*Phaseolus vulgaris*) o. Ä. und einer CAM-Pflanze, z. B. Mauerpfeffer (z. B. *Sedum morganianum* oder andere *Sedum*-Arten)
Geräte:	6 Bechergläser (1 x 1000 ml, 1 x 100 ml, 4 x 25 ml), Messzylinder (50 ml), 3 Weithalserlenmeyerkolben (200 ml) mit passenden Gummistopfen, 2 Pipetten (1 x 2 ml, 1 x 10 ml), Pipettierhilfe, Spatel, Strohhalm, Pinzette, Rasierklinge, Dunkelsturz (Schrank, Alufolie o. Ä.), Analysenwaage
Chemikalien:	Natriumhydrogencarbonat ($NaHCO_3$), Bromthymolblau, entmin. Wasser

Durchführung.

a) Herstellung der Indikatorlösung gemäß V 8.3.4.

b) Bereitung der Versuchsansätze: Man gibt einige frisch geerntete *Sedum*-Blätter in ein 25-ml-Becherglas. In ein zweites Becherglas werden ein frisch abgeschnittenes Bohnenblatt sowie etwas entmin. Wasser eingefüllt, um ein vorzeitiges Welken des Blattes zu verhindern. Das dritte Becherglas dient der Kontrolle und enthält ebenfalls etwas entmin. Wasser, jedoch kein Blattmaterial. Die so vorbereiteten Bechergläser werden dann mithilfe einer Pinzette in drei Weithalserlenmeyerkolben eingestellt, in die man anschließend 10 ml der zuvor hergestellten Indikatorlösung pipettiert. Danach werden die Kolben mit passenden, eventuell leicht angefeuchteten Gummistopfen luftdicht verschlossen und für mindestens 14 Stunden dunkel gestellt.

Am nächsten Tag wird die Färbung der Indikatorlösung in den verschiedenen Ansätzen kontrolliert und verglichen.

Beobachtung. Im *Sedum*-Ansatz ist nach etwa 14 Stunden ein Farbumschlag der Indikatorlösung von gelb nach grün zu beobachten, während die Indikatorlösung im Bohnen- sowie im Kontrollansatz ihre ursprüngliche gelbe Farbe behalten hat.

Erklärung. Zwischen der $NaHCO_3$-haltigen Indikatorlösung und dem Gasraum der luftdicht verschlossenen Erlenmeyerkolben stellt sich ein Gleichgewicht zwischen CO_2, H_2CO_3 und HCO_3^- ein (s. V 8.3.4). Da die Bohnenpflanze bzw. das Bohnenblatt im Dunkeln nicht in der Lage ist, Photosynthese zu betreiben, ist es ihr auch nicht möglich, das vorhandene CO_2 zu fixieren. Sie verbraucht vielmehr den im Gasraum ebenfalls vorhandenen Sauerstoff (O_2) zum Abbau organischer Substanz. Sie atmet also und gibt dabei zusätzlich CO_2 in den Gasraum ab. Infolge dieser Erhöhung der CO_2-Konzentration im Gasraum läuft nun die Hinreaktion des in seinem Gleichgewicht gestörten Systems verstärkt ab, sodass es letztlich zu einer Erhöhung der Protonen (H^+)-Konzentration und damit einer Erniedrigung des pH-Werts der Indikatorlösung des Bohnenansatzes kommt. Da der zugesetzte Indikator Bromthymolblau unterhalb eines pH-Werts von 6 eine gelbe Färbung aufweist, ändert auch die fortschreitende Ansäuerung der Indikatorlösung nichts an ihrer gelben Farbe.

Der zu den CAM-Pflanzen gehörende Mauerpfeffer ist dagegen in der Lage, auch im Dunkeln CO_2 über die Spaltöffnungen aufzunehmen und in Form von Malat zu fixieren. Er entnimmt damit CO_2 aus dem Gasraum und stört so das Gleichgewicht. Das System strebt nun danach, dieses Gleichgewicht wieder herzustellen, indem vermehrt Protonen und Hydrogencarbonationen (HCO_3^-) über die Kohlensäure (H_2CO_3) zu CO_2 und H_2O reagieren. Durch dieses verstärkte Ablaufen der Rückreaktion sinkt jedoch die Protonenkonzentration der Indikatorlösung und ihr pH-Wert steigt an. Wird dabei der pH-Wert von 6 überschritten, schlägt die Bromthymolblaulösung von gelb nach grün um.

Dass der beobachtete Farbumschlag der Indikatorlösung des *Sedum*-Ansatzes tatsächlich auf der CO_2-Fixierung durch die Pflanze bzw. die *Sedum*-Blätter und nicht auf äußeren Einflüssen beruht, beweist dann die Kontrolle. Denn auch hier hat die Indikatorlösung ihre ursprünglich gelbe Farbe behalten.

Bemerkung. Das Einblasen der Luft in die Indikator-Lösung über einen Strohhalm sollte durch den Lehrer erfolgen, jedoch so, dass die Schüler den Farbumschlag gut verfolgen können.

V 8.4.2 Diurnaler Säurerhythmus der CAM–Pflanzen: pH–Bestimmung im Zellsaft

Kurz und knapp. CAM-(Crassulacean Acid Metabolism-)Pflanzen speichern nachts in ihren großen Vakuolen erhebliche Mengen an Säuren, vor allem Äpfelsäure, was mit einem starken Abfall des pH-Werts verbunden ist. Am Tag verschwindet die Säure wieder aus den Vakuolen, und damit verbunden steigt der pH-Wert an. Diesem „diurnalen Säurerhythmus" liegt ein zellphysiologischer und biochemischer Mechanismus zugrunde, der viele Ähnlichkeiten mit der C_4-Photosynthese hat. Im Gegensatz zum C_4-Typus sind hier jedoch Kohlendioxid-Fixierung in Form von Malat und Kohlenhydratsynthese nicht räumlich, sondern zeitlich getrennt (Zweizeitenprozess).

Der folgende Versuch soll die nächtliche Kohlendioxid-Fixierung und -Speicherung sowie den Abbau der gespeicherten Carbonsäuren mithilfe einer vergleichenden Messung der pH-Werte der Zellsäfte belichteter und dunkel gestellter CAM-Pflanzen demonstrieren.

Zeitaufwand. Vorbereitung: 10 min, 24 h zur Belichtung bzw. zum Dunkelstellen der Ansätze, Durchführung: ca. 20 min

Material:	Sedum-Pflanzen (z. B. Sedum morganianum o. a. Sedum-Art)
Geräte:	5 Bechergläser (1 x 1000 ml, 4 x 25 ml), Weithalserlenmeyer-kolben (200 ml) mit passendem Gummistopfen, 2 Glaspetrischalen, kleiner Faltenfilter, Pinzette, Lichtquelle (z. B. 200-W-Glühbirne), Dunkelsturz (Schrank o. Ä.), Trockenschrank, Knoblauchpresse, pH-Indikatorstäbchen für den sauren Bereich mit einer Abstufung von 0,5 pH-Einheiten (z. B. Acilit, Fa. Merck), evtl. elektrisches pH-Meter, Alufolie
Chemikalien:	10 %ige Natriumhydroxid-Lösung (NaOH-Lösung, Natronlauge), Wasser

Sicherheit. Natriumhydroxid-Lösung (w ≥ 5 %): C.

Durchführung.

a) Bereitung der Versuchsansätze: Von den Versuchspflanzen werden ausreichend Blätter abgenommen, sodass der Boden zweier Petrischalen und eines Weithalserlenmeyerkolbens damit einlagig bedeckt werden kann. Um eine homogene Mischung zu erhalten, sollten die geernteten Blätter vor der Überführung in die Versuchsgefäße vorsichtig durchmischt werden. Anschließend verteilt man die Blätter gleichmäßig auf die Petrischalen und den Erlenmeyerkolben, in den zusätzlich mithilfe einer Pinzette ein etwa zur Hälfte mit 10 %iger Natronlauge gefülltes 25-ml-Becherglas eingebracht wird. Zur Vergrößerung der Flüssigkeitsoberfläche kann ein kleiner Faltenfilter in die Lauge gestellt werden. Dann verschließt man den Kolben mit einem passenden Gummistopfen und stellt ihn ebenso wie eine der mit Blattmaterial gefüllten Petrischalen für 24 Stunden dunkel. Die zweite Petrischale mit Blattmaterial wird mit dem zugehörigen Deckel abgedeckt und mit einer hellen Lampe für 24 Stunden belichtet (Abstand zwischen Lampe und Petrischale z. B. 20–25 cm). Dabei ist darauf zu achten, dass der Deckel der Petrischale nicht luftdicht abschließt (eventuell Keile aus Alufolie anfertigen). Außerdem sollte ein zur Hälfte mit Wasser gefülltes 1000-ml-Becherglas als Wärmefilter zwischen Lampe und Petrischale aufgestellt werden.

b) Gewinnung der Presssäfte: Nach 24 Stunden Belichtung bzw. Dunkelstellen und unmittelbar vor der Gewinnung der Presssäfte werden die Blätter durch Erhitzen abgetötet. Dazu stellt man die Petrischalen sowie den Erlenmeyerkolben, aus dem man zuvor den Stopfen und das Becherglas mit Natronlauge entfernt hat, für ca. zehn Minuten in einen auf 105 °C vorgeheizten Wärmeschrank. Nach dieser Behandlung sollten die Blätter ein mehr oder weniger glasiges Aussehen haben. Sie werden dann mit einer Knoblauchpresse ausgepresst und der entstehende Presssaft in drei 25-ml-Bechergläsern aufgefangen. Um die pH-Werte der Presssäfte der verschiedenen Ansätze dabei nicht zu verfälschen, sollte die Knoblauchpresse nach jedem Pressvorgang gründlich ausgespült und abgetrocknet werden.

c) pH-Bestimmung der Zellsäfte: In die Presssäfte wird anschließend je ein pH-Indikatorstäbchen kurz eingetaucht oder mit einem Tropfen der jeweiligen Flüssigkeit befeuchtet. Anhand der Färbung des Indikatorstäbchens bzw. im Vergleich mit der beiliegenden Farbskala stellt man nun den (ungefähren) pH-Wert der Presssäfte der einzelnen Ansätze fest. Zur genauen pH-Wert-Bestimmung kann zusätzlich ein elektrisches pH-Meter verwendet werden.

Beobachtung. Den höchsten pH-Wert weist der Presssaft der belichteten Probe auf (z. B. pH 5). Eine Mittelstellung nimmt der dunkelgestellte Ansatz mit Natronlauge, d. h. ohne CO_2, ein (z. B. pH 4,4). Und den niedrigsten pH-Wert liefert der Presssaft der dunkelgestellten CO_2-haltigen Probe (z. B. pH 4).

Erklärung. In der Nacht fixieren die CAM-Pflanzen das über die Spaltöffnungen aufgenommene CO_2 durch Bindung an den primären Akzeptor Phosphoenolpyruvat (vgl. Abbildung 8.8). Das entstehende Oxalacetat wird weiter reduziert zu Malat (= Salz der Äpfelsäure), welches größtenteils in die Zellsaftvakuole überführt und dort gespeichert wird. Die Akkumulation von Äpfelsäure führt notwendigerweise zu einer nächtlichen Absenkung des pH-Werts des Zellsaftes. Entsprechend ist auch im Versuch der pH-Wert des Dunkelansatzes ohne CO_2-Entzug am niedrigsten.

Die Tatsache, dass auch in dem Dunkelansatz, in dem das Luft-CO_2 durch die zugesetzte Natronlauge entfernt wurde, ein relativ niedriger pH-Wert zu beobachten ist, lässt vermuten, dass hier das von den CAM-Pflanzen bei der Atmung freigesetzte CO_2 sofort refixiert und in Form von Malat abgespeichert wird. Dieser Ansatz bzw. diese Versuchsanordnung könnte somit die Anpassung der CAM-Pflanzen an extrem trockene Verhältnisse darstellen, die selbst nachts kein Öffnen der Spaltöffnungen gestatten.

Das in der Nacht gespeicherte Malat wird während des Tages wieder aus der Vakuole entlassen und CO_2 bei den verschiedenen Pflanzenarten auf jeweils unterschiedliche Weise freigesetzt. Dieses „endogene" CO_2 kann dann in den CALVIN-BENSON-Zyklus eingeschleust und zur Synthese von Kohlenhydraten genutzt werden. Der Ausfluss des Malats aus der Vakuole im Licht führt – wie auch die Versuchsbeobachtung zeigt – zu einer „Absäuerung" des Zellsafts und damit zu einem Anstieg des pH-Werts.

Bemerkung. Um eindeutige Unterschiede in den pH-Werten der jeweiligen Presssäfte zu erhalten, ist es nötig, die CAM-Pflanzen einem gewissen Trockenstress auszusetzen. Die Pflanzen sollten dazu 1–2 Wochen vor Versuchsbeginn nicht mehr gegossen werden.

Entsorgung. Die Natriumhydroxid-Lösung wird nach Neutralisation in den Ausguss gegeben.

V 8.4.3 Diurnaler Säurerhythmus der CAM-Pflanzen: Dünnschichtchromatographie der Säuren des Zellsaftes

Kurz und knapp. Der Versuch zeigt, dass die im Tag-Nacht-Rhythmus schwankenden pH-Werte des Zellsaftes einer CAM-Pflanze im Wesentlichen auf eine Konzentrationsänderung der Äpfelsäure und nicht einer anderen organischen Säure zurückzuführen sind. Dazu werden die organischen Säuren des Zellsaftes belichteter und dunkel gestellter CAM-Pflanzen mithilfe einer Dünnschichtchromatographie getrennt. Die Säuren können anhand von Vergleichssubstanzen identifiziert werden.

Zeitaufwand. Vorbereitung: 15 min, Durchführung: 15 min für Versuchsansatz, 2 h Laufzeit, 24 h Trocknungszeit, 5 min für Auswertung

Material:	*Sedum*-Pflanzen (z. B. *Sedum morganianum* o. a. *Sedum*-Art)
Geräte:	3 Bechergläser (1 x 1000 ml, 2 x 25 ml), 2 Glaspetrischalen, Pinzette, Lichtquelle (z. B. 200-W-Glühbirne), Dunkelsturz (Schrank o. Ä.), Trockenschrank, Knoblauchpresse, Alufolie, cellulosebeschichtete DC-Platte (20 x 20 cm; Achtung: für gute Trennergebnisse DC-Platten mit mikrokristalliner Cellulose, nicht mit faserförmiger Cellulose verwenden; z. B. Polygram CEL 400, Fa. Macherey-Nagel), Schere, Lineal, Glaskapillaren, Haartrockner, Trennkammer aus Glas, Filterpapier zum Auskleiden der Trennkammer
Chemikalien:	Essigsäureethylester (Ethylacetat), Ameisensäure, Bromphenolblau, Natriumformiat, je 5 %ige Lösungen von Äpfelsäure (Malat) und Zitronensäure (Citrat), entmin. Wasser

Sicherheit. Ameisensäure: C. Essigsäureethylester (Ethylacetat): F, Xi. Die Zubereitung des Laufmittels und die Chromatographie sollten aufgrund des stechenden Geruchs unter einem Abzug durchgeführt werden.

Durchführung.

a) Bereitung der Versuchsansätze und Gewinnung der Presssäfte: Die Presssäfte von belichteten und verdunkelten *Sedum*-Pflanzen werden nach der Vorschrift in V 8.4.2 gewonnen.

b) Vorbereitung der Trennkammer: Der Essigsäureethylester und die Ameisensäure werden mit entmin. Wasser im Verhältnis 100 : 40 : 10 gemischt, wobei die Gesamtmenge des Laufmittels der Kammergröße angepasst werden sollte. Außerdem ist zu berücksichtigen, dass sich die Startpunkte der zu trennenden Substanzen nach dem Aufstellen der DC-Platte in der Trennkammer über der Oberfläche des Laufmittels befinden müssen. Weiterhin werden dem Laufmittel 0,075 g Natriumformiat und 0,05 g Bromphenolblau hinzugefügt (diese

Mengenangaben sind auf etwa 200 ml Laufmittel abgestimmt). Das Laufmittel ist aufgrund des Zusatzes von Bromphenolblau gelb gefärbt. Bevor man das Laufmittel in die Trennkammer füllt, kleidet man deren Seitenwände mit Papier aus (eventuell mithilfe von Klebestreifen). Auf diese Weise soll die Luft der Kammer mit Laufmitteldämpfen angereichert werden (Kammersättigung).

c) Vorbereitung der DC-Platte: Man zieht mit Bleistift und Lineal vorsichtig eine Parallele zum unteren Rand der DC-Platte in 2 cm Abstand, wobei die Celluloseschicht der Platte auf keinen Fall beschädigt werden darf. Anschließend markiert man auf dieser Startgeraden leicht die Auftragspunkte der einzelnen Gemische und Substanzen, deren Abstand vom Rand und untereinander mindestens 2 cm betragen sollte. Die Markierungen können zur Unterscheidung der aufgetragenen Substanzen unterhalb der Startlinie mit Zahlen versehen werden (z. B. 1: Äpfelsäure, 2: Zitronensäure, 3: Mischung von Äpfelsäure und Zitronensäure, 4: Presssaft von belichteten *Sedum*-Blättern, 5: Presssaft von dunkel aufbewahrten *Sedum*-Blättern).

d) Beladen der Startpunkte: Man trägt die Substanzen mithilfe der Glaskapillaren durch kurzes, vorsichtiges Auftupfen auf und kann entweder durch Blasen oder durch Betätigen des Haartrockners verhindern, dass die Auftragspunkte zu sehr auseinanderlaufen. Bei den 5 %igen Vergleichssubstanzen reicht ein einmaliges Tupfen aus; bei den Presssäften sollte durch vier- bis fünfmaliges Auftupfen eine stärkere Konzentration der Säuren erreicht werden. Nach jedem Auftupfen sollte die aufgetragene Substanz mit dem Haartrockner getrocknet werden.

e) Chromatographie: Sind alle Substanzen aufgetragen, stellt man die DC-Platte in die Trennkammer, in die das Laufmittel gefüllt wurde. Außer an der Stelle, an der die DC-Platte an der rückseitigen Wand der Kammer lehnt, sollte keine Verbindung zu den mit Papier ausgekleideten Seitenwänden bestehen. Nach zwei Stunden ist die Laufzeit der Dünnschichtchromatographie beendet, und die DC-Platte wird zum Trocknen für 24 Stunden unter den Abzug gelegt.

Beobachtung. Die frisch der Trennkammer entnommene DC-Platte ist mehr oder weniger homogen gelb gefärbt. Erste Substanzflecken werden nach etwa einer Stunde sichtbar. Nach einem Tag zeigen sich gelb und blau gefärbte Flecken, die sich nun deutlich von dem blassblauen Hintergrund der DC-Platte abheben. Der gelbe Fleck der Äpfelsäure ist von der Startlinie aus weiter gewandert als der gelbe Fleck der Zitronensäure. Die Mischung von Äpfel- und Zitronensäure hat sich dementsprechend aufgetrennt. Die Presssäfte der *Sedum*-Pflanzen weisen gelbe Flecken in Höhe von Äpfelsäure und Zitronensäure auf. Bei dem Presssaft von verdunkelten *Sedum*-Blättern ist der Fleck auf Höhe der Äpfelsäure deutlich intensiver als bei belichteten Blättern. Dagegen weisen die Flecken in Höhe der Zitronensäure in aller Regel keinen merklichen Intensitätsunterschied auf.

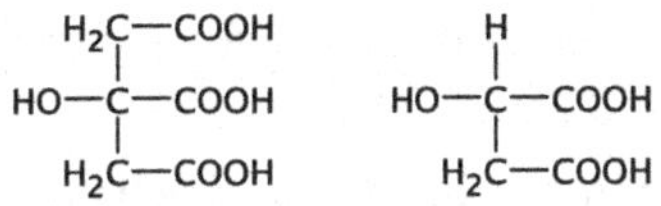

H₂C—COOH
|
HO—C—COOH
|
H₂C—COOH

Zitronensäure
(Citrat)

H
|
HO—C—COOH
|
H₂C—COOH

Äpfelsäure
(Malat)

Abbildung 8.16 Zitronensäure und Äpfelsäure

Erklärung. Durch die Kapillarwirkung der Celluloseschicht auf der DC-Platte wird das Laufmittel nach oben gesogen. Dabei gehen die aufgetragenen Stoffe je nach deren Polaritätsgrad unterschiedlich starke Wechselwirkungen mit der sich ausbildenden stationären sowie mobilen Phase ein: Stoffe mit relativ hoher Polarität (mit relativ vielen funktionellen Gruppen) wandern auf der DC-Platte weniger weit, während relativ unpolare Substanzen durch ihre bessere Löslichkeit in der unpolaren Phase weiter von der Startlinie weggetragen werden (s. V 7.2.3). Dadurch dass Äpfelsäure gegenüber Zitronensäure eine Carboxylgruppe weniger trägt, ist sie deutlich unpolarer und darum in der Chromatographie weiter gewandert (Abbildung 8.16).

Dass gleiche Substanzen unter denselben Bedingungen gleich weit wandern, macht man sich bei der Analyse unbekannter Stoffgemische zunutze, indem Vergleichslösungen von bekannter Zusammensetzung (in diesem Versuch handelt es sich um Äpfel- und Zitronensäurelösungen) durch ihre Entfernung von der Startlinie die Identität der Inhaltsstoffe der Gemische verraten, die gleich weit gewandert sind.

Die Sichtbarmachung der aufgetrennten Substanzen erfolgt mithilfe des pH-Indikators Bromphenolblau. Dieser schlägt in einem pH-Bereich zwischen 3,0 bis 4,6 von gelb nach blauviolett um. Die gelbe Färbung des Laufmittels und der frisch dem Laufmittel entnommenen DC-Platte ist auf den niedrigen pH-Wert der im Laufmittel enthaltenen Ameisensäure zurückzuführen. Da das Laufmittel infolge der Trocknung verdunstet, schlägt die Färbung der DC-Platte von gelb nach blassblau um. Auf der Platte erzeugen die Säuren einen gelben, stärker alkalische Substanzen (z. B. die Salze dieser Säuren) einen blauen Fleck. Die Farbintensität der Flecken korrespondiert mit der Stoffmenge der Substanz.

Die Presssäfte der *Sedum*-Pflanzen haben sich in mehrere blaue und in meist zwei intensive gelbe Flecken aufgetrennt. Letztere sind gleich weit gewandert wie die Vergleichssubstanzen Äpfelsäure und Zitronensäure. Daher kann man vermuten, dass im Presssaft beide genannten Säuren enthalten sind. Der Presssaft der dunkel gehaltenen *Sedum*-Pflanzen zeigt einen intensiver gefärbten Fleck auf Höhe der Äpfelsäure als der Presssaft der belichteten *Sedum*-Pflanzen. Dagegen ist der Fleck auf Höhe der Zitronensäure bei beiden Presssäften in aller Regel gleich intensiv gefärbt. Dies zeigt, dass die Absenkung des pH-Werts in verdunkelten *Sedum*-Pflanzen (vgl. V 8.4.2) auf einer selektiven Anreicherung der Äpfelsäure (Malat) beruht.

Bemerkung. Die entwickelte und getrocknete DC-Platte kann monatelang ohne merkliche Einbuße der Farbintensität aufbewahrt und vorgewiesen werden.

Entsorgung. Das Laufmittel wird nach der Chromatographie in einen Behälter für flüssige organische Abfälle gegeben.

V 8.5 Anpassung Höherer Pflanzen an die Lichtbedingungen

V 8.5.1 Vergleichende anatomische Untersuchung von Sonnen- und Schattenblättern

Kurz und knapp. Da sich die Standorte, an denen Höhere Pflanzen gedeihen, bezüglich der Lichtintensität um mehr als zwei Zehnerpotenzen unterscheiden können, ist es nicht verwunderlich, dass sich an die jeweiligen Standorte optimal angepasste Pflanzen, sogenannte Licht- und Schattenpflanzen, entwickelt haben. Jedoch ist die Mehrzahl der Höheren Pflanzen in der Lage, sich dem Faktor Licht in einem weiten Bereich anzupassen. In Abhängigkeit von den herrschenden Lichtbedingungen bilden sie beim Wachstum Licht- oder Schattenblätter aus, die sich in ihrem Bau deutlich voneinander unterscheiden. Dieses Phänomen soll in der folgenden Untersuchung gezeigt werden.

Zeitaufwand. Vorbereitung: 5 min, Durchführung: ca. 45 min

Material:	Licht- und Schattenblatt der Rotbuche (*Fagus sylvatica*) o. Ä. Die Lichtblätter erhält man am besten auf der Außenseite der Krone eines frei stehenden Baumes, die Schattenblätter auf der Innenseite der Krone, in Stammnähe
Geräte:	Lichtmikroskop, Objektträger, Deckgläser, Rasierklingen (fabrikneu!), Pinzette, Pinsel, Styropor oder Holundermark, Filterpapier
Chemikalien:	Leitungswasser

Durchführung.

1. Makroskopische Betrachtung der Blätter: Zunächst werden ein Licht- und ein Schattenblatt der Buche im Hinblick auf die äußere Gestalt miteinander verglichen. Dabei sollte unter anderem auf die Blattgröße bzw. die Fläche der Blattspreiten, die Blattdicke sowie eine eventuelle Behaarung der Blätter geachtet werden.

2. Mikroskopische Betrachtung der Blätter: Um die anatomischen Unterschiede zwischen Licht- und Schattenblättern noch genauer erfassen zu können, ist die Herstellung und der Vergleich möglichst dünner Blattquerschnitte sinnvoll. Die Herstellung der Schnitte wird in V 8.3.1 beschrieben. Die Schnitte werden mit einem feinen Pinsel oder mittels einer Pinzette in einem Tropfen Wasser auf einen Objektträger gebracht und mit einem Deckglas abgedeckt. Dabei sollte man das Deckglas mit der Kante neben dem Wassertropfen ansetzen und es langsam nach unten gleiten lassen, um die Bildung von Luftblasen zu vermeiden. Eventuell überschüssiges Wasser kann am Rand des Deckglases mit Filterpapier oder einem Papiertaschentuch abgesaugt werden.

Danach legt man die Objektträger unter ein Lichtmikroskop und vergleicht den Blattaufbau der verschiedenen Präparate.

Beobachtung. Schon bei der makroskopischen Betrachtung lassen sich Unterschiede hinsichtlich der Anatomie der Licht- und Schattenblätter feststellen. So sind die Lichtblätter der Buche kleiner, dicker und derber als Schattenblätter.

Die makroskopischen Beobachtungen finden auch im mikroskopischen Vergleich ihre Bestätigung. Die Lichtblätter bilden eine im Vergleich zu den Schattenblättern dickere Cuticula aus. Außerdem weisen sie eine ausgeprägte Differenzierung des assimilatorischen Gewebes (Mesophyll) in das ein- oder sogar mehrschichtige Palisadenparenchym, welches aus schmalen, säulenförmigen Zellen besteht, und das Schwammparenchym mit seinen mehr oder weniger unregelmäßig geformten Zellen auf. Das Palisadenparenchym der Schattenblätter ist dagegen nur einschichtig, und die Zellen wirken hier insgesamt etwas rundlicher und unregelmäßiger (Abbildung 8.17). Eine eindeutige Unterscheidung des Mesophylls in Schwamm- und Palisadenparenchym wird so erschwert.

Erklärung. Die beobachtete Differenzierung in Licht- und Schattenblätter ist eine ökologische Anpassung der Pflanze an die verschiedenen Lichtbedingungen. So bietet die dickere Cuticula und die kleinere Blattoberfläche den Licht-

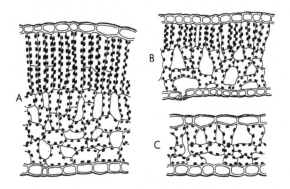

Abbildung 8.17 Querschnitte durch ein Laubblatt von *Fagus sylvatica*. A Sonnenblatt, B Blatt mittleren Lichtgenusses, C Schattenblatt

blättern an ihrem helleren und wärmeren Standort einen höheren Verdunstungsschutz. Die veränderte Blattmorphologie der Schattenblätter zielt auf eine Vergrößerung der dem Licht ausgesetzten Blattfläche ab; außerdem sparen diese an der Verfestigung der Zellwandstrukturen.

Untersuchungen auf zellulärer Ebene und im molekularen Bereich konnten zeigen, dass es sich bei den Anpassungen an unterschiedliche Lichtbedingungen um komplexe, ausbalancierte Veränderungen vieler struktureller und funktioneller Komponenten handelt. Dazu gehören vor allem Veränderungen der Blattanatomie, der Pigmentverhältnisse, der Enzym- und Redoxsysteme sowie der Thylakoidstruktur der Chloroplasten. Die Anpassung an das Schwachlicht ist primär eine Frage des ökonomischen Gebrauchs der zur Verfügung stehenden Lichtenergie.

9 Dissimilation I:
Glykolyse und Gärung
(anaerobe Dissimilation)

A Theoretische Grundlagen

9.1 Einleitung

Unter Dissimilation versteht man den Abbau organischer Verbindungen im Stoffwechsel zum Zweck der Energiegewinnung. Die bei der Photosynthese unter Aufwand von Lichtenergie aufgebauten energiereichen Moleküle dienen nur teilweise als Bausteine für das weitere Wachstum der Pflanze. Ein erheblicher Anteil der Assimilate wird vielmehr in geeigneter Form und an geeignetem Ort gespeichert, um zu gegebener Zeit unter Freisetzung von Energie wieder dissimiliert zu werden. Auf diese Weise kann die autotrophe Pflanze für eine begrenzte Zeit unabhängig von der Energiezufuhr durch die Sonne leben. Im Gegensatz zur Photosynthese ist die Dissimilation nicht auf bestimmte Gewebe beschränkt, sondern eine Eigenschaft aller lebenden Zellen.

Bei eukaryotischen Organismen sind Atmung und Gärung die beiden möglichen Formen der Dissimilation. Die am weitesten verbreitete Form der Dissimilation ist die aerobe Atmung oder Respiration. Sie ist ein Oxidationsprozess, bei dem Sauerstoff verbraucht wird und Kohlendioxid entsteht. Bei der Respiration werden die verwendeten Substrate unter beträchtlichem Energiegewinn vollständig zu energiearmen, anorganischen Endprodukten (CO_2, H_2O) abgebaut. Da dieser Abbauweg bei eukaryotischen Organismen nur unter Beteiligung von Sauerstoff zu beschreiten ist, spricht man auch von aerobem Stoffabbau. Ausschließlich prokaryotische Organismen vermögen den Atmungsstoffwechsel auch unter anaeroben Bedingungen durchzuführen. Diese sogenannte anaerobe Atmung wird hier jedoch nicht näher betrachtet.

Mit Gärung oder Fermentation bezeichnet man Wege des Energiestoffwechsels, die anaerob, d. h. ohne Sauerstoff als Oxidationsmittel, ablaufen. Anstelle der Elektronenübertragung in der Atmungskette auf Sauerstoff und damit der Wasserbildung treten andere Abfangreaktionen für [H] auf, welche relativ stark reduzierte organische Verbindungen liefern, die unter den gegebenen Bedingungen nicht weiter metabolisiert werden können. Je nach Art des Endprodukts der Gärung lassen sich verschiedene Typen von Gärungen unterscheiden. Während Mikroorganismen eine große Zahl verschiedener Gärungsprodukte liefern können, sind es bei den Höheren Pflanzen im Wesentlichen Ethanol und/ oder Lactat, die sich unter anaeroben Bedingungen in den Zellen akkumulieren.

9.2 Bereitstellung des Ausgangssubstrats

Glucose ist auch für pflanzliche Organismen der wichtigste Betriebsstoff der Energiegewinnung. Wichtigste Quelle für Glucose sind die Polysaccharide, vor allem Stärke. Für den enzymatischen Abbau von Stärke gibt es zwei Möglichkeiten: entweder den hydrolytischen oder den phosphorolytischen Weg. Stärke wird hydrolytisch durch Amylasen zum Disaccharid Maltose, Maltose ihrerseits durch das Enzym Maltase zu Glucose zerlegt. Dieser Abbauweg ist für die Mobilisierung von Reservestärke speziell in den Zellen der Speicherorgane charakteristisch. Der zweite Weg ist allerdings energetisch vorteilhafter. Hier wird Stärke unter Phosphorylierung am C_1 durch das Enzym Phosphorylase in Glucose-1-phosphat zerlegt. Die Energie der Glykosidbindung, die bei Amylaseeinwirkung als Wärme verloren geht, bleibt somit in der Phosphatbindung erhalten. Da somit der einleitende Phosphorylierungsschritt (s. u.) entfällt, wird ein ATP (Adenosintriphosphat) eingespart. Glucose-1-phosphat muss lediglich noch durch Phosphoglucomutase zu Glucose-6-phosphat umgeformt werden, um in die Glykolyse eingehen zu können. Außer den Kohlenhydraten können auch andere Stoffe, vor allem Lipide und in Samen auch Proteine, als Reserven für die Energiegewinnung dienen.

9.3 Glykolyse

Bei der Glykolyse (griech.: glykos = süß, lysis = Spaltung) wird ein Molekül Glucose in einer Reihe von enzymkatalysierten Reaktionen zu zwei Molekülen Brenztraubensäure (Anion: Pyruvat) abgebaut. Im Verlauf der sequenziellen Reaktionen der Glykolyse wird ein Teil der aus Glucose freigesetzten Energie in Form von ATP (Adenosintriphosphat) gespeichert. Die Glykolyse läuft im Cytoplasma (Cytosol) der Zelle ab. Sie kann sowohl in Gegenwart von Sauerstoff (aerob) als auch ohne Sauerstoff (anaerob) ablaufen. Der aerobe und anaerobe Abbau der Glucose unterscheiden sich erst in der Weiterverarbeitung des bei der Glykolyse entstandenen Pyruvats:

$$\text{Glucose} \xrightarrow{\text{Glykolyse}} \text{Pyruvat} \begin{array}{l} \nearrow \text{Gärungsprodukte (anaerob)} \\ \searrow CO_2 + H_2O \quad \text{(aerob)} \end{array} \qquad (9.1)$$

In der Abbildung 9.1 ist die komplette Reaktionsfolge der Glykolyse dargestellt. Wird in den Glykolyseweg freie Glucose eingeschleust, muss zunächst unter Verbrauch von ATP eine Phosphorylierung des Moleküls erfolgen, wobei Glucose-6-phosphat entsteht. Diese unter zellulären Bedingungen irreversible Reaktion wird durch Hexokinase (1) katalysiert. Phosphohexose-Isomerase (Phosphoglucoisomerase) (2) katalysiert die folgende reversible Isomerisierung von Glucose-6-phosphat, einer Aldose, zu Fructose-6-phosphat, einer Ketose. In der zweiten der beiden Aktivierungsreaktionen der Glykolyse katalysiert Phosphofructokinase-1 (3) die Übertragung einer Phosphatgruppe von ATP auf Fructose-6-phosphat, wobei Fructose-1,6-bisphosphat gebildet wird. Diese Reaktion ist unter zellulären Bedingungen ebenfalls irreversibel. Aufgrund der zweimaligen Investition von ATP wird diese erste Stufe der Glykolyse als „Investitionsstufe" bezeichnet. Das Enzym Fructose-1,6-bisphosphat-Aldolase (4), häufig einfach als Aldolase bezeichnet, katalysiert eine reversible Spaltung des C_6-Zuckerphosphats in zwei verschiedene Triosephosphate, Glycerinaldehyd-3-phosphat, eine Aldose, und Dihydroxyacetonphosphat, eine Ketose. Die Keto- und die Aldo-Form des Triosephosphats stehen über eine gemeinsame Enolform im Gleichgewicht (4 % D-Glycerinaldehyd-3-phosphat und 96 % Dihydroxyacetonphosphat), dessen Einstellung durch das fünfte Enzym der Glykolysesequenz, Triosephosphat-Isomerase (5), rasch besorgt wird.

Der Energiegewinn wird in der zweiten Stufe („Ertragsstufe") der Glykolyse ausbezahlt. Im ersten Schritt der zweiten Glykolysestufe reagiert Glycerinaldehyd-3-phosphat zu 1,3-Diphosphoglycerat (3-Phospho-D-glyceroyl-1-phosphat), katalysiert durch Glycerinaldehyd-3-phosphat-Dehydrogenase (6). Die Aldehydgruppe von Glycerinaldehyd-3-phosphat wird dehydriert, und zwar nicht, wie man erwarten könnte, zu einer freien Carboxygruppe, sondern zu einem Anhydrid aus Carbonsäure und Phosphorsäure. Dieses sogenannte Acylphosphat hat eine sehr hohe freie Standardenthalpie der Hydrolyse ($\Delta G^{o'} = -49,4$ kJ · mol^{-1}). Der Wasserstoffakzeptor ist das Coenzym NAD^+. Das Enzym Phosphoglycerat-Kinase (7) überträgt die energiereiche Phosphatgruppe von der Carboxygruppe des 1,3-Diphosphoglycerats auf ADP, wobei ATP und 3-Phosphoglycerat entstehen. Die Bildung von ATP durch eine Phosphatgruppenübertragung bezeichnet man als Substratkettenphosphorylierung. Das Enzym Phosphoglycerat-Mutase (8) katalysiert eine reversible Verschiebung der Phosphatgruppe zwischen C-3 und C-2 des Glycerins, wobei 2-Phosphoglycerat entsteht. Dann erfolgt die Umwandlung der energiearmen Esterbindung des Phosphatrests in eine energiereiche Bindung. Das geschieht durch Eliminierung von einem Molekül Wasser aus 2-Phosphoglycerat mithilfe des Enzyms Enolase (9). Das Produkt dieser Reaktion ist Phosphoenolpyruvat (PEP, Phosphoenolbrenztraubensäure). Obwohl 2-Phosphoglycerat und Phosphoenolpyruvat annähernd die gleiche Gesamtenergiemenge enthalten, führt die Abspaltung des Wassermoleküls aus 2-Phosphoglycerat zu einer Umverteilung von Energie innerhalb des Moleküls; die Änderung der freien Standardenthalpie bei der Hydrolyse der Phosphatgruppe ist deshalb für Phosphoenolpyruvat wesentlich größer ($\Delta G^{o'} = -61,9$ kJ · mol^{-1}) als für 2-Phosphoglycerat ($\Delta G^{o'} = -17,6$ kJ · mol^{-1}).

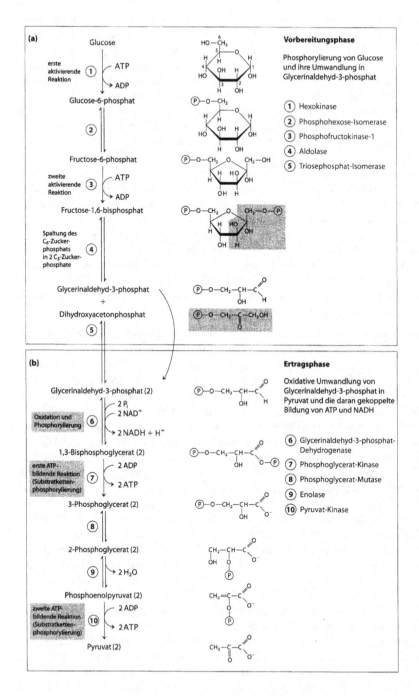

Abbildung 9.1 Reaktionsfolge der Glykolyse. Für jedes Glucosemolekül, das die erste Stufe (a) durchläuft, werden zwei Moleküle Glycerinaldehyd–3–phosphat gebildet, die beide die zweite Stufe (b) durchlaufen (nach NELSON und COX, 2009)

Der letzte Schritt der Glykolyse ist die von Pyruvat-Kinase (10) katalysierte Übertragung der Phosphatgruppe von PEP auf ADP. Bei dieser Reaktion, der zweiten Substratkettenphosphorylierung, tritt das Produkt Pyruvat zunächst in seiner Enolform auf. Die Enolform tautomerisiert jedoch rasch und nichtenzymatisch zur Ketoform des Pyruvats, der bei pH 7 vorherrschenden Form.

Die Nettoausbeute der Glykolyse beträgt zwei Moleküle ATP pro Molekül eingesetzter Glucose, da in der „Ertragsstufe" vier ATP-Moleküle gebildet werden, aber in der „Investitionsstufe" zuvor zwei ATP-Moleküle verbraucht wurden. In der zweiten Stufe wird ferner auch durch die Bildung von zwei Molekülen NADH + H$^+$ pro Molekül Glucose Energie konserviert. Damit erhält man die Gesamtgleichung für die Glykolyse:

$$\text{Glucose} + 2\,\text{NAD}^+ + 2\,\text{ADP} + 2\,\text{P}_i \rightarrow 2\,\text{Pyruvat} + 2\,\text{NADH} + 2\,\text{H}^+$$

$$+ 2\,\text{ATP} + 2\,\text{H}_2\text{O} \qquad (9.2)$$

Die weitere Verwendung des Produkts Pyruvat hängt vom Zelltyp und den Stoffwechselbedingungen ab.

Zwischen pflanzlichen Zellen und tierischen bzw. pilzlichen Zellen bestehen wesentliche Unterschiede in der Kompartimentierung und in der Enzymausstattung der Glykolyse. Während in tierischen Zellen die Glykolyse nur im Cytosol stattfindet, kann demgegenüber in pflanzlichen Zellen die Glykolyse sowohl im Cytosol als auch in den Plastiden ablaufen. Leukoplasten und Amyloplasten besitzen alle Enzyme der Glykolyse, die auch in tierischen Zellen bekannt sind. In den reifen ausdifferenzierten Chloroplasten fehlen allerdings die Phosphoglycerat-Mutase und die Enolase, sodass keine Umwandlung von Glycerat-3-phosphat (3-Phosphoglycerat) in Phosphoenolpyruvat (PEP) mehr stattfinden kann; PEP kann jedoch aus dem Cytosol in die Chloroplasten importiert und in diesen durch die Pyruvat-Kinase in Pyruvat umgewandelt werden. Eine wichtige Funktion der plastidären Glykolyse und anderer kataboler Prozesse besteht u. a. in der Bereitstellung von Kohlenstoff-Ausgangsverbindungen und Cofaktoren (ATP, NADH + H$^+$, NADPH + H$^+$) für anabole Biosynthesewege, wie z. B. für die Biosynthese von Fettsäuren, die in den Plastiden stattfindet. Der Kohlenhydrat-Stoffwechsel im Cytosol ist mit dem Kohlenhydrat-Metabolismus der Plastiden durch verschiedene Translokatoren (Carrier), die sich in der inneren Hüllmembran der Plastiden befinden, sehr eng verbunden. Eine zentrale Rolle spielt hierbei der Triosephosphat/Phosphat-Translokator (TPT), der in allen Plastidenformen vorhanden ist und der das Cytosol und das Plastidenstroma in der Mitte des Glykolysewegs verbindet.

Charakteristisch für die Glykolyse im Cytosol pflanzlicher Zellen ist, dass die Umwandlung von Fructose-6-phosphat in Fructose-1,6-bisphosphat durch zwei verschiedene Enzyme katalysiert werden kann. Zum einen kann diese Reaktion irreversibel durch das Enzym Phosphofructokinase-1 (PFK-1) erfolgen:

$$\text{Fructose-6-phosphat} + \text{ATP} \rightarrow \text{Fructose-1,6-bisphosphat} +$$

$$\text{ADP} \qquad\qquad (9.3)$$

Zum anderen wird dieser Reaktionsschritt auch von Pyrophosphat-Fructose-6-phosphat-Phosphotransferase (PFP) katalysiert, ein Enzym, das Pyrophosphat (PP_i) anstatt Adenosintriphosphat (ATP) als Phosphat-Donator verwendet. Diese Reaktion ist reversibel:

$$\text{Fructose-6-phosphat} + PP_i \rightleftharpoons \text{Fructose-1,6-bisphosphat} +$$

$$P_i \qquad\qquad (9.4)$$

Das Enzym PFP fehlt den Plastiden vollständig. Im Cytosol vieler pflanzlicher Gewebe kommt es aber in höheren Konzentrationen vor als die PFK. Tierische Zellen besitzen keine PFP, sodass diese Fructose-6-phosphat ausschließlich durch die von PFK-1 katalysierte, irreversible Reaktion zu Fructose-1,6-bisphosphat umwandeln.

Im Gegensatz zu tierischen Zellen besitzen pflanzliche Zellen im Cytosol außerdem eine nicht-phosphorylierende Glycerinaldehyd-3-phosphat-Dehydrogenase, die NADPH + H^+ und Glycerat-3-phosphat (3-Phosphoglycerat) jedoch kein ATP bildet. Das Enzym ist offenbar bei Mangel von ADP und anorganischem Phosphat (P_i) von Bedeutung.

Pflanzliche und tierische Zellen unterscheiden sich wesentlich in der Feinregulation der Glykolyse. Dies zeigt sich insbesondere an der Regulation der Phosphofructokinase-1. In tierischen Zellen ist dieses Enzym der wichtigste Regulator für den Fluss der Verbindungen durch den Glykolyseweg. Das Enzym wird durch ATP und Citrat gehemmt sowie durch ADP, AMP und vor allem durch die Regulatorverbindung Fructose-2,6-bisphosphat aktiviert. Das Produkt der PFK-Aktivität, Fructose-1,6-bisphosphat (F-1,6-bP), ist in tierischen Zellen zudem ein allosterischer Aktivator der Pyruvat-Kinase (Abbildung 9.2). Die PFK-Aktivität bestimmt damit den gesamten Glykolysefluss durch einen Produkt-Vorwärts-Mechanismus (Feed-Forward-Mechanismus bzw. Top-Down-Regulation).

Pflanzliche Zellen besitzen demgegenüber eine andere Regulation der Glykolyse. Sowohl im Cytosol als auch in den Plastiden wird die PFK-1 in erster Linie durch Phosphoenolpyruvat (PEP) inhibiert (Abbildung 9.2). Beide Isoformen werden außerdem durch anorganisches Phosphat (P_i) aktiviert (Abbildung 9.2). Letztlich reguliert also das Verhältnis PEP : P die PFK-Aktivität. Die Konzentrationen von PEP und Pi sind Indikatoren für den Zustand im unteren Teil des Glykolysewegs und für die Aktivität des Triosephosphat/Phosphat-Translokators (TPT). PEP ist außerdem Ausgangssubstanz für zahlreiche anabole Biosyntheseprozesse (Aminosäuren, Lignin, phenolische Verbindungen). In pflanzlichen Zellen existiert somit ein Rückkopplungsmechanismus (Feedback-Mechanismus bzw. Bottom-up-Regulation), der den Abbau von Hexosephosphat in der Glykolyse mit der Aktivität des TPT und mit dem Verbrauch von PEP koordiniert (Abbildung 9.2).

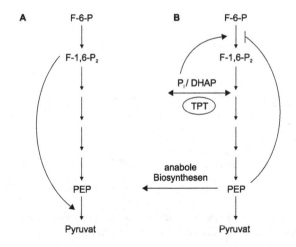

Abbildung 9.2 Regulation der Glykolyse in tierischen (A) und in pflanzlichen (B) Zellen (s. Text). TPT = Triosephosphat/Phosphat–Translokator; DHAP = Dihydroxyacetonphosphat

9.4 Gärung (anaerober Stoffwechsel)

Der Durchsatz durch die Glykolyse kann nur dann kontinuierlich erfolgen, wenn das gebildete NADH + H$^+$ ständig wieder zu NAD$^+$ zurückgebildet wird. Unter aeroben Bedingungen geschieht dies in den Mitochondrien in der Atmungskette. Unter anaeroben Bedingungen können die bei der Glykolyse gebildeten zwei NADH nicht in der Atmungskette umgesetzt werden. Bei Anaerobiose, d. h. bei Abwesenheit von Sauerstoff, dienen daher organische Substanzen als Wasserstoffakzeptoren. Durch deren Reduktion entstehen verhältnismäßig energiereiche Endprodukte. Man bezeichnet diese unvollständigen Oxidationen als Gärungen und benennt sie nach ihren Endprodukten, z. B. alkoholische Gärung nach dem entstehenden Ethanol, Milchsäuregärung nach der Milchsäure usw. Die meisten Gärungen führen über Pyruvat als Intermediat. Dieses entsteht in aller Regel auf dem Glykolyseweg. Die Gärungen sind anaerob, sodass Pyruvat oder ein Folgeprodukt als H-Akzeptor fungieren. Da wegen der energiereichen Endprodukte der Energiegewinn bei Gärungen, bezogen auf die umgesetzte Substratmenge, wesentlich geringer ist als bei der Atmung, verbrauchen Gärer weit größere Substratmengen, um ihren Energiebedarf zu decken. Die Gärungsprodukte werden häufig in großen Mengen ausgeschieden. Nach moderner Auffassung ist das entscheidende Merkmal einer Gärung (Fermentation) die Bildung relativ energiereicher Endprodukte; die Gärung erfolgt in den meisten Fällen in Abwesenheit von Sauerstoff und ent-

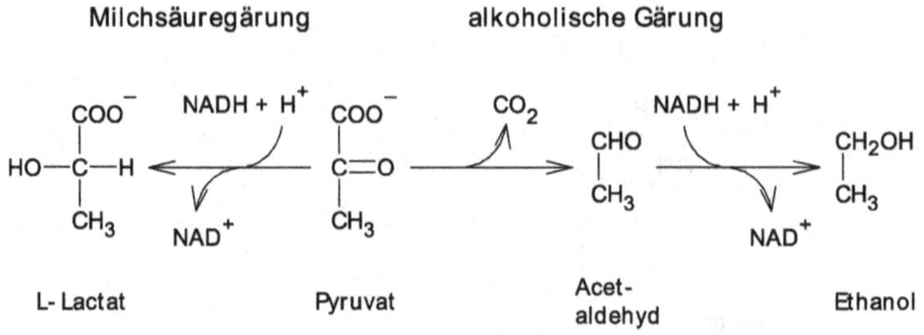

Milchsäuregärung   alkoholische Gärung

| L-Lactat | Pyruvat | Acet-aldehyd | Ethanol |

Abbildung 9.3 Milchsäuregärung (Reduktion von Pyruvat zu L–Lactat) und Alkoholische Gärung (CO$_2$–Abspaltung a us Pyruvat und Reduktion von Ethanal zu Ethanol)

spricht dann der ursprünglich von Louis PASTEUR (1822–1895, französischer Mikrobiologe) geprägten Definition („La fermentation, c'est la vie sans l'air").

Gärungen kommen vor allem bei niederen, heterotrophen Organismen vor (Hefen und anderen Pilzen, Bakterien). Fakultative Anaerobier sind sowohl zur aeroben als auch zur anaeroben Dissimilation befähigt, während die obligaten Anaerobier ausschließlich die anaerobe Dissimilation betreiben. Höhere Pflanzen sind generell auf ein hohes Sauerstoffangebot angewiesen, welches Stoffwechsel und Wachstum gewährleistet. Daher werden die meisten ihrer Gewebezellen schon durch eine kurzfristige Unterversorgung mit Sauerstoff irreversibel geschädigt. Dennoch gibt es Ausnahmen: Hierzu gehören viele Wasser- und Sumpfpflanzen, die Anpassungsmechanismen entwickelt haben, um den natürlicherweise im Wasser auftretenden Restriktionen in der Sauerstoffdiffusion und der damit verbundenen Unterversorgung ihrer Gewebe zu begegnen. Gleiches trifft auf die Samen vieler Höherer Pflanzen zu. Man nimmt an, dass ihre Schale während der Quellung undurchlässig für Sauerstoff ist und deshalb die Zellen der umschlossenen Gewebe auf anaerobe Dissimilation angewiesen sind.

Die alkoholische Gärung. Das Endprodukt dieser Gärung ist der Ethylalkohol (Ethanol). Zunächst wird das Pyruvat durch die Pyruvat-Decarboxylase decarboxyliert (Abbildung 9.3). Das Produkt dieser Reaktion, Acetaldehyd (Ethanal), wird durch die Alkohol-Dehydrogenase mithilfe des in der Glykolyse entstandenen Cosubstrats NADH + H$^+$ reduziert. Dabei entsteht Ethanol. Die alkoholische Gärung wird vor allem von Mikroorganismen, insbesondere von Hefepilzen, durchgeführt. Aber auch Gewebe Höherer Pflanzen sind unter Sauerstoffmangel (Anoxie) zur alkoholischen Gärung fähig. Für die bei Anoxie entscheidende Weichenstellung in Richtung Ethanolbildung aus Pyruvat sorgt die Pyruvat-Decarboxylase, die die Zerlegung in CO$_2$ und Acetaldehyd in irreversibler, stark exergonischer Reaktion katalysiert. Dieses cytosolische Enzym wird konstitutiv bei zahlreichen Pflanzenarten in recht unterschiedlichen Gewebezellen exprimiert. Seine Aktivität steigt signifikant mit einsetzender Anoxie an, z. B. beim Mais auf das Fünffache bis Neunfache.

Die Energieausbeute ist bei der alkoholischen Gärung gering. Sie beträgt, wie in der Glykolyse, zwei Mole ATP pro Mol Glucose. Zur Deckung ihres Energiebedarfs müssen die Hefen deshalb beträchtliche Zuckermengen umsetzen, was zu einer raschen Anreicherung des Alkohols führt. Daneben sind die Hefen allerdings auch zum oxidativen Abbau befähigt. So ist z. B. eine starke Zellvermehrung stets mit einem Umschalten auf den oxidativen Abbau verbunden (PASTEUR-Effekt). Die Hefen sind also fakultative Anaerobier. Die alkoholische Gärung wird vom Menschen in großem Umfang zur Herstellung alkoholischer Getränke und von reinem Alkohol genutzt. Bei der Bäckerhefe dient das bei der Gärung entstehende CO_2 zur Auflockerung des Teigs. Neuerdings werden Abfallkohlenhydrate (z. B. Zuckerrohr- und Maisabfälle) vergoren, um auf diesem Weg Alkohol zur technischen Nutzung (Treibstoff) zu gewinnen.

Milchsäuregärung. Diese ist typisch für den tierischen Muskel sowie für verschiedene Bakterien, vor allem Arten von *Lactobacillus* und *Streptococcus*; sie tritt auch bei Protozoen, Pilzen, Grünalgen und Höheren Pflanzen auf. Bei der reinen oder homofermentativen Milchsäuregärung wird das Pyruvat durch die Lactat-Dehydrogenase mithilfe des in der Glykolyse entstandenen Cosubstrats $NADH + H^+$ direkt zu Milchsäure bzw. deren Anion Lactat reduziert:

$$CH_3-CO-COOH + NADH + H^+ \xrightarrow{\text{Lactat-Dehydrogenase}}$$
$$CH_3-CHOH-COOH + NAD^+ \tag{9.5}$$

Wie bei der Ethanolbildung entstehen zwei Mole ATP pro Mol Glucose.

Bei der unreinen oder heterofermentativen Milchsäuregärung werden je nach Ausgangssubstrat neben Milchsäure noch Essigsäure, Ethanol und Kohlendioxid gebildet. Auch hierfür sind verschiedene Milchsäurebakterien verantwortlich. Die Milchsäurebakterien sind an der Säuerung der Milch und damit an der Erzeugung von Sauermilchprodukten (Joghurt, Käse) oder von Sauergemüse (Sauerkraut, Saure Bohnen) beteiligt. Die Säurebildung, die erst bei pH-Werten unter 4 zum Stillstand kommt, hemmt das Wachstum konkurrierender Mikroorganismen und schließlich auch die Vermehrung der Milchsäurebakterien (negatives Feedback). Hierdurch entsteht ein durchaus erwünschter Konservierungseffekt. Milchsäuregärung setzt auch in Wurzeln sowie in keimenden Samen einiger Spezies bei Sauerstoffmangel ein, wird aber dann relativ schnell von der beginnenden Alkoholgärung überlagert oder abgelöst.

Oxidation des Alkohols zu Essigsäure (Essigsäuregärung). Dem geringen Energiegewinn der alkoholischen Gärung entsprechend ist das Ethanol noch ein recht energiereiches Produkt, das von anderen Organismen unter Energiegewinn oxidativ weiter umgesetzt werden kann. Hier sind die Vertreter der Bakteriengattung *Acetobacter* zu nennen, die den Alkohol zu Essigsäure umsetzen. Die Reaktion umfasst im Einzelnen zwei Dehydrierungsschritte. Im ersten Schritt wird der Alkohol zu Acetaldehyd dehydriert. Unter Wasseranlagerung entsteht ein nicht beständiges Hydrat, das unter nochmaliger Dehydrierung in Essigsäure übergeht. Der abgespaltene Wasserstoff wird durch das NADH + H$^+$ auf die Atmungskette übertragen, wo die Endoxidation erfolgt. Diese auch als Essigsäuregärung bezeichnete Oxidation des Alkohols verläuft also aerob und würde somit, der PASTEURschen Definition gemäß, nicht zu den Gärungen zählen. Essigsäurebakterien sind in der Natur weit verbreitet. Unter natürlichen Bedingungen bilden diese Bakterien auf alkoholhaltigen Säften bei Zutritt von Luft eine Haut und oxidieren den Alkohol (Ethanol) zu Essigsäure. Da Essigsäurebakterien in der Luft vorkommen, wird jedes alkoholische Getränk, das in offenen Behältern aufbewahrt wird, irgendwann zu Essig.

Man stellt den klassischen Gärungen, die unter anaeroben Bedingungen ablaufen, solche Fermentationen, die unter Zuführung von Sauerstoff betrieben werden, als oxidative Gärungen oder unvollständige Oxidationen gegenüber. Sie spielen heute eine wichtige Rolle in der mikrobiellen Biotechnologie. Gärung und der gleichbedeutende Begriff Fermentation haben in der industriellen Mikrobiologie eine erweiterte Bedeutung erhalten. Zur Information über weitere biologisch wichtige Gärungen, z. B. die Propionsäuregärung, die Buttersäuregärung, die Ameisensäuregärung u. a., sei auf die Lehrbücher der Mikrobiologie verwiesen.

B   Versuche

V 9.1 Versuche zur Glykolyse

V 9.1.1 Entstehung von Reduktionsäquivalenten im Verlauf der Glykolyse

Kurz und knapp. Der folgende Versuch geht von gärenden Hefezellen aus, in denen der aus der Glykolyse stammende Wasserstoff durch den Farbstoff 2,6-Dichlorphenolindophenol (DCPIP) abgefangen wird. Diese Wasserstoffaufnahme von DCPIP wird durch den Farbumschlag des Farbstoffs DCPIP von blauviolett nach farblos sichtbar.

Zeitaufwand. Vorbereitung des Gärungsansatzes: 20 min, Durchführung: 2 min

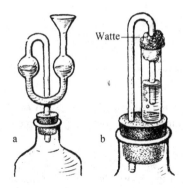

Abbildung 9.4 a handelsüblicher, b selbstgebauter Gäraufsatz (BUKATSCH, 1980)

Material:	Frischhefe oder Trockenhefe (*Saccharomyces cerevisiae*)
Geräte:	Erlenmeyerkolben (250 ml), auf den Erlenmeyerkolben passenden Stopfen mit Gäraufsatz, Spatel, Stativ, Stativklemme, Wasserbad (35 °C), Glasstab
Chemikalien:	8 %ige Rohrzucker-Lösung, 2,6-Dichlorphenolindophenol (DCPIP, TILLMANS-Reagenz)

Sicherheit. 2,6-Dichlorphenolindophenol (Festsubstanz): Xi.

Durchführung. Man füllt 100 ml Rohrzucker-Lösung in den Erlenmeyerkolben und verrührt darin 5 g Frisch- bzw. 1,4 g Trockenhefe mithilfe eines Glasstabs zu einer homogenen Suspension. Danach verschließt man den Erlenmeyerkolben mit dem Gäraufsatz, befestigt ihn an einem Stativ und stellt den Ansatz so lange ins Wasserbad (für etwa zehn Minuten), bis eine deutliche Gärungsaktivität erkennbar wird (Abbildung 9.4). Indem man für kurze Zeit den

NAD^+ $DCPIP \cdot H_2$ (farblos)

$NADH + H^+$ DCPIP (blauviolett)

Abbildung 9.5 Entfärbung von DCPIP

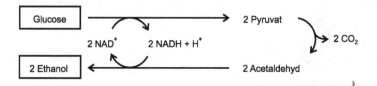

Abbildung 9.6 Vergärung von Glucose durch Hefe. (1) Pyruvat-Decarboxylase, (2) Alkohol-Dehydrogenase (nach Schlegel, 1992. Mit freundlicher Genehmigung von Thieme)

Gäraufsatz vom Erlenmeyerkolben abnimmt, fügt man dem Hefe-Zucker-Ansatz eine Spatelspitze DCPIP bei, sodass sich der Ansatz blauviolett färbt. Anschließend erfolgt die Beobachtung.

Beobachtung. Schon nach kurzer Zeit verliert der Ansatz seine blauviolette Farbe und nimmt wieder die ursprüngliche Färbung an.

Erklärung. Bei DCPIP handelt es sich um einen Redoxfarbstoff (Elektronenakzeptor), der den aus der Glykolyse stammenden Wasserstoff von NADH + H⁺ übernimmt, noch bevor die Reduktion des Ethanals zu Ethanol stattfinden kann. Durch die Aufnahme von Wasserstoff wird das blauviolette DCPIP in seine farblose Leuko-Form (DCPIP·H_2) überführt (Abbildung 9.5).

Der Durchsatz durch die Glykolyse kann dann kontinuierlich erfolgen, wenn das gebildete NADH + H⁺ ständig wieder zu NAD⁺ zurückgebildet wird. Unter anaeroben Bedingungen kann das bei der Glykolyse gebildete NADH + H⁺ nicht in der Atmungskette umgesetzt werden. Bei den echten Gärungen wird der Wasserstoff auf organische H-Akzeptoren übertragen, die dadurch reduziert und als Gärungsprodukte häufig in großen Mengen ausgeschieden werden. Bei der alkoholischen Gärung wird Pyruvat zu Ethanal (Acetaldehyd) decarboxyliert und dieses dann mithilfe des bei der Dehydrierung des Glycerinaldehyd-3-phosphats gebildeten NADH + H⁺ zu Ethanol reduziert (Abbildung 9.6).

V 9.2 Alkoholische Gärung

V 9.2.1 Substratabhängigkeit der alkoholischen Gärung

Kurz und knapp. Die meisten Prozesse der Dissimilation (z. B. die Atmung, die alkoholische Gärung, in vielen Fällen auch die Milchsäuregärung) beginnen mit der Glykolyse. Mikroorganismen vergären nur diejenigen Kohlenhydrate, die in die Zellen aufgenommen und dort enzymatisch angegriffen werden können. Disaccharide werden erst nach vorausgegangener Spaltung vergoren.

Im folgenden Versuch soll die Vergärbarkeit verschiedener Kohlenhydrate durch gärende Hefepilze am Beispiel von Glucose (Traubenzucker, s. Abbildung 1.2), Fructose (Fruchtzucker, s. Abbildung 1.2), Lactose (Milchzucker, s. Abbildung 1.4), Saccharose (Rohrzucker, s. Abbildung 1.2) und anhand von zuckerhaltigen bzw. -freien Getränken (z. B. Cola und zuckerfreie Cola) demonstriert werden.

Zeitaufwand. Ansetzen der Lösungen: 15 min, Wartezeit: 15–30 min

Material:	Frischhefe oder Trockenhefe (*Saccharomyces cerevisiae*)
Geräte:	6 kleine Bechergläser (je 50 ml), Becherglas (100 ml), 6 Gärröhrchen nach EINHORN (Abbildung 9.7), Glaspipette (10 ml), Glasstab, 3 Petrischalen, Bunsenbrenner, Vierfuß mit Ceranplatte, Siedesteinchen, Wärmeschrank
Chemikalien:	10 %ige Lösungen von Glucose, Fructose, Lactose und Saccharose, je 25 ml zuckerhaltige Cola (entspricht etwa einer 10 %igen Saccharoselösung) und zuckerfreie Cola („Light"- oder „Zero"-Getränk)

Durchführung. Zunächst werden in vier kleinen Bechergläsern 25 ml der jeweiligen Zuckerlösung hergestellt. Um die Kohlensäure zu entfernen, wird die zuckerhaltige und zuckerfreie Cola für etwa 15 Minuten mit dem Bunsenbrenner erhitzt und anschließend auf handwarme Temperatur abgekühlt. In das größere Becherglas wiegt man 15 g Frischhefe oder 4,2 g Trockenhefe ein, fügt 35 ml warmes Wasser hinzu und verrührt den Ansatz zu einer homogenen Suspension. Nachdem jede Zuckerlösung bzw. jedes Colagetränk mit 5 ml Hefesuspension versetzt wurde, füllt man in jedes Gärröhrchen so viel des Gemisches ein, dass der geschlossene Schenkel der Gärröhrchen vollständig gefüllt und frei von Luftblasen ist. Dann werden die Gärröhrchen mit untergestellten Petrischalenhälften, die die eventuell überlaufende Flüssigkeit auffangen sollen, in den auf 40 °C vorgeheizten Wärmeschrank gestellt. Nach 15–30 Minuten kann die Auswertung erfolgen.

Beobachtung. Bereits nach wenigen Minuten kann man im Glucose-, Fructose- und Saccharose-Ansatz sowie im Gärröhrchen mit zuckerhaltiger Cola beobachten, wie sich im geschlossenen Schenkel der Gärröhrchen eine Gasphase bildet, die das Hefe-Zucker-Gemisch aus den

Abbildung 9.7 Gärröhrchen nach EINHORN

Öffnungen der Gärröhrchen presst. Die Ansätze mit Lactose und der zuckerfreien Cola zeigen dagegen keine Veränderung.

Erklärung. Unter den Temperaturbedingungen des Wärmeschranks beginnen die Hefepilze bei geeignetem Substrat intensiv zu gären, wobei gasförmiges Kohlendioxid (CO_2) gebildet wird. Dabei kann man davon ausgehen, dass mit einer höheren Gärungsaktivität der Hefe eine verstärkte CO_2-Entstehung einhergeht; dementsprechend ist die Gärungsaktivität im Glucose- und Fructose-Ansatz besonders hoch. Der Grund hierfür liegt in der Tatsache, dass Hefe die Monosaccharide Glucose und Fructose zur direkten Gärung verwerten kann. Saccharose wird durch eine b-Fructofuranosidase, die auch Saccharase oder (früher) Invertase heißt, in Glucose und Fructose gespalten. Das Enzym ist an der äußeren Oberfläche der Zellmembran lokalisiert. Die Hexosen werden durch ein konstitutives Hexose-Transportsystem in die Zelle eingeschleust und hier mit ATP phosphoryliert und weiter metabolisiert.

Zur Spaltung des Disaccharids Lactose in die Bestandteile Glucose und Galactose ist das Enzym β-Galactosidase notwendig, welches jedoch den Hefezellen fehlt. Das Vergären von Lactose ist Hefepilzen aus diesem Grund nicht möglich. Auch die Süßstoffe der zuckerfreien Cola (z. B. Aspartam, Cyclamat u. a.) sind – nicht zuletzt aufgrund ihres niedrigen Energiepotenzials – ungeeignete Substrate für die Gärung.

Bemerkung. Es empfiehlt sich, die Lösungsansätze von Fruchtzucker und Rohrzucker etwas zu erwärmen, um eine schnellere Lösung dieser Zucker zu erreichen.

Das Enzym β-Galactosidase kommt bei Milchsäurebakterien, vielen Darmbakterien wie *Escherichia coli* und speziellen in der Milch vorkommenden Hefearten wie *Klyveromyces lactis* vor. Lactose wird von Säugetieren gebildet und mit der Milch ausgeschieden bzw. mit dieser aufgenommen.

Neben dem Disaccharid Lactose kann die Bäckerhefe unter den Monosacchariden auch keine Pentosen (Zucker mit fünf C-Atomen) wie Xylose oder Arabinose vergären. Gegenwärtig wird an der Erzeugung genetisch veränderter *Saccharomyces*-Stämme gearbeitet, die auch Pentosen als Gärungssubstrat akzeptieren. Dies würde die Hefe in die Lage versetzen, bei aufbereiteten Holzabfällen neben der aus der Cellulose stammenden Glucose auch die in den Hemicellulosen vorkommenden Pentosen zur Erzeugung von Industrieethanol vergären zu können.

V 9.2.2 Entstehung von Kohlendioxid bei der alkoholischen Gärung

Kurz und knapp. Bei der Bildung von Ethanol (Ethylalkohol) durch anaeroben Abbau von Glucose wird Kohlendioxid (CO_2) freigesetzt:

$$C_6H_{12}O_6 \rightarrow 2\,C_2H_5OH + 2\,CO_2 \qquad (9.6)$$

Im folgenden Versuch soll die Bildung von Kohlendioxid bei der alkoholischen Gärung von Hefepilzen nachgewiesen werden.

Zeitaufwand. Vorbereitung und Durchführung: 25 min

Material:	Frischhefe oder Trockenhefe (*Saccharomyces cerevisiae*)
Geräte:	Erlenmeyerkolben (500 ml) mit passendem, durchbohrtem Stopfen mit Gäraufsatz, weiterer Stopfen, Erlenmeyerkolben (100 ml) mit passendem Stopfen, Wasserbad (35 °C), Faltenfilter
Chemikalien:	0,05 mol/l Bariumhydroxid (Ba[OH]₂), Rohrzucker (Saccharose)

Sicherheit. Bariumhydroxid (Festsubstanz, Lösungen w $\geq$ 10 %): C. In der hier angewendeten geringen Konzentration ist die Bariumhydroxid-Lösung nicht kennzeichnungspflichtig.

Durchführung. Man suspendiert in dem größeren Erlenmeyerkolben 10 g Frischhefe oder 2,8 g Trockenhefe in 250 ml entmin. Wasser und fügt 60 g Zucker hinzu. Der Erlenmeyerkolben wird anschließend mit einem Stopfen verschlossen, in welchen ein mit entmin. Wasser gefüllter Gäraufsatz eingelassen ist. Der Gärungsansatz wird für 15 Minuten in ein 35 °C warmes Wasserbad gestellt. Währenddessen filtriert man etwa 50 ml Ba(OH)₂-Lösung in den kleineren Erlenmeyerkolben, der sofort mit einem Stopfen verschlossen wird. Sobald die Hefepilze eine deutliche Gärungsaktivität zeigen, nimmt man kurz den Gäraufsatz mitsamt Stopfen vom Erlenmeyerkolben ab und ersetzt das entmin. Wasser aus dem Gäraufsatz durch etwas Ba(OH)₂-Lösung. Danach platziert man den Gäraufsatz wieder auf den Erlenmeyerkolben und verschließt den Gäraufsatz leicht mit einem weiteren Stopfen.

Beobachtung. Die Gärungsaktivität erkennt man am Entweichen von Gasblasen durch das entmin. Wasser des Gäraufsatzes. Die Ba(OH)₂-Lösung in dem Gäraufsatz trübt sich sofort durch einen weißen Niederschlag.

Erklärung. Bei der alkoholischen Gärung erfolgt beim Übergang von Pyruvat zu Acetaldehyd (Ethanal) eine durch das Enzym Pyruvat-Decarboxylase katalysierte Abspaltung von CO_2 (s. Abbildung 9.3 und Abbildung 9.6), das durch den sich im Ansatz bildenden Überdruck unter Blasenbildung entweicht. Wird der Gäraufsatz mit Ba(OH)₂-Lösung gefüllt, findet eine Reaktion von Ba(OH)₂ mit dem aufsteigenden CO_2 zu schwer löslichem Bariumcarbonat ($BaCO_3$) statt, das als weißer Niederschlag ausfällt:

$$CO_2 + Ba(OH)_2 \rightarrow BaCO_3 \downarrow + H_2O \tag{9.7}$$

Entsorgung. Die Bariumhydroxid-Lösung wird in einen Behälter für anorganische Abfälle (mit Schwermetallen) gegeben.

V 9.2.3 Nachweis von Acetaldehyd als Zwischenprodukt der alkoholischen Gärung

Kurz und knapp. Im folgenden Versuch wird der bei der alkoholischen Gärung von Hefepilzen entstehende Acetaldehyd unter dem Einfluss von zugegebenem Sulfit blockiert. Der „blockierte" Acetaldehyd kann anschließend freigesetzt und als solcher nachgewiesen werden.

Zeitaufwand. Vorbereitung und Durchführung: 40 min

Material:	Frischhefe oder Trockenhefe (*Saccharomyces cerevisiae*)
Geräte:	2 Demonstrationsreagenzgläser mit passenden, durchbohrten Stopfen, 2 Gäraufsätze, Stativ, 2 Stativklemmen, Wasserbad (35 °C)
Chemikalien:	10 %ige Saccharose-Lösung (Rohrzucker), Natriumsulfit (Na$_2$SO$_3$), 5 %ige Piperidin-Lösung, 5 %ige Nitroprussidnatrium-Lösung

Sicherheit. Nitroprussidnatrium (Natrium-Nitroprussiat) Festsubstanz und Lösungen $w \geq 25$ %: T; Lösungen $3\% \leq w < 25$ %: Xn. Piperidin: F, C; Lösungen $w \geq 5$ %: T. Aufgrund der Giftigkeit beider Substanzen müssen Pipettierhilfen benutzt und Schutzbrillen getragen werden.

Durchführung. Zunächst werden zwei Demonstrationsreagenzgläser mit je 50 ml Zuckerlösung beschickt, wobei in einem der beiden Ansätze zusätzlich 0,1 g Natriumsulfit (Na$_2$SO$_3$) gelöst wird. Anschließend suspendiert man in beiden Ansätzen je 5 g Frischhefe oder 1,4 g Trockenhefe und platziert beide Reagenzgläser mithilfe eines Stativs und zweier Stativklemmen in einem auf 35 °C vorgeheizten Wasserbad. Nach 30 Minuten entnimmt man jedem Reagenzglas 5 ml Flüssigkeit, die in zwei leere Reagenzgläser gefüllt wird. Beide Ansätze werden mit 1 ml Nitroprussidnatrium-Lösung und 2 ml Piperidin versetzt.

Beobachtung. Nach Zugabe von Nitroprussidnatrium und Piperidin färbt sich der Ansatz mit Natriumsulfit blau bis blauviolett, während die Kontrolllösung unverändert, d. h. orange gefärbt, bleibt.

Erklärung. Der Gärungsansatz ohne Natriumsulfit zeigt keine Farbveränderung, da der bei der Decarboxylierung von Pyruvat entstehende Acetaldehyd

$$H_3C-\overset{\overset{\displaystyle H}{|}}{C}\diagdown_{\displaystyle O} + 2\,Na^+ + SO_3^{2-} + H_2O \;\rightleftharpoons\; \left[H_3C-\overset{\overset{\displaystyle H}{|}}{\underset{\underset{\displaystyle SO_3^-}{|}}{C}}-OH \right]^- + 2\,Na^+ + OH^-$$

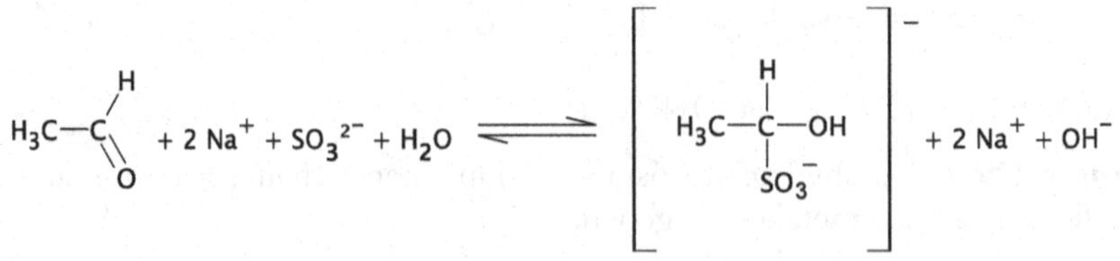

Abbildung 9.8 Blockierung von Acetaldehyd durch Natriumsulfit

durch Aufnahme von Wasserstoff zu Ethanol reduziert wird.

Im Ansatz mit Natriumsulfit wird der bei der Gärung als Zwischenprodukt entstehende Acetaldehyd blockiert (Abbildung 9.8).

Bei Zugabe von Nitroprussidnatrium und Piperidin kommt es zur Rückbildung von Acetaldehyd und Formierung eines blauen bis blauvioletten Farbkomplexes (Reaktion nach RIMINI).

Bemerkung. Die Gärung in Gegenwart von Sulfit ist in der Industrie zur Erzeugung von Glycerin eingesetzt worden (Gärungsumlenkung durch Sulfit). Die Glycerinproduktion beruht darauf, dass Acetaldehyd abgefangen wird und daher nicht als Wasserstoffakzeptor fungieren kann. An die Stelle von Acetaldehyd tritt als Wasserstoffakzeptor das Dihydroxyacetonphosphat; es wird zu Glycerin-3-phosphat reduziert und zu Glycerin dephosphoryliert. Zu Ehren des deutschen Biochemikers Carl NEUBERG (1877–1956) wird dieser Stoffwechselweg als 2. NEUBERGsche Vergärungsform bezeichnet und der normalen alkoholischen Gärung (der 1. NEUBERGschen Vergärungsform) gegenübergestellt.

Bei Zusatz von alkalischen Verbindungen ($NaHCO_3$, Na_2HPO_4) zum Gäransatz kommt es ebenfalls zur Bildung von Glycerin, weil Acetaldehyd zu Ethanol und Acetat dismutiert und somit die Funktion als Wasserstoffakzeptor nicht erfüllen kann (3. NEUBERGsche Vergärungsform).

Acetaldehyd ist auch ein Zwischenprodukt des Ethanolabbaus in der Leber. In Verknüpfung mit bestimmten biogenen Aminen (z. B. Dopamin, Tryptamin) kann Acetaldehyd halluzinatorisch wirksame Stoffe bilden, die möglicherweise für die Entstehung der Alkoholsucht mitverantwortlich sind.

Entsorgung. Die Lösungen werden in einen Behälter für flüssige organische Abfälle gegeben.

V 9.2.4 Nachweis von Ethanol durch Verbrennen

Kurz und knapp. Bei folgendem Nachweis von Ethanol macht man sich zunutze, dass Ethanol zusammen mit Borsäure und Schwefelsäure zu Borsäureethylester reagiert, welcher mit grün gesäumter Flamme verbrennt.

Zeitaufwand. Vorbereitung und Durchführung: 10 min

Geräte:	2 kleine Glasschälchen (∅ ca. 5 cm), Spatel, Streichhölzer
Chemikalien:	mind. 50 %iges Alkoholgetränk (z. B. gekaufter Schnaps, Rum, Destillat), 60 %iges Labor-Ethanol, 10 %ige Borsäurelösung, konz. Schwefelsäure (H_2SO_4)

Sicherheit. Borsäure (Lösungen w ≥ 5,5 %): T; Schülerversuche sind mit Borsäurelösungen in der hier erforderlichen Konzentration nicht zulässig, der Versuch sollte daher vom Lehrer durchgeführt werden. Ethanol: F. Schwefelsäure (Lösungen w ≥ 15 %): C.

Durchführung. In zwei Glasschälchen werden je 5 ml Alkoholgetränk bzw. als Kontrolle 5 ml Laborethanol gefüllt. Beiden Ansätzen fügt man jeweils 1 ml Borsäure und drei Tropfen Schwefelsäure hinzu. Anschließend entzündet man die Gemische mittels eines Streichholzes. Die Beobachtung der Flammenfärbung gelingt am besten in einem verdunkelten Raum.

Beobachtung. Die Flamme beider Ansätze hat zunächst eine fahle, blaue Farbe, wobei sich in beiden Fällen nach etwa einer halben Minute ein grüner Flammensaum bildet.

Erklärung. Ethanol reagiert unter Wasserabspaltung mit der Borsäure zu Borsäureethylester; dabei wird Schwefelsäure als wasserentziehendes Mittel eingesetzt:

$$3\ C_2H_5OH + B(OH)_3 \rightleftharpoons B(OC_2H_5)_3 + 3\ H_2O \qquad (9.8)$$

Zunächst verbrennt reiner Alkohol mit blassblauer Flamme; erst anschließend entzündet sich der entstandene Borsäureethylester, welcher mit grün gesäumter Flamme verbrennt.

V 9.2.5 Nachweis von Ethanol mit Kaliumdichromat

Kurz und knapp. Neben dem Alkoholabbau, der vor allem in der Leber stattfindet, entledigt sich der menschliche Organismus des konsumierten Ethanols auch zu einem geringen Teil durch dessen Ausscheidung im Urin, im Schweiß und in der Atemluft; diese Ausscheidung macht etwa 5 % des konsumierten Alkohols aus.

Auf das relativ konstante Verhältnis des Alkoholgehalts der Atemluft und jenem des Bluts stützt sich das Messprinzip der Polizei, welches in kurzer Zeit und mit geringem Aufwand eine ungefähre Bestimmung der Blutalkoholkonzentration bei Verkehrsteilnehmern ermöglicht. Bis vor wenigen Jahren erfolgte die polizeiliche Alkoholbestimmung durch „Alcotest®"-Geräte (z. B. Fa. Dräger Sicherheitstechnik GmbH, Lübeck), bestehend aus einem Prüfröhrchen, einem Luftmessbeutel und einem Mundstück. Das Messprinzip beruht darauf, dass sechswertiges, oranges Dichromat des Teströhrchens in Anwesenheit von konzentrierter Schwefelsäure (H_2SO_4) durch Ethanol zu grünem, dreiwertigem Chrom reduziert wird. Durch Nachvollziehen der „Alcotest®"-Methode im Reagenzglas soll im folgenden Versuch ein weiteres Verfahren des Alkoholnachweises demonstriert werden.

Zeitaufwand. Vorbereitung: 10 min, Beobachtung: 10 min

Geräte:	3 Demonstrationsreagenzgläser mit Reagenzglasständer, Wasserbad (50 °C), Thermometer, 2 Stative, 3 Stativklemmen
Chemikalien:	Schnaps (z. B. 35 %ig), 0,5 %ige Kaliumdichromat-Lösung ($K_2Cr_2O_7$), konz. Schwefelsäure (H_2SO_4), 60 %iges Ethanol

Sicherheit. Ethanol: F. Kaliumdichromat: O, T^+, N; Schülerversuche mit Kaliumdichromat sind nicht zulässig; der Versuch sollte daher vom Lehrer durchgeführt werden. Schwefelsäure (Lösungen w ≥ 15 %): C.

Durchführung. Drei Demonstrationsreagenzgläser werden mit je 5 ml Kaliumdichromatlösung und 5 ml Schwefelsäure (H_2SO_4) beschickt. Einem Ansatz fügt man 15 ml entmin. Wasser hinzu; den beiden anderen Ansätzen wird jeweils die gleiche Menge an Schnaps bzw. 60 %igem Laborethanol zugegeben. Alle drei Ansätze werden mithilfe von Stativen in einem auf 50 °C vorgeheizten Wasserbad befestigt.

Beobachtung. Zu Beginn des Versuchs sind alle drei Versuchsansätze orange gefärbt. Die Farbe der Probe mit dem 60 %igen Laborethanol schlägt rasch ins Blaugrüne um, während der Ansatz mit dem Schnaps langsamer blaugrün wird. Die Kontrolle mit entmin. Wasser dagegen behält unverändert ihre orangene Farbe bei.

Erklärung. Die charakteristischste Eigenschaft der Chromate ist ihre stark oxidierende Wirkung, da sie ein großes Bestreben haben, in die Stufe des dreiwertigen (grünen) Chroms überzugehen. Die Oxidationswirkung ist in saurer Lösung besonders stark. So oxidiert Kaliumdichromat Ethanol zu Acetaldehyd:

$$3\ CH_3CH_2OH + K_2Cr_2O_7\ (\text{orange}) + 8\ H^+ \rightarrow 3\ CH_3CHO +$$

$$2\ Cr^{3+}\ (\text{grün}) + 7\ H_2O + 2\ K^+ \tag{9.9}$$

Die Protonen auf der linken Seite der Reaktionsgleichung stammen von der zugegebenen Schwefelsäure, die im wässrigen Zustand dissoziiert. Ist genügend Dichromat vorhanden, so kann der aus Ethanol hervorgegangene Acetaldehyd über Acetat bis zu CO_2 weiter oxidiert werden. Im Kontrollansatz mit Wasser bleibt die Reduktion des Chroms und der damit verbundene Farbumschlag aus.

Bemerkung. Heute werden zur Alkoholkontrolle von Verkehrsteilnehmern meistens Messgeräte verwendet, die auf physikalischer Grundlage arbeiten. Die Dräger Alcotest 7110 Evidential-Messtechnik benutzt zur Messung die Absorption von Infrarot-Strahlung durch die Alkoholmoleküle, die sich in der Atemluft befinden. Die mit dem Instrument Alcotest 7110 ermittelten Atemalkoholwerte haben in der Bundesrepublik Deutschland auch vor Gericht Beweiskraft. Dafür legten die Parlamentarier die Grenzwerte auf zuletzt 0,25 mg/l Atemluft fest; in den rechtlichen Folgen entspricht das 0,5 ‰ Blutalkohol.

Entsorgung. Die Reaktionsansätze werden in einen Behälter für anorganische Abfälle (mit Schwermetallen) gegeben.

V 9.2.6 Teiglockerung durch Hefe

Kurz und knapp. Im Haushalt wird Hefe als Treibmittel zum Zweck der Lockerung des Teigs von Broten und Kuchen u. a. eingesetzt. Beim Gärungsvorgang, der in den Backbüchern als „Gehen des Teigs" bezeichnet wird, findet in den Hefezellen eine Spaltung des Rohrzuckers durch das Enzym Saccharase in die Bestandteile Glucose und Fructose statt. Diese Einfachzucker werden aufgrund der anaeroben Verhältnisse im Teiggemisch von den Hefezellen vergoren, wobei Kohlendioxid (CO_2) gebildet wird. Das gasförmige CO_2 übt beim Entweichen Druck auf die Teigmasse aus und treibt sie auseinander. Die Klebereiweiße des Mehls sind für die zähflüssige Konsistenz des Teigs verantwortlich und verhindern, dass der Teig immer wieder in sich zusammenfällt.

Im folgenden Versuch soll die CO_2-Entstehung beim Gärungsvorgang eines Hefeteigs durch die Aufschwimm-Methode nachgewiesen werden.

Zeitaufwand. Vorbereitung und Durchführung: 15 min

Material:	Frischhefe oder Trockenhefe (*Saccharomyces cerevisiae*), Weizenmehl (Type 405)
Geräte:	großes Becherglas (1000 ml), 2 kleinere Bechergläser (je 250 ml), Glasstab, Thermometer
Chemikalien:	Saccharose, Leitungswasser

Durchführung. In zwei kleinere Bechergläser werden je 10 g Mehl und 1,5 g Zucker eingewogen. Einem der beiden Ansätze werden 5 g Frischhefe oder 1,4 g Trockenhefe hinzugefügt. Danach ergänzt man bei beiden Ansätzen gerade so viel handwarmes Leitungswasser, dass ein kompakter Teig entsteht. Beide Teigansätze werden zu je einem Kloß geformt und dann sofort nebeneinander in ein mit 40 °C warmem Leitungswasser gefülltes großes Becherglas gelegt.

Beobachtung. Zunächst sinken beide Teigklöße auf den Boden des Becherglases ab. Nach etwa drei Minuten Wartezeit jedoch schwimmt der Kloß mit Hefe an die Wasseroberfläche, während der Teig ohne Hefe am Boden des Becherglases liegen bleibt.

Erklärung. Der Hefeteig wie auch der Teig ohne Hefe sind spezifisch schwerer als Wasser, was man an ihrem anfänglichen Herabsinken auf den Boden des Becherglases erkennen kann. Aufgrund der Gärungsaktivität der Hefe wird im Hefeteig CO_2-Gas gebildet, das zum größten Teil im Teig zurückgehalten wird. Ab einer bestimmten Menge an durch Gärung entstandenem CO_2 erhält der Hefekloß einen dermaßen starken Auftrieb, dass er bis zur Wasseroberfläche emporsteigt.

Im Kontrollansatz ohne Hefe bleibt die CO_2-Produktion und das damit verbundene Aufschwimmen des Teigs aus.

Bemerkung. Bäckerhefe soll den Teig durch CO_2-Produktion auftreiben, also stark gären. Sie wird in Tanks unter starker Belüftung (aerobe Bedingungen) gezogen. Im „Zulaufverfahren" wird Zucker kontinuierlich nur so langsam zugesetzt, dass er das Hefewachstum begrenzt. Auf diese Weise wird das Auftreten von Gärungsprodukten vermieden, und der gesamte Zucker wird zum Wachstum genutzt. Als Stickstoffquelle dient Ammonium. Suppline (Ergänzungsstoffe) beziehen die wachsenden Hefen aus zugesetzter Weizenmaische.

V 9.2.7 Temperaturabhängigkeit der Hefe-Enzyme

Kurz und knapp. Die Enzymkatalyse ist – wie alle chemischen Reaktionen – temperaturabhängig (s. V 3.2.5). Neben der Beschleunigung der Reaktionsgeschwindigkeit bewirkt die steigende Temperatur eine abnehmende Enzymstabilität. Im folgenden Versuch soll die Gärungsaktivität der Hefepilze eines Hefeteigs anhand der Volumenzunahme des Teigs bei verschiedenen Umgebungstemperaturen bestimmt werden.

Zeitaufwand. Vorbereitung: 15 min, Beobachtungszeit: 30–40 min

Material:	Frischhefe oder Trockenhefe (*Saccharomyces cerevisiae*), Weizenmehl (Type 405)
Geräte:	Becherglas (200 ml), Glasstab, 5 Messzylinder (je 100 ml), Styroporgefäß, 2 Thermometer, 2 Wasserbäder (40 °C und 65 °C), Stativ, Stativklemme, Stoppuhr
Chemikalien:	Saccharose (Rohrzucker), Leitungswasser, Eis

Durchführung. 70 g Mehl und 4 g Zucker werden in ein Becherglas eingewogen, mit Wasser auf 150 ml aufgefüllt und zu einem homogenen Teig vermengt. Nachdem man 30 ml der Teigmischung in einen Messzylinder abgefüllt hat (Kontrollansatz), suspendiert man in der übrigen Teigmasse 7,5 g Frischhefe oder 2,1 g Trockenhefe (Hefeteig). Anschließend werden die restlichen vier Messzylinder mit je 30 ml des Hefeteigs beschickt. Der Kontrollansatz ohne Hefe und ein Hefeansatz verbleiben bei Zimmertemperatur. Von den übrigen Hefeansätzen wird jeweils einer in ein mit Eis gefülltes Styroporgefäß, in ein auf 40 °C vorgeheiztes Wasserbad (1. Thermometer) und in ein auf 65 °C vorgeheiztes Wasserbad (2. Thermometer) gestellt. Unmittelbar nach Beendigung dieser Vorbereitungen startet man eine Stoppuhr und hält für eine Dauer von 30–40 Minuten alle fünf Minuten die Füllhöhe der einzelnen Ansätze in einer Tabelle fest. Zur zusätzlichen Verdeutlichung der Versuchsergebnisse empfiehlt es sich, die ermittelten Messwerte als graphische Darstellung in ein Koordinatensystem (Höhe der Ansätze gegen Zeit) zu übertragen.

Beobachtung. Der Kontrollansatz und der Ansatz im Eisbad lassen keine Volumenveränderung erkennen. Der Hefeansatz bei Zimmertemperatur (etwa 20 °C) zeigt über den gesamten Versuchsverlauf einen leichten aber kontinuierlichen Anstieg des Teigvolumens. Wesentlich schneller verläuft die Volumenzunahme des Ansatzes im Wasserbad von 65 °C, jedoch nähert sich die Verlaufskurve dieses Ansatzes schon nach etwa zehn Minuten ihrem Optimum, um dann in der restlichen Versuchszeit nicht mehr oder nur noch in geringem Maße weiter anzusteigen bzw. wieder abzufallen. Die Volumenzunahme des Hefeteigs im Wasserbad von 40 °C liegt in den ersten 10–15 Minuten unter jener des Ansatzes bei 65 °C. Dann aber steigt die Verlaufskurve des 40 °C-Ansatzes steil an, lässt die Werte der übrigen Kurven weit unter sich und erreicht an der 30-Minuten-Markierung des Koordinatensystems ihr Optimum. Lässt man diesen Ansatz noch länger stehen, so ist bei den folgenden Messwerten eine Volumenabnahme des Hefeteigs festzustellen, was in einer zunächst steil abfallenden Volumenkurve ersichtlich wird, die anschließend wieder in einen flacheren, wenn auch immer noch fallenden Verlauf übergeht.

Erklärung. Das bei der Gärung der Hefepilze gasförmige CO_2 übt auf die Teigmasse Druck aus und treibt sie auseinander. Die insgesamt größte Volumenzunahme des Hefeteigs findet im 40 °C-Ansatz statt. Diese Tatsache legt nahe, dass in diesem Temperaturbereich die für die Gärung verantwortlichen Hefeenzyme optimal wirksam sind. Jedoch nimmt die Teigmasse die Umgebungstemperatur nur allmählich an, und so verläuft die Volumenkurve anfangs schwach und dann immer steiler ansteigend, bis nach ca. 30 Minuten das Optimum erreicht wird. Die Volumenabnahme des Teigs bei längerer Versuchsbeobachtung ist damit zu erklären, dass ab einem bestimmten Zeitpunkt der Zucker verbraucht ist und die Hefezellen daher ihre Gärungsaktivität einstellen. Da der Teigmasse bald die größte Menge an CO_2 entwichen ist, nimmt auch der Druck im Innern des Teigs ab, und er fällt in sich zusammen.

Die Zimmertemperatur stellt zwar keine optimale Bedingung für die Gärungsenzyme der Hefepilze dar, dennoch ist auch für die Probe bei Zimmertemperatur Gärungsaktivität zu verzeichnen. Der Verlauf der Volumenkurve ist zwar nur leicht, aber während der gesamten Versuchszeit kontinuierlich ansteigend. Die schwache Gärungsaktivität in diesem Ansatz bedeutet gleichzeitig einen geringeren Substratverbrauch, sodass hier auch gegen Ende der Beobachtungszeit noch genügend Zucker vorhanden ist, um die Gärungsaktivität der Hefezellen aufrechtzuerhalten.

Auch im Ansatz des 65 °C warmen Wasserbades dauert es eine gewisse Zeit, bis der Hefeteig die Umgebungstemperatur angenommen hat. Man kann im Vergleich zu den anderen Ansätzen am steileren Anstieg der Volumenkurve ersehen, dass zu Beginn des Versuchs Temperaturbedingungen vorliegen, die eine nahezu optimale Aktivität der Hefeenzyme ermöglichen. Jedoch nach etwa zehn Minuten hat dieser Versuchsansatz seine größte Ausdehnung angenommen und beginnt in der folgenden Zeit, noch lange bevor das Gärungsoptimum erreicht wurde, zu stagnieren bzw. zusammenzufallen. Aufgrund dessen kann ausgeschlossen werden, dass der Zucker als Gärungssubstrat aufgebraucht wurde. Das Stagnieren der Volumenzunahme und das anschließende Zusammenfallen des Teigs sind vielmehr damit zu begründen, dass die Enzyme der Hefe – wie die Kleberproteine des Mehls – bei Temperaturen von 65 °C zu denaturieren beginnen.

Die niedrigen Temperaturen im Eisbad verhindern die Aktivität der Hefeenzyme vollständig, und auch im Kontrollansatz kann, hier jedoch mangels Hefe, keine Gärung stattfinden.

Bemerkung. Dieser Versuch liefert eine Erklärung für die Anweisung in Hefeteig-Backrezepten, in denen gefordert wird, man solle den Hefeteig an einem warmen Ort gehen lassen.

V 9.2.8 Energieausbeute gärender Hefepilze

Kurz und knapp. Aufgrund der geringen Energieausbeute bei der Gärung müssen Hefezellen und überhaupt alle Organismen mit Gärungsstoffwechsel zur Deckung des Energiebedarfs große Mengen an Substrat umsetzen. Im folgenden Versuch soll der Energiegewinn einer gärenden Hefesuspension ermittelt werden. Dabei wird die Gewichtsabnahme durch Kohlendioxidabgabe eines Gärungsansatzes gemessen, die dann durch die Kenntnis der stöchiometrischen Verhältnisse in der Bruttogleichung der alkoholischen Gärung in die Menge an gebildetem Adenosintriphosphat (ATP) und damit an gewonnener Energie pro Zeiteinheit umgerechnet werden kann.

Zeitaufwand. Vorbereitung: 10 min, Beobachtung: 10 min

Material:	Frischhefe oder Trockenhefe (*Saccharomyces cerevisiae*)
Geräte:	Becherglas (1000 ml), Erlenmeyerkolben (250 ml), Gäraufsatz mit passendem Stopfen, Alufolie, Digitalwaage (Anzeige bis 0,01 g)
Chemikalien:	Saccharose (Rohrzucker), Leitungswasser

Durchführung. 10 g Frischhefe oder 2,8 g Trockenhefe und 45 g Rohrzucker werden in einem Erlenmeyerkolben durch Zugabe von 145 ml handwarmem Leitungswasser gelöst. Anschließend wird auf den Erlenmeyerkolben ein passender Stopfen gesetzt, in den ein mit entmin. Wasser gefüllter Gäraufsatz eingelassen ist. Danach platziert man den Erlenmeyerkolben in einem mit 40 °C warmem Leitungswasser gefüllten Becherglas und lässt den Versuchsansatz stehen, bis eine deutliche Gärungsaktivität zu erkennen ist. Nun wird die Temperatur des Wasserbads überprüft und gegebenenfalls bei deutlicher Temperaturabnahme mit warmem Leitungswasser wieder auf 40 °C eingestellt. Dann stellt man das Wasserbad mit dem Versuchsansatz auf eine Digitalwaage, deckt das Wasserbad möglichst dicht mit Alufolie ab und tariert die Waage aus. Es ist unbedingt darauf zu achten, dass die Geräte nach außen hin völlig trocken sind, da verdampfende Wassertröpfchen das Messergebnis verfälschen würden.

In einem Zeitraum von insgesamt zehn Minuten wird der Masseverlust des Gärungsansatzes pro Minute in einer Tabelle notiert. Die in der Tabelle notierten Werte können anschließend als graphische Darstellung in ein Koordinatensystem übertragen werden.

Beobachtung. Die graphische Darstellung des Masseverlustes zeigt einen angenähert linearen Verlauf, wobei je nach Wahl der Darstellungsweise entweder der Masseverlust zunimmt (Geradengleichung mit positiver Steigung) oder die Masse der Hefelösung abnimmt (Geradengleichung mit negativer Steigung).

Erklärung. Bei der Gärung der Hefezellen wird Kohlendioxid freigesetzt, welches durch das entmin. Wasser des Gäraufsatzes in Form von Bläschen entweicht und als Masse der Hefelösung verloren geht. Mit den Messergebnissen werden folgende Berechnungen vorgenommen (Beispielprotokoll):

Ermittlung des Mittelwerts n des Gewichtsverlusts pro Minute aus den zehn Messwerten n_1, n_2, ... , n_{10}:

$$(n_1 + n_2 + ... + n_{10})/10 = n \ [g \ CO_2 \cdot min^{-1}] \tag{9.10}$$

Berechnung der im Versuchsansatz gebildeten molaren CO_2-Menge und der Energiemenge (am Beispiel von einem $n = 0{,}027$ g CO_2-Verlust $\cdot$ min^{-1}). Es gilt:

$$44 \ g \ CO_2 = 1 \ mol \ CO_2; \ 0{,}027 \ g \ CO_2 = x \ mol \ CO_2$$

$$x = 0{,}027 \cdot 1/44 = 6{,}1363 \cdot 10^{-4} \ [mol \ CO_2 \cdot min^{-1}] \tag{9.11}$$

Es werden somit pro Minute $6{,}1363 \cdot 10^{-4}$ mol CO_2 gebildet. Aus der Bruttogleichung der alkoholischen Gärung

$$C_6H_{12}O_6 + 2 \ ADP + 2 \ P_i \xrightarrow{\text{Hefe}} 2 \ C_2H_5OH + 2 \ ATP +$$

$$2 \ CO_2 + 2 \ H_2O \tag{9.12}$$

ist zu ersehen, dass die molare Menge an gebildetem CO_2 gleich der molaren Menge an gewonnenem ATP ist. D. h. man kann davon ausgehen, dass $6{,}1363 \cdot 10^{-4}$ mol ATP pro Minute in den Hefezellen gebildet wird. Da 1 mol ATP unter physiologischen Standardbedingungen (25 °C, 1 bar, Spaltung von 1 mol ATP zu 1 mol ADP und P_i, aber bei pH 7) eine Energiemenge von ca. 35 kJ konserviert, ergibt sich für die Hefesuspension ein Gewinn von $35 \cdot 6{,}1363 \cdot 10^{-4} = 214{,}77 \cdot 10^{-4} = 0{,}0215$ kJ pro Minute bzw. 1,29 kJ pro Stunde.

Berechnung der Energieausbeute: Die obige Bruttogleichung der alkoholischen Gärung zeigt zugleich, dass die Menge an verbrauchter Glucose halb so groß ist wie jene an gebildetem CO_2. Der Glucoseverbrauch in diesem Versuchsansatz beträgt demnach $6,1363 \cdot 10^{-4}/2 = 3,0681 \cdot 10^{-4}$ mol pro Minute. Entsprechend den Bruttogleichungen der Photosynthese (s. Abschnitt 8.1) und der aeroben Dissimilation (s. Abschnitt 10.1) stehen in 1 mol Glucose 2872 kJ an freier Energie (Triebkraft für chemische Reaktionen) zur Verfügung. Dem Glucoseverbrauch pro Minute entspricht somit ein Verlust an freier Energie von $3,0681 \cdot 10^{-4} \cdot 2872$ kJ $= 0,8812$ kJ. Die von den Hefezellen für biologische Prozesse gewonnene Energie liegt demnach bei 2,44 % der in der Glucose enthaltenen freien Energie.

Bemerkung. ATP übernimmt als universelles Energieäquivalent die Funktion eines Transportmetaboliten für chemische Energie überall (ubiquitär) im Stoffwechsel von Mikroorganismen, Pflanzen und Tieren einschließlich des Menschen. ATP besitzt insbesondere ein hohes Gruppenübertragungspotenzial für die endständige Phosphatgruppe. Dies geschieht unter Mitwirkung spezifischer Enzyme, der Kinasen. Für In-vivo-Verhältnisse (d. h. in der lebenden Zelle) gelten jedoch keine Standardbedingungen; für die Veränderung der freien Energie (freien Enthalpie) bei der hydrolytischen Spaltung von ATP *in vivo* sind daher Werte zwischen 40 und 50 kJ $\cdot$ mol^{-1} wahrscheinlicher.

Ein Mol (SI-Symbol: mol) einer molekularen Substanz besteht aus $6,022 \cdot 10^{23}$ (AVOGADRO-Zahl, nach Amadeo AVOGADRO, 1776–1856, italienischer Physiker und Chemiker) Molekülen und hat die Masse in Gramm, deren Zahlenwert der relativen Molekülmasse entspricht. Die relative Molekülmasse ergibt sich aus der Summe der relativen Atommassen aller Atome des Moleküls; sie wurde früher Molekulargewicht genannt. Die Masse eines Mols nennt man die molare Masse (oder Molmasse). Das Mol gehört zu den SI-Basiseinheiten und ist als diejenige Stoffmenge definiert, die aus genau so vielen Teilchen (z. B. Atome, Ionen, Moleküle) besteht, wie Atome in 12 g des Kohlenstoff-Isotops ^{12}C vorhanden sind.

V 9.2.9 Herstellung von Met

Kurz und knapp. Vergorenes Honigwasser (Met, Honigwein) mit Würzstoffen war schon den Griechen und Römern bekannt. Nach PYTHEAS (griechischer Seefahrer und Geograph in der zweiten Hälfte des 4. Jh. v. Chr.) war Met das gewöhnliche Getränk der Bevölkerung im Norden, v. a. der Germanen. Heute wird Met u. a. noch in Großbritannien, Schweden und Österreich gebraut.

Honig alleine kann nicht vergoren werden, da sein Zuckergehalt mit 78–80 % zu hoch ist. Erst nach Verdünnung mit Wasser auf eine Zuckerkonzentration von etwa 30 % kann eine Gärung optimal ablaufen. Dabei können bis zu 17 Vol.-% Alkohol (Ethanol) entstehen; da aber der Zucker meistens nicht vollständig vergoren wird, liegt der Alkoholgehalt des Mets meist bei 12–14 Vol.-%.

Zeitaufwand. Vorbereitung: 60–90 min (inkl. Abkühlungszeit), Gärungszeit: mind. drei bis vier Wochen

Material:	flüssige Reinzucht-Weinhefe (*Saccharomyces ellipsoides*, Südweinrasse, z. B. Kitzinger Reinzuchthefe für Portwein)
Geräte:	Wasserbad (50 °C), Becherglas (2 l) oder Kochtopf, Thermometer, Kochlöffel, Gärflasche (2 l, mindestens 10 % Steigraum), Stopfen mit eingelassenem Gäraufsatz
Chemikalien:	Bienenhonig (möglichst mild), Weizenmehl, Tablette Hefenährsalz (enthält Ammoniumhydrogenphosphat [NH₄]₂HPO₄ und Ammoniumsulfat [NH₄]₂SO₄), 80 %ige Milchsäure (Acidum lactum; wird in Weinbereitungsbüchern bei säurearmem Gärgut empfohlen)

Sicherheit. Milchsäure: Xi.

Durchführung. Man erwärmt den Honig (½ kg) vorsichtig im Wasserbad auf 50 °C, ebenso erhitzt man die vorgesehene Wassermenge (1 l) auf 50 °C und gibt den Honig langsam und unter ständigem Rühren in das Wasser. Eine Erhöhung über 50 °C schadet der Qualität des Honigs. Nach der restlosen Auflösung des Honigs lässt man die Lösung auf 25–20 °C erkalten (diesen Vorgang kann man mit einem kalten Wasserbad beschleunigen), fügt 6 g 80 %ige Milchsäure (die Milchsäure ist recht viskos und lässt sich besser abwiegen als volumetrisch abmessen; 1 g Milchsäure entsprechen ca. 0,8 ml), eine Tablette (= 0,8g) Hefenährsalz, eine Kultur Reinzuchthefe und – da Honig keine gärfördernd wirkenden Trubstoffe enthält – 2 g Mehl hinzu. Das Gärgefäß darf nicht ganz gefüllt sein (mindestens 10 % Steigraum belassen), damit der bei der Gärung entstehende Schaum nicht in dem Gäraufsatz hochsteigt. Dann wird der Ansatz mit einem Stopfen mit eingelassenem Gäraufsatz oder mit einer Gummikappe mit Gäraufsatz verschlossen und bei relativ konstanter Zimmertemperatur (18–25 °C) aufgestellt. Die Gärung kann dadurch unterstützt werden, dass der Inhalt der Gärflasche täglich durch Schwenken durcheinander gewirbelt wird.

Beobachtung und Erklärung. Den Verlauf der Gärung kann man anhand der Bildung von CO₂-Gas verfolgen. Das gasförmige CO₂ steigt im Ansatz nach oben, erzeugt einen gewissen Druck auf den inneren Flüssigkeitsspiegel des Gäraufsatzes und entweicht deutlich sichtbar und hörbar als Gasbläschen durch das Wasser im Becher des Gäraufsatzes. Auf diese Weise kann man genau beobachten, wann die Gärung einsetzt, wie sie sich steigert und schließlich wieder abklingt. Nach drei bis vier Wochen ist der entstandene Alkohol deutlich durch Geschmacksprobe zu erkennen. Nach etwa zwei Monaten steigen im Wasser des Gäraufsatzes keine Blasen mehr auf, und der Jungwein kommt in das Stadium einer Selbstklärung. Der Schaumhut verschwindet, und die Hefe mit allen Trubteilchen setzt sich in einer deutlich abgegrenzten Schicht am Boden ab.

Beim Umfüllen des Mets in andere Gefäße ist darauf zu achten, dass der Bodensatz in der Gärflasche zurückbleibt.

Bemerkung. Die Reinzuchthefe und das Hefenährsalz können bei spezialisierten Versandbetrieben oder in einem Drogeriemarkt gekauft werden. Ein Vertreiberverzeichnis liefert z. B. Firma Paul Arauner GmbH & Co. KG, D-97318 Kitzingen/Main (www.arauner.com). Die im Rezept angegebene Milchsäure ist in Apotheken erhältlich.

Für die Hausweinbereitung können entsprechend größere Ansätze praktiziert werden, und die Gärung kann in einem speziellen Gärballon stattfinden. Durch Zugabe von ca. 10–15 % Fruchtsaft (z. B. Apfelsaft, Traubensaft) wird die Gärung gefördert, und der Wein schmeckt später fruchtiger. Es ist außerdem sinnvoll, wenn in diesem Saft etwa vier bis sechs Tage vor dem Ansetzen des Weines eine Kultur Reinzuchthefe vermehrt wird, wobei man sie in einer mit einem Wattebausch verschlossenen Flasche stehen lässt. Zur Geschmacksabrundung und -verfeinerung können entweder vor, besser aber nach der Gärung, Gewürze (Nelken, Ingwer, Muskatnuss, Kalmus, Zimt, Hopfen u. a.) und Kräuterauszüge zugesetzt werden. Die vollständige Klärung des Jungweins wird durch Abziehen von der Hefe, Behandlung mit Schwefeltabletten und kühle Lagerung herbeigeführt. Die vorher empfohlene Probenentnahme sowie das Abziehen soll so geschehen, dass die Gärflasche ruhig bleibt und der Trub am Boden nicht aufgewirbelt wird. Die zweckmäßigste Art des Abziehens besteht darin, dass man einen Gummischlauch an einen dünnen Stab gebunden in das Gefäß einführt und nur wenig unterhalb der Flüssigkeitsoberfläche hält, bis man so weit abgehebert hat, dass der Bodensatz erreicht wird. Den verbleibenden Trub kann man noch filtrieren. Im Interesse der Haltbarkeit empfiehlt es sich nun, dem Wein auf 10 l eine Schwefeltablette (1 g, enthält Kaliumdisulfit, $K_2S_2O_5$) zuzugeben, die vorher zerstoßen und in etwas Jungwein aufgelöst wurde. Die Schwefellösung wird dann dem Jungwein gründlich zugemischt. Der Jungwein sollte nun kühl gelagert werden, damit sich seine Geschmacksstoffe entfalten können. Dazu ist das Gefäß mit einem dichten Verschluss zu versehen. Sollte sich nochmals ein Trub absetzen, so ist dieser wiederum durch Abziehen zu eliminieren. Schließlich kann dann der Jungwein in Flaschen abgefüllt, verkorkt und etikettiert werden.

Für die Hobby-Hausweinbereitung kann folgendes Buch empfohlen werden: Kitzinger Weinbuch, Paul Arauner GmbH, D-97318 Kitzingen, Main (1999).

V 9.2.10 Schädigende Wirkung von Alkohol

Kurz und knapp. Hoch konzentriertes Ethanol wird häufig zum Sterilisieren von Gegenständen eingesetzt – schon an dieser Tatsache ist sein lebensvernichtender Einfluss zu ersehen. Auch die Hefezellen sind vor dieser schädigenden Wirkung nicht geschützt. Zwar können sie das Gärungsprodukt in das umgebende Medium abgeben, dennoch führen höhere Ethanolkonzentrationen letztendlich zu ihrem Tod. Dies wird im folgenden Versuch mithilfe des Vital-farbstoffs Methylenblau nachgewiesen.

Zeitaufwand. Vorbereitung 10 min, Durchführung 20–25 min

Material:	Frischhefe (*Saccharomyces cerevisiae*). Zu beachten ist, dass das Haltbarkeitsdatum der Hefe nicht abgelaufen ist
Geräte:	Waage, Spatel, 2 Bechergläser (200 ml), Schraubflasche (250 ml), Messpipetten (10 ml), Peleusball, Glasstab, Stoppuhr, Lichtmikro-skop, Objektträger, Deckgläschen, Tropfpipette mit Saughütchen
Chemikalien:	Ethanol, Kaliumdihydrogenphosphat (KH$_2$PO$_4$), Methylenblau, ent-min. Wasser

Sicherheit. Ethanol: F. Methylenblau (Festsubstanz und Lösungen w $\geq$ 25 %): Xn.

Durchführung.

a) Herstellung der Färbelösung. Zunächst werden 20 mg Methylenblau abge-wogen und in einem Becherglas in 100 ml entmin. Wasser gelöst. Zur Herstel-lung eines 0,5 mol/l Phosphat-Puffers werden 6,8 g Kaliumdihydrogenphos-phat abgewogen und in einem Becherglas in 100 ml entmin. Wasser gelöst. Beide Lösungen werden in einer 250-ml-Schraubflasche vereinigt. Die fertige Färbelösung ist eine gepufferte 0,01 %ige Methylenblaulösung (ca. pH 4,3).

b) Durchführung des Versuchs. Etwa 0,5 g Frischhefe (ein etwa erbsengroßes Stück) werden abgewogen und in ein Becherglas mit 100 ml entmin. Wasser gegeben. Durch Verrühren mit einem Glasstab entsteht eine homogene Hefe-suspension. Zur Behandlung mit Ethanol (30 Vol.-%) mischt man 10 ml Hefe-suspension mit 10 ml Ethanol (60 Vol.-%) und lässt den Ansatz 15 Minuten stehen. Als Kontrolle werden 10 ml Hefesuspension mit 10 ml entmin. Wasser vermischt. Auf je einem Objektträger werden nun ein Tropfen der mit Ethanol bzw. Wasser versetzten Hefesuspension und ein Tropfen der gepufferten Me-thylenblaulösung vermischt, mit einem Deckgläschen abgedeckt und bei 400-facher Vergrößerung im Lichtmikroskop untersucht.

Beobachtung. Im Lichtmikroskop zeigt sich, dass die Bäckerhefe aus einer großen Zahl rundlicher bis elliptischer Zellen mit einem Durchmesser von 8–12 µm besteht. Die Zellen sind farblos und weisen granuläre Einschlüsse und kleine Vakuolen auf. Bei einigen Zellen kann man Vermehrungsstadien durch Ausknospen von Tochterzellen erkennen (Abbildung 9.9). Die mit Wasser versetzte Hefesuspension eines frischen Hefewürfels weist in Gegenwart von Methylenblau ganz überwiegend ungefärbte Zellen auf. Nur wenige Zellen, in aller Regel unter 1 %, sind blau gefärbt. Die Hefesuspension, die mit 30 %igem

Ethanol versetzt wurde, weist dagegen in Gegenwart von Methylenblau fast ausschließlich kräftig blau gefärbte Zellen auf.

Erklärung. Methylenblau ist ein Farbstoff, der im oxidierten Zustand blau und im reduzierten Zustand farblos ist (Leukomethylenblau). Lebende Hefezellen mit intakter Plasmamembran können das Eindringen von Methylenblau in das Zellinnere verhindern bzw. reduzieren aufgenommenes Methylenblau in die farblose Leukoform (vgl. V 10.2.2). Daher sind lebende Zellen ungefärbt. Durch die Einwirkung von hoch konzentriertem Ethanol kommt es zum Absterben der Hefezellen. Die Plasmamembran ist strukturell nicht mehr intakt, sodass der Farbstoff in die Zelle eintreten kann und das Cytoplasma blau anfärbt. Infolge der Denaturierung der Proteine kommt es zu einem Erlöschen der Stoffwechseltätigkeit, sodass das eingetretene Methylenblau auch nicht mehr in die farblose reduzierte Form überführt werden kann.

Bemerkungen. Für die Weinbereitung gibt es Hefestämme, die auf eine Toleranz höherer Ethanolkonzentrationen hin gezüchtet wurden. Mit solchen Reinzuchthefen können daher alkoholische Getränke mit einer Konzentration von 16–17 Vol.-% Ethanol erzeugt werden. Höhere Konzentrationen als 19–20 Vol.-% Ethanol führen auch bei ethanoltoleranten Hefestämmen zum Absterben.

Mit der angegebenen Methode lassen sich auch quantitative Ergebnisse erzielen, wenn anhand von zufällig eingestellten Gesichtsfeldern blaue und ungefärbte Zellen ausgezählt werden.

Die Vitalität der Hefezellen nach der Einwirkung von hoch konzentriertem Ethanol lässt sich alternativ auch anhand ihrer Gärleistung – mit einer Versuchseinstellung gemäß V 9.2.1 – bestimmen. Eine weitere Möglichkeit zur Demonstration der schädigenden Wirkung von Ethanol ist die Verwendung der Schraubenalge *Spirogyra* nach dem in V 4.4.1 beschriebenen Versuchsaufbau. Anstelle der Spülmittellösung, die dort als biomembranschädigendes Agens verwendet wird, werden hierzu Algenfäden für drei Minuten in 30 %igen Ethanol bzw. in Wasser (Kontrolle) eingetaucht und anschließend die Gerbstoffreaktion mit Eisen(III)-chlorid untersucht.

Beim Genuss von alkoholischen Getränken wird Ethanol im Magen und Darm schnell resorbiert. Die Geschwindigkeit der Resorption hängt allerdings von verschiedenen Umständen ab. Fett- und eiweißreiche Speisen verzögern z. B.

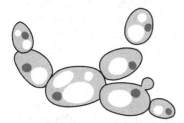

Abbildung 9.9 Hefezellen mit Zellkernen (dunkel) und Vakuolen (weiß); Sprossmycel und Tochterzelle

die Aufnahme des Alkohols. Im Organismus wird Ethanol sehr schnell verteilt. Muskulatur und Gehirn nehmen viel auf, Fettgewebe und Knochen dagegen wenig. Näherungsweise stehen dem Ethanol 70 % des Körpers als Verteilungsraum zur Verfügung. Die schnelle und vollständige Resorption des Ethanols einer Flasche Bier (0,5 l mit 4 Vol.-% = 16 g Ethanol) führt also bei einem 70 kg schweren Menschen (Verteilung in 70 · 70/100 = 49 kg) zu einem Blutspiegel von ca. 16 g/49 kg = 0,33 ‰. Im menschlichen Körper ist die Leber der Hauptabbauort von Ethanol; aus diesem Grund sind die Leberzellen (Hepatocyten) bei übermäßigem Alkoholkonsum besonders gefährdet. Die Wirkung des Alkohols auf den Menschen reicht je nach konsumierter Menge von anregender und verdauungsfördernder Wirkung über motorische Koordinationsstörungen und schwere Rauschzustände bis hin zum Atemstillstand. Die letale Konzentration liegt bei etwa 4 ‰.

V 9.3 Milchsäuregärung

V 9.3.1 Herstellung von Joghurt

Kurz und knapp. Die wärmeliebenden Joghurtbakterien vergären die Lactose (Milchzucker) der Milch von Rind, Schaf oder Ziege auf homofermentativem Weg zu Lactat (Milchsäure). Dadurch findet eine Ansäuerung und Verfestigung (Dicklegung) der Milch statt.

Zeitaufwand. Vorbereitung: ca. 30 min, Gärungszeit: 10–12 h

Material:	Joghurt mit Joghurtkulturen oder gefriergetrocknete Joghurtkulturen, Vollmilch
Geräte:	Kochtopf, mehrere Schraubdeckelgläser, Wärmeschrank oder Joghurtbereiter, Thermometer, Indikatorpapier oder pH-Meter

Durchführung. 1 l Vollmilch wird in einem Topf kurz auf 90 °C erhitzt, um unerwünschte Bakterien zu töten, und dann bei verschlossenem Topfdeckel auf etwa 40 °C abgekühlt. Dann erfolgt die Beimpfung der Milch mit Joghurtkulturen: Man rührt entweder als Starterkultur zwei Teelöffel von schon vorhandenem Joghurt mit aktiv lebenden Joghurtkulturen in die Milch oder kann stattdessen auch eine Packung gefriergetrockneter Joghurtkulturen in der warmen Milch lösen.

Danach wird die beimpfte Milch bis auf einen kleinen Rest in vorher gereinigte Gläser gefüllt, die mit Schraubdeckeln oder Haushaltsfolie verschlossen werden. Bei der zurückbehaltenen beimpften Milch bestimmt man mithilfe von

Indikatorstäbchen (oder pH-Meter) den pH-Wert, der als Messwert vor der Milchsäuregärung festgehalten wird. Das „Bebrüten" der Joghurtkulturen erfolgt bei 40 °C für zehn bis zwölf Stunden in einem Wärmeschrank oder einem handelsüblichen Joghurtbereiter (in diesem Fall ist die Gebrauchsanweisung des jeweiligen Geräts zu beachten). Haben sich die Ansätze verfestigt, werden sie im Kühlschrank abgekühlt und können dort bis zum Verzehr für einige Tage aufbewahrt werden. Nach Abschluss der Milchsäuregärung wird mit Indikatorstäbchen erneut der pH-Wert gemessen und mit dem Wert vor der Bebrütung verglichen.

Beobachtung. Die Joghurt-Ansätze haben nach zehn bis zwölf Stunden eine cremig-feste Konsistenz angenommen. Der pH-Wert des gerade beimpften Ansatzes liegt im neutralen Bereich (pH 7); jener des fertigen Joghurts beträgt etwa pH 4.

Erklärung. Die Joghurtbakterien besitzen im Gegensatz zu der Bäckerhefe das Enzym Galactosidase, das sie zur Spaltung des Disaccharids Lactose (Milchzucker) in seine Bestandteile Galactose (Schleimzucker) und Glucose (Traubenzucker) befähigt. Diese werden über den Glycolyseweg zu Pyruvat abgebaut. Danach findet jedoch nicht wie bei der alkoholischen Gärung eine Decarboxylierung, sondern eine Hydrierung des Pyruvats statt, aus der schließlich das Endprodukt der Milchsäuregärung, das Lactat, hervorgeht (s. Abbildung 9.3).

Die Bildung von Lactat, das 60 % der entstandenen Säuren ausmacht, ist die Ursache der gemessenen Ansäuerung. Dies bedeutet für die säuretoleranten Milchsäurebakterien keine Beeinträchtigung ihrer im vorliegenden Ansatz günstigen Lebensbedingungen; jedoch werden zahlreiche Mikroorganismen (z. B. Fäulnisbakterien), deren pH-Optima in höheren Bereichen liegen, zurückgedrängt. Die beim Sauerwerden entstehende Milchsäure bindet die in der Milch vorhandenen Calcium-Ionen, wodurch das Casein frei wird und sich abscheidet. Der Eiweißanteil der Milch erreicht eine Höhe von 34 bis 60 g pro Liter und besteht zu 76 % bis 86 % aus Casein. Durch die Abkühlung der verfestigten Ansätze wird die Säuerung unterbrochen, damit der Joghurt nicht zu sauer wird.

Bemerkung. Das charakteristische Aroma des Joghurts wird hauptsächlich durch Acetaldehyd hervorgerufen, der in Konzentrationen von 20–50 ppm (Parts per Million) vorliegt. Ebenfalls geschmacksbestimmend sind die im Joghurt enthaltenen Säuren, unter welchen die Milchsäure dominiert, die den angenehmfrischen Geschmack im Wesentlichen hervorruft.

V 9.3.2 Darstellung von Milchsäurebakterien aus Joghurt

Kurz und knapp. Die im Joghurt enthaltenen Bakterien lassen sich in Ausstrichpräparaten nach Anfärbung nachweisen. In aller Regel sind unter dem Mikroskop zwei morphologisch unterschiedliche Bakterienformen zu finden.

Zeitaufwand. Vorbereitung: 15 min, Durchführung: 10 min

Material:	Joghurt mit lebenden Kulturen (z. B. selbst hergestellter Joghurt aus V 9.3.1), H–Milch
Geräte:	Lichtmikroskop, Objektträger, Deckgläschen, Immersionsöl, Tropf-pipette mit Saughütchen, Becherglas (50 ml), Bunsenbrenner, Pin-zette oder Reagenzglaszange, Fön
Chemikalien:	Methylenblau, Ethanol, 1 %ige Kaliumhydroxid–Lösung (KOH), ent-min. Wasser

Sicherheit. Ethanol: F. Kaliumhydroxid (Festsubstanz und Lösungen w $\geq$ 2 %): C. Methylenblau (Festsubstanz und Lösungen w $\geq$ 25 %): Xn.

Durchführung. Herstellung der Färbelösung (Methylenblau-Lösung nach LÖFFLER). Für eine Methylenblau-Stammlösung werden 2 g Methylenblau in 100 ml 70 %igem Ethanol gelöst. Diese Stammlösung ist unbegrenzt haltbar. 30 ml der Stammlösung werden mit 100 ml entmin. Wasser verdünnt und mit 1 ml 1 %iger Kaliumhydroxid-Lösung (KOH) versetzt.

Ein Teelöffel Joghurt wird mit etwas H-Milch in dem Becherglas verrührt. Ein Tropfen dieser Suspension wird auf einen Objektträger gegeben und mittels eines zweiten Objektträgers zu einem dünnen Film ausgestrichen. Dieser Aus-strich wird mithilfe eines Föns oder an der Luft getrocknet. Der Objektträger wird unter Verwendung einer Pinzette bzw. Reagenzglasklammer und mit dem Ausstrich nach oben dreimal durch die Flamme des Bunsenbrenners gezogen und dann abkühlen gelassen. Der nunmehr hitzefixierte Ausstrich wird mit der Methylenblau-Lösung für ca. 30 Sekunden angefärbt. Danach lässt man die Farblösung abtropfen und spült den Objektträger vorsichtig mit etwas entmin. Wasser ab. Nun wird ein Tropfen Wasser auf das Präparat gegeben und ein Deckgläschen aufgelegt. Es folgt die Mikroskopierung, und zwar mit aufstei-gender Vergrößerung bis zur 400-fachen Vergrößerung. Dann wird ein Tropfen Immersionsöl auf das Deckglas getropft und das 100-fach vergrößernde Ölim-mersionsobjektiv eingeschwenkt. Bei 1000-facher Vergrößerung kann das Prä-parat nach den dunkelblau gefärbten Bakterien durchmustert werden.

Beobachtung. Bei 1000-facher Vergrößerung sind bläulich gefärbte Milchsäu-rebakterien zu erkennen. Es sind zwei unterschiedliche Formen von Bakterien zu unterscheiden, nämlich perlschnurartig angeordnete Fäden kugelförmiger Zellen (Kokken) sowie stäbchenförmige Bakterien.

Erklärung. An der Entstehung eines traditionellen Joghurts sind typischer-weise zwei Arten von homofermentativen, wärmeliebenden (thermophilen) Milchsäurebakterien beteiligt: *Lactobacillus bulgaricus* und *Streptococcus thermophilus*, üblicherweise im Verhältnis 1 : 3. *L. bulgaricus* besitzt Stäbchenform, während *S. thermophilus* Ketten aus kugelförmigen Einzelzellen bildet. Die beiden Bakte-rienarten fördern sich durch ihr Zusammenleben (Mutualismus). So verringert *S. thermophilus* den Sauerstoffgehalt der Milch und fördert damit die Entwicklung des anaeroben *L. bulgaricus*. Dieser seinerseits setzt beim Eiweißabbau die Aminosäure Valin frei, die wiederum *S. thermophilus* benötigt.

Neben dem traditionellen Joghurt werden auch Joghurt-Varianten mit anderen Lactobacillen, wie z. B. der weniger säurebetonte „Joghurt mild" mit *Lactobacillus acidophilus* anstelle von *Lactobacillus bulgaricus* hergestellt.

V 9.3.3 Herstellung von Sauerkraut

Kurz und knapp. Traditionell werden verschiedene Gemüse wie Weißkohl, Bohnen oder Gurken durch Milchsäuregärung konserviert. Durch die Zugabe von Salz wird den pflanzlichen Geweben auf osmotischem Weg Wasser und darin gelöste Zucker entzogen. Diese Zucker können von Milchsäurebakterien, die sich natürlicherweise schon auf dem Gemüse befinden, auf heterofermentativem Weg zu Lactat vergoren werden. Dieser Versuch beschreibt die traditionelle Herstellung von Sauerkraut aus Weißkohl.

Zeitaufwand. Vorbereitung: ca. 30 min, Gärungszeit: ein bis zwei Wochen

Material:	Weißkohl (Weißkraut, bestimmte Kulturform des Gemüsekohls *Brassica oleracea*)
Geräte:	Gärtopf aus Steingut oder alternativ Einmachglas (2 l) oder 2 Einmachgläser (je 1 l) und Gewicht (z. B. Stein), Gummidichtungen und Verschlussmechanismus, Holzstampfer, Gärstempel (passender Beschwerungsstein bzw. alternativ ein stabiles, schmales Marmeladenglas), Messer, evtl. Gemüsehobel, pH-Indikatorstäbchen
Chemikalien:	Kochsalz (NaCl)

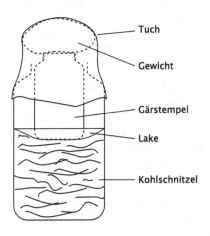

Abbildung 9.10 Sauerkraut; Gefäß mit Stempel

Durchführung. Zunächst wird der Weißkohl nach Entfernen des Strunks und der äußeren Blätter mithilfe eines Gemüsehobels (oder eines Messers) in möglichst kleine Streifen geschnitten (die Blätter dürfen nicht gewaschen werden, da sonst die Milchsäurebakterien entfernt werden). Die Blattschnitzel werden nun schichtweise in den Gärtopf oder alternativ in ein Einmachglas gegeben, wobei jede Schicht Weißkohl mit Kochsalz bestreut und mit einem Holzstampfer zusammengepresst wird (Abbildung 9.10). Die zugegebene Salzmenge sollte zwischen 1,5 und 2 Gewichtsprozent liegen. Wenn die gesamte Menge an Weißkohl eingefüllt ist, wird sie so lange mit dem Holzstampfer bearbeitet, bis der ausgetretene Zellsaft etwa 2 cm über den Kohlschnitzeln steht. Damit die entstehende Lake nicht wieder versickert und sich somit Luft im Ansatz ansammelt, muss auf die zusammengepressten Weißkohlschnitzel auch weiterhin Druck ausgeübt werden. Dazu dient beim Gärtopf ein passender und mit einem Loch versehener Beschwerungsstein. Der Luftabschluss wird beim Gärtopf durch eine mit Wasser gefüllte umlaufende Rinne gewährleistet, in der der Deckel des Topfes liegt. Bei der Verwendung eines Einmachglases kann ein Marmeladenglas als Gärstempel dienen, das durch die Öffnung des Einmachglases passt und das zuvor mit heißem Wasser weitestgehend sterilisiert wurde. Der Gärstempel wird nun mit dem Gewicht auf die eingepressten Kohlschnitzel gedrückt. Darüber breitet man dann ein Tuch. Das sich bildende Kohlendioxidgas verdrängt die verbliebene Luft. Man lagert den Ansatz für ein bis zwei Wochen bei 18–24 °C.

Beobachtung. Wenige Stunden nach Beendigung der Vorbereitungen ist eine Bildung von Gasbläschen zu beobachten. Am Ende der Gärungszeit ist der pH-Wert des Ansatzes erheblich gesunken, und zwar von pH 7 auf etwa pH 4,4.

Erklärung. Durch Zugabe von Salz zu zerkleinerten Blättern des Weißkohls wird den Blattschnitzeln Flüssigkeit entzogen. Die auf den inneren Kohlblättern vorhandenen Milchsäurebakterien (*Leuconostoc mesenteroides*, *Lactobacillus plantarum* und *Lactobacillus brevis*) kommen so mit den Zuckern des Zellsafts in Kontakt, die zu Lactat (Milchsäure) vergoren werden. Neben Milchsäure entstehen insbesondere durch *Leuconostoc* und *Lactobacillus* auch Ethanol, Kohlendioxid (das bei der Gärung entstehende Gas) und Essigsäure. Deshalb spricht man in diesem Fall im Gegensatz zur homofermentativen Milchsäuregärung des Joghurts von einer heterofermentativen Milchsäuregärung.

Die bei der Gärung entstehende Milchsäure dient als Konservierungsmittel durch Hemmung der Fäulnisbakterien, die ein neutrales bis leicht alkalisches Milieu bevorzugen. Darüber hinaus bewirkt sie durch einen teilweisen Abbau der Zellwände eine Erweichung der Blattstückchen. Die Milchsäure ruft den gewünschten mildsäuerlichen Geschmack des Sauerkrauts hervor, und sie schützt zusätzlich die im Kohl vorhandene Ascorbinsäure (Vitamin C) vor oxidativem Abbau.

Bemerkung. Das Einsäuern von Weißkohl (Weißkraut) zur Verlängerung seiner Haltbarkeit ist eine sehr alte Technik der Konservierung. Sauerkraut wird noch heute u. a. aufgrund seines hohen Vitamin-C-Gehalts (10–38 mg/100 g) als ein außerordentlich gesundes Nahrungsmittel geschätzt und diente im 17. und 18. Jahrhundert auf Segelschiffen als Vorbeugemaßnahme gegen den gefürchteten Skorbut (ausgelöst durch Vitamin-C-Mangel). Außerdem enthält Sauerkraut erhebliche Mengen an Blutdruck senkend wirkendem Cholin, ernährungsphysiologisch wichtige Mineralstoffe (Calcium, Kalium, Natrium, Phosphor, Eisen) und Ballaststoffe, die die Darmaktivität anregen.

V 9.4 Essigsäurebildung

V 9.4.1 Herstellung von Weinessig

Kurz und knapp. Im Unterschied zu den eigentlichen Gärungen handelt es sich bei der Essigsäurebildung um einen aeroben Vorgang. Übereinstimmung mit den klassischen Gärungen herrscht aber darin, dass der Abbau der Gärungsmaterialien unvollständig bleibt. Infolgedessen ergibt sich auch hier nur ein relativ geringer Energiegewinn. So erklärt es sich, dass bei den oxidativen Gärungen ebenfalls große Stoffmengen zum Umsatz gelangen.

Die Essigsäuregärung wird fast ausschließlich von Bakterien hervorgerufen, so namentlich von *Acetobacter*- und *Gluconobacter*-Arten. Die natürlichen Standorte der Essigsäurebakterien sind Pflanzen. Wo zuckerreiche Säfte freiwerden, finden sich Hefen mit Essigsäurebakterien vergesellschaftet.

Zeitaufwand. Vorbereitung: 15 min, Gärungszeit: ein bis zwei Wochen

Material:	ungeschwefelter Wein (rot oder weiß), Essigmutter (erhältlich z. B. bei Paul Arauner GmbH & Co. KG, D–97318 Kitzingen/Main)
Geräte:	Saftflasche (1 l), Kochtopf, Bunsenbrenner mit Vierfuß und Ceranplatte oder Küchenherd, Thermometer, Papiertaschentücher, Gummiring, bauchige Glasflasche (2 l)

Durchführung. Zunächst werden 300 ml Wein (am besten eignen sich billige, ungeschwefelte Tafelweine) zur Reduktion der im Wein enthaltenen Keime auf 60–70 °C erhitzt, auf etwa 30 °C durch Stehenlassen abgekühlt und anschließend in eine gut gespülte Glasflasche gegeben. Damit der Essigansatz möglichst viel Kontakt mit Luftsauerstoff erhält, ist eine Flasche zu wählen, in der der Ansatz eine relativ große Oberfläche bildet. Der Ansatz wird anschließend mit 200 ml warmem Wasser und mit 100 ml der Essigmutter gut vermischt. Danach deckt man die Flasche mit einem Papiertaschentuch ab, das man mit einem Gummiring befestigt (Abbildung 9.11). So gelangt ausreichend Luftsauerstoff

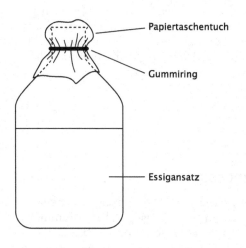

Papiertaschentuch

Gummiring

Essigansatz

Abbildung 9.11 Kulturgefäß zur Gewinnung von Speiseessig

in den Ansatz. Der Essigansatz wird etwa eine Woche bei 22 bis 26 °C aufgestellt und täglich ein- bis zweimal geschüttelt. An dieser Stelle kann der Versuch beendet und ausgewertet werden.

Um jedoch hochwertigen Speiseessig zu erhalten, versetzt man erneut 600 ml Wein mit 400 ml Wasser. Das Gemisch füllt man in eine bauchige Glasflasche mit 2 l Fassungsvermögen und fügt 200 ml der selbst hergestellten Ansatzkultur hinzu. Die Flasche wird mit einem Papiertaschentuch und einem Gummiring verschlossen. Das Gefäß wird bei 22 bis 26 °C aufgestellt und gelegentlich geschüttelt, wobei der Papierverschluss nicht benetzt werden darf. Die Gärung kommt zum Stillstand, wenn der Alkoholgehalt unter 1 % gesunken ist. Dies ist nach frühestens einer Woche der Fall. Wenn der Essig bei der Geschmacksprobe ausreichend sauer schmeckt, kann er verwendet werden. Dazu wird er durch einen Kaffeefilter in kleinere Flaschen filtriert, die wegen der anschließenden Nachgärung zunächst ebenfalls mit Papier verschlossen werden sollten; später können sie dann verkorkt oder verschraubt werden. Der im Gärgefäß verbleibende Essig kann erneut als Starterkultur eingesetzt werden.

Beobachtung. Nach einer Woche zeigt der Ansatz eine leichte Trübung, und an seiner Oberfläche hat sich ein hautartiges Gebilde abgelagert. Weiterhin ist die entstandene Essigsäure deutlich am Geruch zu erkennen.

Erklärung. Bei dem nach der ersten Woche entstandenen hautartigen Gebilde handelt es sich um eine sogenannte Kahmhaut. Sie setzt sich aus Essigsäurebakterien zusammen, die sich wegen ihrer Vorliebe für sauerstoffreiches Medium an der Oberfläche des Ansatzes sammeln. Der resorbierte Alkohol wird in den Zellen zu Essigsäure oxidiert, die an die Flüssigkeit abgeschieden wird (Abbildung 9.12).

Bemerkung. Die für chemische Synthesen erforderliche Essigsäure wird heute überwiegend synthetisch hergestellt (z. B. aus Methanol und Kohlenmonoxid). Demgegenüber produziert man die für die Lebensmittelindustrie oder Speisewürze bestimmte Essigsäure biotechnologisch mithilfe von Essigsäurebakterien. Der Grundstoff Ethanol (etwa verdünnter Branntwein) muss dann noch mit Mineralstoffen und Zuckern angereichert werden. Bei modernen Verfahren

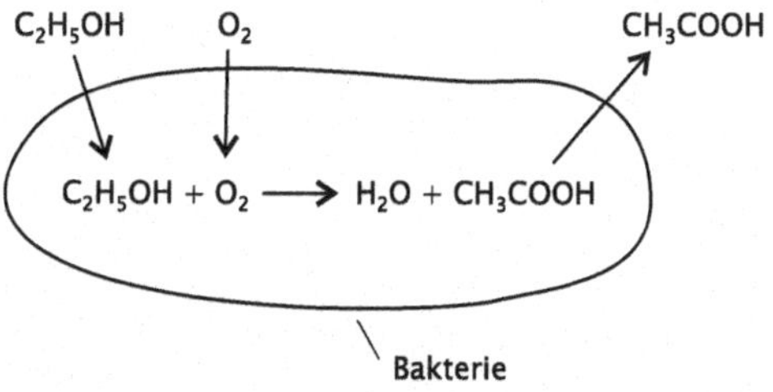
C_2H_5OH
O_2
CH_3COOH
$C_2H_5OH + O_2 \longrightarrow H_2O + CH_3COOH$
Bakterie

Abbildung 9.12 Ethanoloxidation zu Essigsäure

werden die Essigsäurebakterien in der Substratlösung (submers) kultiviert und durch luftansaugende Rührer mit Sauerstoff versorgt. Dadurch kann der Herstellungsprozess auf 24 Stunden verkürzt werden, während er bei älteren Verfahren sechs bis acht Tage dauert. Speiseessig enthält 5 % bis 16 % Essigsäure. Essig aus dem Handel hat meistens eine Essigsäurekonzentration von 5 % bis 6 %.

10 Dissimilation II: Atmung (aerobe Dissimilation)

A Theoretische Grundlagen

10.1 Einleitung

Der Gesamtvorgang der aeroben Dissimilation entspricht formal der Umkehrung der CO_2-Assimilation in der Photosynthese. Aus Glucose entsteht CO_2 und Wasser, wobei freie Energie verfügbar wird (Bruttogleichung der Atmung):

$$C_6H_{12}O_6 + 6\ O_2 + 6\ H_2O \rightarrow 6\ CO_2 + 12\ H_2O$$

$$\Delta G^{\circ\prime} = -2872 \text{ kJ} \cdot \text{mol}^{-1} \text{ Glucose} \tag{10.1}$$

In der Zelle wird Energie kontrolliert in Teilbeträgen und in einer Form freigesetzt, die die Synthese von ATP ermöglicht. Grundlage für diese Portionierung ist ein aufwendiger, komplexer Prozess, welcher von Glucose ausgeht und in dessen Verlauf mehrfach Wasserstoff bzw. Elektronen abgespalten und schließlich auf Sauerstoff übertragen werden. Die Kohlenstoffkette, ursprünglich Träger des Wasserstoffs, ist damit überflüssig geworden und wird folgerichtig als CO_2 eliminiert. Die zahlreichen Reaktionsschritte sind in grünen und chlorophyllfreien Pflanzenzellen identisch und bilden einen einheitlichen Stoffwechselweg, welcher sich in mehrere Reaktionsbereiche gliedert.

10.2 Mitochondrien

Mitochondrien sind der Ort der Zellatmung. Sie sind meist von lang gestreckter, fädiger Gestalt, können jedoch auch sehr kurz und fast kugelig sein. Entsprechend schwankt ihre Länge zwischen einem bis mehreren µm, während ihr Durchmesser 0,5–1,5 µm beträgt. Das Vorkommen der Mitochondrien ist auf die Eukaryoten (Organismen, deren Zellen echte Zellkerne besitzen) beschränkt. Ihre Anzahl pro Zelle wird weitgehend von deren Stoffwechselaktivität bestimmt. Die Vermehrung der Mitochondrien erfolgt durch Querteilung. Bei der Zellteilung werden sie offenbar passiv auf die beiden Tochterzellen verteilt. Bei den meisten Spezies Höherer Pflanzen überträgt der weibliche Gamet (Eizelle) die Mitochondrien auf die nächste Generation, bei einigen wenigen der männliche Gamet. Die Abgrenzung gegen das cytosolische Kompartiment übernimmt wie beim Chloroplasten eine Hülle aus zwei Biomembranen, die ebenfalls in Zusammensetzung und Funktion Unterschiede aufweisen. Während die Permeabilität der Außenmembran durch ihren Besatz mit porenbildenden Proteinkomplexen (Porine) ungewöhnlich hoch ist, zeigt sich die Innenmembran nur wenig und selektiv permeabel. Den Import von Proteinen über die beiden Hüllmembranen besorgen Translokatoren, ähnlich wie beim Chloroplasten (Translokatoren sind Proteine, die einen spezifischen Membrantransport vermitteln; vgl. Abschnitt 4.2). Die mitochondriale Innenmembran enthält den Enzymapparat der Atmungskette. Zur Vergrößerung der Membranoberfläche ist die Innenmembran in Form von Röhren (Tubuli) oder Membranfalten (Cristae) in die Matrix eingestülpt.

10.3 Umwandlung von Pyruvat in Acetyl-Coenzym A

Unter aeroben Bedingungen wird das Produkt des glykolytischen Abbaus, Pyruvat (s. Abschnitt 9.3), vollständig oxidiert und die Energie für die Zelle nutzbar gemacht. Bei allen eukaryotischen Organismen (Pflanzen, Pilze, Tiere) läuft dieser Prozess in den Mitochondrien ab. Man kann drei Stufen unterteilen:

1. die oxidative Bildung von Acetyl-Coenzym A aus Pyruvat, Fettsäuren und bestimmten Aminosäuren;

2. den Abbau von Acetyl-Resten durch den Citratzyklus (Citronensäurezyklus, Tricarbonsäurezyklus), wodurch CO_2 und Elektronen geliefert werden;

3. die Übertragung von Elektronen auf molekularen Sauerstoff in der Atmungskette, gekoppelt an die Phosphorylierung von ADP zu ATP.

Die Aufnahme des Pyruvats, dem Endprodukt der Glykolyse, aus dem Cytoplasma (Cytosol) in die Matrix der Mitochondrien wird durch einen Pyruvat-Translokator in der inneren Mitochondrienmembran vermittelt. Die Decarboxylierung und Dehydrierung von Pyruvat erfolgt durch den Pyruvat-Dehydrogenase-Komplex, der in mehreren Kopien drei nacheinander aktiv werdende Enzyme enthält. Die strukturelle Integration dieses Multienzymkomplexes ermöglicht einen koordinierten und sehr effektiven Ablauf der einzelnen Reaktionsschritte, denn die Zwischenprodukte werden nicht frei. Insgesamt ereignet sich Folgendes:

Die Carboxylgruppe des Pyruvats wird als CO_2 abgespalten (Decarboxylierung); der Wasserstoff wird auf NAD^+ übertragen (oxidativer Schritt); der verbleibende C_2-Rest (Essigsäure- oder Acetyl-Rest) wird an ein Trägermolekül, das Coenzym A (CoA-SH), gekoppelt und damit in eine reaktionsfähige Form gebracht (Acetyl-CoA oder auch „aktivierte Essigsäure", Abbildung 10.1). In dieser Form steht das C_2-Fragment zur Verarbeitung im Citratzyklus bereit.

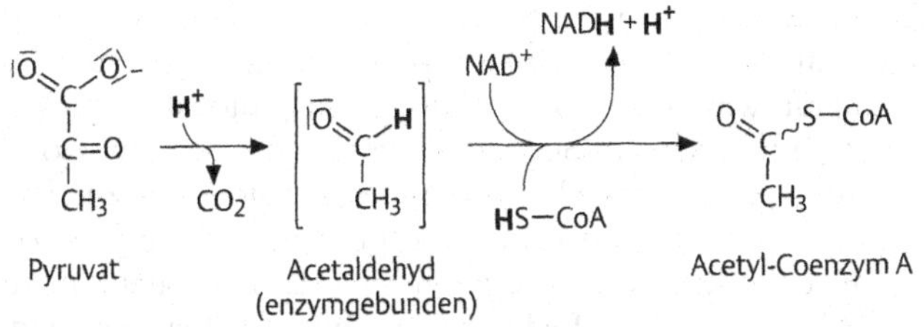

Pyruvat   Acetaldehyd (enzymgebunden)   Acetyl-Coenzym A

Abbildung 10.1 Acetyl-Coenzym-A-Bildung aus Pyruvat (nach DOENECKE et al., 2005)

10.4 Citratzyklus

In der zweiten Stufe der Zellatmung tritt Acetyl-CoA (aktivierte Essigsäure) in den Citratzyklus ein, indem es in der Eröffnungsreaktion mit dem Akzeptor Oxalacetat (Oxalessigsäure) kondensiert. Diese Reaktion wird durch das Enzym Citrat-Synthase katalysiert (Abbildung 10.2). Das Enzym Aconitase (Aconitat-Hydrolase) katalysiert die Reaktion von Citrat zu Isocitrat. Die Oxidation des Isocitrats zu α-Ketoglutarat erfolgt durch die NAD-Isocitrat-Dehydrogenase. Es kommt zur Abspaltung von CO_2, und über die Zwischenstufe Oxalosuccinat entstehen NADH + H$^+$ und α-Ketoglutarat (2-Oxoglutarat). Der nächste Schritt ist eine weitere oxidative Decarboxylierung, bei der α-Ketoglutarat von dem α-Ketoglutarat-Dehydrogenase-Komplex (2-Oxoglutarat-Dehydrogenase) zu Succinyl-CoA und CO_2 umgesetzt wird; als Elektronenakzeptor wirkt

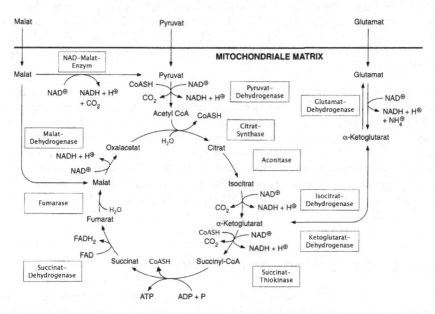

Abbildung 10.2 Reaktionen im Citratzyklus (nach HELDT, 2008. Mit freundlicher Genehmigung von Springer Science and Business Media)

NAD$^+$. Der α-Ketoglutarat-Dehydrogenase-Komplex gleicht strukturell und funktionell sehr dem Pyruvat-Dehydrogenase-Komplex. Die Energie aus der Oxidation von α-Ketoglutarat wird durch die Bildung der Thioesterbindung von Succinyl-CoA konserviert. Durch die Succinat-Thiokinase (Succinyl-CoA-Synthase) wird die freie Enthalpie bei der Hydrolyse dieses Thioesters zur Bildung von ATP (oder GTP) genutzt (Substratkettenphosphorylierung). Das gebildete Succinat wird anschließend durch die Succinat-Dehydrogenase zu Fumarat oxidiert. Die spezifische Succinat-Dehydrogenase ist ein Flavoprotein, dessen Wirkgruppe FAD (Flavinadenindinucleotid) den Wasserstoff übernimmt und ihn direkt in die Atmungskette weiterreicht. Succinat-Dehydrogenase ist im Gegensatz zu den übrigen Enzymen des Citratzyklus ein integraler Bestandteil der inneren Mitochondrienmembran (Komplex II). Durch die Fumarase (Fumarat-Hydratase) wird an die C=C-Doppelbindung des Fumarats Wasser angelagert, und es entsteht dabei L-Malat. Die Malat-Dehydrogenase katalysiert den letzten Schritt des Citratzyklus; unter Reduktion von NAD$^+$ wird Oxalacetat gebildet. Mit der Regeneration von Oxalacetat als der spezifischen Akzeptorverbindung schließt sich der Kreis. Der Fluss von Kohlenstoffatomen aus Pyruvat in und durch den Citratzyklus wird vor allem bei der Umwandlung von Pyruvat in Acetyl-CoA und beim Eintritt von Acetyl-CoA in den Zyklus (Citrat-Synthase-Reaktion) kontrolliert.

Im Citratzyklus wird somit das Acetat über eine Reihe von Reaktionen schrittweise vollständig abgebaut. Die C-Atome werden durch Decarboxylierungsschritte als CO_2 entfernt, und der Wasserstoff wird auf NAD$^+$ und FAD übertragen. Außerdem entsteht eine energiereiche Phosphatbindung in Form des ATP (bei Säugern GTP). Zum Abschluss wird der Akzeptor Oxalacetat regeneriert. In der Bilanz führt der Abbau von einem Acetat über den Citratzyklus zu zwei CO_2, einer energiereichen Phosphatbindung und vier Reduktionsäquivalenten. Davon stehen drei in Form von NADH + H$^+$ und eines als FADH$_2$ zur Verfügung. Sie werden in das ATP-erzeugende System der Atmungskette eingeschleust.

Der Citratzyklus ist der zentrale Abbauweg des aeroben Stoffwechsels, in den letztlich die C-Skelette der Speicherstoffe einmünden. Er steht aber nicht nur im Dienst der terminalen Oxidation, sondern er liefert gleichzeitig auch Ausgangsstoffe für Synthesen. Damit wird der Citratzyklus zum Mittler zwischen katabolen und anabolen Reaktionssequenzen. Um den dadurch verursachten Abfluss von Zwischenverbindungen des Citratzyklus auszugleichen, existieren Auffüllungsreaktionen, sogenannte anaplerotische Reaktionen, die insbesondere die Funktion haben, Oxalacetat als Akzeptor des Acetyl-CoA nachzubilden (Abbildung 10.2).

10.5 Endoxidation, Atmungskette

Die in Serie ablaufenden Reaktionsschritte der Glykolyse, der Pyruvatoxidation und des nachgeschalteten Citratzyklus ergeben je Mol eingesetzter Glucose insgesamt 10 Mole NADH + H$^+$ und 2 Mole FADH$_2$. Der in der allgemeinen Reaktionsgleichung (s. Abschnitt 10.1) enthaltene molekulare Sauerstoff dient in einer abschließenden Reaktionsfolge indirekt der Oxidation der reduziert vorliegenden Reduktionsäquivalente, wobei Wasser gebildet wird:

$$2\,NADH + H^+ + O_2 \rightarrow 2\,H_2O + 2\,NAD^+$$

$$\Delta G^{\circ\prime} = -217\,kJ \cdot mol^{-1} \tag{10.2}$$

Diese Umsetzung entspricht zwar formal der stark exergonischen Knallgasreaktion (da sie nicht vom freien Wasserstoff ausgeht, ist die Energiefreisetzung etwas geringer), doch wird die relativ große Energiemenge nicht schlagartig frei, sondern in kleinen Teilbeträgen, welche sehr effektiv als chemische Energie konserviert werden. Grundlage hierfür ist eine Sequenz von Redoxsystemen (Elektronentransportkette), in welcher der Wasserstoff bzw. die Elektronen mit abfallender Potenzialstärke dem Sauerstoff zugeführt werden.

Die elektronenübertragenden Redoxkomponenten der Atmungskette sind – bis auf zwei – in vier supramolekularen Membrankomplexen zusammengefasst, von denen drei der eigentlichen Atmungskette zugerechnet werden: NADH-Ubichinon-Reduktase (NADH-Dehydrogenase-Komplex, Komplex I), Ubichinon-Cytochrom-c-Reduktase (Cytochrom-bc$_1$-Komplex, Komplex III) und Cytochrom-Oxidase (Cytochrom-aa$_3$-Komplex, Komplex IV) (Abbildung 10.3); der Komplex II, Succinat-Ubichinon-Reduktase (Succinat-Dehydrogenase), hat direkte Zulieferfunktion für Wasserstoff über FADH$_2$ aus dem Citratzyklus (s. Abschnitt 10.4). Ubichinon und Cytochrom c fungieren als bewegliche Überträger und stellen die Verbindung im Elektronentransport zwischen den Komplexen her, sodass ein gerichteter Elektronenfluss durch die Kette vom NADH + H$^+$ bzw. FADH$_2$ bis zum Sauerstoff gewährleistet ist. Die bei den Übergängen anfallende Redoxenergie wird zum Aufbau eines transmembranen Protonengradienten genutzt (Abbildung 10.3).

Die NADH-Ubichinon-Reduktase (Komplex I) füttert die Elektronen von dem bei der Substratzerlegung in der Matrix gebildeten NADH in die Atmungskette ein. Über ein Flavinmononucleotid (FMN) und mehrere Eisen-Schwefel-Zentren gelangen die Elektronen von hier auf Ubichinon. Ubichinon (UQ/UQH$_2$, auch Coenzym Q genannt) bildet ein Sammelbecken für die Elektronen (Wasserstoff), die vom Komplex I und vom Komplex II geliefert werden.

Das reduzierte Ubichinon (UQH$_2$) wird durch die Ubichinon-Cytochrom-c-Reduktase (Komplex III) oxidiert; sie heißt wegen der integralen Redoxkomponenten auch Cytochrom-bc$_1$-Komplex. Die Redoxzentren bestehen aus Cytochrom b (Cyt b) mit zwei Häm als prosthetischen Gruppen, einem Eisen-Schwefel-Protein vom Typ [2Fe–2S] (RIESKE-Protein) und einem Cytochrom c$_1$ (Cyt c$_1$). Der Komplex III der Mitochondrien entspricht nach Struktur und Funktion dem Komplex b$_6$f der Chloroplasten (vgl. Abschnitt 7.5). Komplex III hat zwei Bindungs- und Reaktionsstellen für Ubichinon, die zur Außen-(Intermembran-) bzw. Innenseite (Matrixseite) orientiert sind. An der äußeren Andockstelle geht vom UQH$_2$ ein Elektron auf das RIESKE-Protein über. Von dessen [2Fe–2S]-Zentrum gelangt es dann über Cyt c_1 zum Cyt c (Cytochrom c) und verlässt damit den Komplex. Das verbleibende Semichinon bindet stärker an Komplex III, wobei das Redoxpotenzial negativer wird, sodass das zweite Elektron auf Cyt b übertragen werden kann. Das Elektron wandert über die beiden Hämgruppen von Cyt b auf ein Ubichinon, welches sich an der inneren Andockstelle von Komplex III befindet. Durch Aufnahme eines zweiten Elektrons von einer zweiten UQH_2-Oxidation sowie von zwei Protonen aus dem Matrixraum entsteht UQH_2, das sich von der Andockstelle an der Innenseite ablöst, um dann wiederum an der äußeren Andockstelle des Komplexes in der geschilderten Weise oxidiert zu werden. Diesen zyklischen Elektronentransport im Cyt-bc_1-Komplex nennt man Q-Zyklus. In Abschnitt 7.5 wird er auch für den Cyt-b_6f-Komplex der Thylakoidmembranen diskutiert. In der Bilanz werden durch den Q-Zyklus zwei zusätzliche Protonen von der Matrixseite in den Intermembranraum transportiert.

Das reduzierte Cyt c diffundiert als stark positiv geladenes kleines Protein (ca. 12 kDa) entlang der hydrophilen Außenseite der inneren Mitochondrienmembran (Abbildung 10.3) zur Cytochrom-Oxidase (Cytochrom-aa_3-Komplex, Komplex IV). Dieser Komplex hat einen großen hydrophilen Bereich, der in den Intermembranraum hineinragt und die Bindungsstelle für Cyt c trägt. Bei der Oxidation des Cyt c wird das Elektron zunächst auf ein Kupfer-Schwefel-Zentrum, das aus zwei Cu-Atomen besteht (die als Cu_A bezeichnet werden), übertragen. Diese beiden Cu-Atome sind durch zwei S-Atome von Cystein-gruppen miteinander verbunden. Das Elektron gelangt dann über Cyt a auf ein sogenanntes binukleares Zentrum, das aus dem Cyt a_3 und einem durch Histi-din koordinierten Cu-Atom (Cu_B) besteht. Dieses binukleare Zentrum wirkt als eine Redoxeinheit, in der Cu zusammen mit dem Fe-Atom im Cyt a_3 insgesamt zwei Elektronen aufnimmt:

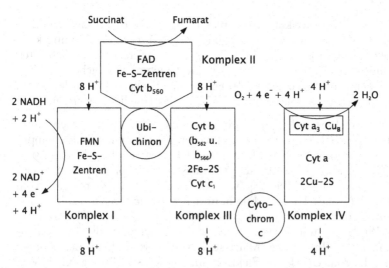

Abbildung 10.3 Schematische Darstellung von Anordnung und Protonentransport der Komplexe I bis IV der Atmungskette in der mitochondrialen Innenmembran

$$[Fe^{3+} \cdot Cu_B^{2+}] + 2e^- \rightarrow [Fe^{2+} \cdot Cu_B^+] \tag{10.3}$$

Beim Cyt a₃ ist im Gegensatz zu Cyt a und den anderen Cytochromen der Atmungskette die sechste Koordinationsstelle des Fe nicht durch Aminosäuren des Proteins koordiniert. An diese freie Koordinationsstelle bindet das Sauerstoffmolekül, es liegt dann zwischen Cyt a₃ und Cu_B. So gebunden an das binukleare Zentrum wird das O_2-Molekül durch Aufnahme von vier Elektronen zu Wasser reduziert:

$$O_2 + 4\,e^- + 4\,H^+ \rightarrow 2\,O^{2-} + 4\,H^+ \rightarrow 2\,H_2O \tag{10.4}$$

Statt O_2 können auch Kohlenstoffmonoxid (CO), Cyanid (CN^-, Salze der Blausäure HCN) oder Azid (N_3^-) an die freie Koordinationsstelle des Cyt a₃ fest binden, wodurch die Atmung gehemmt wird. Diese Verbindungen sind daher starke Gifte.

10.6 Alternative Wege der NADH–Oxidation in pflanzlichen Mitochondrien (Überlaufmechanismen)

Mitochondrien aus Pflanzen besitzen sogenannte Überlaufmechanismen, durch die überschüssiges NADH auch ohne Synthese von ATP oxidiert werden kann. Auf der Matrixseite der inneren Mitochondrienmembran ist eine alternative NADH-Dehydrogenase vorhanden (Abbildung 10.4), die Elektronen von NADH auf Ubichinon überträgt, ohne dass daran ein Protonentransport gekoppelt ist. Eine Oxidation über diesen Weg erfolgt, wenn der NADH/NAD⁺-Quotient in der Matrix besonders hoch ist.

Außerdem gibt es in Pflanzenmitochondrien eine alternative Oxidase (Abbildung 10.4), durch die Elektronen vom Ubihydrochinon (UQH₂) direkt auf Sauerstoff übertragen werden können, ebenfalls ohne dass dabei Energie durch Protonentransport konserviert wird. Diese alternative Oxidation ist gegenüber CN^--Ionen unempfindlich, sie wird daher auch als Cyanid-resistente Atmung bezeichnet. Der Elektronentransport über die Alternative Oxidase ist als ein Kurzschluss zu verstehen, der bei übermäßiger Reduktion des Ubichinons erfolgt. Die frei werdende Energie geht in Wärme über.

Im Gegensatz zu Mitochondrien aus tierischen Zellen können Pflanzenmitochondrien auch externes, d. h. vom Cytosol angeliefertes NADH und in manchen Fällen auch NADPH, oxidieren. Die Oxidation von externem NADH und NADPH erfolgt über zwei spezifische Dehydrogenasen an der Außenseite der inneren Mitochondrienmembran (Abbildung 10.4). Ebenso wie bei der Succinat-Dehydrogenase werden bei diesen beiden externen Dehydrogenasen die Elektronen auf der Stufe des Ubichinons in die Atmungskette eingespeist. Die Oxidation über die externe NADH-Dehydrogenase läuft nur bei sehr ho-

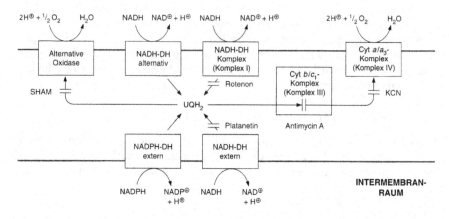

Abbildung 10.4 Neben der rotenonempfindlichen NADH–Dehydrogenase (Komplex I) gibt es in pflanzlichen Mitochondrien drei weitere Dehydrogenasen (s. Text), die Elektronen ohne gekoppelten Protonentransport auf Ubichinon übertragen. Die zum Intermembranraum gerichtete (externe) NADH–Dehydrogenase wird durch Platanetin gehemmt. Eine Alternative Oxidase ermöglicht die Oxidation von Ubihydrochinon ohne gekoppelten Protonentransport. Dieser Weg ist unempfindlich gegen Antimycin A und KCN, wird aber durch Salicylhydroxamat (SHAM) gehemmt (HELDT, 2008. Mit freundlicher Genehmigung von Springer Science and Business Media)

hen Konzentrationen von NADH im Cytosol ab; es kann deshalb auch dieser Weg als Überlaufmechanismus betrachtet werden.

Die Überlaufmechanismen des Elektronentransports der Atmungskette können zur physiologischen Wärmeproduktion (Thermogenese) pflanzlicher Gewebe oder Organe beitragen. Thermogenese findet bei Höheren Pflanzen im Blüten- oder Infloreszenz-Gewebe von Spezies aus unterschiedlichen Familien statt. Der bekannteste Fall ist die Aufheizung des terminalen Gewebes (Appendix) am Blütenkolben von *Arum maculatum* (Aronstab).

Bei starkem Lichtüberschuss können die Überlaufmechanismen der Atmungskette auch der Ableitung und thermischen Dissipation von überschüssigen Reduktionsäquivalenten aus der photosynthetischen Elektronentransportkette dienen, wobei die Vermittlung zwischen Chloroplast und Mitochondrium durch den Malat/Oxalacetat-Transportmechanismus erfolgen kann. Auf diese Weise können bei starkem Sonnenlicht die Mitochondrien zum Schutz der Chloroplasten vor Photooxidationen beitragen.

B   Versuche

V 10.1   Kohlendioxidentstehung und Sauerstoffverbrauch bei der Atmung

V 10.1.1 Sichtbarmachen der Atmung

Kurz und knapp. Die Atmung ist ein Oxidationsprozess, bei dem Sauerstoff verbraucht wird und Kohlendioxid entsteht (s. Abschnitte 9.1 und 10.1). Der folgende Versuch demonstriert die Atmungsaktivität keimender Pflanzen anhand ihrer Bildung von Kohlendioxid (CO_2).

Zeitaufwand. Durchführung: 20 min

Material:	ca. 3 Tage alte Erbsenkeimlinge (*Pisum sativum*), trockene Erbsensamen
Geräte:	Overhead–Projektor, 2 Petrischalen mit Deckel, 2 kleinere, flache Glasschälchen, Tropfpipette, Becherglas, Küchensieb, Messpipette (10 ml), Peleusball. Zur Herstellung der Lösungen: Analysenwaage, Messzylinder (100 ml), 2 Bechergläser (200 ml, 50 ml), Spatel
Chemikalien:	4 mmol/l Calciumhydroxid-Lösung ($Ca[OH]_2$), 1 %ige alkoholische Phenolphthaleinlösung (1 g auf 100 ml mit 96 %igem Ethanol lösen; eine ungiftige Alternative ist 1 %ige alkoholische Thymolphthaleinlösung), Vaseline (alternativ: Schlifffett)

Sicherheit. Calciumhydroxid (Festsubstanz): Xi. In der hier angewendeten Konzentration ist die Calciumhydroxid-Lösung nicht kennzeichnungspflichtig. Phenolphthalein (Lösungen w $\geq$ 1 %): T. Schülerversuche sind mit diesen Lösungen nicht erlaubt. Thymolphthalein ist eine als ungiftig eingeschätzte Alternative.

Durchführung. Keimung der Erbsen: Man gibt hinreichend viele Erbsen in ein Becherglas, sodass es höchstens halb gefüllt ist, und übergießt diese mit reichlich Leitungswasser. Nach einem Tag gießt man die gequollenen Erbsen über ein Küchensieb ab und gibt sie auf ein feuchtes Filterpapier in eine verschlossene Petrischale. Nach zwei Tagen sind die Keimwurzeln deutlich zu erkennen.

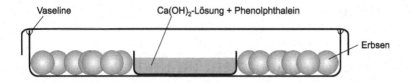

Vaseline   Ca(OH)$_2$-Lösung + Phenolphthalein

Erbsen

Abbildung 10.5 Schematische Darstellung des Versuchsaufbaus

Versuchsansatz: Die kleinen Glasschälchen werden mit Vaseline in der Mitte der beiden unteren Petrischalenhälften befestigt; den verbleibenden Hohlraum der ersten Petrischale außerhalb der kleinen Schälchen füllt man mit etwa einer Lage trockener Erbsensamen (Kontrollansatz), jenen der zweiten Petrischale mit einer Lage Erbsenkeimlinge.

Zur Herstellung der 4 mmol/l Ca(OH)$_2$-Lösung wiegt man 30 mg Ca(OH)$_2$ ab und löst in 100 ml entmin. Wasser. Zu 25 ml dieser Lösung wird der pH-Indikator bis zu einem deutlich sichtbaren Farbumschlag getropft. Bei Verwendung von Phenolphthalein erfolgt der Farbumschlag nach rotviolett, bei Verwendung von Thymolphthalein nach blau. Nun pipettiert man jeweils 10 ml der gefärbten Ca(OH)$_2$-Lösung in die kleinen Schälchen in der Mitte der Petrischalen beider Ansätze. Anschließend fettet man zur Abdichtung die Ränder der unteren Petrischalenhälften dick (!) mit Vaseline ein, setzt die zugehörigen Deckel auf die Petrischalen und stellt beide Ansätze auf den angeschalteten Overhead-Projektor.

Beobachtung. Nach ca. 15–20 Minuten entfärbt sich die basische Indikatorlösung im Ansatz mit den Erbsenkeimlingen, während die Indikatorlösung im Kontrollansatz ihre Färbung beibehält.

Erklärung. Mit der Samenkeimung, die sich an die Quellung anschließt, beginnt der Atmungsprozess, der die Energieäquivalente (ATP) für die Stoffwechselprozesse der sich entwickelnden Pflanze liefert (s. Abschnitt 12.3). Das bei der Atmung entstehende CO$_2$ löst sich in der stark basisch wirkenden wässrigen Lösung von Ca(OH)$_2$ unter Bildung des leicht löslichen Ca(HCO$_3$)$_2$ (Calciumhydrogencarbonat, Calciumbicarbonat): 2 CO$_2$ + Ca^{2+} + 2 OH$^-$ ⇌ Ca(HCO$_3$)$_2$. Der Vorgang der Neutralisation wird durch die Entfärbung der Indikatorlösung angezeigt. Phenolphthalein ist bis etwa pH 8,2 farblos und ab pH 9,8 rotviolett gefärbt, Thymolphthalein ist dagegen bis etwa pH 9,3 farblos und ab pH 10,5 blau gefärbt. Die sich im Ruhezustand befindenden trockenen Erbsensamen zeigen hingegen keine Atmungsaktivität; die Ca(OH)$_2$-Lösung entfärbt sich daher nicht.

Bemerkung. Zum Gelingen des Versuchs ist es wichtig, dass die beiden Petrischalen völlig luftdicht verschlossen sind, da sich sonst auch die Kontrolle durch das CO$_2$ der Atmosphäre entfärbt.

Entsorgung. Eine mit Phenolphthalein angefärbte Indikatorlösung wird in einen Behälter für flüssige organische Abfälle gegeben, eine mit Thymolphthalein gefärbte Indikatorlösung kann verdünnt und über den Ausguss entsorgt werden.

V 10.1.2 Kohlendioxidentstehung bei der Atmung: qualitativer Nachweis

Kurz und knapp. In diesem Versuch wird das bei der Atmung entstehende Kohlendioxid aufgrund seiner Reaktion mit Bariumhydroxid (Ba[OH]$_2$) zu schwer löslichem Bariumcarbonat (BaCO$_3$) nachgewiesen.

Zeitaufwand. Durchführung: 10 min für Versuchsansatz, 24–48 h Standzeit, 5 min für Versuchsdemonstration

Material:	ca. 3–4 Tage alte Erbsenkeimlinge (*Pisum sativum*), trockene Erbsensamen
Geräte:	2 Gefrierbeutel (1–2 l Volumen), 2 Glasrohre, 2 Gummischläuche (ca. 10 cm), 2 Schlauchklemmen oder Glasventile, Gummiringe, Klebestreifen, 2 Bechergläser (je 100 ml), etwas Alufolie, Fahrradluftpumpe, 2 Faltenfilter, Filterpapierschnitzel
Chemikalien:	0,5 %ige Bariumhydroxid-(Ba[OH]$_2$-)Lösung

Sicherheit. Bariumhydroxid (Festsubstanz, Lösungen w ≥ 10 %): C.

Durchführung. Keimung der Erbsen: s. V 10.1.1.

Versuchsaufbau: In beide Gefrierbeutel gibt man etwa die gleiche Menge an Filterpapierschnitzeln, füllt in den ersten Beutel zwei Tassen trockene Erbsensamen (Kontrollansatz), befeuchtet das Filterpapier im zweiten Beutel und gibt zwei Tassen Erbsenkeimlinge hinzu. Anschließend werden beide Beutel mithilfe von Gummiringen dicht an Glasrohre angeschlossen, wobei man Letztere zusätzlich mit den Gummischläuchen verbindet. Mit den Klebestreifen sollen die Beutel zur zusätzlichen Abdichtung dicht um die Glasrohre geschlossen werden. Dann werden beide Beutel mit einer Fahrradluftpumpe aufgepumpt und sogleich mit Schlauchklemmen oder Glasventilen verschlossen. Nachdem die Dichtheit beider Beutel kontrolliert wurde, lässt man beide Ansätze einen oder zwei Tage stehen.

Demonstration: Am Tag der Versuchsdemonstration filtriert man zweimal 100 ml Ba(OH)$_2$ in je ein Becherglas und verschließt ein Becherglas zur kurzen Aufbewahrung mit Alufolie. Nach Öffnen der Schlauchklemme oder des Glasventils drückt man die Luft des Beutels, der die Trockenerbsen enthält, in das unverschlossene Becherglas und verfährt ebenso mit dem Probeansatz, wobei

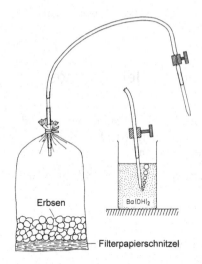

Erbsen

Ba(OH)₂

Filterpapierschnitzel

Abbildung 10.6 Überführen der Beutelluft in die Ba(OH)₂-Lösung (nach KUHN und PROBST, 1983)

man das zurückgestellte Becherglas mit der Ba(OH)$_2$-Lösung verwendet (Abbildung 10.6).

Beobachtung. Die Luft aus dem Beutel mit den Erbsenkeimlingen verursacht in der Ba(OH)$_2$-Lösung einen weißen Niederschlag, während der Beutelinhalt des Kontrollansatzes die Ba(OH)$_2$-Lösung nicht wesentlich trübt.

Erklärung. Das bei der Atmung der Erbsenkeimlinge gebildete CO$_2$ reichert sich in der Beutelluft an und reagiert beim Entleeren mit Bariumhydroxid gemäß folgender Gleichung:

$$CO_2 + Ba(OH)_2 \rightarrow BaCO_3\downarrow + H_2O \qquad (10.5)$$

Bei dem weißen Niederschlag handelt es sich um das in Wasser schwer lösliche Bariumcarbonat (BaCO$_3$).

Die trockenen, ungekeimten Erbsensamen zeigen demgegenüber keine apparente Atmungsaktivität, sodass sich kein zusätzliches CO$_2$ im Plastikbeutel anreichert.

Bemerkung. Auch der CO$_2$-Gehalt der menschlichen Ausatemluft kann mit einer vergleichbaren Versuchseinstellung – wie oben beschrieben – demonstriert werden. Hierzu wird die Ausatemluft in den Gefrierbeutel geblasen und der Beutelinhalt nach Öffnen der Schlauchklemme in die Ba(OH)$_2$-Lösung gepresst.

Entsorgung. Die Bariumhydroxid-Lösung wird in einen Behälter für anorganische Abfälle (mit Schwermetallen) gegeben.

V 10.1.3   Kohlendioxidentstehung bei der Atmung: quantitativer Nachweis

Kurz und knapp. Durch leichte Abwandlung und Erweiterung der Versuchsanordnung von V 10.1.2 kann man eine quantitative Bestimmung der bei der Atmung gebildeten Kohlendioxidmenge durchführen.

Zeitaufwand. 5 min, Durchführung: 10 min für Versuchsansatz, 24 h Standzeit, 30 min für Titration und Auswertung

Material:	ca. 3–4 Tage alte Erbsenkeimlinge (*Pisum sativum*)
Geräte:	Gefrierbeutel (1–2 l Volumen), Glasrohr, Gummischlauch (ca. 10 cm), Schlauchklemme oder Glasventil, Gummiring, Klebestreifen, Becherglas (100 ml), etwas Alufolie, Fahrradluftpumpe, Filterpapierschnitzel, Messzylinder (50 ml), Bürette (50 ml), kleiner Trichter, Magnetrührer mit Rührfisch, 4 Erlenmeyerkolben (100 ml), 2 Faltenfilter, Tropfpipette
Chemikalien:	0,1 mol/l Salzsäure (HCl), 0,05 mol/l Bariumhydroxid (Ba[OH]$_2$), 1 %ige alkoholische Phenolphthaleinlösung (1 g in 100 ml 96 %igem Ethanol lösen; eine ungiftige Alternative ist 1 %ige alkoholische Thymolphthaleinlösung)

Sicherheit. Bariumhydroxid (Festsubstanz, Lösungen w $\geq$ 10 %): C. Phenolphthalein (Lösungen w $\geq$ 1 %): T. Schülerversuche sind mit diesen Lösungen nicht erlaubt. Thymolphthalein ist eine als ungiftig eingeschätzte Alternative.

Durchführung. Keimung der Erbsen und Versuchsaufbau: s. V 10.1.2. In diesem Versuch wird jedoch im Unterschied zu V 10.1.2 eine definierte Anzahl (z. B. 100 Stück) gekeimter Erbsen für 24 Stunden in den Beutel gegeben. Ein Kontrollansatz mit trockenen Erbsensamen ist hier nicht notwendig.

Vorbereitung der Titration: Man schließt den Hahn der Bürette und füllt mithilfe des Trichters 50 ml HCl in die Bürette. Danach filtriert man 50 ml Ba(HO)$_2$-Lösung durch einen Faltenfilter in den Erlenmeyerkolben und taucht das Schlauchstück, das am Glasröhrchen des Gefrierbeutels angebracht ist, in die Ba(OH)$_2$-Lösung, öffnet die Schlauchklemme und pumpt durch Zusammendrücken des Gefrierbeutels die Luft im Beutel möglichst vollständig in die Ba(OH)$_2$-Lösung.

Titration des Erbsen-Ansatzes: Durch Zugabe eines Tropfens Phenolphthalein, den man mithilfe des Rührfischs und des Magnetrührers gleichmäßig in der Ba(OH)$_2$-Lösung verteilt, färbt sich die Lösung gemäß ihrer stark basischen Eigenschaft rotviolett. Anschließend füllt man 25 ml der gefärbten Ba(OH)$_2$-Lösung in den Messzylinder, den man nun mit Alufolie verschließt und zur Seite stellt. In die restliche, gefärbte Ba(OH)$_2$-Lösung titriert man unter Betätigung des Magnetrührers vorsichtig die HCl-Lösung, bis der Farbumschlag von rotviolett nach farblos erfolgt. Die Menge an verbrauchter HCl-Lösung zum Zeitpunkt des Farbumschlags notiert man und wiederholt den gesamten Titrationsvorgang für die zurückgestellte Ba(OH)$_2$-Lösung, die man zuvor in einen sauberen Erlenmeyerkolben gibt. Aus den beiden Werten wird der arithmetische Mittelwert des HCl-Verbrauchs des Erbsen-Ansatzes gebildet (Ø Erbsen-Ansatz).

Kontrolltitration: Um einen Vergleichswert mit ungetrübter Ba(OH)$_2$-Lösung, in der kein CO$_2$ gelöst wurde, zu erhalten, filtriert man 50 ml frische Ba(OH)$_2$-Lösung in einen Erlenmeyerkolben, versieht die Lösung mit einem Tropfen Phenolphthalein und titriert nach obiger Vorgehensweise 2 x 25 ml der Ba(OH)$_2$-Lösung. Wieder erhält man zwei Werte, die zu dem mittleren HCl-Verbrauch des Kontroll-Ansatzes (Ø Kontroll-Ansatz) verrechnet werden.

Beobachtung. Beim Einpressen der Luft in die Ba(OH)$_2$-Lösung trübt sich die Lauge sofort.

Erklärung. Das bei der Atmung der Erbsenkeimlinge gebildete Kohlendioxid reagiert mit Bariumhydroxid gemäß Gleichung (10.5). Ein Teil des Ba(OH)$_2$ wird also durch Reaktion mit CO$_2$ zu dem schwer löslichen und als weißer Niederschlag ausfallenden BaCO$_3$ verbraucht. Die Gleichung zeigt, dass dabei ein Molekül CO$_2$ mit einem Molekül Ba(OH)$_2$ reagiert. Durch die nachfolgende Titration mit Salzsäure werden also nur noch die Ba(OH)$_2$-Moleküle neutralisiert, die nicht mit CO$_2$ reagiert haben. Der Neutralisationsvorgang kann mit folgender Reaktionsgleichung beschrieben werden:

$$Ba(OH)_2 + 2HCl \rightarrow BaCl_2 + 2H_2O \qquad (10.6)$$

Aus Gleichung (10.6) lässt sich ersehen, dass zwei Moleküle HCl ein Molekül Ba(OH)$_2$ neutralisieren (1 mol verbrauchte HCl entspricht also 0,5 mol Ba[OH]$_2$). Ein geringer HCl-Verbrauch bei dieser Neutralisationsreaktion korrespondiert mit einer hohen CO$_2$-Konzentration in der Atmosphäre eines Beutels.

Bei einer quantitativen Betrachtung muss berücksichtigt werden, dass neben dem durch die Atmung der Erbsen gebildeten CO$_2$ auch das schon in der Raumluft vorhandene CO$_2$ mit Ba(OH)$_2$ reagiert. Im Erbsen-Ansatz haben demnach sowohl Raumluft-CO$_2$ als auch Atmungs-CO$_2$ mit Ba(OH)$_2$ reagiert, im Kontroll-Ansatz nur Raumluft-CO$_2$. Der HCl-Verbrauch, der nur auf das Atmungs-CO$_2$ der Erbsen zurückzuführen ist (Δ HCl), berechnet sich folgendermaßen:

$$\Delta\,HCl = \text{Ø Kontroll-Ansatz} - \text{Ø Erbsen-Ansatz} \qquad (10.7)$$

Die Berechnung der gebildeten CO$_2$-Menge soll an einem Beispiel veranschaulicht werden. Ein Experiment habe ergeben: Δ HCl = Ø Kontroll-Ansatz – Ø Erbsen-Ansatz = 22,95 ml – 19,65 ml = 3,3 ml. Nach der Stöchiometrie von Reaktionsgleichung (2) entsprechen 3,3 ml HCl der Konzentration 0,1 mol/l dem gleichen Volumen an $Ba(OH)_2$ der Konzentration 0,05 mol/l. Dieses wiederum entspricht aufgrund der Stöchiometrie von Reaktionsgleichung (1) dem gleichen Volumen an CO_2 der Konzentration 0,05 mol/l.

Die molare Masse von CO_2 beträgt 44 g/mol. Somit gilt: 1 mol CO_2 = 44 g und 0,05 mol CO_2 = 2,2 g. 1000 ml CO_2 der Konzentration 0,05 mol/l = 2,2 g CO_2; 3,3 ml CO_2 der Konzentration 0,05 mol/l = 0,00726 g = 7,26 mg CO_2. Da jeweils nur die Hälfte des Gesamtansatzes von 50 ml titriert wurde, muss der Wert verdoppelt werden: 2 · 7,26 = 14,52 mg CO_2. Die 100 Erbsen im Beutel haben also in 24 Stunden 14,52 mg CO_2 gebildet. Eine einzelne Erbse produziert in diesem Zeitraum demnach 14,52/100 = 0,1452 mg CO_2.

Bemerkung. Da die Atmungsaktivität von vielerlei Faktoren abhängt, z. B. von der Temperatur, kann die Menge des bei der Atmung gebildeten CO_2 in unterschiedlichen Versuchsdurchgängen variieren. Die Messwerte der Beispielrechnung sind daher nicht als ideales Ergebnis für verschiedene Versuche zu betrachten.

Entsorgung. Die Bariumhydroxid-Lösung wird in einen Behälter für anorganische Abfälle (mit Schwermetallen) gegeben.

V 10.1.4 Nachweis des Sauerstoffverbrauchs und der Kohlendioxidproduktion bei der Atmung durch den Kerzentest

Kurz und knapp. Der Verbrennungsvorgang einer Kerze ist eine Oxidationsreaktion, bei der unter Verbrauch von Sauerstoff Ruß (Verbrennungsruß) und Kohlendioxid entsteht. Das Brennen einer Kerze ist also immer auch ein Nachweis für die Anwesenheit von genügend Sauerstoff in der Luft.

Nach der ursprünglichen Definition bedeutet die Oxidation eine Vereinigung mit Sauerstoff (lat.: oxygenium). Nach der neuen, erweiterten Definition besteht die Oxidation aus einem Entzug von Elektronen und die oxidierende Wirkung eines Oxidationsmittels in dessen elektronenentziehender Wirkung. In diese Definition fügen sich auch sauerstofffreie Oxidationsmittel zwanglos ein.

Zeitaufwand. Durchführung: 10 min für Versuchsansatz, ein bis zwei Tage Standzeit, 5 min für Versuchstest

Material:	ca. 3-4 Tage alte Erbsenkeimlinge (*Pisum sativum*), trockene Erbsensamen
Geräte:	2 Standzylinder (Ø jeweils ca. 10 cm), 2 Glasplatten (als Verschluss), Filterpapierschnitzel, Kerzenstummel oder Teelicht, Draht, Feuerzeug oder Streichhölzer
Chemikalien:	Vaseline

Durchführung. Keimung der Erbsen: s. Vorbereitung von V 10.1.1.

Versuchsaufbau: In beide Standzylinder füllt man je 1 cm hoch Filterpapier-schnitzel und befeuchtet diese in dem einen Standzylinder mit Leitungswasser. In den trockenen Standzylinder gibt man so viele Erbsensamen und auf den befeuchteten Ansatz so viele Erbsenkeimlinge, dass jeder Standzylinder etwa zur Hälfte gefüllt ist. Die Ränder der Standzylinder werden dick mit Vaseline eingefettet und die Gefäße mit den Glasplatten luftdicht verschlossen. Die beiden Versuchsansätze bleiben ein bis zwei Tage stehen. Mittels des Drahtes, der zur Verlängerung dient, wird die brennende Kerze sofort nach Abheben der Glasplatten einige Sekunden in den Standzylinder mit Erbsensamen und danach in jenen mit Erbsenkeimlingen gehalten (Abbildung 10.7).

Beobachtung. Im Zylinder mit Erbsensamen brennt die Kerze weiter, während sie im Ansatz mit Erbsenkeimlingen sofort erlischt.

Erklärung. Die Atmung der Erbsenkeimlinge führt dazu, dass in diesem Standzylinder der Sauerstoffgehalt abnimmt, während gleichzeitig der Kohlen-dioxidgehalt ansteigt. Die Flamme der Kerze kommt infolgedessen in der ver-änderten Luft sofort zum Erlöschen. Im Ansatz mit trockenen Erbsen findet demgegenüber keine Atmung der Erbsensamen statt, sodass sich die Zusammensetzung der Luft nicht verändert. Für den Verbrennungsprozess ist daher genügend Sauerstoff vorhanden.

Bemerkung. Man kann den Kerzentest mit denselben Ansätzen mehrmals wiederholen. Außerdem sollte man eine ausreichende Atmungsaktivität dadurch sichern, dass die Ansätze während der Wartezeit bei nicht zu niedrigen Tempe-

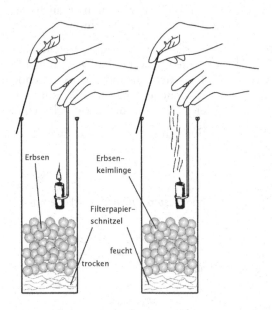

Abbildung 10.7 CO_2-Nachweis durch den Kerzentest

raturen (bei mindestens 20 °C) aufbewahrt werden.

V 10.1.5   Nachweis des Sauerstoffverbrauchs und der Kohlendioxidproduktion von Weizenkeimlingen durch das WARBURG-Manometer

Kurz und knapp. Bei kohlenhydratreichen keimenden Samen ist das durch die Atmung verbrauchte Volumen an Sauerstoff gleich dem Volumen an gebildetem Kohlendioxid, sodass sich in einem geschlossenen System keine Druckveränderungen ergeben. Durch Abfangen der gebildeten Kohlendioxidmenge kann man den auf Sauerstoffverbrauch zurückzuführenden Unterdruck in einem geschlossenen System nachweisen.

Zeitaufwand. 20 min für Versuchsansatz, 30–60 min (je nach zur Verfügung stehenden Zeit) für Versuchsdurchführung

Material:	3-4 Tage alte Keimlinge von Weizen (*Triticum aestivum*) oder Gerste (*Hordeum vulgare*)
Geräte:	2 große Saugreagenzgläser, 2 auf die Saugreagenzgläser passende Stopfen, ca. 10 cm Draht, Wattebausch, 2 rechtwinklig gebogene Glasröhrchen (Ø 0,5 cm), 2 Messpipetten (je 2 ml), 4 kurze Schlauchstücke, 2 Bechergläser (50 und 3000 ml), Thermometer, Folienschreiber, 1-2 Stative, 3 Stativklemmen, stabiles Podest von ca. 50-60 cm Höhe (z. B. Holz- oder Pappkiste o. Ä.)
Chemikalien:	Kaliumhydroxid-(KOH-)Plätzchen, Farbstofflösung (z. B. mit Tinte gefärbtes Wasser, Eosin- oder Methylenblaulösung)

Sicherheit. Kaliumhydroxid (Festsubstanz): C.

Durchführung. Vorbereitung: Die Anzucht der Getreidekeimlinge erfolgt analog zur Keimung der Erbsen (vgl. V 10.1.1).

Ansatz 1: In ein Saugreagenzglas gibt man ohne weitere Zugaben so viele Getreidekeimlinge, dass etwa ein Drittel der gesamten Füllhöhe erreicht wird.

Ansatz 2: In das zweite Saugreagenzglas füllt man 1 cm hoch KOH-Plätzchen und platziert darauf den als Abstandhalter fungierenden, zu einem kleinen Knäuel gewundenen Draht. Über das Drahtgestell legt man ein lockeres Wattestück und füllt das Saugreagenzglas mit einer dem ersten Ansatz entsprechenden Menge an Getreidekeimlingen. Dann verschließt man beide Reagenzgläser mit befeuchteten Stopfen und verbindet die seitlichen Öffnungen der Reagenzgläser über die gebogenen Glasröhrchen mit den Messpipetten, wobei die Schlauchstücke als Kupplungen dienen. Auf dem Podest platziert man (mithilfe

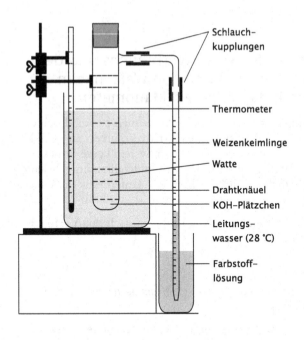

Schlauch-
kupplungen

Thermometer

Weizenkeimlinge

Watte

Drahtknäuel

KOH-Plätzchen

Leitungs-
wasser (28 °C)

Farbstoff-
lösung

Abbildung 10.8 Schematische Darstellung des Versuchsaufbaus (nur Ansatz 2 gezeichnet)

von Stativen und Schlauchklemmen) beide Saugreagenzgläser und das Thermometer in dem großen Becherglas, das mit 28 °C warmem Leitungswasser gefüllt wird, wobei in beiden Ansätzen in den Saugreagenzgläsern die Keimlinge unter die Wasseroberfläche des Becherglases getaucht sein müssen. Nachdem die Getreidekeimlinge innerhalb von zehn Minuten die Temperatur des Wasserbads angenommen haben, füllt man das kleine Becherglas mit etwa 25 ml Farbstofflösung und taucht darin beide vom Podest herabhängenden Messpipettenspitzen ein (Abbildung 10.8). Sobald man an den Messpipetten mit dem Folienschreiber die Oberflächenlinie der Farblösung markiert hat, beginnt die Zeitmessung. Nach 30–60 Minuten wird die Standhöhe der Farbstofflösung erneut mit dem Folienschreiber an den Pipetten gekennzeichnet.

Beobachtung. Der Stand der Farbstofflösung im ersten Ansatz hat sich nicht verändert, während der Stand der Farbstofflösung in der Pipette des zweiten Ansatzes mit KOH-Plätzchen um mehrere Skalenteile angestiegen ist.

Erklärung. Da die kohlenhydratreichen Getreidekörner bei der Atmung etwa in gleicher Menge O_2 verbrauchen wie sie CO_2 bilden, ändern sich die Druckverhältnisse im geschlossenen System des ersten Ansatzes nicht. Beim zweiten Ansatz jedoch wird das gebildete CO_2 durch das KOH gebunden und somit dem System entzogen. Dadurch entsteht in diesem Saugreagenzglas ein Unterdruck, der durch das Aufsteigen der Farblösung ausgeglichen wird.

Bemerkung. Falls keine Saugreagenzgläser zur Verfügung stehen, können auch gewöhnliche Demonstrationsreagenzgläser zum Einsatz kommen. Dabei ersetzt man die rechtwinklig gebogenen durch U-förmige Glasröhrchen, welche über durchbohrte Stopfen mit den Reagenzgläsern verbunden werden.

Während der gesamten Versuchszeit sollte die Temperatur des Wasserbads kontrolliert werden; allzu starker Temperaturabnahme sollte durch das Nachfüllen von warmem Leitungswasser entgegengewirkt werden.

Otto WARBURG (1883–1970, deutscher Biochemiker und Physiologe, 1931 Nobelpreis für Physiologie) entwickelte manometrische Verfahren zur Untersuchung des respiratorischen und photosynthetischen Gaswechsels.

V 10.1.6 Vergleich der Respirationsquotienten von kohlenhydratreichen und fettreichen Keimlingen

Kurz und knapp. Den Atmungs- oder respiratorischen Quotienten (RQ) atmender Organismen kann man aus dem Verhältnis des Volumens an gebildetem Kohlendioxid zu dem Volumen an verbrauchtem Sauerstoff ermitteln: RQ = Volumen CO_2/Volumen O_2 bzw. mol CO_2/mol O_2. Aus seinem Wert sind innerhalb gewisser Grenzen Rückschlüsse auf das Substrat des vermessenen Atmungsvorganges möglich. Erfolgt ein vollständiger Abbau von Kohlenhydraten gemäß obiger Bruttogleichung (s. Abschnitt 10.1), so resultiert der Wert 1,0. RQ-Werte unter 1,0 zeigen an, dass Fette (0,7) oder Eiweiße (0,8) als relativ sauerstoffarme Substrate veratmet werden; dies ist der Fall bei der Keimung fett- oder eiweißreicher Samen. Stellen hingegen organische Säuren das Substrat der Atmung, wie teilweise in reifenden Früchten, so resultiert ein RQ größer als 1,0.

Zeitaufwand. Durchführung: 20 min für Versuchsansatz, 30–60 min (je nach zur Verfügung stehenden Zeit) für Versuchsdurchführung

Material:	3-4 Tage alte Getreidekeimlinge (Weizen oder Gerste) sowie Sonnenblumenkeimlinge (*Helianthus annuus*)
Geräte:	2 große Saugreagenzgläser, 2 auf die Saugreagenzgläser passende Stopfen, 2 rechtwinklig gebogene Glasröhrchen (Ø 0,5 cm), 2 Messpipetten (je 2 ml), 4 kurze Schlauchstücke, 2 Bechergläser (50 und 3000 ml), Thermometer, Folienschreiber, 2 Stative, 3 Stativklemmen, stabiles Podest von ca. 40-50 cm Höhe (z. B. Holz- oder Pappkiste o. Ä.)
Chemikalien:	Farbstofflösung (z. B. mit Tinte gefärbtes Wasser, Eosin- oder Methylenblaulösung)

Durchführung. Mit beiden Materialien – den Getreidekeimlingen im ersten und den Sonnenblumenkeimlingen im zweiten Saugreagenzglas – wird verfahren, wie für V 10.1.5 beschrieben.

Beobachtung. Der Manometerstand im Ansatz mit den Getreidekeimlingen bleibt unverändert, während im Ansatz mit Sonnenblumenkeimlingen ein deutlicher Anstieg der Farbstofflösung zu verzeichnen ist.

Erklärung. In kohlenhydratreichen Samen wie den Getreidekörnern entspricht die veratmete O_2-Menge dem Volumen an abgegebenem CO_2, sodass sich insgesamt keine Druckveränderung innerhalb des geschlossenen Systems ergibt. Bei den fettreichen Sonnenblumenkeimlingen übersteigt das Volumen an verbrauchtem O_2 die gebildete CO_2-Menge. Somit entsteht im Reagenzglas des Ansatzes mit den Sonnenblumenkeimlingen ein Unterdruck, der für das Aufsteigen der Farbstofflösung im Glasröhrchen verantwortlich ist.

Bemerkung. Siehe Bemerkung von V 10.1.5.

V 10.1.7   Gegenüberstellung von Atmung und Photosynthese

Kurz und knapp. Der Gesamtvorgang der aeroben Dissimilation (Atmung) entspricht summarisch einer Umkehrung der Assimilation bei der Photosynthese. Entsprechend der Bruttogleichung wird bei der Atmung Glucose unter Sauerstoffverbrauch zu Kohlendioxid und Wasser bei gleichzeitiger Energieabgabe zerlegt (s. Abschnitt 10.1), während bei der Photosynthese mithilfe von Strahlungsenergie (Licht), Kohlendioxid und Wasser Glucose und Sauerstoff gebildet werden (s. Abschnitt 8.1).

Zeitaufwand. Durchführung: 10 min für Versuchsansatz, 2–24 h Standzeit, 5 min für Auswertung

Material:	2 ca. 10 cm lange Sprosse der Wasserpest (*Elodea densa* oder *canadensis*)
Geräte:	Becherglas (400 ml), 3 Erlenmeyerkolben (je 100 ml), 3 auf die Erlenmeyerkolben passende Stopfen, Alufolie
Chemikalien:	0,1 mol/l Natriumhydrogencarbonat ($NaHCO_3$), 1 %ige alkoholische Phenolphthaleinlösung (1 g in 100 ml 96 %igem Ethanol lösen)

Sicherheit. Phenolphthalein (Lösungen w $\geq$ 1 %): T. Schülerversuche sind mit diesen Lösungen nicht erlaubt. Thymolphthalein stellt eine als ungiftig eingeschätzte Alternative dar.

Durchführung. Im Becherglas stellt man 300 ml 0,1-molare $NaHCO_3$-Lösung her, die man mit 5 ml Phenolphthaleinlösung versetzt, sodass sich das Gemisch rotviolett färbt. Danach füllt man in jeden Erlenmeyerkolben etwa 100 ml der Phenolphthaleinlösung und gibt in zwei Ansätze je einen Spross Wasserpest hinzu; der dritte Ansatz verbleibt als Kontrolle ohne Pflanze. Alle drei Ansätze werden schließlich mit angefeuchteten Stopfen luftdicht verschlossen. Der Kontrollansatz und ein Ansatz mit der Wasserpest werden nun an einen hellen Ort (z. B. auf die Fensterbank) gestellt. Der verbleibende Ansatz mit der Pflanze kommt als Dunkelansatz in einen lichtundurchlässigen Behälter (z. B. in den Schrank oder unter eine Holzkiste), wobei man mit Alufolie einen zusätzlichen Lichtschutz erzielen kann. Nach mindestens 2 h Versuchsdauer kann die Auswertung erfolgen.

Beobachtung. Der Kontrollansatz ohne Pflanze hat seine ursprüngliche Rotviolett-Färbung beibehalten. Die dem Licht ausgesetzte Probe hat eine deutlich intensivere, dunklere Rotviolett-Färbung angenommen. Der Dunkelansatz dagegen hat sich vollständig entfärbt.

Erklärung. Im Dunkelansatz kann keine Photosynthese der Wasserpflanze, wohl aber Atmung stattfinden. Das bei der Atmung gebildete CO_2 bewirkt eine Neutralisation des Ansatzes und somit eine Entfärbung des Indikators Phenolphthalein. Bei der Wasserpest des belichteten Ansatzes findet sowohl Photosynthese als auch Atmung statt. Da jedoch die Photosyntheseintensität dominiert, kommt es insgesamt zu einem Verbrauch von CO_2 und zur Produktion von O_2. Da der $NaHCO_3$-Lösung somit CO_2-Moleküle entzogen werden, kommt es zu einer stärkeren Alkalisierung der Lösung. Der somit steigende pH-Wert des Lichtansatzes wird durch die Vertiefung der Rotviolett-Färbung des Indikators Phenolphthalein angezeigt.

Bemerkung. Will man den Versuch über Nacht stehen lassen, so ist es notwendig, den Lichtansatz und die Kontrolle einer künstlichen Lichtquelle auszusetzen. In diesem Fall sollte die Auswertung jedoch unbedingt am folgenden Tag stattfinden, da sonst die Gefahr besteht, dass sich aufgrund mangelnder Dichtheit alle Ansätze durch Kontakt mit dem CO_2 der Außenluft entfärben.

Entsorgung. Eine mit Phenolphthalein angefärbte Indikatorlösung wird in einen Behälter für flüssige organische Abfälle gegeben, eine mit Thymolphthalein gefärbte Indikatorlösung kann verdünnt und über den Ausguss entsorgt werden.

V 10.2   Einzelne Reaktionsschritte der Atmung

V 10.2.1 Modellversuch zur Oxidation des Pyruvats

Kurz und knapp. Die Orte der Zellatmung sind die Mitochondrien (s. Abschnitt 10.2). Die erste Stufe der Atmungsprozesse in den Mitochondrien ist die von einem Multi-Enzym-Komplex, dem Pyruvat-Dehydrogenase-Komplex, katalysierte Umwandlung von Pyruvat in Acetyl-Coenzym A, das auch „aktivierte Essigsäure" heißt (s. Abschnitt 10.3). Der folgende Versuch demonstriert diesen ersten Schritt der zellulären Atmungsprozesse modellhaft, wobei die

Rolle des Multi-Enzym-Komplexes von Wasserstoffperoxid (H_2O_2) übernommen wird.

Zeitaufwand. Durchführung: 5 min

Geräte:	Reagenzglas, Reagenzglasständer, Spatel, Abzug, Messpipette (1 ml)
Chemikalien:	10 %ige Pyruvat-(Brenztraubensäure-)lösung, 30 %ige Wasserstoffperoxidlösung (H_2O_2)

Sicherheit. Brenztraubensäure (Lösungen w ≥ 10 %): C, (Lösungen 5 % ≤ w < 10 %): Xi. Wasserstoffperoxid (Lösung w = 30 %): C.

Durchführung. Man gibt etwa 2 ml Pyruvatlösung in das Reagenzglas, fügt ein paar Siedesteinchen hinzu (zur Oberflächenvergrößerung und Beschleunigung der Reaktion) und ergänzt (unter eingeschaltetem Abzug) 1 ml H_2O_2.

Beobachtung. Nach Zugabe von H_2O_2 beginnt die Pyruvatlösung sofort zu brodeln, und es entweicht Essigsäure, welche man durch ihren Geruch identifizieren kann. Gibt man nach Verschwinden des Schaums einige Krümel Pyruvatkristalle zu dem Gemisch, lässt sich die Beobachtung wiederholen.

Erklärung. Durch die Zugabe des H_2O_2 zu der Pyruvatlösung wird Pyruvat decarboxyliert, sodass CO_2 unter Schaumbildung entweicht. Geichzeitig entstehen Essigsäure und Wasser:

$$CH_3-CO-COOH + H_2O_2 \rightarrow CH_3-COOH + CO_2\uparrow +$$

$$H_2O \qquad\qquad (10.8)$$

Entsorgung. Nach vollständiger Zersetzung des H_2O_2 (Ausbleiben der Schaumbildung nach Zugabe von Pyruvat) können die Reaktionsansätze in den Ausguss gegeben werden.

V 10.2.2 Modellversuch zu den wasserstoffübertragenden Enzymen im Citratzyklus

Kurz und knapp. Bei den Umsetzungen im Citratzyklus findet, katalysiert von dem Enzym Succinat-Dehydrogenase, die Umwandlung von Succinat (Bernsteinsäure) in Fumarat (Fumarsäure) statt (s. Abbildung 10.2). Die spezifische Succinat-Dehydrogenase ist ein Flavoprotein, dessen Wirkgruppe FAD (Flavinadenindinucleotid) den Wasserstoff übernimmt und ihn direkt an die Atmungskette weiterreicht. Die Succinat-Dehydrognase ist im Gegensatz zu den übrigen Enzymen des Citratzyklus ein integraler Bestandteil der inneren Mitochondrienmembran (Komplex II).

Der folgende Versuch zeigt, dass Hefezellen in der Lage sind, Succinat zu oxidieren, wobei der Wasserstoff auf Methylenblau übertragen wird, das dadurch in das farblose Leukomethylenblau übergeht.

Zeitaufwand. Vorbereitung: 10 min, Durchführung: 20 min

Material:	Frischhefe (*Saccharomyces cerevisiae*), keine Trockenhefe!
Geräte:	2 Bechergläser (500 ml, 100 ml), Wasserbad (35 °C), 2 Demonstrationsreagenzgläser, Reagenzglasständer, Folienschreiber, Stoppuhr
Chemikalien:	0,4 mol/l Natriumsuccinat, 0,005 %ige Methylenblaulösung (5 mg/100 ml entmin. Wasser), Paraffinöl

Sicherheit. Methylenblau (Festsubstanz und Lösungen w $\geq$ 25 %): Xn.

Durchführung. Zunächst stellt man mit 12 g Frischhefe in 60 ml Wasser eine Hefesuspension her. Zwei Demonstrationsreagenzgläser werden mit je 5 ml Methylenblaulösung beschickt, der jeweils 10 ml Hefesuspension hinzugefügt werden (das Vermengen der gelbbraunen Hefesuspension mit der blauen Methylenblaulösung ergibt ein Gemisch von grünlichblauer Färbung). In ein Reagenzglas gibt man 10 ml Natriumsuccinatlösung, in den anderen Ansatz, der die Kontrolle darstellt, 10 ml entmin. Wasser. Die beschrifteten Proben werden gut geschüttelt und mit Paraffinöl überschichtet. Anschließend werden die beiden Ansätze in ein auf 35 °C vorgeheiztes Wasserbad gestellt, woraufhin eine Stoppuhr gestartet wird.

Beobachtung. Nach etwa sechs Minuten hat sich der Ansatz mit der Natriumsuccinatlösung entfärbt, während die Kontrolle ihre grünblaue Farbe beibehält.

Erklärung. Succinat wird durch Succinat-Dehydrogenase zu Fumarat oxidiert. Der Wasserstoff wird von der Wirkgruppe des Enzyms (FAD) übernommen

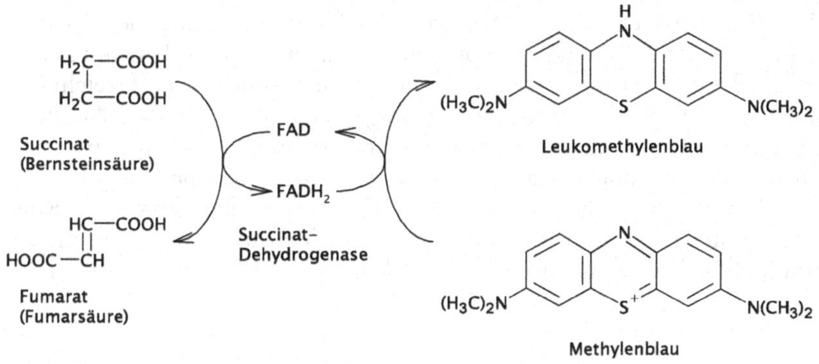

Abbildung 10.9 Entfärbung von Methylenblau durch Succinat-Dehydrogenase

und auf Methylenblau übertragen. Dadurch geht das Methylenblau von seiner farbigen in die farblose Form, das Leukomethylenblau, über, was durch das Entfärben der Lösung angezeigt wird (Abbildung 10.9).

Im Kontrollansatz fehlt Natriumsuccinat als Substrat und Wasserstofflieferant der Reaktion mit Succinat-Dehydrogenase. Darum bleibt die gesamte Reaktion und letztendlich auch die Entfärbung von Methylenblau aus.

Bemerkung. Es hat sich gezeigt, dass die Verwendung von Trockenhefe in diesem Versuch zu unklaren Versuchsergebnissen führen kann. Aus diesem Grund sei hier der Einsatz von Frischhefe empfohlen. Auch ist zu beachten, dass sich nach längerem Stehen auch die Kontrolle entfärbt. Der Grund hierfür lässt sich in anderen Stoffwechselprozessen der Hefe vermuten, in denen in kleinerem Ausmaß ebenfalls reduzierend wirkende Produkte entstehen, die eine Entfärbung von Methylenblau herbeiführen.

Wegen der leichten Reduzierbarkeit dient Methylenblau als Wasserstoffakzeptor für biochemische Prozesse.

Die meisten organischen Säuren liegen bei physiologischem pH als Anionen, d. h. als Salze, vor. Die Namen der Salze werden von den lateinischen Namen der Säuren gebildet. In der Biochemie verwendet man bevorzugt diese Namen, auch wenn das Gegenion unbekannt ist oder wenn bei mehrbasigen Säuren unentschieden bleibt, wie viele der Gruppen dissoziiert vorliegen.

V 10.2.3 Modellversuch zur Atmungskette

Kurz und knapp. Während sich die meisten Enzyme des Citratzyklus in der Mitochondrienmatrix befinden, ist die Atmungskette an die innere Mitochondrienmembran gebunden. Die aus der oxidativen Decarboxylierung des Pyruvats und aus den Umsetzungen im Zyklus als $NADH_2$ (hydriertes Nicotinamid-Adenin-Dinucleotid) und $FADH_2$ (hydriertes Flavinadenindinucleotid) anfallenden Reduktionsäquivalente werden über eine Kaskade von Redoxenzymen geleitet und schließlich auf Sauerstoff übertragen, wobei Wasser gebildet wird (s. Abschnitt 10.5).

Der folgende Modellversuch soll stark vereinfachend das Prinzip des Elektronentransports in der Atmungskette von dem Coenzym $NADH_2$ bis zum Sauerstoff verdeutlichen. Er ist in der Literatur auch unter der Bezeichnung „BAUMANNscher Versuch" bekannt (nach Eugen BAUMANN, 1846–1896, deutscher Chemiker). Die Aminosäure Cystein fungiert hierbei im Experiment als Elektronen- und Protonendonator und übernimmt somit die Aufgabe von $NADH_2$. Das Fe^{2+} von dem zugegebenen Eisensulfat übernimmt die Rolle eines Redoxsystems (z. B. Cytochrom), während der Sauerstoff – wie in den Mitochondrien – als Endakzeptor für die Elektronen und Protonen fungiert.

Zeitaufwand. Vorbereitung: 10 min, Durchführung: 5–10 min

Geräte:	Saugreagenzglas mit passendem Stopfen, Reagenzglasständer, ca. 5 cm langes Schlauchstück, rechtwinklig gebogenes Glasrohr (Ø 0,5 cm), Schlauchklemme, Becherglas (50 ml)
Chemikalien:	Natriumacetat (Puffer), L–Cystein, FeSO₄ (Eisen–II–sulfat), Farbstofflösung (Eosin, Methylenblau oder mit Tinte gefärbtes Wasser)

Sicherheit. Cystein (Festsubstanz): Xn. Eisen (II)-sulfat (Festsubstanz): Xn.

Durchführung. 0,1 g Natriumacetat, 0,1 g Cystein und 0,2 g $FeSO_4$ werden in ein Saugreagenzglas gegeben und in 20 ml entmin. Wasser gelöst. Dann verschließt man das Saugreagenzglas mit einem befeuchteten Stopfen, die seitliche Öffnung mit einem Schlauchstück und einer Schlauchklemme. Man schüttelt die Lösung, bis sie sich blauviolett verfärbt hat und lässt sie dann bis zur völligen Entfärbung stehen (was etwa 30 Sekunden dauert). Nach mehrmaliger (mindestens fünfmaliger) Wiederholung dieses Vorganges schließt man an das freie Schlauchende ein rechtwinklig gebogenes Glasrohr an, das man in eine Farbstofflösung im Becherglas taucht. Anschließend entfernt man die Schlauchklemme (Abbildung 10.10).

Beobachtung. Beim Schütteln färbt sich die Lösung blauviolett, entfärbt sich aber wieder, wenn sie ruhig steht. Nach Öffnen der Schlauchklemme steigt die Farbstofflösung im Glasrohr empor und bleibt auch dann in unveränderter Standhöhe, wenn man das Glasrohr aus der Farbstofflösung im Becherglas herauszieht.

Erklärung. Schüttelt man die Lösung, so kommt sie verstärkt mit dem Sauer-

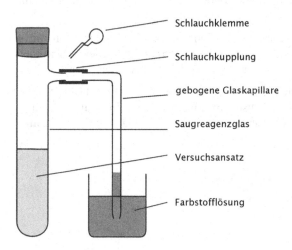

Schlauchklemme

Schlauchkupplung

gebogene Glaskapillare

Saugreagenzglas

Versuchsansatz

Farbstofflösung

Abbildung 10.10 Schematische Darstellung des Versuchsaufbaus

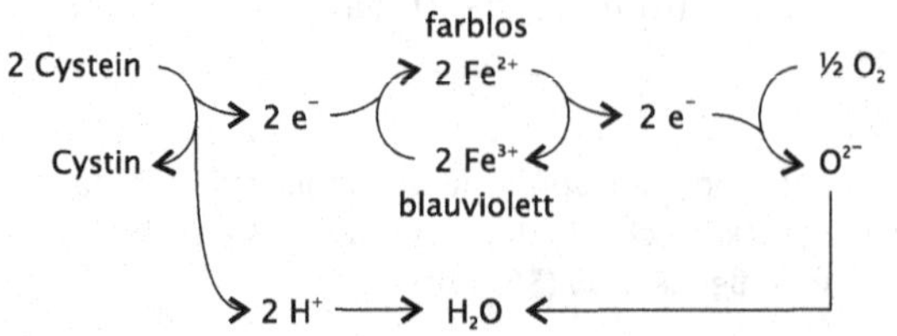

Abbildung 10.11 Bildung/Zerfall von Farbkomplexen

stoff der Luft in Kontakt. Der Sauerstoff entzieht den zweiwertigen Eisenionen (Fe^{2+}) Elektronen, wodurch sie zu dreiwertigen Ionen (Fe^{3+}) oxidiert werden. Der Elektronenmangel, der am Eisen entsteht, wird durch das Cystein ausgeglichen, wobei dessen Protonen (H^+) mit dem reduzierten Sauerstoff (O^{2-}) zu Wasser reagieren.

Die dreiwertigen Eisenionen, die beim Elektronenfluss entstehen, bilden mit der Aminosäure Cystein (abgekürzte Summenformel: H_2L) Farbkomplexe (vermutlich Bis-Cystein-Komplexe, $[Fe(OH)L_2]^{2-}$, und in geringerem Ausmaß auch Mono-Cystein-Komplexe, $[Fe(OH)L]$), die im alkalischen Milieu des Versuchsansatzes eine blauviolette Färbung tragen. Lässt man die Lösung ruhig stehen, kommt der Elektronenfluss mangels Sauerstoff zum Erliegen. Dass nun die Farbkomplexe unter Bildung von zweiwertigem Eisen und Cystin, die keine farbige Verbindung miteinander eingehen, zerfallen, kann man an der Entfärbung der Lösung erkennen (Abbildung 10.11).

Der Anstieg der Farbstofflösung im Glasrohr während des Versuchs ist damit zu erklären, dass der Luftsauerstoff zu Wasser reduziert und somit der Luft im Reagenzglas entzogen wird, wodurch ein Unterdruck im Reagenzglas entsteht.

Bemerkung. Cystein wird leicht zu einer dimeren Form oxidiert (dehydriert), die man als Cystin bezeichnet. Beide bilden ein reversibles Redoxsystem (Abbildung 10.12).

Im Cystin sind zwei Cysteinmoleküle kovalent verbunden. Solche Disulfidbrücken treten in vielen Proteinen auf, wo sie eine strukturstabilisierende Funktion ausüben. Besonders angereichert findet es sich im Keratin der Haare.

Die oben beschriebenen blauvioletten Cystein-Komplexe $[Fe(OH)L_2]^{2-}$ und $[Fe(OH)L]$ können sich nur in alkalischem Milieu bilden. In saurer Lösung gehen Cystein und dreiwertiges Eisen eine strahlend blau gefärbte Komplexverbindung $[FeL]^+$ ein.

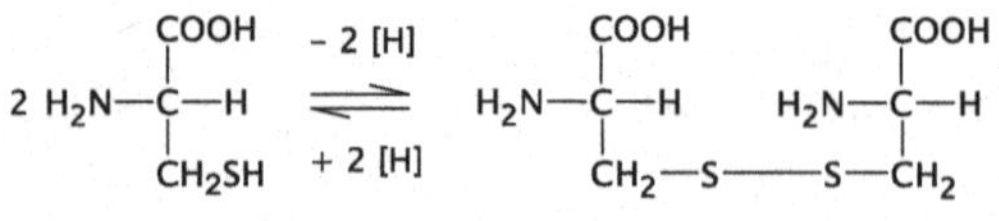

Abbildung 10.12 Redoxsystem aus Cystein und Cystin

Entsorgung. Die Reaktionsansätze können in den Ausguss gegeben werden.

V 10.3   Wärmeabgabe bei der Atmung

V 10.3.1   Wärmeabgabe bei der Atmung

Kurz und knapp. Bei der Atmung werden durch oxidativen Abbau von Glucose Reduktionsäquivalente gebildet; diese werden in der Atmungskette auf Sauerstoff übertragen, wobei die freiwerdende Energie in Form von ATP gespeichert wird. Nach neueren Untersuchungen entstehen ca. 30 mol ATP, wenn 1 mol Glucose vollständig zu Kohlendioxid oxidiert wird, wobei 4 mol ATP nicht aus der Endoxidation, sondern aus der Glykolyse und aus dem Citratzyklus stammen. Wie allerdings der folgende Versuch zeigt, wird bei der Atmung – wie bei allen chemischen Prozessen – immer ein gewisser Energiebetrag (bei der Atmung sind es etwa 48 % der in der Glucose konservierten Energie) in Form von Wärme abgestrahlt, die dem Organismus verloren geht.

Zeitaufwand. Durchführung: 10 min für Versuchsansatz, bis zu zwei Tage Standzeit, 5 min für Auswertung

Material:	ca. 3 Tage alte Erbsenkeimlinge *(Pisum sativum)*
Geräte:	2 Thermoskannen, 2 Thermometer, etwas Watte, Filterpapier

Durchführung. In beide Thermoskannen werden etwa je 1 cm hoch Filterpapierschnitzel gefüllt, wobei in einen Ansatz etwas Wasser zum Befeuchten beigefügt wird. Auf das befeuchtete Filterpapier gibt man so viele Erbsenkeimlinge, dass die Kanne etwa zu 2/3 gefüllt ist; die zweite Kanne dient als Kontrolle und bleibt leer. In beide Thermoskannen stellt man nun je ein Thermometer und verschließt die Öffnungen mit Watte (Abbildung 10.13). Anschließend wird die auf den Thermometern angezeigte Ausgangstemperatur notiert. Beide Ansätze stellt man für ein bis zwei Tage bei Zimmertemperatur auf.

Beobachtung. Das Thermometer des Probeansatzes zeigt eine deutliche Erhöhung der Temperatur. Nach einem Tag können 40–50 °C erreicht werden. Der Kontrollansatz weist dagegen die vorherrschende Raumtemperatur auf.

Erklärung. Bei den Redoxreaktionen der Elektronentransportkette geht immer ein Teil der frei werdenden chemischen Energie dem Organismus in Form von Wärme verloren.

Pflanzliche Mitochondrien haben im Gegensatz zu tierischen die Möglichkeit, bei besonders hohem NADH/NAD$^+$-Quotienten im Matrixraum durch soge-

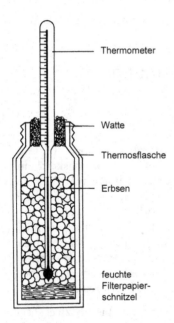

Thermometer

Watte

Thermosflasche

Erbsen

feuchte
Filterpapier-
schnitzel

Abbildung 10.13 Versuchsaufbau beim Messen der Atmungswärme (nach KUHN und PROBST, 1983)

nannte Überlaufmechanismen auch ohne ATP-Synthese eine Oxidation des NADH vorzunehmen, wobei die frei werdende Energie vollständig als Wärme abgegeben wird (s. Abschnitt 10.6).

Bemerkung. Lässt man den Versuchsansatz länger als zwei Tage stehen, so erfolgt eine allmähliche bakterielle Zersetzung der Erbsen. Diese dissimilatorischen Prozesse lassen die Temperaturen in der Thermoskanne noch weiter bis auf Werte von über 60 °C ansteigen.

11 Phytohormone

A   Theoretische Grundlagen

11.1 Einleitung

Unter Hormonen (griech.: hormaein = reizen, antreiben) versteht man chemische Substanzen, die in winzigen Mengen in einem bestimmten Teil des Organismus gebildet werden und von dort aus zu einem anderen Teil gelangen, wo sie ganz spezifische Wirkungen hervorrufen. Dieser klassische Hormonbegriff aus der menschlichen und tierischen Physiologie hat sich auch in der Pflanzenphysiologie weitgehend etabliert. Phytohormone (griech.: phyton = Pflanze) sind Botenstoffe, die Entwicklungsprozesse innerhalb eines vielzelligen pflanzlichen Organismus koordinieren. Ein wesentlicher Unterschied zwischen pflanzlichen und tierischen Hormonen besteht in der relativ geringen Organ- und Wirkungsspezifität der Phytohormone. Viele Wachstums- und Entwicklungsvorgänge werden in der gleichen Weise durch mehrere Hormone beeinflusst. Häufig wird bei den pflanzlichen Hormonen eine Wirkungsspezifität erst dann erreicht, wenn mehrere Hormone in einem ganz bestimmten Mengenverhältnis zueinander vorliegen (Interaktion der Hormone). An der Steuerung der meisten Entwicklungsprozesse sind mehrere Hormone in einem komplizierten Zusammenspiel beteiligt. Ein weiteres Unterscheidungsmerkmal stellt die Tatsache dar, dass im Gegensatz zu den tierischen Hormonen die Wirksamkeit aller Phytohormone nicht auf ein einziges Erfolgsorgan begrenzt bleibt. Diese multiplen Hormonwirkungen bedeuten, dass ein- und dasselbe Hormon durchaus mehrere physiologische Antworten bei der betreffenden Pflanze auslösen kann. Oft kann der Syntheseort von Phytohormonen nur sehr allgemein angegeben werden. Als Bildungsorte für Phytohormone kommen des Öfteren die verschiedensten Pflanzenorgane in Betracht. Besondere hormonbildende Organe gibt es bei Pflanzen nicht; alle Phytohormone sind Gewebshormone. Der Ferntransport der Phytohormone erfolgt über die Leitgewebe, der Nahtransport in einem Gewebe von Zelle zu Zelle. Weiterhin ist nicht in jedem Fall das Kriterium erfüllt, dass Bildungsort und Wirkort des Hormons voneinander getrennt sind. Aus diesem Grund ist die Bezeichnung Phytohormon nicht immer eindeutig.

In Höheren Pflanzen sind mehrere Gruppen von Phytohormonen verbreitet. Am bekanntesten und am besten untersucht sind fünf Gruppen, die schon bis Mitte des 20. Jahrhunderts entdeckt wurden: die Auxine, Gibberelline, Cytokinine, die Abscisinsäure und das Ethylen (Abbildung 11.1). In den zurückliegenden Jahren und Jahrzehnten wurden darüber hinaus weitere Verbindungen mit phytohormoneller Wirkung beschrieben, wie die Brassinosteroide (Brassinolid in Abbildung 11.1), Jasmonate (Jasmonsäure in Abbildung 11.1), Salicylate und Strigolactone.

Die Untersuchungsschwerpunkte der aktuellen Phytohormonforschung sind die beteiligten Stoffwechselwege (Biosynthese, Speicherung und Abbau eines Phytohormons), die Transportwege, die Mechanismen der Signalübertragung (Rezeptoren eines Phytohormons und nachgeschaltete Komponenten der Signalkette), die Identifizierung von Zielgenen (Hemmung oder Förderung der Expression einzelner Gene) sowie die damit verknüpften biologischen Funkti-

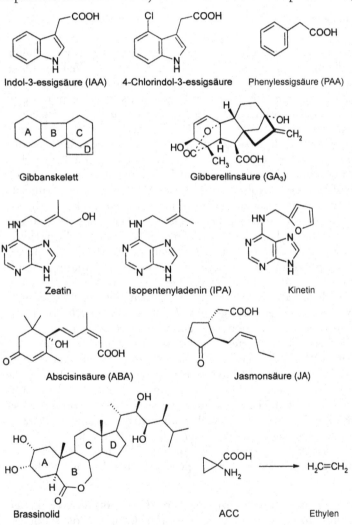

Indol-3-essigsäure (IAA)   4-Chlorindol-3-essigsäure   Phenylessigsäure (PAA)

Gibbanskelett   Gibberellinsäure (GA₃)

Zeatin   Isopentenyladenin (IPA)   Kinetin

Abscisinsäure (ABA)   Jasmonsäure (JA)

Brassinolid   ACC   Ethylen

Abbildung 11.1 Chemische Strukturen von Phytohormonen (JÄGER et al., 2003. Mit freundlicher Genehmigung von Springer Science and Business Media)

onen. Alle diese Ebenen sind in komplexer Weise reguliert und werden durch Umweltfaktoren (z. B. Lichtqualität, -stärke oder -richtung, Schwerkraft, Mineralstoffversorgung, Angriff durch Pathogene) beeinflusst.

Aufgrund der sehr niedrigen Stoffkonzentration der Phytohormone in pflanzlichen Geweben war ein chemischer Nachweis zunächst schwierig. Die Anwesenheit und zuweilen auch die Konzentration eines Phytohormons lassen sich jedoch mithilfe geeigneter Biotests ermitteln. Derartige Biotests sind Grundlage für einige der im Folgenden beschriebenen Versuche. Mithilfe der modernen chemischen Analytik lassen sich mittlerweile jedoch auch geringe Konzentrationen von Phytohormonen in isolierten Gewebs- oder Organabschnitten bestimmen. Durch molekularbiologische Untersuchungen wurde eine Fülle neuer Erkenntnisse über die molekularen Mechanismen der Wirkung von Phytohormonen gewonnen. Viele dieser Untersuchungen wurden an *Arabidopsis thaliana* (Acker-Schmalwand) und anderen wichtigen Modellpflanzen (Reis, Mais, Tabak etc.) durchgeführt, bei denen die Genome vollständig oder doch weitgehend entschlüsselt sind. Wesentliche Erkenntnisse konnten durch die Untersuchung von Mutanten gewonnen werden, die einen Defekt in den Stoffwechsel- oder Signalübertragungswegen aufweisen.

Neben den in Pflanzen vorkommenden natürlichen Phytohormonen existieren zahlreiche synthetische chemische Verbindungen, die, wenn sie Pflanzen verabreicht werden, wie Phytohormone wirken. Diese werden als synthetische Wachstumsregulatoren oder auch als synthetische Bioregulatoren bezeichnet. Ihnen kann man die Phytohormone als natürliche Wachstumsregulatoren gegenüberstellen. Synthetische Wachstumsregulatoren werden in vielfältiger Weise in der Praxis eingesetzt. Sie haben eine große wirtschaftliche Bedeutung in der Landwirtschaft sowie im Obst- und Zierpflanzenanbau erlangt.

11.2 Auxine

Den entscheidenden, allgemein anerkannten Beweis für die Existenz dieser Hormone lieferte 1928 der niederländische Pflanzenphysiologe Frits WENT (1903–1990). Er führte Versuche mit Koleoptilen der Süßgräser (Poaceae) durch. Die Koleoptile oder Keimscheide ist ein farbloses Organ, das wie ein Handschuhfinger gebaut ist. Es umhüllt das eingerollte Primärblatt und schützt dieses beim Durchstoßen des Erdreichs nach der Keimung. WENT stellte abgeschnittene Koleoptilspitzen auf Agar und setzte die Agarwürfel dann einseitig auf die Schnittfläche dekapitierter Koleoptilen. Das Hormon drang aus dem Agar in das Gewebe ein und rief eine Krümmung hervor, deren Ausmaß innerhalb gewisser Grenzen von der Zahl der Koleoptilspitzen pro Agarwürfel abhing. Dieser Versuch war zugleich eine ausgezeichnete Grundlage für eine biologische Testmethode zur quantitativen Bestimmung des Hormons. WENT nannte das Hormon „Wuchsstoff". Auch die Bezeichnung „Auxin" (griech.: auxanomai = wachsen) wurde gebräuchlich. Heute weiß man, dass Auxin in allen Höheren Pflanzen vorkommt und für Wachstums- und Differenzierungsprozesse von entscheidender Bedeutung ist. Um 1934 wurde die den Chemikern schon seit 1904 bekannte Verbindung Indol-3-essigsäure (IES, engl.: Indole-3-Acetic Acid = IAA) aus Urin und Hefe isoliert und nachgewiesen, dass diese Substanz im Biotest als Wuchsstoff wirkt. Erst 1941 gelang der eindeutige Nachweis, dass IES auch in Höheren Pflanzen vorkommt und identisch mit dem von WENT charakterisierten Wuchsstoff ist. IES besitzt unter den natürlich vorkommenden Auxinen die größte Verbreitung innerhalb der Höheren Pflanzen.

Die Aminosäure Tryptophan ist vermutlich eine häufige, aber nicht die einzige Ausgangssubstanz zur Synthese von IES in der Pflanze. Konjugate von IES mit Zuckern, Aminosäuren oder Proteinen können als inaktive und oft immobile Substanzen in bestimmten Geweben gespeichert werden. Zur Regulation des Auxinspiegels in der Pflanze ist außer der Synthese und der reversiblen Konjugatbildung ein enzymatischer Abbau durch die IES-Oxidase (Oxidation mittels O_2) von großer Bedeutung.

Die Synthese von IES findet hauptsächlich in teilungsfähigen Geweben wie Meristemen (Bildungsgewebe), jungen Blättern und Embryonen statt, von wo aus ein Transport zu den Wirkungsorten erfolgt. Die freie IES kann sowohl im Phloem in verschiedenen Richtungen als auch von Zelle zu Zelle transportiert werden. Der Transport von Zelle zu Zelle verläuft in den Sprossachsen und Blättern in basaler Richtung mit einer Geschwindigkeit von $2\text{–}15 \text{ mm} \cdot h^{-1}$. Der Eintritt von IES in das Cytoplasma wird durch zwei Mechanismen gewährleistet. Im leicht sauren Milieu der Zellwand (pH ca. 5,5) liegt ein Teil der IES als ungeladenes Molekül vor, welches das Plasmalemma leicht passieren kann. Dieser niedrige pH-Wert wird durch Protonenpumpen aufrechterhalten. Im eher neutralen pH-Bereich des Cytoplasmas dagegen (pH ca. 7) trägt die IES als schwache Säure eine negative Ladung und kann das Plasmalemma alleine durch Diffusion nicht mehr passieren. Neben diesem Mechanismus wird IES mittels dreier verschiedener Typen von spezifischen Carriern über die Plasmamembran transportiert. Hierbei ist insbesondere der IES-Efflux-Carrier asymmetrisch in der Zelle verteilt. Er bewirkt in dem basalen Bereich der Zellen einen Austransport der IES in den Zellwandraum. In den Wurzeln wird die IES überwiegend aufwärts transportiert, und zwar im Zentralzylinder mit einer Geschwindigkeit von $4\text{–}10 \text{ mm} \cdot h^{-1}$.

In den letzten Jahren wurden zwei verschiedene Rezeptoren für IES beschrieben. Von dem besser untersuchten Rezeptor ist bekannt, dass die Bindung von Auxin eine Reaktionskaskade in Gang setzt, die zum Abbau von bestimmten Repressorproteinen führt. Diese Proteine unterdrücken normalerweise die Transkription von auxinabhängigen Zielgenen. Durch den Abbau der Repressoren können diese Zielgene nun transkribiert und die codierten Proteine gebildet werden.

Zunächst wurden die Auxine als reine Wuchsstoffe angesehen, da sie in sehr geringen Konzentrationen das Streckungswachstum der Zellen fördern. Die Geschwindigkeit des Wachstums und der Gehalt an freiem Auxin korrelieren.

Oberhalb der optimalen Konzentration kommt es zur Wachstumsverzögerung bzw. -hemmung. Die für die Wurzelstreckung optimalen Auxinkonzentrationen liegen wesentlich unter denen für die Achsenstreckung. Bei dem Vorgang der Zellstreckung bewirken Auxine, insbesondere die natürlich vorkommende IES, kurzfristig eine Erhöhung der plastischen Dehnbarkeit der Zellwand, wobei den Zellwänden der Epidermis als dem Gewebe, welches die Organausdehnung begrenzt, die entscheidende Rolle zukommt. Die Funktion der Auxine liegt in einer erhöhten Aktivität von Protonenpumpen, die Protonen aus dem Cytoplasma in den Zellwandbereich transportieren, sowie einer Steigerung der Aktivität zellwandlockernder Enzyme, der Expansine. Das Zellwandwachstum erfolgt durch nachfolgende verstärkte Synthese und Einbau bzw. Auflagerung neuen Wandmaterials.

Über das Streckungswachstum hinaus besitzen Auxine außerordentlich vielfältige Funktionen für die gesamte pflanzliche Entwicklung (vgl. Abbildung 11.2). Die Zellteilung und die Kallusbildung an Wundflächen werden durch die IES angeregt, bei Kambien (laterale Bildungsgewebe für sekundäres Dickenwachstum) kann deren Wirksamkeit durch gemeinsame Applikation mit Gibberellinsäure verstärkt werden. Entsprechend dem jahreszeitlichen Wechsel der Kambiumaktivität verändert sich auch der Gehalt an IES. Auch Differenzierungs-

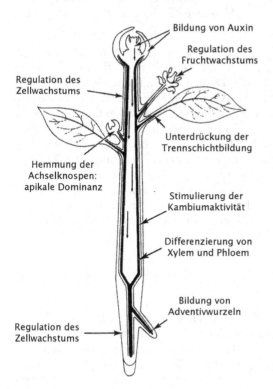

Abbildung 11.2 Die multiple Wirkung des Auxins in Höheren Pflanzen (nach SCHOPFER und BRENNICKE, 2010. Mit freundlicher Genehmigung von Springer Science and Business Media)

prozesse sind IES-abhängig. In besonderem Maße gilt das für die Determination von Leitgeweben. Die Ausbildung von Tracheiden und Tracheen kann durch IES ausgelöst werden. In Zellen des Organinneren, bevorzugt im Perizykel, bewirkt eine erhöhte Auxinkonzentration Zellteilungen, und es bilden sich Wurzelanlagen. In der Praxis dienen natürliche und künstliche Auxine, wie Indolbuttersäure und Naphthylessigsäure, der Förderung der Stecklingsbewurzelung. Die hemmende Wirkung, welche die Gipfelknospe eines Zweiges auf das Austreiben der darunterliegenden Seitenknospen ausübt, ist Ausdruck der Apikaldominanz und Folge eines von der Gipfelknospe basal gerichteten IES-Stroms. Nach Abschneiden der Endknospe treiben die Seitenknospen aus, was jedoch nicht erfolgt, wenn auf die Schnittfläche IES appliziert wird. An Fruchtbildungsprozessen, einschließlich der Parthenokarpie (Fruchtbildung ohne Samenentwicklung), ist IES sehr wesentlich beteiligt. Bei Paprika, Gurke, Erdbeere, Feige u. a. gelang es, durch IES-Applikation parthenokarpe Früchte zu erzeugen. In bestäubten Blüten übernimmt der sich bildende Embryo die für die Fruchtbildung notwendige IES-Synthese, und das im Blütenstiel polar abwärts strömende Auxin verhindert deren Abscission (Abtrennung, Abwurf). Die Blattspreite hemmt, insbesondere wenn sie jung ist, die Abtrennung des Blattstiels. Abschneiden der Blattspreite führt zu beschleunigter Abscission. Da die hemmende Wirkung der Blattspreite durch Auxin (IES) substituiert wird, ist es sehr wahrscheinlich, dass Auxin dieser „Hemmstoff" der Blattabtrennung ist.

Die mannigfachen Wirkungen des Auxins zu verschiedenen Zeiten und an verschiedenen Orten einer Pflanze lassen erkennen, dass IES nur als Auslöser wirkt, die Spezifität der Reaktion jedoch vom jeweiligen Differenzierungszustand der Zellen und Gewebe abhängt. D. h. die spezifische Reaktionsbereitschaft am Wirkort entscheidet über die Art der jeweiligen Reaktion. Nach der Dauer der Latenzzeit, das ist die Zeit zwischen der Applikation und dem ersten Erkennbarwerden der Wirkung, muss man mindestens zwei Gruppen von Auxinwirkungen unterscheiden: die schnellen, die schon nach kurzer Zeit, unter Umständen nach einer Minute oder weniger, zu beobachten sind, und die langfristigen, die in aller Regel erst nach mehreren Stunden auftreten. Zu den Kurzzeitwirkungen zählt die Stimulation der im Plasmalemma lokalisierten Protonenpumpe, die bereits sehr bald (< 1 min) nach externer Auxinzugabe zu beobachten ist. Genaktivierung und Steigerung der Proteinsynthese zählen eher zu den Langzeiteffekten.

11.3 Gibberelline

Ihren Namen erhielten die Gibberelline nach einem parasitischen Pilz *Gibberella fujikuroi* (heute als *Fusarium heterosporum* oder *F. moniliforme* bezeichnet), der durch die Abgabe solcher Stoffe bei Reispflanzen ein abnormes Wachstum verursacht. Bei deren Untersuchung wurden 1926 die Gibberelline entdeckt. Später hat sich jedoch gezeigt, dass die Gibberelline auch bei Höheren Pflanzen zur normalen Wuchsstoffausrüstung gehören. Seither sind zahlreiche Vertreter dieser Gruppe isoliert worden, die einander in Struktur und Wirkung meist recht ähnlich sind. Oft kommen in einer Pflanze bzw. in einem Organ mehrere verschiedene Gibberelline vor. Nicht selten liegen die Gibberelline gebunden vor, z. B. als Glucoside.

Die über 130 bekannten Gibberelline werden aus historischen Gründen mit GA und einer fortlaufenden Nummer (GA_1, GA_2, GA_3 etc.) bezeichnet. Sie besitzen alle das Gibbanskelett und eine Carboxylgruppe, es sind Gibberellin-säuren (Abbildung 11.1). Ihre Synthese erfolgt über das Diterpen Geranyl-geranyl-diphosphat. Bildungsorte der Gibberelline in Höheren Pflanzen sind wachsende Spross- und Wurzelspitzen, Samen und Blätter. Die Gibberelline werden meist apolar (Ausnahmen bei manchen Wurzeln) in Parenchymen transportiert, aber auch im Phloem wie Xylem des Leitgewebes. Der Transport durch das Plasmalemma erfolgt mithilfe von Translokatoren und ist an einen Cotransport von Protonen gekoppelt. Die Transportgeschwindigkeiten liegen zwischen 5 und 30 mm $\cdot$ h^{-1}.

Gibberelline fördern das Wachstum. Besonders häufig wird die Achsenstre-ckung gefördert („Schossen"); das ist bei Rosetten- oder kurzachsigen Pflanzen die Bildung hoher, gestreckter Sprossachsen, die meist zur Blütenbildung führt. Von verschiedenen Pflanzenarten sind Mutanten des Gibberellin-Stoffwechsels bekannt, die eine dramatische Veränderung des Wachstums gegenüber dem Wildtyp aufweisen. Ein Zwergwuchs kann durch den Defekt eines Enzyms in der Gibberellin-Biosynthese verursacht sein. Diese Wachstumshemmung kann durch eine äußerliche Zugabe von physiologisch aktivem Gibberellin aufgeho-ben werden. Dagegen kann ein übermäßig hoher und schlanker Wuchs durch den Defekt eines Enzyms, welches den Abbau physiologisch aktiven Gib-berellins katalysiert, bedingt sein. Diese Pflanzen sprechen auf die Gabe eines Hemmstoffs der Gibberellin-Biosynthese an. Neben diesen Mutanten des Gib-berellin-Stoffwechsels existieren aber auch Mutanten mit Wachstumsanomalien, die nicht auf äußere Gaben von Gibberellinen oder Hemmstoffen ansprechen. In diesen Fällen liegt ein genetischer Defekt an regulatorischen Proteinen vor, die die Signalübertragung zwischen Gibberellin und der Expression von nach-geschalteten Genen vermitteln. Zu diesen regulatorischen Proteinen zählt ein Gibberellin-Rezeptor und Repressorproteine, die die Transkription dieser nachgeschalteten Gene verhindern. Die Bindung von physiologisch aktivem Gibberellin an den Gibberellin-Rezeptor führt zum Abbau des Repressorpro-teins, sodass nun die nachgeschalteten Gene transkribiert werden können.

Die durch Gibberellin ausgelöste Wachstumssteigerung beruht sowohl auf einer Steigerung der Zellteilung als auch der Zellstreckung. Da die Biosynthese der Gibberelline zum Teil unter der Kontrolle von Auxin steht, zeigen sich manche Übereinstimmungen in den Wirkungen beider Phytohormonklassen. Mögen insoweit gewisse Ähnlichkeiten zwischen den beiden Phytohormongruppen vorliegen, so trifft dies für andere Gibberellinwirkungen nicht zu, z. B. für die Induktion der Blütenbildung sowie die Aufhebung der Ruhezustände von Knospen und Samen. In Winterknospen nimmt im Spätwinter die Menge freier Gibberelline zu, wodurch die Wirkung der Hemmstoffe in der Knospe überwunden wird, sodass die Knospe treiben kann. Bei Getreidekörnern (z. B. von Gerste, Weizen oder Reis) spielen Gibberelline bei der Keimung eine wichtige Rolle. Mit einsetzender Keimung bildet der Embryo Gibberelline, welche durch das stärkehaltige Endosperm diffundieren und in der das Endosperm umgebenden Aleuronschicht die Bildung verschiedener Enzyme, darunter auch der α-Amylase, induzieren. Die α-Amylase baut die Reservestärke im Endosperm zu niedermolekularen Zuckern ab, die vom wachsenden Embryo resorbiert werden können. Nach experimenteller Entfernung des Embryos hat die äußerliche Zufuhr von Gibberellinen zum embryolosen Getreidekorn die gleiche Wirkung.

Eine kommerziell wichtige Anwendung der Gibberelline betrifft den Anbau der samenlosen Kultivare von Tafeltrauben. Da der Samen als Bildungsort der Gibberelline ausfällt, bleiben samenlose Beeren normalerweise klein. Das Wachstum der Früchte kann durch eine Behandlung mit Gibberellinen wesentlich gesteigert werden.

Verschiedene synthetische Wachstumsregulatoren haben sich in ihrer Eigenschaft als Wachstumsverzögerer als Antagonisten der Gibberellin-Biosynthese erwiesen. Kommerziell werden Gibberellin-Antagonisten (z. B. Chlorcholinchlorid, CCC) z. B. als halmstauchende Agenzien im Getreideanbau eingesetzt.

11.4 Cytokinine

Die Cytokinine wurden in den 50er-Jahren des letzten Jahrhunderts als Wirkstoffe erkannt, die die Zellteilung (Cytokinese) von pflanzlichen Zellkulturen fördern. Ihr zuerst entdeckter Vertreter ist das Kinetin (6-Furfurylaminopurin, s. Abbildung 11.1), welches 1954 von Carlos O. MILLER (1923) und Folke K. SKOOG (1908–2001) aus DNA-Hydrolysaten von Heringssperma isoliert wurde. Trotz hoher physiologischer Wirksamkeit kommt diese Substanz jedoch nicht natürlich in Pflanzen vor. Als erstes pflanzliches Cytokinin konnte 1964 aus unreifen Maiskörnern Zeatin (Abbildung 11.1) isoliert und identifiziert werden. Inzwischen fand man eine Reihe weiterer Cytokinine. Bei Zeatin, wie auch den meisten anderen in ihrer Struktur aufgeklärten Cytokininen handelt es sich um Derivate des 6-Aminopurins (= Adenin), die in der Pflanze häufig in Verbindung mit Ribose oder Ribosephosphat, d. h. also als Nucleoside, Nucleotide oder als Glucoside, vorliegen. Auch zahlreiche synthetische Cytokinine sind bekannt.

Cytokinine werden vorrangig in Wurzelspitzen synthetisiert, entstehen aber auch in Bildungsgeweben, so in Kambien, in keimenden Samen und im Kallusgewebe. Der Transport von Cytokininen im Spross erfolgt vor allem als Ribosid in den Gefäßen des Xylems, darüber hinaus auch ungerichtet im Phloem sowie apolar von Zelle zu Zelle. In den letzten Jahren wurden zwei verschiedene, in der Plasmamembran lokalisierte Cytokinintransporter beschrieben.

Der Cytokininrezeptor ist Teil eines in der Plasmamembran lokalisierten, integralen Membranproteins mit einer Proteinkinase-Aktivität. Die extrazelluläre Bindung eines Cytokinins führt zu einer intrazellulären Selbstphosphorylierung (Autophosphorylierung) des Proteins. Diese Reaktion steht am Anfang einer Signalweiterleitungskette. Sie führt über nicht vollständig verstandene Zwischenschritte zur Expression cytokiningesteuerter Gene.

Cytokinine fördern die Synthese von Nucleinsäuren und Proteinen und können deren Abbau verzögern. Sie üben damit einen großen Einfluss auf das gesamte Wachstum aus, was sich besonders in der Förderung der Zellteilung äußert. Weiterhin fördern sie die Chloroplastenentwicklung und hemmen den Chlorophyllabbau. Mit Cytokininen versorgte Gewebe oder Organe werden aufgrund des aktivierten Stoffwechsels zu Attraktionszentren für viele im Symplasten transportierte Substanzen. Ein Mangel an diesem Hormon führt zur verringerten Retention (Stoffzurückhaltung) und fördert damit das Altern (Seneszenz). Cytokinine vermögen die Sprossregeneration in Gewebekulturen anzuregen, aber auch das Austreiben ruhender Knospen an intakten Pflanzen, wo sie als Antagonisten zu den Auxinen wirken. Weiterhin sind fördernde Einflüsse auf die Samenkeimung sowie die Blüten- und Fruchtbildung bekannt.

Das Bodenbakterium *Agrobacterium tumefaciens* infiziert Pflanzen im Bereich des Wurzelhalses und löst dort die Bildung von Tumoren („Wurzelhalsgallen") aus. Die Tumorbildung beruht darauf, dass ein DNA-Abschnitt auf dem Tumorinduzierenden Plasmid (Ti-Plasmid) von *Agrobacterium*, die transfer- oder T-DNA, ausgeschnitten und in Zellkerne der Wirtspflanze transferiert wird. Dort wird die bakterielle T-DNA in das pflanzliche Genom integriert. Auf der T-DNA sind neben den Genen für die Synthese bestimmter ungewöhnlicher Aminosäuren auch Gene für die Auxin- und Cytokinin-Synthese codiert. Deren Expression führt zu einer unkontrollierten und übermäßigen Synthese beider Phytohormone in den genetisch veränderten Pflanzenzellen. Durch die Stimulation der Zellteilungsaktivität kommt es zu einem tumorartigen Zellwachstum.

11.5 Abscisinsäure

Der Name Abscisinsäure (ABS, engl.: Abscisic Acid, ABA) leitet sich von dem Abwurf (Abscission) von Blättern und Früchten ab (s. Abbildung 11.1). Aufgrund ihrer Entdeckungsgeschichte ist die ABS mit der Abscission verknüpft, doch übt sie nach heutigem Kenntnisstand nur bei wenigen Arten einen direkten Einfluss auf diesen Prozess aus. Vielmehr wird der Abwurf von Blättern und Früchten über das nachfolgend besprochene Ethylen gesteuert. Die frühere alternative Bezeichnung Dormin kennzeichnet die Funktionen der ABS besser, da sie die Keimung hemmt und Ruheperioden (Dormanz) zu induzieren vermag.

Die Biosynthese der ABS geht bei Höheren Pflanzen von dem Xanthophyll Violaxanthin (vgl. Abschnitt 7.3 und Abbildung 7.15) aus und findet anfänglich in den Plastiden und abschließend im Cytosol statt. ABS kann durch Oxidation oder Konjugation mit Zuckern inaktiviert werden. Der Transport der ABS erfolgt von Zelle zu Zelle und, von Blättern ausgehend, zumeist über die Siebröhren des Phloems. Bei Trockenstress wird die in den Wurzeln gebildete ABS über die Xylemgefäße in den Spross und die Blätter transportiert.

ABS greift in die Ausdifferenzierung von Samen durch eine Förderung der Einlagerung von Reservestoffen und die Entwicklung einer Austrocknungstoleranz ein. Hohe ABS-Spiegel verhindern Viviparie (Auskeimen bereits auf der Mutterpflanze) und bewirken eine Aufrechterhaltung der Samenruhe (Dormanz). Bezüglich der Dormanz wirkt ABS als Antagonist zu den Gibberellinen, die ein Brechen der Samenruhe induzieren können. Weiterhin fördert ABS die Aufrechterhaltung der Knospenruhe. In beiden Fällen hilft ABS der Pflanze, ungünstige klimatische Situationen wie Kälte oder Trockenheit durch ruhende Samen oder Knospen zu überdauern.

Auch bei der unmittelbaren Bewältigung von durch Wassermangel bedingten Stresssituationen spielt ABS eine zentrale Rolle. Unter Wassermangel fördert ABS das Wurzelwachstum zu Ungunsten des Sprosswachstums. In den Blättern wird die Neusynthese von ABS ausgelöst, sodass sich die ABS-Konzentration bis auf das 40-Fache erhöht. Dieser erhöhte ABS-Gehalt ist sodann Anlass zur Erhöhung des Prolingehalts in den Zellen, einer osmotisch wirksamen Substanz zur Osmoregulation.

In den Schließzellen der Spaltöffnungen führt ABS zu einer Erhöhung des zellulären Spiegels an Ca^{2+}, welches als nachgeschalteter Signalstoff (Second Messenger) wirkt. Vermutlich über Ca-abhängige Proteinkinasen kommt es zu einer Öffnung von Ionenkanälen in Tonoplast und Plasmalemma, die zu einem Ausstrom von K^+ und Anionen aus den Schließzellen führt. Das Wasser folgt auf osmotischem Weg nach, sodass es zu einer Erschlaffung der Schließzellen und einem Verschluss der Spaltöffnungen kommt.

Pflanzen mit einem genetischen Defekt in der Biosynthese von ABS welken aufgrund des ungenügenden Stomaschlusses rasch oder weisen eine Viviparie auf.

11.6 Ethylen

Während des 19. Jahrhunderts wurde in vielen Städten Kohle vergast und das so entstandene „Kohlengas" (auch „Stadtgas" oder „Leuchtgas" genannt) zur Beleuchtung und Heizung eingesetzt. In der Umgebung städtischer Gasleuchten beobachtete man einen rätselhaften vorzeitigen Blattfall der Straßenbäume. 1901 beschrieb der russische Botaniker Dimitri NELJUBOV (1886–1926) ein auffällig verändertes Wachstum von etiolierten Keimlingen in der mit Kohlengas geheizten Laborluft, welches später als Dreifach-Reaktion (s. V. 11.5.1) bezeichnet wurde. Als für die Wuchsanomalien wirksame Komponente identifizierte NELJUBOV das Ethylen, welches in geringen Mengen in dem Kohlengas

enthalten war. Diese Beimengung von Ethylen erwies sich als Ursache des vorzeitigen Blattfalls. Erst Jahrzehnte später wurde entdeckt, dass Ethylen auch
von der Pflanze selbst produziert wird und phytohormonellen Charakter besitzt.

Die Biosynthese von Ethylen in der Pflanze ($H_2C=CH_2$, chemisch korrekter:
Ethen) leitet sich von der Aminosäure Methionin ab. Aus deren Derivat S-
Adenosylmethionin wird über das Enzym ACC-Synthase die direkte Ethylen-
vorstufe 1-Aminocyclopropan-1-carboxylsäure (ACC, Abbildung 11.1) abgespalten, eine zyklische Aminosäure ungewöhnlicher Struktur. ACC wird durch
das Enzym ACC-Oxidase unter Sauerstoffverbrauch in Ethylen, Blausäure
(HCN) und CO_2 zerlegt.

Als gasförmiger Stoff diffundiert Ethylen über das Interzellularensystem und
kann auch weit entfernt vom Entstehungsort wirken. Im Xylemwasser kann es
auch in Form seiner Vorläufersubstanz ACC transportiert werden. Durch Abgabe an die Umgebungsluft teilt sich das von einer Pflanze gebildete Ethylen
auch auf Pflanzen in ihrer Umgebung mit und wirkt somit als Pheromon.

Die physiologischen Wirkungen von Ethylen sind außerordentlich vielfältig.
Erstmals wurde die Dreifach-Reaktion auf Ethylen bei etiolierten Keimlingen
beschrieben. Diese ermöglicht einen sehr spezifischen und sensitiven Biotest
und dient auch heute noch zum raschen Screening für Mutanten in der Ethyl-
en-Signalübertragungskette. Mithilfe dieser Mutanten wurden bei *Arabidopsis* die
in der Plasmamembran lokalisierten Ethylen-Rezeptorproteine identifiziert, die
über eine Proteinkinase-Aktivität verfügen. Die extrazelluläre Bindung von
Ethylen an den Rezeptor leitet über die intrazelluläre Reaktion der Proteinkina-
se eine nicht in allen Schritten bekannte Signalweiterleitungskette ein, an deren
Ende die Expression von ethyleninduzierten Zielgenen steht.

Die letzten Stadien der Reifung mancher Früchte sind durch einen autokatalyti-
schen, bis zu 1000-fach gegenüber den Normalwerten erhöhten Anstieg der
Ethylenproduktion und nachfolgend auch einem Anstieg der Atmungsraten
gekennzeichnet. Diesen Typ der Fruchtreifung nennt man klimakterisch (lat.:
climacter: wörtlich: Stufenleiter, im übertragenen Sinn: ein kritischer Zeitpunkt
oder Wendepunkt im Leben). Zu den Früchten mit klimakterischem Stoffwechsel zählen z. B. Äpfel, Birnen, Bananen oder Tomaten. Reife klimakterische Früchte eignen sich daher als Quelle für Ethylen bei den folgenden Versuchen. Andere Früchte wie Erdbeeren, Weintrauben oder Paprika steigern im
Zuge der Fruchtreifung ihre Ethylenproduktion nicht in derart dramatischer
Weise (nicht-klimakterischer Stoffwechsel). Ethylen induziert in reifenden
Früchten eine Reihe von Stoffwechselreaktionen, wie die Umfärbung, die Erweichung oder den Abbau von Reservesubstanzen.

Weiterhin löst Ethylen den Abwurf (Abscission) von Blättern und Früchten
aus. Bei partiell untergetaucht lebenden Wasserpflanzen bewirkt Ethylen eine
Streckung der Sprossachsen und Blattstiele, um die apikalen Teile des Sprosses
oder die Blätter über die Wasseroberfläche zu erheben, sowie die Ausbildung
eines interzellularenreichen Durchlüftungsgewebes (Aërenchym). Weiterhin

reagieren Pflanzen auf zahlreiche abiotische Stressoren oder Verletzungen mit der Bildung von Ethylen als „Stresshormon". Ethylen interagiert auch mit den Jasmonaten (s. Abschnitt 11.7) bei der Abwehr von Pathogenen.

11.7 Weitere Gruppen von Phytohormonen

Neben den schon seit längerem bekannten Phytohormongruppen gibt es weitere Stoffgruppen, deren phytohormoneller Charakter erst vor wenigen Jahren bzw. Jahrzehnten erkannt wurde.

Die Brassinosteroide sind eine im gesamten Reich der Höheren Pflanzen vorkommende Gruppe von Phytohormonen. Ihrer chemischen Natur nach gehören sie zu den Steroiden. Mittlerweile sind über 60 verschiedene Brassinosteroide beschrieben; das bekannteste ist das physiologisch hochwirksame Brassinolid (Abbildung 11.1). Zum Wirkungsspektrum der Brassinosteroide zählt u. a. eine von Auxin und Gibberellin unabhängige Steigerung des Streckungswachstums, eine Differenzierung von Xylemgefäßen und eine Stärkung der pflanzlichen Resistenz gegenüber Pathogenen.

Die Jasmonate (Jasmonsäure und ihre Derivate, Abbildung 11.1) und die Salicylate (Salicylsäure und ihre Derivate) werden verstärkt unter der Einwirkung von Pathogenen, aber auch als Reaktion auf abiotische Stressoren gebildet. Dabei scheinen die Jasmonate eher die Verteidigung bei Verwundungen (z. B. durch Tierfraß) und Angriff nekrotropher Pathogene (pathogene Bakterien oder Pilze, die ihren pflanzlichen Wirt durch raschen Zelltod schädigen) zu koordinieren, während die Salicylate eher einem Angriff von biotrophen Pathogenen (pathogene Bakterien oder Pilze, die ihren pflanzlichen Wirt nicht unmittelbar töten, sondern ihn längerfristig parasitieren) begegnen. Beide Verteidigungssysteme bewirken lokal (am Angriffsort eines Pathogens) und systemisch (den gesamten Pflanzenkörper betreffend) die Expression von Genen, die eine Pathogenresistenz von Pflanzen bewirken. Dabei scheinen sie nicht in redundanter, sondern eher in sich wechselseitig hemmender Weise zu wirken. Ein weiteres Glied in der systemischen pflanzlichen Pathogenabwehr ist das Peptidhormon Systemin.

Die Strigolactone sind eine Gruppe von Phytohormonen, die sich chemisch – wie die ABS – von den Carotinoiden ableiten. Sie wirken einerseits auf das Verzweigungsmuster von Pflanzen und fördern andererseits die Symbiose zwischen Arbuskulären Mykorrhizapilzen und den Wurzeln Höherer Pflanzen. Diese Symbiose ist von hoher Bedeutung für die Mineralstoffversorgung der Mehrheit der Landpflanzen (s. Abschnitt 6.4). Allerdings nutzen auch Samen parasitischer Blütenpflanzen (z. B. der tropischen Gattung *Striga*) die Abgabe von Strigolactonen durch die Wurzeln als Signalstoff zur Keimung und Infektion der Wirtspflanzen.

Als Blühhormon wirkt bei *Arabidopsis thaliana* ein kleines Protein („Florigen", FT-Protein, FT von Flowering Locus T). Die Expression des FT-Gens im

Phloem wird von einem Signal aus dem Blatt stimuliert. Das FT-Protein gelangt durch das Phloem in das apikale Meristem des Sprosses. Dort bildet es einen Komplex mit einem Transkriptionsfaktor (FD), um Gene zu aktivieren, die die Expression weiterer Gene auslösen. Bei Letzteren handelt es sich um sogenannte florale homöotische Gene. Diese codieren Transkriptionsfaktoren, die bestimmen, wo im Organismus sich spezifische Strukuren – wie z. B. Blütenkronblätter – entwickeln. Die Expression der floralen homöotischen Gene aktiviert außerdem das gesamte genetische Programm zur Blütenbildung.

B   Versuche

V 11.1 Auxine

V 11.1.1   Einfluss von IES auf das Streckungswachstum

Kurz und knapp. Der verbreitetste und wichtigste Vertreter der Auxine ist die Indol-3-essigsäure (IES). Unter den verschiedenen Effekten der IES auf die Physiologie der Pflanzen ist die Förderung des Streckungswachstums am längsten bekannt und untersucht. Der folgende Versuch veranschaulicht diese Wirkung und gibt Hinweise auf Bildungsort und Transport der IES.

Zeitaufwand. Vorbereitung: 15 min für Herstellung der Pasten, Durchführung: 15 min für Versuchsansatz, 24–48 h Standzeit, 15 min für Auswertung

Material:	7–10 Tage alte Gurkenkeimlinge (*Cucumis sativus*)
Geräte:	2 hochrandige Glasschälchen, 2 Spatel, Messzylinder (10 ml), Wägegläschen, Analysenwaage, 5 Blumentöpfe, Plastikwanne, Dunkelsturz (z. B. Holz- oder Pappkiste)
Chemikalien:	Vermikulit oder Gartenerde, Wollfett (Adeps lanae, erhältlich in Apotheken), Kaliumsalz der IES (Indol-3-essigsäure), entmin. Wasser

Durchführung. Anzucht der Pflanzen: Man füllt fünf Blumentöpfe mit Vermikulit (oder Gartenerde), das gut mit Leitungswasser durchtränkt wird. Danach setzt man 1–2 cm unter die Oberfläche des Vermikulits in möglichst großem Abstand voneinander fünf Gurkensamen in jeden Topf und stellt die Ansätze in eine Plastikwanne, die etwa 2 cm hoch mit Leitungswasser gefüllt wird. Während der Anzucht werden die Blumentöpfe an einem warmen Ort (bei 20–25 °C) mit möglichst gleichmäßiger Belichtung von oben platziert, um ein gerades, aufrechtes Wachstum der Sprossachse zu gewährleisten. Die Lichtquelle darf sich nicht seitlich der Pflanzen befinden. Wasserverluste durch Transpiration und Verdunstung werden durch Nachgießen kompensiert. Nach etwa sieben Tagen sind die Gurkenkeimlinge bei guten Anzuchtbedingungen etwa 4 cm groß und stehen zur Versuchsdurchführung bereit.

Herstellung der Kontroll- und Wuchsstoffpaste: 5 mg IES (in Form ihres leicht löslichen Kaliumsalzes) werden in 10 ml entmin. Wasser vollständig gelöst (0,05 %ige Lösung). Die IES-Lösung soll für den Versuch frisch angesetzt werden, da sie nur wenige Tage haltbar ist. Jeweils 2 g Wollfett in zwei hochrandige Glasschälchen einwiegen. Zu der einen Probe Wollfett fügt man schrittweise (z. B. 4 · 0,5 ml) insgesamt 2 ml entmin. Wasser (Kontrollpaste), zu der anderen 2 ml IES (Wuchsstoffpaste) hinzu und verrührt die Substanzen gründlich – mindestens fünf Minuten lang – zu einer weißen, geschmeidigen Paste. Die Kontrollpaste darf nicht mit IES verunreinigt werden.

Versuchsreihe 1, Ansätze mit behandelten Hypokotylen: Bei fünf Gurkenkeimlingen eines Blumentopfes wird mit einem Spatel 0,5 cm unterhalb eines Keimblatts einseitig (!) in einem Bereich von einem Zentimeter Kontrollpaste aufgetragen; fünf Gurkenpflanzen eines zweiten Blumentopfes werden an gleicher Stelle und mit der gleichen Menge Wuchsstoffpaste behandelt.

Versuchsreihe 2, Ansätze mit behandelter Keimblatt-Unterseite: Fünf Gurkenkeimlinge eines Blumentopfes werden in der mittleren Region eines ihrer Keimblätter auf der Blattunterseite mit Wuchsstoffpaste bzw. Kontrollpaste bestrichen, wobei auch hier die Auftragsmenge bei jedem Ansatz etwa dieselbe sein sollte.

Versuchsreihe 3, Ansätze mit einseitig abgeschnittenem Keimblatt: Bei den Gurkenpflanzen des restlichen Blumentopfes schneidet man je eines der Keimblätter an ihrem Ansatzpunkt an der Sprossachse ab.

Um phototropische Krümmungen auszuschließen, werden alle Ansätze unter einen Dunkelsturz gestellt, wo sie für 24–48 Stunden verbleiben.

Zur Erleichterung der Auswertung kann man die Krümmungserscheinungen der Gurkenpflanzen festhalten, indem man sie mithilfe eines Diaprojektors als Schattenrisse auf ein an die Wand geheftetes Papier

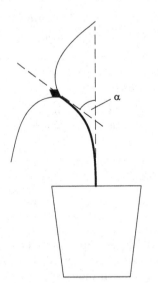

Abbildung 11.3 Bestimmung des Krümmungswinkels α

projiziert und die Umrisse des jeweiligen Schattens mit einem Filzschreiber nachfährt. Auf diese Weise kann man den Krümmungsgrad der Sprossachse anhand eines Winkelmessers bestimmen und tabellarisch festhalten (Abbildung 11.3).

Beobachtung. Die Pflanzen der Versuchsreihe 1 neigen sich im Bereich und unterhalb des Auftragsortes deutlich in Richtung ihrer unbehandelten Sprossseite; jene der Versuchsreihe 2 an etwa derselben Stelle des Hypokotyls in Richtung des unbehandelten Keimblatts. Zusätzlich sind die Spitzen der behandelten Keimblätter häufig nach oben gekrümmt. Auch in der dritten Versuchsreihe sind eindeutige Krümmungen des Hypokotyls zu beobachten, und zwar in Richtung des abgeschnittenen Keimblatts. Die Krümmungswinkel der Ansätze aus der Versuchsreihe 3 sind kleiner als jene der mit IES behandelten Ansätze.

Die mit Kontrollpaste behandelten Pflanzen zeigen dagegen keine Krümmung der Sprossachse.

Erklärung. In den Ansätzen der mit Wuchsstoffpaste behandelten Hypokotyle zeigt sich eine fördernde Wirkung des Phytohormons auf das Streckungswachstum. Die Krümmung der Sprosse kommt dadurch zustande, dass eine mit IES versehene Sprossseite eine erhöhte Wachstumsaktivität aufweist, die gegenüberliegende Seite jedoch in normalem Ausmaß an Größe zunimmt.

Das Längenwachstum der Sprosse wird durch exogen gebotene IES in weiten Konzentrationsbereichen gefördert. Man erklärt dies damit, dass beim Spross die endogen vorhandenen IES-Konzentrationen weit unter der Optimalkonzentration liegen.

Bei dem Vorgang der Zellstreckung bewirkt IES kurzfristig – beginnend etwa 10–15 Minuten nach äußerlicher Applikation – eine Erhöhung der plastischen Dehnbarkeit der Zellwand. Diese wird nach der mittlerweile breit akzeptierten Säure-Wachstums-Hypothese durch einen verstärkten Protonentransport vom Cytoplasma in die Zellwand und eine damit einhergehende pH-Absenkung ermöglicht. Der Protonentransport wird durch ATP-verbrauchende, im Plasmalemma lokalisierte Protonenpumpen bewirkt. Die erhöhte Protonenkonzentration selbst sowie die erhöhte Aktivität von plastizitätssteigernden Enzymen, den Expansinen, schwächen die Wasserstoffbrückenbindungen zwischen den Polysacchariden der Zellwand. Durch die Erweichung der Zellwand kommt es zu einer Erniedrigung des Druckpotenzials der Zelle und damit zu einer osmotischen Wasseraufnahme in die Vakuole (s. Abschnitte 4.4 und 4.5). Die Vergrößerung der Vakuole bewirkt eine Dehnung und damit Ausdünnung der Primärwand. Die rasche Wirkung der IES beruht vermutlich sowohl auf einer Steigerung der Aktivität vorhandener Protonenpumpen als auch auf deren verstärkter Neusynthese. Die nunmehr gedehnte Wand muss in einer zweiten, langsameren Phase wieder verstärkt werden. Hier kann die IES die erforderliche Transkription von Genen („differenzielle Genaktivierung") und Translation aktivieren und damit die Neusynthese von Proteinen und Zellwandmaterial verursachen. An die gedehnte Primärwand werden während der Streckung wiederholt neue Lagen von Cellulosefibrillen in Streuungstextur (lat.: textura = Geflecht, Gewebe) aufgetragen.

Weiterhin können anhand der Versuchsergebnisse Schlüsse bezüglich des IES-Transports gezogen werden. In den beiden ersten Versuchsreihen, besonders deutlich in der zweiten Versuchsreihe, liegt der Wirkungsbereich des Wuchsstoffs unterhalb des Auftragungsortes. Aufgrund der einseitigen Längenzunahme, auf der die Hypokotyl-Krümmung basiert, kann man die Möglichkeit eines IES-Quertransports (in horizontaler Richtung) ausschließen; die Beobachtung der zweiten Versuchsreihe belegt die Existenz eines abwärts führenden (basipetalen) Transports von Auxin. In der dritten Versuchsreihe zeigen die Sprosse auf der Seite mit dem verbliebenen Keimblatt eine Steigerung ihres Längenwachstums, welches der Reaktion der mit IES behandelten Pflanzenhälften aus Versuchsreihe 1 und 2 analog ist. Diese Beobachtung lässt die Folgerung zu, dass das junge Blatt ein IES-Bildungsort ist, wobei der geringere Krümmungswinkel der Sprossachsen auf ein im Vergleich zu der Wuchsstoffpaste niedrigeres IES-Vorkommen in der lebenden Pflanze schließen lässt. Wie in den Ansätzen der mit IES applizierten Blätter ist auch in der Versuchsreihe 3 der Bildungs- und Wirkungsort von IES nicht identisch – ein Charakteristikum für Hormone schlechthin.

Hauptbildungsorte der IES sind einerseits embryonale Gewebe (z. B. Meristeme) und andererseits photosynthetisierende Organe (z. B. Laubblätter). Die IES kann in der intakten Pflanze entweder im Phloem oder im Parenchym transportiert werden. Im ersten Falle ist der Transport nicht polarisiert, im zweiten aber stark bis strikt polar. In verschiedenen isolierten Teilen des Sprosses (Sprossachse, Blatt- und Fruchtstiel) z. B. bewegt sich von außen zugeführte IES polar basipetal (abwärts strebend); die Schwerkraft hat dabei kaum einen Einfluss. Verantwortlich für den polaren Transport ist die asymmetrische Verteilung von speziellen Transportproteinen in der Zelle, den IES-Efflux-Carriern. Diese sind streng zur basalen Seite einer Zelle hin angeordnet und transportieren in die Zelle passiv eindiffundierte oder eintransportierte IES in den basalwärts gelegenen Zellwandbereich.

Bemerkung. Während die Indol-3-essigsäure nur schwer in Wasser, aber leicht in Ethanol löslich ist, löst sich ihr Kaliumsalz leicht in Wasser. Letztere Verbindung ist allerdings im Chemikalienfachhandel teurer als die freie Säure zu erwerben. Beim Ansetzen des Versuchs sollten für jede Paste eigene Rühr- und Auftragsgegenstände verwendet werden, da auch die kleinste Vermischung die Versuchsergebnisse beeinflussen kann.

V 11.1.2 Adventivwurzelbildung durch IES

Kurz und knapp. Grundsätzlich können auch an Sprossachsen und Blättern Wurzeln entstehen, die entsprechend als spross- bzw. blattbürtige Wurzeln bezeichnet werden. Beispiele hierfür sind die Ausläufer und Stecklinge. Wurzeln, die zu ungewöhnlicher Zeit an ungewöhnlichen Orten, etwa infolge von

Verletzung oder Wuchsstoffbehandlung, gebildet werden, nennt man Adventivwurzeln. Der folgende Versuch soll die Wirkung von IES auf die Bildung von Adventivwurzeln im Internodienbereich des Sprosses bei der Buntnessel aufzeigen.

Zeitaufwand. Vorbereitung: s. V 11.1.1, Durchführung: 10 min für Versuchsansatz, 14 Tage Standzeit, 5 min für Auswertung

Material:	Buntnessel-Topfpflanze (*Solenostemon scutellarioides*, syn. *Coleus blumei*), 2–3 Monate alt
Geräte:	2 Glasschälchen, 2 Spatel, Messzylinder (10 ml), Wägegläschen, Analysenwaage, Blumentopf, Bindfaden
Chemikalien:	Vermikulit oder Gartenerde, Wollfett (Adeps lanae, erhältlich in Apotheken), Kaliumsalz der IES (Indol-3-essigsäure), entmin. Wasser

Durchführung. Anzucht der Pflanzen: Buntnesseln können durch Ableger vermehrt werden, indem man diese einige Tage in Leitungswasser stellt und dann bei ausreichender Wurzelbildung in Blumentöpfe mit gut befeuchtetem Vermikulit (oder Gartenerde) pflanzt. Die Töpfe werden in einer Wanne mit einer Wassermenge von etwa 2 cm Füllhöhe an einem hellen, 20–25 °C warmen Ort (z. B. Fensterbank) platziert. Die Pflanzen haben nach 2–3 Monaten bei regelmäßigem Gießen das für den Versuch erforderliche Alter erreicht. Für den folgenden Versuch werden ein bis zwei Buntnessel-Pflanzen benötigt.

Herstellung der Kontroll- und Wuchsstoffpaste: s. V 11.1.1.

Versuchsansatz: Man trägt im Bereich zwischen zwei Ansatzstellen der Blätter, dem Internodium (Achsenbereich zwischen den Knoten), dick Wuchsstoffpaste auf; das nächsthöher gelegene Internodium wird mit Kontrollpaste behandelt. An einem zweiten Sprossabschnitt derselben oder einer weiteren Pflanze kann die Auftragsreihenfolge vertauscht werden (hier wird die Kontrolle im Bereich des unteren, die IES-Paste in jenem des oberen Internodiums aufgetragen). Der jeweilige mit IES behandelte Sprossabschnitt sollte mit einem Wollfaden markiert werden. Die Ansätze werden nun bei regelmäßiger Wässerung an einem hellen, warmen Ort (z. B. Fensterbank) für zwei bis drei Wochen aufgestellt.

Zur abschließenden Versuchsbeobachtung entfernt man mit einem Papiertaschentuch vorsichtig die Reste der Pasten am Spross.

Beobachtung. Schon nach etwa einer Woche sind an den mit IES behandelten

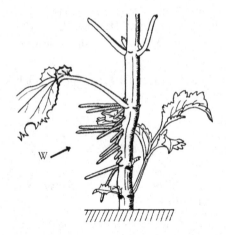

Abbildung 11.4 Basale Stängelzone einer Buntnessel mit Bildung von Adventivwurzeln (W) nach Aufstreichen einer Wuchsstoffpaste an der linken Stängelseite (SITTE et al., 1998)

Stellen der Sprossachsen mehrere knötchenförmige Vorwölbungen zu sehen, die sich nach zwei bis drei Wochen zu Gebilden entwickelt haben, die Seitenwurzeln gleichen (Abbildung 11.4). Die Abschnitte mit Kontrollpasten zeigen keine Veränderung im Sprossachsenhabitus.

Erklärung. Die Bildung von (sprossbürtigen) Adventivwurzeln und (wurzelbürtigen) Seitenwurzeln geht von teilungsfähigen Zellnestern aus. Im Fall der Seitenwurzeln sind diese im Perizykel (= Perikambium, die an die Endodermis der Wurzel nach innen angrenzende Zellschicht) und im Fall der Adventivwurzeln bei dikotylen Pflanzen, wie der Buntnessel, zumeist im Kambium zwischen den Leitbündeln (interfaszikuläres Kambium) lokalisiert. IES regt diese Zellen zur Teilungsaktivität an. Die auswachsenden Wurzeln durchbrechen dabei die umgebenden Rindengewebe.

Die Induktion von Adventivwurzeln findet im Gartenbau ihre praktische Anwendung, indem zur Beschleunigung der Stecklingsbewurzelung entweder IES-Präparate oder synthetische Wuchsstoffe genutzt werden.

V 11.1.3 Einfluss von IES auf die apikale Dominanz

Kurz und knapp. Von der Spitze des Hauptsprosses, dem Apex, gehen hemmende Einflüsse auf die Entwicklung der Seitenknospen aus. Das kann man leicht dadurch zeigen, dass man die Spitze des Hauptsprosses entfernt. Denn nun treiben die Seitenknospen aus. Man spricht hier von einer apikalen Dominanz. Die Dominanz der Gipfelknospe geht auf ihre Auxinproduktion und -abgabe zurück: Entfernt man die Gipfelknospe und ersetzt sie durch eine Auxinpaste, so entwickeln sich die Seitenknospen nicht weiter. Dieser Versuch zeichnet ein klassisches Experiment der Phytohormonforscher Kenneth V. THIMANN (1904–1997) und Folke K. SKOOG nach, in dem die IES als zentraler Faktor der apikalen Dominanz nachgewiesen wurde.

Zeitaufwand. s. V 11.1.1, Durchführung: 10 min für Versuchsansatz, vier bis sieben Tage Standzeit, 5 min für Auswertung

Material:	Buschbohnen (*Phaseolus vulgaris*), ca. 8–10 Tage alt
Geräte:	2 Glasschälchen, 2 Spatel, Messzylinder (10 ml), Wägegläschen, Analysenwaage, 2 Blumentöpfe, Plastikwanne, Filterpapier oder Papiertaschentuch, Rasierklinge
Chemikalien:	Vermikulit, Wollfett (Adeps lanae, erhältlich in Apotheken), Kaliumsalz der IES (Indol-3-essigsäure), entmin. Wasser

Durchführung. Anzucht der Pflanzen: Man füllt zwei Blumentöpfe mit Vermikulit (oder Gartenerde), das gut mit Leitungswasser durchtränkt wird. Danach setzt man 1–2 cm unter die Oberfläche des Vermikulits in möglichst großem Abstand voneinander fünf Bohnensamen in jeden Topf und stellt die Ansätze in eine Plastikwanne mit Leitungswasser (Füllhöhe von 2–3 cm). Während der Anzucht werden die Blumentöpfe bei 20–25 °C an einem hellen Ort (z. B. Fensterbank) platziert, wobei bei Wasserverbrauch der Pflanzen und Verdunstung regelmäßig nachgegossen wird. Nach etwa zehn Tagen stehen die Bohnen, die etwa 8–10 cm groß geworden sind, zur Versuchsdurchführung bereit.

Herstellung der Kontroll- und Wuchsstoffpaste: s. V 11.1.1.

Versuchsansatz: Die Sprossspitzen der Bohnenpflanzen eines Blumentopfs werden nacheinander mit einer Rasierklinge 1,5 cm über dem Knoten der Keimblätter (Kotyledonen) abgeschnitten. Die Schnittstelle wird sofort mit Kontrollpaste bestrichen. Tritt nach dem Schnitt Xylemsaft aus der Wunde, muss dieser mit Filterpapier oder einem Papiertaschentuch aufgesaugt werden. Auch nach dem Auftragen der Paste darf der Xylemsaft die Pastenhäubchen auf der Sprossspitze nicht zur Seite drücken. Die Bohnenpflanzen des zweiten Blumentopfs werden bei gleicher Vorgehensweise mit Wuchsstoffpaste bestrichen und mithilfe von Wollfäden, Klebeetiketten o. Ä. zur Unterscheidung vom Kontrollansatz gekennzeichnet. Anschließend stellt man beide Versuchsansätze in der Plastikwanne für vier bis sieben Tage an einen hellen, warmen Ort.

Beobachtung. Die Keimblätter des Ansatzes mit der Wuchsstoffpaste vergilben im Laufe der ersten zwei bis drei Versuchstage und fallen schließlich ab (s. Bemerkung zu V 12.3.2). Die Seitenknospen in den Achseln der Keimblätter bleiben klein. Bei dem mit Kontrollpaste versehenen Ansatz haben die Seitenknospen deutlich an Größe zugenommen und treiben schließlich aus.

Erklärung. Die Sprossachse einer Pflanze wird gebildet durch die Teilungsaktivität ihres apikalen Meristems, einer kleinen Gruppe von teilungsfähigen Zellen, die schon im pflanzlichen Embryo angelegt wurden und an der Spitze der Sprossachse gelegen sind. Das apikale Meristem bildet sukzessive Blattanlagen aus, die zu Blättern auswachsen. Sekundäre Meristeme werden in den Achseln der Blätter abgegliedert. Diese sekundären Meristeme oder Achselmeristeme bilden selbst wenige Blätter aus, die sich jedoch nicht entfalten, sondern in Gestalt einer Seitenknospe arretiert werden. Die von dem apikalen Meristem polar in der Sprossachse abwärts wandernde IES unterdrückt das Wachstum dieser Seitenknospen.

Der Mechanismus der Auxinwirkung ist noch nicht ganz klar. Es ist durch Studien mit radioaktiv markiertem Auxin erwiesen, dass Auxin aufgrund seines streng polaren, basalwärts gerichteten Transports selbst nicht in die Seitenknospen gelangt. Auch hat direkt auf die Seitenknospen appliziertes Auxin keine Wirkung auf deren Austrieb. Daher wirkt Auxin möglicherweise hemmend auf einen spitzenwärts gerichteten Transport eines anderen Signalstoffs. Hierzu sind zwei Kandidaten in der Diskussion: Zum einen die Cytokinine, die in der Wurzel gebildet und mit dem Xylemwasser sprossaufwärts transportiert werden. Als Antagonisten zum Auxin fördern sie das Austreiben von Seitenknospen; ihre Biosynthese wird durch Auxin gehemmt. Ein zweiter möglicherweise involvierter Signalstoff sind die neu entdeckten Strigolactone (s. Abschnitt 11.7). Diese Substanzen verhindern in zum Auxin synergistischer Weise das Austreiben von Seitenknospen. Weiterhin wird ihre Biosynthese durch Auxin gefördert, und sie können in der Achse sprossaufwärts transportiert werden. Beide Alternativen müssen sich nicht notwendigerweise ausschließen, sondern sind möglicherweise gemeinsam Teil der komplexen Regulation des Verzweigungsmusters einer Pflanze.

V 11.1.4 Hemmung des Blattabwurfs durch IES

Kurz und knapp. Der Abwurf (Abscission, lat.: abscissio = Abschneiden, Trennung) von Blättern, Blüten und Früchten gehört zum normalen Entwicklungsablauf von Pflanzen. Die Pflanze kann damit zum einen überflüssige oder nicht mehr funktionsfähige Organe beseitigen und zum anderen Samen reifer Früchte verbreiten.

Dieses Experiment soll demonstrieren, dass IES den Blattfall hemmt. Gute Auxinversorgung des Blattstiels von der Blattspreite verzögert die Seneszenz und verhindert daher die Abscission.

Zeitaufwand. Vorbereitung: s. V 11.1.1, Durchführung: 15 min für Versuchsansatz, vier bis fünf Tage Standzeit, 5 min für Auswertung

Material:	Buntnessel-Topfpflanze (*Solenostemon scutellarioides*, syn. *Coleus blumei*)
Geräte:	2 Glasschälchen, 2 Spatel, Messzylinder (10 ml), Wägegläschen, Analysenwaage, Blumentopf, Plastikwanne, Wollfäden, Rasierklinge
Chemikalien:	Vermikulit, Wollfett (Adeps lanae, erhältlich in Apotheken), Kaliumsalz der IES (Indol-3-essigsäure), entmin. Wasser

Durchführung. Anzucht der Pflanzen: s. V 11.1.2.

Herstellung der Kontroll- und Wuchsstoffpaste: s. V 11.1.1.

Versuchsansatz: Bei einer Buntnessel werden die Blattspreiten gegenüberliegender Blätter (Blätter, die demselben Knoten entspringen) mit einer Rasierklinge abgeschnitten, sodass nur noch die Blattstiele an der Sprossachse zurückbleiben. Auf die Schnittfläche eines Blattstiels appliziert man unter Verwendung eines Spatels Kontrollpaste, auf die Schnittfläche des gegenüberliegenden Blattstiels Wuchsstoffpaste. Dabei ist darauf zu achten, dass eventuell aus der Schnittfläche tretender Xylemsaft vor dem Auftragen der Pasten mit einem Papiertaschentuch aufgesaugt wird. Analog verfährt man mit mehreren, an übereinander liegenden Knoten entspringenden Blattstielen, wobei jeweils der mit IES behandelte Blattstiel zur Kennzeichnung mit einem Bindfaden versehen wird. Während der folgenden Einwirkungszeit der Pasten von etwa vier bis fünf Tagen wird die Buntnessel an einen hellen, 20–25 °C warmen Ort gestellt.

Beobachtung. Die mit Kontrollpaste behandelten Blattstiele lockern sich nach und nach und fallen schließlich ab. Die Blattstiele mit der Wuchsstoffpaste dagegen sitzen auch am Ende der Versuchszeit noch fest an der Sprossachse.

Erklärung. Der Abwurf von Blättern wird durch die Bildung einer kleinzelligen Trennungszone an der Basis der Blattstiele ermöglicht. Sie kommt durch Zellteilungen quer durch die Stielbasis zustande. Die Prozesse, die zur Abscission führen, werden durch ein kompliziertes hormonelles Wechselspiel, insbesondere mit dem gasförmigen Phytohormon Ethylen, korrelativ kontrolliert (vgl. V 11.5.2). Bei ausreichender Versorgung mit IES durch die Blattspreite sind die Zellen der Trennschicht unempfindlich gegenüber Ethylen. Ein Nachlassen der Auxinbildung im Zuge der einsetzenden Blattalterung (Blattseneszenz) lässt die Zellen der Trennschicht sensitiv gegenüber Ethylen werden. Das endogen gebildete Ethylen stimuliert nun die Synthese von hydrolytischen Enzymen (Polygalacturonasen, Cellulasen), die die Mittellamellen und z. T. die Cellulosewände der Trennschicht auflösen. Dadurch wird der Zusammenhalt der Zellen gelockert. Bei mechanischer Beanspruchung trennen sie sich voneinander.

In vergleichbarer Weise wird auch der Abwurf von Blütenblättern, Früchten und – bei manchen Laubgehölzen – auch ganzer Zweige hormonell gesteuert.

Ein Besprühen mit Auxinen in geeigneten Konzentrationen wird in der Landwirtschaft zur Verhinderung eines vorzeitigen Fruchtfalls eingesetzt. Überoptimal hohe Konzentrationen synthetischer Auxine können dagegen den gegenteiligen Effekt, nämlich eine Förderung des Blattfalls bewirken. Hierauf beruht u. a. die Wirkung auxinartiger Herbizide bzw. Entlaubungsmittel (Defolianten), wie 2,4-D (2,4-Dichlorphenoxyessigsäure) und 2,4,5-T (2,4,5-Trichlorphenoxyessigsäure).

V 11.2   Gibberelline

V 11.2.1   Wirkung von Gibberellinen auf das Längenwachstum bei Zwergerbsen

Kurz und knapp. Auch die Gibberelline haben, wie die Auxine und die anderen Phytohormone, vielfältige Wirkungen. Teilweise ähneln sie den durch Auxin verursachten Effekten, z. B. der fördernde Einfluss auf das Streckungswachstum und auf die Cambiumtätigkeit. Eine der auffallendsten Wirkungen der Gibberelline, auf der auch die gängigen Testverfahren basieren, ist die Förderung des Längenwachstums bei Zwergmutanten. Pflanzen mit normalem Längenwachstum werden von Gibberellinen sehr viel weniger oder gar nicht beeinflusst.

Im folgenden Versuch wird bei einer Zwergmutante der Erbse das Längenwachstum durch exogen gebotenes Gibberellin gefördert.

Zeitaufwand. Vorbereitung: 10 min, 24 h Quellungszeit, Durchführung: 10 min für Versuchsansatz, fünf Tage Standzeit, 5–10 min für Auswertung

Material:	trockene Erbsensamen (*Pisum sativum*, Sorte: „Kleine Rheinländerin" oder „Rheinperle", erhältlich in der Samenhandlung)
Geräte:	2 Erlenmeyerkolben (je 100 ml), Messzylinder (50 ml), 4 Blumentöpfe
Chemikalien:	Vermikulit, Gibberellinsäure (GA$_3$), entmin. Wasser

Durchführung. Von insgesamt 100 unbeschädigten, trockenen Erbsensamen gibt man 50 in einen mit 50 ml entmin. Wasser gefüllten Erlenmeyerkolben, die restlichen 50 Erbsen in einen Kolben mit 50 ml einer 0,02 %igen Gibberellinsäure-Lösung (10 mg GA$_3$ in 50 ml entmin. Wasser vollständig lösen). Beide Ansätze werden zur Quellung für etwa 24 h stehen gelassen. Danach pflanzt man die gequollenen Erbsensamen eines jeden Ansatzes in je zwei mit gut befeuchtetem Vermikulit gefüllte Blumentöpfe, die anschließend beschriftet und in eine Wanne gestellt werden, die Leitungswasser mit einer Füllhöhe von 2–3 cm enthält. Nach fünf Tagen, in denen die Pflanzen an einem 20–25 °C warmen, hellen Ort stehen sollten, kann die Auswertung vorgenommen werden.

Beobachtung. Die in gibberellinsäurehaltigem Medium gequollenen Zwergerbsen zeigen im Vergleich zur Kontrolle eine etwa dreifach stärkere Längenzunahme ihrer Sprossachse. Die Knoten sind zwar in gleicher Zahl wie bei den Kontrollpflanzen vorhanden, weisen jedoch durch die gestreckten Zwischenknotenstücke (Internodien) eine deutlich größere Entfernung voneinander auf. Die Wurzeln der Kontrollen und der mit Hormon behandelten Ansätze zeigen keine signifikanten Unterschiede.

Erklärung. Bei Zwergmutanten ist das Längenwachstum genetisch blockiert. Dies hat bei verschiedenen Zwergen verschiedene Ursachen. Es kann einerseits ein Defekt in der Biosynthese der physiologisch aktiven Gibberelline vorliegen. Diese Wachstumshemmung kann, wie im vorliegenden Experiment, durch äußerliche Zugabe von aktivem Gibberellin aufgehoben werden. Die Wachstumssteigerung kann als spezifischer Biotest für Gibberelline verwendet und so die Wirksamkeit einzelner Gibberelline getestet werden. Daneben gibt es aber auch Formen von Zwergwüchsigkeit, die nicht durch äußerlich dargebotenes Gibberellin aufgehoben werden können. Dieser Zwergwuchs beruht auf einem Defekt an einem regulatorischen Protein, das zwischen Gibberellin und der Expression von nachgeschalteten Genen vermittelt, wie dem Gibberellin-Rezeptor.

Bemerkung. Bekannterweise führte Gregor MENDEL (1822–1884) seine grundlegenden Untersuchungen zu Erbgängen mit Erbsenpflanzen durch. Zu den sieben phänotypischen Merkmalen, die von ihm untersucht wurden, zählte auch die Länge der Sprossachse. Nach Kreuzung der elterlichen Phänotypen „hochwüchsig" und „zwergwüchsig" beobachtete MENDEL in der F_1-Generation nur hochwüchsige Pflanzen. In der F_2-Generation traten hochwüchsige und zwergwüchsige Pflanzen etwa im Verhältnis von 3 : 1 auf. Das phänotypische Merkmal „Hochwüchsigkeit" hatte sich somit als dominant gegenüber „Zwergwüchsigkeit" erwiesen.

Für die An- oder Abwesenheit eines Faktors für Hochwüchsigkeit bei Erbsen wurde zu Beginn des 20. Jahrhunderts das Symbol *Le* (*Length*, Länge) eingeführt. Ein Zusammenhang zwischen der Wuchshöhe und Gibberellinen wurde in der Mitte des 20. Jahrhunderts nachgewiesen, da das Sprossachsenwachstum von Zwergerbsen durch eine äußerliche Gabe des pilzlichen Gibberellins GA_3 gesteigert werden konnte. Heute ist bekannt, dass das *Le*-Gen für eine Gibberellin-3β-Hydroxylase codiert. Dieses Enzym konvertiert in hochwüchsigen Erbsenpflanzen das physiologisch inaktive Gibberellin GA_{20} zum physiologisch wirksamen Gibberellin GA_1. Die Aktivität des Enzyms ist bei den Zwergpflanzen durch eine Mutation des *Le*-Gens stark beeinträchtigt.

Das aus Pilzkulturen gewonnene Gibberellin GA_3 (Gibberellinsäure) ist im Chemikalienhandel von mehreren Anbietern erhältlich. Ein kleines Gebinde (z. B. 250 mg zum Preis von ca. € 10,-) genügt für 25 Experimente.

V 11.3 Cytokinine

V 11.3.1 Verzögerung der Blattseneszenz durch Cyto-
kinine

Kurz und knapp. Cytokinine bewirken eine allgemeine Steigerung des Stoffwechsels, vor allem auch der DNA-, RNA- und Proteinsynthese. Dies hat verschiedene Konsequenzen, die auch als Grundlage für biologische Bestimmungsverfahren dienen können. So wird z. B. die Alterung (Seneszenz) von abgeschnittenen Blättern, die äußerlich am Chlorophyllabbau (Vergilbung) zu erkennen ist, durch von außen gebotenes Cytokinin gehemmt. Im folgenden Versuch wird die Seneszenz von Weizenprimärblättern anhand der Blattvergilbung untersucht. Anstelle eines natürlicherweise vorkommenden Cytokinins kommt Kinetin in verschiedenen Konzentrationen zur Anwendung.

Zeitaufwand. Vorbereitung: 15 min, Durchführung: 25 min für Versuchsansatz, Standzeit bis zu einer Woche, 5 min für Auswertung

Material:	8-10 Tage alte Weizenkeimlinge (*Triticum aestivum*)
Geräte:	4 Blumentöpfe, Plastikwanne, Erlenmeyerkolben (2 l) mit passendem Stopfen, Magnetrührer mit Rührfisch, Messzylinder (4 x 50 ml), 5 Petrischalen, Pipetten (3 x 10 ml), Rasierklinge, Analysenwaage
Chemikalien:	Vermikulit (alternativ Blähton-Granulat), Kinetin, evtl. Dimethylsulfoxid (DMSO), entmin. Wasser

Durchführung. Anzucht der Pflanzen: In vier Blumentöpfe, die mit gut befeuchtetem Vermikulit gefüllt sind, pflanzt man jeweils etwa 15 Weizenkörner und platziert die Ansätze in einer mit Leitungswasser gefüllten (2–3 cm Füllhöhe) Plastikwanne für acht bis zehn Tage an einem relativ warmen, hellen Ort. Innerhalb dieser Zeit wird bei Bedarf Wasser nachgefüllt.

Vorbereitung der Lösungen: Zur Herstellung einer 50 mikromolaren (50 μmol · L^{-1}) Kinetin-Stammlösung werden 10,8 mg Kinetin zu 1000 ml (1 l) entmin. Wasser gegeben (Molmasse von Kinetin: 215 g). Da sich Kinetin im Wasser nur schlecht löst, lässt man den Lösungsansatz über Nacht (mindestens acht Stunden) auf einem Magnetrührer mit Rührfisch rühren, wobei der Erlenmeyerkolben mit einem passenden Stopfen verschlossen wird. Die Kinetin-Stammlösung ist im Kühlschrank über mehrere Wochen haltbar. Für den Biotestversuch werden je 20 ml einer 50, 10, 2 und 0,4 mikromolaren (μmol · l^{-1}) Kinetinlösung benötigt. Die verschiedenen Konzentrationen erhält man, indem ausgehend von der Stammlösung schrittweise im Verhältnis 1 : 5 (z. B. 10 ml auf 50 ml) verdünnt wird.

Alternativ kann die Kinetin-Stammlösung rasch hergestellt werden, indem man die entsprechende Menge (10,8 mg) an Kinetin zunächst in 1 ml Dimethylsulfoxid (DMSO) löst und danach mit entmin. Wasser auf 1000 ml auffüllt. Als Kontrollstammlösung dient eine 0,1 %ige DMSO-Lösung (1 ml DMSO mit entmin. Wasser auf 1000 ml bringen).

Biotestansatz: Jeweils 20 ml einer jeden Konzentration füllt man in je eine Petrischale; eine fünfte Petrischale wird mit entmin. Wasser beschickt (Kontrolle). Von den jungen Weizenpflanzen werden mit einer Rasierklinge 25 gut aussehende Primärblätter abgetrennt, aus denen man etwa 1 cm unterhalb der Blattspitze ein Segment von ca. 3 cm ausschneidet. Davon werden jeweils fünf Blattstücke in eine der Petrischalen übertragen. Die abgedeckten und gekennzeichneten Petrischalen werden bei ca. 25 °C im Dunkeln etwa eine Woche lang aufgestellt.

Beobachtung. Je höher die Kinetin-Konzentration der Lösung ist, umso wirksamer wird der Chlorophyllabbau in den Blattstücken verhindert und umso geringer tritt die Vergilbung zutage. Die mit Kinetin behandelten Blattstücke weisen demgemäß entsprechend der Kinetinkonzentration eine Verzögerung der Blattseneszenz auf. Die Blattstücke in der Kontrolle zeigen im Gegensatz zu den mit Kinetin behandelten Blättern starke Vergilbungserscheinungen.

Erklärung. Der Alterungsprozess von Blättern wird sowohl durch äußere als auch innere Faktoren stark beeinflusst. Im Versuch erweisen sich hohe Temperaturen und Dunkelheit als seneszenzbeschleunigend. Kennzeichen der Alterung ist ein sichtbarer Abbau von Chlorophyll, der mit einem Abbau der Proteine in den Blättern einhergeht. Äußerlich applizierte Cytokinine verzögern die Blattalterung, indem sie die Synthese von RNA und Proteinen fördern und ihren Abbau hemmen. Befindet sich ein mit Kinetin behandeltes Blatt noch am Spross, so werden Stoffe wie Aminosäuren, Zucker, Phosphate u. a. aus dem Sprosssystem über die Leitbündel in die behandelten Blätter verlagert. Eine besondere Rolle könnte der cytokininabhängigen Förderung einer im Zellwandbereich lokalisierten Invertase zukommen, die im Phloem antransportierte Saccharose in Glucose und Fructose spaltet. Diese Hexosen können über ebenfalls induzierte Transportproteine in Zellen eingeschleust und verstoffwechselt werden. Die behandelten Blätter wandeln sich unter dem Einfluss der Cytokinine von stoffexportierenden Quellen (Sources) zu stoffimportierenden Senken (Sinks).

Bemerkung. Diesen Grundversuch kann man auf verschiedene Weise variieren. Z. B. kann man die eine Hälfte eines Blattes mit Kinetin behandeln, die andere nicht. Dann vergilbt die unbehandelte Spreitenhälfte im Dunkeln, während die behandelte viel länger grün bleibt.

Befindet sich ein mit Kinetin behandeltes Blatt noch am Spross, dann werden Stoffe aus dem Sprosssystem über den Blattstiel in das behandelte Blatt überführt. Die verstärkte biosynthetische Aktivität cytokininreicher Orte macht diese zu Attraktionszentren (Sinks), zu denen sich Aminosäuren, Phosphate u. a. hinbewegen. Aber die einmal eingeströmten Stoffe werden in den kinetinbehandelten Bereichen auch zurückbehalten: Zur Attraktion kommt die Retention.

Im Blumenhandel werden die Cytokinineffekte genutzt, um Schnittblumen länger frisch zu halten. Auch Gemüse und Früchte altern durch Besprühen mit Cytokininen langsamer, jedoch ist ein derartiges Verfahren in vielen Ländern nicht zugelassen.

Alternativ zu Kinetin (= 6-Furfurylaminopurin, 6-Furfuryladenin) kann auch das 6-Benzylaminopurin (= 6-Benzyladenin) verwendet werden. Kleine Gebinde beider Cytokinine reichen für viele Experimente aus und können zu erschwinglichen Preisen im Chemikalienhandel erworben werden (z. B. 1 g für ca. € 15,-).

V 11.3.2 Der Kotyledonen-Biotest

Kurz und knapp. Dieser für Cytokinine spezifische Biotest beruht auf der Förderung des Streckungswachstums und der damit verbundenen Gewichtszunahme der Keimblätter dikotyler Pflanzen.

Zeitaufwand. Vorbereitung: 15 min, Durchführung: 20 min für Versuchsansatz, drei bis fünf Tage Standzeit, 10 min für Auswertung

Material:	4 Tage alte, etiolierte Keimlinge der Sonnenblume (*Helianthus annuus*) oder der Gurke (*Cucumis sativus*)
Geräte:	5 Blumentöpfe, Plastikwanne, evtl. Dunkelsturz, Erlenmeyerkolben (2 l) mit passendem Stopfen, Magnetrührer mit Rührfisch, Messzylinder (4 x 50 ml), Pipetten (3 x 10 ml), Rasierklinge, Analysenwaage, Becherglas (200 ml), 5 Petrischalen
Chemikalien:	Vermikulit (alternativ Blähton-Granulat), Kinetin, evtl. Dimethylsulfoxid (DMSO), entmin. Wasser

Durchführung. Anzucht der Keimlinge: In jeden der fünf Blumentöpfe, die zunächst mit gut befeuchtetem Vermikulit (oder Gartenerde) gefüllt werden, pflanzt man sechs intakte Sonnenblumen- oder Gurkensamen. Danach platziert man die Töpfe in eine Plastikwanne mit Wasser (Füllhöhe 2–3 cm) und stülpt einen Dunkelsturz (ca. 40 cm Höhe) in ausreichender Größe über die Ansätze oder stellt die Wanne mit den Töpfen in einen Schrank, der völlig dunkel ist.

Nach ca. vier Tagen stehen die etiolierten Keimlinge für den Versuch zur Verfügung.

Vorbereitung der Lösungen: Die Herstellung der Lösungen erfolgt wie in V 11.3.1 beschrieben.

Biotest: Fünf Petrischalen werden jeweils mit 20 ml einer 50, 10, 2 und 0,4 mikromolaren (μmol · l^{-1}) Kinetinlösung bzw. mit entmin. Wasser (Kontrolle) beschickt. Von den etiolierten Keimlingen werden mit einer Rasierklinge die Keimblätter an der Blattbasis abgetrennt und in ein mit Leitungswasser hinreichend angefülltes 200-ml-Becherglas überführt. Anschließend bestimmt man jeweils von fünf Keimblättern das Gesamtgewicht, wobei diese mit einem Papiertuch gründlich abgetupft und dann auf ein zuvor austariertes, trockenes Wägegläschen gelegt werden. Nachdem das Gewicht und die Markierung der vorbereiteten Petrischale notiert wurden, werden die fünf Keimblätter mit genügend Abstand voneinander in die Petrischale gelegt. Wenn jeder Petrischale fünf Keimblätter zugeführt worden sind, setzt man den Schalendeckel auf und lässt die Ansätze drei bis fünf Tage im Dunkeln. Nach dieser Frist wird wiederum für jeden Petrischalenansatz das Gesamtgewicht der fünf Keimblätter bestimmt und die Gewichtszunahme während der Einlagezeit im Vergleich zum Kontrollansatz berechnet.

Beobachtung. Mit zunehmender Kinetin-Konzentration findet eine Zunahme des Gewichts und der Größe der Keimblätter statt.

Erklärung. Da das Trockengewicht der Keimblätter durch die Cytokininbehandlung gegenüber der Kontrolle weitgehend unverändert bleibt, beruht die Gewichtszunahme ganz überwiegend auf Wassereinlagerung infolge eines gesteigerten Streckungswachstums. Dieses wird durch eine Erhöhung der plastischen Dehnbarkeit der Zellwände ermöglicht. Teilungsvorgänge spielen offenbar eine untergeordnete Rolle. Im Gegensatz zum auxininduzierten Streckungswachstum (s. V 11.1.1) ist die Zellwandlockerung unter dem Einfluss von Cytokininen nicht von einer verstärkten Ansäuerung der Zellwand begleitet.

V 11.4 Abscisinsäure

V 11.4.1 Hemmung der Samenkeimung durch Abscisinsäure

Kurz und knapp. Abscisinsäure (ABS) liegt in ruhenden (dormanten) Samen in erhöhten Konzentrationen vor und verhindert deren vorzeitiges Auskeimen. In Früchten erfolgt die Hemmung der vorzeitigen Samenkeimung durch die Anreicherung von ABS im Embryo bei gleichzeitiger Anwesenheit osmotisch wirksamer Substanzen im Fruchtfleisch. Im folgenden Versuch soll die Wirkung der ABS auf die Keimung von Kressesamen untersucht werden.

Zeitaufwand. Durchführung: 25 min für Versuchsansatz, zwei bis drei Tage Wartezeit, 10 min für Auswertung

Material:	Kressesamen (*Lepidum sativum*)
Geräte:	2 Messzylinder (100 ml), Pipette (10 ml), 3 Petrischalen, Filterpapier, Waage
Chemikalien:	Abscisinsäure, Ethanol (96 %ig), entmin. Wasser

Durchführung. Zur Herstellung einer 0,005 %igen ABS-Lösung werden 5 mg ABS zunächst in 1 ml Ethanol gelöst und dann mit entmin. Wasser auf 100 ml aufgefüllt; durch Verdünnung mit entmin. Wasser im Verhältnis 1 : 10 (10 ml auf 100 ml) stellt man daraus zusätzlich eine 0,0005 %ige ABS-Lösung her. Drei Petrischalen werden mit je vier Lagen Filterpapier ausgelegt. Eine Petrischaleneinlage wird mit Wasser gut befeuchtet, während die beiden anderen jeweils mit einer der beiden ABS-Lösungen getränkt werden. In alle drei Petrischalen streut man eine Schicht Kressesamen aus, setzt die Deckel auf und stellt die Ansätze an einem hellen Ort auf.

Die Keimungsrate kann nach zwei Tagen bestimmt werden. Hierbei gelten Samen, bei denen die Testa geplatzt und die Keimwurzelspitze zu sehen ist, als gekeimt.

Beobachtung. Im Ansatz mit entmin. Wasser sind nach zwei Tagen nahezu alle Kressesamen gekeimt; mit einer 0,0005 %igen ABS-Lösung wird bereits eine deutliche und mit einer 0,005 %igen ABS-Lösung eine sehr starke Keimungshemmung sichtbar.

Erklärung. Abscisinsäure ist an der Aufrechterhaltung der Samenruhe (Dormanz) beteiligt (vgl. Abschnitt 12.2), woher auch die ältere Bezeichnung Dormin für dieses Phytohormon rührt. Dormante Samen enthalten erhöhte Konzentrationen an ABS und keimen auch in Gegenwart von Wasser und anderen für die Keimung erforderlichen, physikalischen und chemischen Faktoren nicht. Bei keimungsbereiten Samen, wie bei den Samen der Kresse, kann eine äußerliche Gabe von ABS die ansonsten nach der Quellung rasch eintretende Keimung verhindern oder zumindest verzögern. Dies scheint u. a. auf einer Hemmung zellwandlockernder Enzyme zu beruhen, die einen Durchbruch der Keimwurzel durch die Samenschale (Testa) ermöglichen. ABS wirkt als Antagonist zu den Gibberellinen, die in vielen Fällen die Keimruhe zu brechen vermögen.

Bemerkung. Abscisinsäure ist als chemische Reinsubstanz leider nur deutlich teurer zu erwerben als die weiter oben genannten Auxine, Gibberelline und Cytokinine. Falls aus Kostengründen keine ABS beschafft werden kann, lässt sich alternativ ein ähnlicher Versuch mit ABS-enthaltenden Pflanzenteilen durchführen (vgl. V 12.4.2).

V 11.5   Ethylen

V 11.5.1 Ethylen-Biotest: Dreifach-Reaktion

Kurz und knapp. Ein sehr spezifischer Biotest auf die Anwesenheit des gasförmigen Phytohormons Ethylen ist die sogenannte Dreifach-Reaktion (engl.: Triple Response). Etiolierte Keimlinge reagieren schon bei niedrigen Ethylenkonzentrationen mit Hemmung des Längenwachstums, Steigerung des Dickenwachstums und Verlust des gravitropischen Reaktionsvermögens. Als Ethylenquelle können Apfelstücke verwendet werden. Alternde oder verwundete Früchte mancher Pflanzen scheiden erhebliche Mengen an Ethylen aus. Dies lässt sich nachweisen, indem man etiolierte Erbsenkeimlinge mit Apfelstücken in einem geschlossenen Einmachglas hält.

Zeitaufwand. Durchführung: 5 min für Versuchsansatz, drei bis vier Tage Wartezeit, 5 min für qualitative Auswertung

Material:	3–4 Tage alte Erbsenkeimlinge (*Pisum sativum*), reifer Apfel
Geräte:	2 Einmachgläser mit Gummidichtung und Verschlussmechanismus, Dunkelsturz (z. B. dicht geschlossene Holz- oder Pappkiste)
Chemikalien:	Vermikulit (alternativ Blähton-Granulat) oder Gartenerde

Durchführung. Anzucht der Keimpflanzen: Zwei Einmachgläser werden etwa zur Hälfte mit Vermikulit (oder Gartenerde) befüllt, das gründlich befeuchtet wird. Die beiden Gläser werden jeweils mit fünf Erbsensamen bepflanzt, im offenen Zustand für drei bis vier Tage dunkel gestellt (Dunkelsturz oder Schrank) und bei Bedarf mit Leitungswasser begossen.

Versuchsansatz: Man begießt bei möglichst schwacher Beleuchtung die Erbsenkeimlinge nochmals und legt in eines der beiden Einmachgläser einige Apfelstücke (ca. 2 cm³ groß) zwischen die Keimpflanzen. Danach verschließt man beide Gläser, wobei man zur Abdichtung Gummiring und Verschlussmechanismus benutzt. Nach weiteren drei bis vier Tagen unter dem Dunkelsturz kann die Auswertung stattfinden.

Beobachtung. Die etiolierten Erbsenpflanzen im Kontrollansatz nehmen stark an Länge zu und zeigen eine aufrechte (negativ gravitrope, s. Abschnitt 13.2) Orientierung ihrer Sprossachse. Die Pflanzen des Ansatzes mit Apfelstücken zeigen im Vergleich zu den Kontrollpflanzen drei auffällige Veränderungen: ein wesentlich geringeres Längenwachstum, eine deutliche Verdickung der Sprossachse und eine Krümmung des Sprosses (agravitropes Verhalten).

Erklärung. Der hier beschriebene Biotest lehnt sich an die Untersuchungen von Dimitri NELJUBOV an, die zur Entdeckung von Ethylen als Phytohormon geführt haben. Der Biotest ist spezifisch für Ethylen und sehr sensitiv. Konzentrationen > 0,1 µl/l lösen eine deutliche Reaktion bei etiolierten Keimlingen aus. Licht, perzipiert über das Phytochromsystem, verhindert oder reduziert dagegen die Dreifach-Reaktion. Bei den drei an den Erbsenpflanzen beobachteten Phänomenen handelt es sich um typische, meist gemeinsam auftretende Auswirkungen, die sich bei einer Pflanze aufgrund erhöhter Ethylenkonzentration bemerkbar machen. Die Hemmung des Längenwachstums basiert vermutlich auf der durch Ethylen bewirkten Verlangsamung der Gibberellin- und IES-Synthese sowie des IES-Transports. Die Verdickung der Sprossachse ist darauf zurückzuführen, dass unter Ethyleneinwirkung die neu abgelagerten Fibrillen der Zellwand vorwiegend in Richtung der Zelllängsachse ausgerichtet werden, wodurch sich die Zellen vor allem seitlich ausweiten können.

In der Natur wird die Dreifach-Reaktion dann ausgelöst, wenn ein im Boden wachsender Keimling an ein Hindernis, wie z. B. einen Stein, stößt. Der Keimling reagiert auf den mechanischen Widerstand mit einer Steigerung der Ethylenproduktion. Die folgenden morphologischen Veränderungen haben vermutlich die Funktion, ein Wegdrücken bzw. Umwachsen des Hindernisses zu ermöglichen. Als Ethylenquelle dienen reife Äpfel. Auch die Verwundung der Äpfel steigert die Ethylenproduktion. Der skizzierte Versuch leistet also zweierlei: Er führt die Dreifach-Reaktion als in der Forschung noch immer verwendeten Biotest ein und weist gleichzeitig nach, dass reifende Äpfel Ethylen emittieren.

Bemerkung. Die quantitative Auswertung der Proben kann mithilfe eines Lineals bzw. einer Schieblehre erfolgen, wobei die Länge und Breite der Internodien des Epikotyls (s. Abschnitt 12.3) gemessen werden. Weiterhin lassen sich mit dem Lichtmikroskop und einem Okularmikrometer an Querschnitten die Zelldimensionen in der Mitte der Internodien ausmessen.

V 11.5.2 Förderung des Blattfalls durch Ethylen

Kurz und knapp. Der Abwurf (Abscission) von Blättern und Früchten ist ein aktiver, durch Umweltfaktoren beeinflussbarer Entwicklungsprozess, der einer komplexen Kontrolle durch Hormone unterliegt und daher auch experimentell durch Hormonbehandlung gesteuert werden kann. Eine besonders wirksame Substanz zur Auslösung der Abscission ist Ethylen, während Indol-3-essigsäure (IES, s. V 11.1.4) und Cytokinine hemmend wirken. Im folgenden Versuch soll die Förderung des Abwurfs von Laub- und Blütenblättern durch Ethylen demonstriert werden, wobei als Ethylenquelle reife Äpfel dienen.

Zeitaufwand. Durchführung: 10 min für Versuchsansatz, vier bis sechs Tage Standzeit, 5 min für Auswertung

Material:	2 blühende Rosenzweige (*Rosa* spec.) mit Blättern, 3 reife Äpfel
Geräte:	2 Glasglocken (oder 2 Exsikkatoren), 2 hochrandige Bechergläser oder Blumenvasen, Kunststofftablett
Chemikalien:	Vaseline

Durchführung. Zwei hochrandige Bechergläser oder Blumenvasen mit Leitungswasser und je einem blühenden Rosenzweig werden nebeneinander auf ein Kunststofftablett gestellt. Zu einem der beiden Ansätze legt man zusätzlich drei reife, in zwei Hälften geschnittene Äpfel. Die beiden Ansätze werden jeweils mit einer Glasglocke bedeckt, deren Kanten zuvor zur Abdichtung dick mit Vaseline eingerieben wurden. Den Versuch lässt man von direkter Sonneneinstrahlung geschützt vier bis fünf Tage stehen.

Beobachtung. Nach der Wartezeit sind im Ansatz mit den reifen, halbierten Äpfeln alle oder doch die meisten Blütenblätter der Rose abgefallen. Auch die Laubblätter sind abgefallen bzw. lassen sich mit geringem Kraftaufwand von dem Stängel lösen. Im Kontrollansatz ohne Äpfel sitzen Blüten- und Laubblätter dagegen noch fest dem Stängel an.

Erklärung. Die Abscission verläuft bei Früchten und Blättern in prinzipiell ähnlicher Weise. In vorgegebenen Organzonen wird ein Trenngewebe angelegt. Unter dem Einfluss von Ethylen kommt es zur Synthese von Polygalacturonasen und anderen Enzymen, die die pektinreichen Mittellamellen der Zellwände auflösen. Da die Zellen eines Gewebes über diesen äußersten Bereich der Zellwand gleichsam miteinander verklebt sind, löst sich der Gewebsverband lokal auf. Die so entstehende Bruchzone setzt mechanischen Kräften nur noch einen geringen Widerstand entgegen und erlaubt daher einen spontanen Abfall.

Bemerkung. In der Landwirtschaft werden ethylenfreisetzende Präparate häufig zur Erzeugung einer niedrigen Bruchfestigkeit von Fruchtstielen vor einer mechanischen Ernte (z. B. bei Baumwolle) eingesetzt. Hier ist insbesondere die 2-Chlorethyl-phosphonsäure (Trivialname: Ethephon) zu erwähnen, die die wirksame Komponente in zahlreichen Handelspräparaten (z. B. Ethrel®) ist. Nach Aufnahme über die Wurzel zerfällt Ethephon in Ethylen sowie in Phosphat- und Chlorid-Ionen.

Beim Handel mit Schnittblumen soll umgekehrt der vorzeitige Abwurf der Blütenblätter verhindert werden. Dies gelingt durch eine Hemmung der Ethylenbiosynthese oder der Weiterleitung des Ethylensignals. Als besonders wirksamer Hemmstoff hat sich 1-Methylcyclopropen (1-MCP, Handelsname: EthylBloc®) erwiesen. Diese gasförmige Substanz bindet nahezu irreversibel an den Ethylenrezeptor und verhindert die Ethylenantwort trotz unbeeinträchtigter Biosynthese des Phytohormons.

V 11.5.3 Förderung der Fruchtreifung durch Ethylen

Kurz und knapp. Bei Früchten mit einer klimakterischen Reifung werden die letzten Schritte des Reifungsprozesses mit einem dramatischen Anstieg der Ethylenproduktion eingeleitet. Unter dem Einfluss von Ethylen kommt es bei fleischigen Früchten zu einer Umfärbung, Erweichung und geschmacklichen Veränderung. Dies erhöht die Attraktivität der Früchte für tierische Fruchtfresser und dient somit der Verbreitung der in den Früchten enthaltenen Samen. Im folgenden Versuch soll die Förderung der Reifung einer unreifen Frucht durch Ethylen demonstriert werden, wobei wiederum reife klimakterische Früchte wie Äpfel oder Bananen als Ethylenquelle dienen. Da die Fruchtreifung mit einem Abbau von Reservekohlenhydraten wie Stärke einhergeht, kann das Vorhandensein von Stärke als Maß für den Reifegrad genutzt werden.

Material:	1 reife Banane oder 1 reifer Apfel, 3 unreife, harte Äpfel oder Birnen
Geräte:	2 dicht schließende Kunststoffboxen (Haushaltsboxen, alte Eiscreme-Packungen etc.), Messer, Petrischale
Chemikalien:	Iodkaliumiodid-Lösung (Lugolsche Lösung, s. V 1.3.2)

Durchführung. Man beschafft sich drei gleichmäßig unreife und noch harte Äpfel oder Birnen. Vor Versuchsbeginn überzeugt man sich vom Reifungsgrad der Früchte, indem man eine quer in der Mitte durchschneidet und mit der Anschnittstelle in eine flache Schale (z. B. Petrischale) legt, in die zuvor etwas Iodkaliumiodid-Lösung gegeben wurde. Die Frucht soll mit der Anschnittstelle in die Iodkaliumiodid-Lösung eintauchen. Nach einer Minute wird das Fruchtstück wieder der Lösung entnommen und kurz unter fließendem Wasser abgespült. Bei Anwesenheit von Stärke tritt eine blau-schwarze Färbung infolge der Iod-Stärke-Reaktion ein (s. V 1.3.2). Im Querschnitt der Frucht sollte eine deutliche Iod-Stärke-Reaktion zu beobachten sein, sonst ist der Reifungsprozess bereits zu weit fortgeschritten.

Zum Versuch gibt man nun von den beiden verbliebenen unreifen Früchten je eine in ein Kunststoffbehältnis. Zu der einen Frucht wird als Ethylenquelle noch ein vollreifer Apfel bzw. eine vollreife Banane gegeben. Dann werden beide Behältnisse dicht verschlossen. Nach einer Woche Wartezeit entnimmt man die Früchte und führt an ihnen ein Stärkenachweis, wie oben beschrieben, durch. Die Intensität der Iod-Stärke-Reaktion beider Früchte wird verglichen.

Die unausgereifte Frucht, die zusammen mit der vollreifen Frucht aufbewahrt wurde, weist eine schwächere Iod-Stärke-Reaktion auf.

Erklärung. Früchte, die von Tieren und Menschen verzehrt werden, signalisieren ihre Reifung durch eine Reihe von optischen, geschmacklichen und geruchlichen Merkmalen. Hierzu gehören (1) die Umfärbung der Früchte mithilfe auffälliger Pigmente wie Carotinoide und Anthocyane, (2) die Erweichung der Früchte durch Abbau der pektinreichen Mittellamellen der Zellwände, (3) eine geschmackliche Verbesserung einerseits durch den Abbau giftiger oder unangenehm schmeckender Stoffe (Phenole, Alkaloide, Säuren), (4) andererseits durch den Abbau von Reservekohlenhydraten zu süß schmeckenden Mono- und Disacchariden sowie (5) gegebenenfalls die Bildung flüchtiger Duftstoffe. Die Reifung der Früchte korrespondiert mit der Reifung der in ihnen enthaltenen Samen, die die Passage durch den tierischen Verdauungstrakt überstehen und so verbreitet werden können (Zoochorie). Diese Reifungsprozesse werden in Früchten mit klimakterischem Stoffwechsel durch einen dramatischen Anstieg der Ethylenbildung eingeleitet bzw. können durch äußerliche Gabe von Ethylen angestoßen werden.

Im Gegensatz zum Blattabwurf verläuft die Fruchtreifung graduell und ist in ihrem Fortschritt schwerer einzuschätzen. Der hydrolytische Abbau von Reservestärke ist ein mögliches Maß des Reifungsgrades einer Frucht. Als Versuchsobjekte eignen sich Äpfel und insbesondere Birnen, die häufig in einem noch recht unreifen Zustand in den Handel kommen. Man sollte sich vor Versuchsbeginn anhand des Stärkenachweises rückversichern, ob der Reifungsprozess nicht schon zu weit fortgeschritten ist. Unreife Äpfel und Birnen weisen besonders im Randbereich der Frucht deutliche Stärkeeinlagerungen auf. Der Stärkeabbau schreitet im Zuge der Fruchtreifung vom Inneren der Frucht nach außen voran.

In den Sommermonaten eigenen sich auch unreife grüne Tomaten aus dem Hausgarten für den skizzierten Versuch, wobei anstelle des Stärkeabbaus die Umfärbung der Frucht von grün nach rot als Maß für die Reifung verwendet werden kann.

Bemerkung. Der häufig lange Transportweg von Früchten vom Erzeugungsland bis zum Verbraucher sowie die optimale Vermarktung der Früchte erfordern eine genaue Kontrolle der Fruchtreifung. Während des Transports wird die Reifung der Früchte durch Kühlung, kontinuierliche Entfernung des Ethylens oder durch Gabe von Hemmstoffen verzögert. So hemmt eine Begasung mit hohen Konzentrationen (5–10 %) von CO_2 die Fruchtreifung. Ein neuerer Hemmstoff ist 1-Methylcyclopropen (1-MCP, s. Bemerkung zu V 11.5.2). Vor der Vermarktung der Früchte kann eine gezielte Begasung mit Ethylen dagegen die Reifungsprozesse anstoßen.

12 Samenbau und Samenkeimung

A   Theoretische Grundlagen

12.1 Einleitung

Die Samenpflanzen (Abteilung Spermatophyta) bilden mit mehr als 250.000 Arten die Hauptmasse der Landvegetation, wobei die Bedecktsamer (Angiospermae = Magnoliophytina) die weitaus umfangreichste Entwicklungsgruppe repräsentieren, während die rezenten Vertreter der Nacktsamer (Gymnospermae mit den Klassen Cycadopsida [Palmfarne], Ginkgopsida [Ginkgo] und Coniferopsida [Nadelbäume]) nur etwa 800 Arten umfassen. Das Hauptmerkmal dieser größten und wichtigsten Abteilung des Pflanzenreichs ist die Ausbildung von Samen. Der Same dient der Vermehrung, Überdauerung und Verbreitung Höherer Pflanzen. Ursprünglich bildete der Same für sich allein das grundlegende Ausbreitungsorgan der Samenpflanzen. Später in der Evolution der Spermatophyta wurden die Samen allerdings oft mit anderen Organen der Mutterpflanze verbunden; dadurch konnten zusammengesetzte Ausbreitungseinheiten, nämlich Früchte, entstehen. Früchte bestehen aus Blütenteilen, Blüten oder Blütenständen im Zustand der Reifung; sie geben die Samen frei oder fallen mit ihnen ab.

12.2 Bau und Entwicklung der Samen

Der Same ist ein aus einer Samenanlage entstandenes Verbreitungsorgan, das einen vorübergehend ruhenden Embryo enthält, der von einer Samenschale (Testa) umgeben ist und häufig noch ein besonderes Nährgewebe besitzt (Abbildung 12.1 und Abbildung 12.2). Der Embryo ist die aus der befruchteten Eizelle hervorgegangene junge, unentwickelte Pflanze. Diese besteht aus dem Keimstängel (Hypokotyl), dem ein, zwei oder mehrere Keimblätter (Kotyledonen) anliegen. Das Hypokotyl geht unten in die Keimwurzel (Radicula) über und schließt an seinem oberen Ende mit der Sprossknospe (Plumula) ab. Das von der Mutterpflanze mitgelieferte Nährgewebe hat die Funktion, den sich entwickelnden Embryo bis zur Ausbildung des Photosyntheseapparats mit organischen Substanzen und Ionen zu versorgen. Das Nährgewebe ist entweder intraembryonal, und dann meist in den Keimblättern eingelagert, oder extraembryonal als Endosperm (aus Embryosack) oder als Perisperm (aus Nucel-

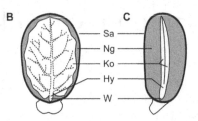

Abbildung 12.1 Same und Embryo von *Ricinus communis*. A Same in Außenansicht, B Same (parallel zu den Flachseiten geöffnet) mit Embryo, C Same auf einem senkrecht zu den Flachseiten geführten Längsschnitt. Hy Hypokotyl (Keimstängel unterhalb der Kotyledonen), Ko Kotyledone(n) (Keimblatt/-blätter), Ng Nährgewebe, Sa Samenschale (Testa), W Keimwurzel (Radicula)

lus = Gewebekern der Samenanlage) entstanden (Abbildung 12.2). Die wichtigsten Speicherstoffe sind Proteine, Kohlenhydrate (vor allem Stärke) und Fette. Daneben dient Phytin (K^+-, Mg^{2+}-, Ca^{2+}-Salz der Phytinsäure) als Phosphat- und Ionenspeicher. Embryo und Nährgewebe sind von einer Schutzhülle umgeben. Diese besteht bei den meisten Samenpflanzen aus der Samenschale, die aus den Integumenten (Hüllen der Samenanlagen) hervorgegangen ist. Bei Gräsern (Poaceae, syn. Gramineae) und Korbblütlern (Asteraceae, syn. Compositae) sind Samenschale und Fruchtwand (Perikarp) verwachsen bzw. dicht aneinandergelagert. Es liegen in diesen Fällen anatomisch betrachtet nicht Samen, sondern Früchte vor (Karyopsen bei Gräsern, Achänen bei Korbblütlern). Die Abbruchstelle des Samens von der Placenta bzw. von dem Funiculus (Stielchen der Samenanlage) heißt Samennabel oder Hilum; sie ist durch eine Korkschicht gekennzeichnet. Gewöhnlich bleibt die Stelle der Mikropyle (Zugang zum Nucellus der Samenanlage) dünner, um das Hervortreten der Wurzelanlage bei der Keimung zu erleichtern.

Von besonders großer ökonomischer Bedeutung sind die Getreidearten Weizen, Reis, Mais, Hirse, Gerste, Hafer und Roggen. Diese zu den Gräsern zählenden Pflanzen gehören in die Gruppe der Monokotyledonen (Einkeimblättrige Bedecktsamer). Getreidekörner (Gräserkaryopsen) zeigen einen ganz besonderen Bau. Der Embryo des Getreidekorns liegt dem mächtigen Endosperm (Nährgewebe), das vor allem aus Stärke besteht, seitlich an; eine aus Fruchtwand und Samenschale bestehende Schutzhülle umschließt die empfindlichen Gewebe des Getreidekorns (Abbildung 12.2 D). Unterhalb der Samenschale liegt ein aus zwei bis drei Zelllagen bestehendes proteinreiches Gewebe, die Aleuronschicht. Die Zellen des Embryos und der Aleuronschicht leben, während das übrige Endosperm aus toten, mit Stärkekörnern ausgefüllten Zellen besteht. Der Grasembryo zeigt eine spezielle Anatomie (Abbildung 12.2 D). Der Sprossvegetationspunkt ist vom Primärblatt umschlossen; dieses ist wiederum von einem röhrenförmigen, oben verschlossenen Organ, der Koleoptile, umhüllt. Die Keimwurzel ist ebenfalls von einer Hülle, der Koleorrhiza, um-

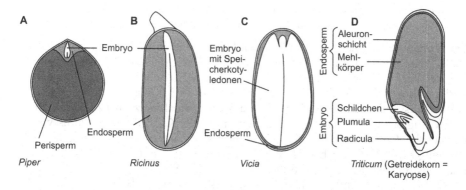

Abbildung 12.2 Nährstoffspeicherung bei Samen. A im Perisperm, Bsp. Pfeffer (*Piper nigrum*); B im Endosperm, Bsp. *Ricinus communis*; C in den Kotyledonen, Bsp. Pferdebohne (*Vicia faba*); D Getreidekorn (Karyopse) Nährstoffspeicherung im Endosperm, Bsp. Weizen (*Triticum aestivum*)

schlossen. Zwischen Embryo und Endosperm liegt ein Gewebe, das als Scutellum (Schildchen) bezeichnet wird und als Saugorgan fungiert. Diese lebenden Zellen absorbieren die bei der Keimung gebildeten Hydrolyseprodukte der Stärke und führen sie dem wachsenden Embryo zu. Das Scutellum hat somit die Funktion, den Embryo zu ernähren und wird daher als das Keimblatt des Gräserembryos angesehen.

Meist ist der heranwachsende Embryo von Nährgewebe umgeben (Abbildung 12.2). Bei den Gymnospermen besteht dieses Nährgewebe vor allem aus dem schon vor der Befruchtung gebildeten weiblichen Prothallium: primäres (haploides) Endosperm. Bei den Angiospermen entsteht demgegenüber durch eine sogenannte doppelte Befruchtung ein sekundäres (triploides) Endosperm. Im Pollenschlauch werden zwei Spermazellen gebildet. Bei der Befruchtung dringt der Pollenschlauch durch Narbe, Griffel, Mikropyle und Nucellus in den Embryosack ein. Sobald der Pollenschlauch den Embryosack erreicht hat, entleert er die beiden Spermazellen in den Embryosack. Während die eine Spermazelle mit der Eizelle zur Zygote verschmilzt, wandert die zweite zum diploiden sekundären Embryosackkern und verschmilzt mit diesem zu einem triploiden Endospermkern. Aus diesem und dem Plasma des Embryosacks entwickelt sich dann das triploide Endosperm. In manchen Pflanzen wächst das Endosperm unter Speicherstoffeinlagerung stark heran und wird erst nach der Keimung als Nährgewebe abgebaut (Samen mit Endospermspeicherung: z. B. bei Rizinus, Cocospalme und den Karyopsen der Gräser). Bei den meisten dikotylen Pflanzen üben Endosperm und Nucellus die Funktion als Nährgewebe jedoch nur vorübergehend während der frühen Embryonalentwicklung aus und werden anschließend aufgelöst. In Abwesenheit eines dauerhaften extraembryonalen Nährgewebes erfolgt die Speicherstoffeinlagerung im Embryo selbst, vor allem in den Kotyledonen (z. B. Fabaceen und Brassicaceen). Samen ohne

Nährstoffreserven findet man z. B. bei den Orchideen. Sie sind bei der Keimung auf eine Symbiose mit Mykorrhiza-Pilzen angewiesen.

Die Vorgänge zur Bildung des ruhenden Samens lassen sich in eine frühe und späte Phase gliedern. In der frühen Phase entwickelt sich ein vielzelliger Embryo mit Wurzel, Spross und Kotyledonen. Nach Erreichen des Kotyledonenstadiums hören die Zellteilungen auf; von nun an ist das Wachstum der Samenanlagen ausschließlich auf Volumen- und Massenzunahme zurückzuführen. Bei vielen Angiospermen besitzen die Embryonen des Kotyledonenstadiums vollentwickelte Chloroplasten. Die späte Phase der Samen- und Embryonalentwicklung kann weiterhin bei dikotylen Pflanzen in eine Reife-, Postabscissions- und Austrocknungsphase unterteilt werden. Die Phasen unterscheiden sich physiologisch und hinsichtlich der Genexpressionsmuster. Besonders gut sind die Vorgänge bei der Baumwolle (*Gossypium*) und neuerdings bei *Arabidopsis* untersucht. In der Reifephase erreicht der Embryo seine maximale Größe. Schon in der letzten Hälfte des Kotyledonenstadiums sinkt der Wassergehalt des Embryos. Dieser Wasserverlust setzt sich fort, bis er in der Mitte der Reifephase ein Plateau erreicht. Das Absinken des Wasserpotenzials geht mit einem Anstieg des Abscisinsäurespiegels einher (s. Abschnitt 11.5). Typisch für die Reifephase ist ferner die massive Synthese von Speicherstoffen. Mit der physikalischen oder zumindest funktionellen Unterbrechung der Verbindung zwischen Samenanlage und Mutterpflanze über den Funiculus endet die Reifephase des Samens, und es beginnt die Postabscissionsphase. Bei Angiospermen mit grünen Embryonen wird jetzt das Chlorophyll abgebaut, die Integumente werden braun und beginnen zu verhärten. Die Synthese der Speicherproteine wird beendet, dagegen steigt die Synthese spezifischer glycinreicher, hydrophiler Proteine an. Aufgrund ihrer massiven Bildung während der späten Samenreifung werden sie auch LEA-Proteine (engl.: Late Embryogenesis Abundant) genannt. Ihr Vorkommen beschränkt sich jedoch nicht auf den Samen, vielmehr dienen sie allgemein einer erhöhten Austrocknungstoleranz pflanzlicher Zellen. Die Austrocknungsphase ist schließlich die letzte Phase der Samenentwicklung. In der Austrocknungsphase verliert der Same Wasser, bis der maximale Austrocknungsgrad erreicht ist. Seine Genaktivitäten sind nunmehr völlig abgeschaltet, die Stoffwechselaktivität wird auf ein Minimum reduziert und die Samenschale ist ausdifferenziert. Der Embryo tritt in ein Ruhestadium ein und kann lange Zeiträume unbeschadet überstehen, bis die Bedingungen für eine Keimung günstig sind. Den zeitlich befristeten Ruhezustand eines Samens bezeichnet man auch als Dormanz. Primär wird die Dormanz des Embryos durch das Phytohormon Abscisinsäure (s. Abschnitt 11.5) in der späten Phase der Samenentwicklung induziert.

Während der Ausbildung der Samen bilden sich die Fruchtblätter, oft auch andere Blütenteile, zur Frucht um. Sie umschließt die Samen wenigstens bis zu deren Reife und kann auch zu deren Verbreitung dienen. Die funktionelle Verbreitungseinheit bezeichnet man als Diaspore; es kann dies der einzelne Same, eine Teilfrucht, die ganze Frucht oder auch ein Fruchtstand sein. Bleibt die Bestäubung aus, werden die Blüten in aller Regel abgestoßen; erfolgt sie aber, so welken zwar die Blüten- und Staubblätter, aber die Fruchtentwicklung setzt ein. Für die erste Phase des Fruchtwachstums (Fruchtansatz) genügt in den meisten Fällen bereits die Bestäubung. Der Pollen wirkt über eine Abgabe von Auxin. Man kann deshalb die Wirkung einer Bestäubung vielfach ersetzen durch Applikation von IES (Indol-3-essigsäure) oder ähnlich wirkenden Auxinen auf die Narbe. Bei den meisten Früchten löst die Bestäubung zwar den Fruchtansatz, nicht aber ein fortdauerndes Wachstum der Früchte aus. Dieses setzt erst nach erfolgter Befruchtung ein und wird korrelativ durch Auxinabgabe vonseiten der sich entwickelnden Samenanlagen gesteuert (s. Abschnitt 11.2). Diese Koppelung des Fruchtwachstums an die erfolgte Befruchtung und die beginnende Samenentwicklung gewährleistet, dass die oft erhebliche Stoffzufuhr für die weitere Fruchtentwicklung nur dann erfolgt, wenn sie biologisch sinnvoll ist. Auxine sind wie bei anderen Wachstumsvorgängen so auch beim Fruchtwachstum nicht die einzigen wirksamen Hormone. Neben Auxinen geben die sich entwickelnden Samen offenbar auch Gibberelline ab, die zur Fruchtentwicklung beitragen.

12.3 Samenkeimung

Die Samenkeimung lässt aus dem Embryo die Keimpflanze entstehen. Wir können hierbei mehrere Phasen unterscheiden:

(1) Quellung (Imbibition). Der Wassergehalt trockener, reifer Samen liegt im Bereich von etwa 10 %; das Wasserpotenzial der Zellen (Ψ) ist somit sehr niedrig und beträgt in aller Regel < -100 MPa (1 MPa $= 10^6$ Pa $= 10$ bar). Diese enorme „Saugkraft" für Wasser kommt durch das niedrige Matrixpotenzial (Ψ_m) der weitgehend entwässerten Proteine und Zellwände des Samens zustande. Infolge der Wasseranlagerung (Hydratisierung) an diese Strukturen nimmt das Volumen der Samen erheblich zu. Diese Quellung tritt auch bei toten oder dormanten Samen auf und ist völlig reversibel. Man kann z. B. quellende Rapssamen noch zwölf Stunden nach Beginn der Wasseraufnahme wieder eintrocknen, ohne deren Keimfähigkeit (nach erneuter Hydratisierung) zu beeinträchtigen. Die Fähigkeit gequollener Rapssamen, nach Wasserentzug keimfähig zu bleiben, geht allerdings etwa 24 Stunden nach Beginn der Wasseraufnahme ganz verloren. Dies zeigt, dass die Samen zu diesem Zeitpunkt irreversibel Wasser aufnehmen, d. h. das Wachstum des Embryos hat begonnen.

(2) Aktives Wachstum des Embryos. Die sichtbare Keimung der Samen (Auswachsen der Radicula aus der Schutzhülle) zeigt an, dass der Embryo die irreversible Entwicklungsphase erreicht hat. Der Stoffwechsel der Zellen wird durch Hydratisierung des Protoplasmas aktiviert. Der Übergang von der Quellung zum Wachstum ist durch die Abhängigkeit von der Sauerstoffzufuhr gekennzeichnet; das aktive Wachstum des Embryos ist nur unter aeroben Bedingungen möglich. Die Expansion des keimenden Embryos zu Beginn der Wachstumsphase, insbesondere die Streckung seiner Radicula, beruht auf der Ausdehnung vorhandener Zellen. Man geht von der Vorstellung aus, dass die

Keimung primär über Veränderungen in der Zellwanddehnbarkeit reguliert wird. Eine über einen kritischen Schwellenwert hinaus erhöhte Dehnbarkeit führt bei unverändertem Turgordruck zur Wasseraufnahme und damit zur Expansion des Embryos.

(3) Abbau der Speicherstoffe und Übergang von der heterotrophen zur autotrophen Lebensweise. Da der wachsende Embryo sich nur dann zum Keimling weiterentwickeln kann, wenn die von der Mutterpflanze mitgelieferten Speicherstoffe mobilisiert, abgebaut und dem jungen Keimling (über die Keimblätter) zugeführt werden, betrachtet man diese Prozesse als integralen Bestandteil des Keimungsgeschehens. In der Phase 3 sprengt der wachsende Embryo

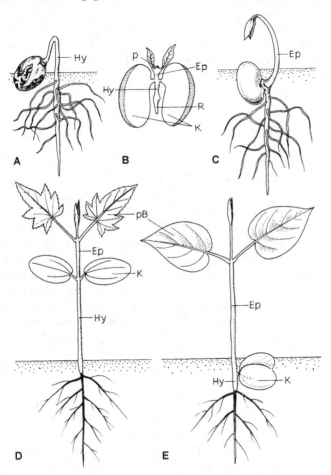

Abbildung 12.3 Epigäische und hypogäische Keimung. A junges, D späteres Keimlingsstadium bei epigäischer Keimung (*Ricinus communis*); C junges, E späteres Keimlingsstadium bei hypogäischer Keimung (*Phaseolus coccineus*); B Embryo mit Speicherkotyledonen; Ep Epikotyl, Hy Hypokotyl, K Kotyledonen, P Plumula, pB Primärblätter, R Radicula (A bis C nach JÄGER et al., 2003. Mit freundlicher Genehmigung von Springer Science and Business Media. D, E nach W. RAUH)

die Testa, d. h. seine Gewebe üben bei der Keimung einen mechanischen Druck auf die Schutzhülle aus. Man bezeichnet diesen vom Embryo ausgeübten Druck als Keimungspotenzial. Diese Größe lässt sich durch osmotische Hemmung der Wasseraufnahme bestimmen. Allgemein gilt, dass das Keimungspotenzial der bisher untersuchten Samen repräsentativer Nutzpflanzen im Bereich von 0,8–0,15 MPa liegt. Da die Ressourcen des Samens begrenzt sind, muss der Keimling schnellstmöglich autonom werden. Zeitlich versetzt zur Mobilisierung der Speicherstoffe beginnt der junge Keimling mit der Chloroplastendifferenzierung und damit mit dem Aufbau des Photosyntheseapparats. Die Chloroplastendifferenzierung ist zugleich Bestandteil des übergeordneten Blattentwicklungsprogramms. Mit dem ausgebauten Blatt- und Photosyntheseapparat ist der junge Keimling in der Lage, photoautotroph zu wachsen. Das Stadium der frühen Keimlingsentwicklung ist damit beendet.

Bei der Keimung der Getreidekörner (Gräserkaryopse) lassen sich ebenfalls die drei Phasen der Keimung (Quellung, Wachstum des Embryos, Abbau der Speicherstoffe) voneinander unterscheiden. Nach Ablauf der Phase 1 setzt der Embryo durch die Abgabe von Gibberellinen ein Hormonsignal frei. Etwa zwei Tage nach Beginn der Wasserzugabe (Phase 2) werden im Scutellum sowie in den Aleuronzellen hydrolytische Enzyme (im Wesentlichen Amylase) gebildet und in das Endosperm sezerniert. Der Abbau des Endosperms (Hydrolyse der Stärke) wird eingeleitet. Die Spaltprodukte (lösliche Zucker) sammeln sich im Korn an und werden über das Scutellum dem wachsenden Embryo zugeführt (Phase 3). Die Koleoptile umschließt das Primärblatt und wächst zur Erdoberfläche, während die Wurzel den Keimling im Erdreich verankert und die Wasseraufnahme gewährleistet. Nach Erreichen der Erdoberfläche setzt eine rasche Beschleunigung des Primärblattwachstums ein. Die Spitze der Koleoptile wird an einer präformierten Stelle durchbrochen; dies bewirkt den Wachstumsstopp des Organs.

Je nach Lage und Funktion der Keimblätter unterscheidet man zwischen der epi- und hypogäischen Keimung (Abbildung 12.3). Bei der epigäischen Samenkeimung wächst der Achsenabschnitt unterhalb der Kotyledonen (Hypokotyl) durch Zellstreckung in die Länge, wodurch die Keimblätter aus der Erde herausgehoben werden, ergrünen und eine gewisse Zeit lang photosynthetisch aktiv sind (Beispiele: Sonnenblume, Raps, Senf, Rizinus). Im Gegensatz dazu bleiben bei der hypogäischen Keimung die Kotyledonen in der Erde, ohne sich zu photosynthetisch aktiven Organen weiterzuentwickeln. Die Keimblätter sind somit reine Speicherkotyledonen. Das Hypokotyl wächst bei Pflanzen mit hypogäischer Keimung nicht aus. Der Achsenabschnitt oberhalb der Kotyledonen (Epikotyl) bildet den Stängel der Keimpflanze. Die am Apex (Spitze) des Epikotyls lokalisierten Primärblätter ergrünen und leiten somit die autotrophe Wachstumsphase der Pflanze ein. Beispiele für hypogäische Keimung sind Gartenerbse (*Pisum sativum*) und Saubohne (*Vicia faba*). Weiterhin keimen unsere Getreidearten hypogäisch. Das Keimblatt (Scutellum) bleibt unterhalb der Erdoberfläche, während das emporgewachsene Primärblatt im Licht rasch ergrünt und schon nach kurzer Zeit als photoautotrophes Organ der Ernährung des Getreidekeimlings dient.

Der geschilderte Ablauf der Samenkeimung gilt für Samen, die lediglich durch das Fehlen von Wasser, Sauerstoff oder günstiger Temperatur an der Keimung gehindert werden (keimbereite oder quieszente Samen; bei vielen Kulturpflanzen erst durch Züchtung bewirkt). Bei den meisten Wildpflanzen sind die reifen Samen hingegen dormant, d. h. sie benötigen einen zusätzlichen Stimulus, um von der Quellungsphase in die Wachstumsphase überzugehen. Die Dormanz entwickelt sich in aller Regel erst gegen Ende der Samenreifung auf der Mutterpflanze. Primär wird die Dormanz des Embryos durch Abscisinsäure induziert. Aufrechterhalten über längere Zeiträume wird die Keimruhe jedoch durch eine Vielfalt zusätzlicher Sperrmechanismen. Für ein Aufbrechen sind häufig Umwelteinflüsse verantwortlich. Wichtige Sperrmechanismen sind vor allem folgende: (1) Da Keimung ohne Wasser- und Sauerstoffaufnahme nicht möglich ist, sind undurchlässige Sperrschichten ein effektiver Weg, eine Keimung zu verhindern. Solche Sperrschichten können sich aus dem Endosperm, dem Nucellus, der Samenschale oder den Fruchtwänden ableiten. Bei Lagerung des Samens im Boden verrotten die Sperrschichten durch die Aktivitäten von Mikroorganismen; der Samen kann keimen. (2) Zusätzlich oder alternativ können auch chemische Keimungsbarrieren eingesetzt werden. Alle Teile des Samens oder der Frucht können solche Inhibitoren enthalten. Als Beispiel sei das Amygdalin, ein Glykosid des Mandelsäurenitrils, genannt, welches in den Samen vieler Rosengewächse (Rosaceen) vorkommt. Bei dessen Hydrolyse wird Blausäure freigesetzt, die sich im Embryo anhäuft und die mitochondriale Atmungskette durch Hemmung der Cytochrom-Oxidase (Komplex IV) blockiert (s. Abschnitt 10.5). Erst wenn das Endosperm, das bei Rosaceen den Embryo als Sperrschicht umgibt, verrottet ist, kann die Blausäure entweichen, und die Keimungsbarriere ist aufgehoben. (3) Viele Samen müssen längere Zeit – mehrere Tage bis Wochen – kälteren Temperaturen ausgesetzt werden, bevor sie keimen (Stratifikation). Wirksam sind dabei meist Temperaturen knapp über dem Gefrierpunkt (0–5 °C); nur wenige Arten (z. B. manche Hochgebirgspflanzen) benötigen Frosttemperaturen (Frostkeimer). (4) Bei manchen Samen (häufig kleine Samen mit geringen Nährstoffvorräten) wirkt Licht als dormanzbrechender Faktor. Pflanzen, deren Keimung lichtbedürftig ist, werden als Lichtkeimer den sogenannten Dunkelkeimern gegenübergestellt. Der ökologische Vorteil der Samenruhe ist offensichtlich. Pflanzen können so in Form des Samens Perioden mit ungünstigen Bedingungen unbeschadet überstehen. Essenziell für den Erfolg einer Pflanzenspezies ist aber auch, dass sie den Beginn der Keimung den Wettbewerbsbedingungen des Standorts anpasst. Es überrascht daher nicht, dass gerade im Bereich der Samenentwicklung und -keimung Pflanzen eine große Vielfalt an Strategien entwickelt haben.

B   Versuche

V 12.1   Bau der Samen

V 12.1.1   Bau der Samen der Feuerbohne

Kurz und knapp. Samen der Feuerbohne eignen sich aufgrund ihrer Größe besonders gut, um den Samenbau zu untersuchen. Die Ablagerung der Reservestoffe erfolgt bei der Feuerbohne im Embryo, und zwar in den Keimblättern.

Zeitaufwand. Quellen der Samen: 24 h, Durchführung: 10 min

Material:	Samen der Feuerbohne (Prunkbohne, *Phaseolus coccineus*)
Geräte:	Becherglas, Pasteurpipette
Chemikalien:	Leitungswasser, 0,25 %ige Iodkaliumiodid–Lösung (s. V 1.3.2)

Durchführung. Man lässt die Samen der Feuerbohne über Nacht quellen. Die Samenschale wird vorsichtig mit dem Fingernagel entfernt und der Same geöffnet. Ein Keimblatt wird abgetrennt, mit dem Fingernagel angekratzt und ein Tropfen Iodkaliumiodid-Lösung darauf gegeben.

Beobachtung und Erklärung. Nach der Entfernung der Samenschale kommt ein bleicher Körper zum Vorschein, der das Sameninnere ganz erfüllt und nichts anderes ist als der Embryo (Abbildung 12.4 B). Dessen relative Größe hängt vor allem mit der mächtigen Entwicklung der Keimblätter zusammen, denen gegenüber die anderen Keimorgane stark in den Hintergrund treten. Die Keimachse unterhalb der Kotyledonen (Hypokotyl) ist relativ kurz; an ihrer Stelle ist die Wurzel stärker entwickelt als es sonst der Fall ist. Bemerkenswert ist ferner die Anwesenheit einer Sprossknospe, die nach Entfernung eines der beiden Keimblätter zum Vorschein kommt und den Abschluss eines kurzen Achsenglieds bildet, das sich zwischen sie und den Ansatz der Keimblätter einschiebt. Es stellt die Fortsetzung der Keimachse über die Kotyledonen hinaus dar und wird deshalb als epikotyles Glied (Epikotyl) bezeichnet (Abbildung 12.4 C).

Die Iodkaliumiodid-Lösung (Iod-Iodkalium-Lösung) färbt das Keimblatt stark blauviolett. Die Keimblätter sind das Speicherorgan (Speicherkotyledonen) und versorgen den Bohnenkeimling bis zur Ausbildung der grünen, photosynthetisch aktiven Blätter mit Nährstoffen. Sie enthalten neben Proteinen und Fetten vor allem Stärke, die sich durch Iodkaliumiodid-Lösung nachweisen lässt (s. V 1.3.2).

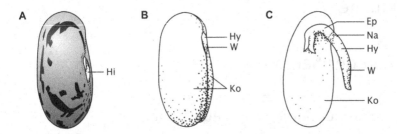

Abbildung 12.4 Same der Feuerbohne. A Same total, B Embryo total, C weiterentwickelter Embryo nach Entfernung eines der beiden Keimblätter. Ep Epikotyl mit der von zwei jugendlichen Blättern (Primärblättern) gebildeten Sprossknospe, Hi Hilum, Hy Hypokotyl, Ko Kotyledone, Na die nach Abtrennung eines der beiden Keimblätter entstandene Narbe, W Radicula

Bemerkung. Man kann auch andere Samen zur morphologischen Betrachtung verwenden. Allerdings ist zu bedenken, dass andere dikotyle Samen (z. B. Erbsen) kleiner sind und bei monokotylen Samen (z. B. Maiskörner) der Embryo weniger Struktur aufweist. Die Feuerbohne ist für eine morphologische Betrachtung sicherlich besonders gut geeignet.

Samen ohne Nährgewebe (Endosperm) begegnen uns bei Stein- und Kernobstgewächsen, Hülsenfrüchtlern (Fabales), den Fagales (z. B. Buche, Eiche, Hasel, Edelkastanie), Rosskastanie und vielen anderen, namentlich dikotylen Pflanzen. Die Ablagerung der Reservestoffe erfolgt hier statt in der Umgebung des Embryos in diesem selbst, und zwar gewöhnlich in den Keimblättern, welche unter dem Einfluss der Speicherfunktion knollige Beschaffenheit annehmen. Die Embryonen der endospermlosen Samen weisen über die Beschaffenheit der Kotyledonen hinaus weitere gemeinsame Merkmale auf: 1. weitgehende Unterdrückung des Hypokotyls, 2. relative Größe der Wurzelanlage, 3. Entwicklung einer Sprossknospe, die bereits im Samen über Blattanlagen verfügt und 4. Ausbildung eines epikotylen Achsenglieds.

V 12.2   Quellung

V 12.2.1   Beobachtung der Quellung bei Kressesamen

Kurz und knapp. Der Quellungsvorgang lässt sich bei der Gartenkresse am Rand des Samens unter dem Mikroskop beobachten.

Zeitaufwand. Durchführung: 10 min

Material:	Gartenkressesamen (*Lepidium sativum*)
Geräte:	Mikroskop, Objektträger, Pasteurpipette, Becherglas (50 ml)
Chemikalien:	Leitungswasser

Durchführung. Man legt zwei trockene Kressesamen auf einen Objektträger und betrachtet sie unter dem Mikroskop bei kleiner Vergrößerung. Nun gibt man auf einen Samen einen Tropfen Wasser und beobachtet den Rand des Samens im Mikroskop. Vergleichend betrachtet man den trockenen Samen.

Beobachtung. Nach der Wasserzugabe kann man eine Volumenzunahme der Epidermis der Samenschale beobachten. Sie wölben sich blasenartig vor. Die Außenwände platzen auf, und es tritt eine schleimige Flüssigkeit aus.

Erklärung. Die Volumenzunahme der Zellen der Samenschale ist durch die Einlagerung der Wassermoleküle in quellbare Substanzen zu erklären. Die Wassermoleküle lagern sich an polare Gruppen der Zellwand an und dringen in freie intermicelläre und interfibrilläre Räume ein. Nach der Zugabe von Wasser entsteht eine Schleimhülle, die aus Pektinen besteht. Diese Schleimhülle ermöglicht eine Haftung auf feuchten Substraten.

Bemerkung. Noch eindrucksvoller ist die Reaktion der Samen des Wiesensalbeis (*Salvia pratensis*) auf Befeuchtung. Es bildet sich auf Befeuchtung fast unmittelbar ein schleimiger und klebriger Überzug. Auch hier platzen die Außenwände der Epidermiszellen auf und entlassen eine aufquellende Gallertmasse, in die pro Zelle zwei bis drei helikal gewundene Cellulosebänder eingelagert sind.

V 12.2.2 Quellung als rein physikalischer Prozess

Kurz und knapp. Dieses Experiment veranschaulicht die Volumen- und Gewichtszunahme von Erbsensamen bei der Quellung. Weiterhin wird deutlich, dass die Quellung auch bei toten Samen beobachtet werden kann.

Zeitaufwand. Trocknen: 24 h, Quellung: 24 h, Durchführung: 10 min

Material:	Erbsensamen (*Pisum sativum*)
Geräte:	2 Petrischalen mit Deckeln, Trockenschrank oder Backofen, 2 Bechergläser, Waage, Papierhandtücher
Chemikalien:	Leitungswasser

Durchführung. Man wiegt zweimal etwa 10 g (genaues Gewicht notieren) Erbsensamen in Petrischalen ein. Den einen Ansatz stellt man für 24 Stunden bei 100 °C in den Trockenschrank (A), den anderen lässt man bei Zimmertemperatur stehen (B). Am nächsten Tag füllt man die beiden Petrischalen mit Wasser, verschließt sie mit ihren Deckeln und lässt sie bei Zimmertemperatur stehen. Nach weiteren 24 Stunden nimmt man die Erbsen aus dem Wasser, trocknet sie mit Papierhandtüchern etwas ab und bestimmt das Gewicht der beiden Ansätze.

Beobachtung. Die gequollenen Erbsen beider Ansätze haben im Vergleich zu trockenen Samen deutlich an Volumen zugenommen. Sowohl bei Ansatz A als auch bei Ansatz B kann man in etwa eine Verdopplung des Ausgangsgewichts feststellen. Zwischen Ansatz A und B ist kein signifikanter Unterschied in Bezug auf die Gewichtszunahme festzustellen.

Erklärung. Die Erbsen des Ansatzes A sind aufgrund der Hitzeeinwirkung getötet worden. Trotzdem ergibt sich bei der Gewichts- und Volumenzunahme kein signifikanter Unterschied zu Ansatz B. Dies zeigt, dass es sich bei der Quellung um einen rein physikalischen Prozess handelt. Bei dem Vorgang der Quellung sind keine Stoffwechselprozesse beteiligt.

Bemerkung. Lässt man die Erbsensamen der beiden Ansätze in jeweils einer Petrischale (mit Deckel) auf feuchtem Filterpapier für weitere ein bis zwei Tage stehen, so beobachtet man bei Ansatz B den Durchbruch der Keimwurzel durch die Samenschale. Die Erbsen des Ansatzes A zeigen keine Keimung.

V 12.2.3 Demonstration des Quellungsdrucks

Kurz und knapp. Bei der Wasseraufnahme der Samen entsteht ein enormer Quellungsdruck, der sich anschaulich durch die Sprengung einer dickwandigen Glasflasche demonstrieren lässt.

Vorbereitung. ca. 15 min, Versuchsergebnis: nach ein bis zwei Stunden

Material:	Erbsensamen (*Pisum sativum*)
Geräte:	Piccolo-Sektflasche aus transparentem farblosem Glas, Kunststoffwanne, Trichter, Löffel
Chemikalien:	feiner Sand, Leitungswasser

Durchführung. Die leere Piccolo-Sektflasche (Fassungsvermögen: 0,2 l) wird, eventuell über einen passenden Trichter, zu etwa zwei Dritteln mit den trockenen Erbsensamen gefüllt. Danach wird mit einem Löffel gerade so viel feiner, trockener Sand (z. B. Spielsand für Sandkästen) hinzugegeben, dass die Lücken zwischen den Erbsensamen ausgefüllt werden. Ein vorsichtiges Schütteln der Flasche erleichtert die Verteilung des Sandes. Anschließend durchfeuchtet man Erbsen und Sand mit Leitungswasser. Nun wird das restliche Drittel der Flasche zunächst wieder mit Erbsensamen, dann mit Sand bis zum Rand befüllt und mit Leitungswasser befeuchtet. Ein Verschluss der Flasche ist nicht erforderlich. Die Flasche wird nun in einen Auffangbehälter (z. B. eine Kunststoffwanne) platziert.

Beobachtung. Im Verlauf von ein bis zwei Stunden nach Versuchsbeginn bildet sich in der Flasche – oftmals mit einem hörbaren Knacken – ein Riss aus, der sich allmählich erweitert. Schließlich zerbricht die Flasche an der erweiterten Rissstelle, sackt in sich zusammen, und die Mischung aus Erbsen und Sand quillt heraus.

Erklärung. Durch die Quellung kommt es zu einer Volumenzunahme der Erbsensamen. Der eingestreute Sand füllt die Leerräume zwischen den Erbsen, sodass sich der wachsende Quellungsdruck stärker auf die Glaswand richten muss. Dieser Quellungsdruck kann Größenordnungen von ca. 1000 bar erreichen. Sektflaschen sind darauf ausgelegt, einem Druck von ca. 10 bar standhalten zu können (zum Vergleich: Der Druck in einem Autoreifen liegt gewöhnlich unter 3 bar). Beim Erreichen eines kritischen Drucks kommt es schließlich zur Bildung eines Risses im Glas.

Entsorgung. Die Scherben sammeln sich alle in dem Auffangbehälter, sodass eine gefahrlose Entsorgung möglich ist.

Bemerkung. Alternativ zu Erbsen können auch Samen der Sojabohne (*Glycine max*) verwendet werden.

V 12.3 Keimung

V 12.3.1 Darstellung verschiedener Keimungsstadien

Kurz und knapp. Im Anschluss an V 12.1.1 lässt sich mit diesem Experiment die Entwicklung des gequollenen Feuerbohnensamens weiter verfolgen.

Zeitaufwand. Vorbereitung: 10 min, Anzucht: 10–14 Tage

Material:	Feuerbohnensamen (Prunkbohne, *Phaseolus coccineus*)
Geräte:	Blumentöpfe, Plastikwanne
Chemikalien:	Vermikulit (alternativ Blähton-Granulat), Leitungswasser

Durchführung. Alle zwei Tage steckt man fünf Feuerbohnen in einen Blumentopf mit Vermikulit und stellt diesen in eine mit Wasser gefüllte Plastikwanne. Nach 10–14 Tagen werden die Feuerbohnen aus den Blumentöpfen ausgegraben.

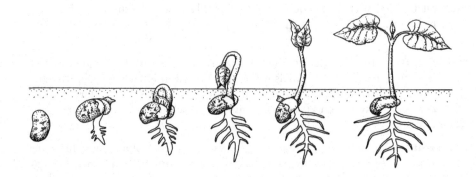

Abbildung 12.5 Keimungsstadien der Feuerbohne

Beobachtung und Erklärung. Der Bau des Embryos von Feuerbohnensamen wird in V 12.1.1 gezeigt. Am Ende der Durchführungszeit sind verschiedene Keimungsstadien der Feuerbohne sichtbar, wie in Abbildung 12.5 dargestellt.

Die Keimung beginnt mit dem Durchbruch der Keimwurzel durch die Samenschale. Bei der Keimung wächst diese zur Primärwurzel aus, die sich in die Neben- oder Seitenwurzeln verzweigt. Die Primärwurzel wächst positiv gravitrop nach unten (s. Abschnitt 13.2). Die Wurzel verankert den Keimling und versorgt ihn mit Wasser und Nährstoffen. Die beiden Keimblätter verbleiben bei der Feuerbohne im bzw. am Substrat (Boden im Freiland), da hier der Keimstängel unterhalb der Kotyledonen, das Hypokotyl, keine nennenswerte Streckung erfährt (hypogäische Keimung, s. V 12.3.2). Die hakenförmig gebogene Keimachse durchbricht das Substrat, die Primärblätter gelangen ans Licht und ergrünen. Die Keimachse verlängert sich weiter im Bereich zwischen den Keim- und Primärblättern, dem Epikotyl, und richtet sich auf. Der Blatt- und Photosyntheseapparat wird nun ausgebildet, und die Pflanze kann photoautotroph wachsen. Damit ist das Stadium der frühen Keimlingsentwicklung beendet.

V 12.3.2 Epigäische und hypogäische Keimung

Kurz und knapp. Bei der Anzucht von z. B. Rizinus- und Feuerbohnenkeimlingen lassen sich die beiden unterschiedlichen Keimungsarten beobachten.

Zeitaufwand. Vorbereitung: 5 min, Anzucht: 10–14 Tage

Material:	Rizinussamen (*Ricinus communis*, Wunderbaum), Feuerbohnensamen (*Phaseolus coccineus*)
Geräte:	2 Blumentöpfe, Plastikwanne
Chemikalien:	Vermikulit (alternativ Blähton-Granulat), Leitungswasser

Sicherheit. Die Samen des Wunderbaums sind hochgiftig.

Durchführung. Man füllt die beiden Blumentöpfe mit Vermikulit und steckt in den einen fünf Rizinussamen und in den anderen fünf Feuerbohnensamen. Die beiden Blumentöpfe werden in eine mit Wasser gefüllte Plastikwanne gestellt und belichtet. Für eine gleichzeitige Versuchsauswertung dürfte es sich empfehlen, die Rizinussamen einige Tage früher zu stecken als die Feuerbohnensamen (am besten die Keimdauern in einem Vorversuch ermitteln).

Beobachtung und Erklärung. Während die Keimung der Rizinussamen epigäisch erfolgt, findet sie bei der Feuerbohne hypogäisch statt (s. Abbildung 12.3).

Same und Embryo von *Ricinus communis* werden in Abbildung 12.1 dargestellt. Bei der Keimung der Rizinussamen beginnt sich, nach Voranentwicklung der Keimwurzel, die Keimachse unterhalb der Keimblätter im hypokotylen Glied zu strecken und unter Krümmungserscheinungen aufzurichten. Die Keimblätter stecken noch in dem nach Sprengung der Samenschale stark aufgequollenen Nährgewebesack, aus dem sie Nährstoffe für die junge Pflanze beziehen. Schließlich aber treten sie in starkes Flächenwachstum ein, wobei sie sich aus dem Samen befreien, erstarken und ergrünen. Die Kotyledonen sind hier also nacheinander Saug- und Assimilationsorgane. Man bezeichnet diese Art der Keimung, bei der die Keimblätter durch starkes Streckungswachstum des Hypokotyls an die Oberfläche gebracht werden und sich dort zu flächigen Assimilationsorganen ausbilden, als epigäische (= überirdische; griech.: epi = über, darüber, gea = Erde) Keimung (s. Abbildung 12.3 A und D).

Dieser epigäischen Art der Keimung steht eine hypogäische (= unterirdische; griech.: hypo = unter, unterhalb) gegenüber, die wir bei der Feuerbohne beobachten können. Der Bau der Samen und die verschiedenen Keimungsstadien der Feuerbohne werden in den Versuchen V 12.1.1 bzw. V 12.3.1 demonstriert. Bei dieser Pflanzenart erfährt das Hypokotyl bei der Keimung keine nennenswerte Streckung; an seiner statt wächst das Epikotyl (Abschnitt der Keimachse zwischen Keimblättern und Primärblättern) stark in die Länge und bringt die sich schon zu dieser Zeit entfaltenden Primärblätter über den Boden (s. Abbildung 12.3 C und E). Gleichaltrige Keimpflanzen von *Ricinus* und Feuerbohne unterscheiden sich also in der Ausbildung der Keimblätter und des Achsenkörpers. Dessen Verlängerung beruht bei *Ricinus* auf der Streckung des Hypokotyls, bei der Feuerbohne dagegen auf der Verlängerung des Epikotyls. Die Keimblätter sind bei der Feuerbohne als Speicherorgane festgelegt und zu einer Umbildung in grüne assimilierende Blätter nicht mehr fähig. Bei der Mobilisierung der in ihnen enthaltenen Reservestoffe beginnen sie zu schrumpfen und gehen schließlich zugrunde.

Bemerkung. Die epigäische Keimung nach dem Muster von *Ricinus communis* kann man z. B. ebenfalls gut bei Samen von Senf (*Sinapis alba*), Sonnenblume (*Helianthus annuus*) und Buche (*Fagus sylvatica*) zeigen. Zur Demonstration der hypogäischen Keimung eignen sich u. a. Samen von Erbse (*Pisum sativum*), Pferdebohne (*Vicia faba*), Kapuzinerkresse (*Tropaeolum majus*), Rosskastanie (*Aesculus hippocastanum*) und Eiche (*Quercus robur* = Stieleiche, *Quercus petraea* = Traubeneiche). *Ricinus*-Samen enthalten neben dem bekannten ungiftigen Rizinusöl vor allem in den Samenschalen das hochgiftige Lectin Ricin. Die Schülerinnen und Schüler dürfen daher keinesfalls spielerisch *Ricinus*-Samen in den Mund nehmen.

Bei der Gartenbohnenart *Phaseolus vulgaris* gelangen die Keimblätter durch eine nicht unbedeutende Streckung auch des Hypokotyls zwar ans Licht und ergrünen schwach − es kommt aber zu keiner weiteren Umbildung in ein flächiges Blattorgan.

V 12.3.3 Abhängigkeit der Keimung von der Sauerstoffversorgung

Kurz und knapp. Dieses Experiment verdeutlicht, dass für die Keimung nicht nur Wasser, sondern auch in ausreichendem Maße Sauerstoff vorhanden sein muss.

Zeitaufwand. Quellung: 24 h, Vorbereitung: 10 min, Versuchsergebnis nach: ein bis zwei Tagen

Material:	Erbsensamen (*Pisum sativum*)
Geräte:	Becherglas, 2 Demonstrationsreagenzgläser, Stativ, 2 Klammern mit Muffen, Spülschüssel, Papierhandtücher
Chemikalien:	Leitungswasser

Durchführung. Einen Tag vor Versuchsbeginn legt man etwa 60 Erbsensamen in ein Becherglas mit Wasser.

In zwei Reagenzgläser legt man jeweils einen über die Mündung hinausragenden Streifen eines Papierhandtuchs. Man füllt die Reagenzgläser mit etwa 30 gequollenen Erbsen. Um ein Herausfallen der Erbsen beim Umdrehen des Reagenzglases zu vermeiden, steckt man jeweils ein Stück Papierhandtuch in die beiden Reagenzgläser. Die Reagenzgläser werden mit der Mündung nach

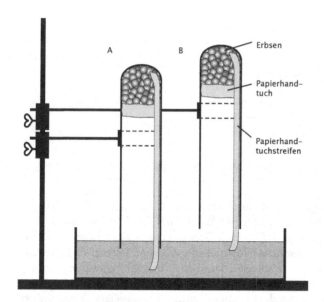

Abbildung 12.6 Versuchsaufbau (s. auch Umschlagfoto)

unten an einem Stativ über der wassergefüllten Schüssel befestigt. Dies geschieht so, dass das eine Reagenzglas (A) mit seiner Mündung ganz ins Wasser eintaucht (partieller Luftabschluss) und beim anderen (B) nur der Papierhandtuchstreifen.

Beobachtung. Im Reagenzglas B ist eine Keimung der Erbsen zu beobachten. Bei den Erbsen im Reagenzglas A ist kein Durchbruch der Keimwurzel zu erkennen.

Erklärung. Die gequollenen Erbsen gehen nur unter geeigneten Bedingungen zur Keimung über. Die Keimung ist von einer ausreichenden Sauerstoffversorgung des Embryos abhängig. Ist bei eigentlich günstigen Bedingungen (Wasser, Raumtemperatur, etc.) kein Sauerstoff vorhanden (Ansatz A: partieller Luftabschluss) unterbleibt die Keimung der Erbsen.

Bemerkung. Beobachtet man die beiden Ansätze über den Zeitraum von einer Woche, so bilden sich im Ansatz B kleine Erbsenpflanzen, während im Ansatz A keine Keimung stattfindet.

V 12.3.4 Nachweis von Dehydrogenasen in keimenden Getreidekörnern

Kurz und knapp. Dieser Versuch zeigt, welche Gewebe bei einem Getreidekorn (Getreidekaryopse) zum Zeitpunkt der Kornreife leben und welche abgestorben sind.

Material:	Maiskörner (*Zea mays*)
Geräte:	Rasierklinge, Petrischale
Chemikalien:	2,3,5-Triphenyltetrazoliumchlorid (TTC, 1 %ige Lösung), 0,1 M Natronlauge, entmin. Wasser

Sicherheit. 2,3,5-Triphenyltetrazoliumchlorid (Festsubstanz): Xi. 0,1 M Natronlauge: Xi.

Durchführung. Eine 1 %ige TTC-Lösung wird durch Lösen von 1 g TTC in 100 ml entmin. Wasser hergestellt. Der pH-Wert wird durch vorsichtiges Zutropfen von 0,1 M Natronlauge auf ca. pH 7 eingestellt. Diese Lösung ist in einer braunen Flasche im Kühlschrank für mehrere Monate haltbar. Am Vortag des Versuchs werden mehrere trockene Maiskörner in Leitungswasser eingequollen. Am Folgetag werden die Maiskörner mit einer scharfen Rasierklinge so durchtrennt, dass der Embryo median halbiert wird. Die halbierten Maiskörner werden in eine Petrischale gelegt und mit so viel TTC-Lösung übergossen, dass sie komplett untergetaucht sind. Die Petrischale wird mit einem passenden Deckel verschlossen und für zwei bis drei Stunden dunkel (z. B. in einem Schrank) aufgestellt.

Beobachtung. Der Längsschnitt zeigt den median durchtrennten Embryo mit Scutellum, welches dem Endosperm seitlich anliegt (s. Abbildung 12.2 D). Bei vitalen und keimfähigen Maiskörnern ist eine deutliche rote Färbung des Embryos und der Aleuronschicht zu beobachten. Dagegen ist das stärkeführende Endosperm (der Mehlkörper) nicht angefärbt.

Erklärung. Lebende, keimfähige Samen oder Getreidekörner atmen auch im trockenen Zustand in geringem Umfang. Nach der Wasseraufnahme steigen die Stoffwechselrate und die Zellatmung enorm an. Im Verlauf von Glykolyse und Citratzyklus werden durch die Aktivität von verschiedenen Dehydrogenasen Reduktionsäquivalente in Form von $NADH + H^+$ gebildet (s. Abschnitt 10.4). In diesem Versuch wird 2,3,5-Triphenyltetrazoliumchlorid (TTC) als künstlicher Wasserstoffakzeptor verwendet, da es aufgrund seines höheren Redoxpotenzials von $NADH + H^+$ reduziert werden kann. TTC ist im oxidierten Zustand farblos und wasserlöslich, im reduzierten Zustand (Triphenylformazan) jedoch rot gefärbt und wasserunlöslich (Abbildung 12.7). (Der Test muss im Dunkeln durchgeführt werden, da TTC eine gewisse Lichtempfindlichkeit besitzt.) Das rot gefärbte Formazan kann also nur in lebenden und stoffwechselaktiven Zellen gebildet werden. Im Fall der Getreidekörner sind im ausgereiften Zustand lediglich der Embryo und die Aleuronschicht lebendig, das stärkeführende Endosperm ist jedoch abgestorben. Die Aleuronschicht spielt bei der Keimung eine wichtige Rolle, da ihre Zellen unter dem Einfluss des vom Emb-

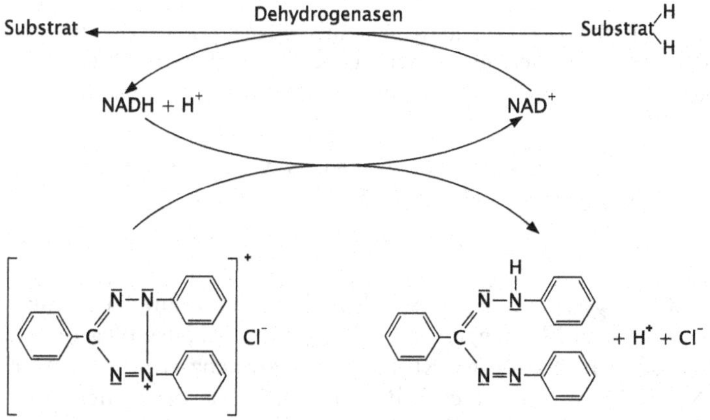

Abbildung 12.7 Bildung von Triphenylformazan aus TTC

ryo abgegebenen Phytohormons Gibberellin das Enzym α-Amylase bilden, um die im Endosperm gespeicherte Stärke abzubauen.

Bemerkung. Als Negativkontrolle eignen sich z. B. Maiskörner, die für 30 Minuten trockener Hitze (105 °C, Trockenschrank) ausgesetzt und erst anschließend eingequollen werden. Aufgrund der Hitzedenaturierung sind die Gewebe abgetötet und weisen im TTC-Test keine rote Färbung auf. Der Nachweis der Dehydrogenasen-Aktivität in gequollenen Samen oder Getreidekaryopsen wird auch zur raschen Prüfung der Keimfähigkeit von Saatgut (biochemische Keimfähigkeitsprüfung) eingesetzt.

Entsorgung. Der TTC-haltige Reaktionsansatz wird nach Abschluss des Experiments in einen Behälter für flüssige organische Abfälle gegeben.

V 12.3.5   Abbau von Stärke bei der Keimung

Kurz und knapp. Dieses Experiment demonstriert am Beispiel von Weizenkörnern, wie Stärke als Reservestoff bei der Keimung in den Betriebsstoff Glucose gespalten wird.

Zeitaufwand. Vorbereitung: Aussaat 10 min, Keimung vier bis. fünf Tage, Durchführung: 10 min

Material:	Weizenkörner (*Triticum aestivum*)
Geräte:	Petrischale mit Deckel, Filterpapier, Mörser mit Pistill, Becherglas (1000 ml) als Wasserbad, Bunsenbrenner, Ceranplatte mit Vierfuß, Messzylinder (50 ml), Feuerzeug, 2 Bechergläser (150 ml), Glasstab, Waage
Chemikalien:	FEHLING-Reagenz bzw. BENEDICT-Reagenz (s. V 1.2.1), entmin. Wasser, evtl. Glucose-Teststäbchen (s. V 1.2.3)

Sicherheit. FEHLING-Reagenz II, Natriumhydroxid (Festsubstanz): C. Kupfer(II)-sulfat (Festsubstanz und Lösungen $\geq$ 25 %ig): Xn, N. Natriumcarbonat (Festsubstanz und Lösungen $\geq$ 20 %ig): Xi. FEHLING-Reagenz II ist aufgrund der verwendeten Natronlauge stark ätzend. Bitte beachten Sie die Sicherheitshinweise für den Umgang mit konzentrierten Laugen!

Durchführung. Etwa vier bis fünf Tage vor Versuchsbeginn werden 4 g Weizenkörner auf feuchtem Filterpapier ausgesät und dunkel gestellt. Am Versuchstag werden 4 g trockene Weizenkörner im Mörser mit einem Pistill zerkleinert und mit 50 ml entmin. Wasser in einem Becherglas vermischt. Ebenso verfährt man mit den gekeimten Weizenkörnern. Nachdem sich in beiden Bechergläsern die zerkleinerten Weizenkörner abgesetzt haben, dekantiert man jeweils 4 cm hoch in ein Reagenzglas ab. In jedes der beiden Reagenzgläser gibt man 10 ml frisches Fehlinggemisch (FEHLING I und II in gleichen Teilen, s. V1.2.1) und stellt sie in ein siedendes Wasserbad.

Beobachtung. Die Lösung der ungekeimten Weizenkörner bleibt blau gefärbt, während sich die der gekeimten Weizenkörner rot färbt.

Erklärung. Bei der Keimung wird der Reservestoff Stärke mobilisiert. Am hydrolytischen Stärkeabbau im Samen sind die Enzyme α- und β-Amylase sowie ein sogenanntes R-Enzym beteiligt. Die hydrolytische Spaltung der Glykosidbindungen liefert letztlich das Disaccharid Maltose, welches durch Maltase zu freier Glucose gespalten werden kann. Die Glucose reduziert das in FEHLING- bzw. BENEDICT-Reagenz vorhandene Cu^{2+} zu Cu^+, wobei sich ein roter Niederschlag von Kupfer(I)-oxid (Cu_2O) bildet (s. V 1.2.1).

Bemerkung. Mit Glucoseteststäbchen lässt sich die Glucose als Schlussglied der Reservestoffmobilisierung spezifisch nachweisen (s. V 1.2.3).

Entsorgung. Die Reaktionsansätze werden in einem Abfallbehälter für schwermetallhaltige Lösungen gesammelt.

V 12.4 Sperrmechanismen der Keimung

V 12.4.1 Keimungshemmung durch Sperrschichten und Inhibitoren im Samen

Kurz und knapp. Mit Apfelkernen lässt sich die keimungshemmende Wirkung von Sperrschichten und der im Samen enthaltenen Inhibitoren demonstrieren.

Zeitaufwand. Vorbereitung: 10 min, Versuchsergebnis: nach ca. einer Woche

Material:	Apfelkerne (Apfelsamen)
Geräte:	3 Petrischalen mit Deckel, Filterpapier
Chemikalien:	Leitungswasser

Durchführung. Aus dem Gehäuse von reifen Äpfeln werden unverletzte Apfelkerne entnommen. Mit dem Fingernagel lässt sich vorsichtig sowohl die Samenschale als auch das darunter liegende dünne Endosperm entfernen. Unterschiedlich präparierte Apfelkerne legt man in drei Petrischalen auf feuchtes Filterpapier:

Petrischale	Apfelkerne
1	Samenschale und Endosperm entfernt
2	Samenschale entfernt
3	unbehandelt

Beobachtung.

Petrischale	Beobachtung
1	Ergrünen der Keimblätter, Ausbildung der Keimwurzel
2	keine Keimung
3	keine Keimung

Erklärung. In den Embryonen von Rosaceen, vor allem unserer Stein- und Kernobstgewächse, ist Amygdalin als Vorstufe des Inhibitors Blausäure enthalten. Beim Quellen der Samen wird ein Emulsin genanntes Enzymgemisch aktiv. Eine Komponente des Emulsins ist eine β-Glucosidase; sie spaltet die beiden Glucosemoleküle vom Amygdalin ab (Abbildung 12.8). Das freigesetzte Aglykon Mandelsäurenitril wird durch eine Hydroxynitrilase in Benzaldehyd und Blausäure gespalten. Da das Endosperm der betreffenden Arten für Blausäure

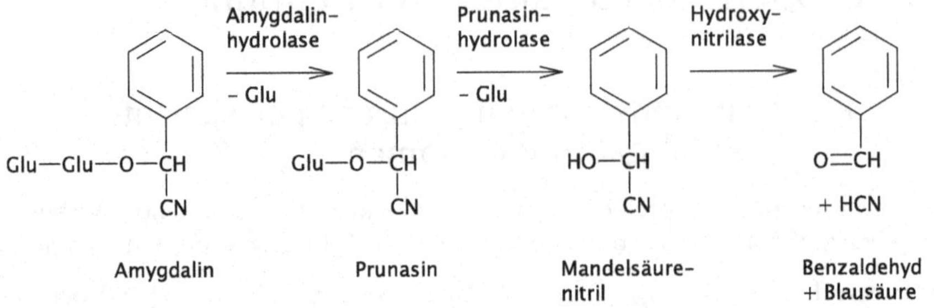

Abbildung 12.8 Bildung von Blausäure

undurchlässig ist, kann diese nicht entweichen. Sie blockiert im Embryo die mitochondriale Atmungskette am Komplex IV, der Cytochrom-Oxidase, und verhindert so die Keimung.

Entfernt man das Endosperm, so kann die Blausäure als Gas entweichen, da sie bereits bei 26 °C siedet. Die Apfelsamen können nun keimen. Im Boden verrottet das Endosperm durch die Aktivität von Mikroorganismen, sodass das Endosperm bis zur Samenkeimung abgebaut ist.

Bemerkung. Von dem übermäßigen Genuss von Apfelkernen ist aufgrund des Vorkommens von Amygdalin abzuraten. Neben dem Apfel ist Amygdalin in den Samen vieler Rosengewächse vorhanden, wobei die Konzentrationen in den Samen der Aprikose (*Prunus armeniaca*) und der Bitteren Mandel (*Prunus dulcis var. amara*) besonders hoch sind.

V 12.4.2 Keimungshemmende Wirkung des Fruchtfleischs

Kurz und knapp. Dieses Experiment veranschaulicht, wieso die in einer Tomate enthaltenen Samen nicht schon in der Frucht zu keimen beginnen.

Zeitaufwand. Vorbereitung: 10 min, Versuchsergebnis: nach ca. einer Woche

Material:	reife Tomatenfrucht, evtl. Kressesamen (*Lepididum sativum*)
Geräte:	Messer, Petrischalen mit Deckel, Filterpapier
Chemikalien:	Leitungswasser

Durchführung. Eine Tomate wird in Scheiben geschnitten. Bis auf eine legt man alle Tomatenscheiben, die Samen enthalten, in jeweils eine Petrischale. Aus der verbliebenen Tomatenscheibe entnimmt man die Samen, entfernt das anhaftende Fruchtfleisch und legt sie auf gut befeuchtetes Filterpapier in eine Petrischale.

Beobachtung. Die Tomatensamen auf dem feuchten Filterpapier beginnen zu keimen, während die Samen in den Tomatenscheiben keine Keimung zeigen.

Erklärung. Verschiedene Faktoren verhindern, dass die Samen bereits in dem feuchten Milieu der Früchte keimen (Viviparie). Zum einen enthält das Fruchtfleisch keimungshemmende Stoffe, wobei insbesondere der Abscisinsäure (ABS) eine bedeutende Rolle zukommt. Tomatenpflanzen mit einem Defekt in der ABS-Biosynthese zeigen eine verringerte Samenruhe und Viviparie in reifenden Früchten (s. Abschnitt 11.5). Auch bestimmte phenolische Komponenten in den Samenschalen, wie Kaffee- oder Ferulasäure, hemmen die Keimung. Zum anderen weist das die Samen umgebende Fruchtfleisch ein niedriges osmotisches Potenzial auf, wodurch die Wasseraufnahme der Samen verhindert wird.

Bemerkung. Man legt mehrere Tomatenscheiben in Petrischalen, um sicherzustellen, dass man am Ende des Versuchs zumindest eine unverpilzte Tomatenscheibe als Vergleich hat. Ansonsten kann nämlich der Eindruck entstehen, dass die Keimungshemmung auf die Einwirkung des Pilzes zurückgeht.

Alternativ sät man Kressesamen in zwei Petrischalen auf einer Tomatenscheibe und auf feuchtem Filterpapier aus. Die keimungshemmende Wirkung des Fruchtfleisches auf die Kressesamen wird nach einem Tag sichtbar.

V 12.4.3   Einfluss ätherischer Öle auf die Keimung

Kurz und knapp. Dieses Experiment demonstriert die keimungshemmende Wirkung der in Orangen- bzw. Zitronenschale enthaltenen ätherischen Öle.

Zeitaufwand. Vorbereitung: 15 min, Versuchsergebnis: nach zwei oder drei Tagen

Material:	Gartenkressesamen (*Lepidium sativum*), Orange oder Zitrone
Geräte:	3 Erlenmeyerweithalskolben (200 ml), 3 Stopfen, 3 kurze Drahtstücke, Watte, Becherglas (100 ml), Petrischale
Chemikalien:	Ätherische Öle (für Duftlampen), Orange oder Zitrone, Leitungswasser

Durchführung. Man fixiert drei Wattebäusche an je einem kurzen Drahtstück und befestigt sie in den drei Gummistopfen durch Einstechen. Die Wattebäusche werden nun in Wasser getaucht und in Kressesamen gerollt. Die Samen heften aufgrund der Verschleimung der Testa fest an der Watte (s. V 12.2.1). Nun schält man die Orange oder Zitrone. In den ersten Erlenmeyerkolben legt man die zerkleinerte Schale, in den zweiten gibt man 20 Tropfen ätherisches Öl

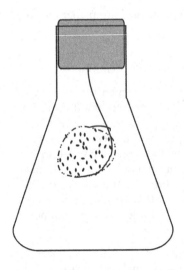

Abbildung 12.9 Versuchsaufbau

und verschließt die beiden Kolben sofort mit den präparierten Stopfen. Der dritte Erlenmeyerkolben bleibt ohne Zusatz und wird mit dem präparierten Stopfen verschlossen (Kontrolle, Abbildung 12.9).

Beobachtung. Die Kressesamen im Kontrollansatz keimen fast ohne Ausnahme, während die Samen in den beiden anderen Ansätzen eine deutlich geringere Keimungsrate aufweisen.

Erklärung. Zitrusfrüchte enthalten in ihren Schalen ätherische Öle in den sogenannten lysigenen (durch Auflösung von Zellen entstandenen) Ölbehältern. Ätherische Öle besitzen einen niedrigen Siedepunkt und verflüchtigen sich im Gegensatz zu fetten Ölen rückstandslos, daher der Vergleich mit den ebenfalls flüchtigen Ethern (früher „Äther" geschrieben). Sie wirken im Experiment keimungshemmend auf Pflanzensamen und Pilzsporen.

Viele der ätherischen Öle können als Duftstoffe wahrgenommen werden. Zur Herstellung von Duftölen werden sie gewöhnlich mithilfe der Wasserdampfdestillation aus den Pflanzen extrahiert und konzentriert. Duftöle wirken aufgrund der hohen Konzentration an ätherischen Ölen stärker keimungshemmend als Orangen- oder Zitronenschalen.

V 12.5 Der ökologische Vorteil der Samenruhe

V 12.5.1 Resistenz von Weizenkörnern gegenüber Temperaturextremen

Kurz und knapp. Mit diesem Experiment lässt sich zeigen, dass ruhende Samen ungünstige Bedingungen wie Hitze und Frost unbeschadet überstehen können.

Zeitaufwand. Quellung: 24 h, Temperaturbehandlung: 24 h, Versuchsergebnis: nach ein bis zwei Tagen

Material:	Weizenkörner (*Triticum aestivum*)
Geräte:	2 Bechergläser (100 ml), Waage, Trockenschrank oder Backofen (80 °C), Kühlschrank mit Gefrierfach (−5 °C bis −10 °C), 4 Petrischalen mit Deckel, Filterpapier
Chemikalien:	Leitungswasser

Durchführung. In zwei Bechergläser gibt man jeweils 2 g Weizenkörner in ausreichend Wasser zum Quellen. Nach einem Tag legt man die gequollenen Weizenkörner in zwei Petrischalen. Zwei weitere Petrischalen füllt man mit 2 g trockenen Weizenkörnern. Man stellt nun je eine Petrischale mit trockenen und gequollenen Weizenkörnern in den Trockenschrank und ins Gefrierfach. Nach einem Tag legt man die Weizenkörner der vier Petrischalen auf Filterpapier, befeuchtet es und beobachtet die vier Ansätze bei Raumtemperatur.

Beobachtung. Die zuvor gequollenen Weizenkörner zeigen keine Keimung, während die ursprünglich trockenen Samen keimen.

Erklärung. Die trockenen, sich in der Samenruhe befindenden Weizenkörner besitzen eine große Resistenz gegenüber Hitze und Frost. Nach der Quellung und Aktivierung des Stoffwechsels ist diese Resistenz aufgehoben. Im Gefrierschrank bilden sich in den gequollenen Weizenkörnern Eiskristalle, die das Gewebe irreversibel schädigen. Bei der Hitzeeinwirkung werden die aktivierten Enzyme denaturiert.

13 Physiologie der Bewegungen

A   Theoretische Grundlagen

13.1 Einleitung

Die Beweglichkeit (Motilität) ist eine der Grunderscheinungen des Lebendigen. Wir verstehen unter Bewegung eine aktive, meist durch ihre Geschwindigkeit auffällige Orts- und Lageveränderung von Organellen, Organen oder Organismen. Die Bewegung des gesamten Organismus wird als Lokomotion (Fortbewegung) bezeichnet. Solche lokomotorischen Bewegungen überwiegen entschieden bei den Tieren. Bei den Pflanzen ist die Fähigkeit zur Lokomotion im Wesentlichen auf wasserbewohnende, einzellige oder koloniebildende Algen und auf Fortpflanzungszellen beschränkt (s. Abschnitt 13.5). Verändern dagegen nur einzelne Organe ihre räumliche Orientierung, so spricht man von Organbewegungen. Die Höheren Landpflanzen verfügen über vielfältige Möglichkeiten zur aktiven Bewegung von Organen. Gerade die sessile Lebensweise und die unmittelbare Abhängigkeit von der physikalischen Umwelt macht es notwendig, dass sich manche Organe des Pflanzenkörpers (vor allem Blätter, Blüten, Früchte) nach richtungsvariablen Faktoren der Umwelt orientieren können.

Pflanzliche Bewegungen können scheinbar ohne äußeren Reizanlass (autonome oder endogene Bewegungen) erfolgen oder durch Reize von der Umgebung hervorgerufen werden (induzierte Bewegungen). Unter einem Reiz versteht man ein physikalisches oder chemisches Signal, das in der Zelle eine Reaktionsfolge auslöst, deren Energiebedarf aus dem Organismus selbst gedeckt und nicht durch den Reiz zugeführt wird. Der Reizvorgang zeigt demnach den Charakter einer Auslösungserscheinung. Viele pflanzliche Bewegungen sind charakteristische Reizerscheinungen.

Die Wahrnehmung (Perzeption) eines Reizes beginnt mit der Aufnahme (Rezeption) des Signals durch einen Rezeptor, gefolgt von der Umwandlung (Transduktion) des äußeren in ein inneres Signal. Der Rezeptor ist ein Molekül oder eine Struktur mit der Fähigkeit, spezifische Umweltinformationen aufzunehmen (z. B. ein Pigment zur Aufnahme von Lichtreizen). In vielen, aber nicht in allen Fällen, gehört zur Transduktion eine Erregung. Der erregte Zustand ist ein veränderter Zellzustand, der durch ein elektrisches Aktionspotenzial charakterisiert wird und zu einer vorübergehenden Phase der Nichtreizbarkeit (Refraktärstadium) führt. Reiz und Reaktion sind durch eine Kausalkette zwischengeschalteter Reaktionen (Signalumwandlungskette) verbunden. Wenn die Rezeption und die Reaktion, wie bei sehr vielen Bewegungen, räumlich getrennt sind, gehört zur Signalumwandlungskette ein Signaltransfer (Signaltransport). Man unterscheidet: Transfer eines physikalischen Signals, nämlich eines Aktionspotenzials (sogenannte Erregungsleitung), und Transfer von chemischen Signalen (z. B. von Phytohormonen oder spezieller Erregungssubstanzen). Um eine Reaktion auslösen zu können, muss die Reizmenge einen bestimmten Schwellenwert überschreiten (Reizschwelle). Allerdings können vielfach auch unterschwellige Reize perzipiert werden und sich summieren, sodass der reaktionsauslösende Schwellenwert erreicht wird. In der Nähe der Reizschwelle kann das Reizmengengesetz gelten, d. h. der Reizerfolg (R) wird bestimmt durch das Produkt aus Reizintensität (I) und Reizdauer (t): $R = I \cdot t$. Erfolgt dagegen bei Überschreiten der Reizschwelle, unabhängig von Stärke und Dauer des Reizes, stets die volle Reaktion (z. B. das Zusammenklappen der Blatthälften bei der Venusfliegenfalle, *Dionaea muscipula*), so spricht man von einer „Alles-oder-Nichts-Reaktion".

13.2 Bewegungen lebender Organe

A. Tropismen. Organbewegungen, die durch einen gerichteten Reiz induziert und orientiert werden, bezeichnet man als Tropismen. Die Benennung der verschiedenen Tropismen erfolgt nach dem Reiz, der sie verursacht: Phototropismus (lichtinduziert), Gravitropismus (schwerkraftinduziert), Thigmotropismus (berührungsinduziert), Chemotropismus (chemisch induziert) usw. Erfolgt die Organbewegung zur Reizquelle hin, so spricht man von positivem, im umgekehrten Fall von negativem Tropismus. Beim Plagiotropismus stellt sich das reagierende Organ in einem bestimmten Winkel zur Reizrichtung ein; beträgt er 90°, handelt es sich um Transversaltropismus. Tropismen sind meistens Wachstumsbewegungen. Der Reiz führt zu einer physiologischen Asymmetrie und diese wiederum zu einer Wachstumsasymmetrie. Gewöhnlich sind daher nur wachstumsfähige Organe oder Organteile tropistisch reaktionsfähig. Wenn ein reaktionsfähiges Organ von zwei Reizen aus unterschiedlichen Richtungen getroffen wird, gilt häufig das Resultantengesetz: Bei vektorieller Darstellung der beiden Reize gibt die Resultante im Kräfteparallelogramm die Krümmungsrichtung an (Abbildung 13.1).

Phototropismus. Da Pflanzen in aller Regel auf einen ausreichend hohen Lichtgenuss optimiert sind, zeigen oberirdische Organe einen ausgeprägten positiven Phototropismus. Ein gutes Beispiel ist das Hypokotyl von Dikotylenkeimlingen. Dabei zeigen die Zellen der Flanke, die dem Licht abgewandt ist, ein verstärktes Wachstum, was die Krümmung zum Licht hin bedingt. Die ausgedehnte Wachstumszone des Hypokotyls bewirkt eine bogenförmige Krümmung. Die Wurzeln verhalten sich entweder indifferent oder reagieren negativ phototrop.

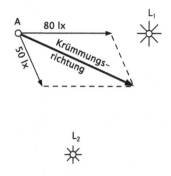

Abbildung 13.1 Demonstration des Resultantengesetzes bei phototroper Reaktion auf zwei gleichzeitige Lichtreize. Aufsicht von oben auf das Objekt A (z. B. eine Koleoptile) und zwei Lichtquellen L_1 und L_2. Die Beleuchtungsstärken, die jede der Lichtquellen allein am Objekt erzeugt, sind als Vektoren (80 bzw. 50 Lux) dargestellt (nach Libbert, 1993)

Phototrope Krümmungen kommen, wie beschrieben, in aller Regel durch ungleiches Flankenwachstum zustande. Es handelt sich meist um Streckungswachstum, doch können auch Zellteilungen beteiligt sein. Perzipiert wird nicht unmittelbar die Lichtrichtung als Vektor, sondern Beleuchtungsstärkeunterschiede zwischen den verschiedenen Flanken eines einseitig beleuchteten Organs. Für die Stärke der phototropischen Reaktion ist in der Mehrzahl der Fälle innerhalb gewisser Zeit- und Intensitätsbereiche das Reizmengengesetz gültig.

Alle phototropen Reaktionen, die auf differenziellem Wachstum von Licht- und Schattenflanke beruhen, zeigen das gleiche Wirkungsspektrum (Aktionsspektrum), das einen Gipfel im Ultraviolett und drei im Blau besitzt (Abbildung 13.2). Als Photorezeptoren wurden die Phototropine identifiziert. Dabei handelt es sich um Proteine, die ein FMN (Flavinmononucleotid) gebunden haben und eine Proteinkinaseaktivität besitzen. Sie sind zu unterscheiden von einer anderen Klasse pflanzlicher Blaulichtrezeptoren, den Cryptochromen. Phototropin 1 fungiert als Rezeptor bei niedrigen, Phototropin 2 bei hohen Lichtintensitäten. Infolge der Absorption von geeigneten blauen Photonen führen die Phototropine in Gegenwart von ATP eine Autophosphorylierung durch. Diese Reaktion steht am Anfang einer Signalumwandlungskette, deren weitere Einzelheiten bislang unbekannt sind. Eine mit Sicherheit nachgewiesene Folgereaktion einer einseitigen Bestrahlung von Organen Höherer Pflanzen ist eine Auxinasymmetrie (Phytohormon IES = Indol-3-essigsäure, s. Abschnitt 11.2), d. h. eine Veränderung des Auxingehalts von Licht- und Schattenflanke. Durch den polaren Auxintransport kann sich die asymmetrische Auxinverteilung zur Basis fortpflanzen und somit den Signaltransfer ermöglichen.

Die Phototropine vermitteln in Höheren Pflanzen neben dem Phototropismus auch die Öffnung der Stomata im Licht und die lichtabhängige Positionierung von Chloroplasten in der Zelle.

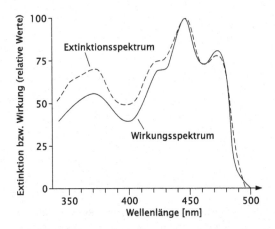

Abbildung 13.2 Wirkungsspektrum des Phototropismus und Extinktionsspektrum von *Avena*-Phototropin (nach BRESINSKY et al., 2008. Mit freundlicher Genehmigung von Springer Science and Business Media)

Vom Phototropismus zu unterscheiden ist die sogenannte Schattenvermeidungsreaktion. Darunter versteht man eine allgemeine Steigerung des Wachstums von starklichtbedürftigen Pflanzen, wenn sie durch andere Pflanzen beschattet werden. Die Beschattung wird durch das Phytochromsystem detektiert, ein Pigmentsystem, mit dem die Pflanzen das Verhältnis zwischen hellrotem (ca. 660 nm) und dunkelrotem Licht (ca. 730 nm) wahrnehmen können. Da Chlorophyll aufgrund seiner Absorptionseigenschaften stark im hellroten, aber nicht im dunkelroten Bereich absorbiert (s. Abschnitt 7.3), führt die Beschattung durch ein Laubdach zu einer relativen Abnahme des hellroten Spektralanteils des transmittierten Lichts.

Gravitropismus (Geotropismus). Die Ausrichtung erdgebundener Pflanzen bzw. ihrer Organe unter dem Einfluss der Schwerkraft (Gravitation) der Erde ($g = 9{,}81$ m $\cdot$ s^{-2}) bezeichnet man als Gravitropismus (früher Geotropismus). Die alltägliche Erfahrung lehrt, dass z. B. die Stämme von Bäumen an einem Hang in Richtung des Lots und nicht etwa senkrecht zum örtlichen Verlauf der Erdoberfläche wachsen. Positiv gravitrop, also in Richtung der Schwerkraft, wachsen Keim- und Hauptwurzeln, negativ gravitrop die aufrechten Hauptachsen von Pflanzen oder die Fruchtkörper von Hutpilzen. Beide Reaktionsweisen erfolgen parallel zur Schwerkraftrichtung. Sie werden als Orthogravitropismus zusammengefasst und der Einstellung schräg zur Schwerkraftrichtung, dem Plagiogravitropismus, gegenübergestellt. Viele Seitenzweige, Blätter und Rhizome (unterirdisch wachsende Sprossachsen) wachsen plagiogravitrop. Seitenwurzeln höherer Ordnung sind meist agravitrop.

Dass es sich wirklich um Schwerereize handelt, kann man durch zwei einfache Versuche nachweisen: (1) Durch Querlegen einer Pflanze: Die Hauptwurzel und der Spross krümmen sich wieder in die Senkrechte und wachsen positiv bzw. negativ orthotrop (griech.: orthos = gerade, aufrecht; Abbildung 13.3 A).

A

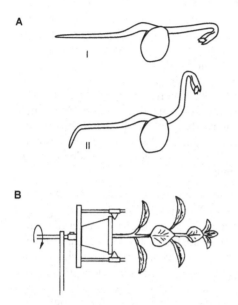

B

Abbildung 13.3 A Keimpflanze von *Vicia faba* (Saubohne), die aus vertikaler Orientierung in horizontale Lage gebracht wurde und daraufhin in der aus II ersichtlichen Weise mit geotropischen Krümmungen von Spross und Wurzel reagiert hat. Die Krümmung in der Spitzenregion des Sprosses, an der sich in II gegenüber I nichts geändert hat, ist autonomer Natur. B Aufhebung der geotropischen Reaktion auf dem Klinostaten (B nach METZNER, 1982)

(2) Durch den Klinostaten: Die Pflanze rotiert langsam in der Horizontalen und zeigt keine Reaktionen auf Schwerereize, weil die Erdanziehung unmittelbar nacheinander auf alle Seiten einwirkt und damit ein räumlich gerichteter Reiz aufgehoben ist (Abbildung 13.3 B).

Wie die phototropischen, kommen auch die gravitropischen Krümmungen durch ein verschieden starkes Flankenwachstum zustande; es reagieren also wieder die wachstumsfähigen Zonen. Für die Stärke der Reaktion gilt innerhalb eines gewissen Bereichs das Reizmengengesetz. Perzipiert wird der gravitrope Reiz bei Wurzeln in der Spitze. Auch bei Koleoptilen (Scheide, die das erste Blatt des Keimlings der Gräser umgibt) perzipieren die Spitzen, bei Sprossen wahrscheinlich die Streckungszonen aller noch wachsenden Internodien. Die Perzeption der Erdbeschleunigung ist mit der Verlagerung spezifisch schwerer Partikel (Statolithen) im Cytoplasma verbunden. In einem gut untersuchten Modellsystem, dem Rhizoid der sessilen Armleuchteralge *Chara*, fungieren Bariumsulfat-Kristalle als Statolithen. Bei Höheren Pflanzen kommen stattdessen Amyloplasten („Statolithenstärke") in Betracht. Diese finden sich insbesondere in Zellen im Zentrum der Wurzelhaube sowie in der Stärkescheide der Sprossachse und der Koleoptile. Diese Statolithen verlagern sich bei einer Lageänderung des Organs unter dem Einfluss der Schwerkraft auf die physikalische Unterseite. Ausschlaggebend für die Reizvermittlung könnte bei Höheren Pflanzen die Druckentlastung an den Orten sein, an denen die Statolithen zu Beginn der gravitropen Reizung lagen. Bei Organen Höherer Pflanzen ist ein Folgeeffekt der Graviperzeption die laterale Ungleichverteilung des Wuchsstoffs Indol-3-essigsäure (oder von Gibberellin): Die physikalischen Unterseiten der Sprossachsen bzw. Wurzeln weisen jeweils eine höhere Konzentration auf. Allerdings ist der Zusammenhang zwischen Statolithenverlagerung, d. h. der Reizperzeption, und der Wuchsstoffverlagerung noch ungeklärt. Es wird weiterhin angenommen, dass an der Regulation der gravitropen Reaktionskette Calciumionen (Ca^{2+}) und das Phytohormon Ethylen beteiligt sind.

Chemotropismus. Chemotrope Krümmungen sind von wachsenden Organen bekannt wie Wurzeln, Pollenschläuchen und Pilzhyphen. Die Reizrichtung wird durch den Gradienten eines Konzentrationsgefälles chemotrop wirkender Substanzen bestimmt. Ein Wachstum in Richtung ansteigender Konzentration wird als positiv chemotrop, zur geringeren als negativ chemotrop bezeichnet. Die chemotropen Bewegungen in Abhängigkeit vom Konzentrationsgefälle des Wassers werden auch mit dem Begriff Hydrotropismus, die in Abhängigkeit vom Konzentrationsgefälle des Luftsauerstoffs Aërotropismus bezeichnet.

B. Nastien. Unter Nastien (Sing. Nastie, sprich Nasti, griech.: nastos = festgedrückt) lassen sich die Organbewegungen zusammenfassen, die durch einen gerichteten oder diffusen Reiz induziert werden und durch die Struktur des reagierenden Organs festgelegt sind. Sie heißen wie Tropismen nach dem Reiz: Seismonastie, Thigmonastie, Chemonastie, Photonastie usw. Nastische Bewegungen können mechanisch auf zwei unterschiedliche Weisen zustande kommen: durch Turgorbewegungen und durch Wachstumsbewegungen. Turgorbewegungen setzen die Anwesenheit eines sogenannten Reaktions- oder Motorgewebes voraus. Die Zellen des Motorgewebes können infolge eines Reizes z. T. außerordentlich rasch ihre Turgeszenz verlieren und somit erschlaffen. Wenn das nur an einer Flanke eines Organs, z. B. eines Blattgelenks, erfolgt, so erhalten dadurch die Zellen der gegenüberliegenden Flanke die Möglichkeit zur Ausdehnung, und es kommt zu einer scharnierartigen Krümmung. Turgorbewegungen sind in aller Regel reversibel. Durch Wachstumsbewegungen erzeugte Nastien beruhen dagegen auf einem unterschiedlichen Wachstum verschiedener Organflanken, wobei die Richtung der Bewegung im Gegensatz zum Tropismus nicht durch die Richtung des Reizes, sondern durch die anatomischen Gegebenheiten des Organs bestimmt ist.

Seismo- und Thigmonastie. Eine durch berührungsfreie Erschütterung ausgelöste Nastie heißt Seismonastie (griech.: seismos = Erschütterung, Erdbeben). Ist dagegen die direkte Berührung eines Organs zur Auslösung einer Nastie erforderlich, so spricht man von einer Thigmonastie. Erschütterungsempfindliche Pflanzen sind auch immer berührungsempfindlich. Thigmonastische Bewegungen können im Dienst der Fortpflanzung stehen. Durch die Berührung bestäubender Insekten kommt es in Blüten mancher Pflanzen zu Bewegungen einzelner Organe (z. B. der Staubblätter), so etwa bei Sauerdorn (*Berberis*) und Zimmerlinde (*Sparmannia*). Dadurch können Pollen auf die Insekten oder von pollentragenden Insekten auf die Narbe abgestreift werden. Seismonatisch bzw. thigmonastisch reagierende Laubblätter besitzt neben der Venusfliegenfalle (*Dionaea muscipula*, s. V 13.4.3) namentlich die Mimose *(Mimosa pudica*, s. V 13.4.2); bekannt sind dafür außerdem noch die *Biophytum*-Arten, u. a. *B. sensitivum*, dessen Artname schon auf die seismonastische Sensitivität der Laubblätter hinweist.

Nastische Bewegungen von Ranken. Besonders auffällig ist die thigmonastische Empfindlichkeit bei den Rankenkletterern, die auf diese Weise Stützen umklammern können. Gegen berührungslose Erschütterung sind die Ranken unempfindlich. Ranken können physiologisch dorsiventral oder radiär sein. Um eine Thigmonastie handelt es sich, wenn die Krümmung immer in Richtung der Ventralseite erfolgt, unabhängig davon, ob die Reizung auf der Dorsal- oder Ventralseite stattgefunden hat, z. B. bei den Ranken von Kürbis (*Cucurbita pepo*), Zaunrübe (*Bryonia dioica*) und Erbse (*Pisum sativum*). Es gibt aber auch Arten (z. B. der Glockenrebe *Cobaea scandens* und *Cissus*-Arten), deren Ranken morphologisch und physiologisch radiär gebaut sind und sich nach allen Richtungen krümmen, wobei stets die jeweils berührte Seite konkav wird. Es handelt sich in diesem Fall definitionsgemäß um einen Thigmotropismus.

Nastische Bewegungen der Spaltöffnungen. Das Öffnen und Schließen der Spaltöffnungen (Stomata) wird durch nastische Turgorbewegungen der Schließzellen besorgt. Die Öffnungsweite der Stomata hängt stark von Außenfaktoren ab, insbesondere von Licht, Luftfeuchtigkeit, CO_2-Konzentration und Temperatur (s. Abschnitt 5.5). Schließlich unterliegen die Öffnungs- und Schließbegungen der Spaltöffnungen auch einer circadianen Rhythmik. Die Mechanik der Spaltöffnungsbewegung beruht auf einem Unterschied in der Turgeszenz der Schließzellen und der sie umgebenden Zellen, die im Fall einer morphologischen Differenzierung auch Nebenzellen genannt werden. Eine relative Zunahme des Turgors in den Schließzellen gegenüber den Nachbarzellen führt zu einer Öffnung, eine relative Abnahme des Turgors zu einem Schließen der Stomata. Dabei spielt die Anordnung der Cellulose-Mikrofibrillen in den Zellwänden eine wichtige Rolle für die Richtung der Zelldehnung.

Die Analyse der Lichtwirkungen hat ergeben, dass die photonastischen Bewegungen der Spaltöffnungen über zwei verschiedene Kausalketten gesteuert werden. Da sowohl Rot- als auch Blaulicht wirksam sind, ist einerseits eine indirekte Wirkung über die Photosynthese anzunehmen. Die Konzentration von CO_2 in der Interzellularenluft wird durch seine Fixierung im CALVIN-BENSON-Zyklus vermindert (s. Abschnitt 8.2), was eine Öffnung der Spalten zur Folge hat. Dementsprechend bewirkt eine CO_2-Fixierung im Dunkeln, wie sie bei den CAM-Pflanzen zu beobachten ist (s. Abschnitt 8.5), auch lichtunabhängig eine Öffnung der Stomata. Darüber hinaus hat Blaulicht auch eine direkte und von der Photosynthese unabhängige Wirkung. Blaulicht wird über die Phototropine wahrgenommen. Direkte oder indirekte (über die CO_2-Konzentration vermittelte) Lichtwirkungen führen in einer Reaktionsfolge zu einer

Erniedrigung des osmotischen Potenzials in den Schließzellen. Dabei spielt die Aufnahme von K^+-Ionen durch die Schließzellen aus den Nachbarzellen eine entscheidende Rolle (s. Abschnitt 5.5). Als Reservoir für das K^+ dienen häufig die funktionellen Nebenzellen, deren Volumen immer viel größer ist als das der Schließzellen. Der Hauptteil des aus elektrochemischen Gründen erforderlichen Ladungsausgleichs in den K^+-akkumulierenden Schließzellen scheint bei den meisten Arten durch eine gleichzeitige Bildung der zweiwertigen Äpfelsäure (Malat) durch Abbau der Stärke zu erfolgen. Viele monokotyle Pflanzen nutzen statt Malat das Chloridion zur Ladungskompensation.

Wenn das Wasserpotenzial der Blätter einen bestimmten Schwellenwert (zwischen $-0,7$ bis $-1,8$ MPa $= -7$ bis -18 bar) unterschreitet, können sich die Stomata auch im Licht schließen. Die hydronastischen Öffnungs- und Schließbewegungen werden über das Wasserpotenzial Ψ (s. Abschnitt 5.3) gesteuert. Sie können passiv durch Turgoränderungen in den benachbarten Epidermiszellen oder aktiv durch Turgoränderungen in den Schließzellen selbst zustande kommen. Von besonderer Bedeutung für die Pflanze ist der hydroaktive Spaltenschluss, der bei Wasserstress einsetzt und alle anderen Regelmechanismen ausschaltet. Die Hydronastie wird durch das Phytohormon Abscisinsäure (ABS, s. Abschnitt 11.5) kontrolliert. ABS verursacht schon in sehr geringen Konzentrationen einen schnellen Spaltenschluss. Die ABS-Konzentration in den Schließzellen ist bei völlig geschlossenen Spaltöffnungen 3- bis 18-mal höher als bei offenen Spaltöffnungen. ABS erhöht u. a. den cytosolischen Gehalt an freiem Ca^{2+} in den Schließzellen. Die gesteigerte Ca^{2+}-Konzentration bewirkt über die Steuerung von K^+-Kanälen einen massiven Ausstrom von K^+-Ionen in die benachbarten Zellen, während der Einstrom blockiert ist (vgl. Abschnitt 11.5).

C. Autonome Bewegungen. Manche Pflanzen führen Bewegungen durch, denen keine erkennbare, induzierende Reizung vorausging. Diese autonomen (endogenen) Bewegungen werden durch Wachstums- oder Turgorvorgänge ermöglicht. Manche dieser Bewegungen unterliegen einer tagesperiodischen (circadianen) Rhythmik und werden durch eine innere Uhr gesteuert.

Die tageszeitunabhängigen Pendelbewegungen vieler Keimpflanzen und junger Sprossteile sowie die tagesrhythmischen Pendelbewegungen von Blütenblättern (Blütenöffnung/-schließung) und von jungen Blättern ohne Blattgelenke entstehen durch zeitlich ungleiches Wachstum antagonistischer Flanken der Sprossachse, der Blütenblattbasis oder des Blattstiels. Häufig anzutreffen sind auch kreisende Bewegungen (Circumnutationen). Sie treten bei Keimpflanzen, jungen Ranken und vor allem bei Windepflanzen auf und kommen durch einseitige, die Organachse umkreisende Wachstumsförderung zustande. Bei Windepflanzen ist die Umlaufdauer meist zwei bis vier Stunden.

Autonome Turgorbewegungen entstehen durch ungleichzeitige Turgordruckänderungen an verschiedenen Flanken eines Gelenks. So pendeln beispielsweise die Blättchen von Rotklee (*Trifolium pratense*) im Dunkeln in zwei- bis vierstündigem Rhythmus auf und ab. Zu den autonomen Turgorbewegungen gehören

auch die circadianen sogenannten Schlafbewegungen vieler Leguminosen-
blätter, z. B. der Robinie (*Robinia pseudoacacia*) und der Gartenbohne (*Phaseolus
vulgaris*), die in der Natur mit einem ungefähr zwölfstündigen Rhythmus entsprechend dem Tag- und Nachtwechsel verlaufen.

D. Turgor-Explosionsbewegungen. Ihnen liegt die Turgeszenz von Zellen oder
eine Gewebespannung zugrunde. Von den reversiblen Turgorbewegungen
unterscheiden sich die Explosionsbewegungen durch ihre Irreversibilität. Explosionsbewegungen sind die Folge der plötzlichen Beseitigung einer Hemmung, die dem Ausgleich einer Gewebespannung oder der Ausdehnung von
Zellen entgegenstand. Die Bewegungen stehen im Dienst der Sporen-, Pollen-
und Samenverbreitung. Sie werden durch Turgoranstieg, Reifeprozesse oder
mechanischen Anstoß ausgelöst. Man unterscheidet zwischen Turgorschleu-
dermechanismen (z. B. Springkraut-Arten, *Impatiens*) und Turgorspritzmecha-
nismen (z. B. Spritzgurke, *Ecballium elaterium*).

13.3 Sonstige Bewegungen

Im Pflanzenreich gibt es auch Bewegungsvorgänge, die ihre Ursache in rein
physikalischen Prozessen, z. B. Quellungs- und Kohäsionsmechanismen, haben, wobei bestimmte Baueigentümlichkeiten der pflanzlichen Zellwände eine
Rolle spielen. In diesen Fällen können Bewegungen auch dann noch zustande
kommen, wenn der plasmatische Inhalt der Zellen abgestorben ist. Diese Bewegungen stehen meist im Dienst der Sporen-, Pollen-, Samen- und Fruchtaus-
breitung.

A. Hygroskopische Bewegungen. Diese weit verbreiteten Bewegungen kommen
durch Veränderung des Quellungszustands von Zellwänden zustande. Da die
Mikrofibrillen der Zellwände sich bei der Quellung zwar relativ leicht voneinander entfernen, aber kaum in ihrer Längsausdehnung verändern lassen,
kommt es bei paralleler Anordnung der Mikrofibrillen bei Quellung zu einer
Dehnung fast ausschließlich senkrecht zur Richtung der Mikrofibrillen (Quel-
lungsanisotropie). Besteht ein Gewebeverband aus zwei Lagen von Zellen, in
deren Wänden der Mikrofibrillenverlauf um 90° wechselt, so verläuft die Ausdehnung der beiden Schichten bei Wasseraufnahme in zwei aufeinander senkrecht stehenden Richtungen. Ist die Ausdehnung einer dieser Schichten bevorzugt, kommt es zur Krümmung. Bilden die Fibrillenlängsachsen in den Wänden
benachbarter Zellschichten spitze Winkel, so entstehen bei Quellung oder Ent-
quellung Torsionen. Ein Beispiel für eine Quellungsbewegung ist die Bewegung
der Peristomzähne der Sporenkapseln von Laubmoosen. Bei vielen Moosarten
werden die Peristomzähne bei Austrocknung nach außen gebogen, sodass die
Sporen bevorzugt bei trockenem Wetter ausgestreut und durch den Wind verbreitet werden. Bei Feuchtigkeitsaufnahme verschließen die Zähne durch Bie-
gung nach innen die Kapselöffnung weitgehend. Manche Moosarten zeigen
jedoch gerade das umgekehrte Verhalten (Öffnen der Peristomzähne bei Befeuchtung, Schließen bei Austrocknung). Diese Unterschiede korrespondieren

mit den unterschiedlichen ökologischen Präferenzen verschiedener Arten. Bei den Zapfen der Kiefergewächse (Pinaceae, z. B. Kiefer, Fichte, Tanne) besitzen die einzelnen Schuppenkomplexe außen eine Zellschicht mit quellbaren Wänden. Die Zapfen schließen sich daher bei Feuchtigkeit und öffnen sich bei Trockenheit. Das Ausschleudern von Samen aus Streufrüchten kann ebenfalls durch Quellungsbewegungen zustande kommen. In diesen Fällen wird die Bewegung anfänglich durch einen anatomischen Widerstand verhindert, bis die Spannung zu groß wird und dann zu einer plötzlichen Reaktion führt. Samen können dabei fortgeschleudert werden. Diese Quellungs-Explosionsbewegungen sind irreversibel. Ein Beispiel ist die Schleuderfrucht von *Geranium*-Arten; ein anderes sind die Hülsen vieler Hülsenfrüchtler, die dem Torsionsbestreben der Hülsenwand Widerstand leisten bis zum plötzlichen Aufreißen der beiden Nähte und Tordieren der Hülsenhälften.

B. Kohäsionsbewegungen. Diese beruhen auf der Kohäsionskraft des Wassers. Voraussetzung für Kohäsionsbewegungen ist das Vorliegen von (lebenden) Zellen mit großen Vakuolen oder von toten, wassererfüllten Zellen, die gegen die Umgebung relativ gut abgedichtet sind. Bei einer Wasserabgabe infolge von Verdunstung kommt es dann zu einer Volumenverringerung der Zellen, wenn keine Luft von außen eindringt. Dünne Zellwände werden dadurch nach innen gezogen, verdickte Wände widerstehen dem Zug. Pollensäcke bei Samenpflanzen, Sporenkapseln bei Farnen und Lebermoosen werden durch Kohäsionsbewegungen geöffnet. Die Öffnung der Pollensäcke wird durch die subepidermale Faserschicht, das Endothecium, bewirkt. Membranleisten erhöhen in diesen Zellen die Festigkeit der Innen- und Radialwände, die Außenwände sind unverdickt. Wasserverlust lässt die Antheren durch den tangentialen Zug des Endotheciums aufreißen.

13.4 Bewegungen in den Zellen

Zellen Höherer und Niederer Pflanzen ist die Fähigkeit zu intrazellulären Bewegungen gemein. In der Zelle kann, abgesehen von ihrer äußeren Schicht, dem Ektoplasma, das gesamte Protoplasma in Bewegung sein (Protoplasmaströmung). Chloroplasten können ihre Position verändern. Zellkerne bewegen sich meist zu den Orten stärksten Wachstums. Sie finden sich z. B. bei Zellen mit ausgeprägtem Spitzenwachstum (Pollenschläuche, Wurzelhaare) stets nahe der wachsenden Spitze. Intrazelluläre Bewegungen können entweder über Mikrotubuli oder über Mikrofilamente mit ihren jeweils zugeordneten Motorproteinen erfolgen. Mikrotubuli sind röhrenförmige Strukturen mit einem Außendurchmesser von ca. 29 nm. Mit ihnen sind zwei Klassen von Motorproteinen, die Kinesine und die Dyneine, assoziiert.

Die ca. 9 nm dicken Mikrofilamente bestehen aus dem faserförmigen Protein F-Aktin. Auch sie dienen als Transportschienen und Widerlager für assoziierte Motorproteine, von denen das Myosin das wichtigste ist. Die Bewegungsmechanik des Aktin-Myosin-Systems folgt im Wesentlichen dem Prinzip der Muskelarbeit tierischer Zellen. Myosinmoleküle, die an der Oberfläche von Organellen oder Vesikeln gebunden sind, gleiten unter ATP-Verbrauch an den Aktinfilamenten entlang.

Die Plasmaströmung ist z. T. autonomer Natur, z. T. wird sie durch Außenreize erst ausgelöst oder vorübergehend verstärkt. Letztere Bewegungen werden Dinesen genannt und nach dem auslösenden Reiz näher spezifiziert. Bei der Photodinese ist im Wesentlichen Blaulicht, bei der Chemodinese sind Aminosäuren (speziell Histidin) oder auch Indol-3-essigsäure wirksam. Auch Verletzungen (Traumatodinese) oder Wärme (Thermodinese) können die Plasmaströmung fördern. Das Cytoplasma kann in den verschiedenen Zelltypen unterschiedlich strömen (Rotationsströmung, Zirkulationsströmung, Turbulenzströmung); ohne Strömung bleiben z. B. Palisaden- und Drüsenzellen. Die Strömungsgeschwindigkeit in Zellen Höherer Pflanzen beträgt im Durchschnitt etwa 0,2–0,6 mm/min. Besonders rasch ist die autonome Plasmaströmung in den riesigen Internodialzellen der Armleuchteralge *Chara*. Hier strömen die Organellen des fluiden Endoplasmas mit einer Geschwindigkeit von ca. 0,1 mm/s an den im zähen Ektoplasma fixierten Chloroplasten vorbei.

Während die Chloroplasten im Fall von *Chara* fixiert sind, finden in den Zellen vieler Pflanzen auffallende Bewegungen der Chloroplasten statt, die sie in die Stellung bzw. an die Orte optimaler Belichtung führen. Im typischen Falle unterscheiden wir eine Schwachlichtstellung, bei der die Chloroplasten sich in einer zur Lichteinfallsrichtung etwa senkrecht stehenden Ebene anordnen, also einen optimalen Lichtgenuss anstreben, und eine Starklichtstellung, in der sie an den zur Lichtrichtung parallel verlaufenden Zellwänden angeordnet sind. Bei der Positionierung der Chloroplasten von Moosen und Höheren Pflanzen ist der blaue Spektralbereich des Lichts wirksam, der über die Phototropine wahrgenommen wird. Phototropin 1 vermittelt die Schwachlichtreaktion, Phototropin 2 die Starklichtreaktion. Bei der Grünalge *Mougeotia* (Zygnematales) kehrt der plattenförmige Chloroplast der einfallenden Strahlung in schwachem Licht die Fläche, in starkem die Kante zu (vgl. Abbildung 13.13). Bei *Mougeotia* wirkt im Gegensatz zu den vorgenannten Beispielen das im hell- bzw. dunkelroten Bereich des Lichtspektrums absorbierende Phytochromsystem als Rezeptor. Bei Algen und Farnen wurden auch chimäre Photorezeptoren gefunden, die einen Phototropin- und einen Phytochromanteil besitzen.

13.5 Freie Ortsbewegungen (Lokomotionen)

Zur freien Ortsbewegung sind nur eigenbewegliche, einzellige oder koloniale Algen oder Pilze in der Lage; weiterhin begeißelte Fortpflanzungszellen (Zoosporen, Zoogameten) von Algen und Pilzen sowie die Spermatozoide von Moosen, Farnen und einigen Gymnospermen.

Am verbreitetsten sind Bewegungen von Zellen mithilfe von Geißeln. Diese sind langgestreckte, aus dem Zellkörper weit herausragende, aber von Plasmalemma umhüllte Fortbewegungsorganellen der Zelle, die ihre Form durch Mikrotubuli erhalten. Ein Querschnitt zeigt im Inneren zwei zentrale Einzeltubuli (Singuletts) und neun periphere Doppeltubuli (Dupletts; 9·2+2-Bauprinzip der Geißeln aller Eukaryota). Singuletts und Dupletts bilden mit weiteren Proteinen das komplexe Cytoskelett der Geißeln. Die motile Gesamtstruktur, die den Geißelschaft längs durchzieht, heißt Axonem. Die Eukaryotengeißel vermag chemische Energie (Spaltung von ATP) in mechanische Energie durch Gleiten des Motorproteins Dynein an den Mikrotubuli des Axonems umzusetzen.

Gleitbewegungen gibt es bei fädigen Cyanobakterien (Blaualgen), bei Desmidiaceen (Zieralgen) und pennaten Diatomeen (schiffchenförmige Kieselalgen). Fädige Cyanobakterien bewegen sich durch submikroskopische Wellenbewegungen schraubig angeordneter Proteinfibrillen. Als festes Substrat dient der Blaualge oft der ausgeschiedene Schleim, der an festen Gegenständen anhaftet. Desmidiaceen scheiden durch Porenapparate Schleim aus. Dieser klebt fest, quillt und schiebt dadurch den Einzeller voran. Pennate Diatomeen geben Schleim durch die Raphe (spaltförmiger Durchbruch durch die verkieselte Zellwand) ab. Die Bewegung wird wahrscheinlich durch eine wellenförmige Fließbewegung des Plasmalemmas bewirkt, wobei Aktinbündel (Bündel von Mikrofilamenten) in der Nähe der Raphe die Fließbewegung der Plasmamembran erzeugen sollen.

Werden die freien Ortsbewegungen in ihrer Richtung durch einen Außenfaktor bestimmt, so spricht man von einer Taxis oder Taxie (sprich Taxi, plur. Taxien). Ist die Bewegung zur Reizquelle hin gerichtet, handelt es sich um eine positive Taxis, führt sie von ihr weg, um eine negative Taxis. Erfolgt eine gezielte Bewegung zur Reizquelle hin oder von ihr weg, liegt eine Topotaxis vor. Von Phobotaxis (alternativ: phobische Reaktion) spricht man, wenn der Organismus innerhalb eines Reizfeldes nicht die Richtung des Reizgefälles, sondern die zeitliche Änderung wahrnimmt.

Bezüglich der Wirkungen des Lichts unterscheidet man die Photokinese, die Phototaxis und die photophobische Reaktion. Als Photokinese bezeichnet man das Phänomen, dass die Bewegungsgeschwindigkeit mit der Lichtintensität korreliert, bei photoautotrophen Organismen vermutlich über die Bereitstellung von Energie durch die Photosynthese. Die Phototaxis ist in aller Regel bei niedrigen Lichtintensitäten positiv, bei überoptimal hohen Lichtintensitäten dagegen negativ. Viele geißelbewegliche Algen können ihre räumliche Bewegung relativ zum Lichtvektor detektieren. Dazu drehen sie sich beim Schwimmen um die eigene Längsachse, wobei das auf den Photorezeptor fallende Licht periodisch durch einen auf einer Zellflanke lokalisierten, pigmentierten Augenfleck (Stigma) moduliert wird. Bei der Grünalge *Chlamydomonas* reflektiert der Carotinoide enthaltende Augenfleck das eingestrahlte Licht periodisch auf den Photorezeptor. Als Photorezeptoren dienen bei *Chlamydomonas* sogenannte Kanalrhodopsine, die mit dem Rhodopsin im menschlichen Auge verwandt sind. Bei der photophobischen Reaktion führt eine plötzliche Änderung der Lichtintensität zu einer Veränderung der Bewegungsrichtung. Chemotaxis gibt es vor allem bei heterotrophen Organismen zur Auffindung von Nahrungsquellen, bei zellulären Schleimpilzen (Acrasiales) zur Versammlung (Aggregation) zwecks gemeinsamer Fruchtkörperbildung und bei Geschlechtszellen (Gameten) zum Auffinden des Partners.

B   Versuche

V 13.1   Phototropismus

V 13.1.1   Lichtinduzierte Krümmungsbewegungen bei Erbsenkeimlingen

Kurz und knapp. Versuche mit Licht als krümmungsinduzierendem Faktor bieten sich als Einstieg in die Thematik der Pflanzenbewegungen an, da hier ein sofort einsichtiger Zusammenhang zwischen der Bewegung der Pflanze und der ökologischen Bedeutung besteht, d. h. der Notwendigkeit, in den optimalen Lichtgenuss für die Photosynthese zu gelangen.

Zeitaufwand. Vorbereitung: 5 min, Belichtungsdauer: 3–3,5 h

Material:	zwei Erbsenkeimlinge (*Pisum sativum*, Sprossachse ca. 6-7 cm hoch, Anzucht ca. 5 Tage) in separaten Anzuchtgefäßen
Geräte:	Diaprojektor oder andere Lichtquelle, zwei Dunkelstürze mit und ohne Öffnung

Durchführung. Ein Erbsenkeimling wird in einen Dunkelsturz mit Öffnung gestellt und mit dem Diaprojektor ca. drei Stunden belichtet (Abbildung 13.4). Dabei sollte der belichtete Bereich des Keimlings die obere Hälfte der Sprossachse umfassen. Der zweite Erbsenkeimling dient als Kontrolle und verbleibt im zweiten Dunkelsturz ohne Öffnung.

Beobachtung. Nach ca. drei Stunden Belichtungszeit hat sich der Erbsenkeimling deutlich positiv phototrop zur Lichtquelle hin gekrümmt. Der Beginn der Krümmung setzt nach etwa zwei Stunden Belichtungszeit ein. Die Kontrolle zeigt keine Krümmungsbewegungen.

Erklärung. Die phototrope Krümmung wird durch ein einseitiges Streckungswachstum der lichtabgewandten Sprossflanke ermöglicht. Sie ist wahrscheinlich die Folge einer durch Helligkeitsunterschiede zwischen Licht- und Schattenseite

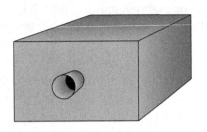

Abbildung 13.4 Dunkelsturz aus einem Schuhkarton

verursachten Ungleichverteilung (Asymmetrie) von Auxin (Indol-3-essigsäure) im Organ.

Bemerkung. Einfache Dunkelstürze lassen sich aus Schuhkartons herstellen. Zur Vermeidung von Streulicht können diese innen mit schwarzem Papier ausgeschlagen werden. In die Öffnung kann eine innen schwarz angemalte Kartonrolle geschoben werden (Toilettenpapierhülse), um einen gerichteteren Strahlengang zu erreichen. Der Versuch kann auch ohne Diaprojektor und Dunkelsturz an einem Fenster mit hoher Sonneneinstrahlung durchgeführt werden. Allerdings benötigen die Pflanzen bis zum Beginn der Krümmung eine längere Expositionsdauer.

V 13.1.2 Phototrope Krümmung bei Senfkeimlingen

Kurz und knapp. Diese Versuchsanordnung mit einer Kultur von Senfkeimlingen auf feuchtem Filterpapier ermöglicht das gleichzeitige Beobachten der phototropen Reaktionen von Sprossachse und Wurzel.

Zeitaufwand. Anzucht von Senfkeimlingen: zwei bis drei Tage, Belichtungsdauer: ein Tag

Material:	Samen vom Weißen Senf (*Sinapis alba*)
Geräte:	Chromatographiekammer als feuchte Kammer, Glasplatte, Filterpapier, Dunkelsturz mit seitlicher Öffnung, Pinzette, künstliche Lichtquelle

Durchführung. Ein 20 cm breiter und 40 cm langer Filterpapierstreifen wird um eine Glasplatte 20 x 20 cm gelegt und stark mit Leitungswasser angefeuchtet. Auf das Filterpapier werden dann 7–8 cm vom oberen Rand entfernt 20 Senfsamen mittels einer Pinzette in einer waagerechten Reihe so aufgesetzt, dass der Wurzelpol des Embryos jeweils nach unten zeigt. Die entsprechende Region lässt sich mit bloßem Auge als helles Pünktchen in einem kleinen, etwas dunkler gefärbten Bereich erkennen. Innerhalb von wenigen Minuten verschleimt die Samenschale, sodass sich eine besondere Befestigung der Samen erübrigt. Die Platte mit den Samen wird dann in eine Standard-Chromatographiekammer eingesetzt. Der Boden der Kammer wird mit Leitungswasser gefüllt, sodass das Filterpapier Wasser nachsaugen kann, und der Deckel aufge-

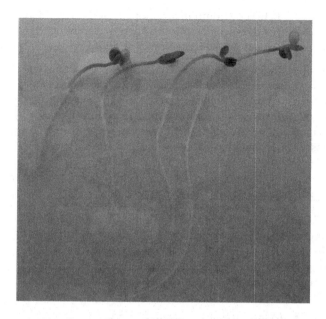

Abbildung 13.5 Phototrope Reaktionen von Senfkeimlingen (s. Versuchsbeschreibung)

setzt. Die feuchte Kammer wird nun dunkel (z. B. in einem Schrank) für zwei bis drei Tage aufgestellt.

In diesem Zeitraum erreichen die Keimpflanzen die für den Versuch geeignete Größe. Die Wurzellänge soll über 10 mm, die Länge der Sprossachse (Hypokotyl) mindestens 5 mm betragen. Die Anzahl der Keimpflanzen wird nun auf zehn reduziert. Diese verbleibenden Keimpflanzen sollten möglichst weit voneinander entfernt sein und gerade gewachsene Keimwurzeln und Hypokotyle aufweisen.

Die feuchte Kammer wird nun unter einen passenden Dunkelsturz mit seitlicher Öffnung gestellt. Alternativ kann die Kammer auch mit Alufolie bis auf ein Lichtfenster in Höhe der Keimlinge umhüllt werden. Die Keimlinge werden nun mit einer künstlichen Lichtquelle für einen Tag belichtet.

Beobachtung. Nach drei Tagen Keimungsdauer im Dunkelsturz haben sich etiolierte Keimpflanzen gebildet. Sie weisen gelblich gefärbte Keimblätter (Kotyledonen) auf. Die Sprossachse unterhalb der Keimblätter (das Hypokotyl) ist zu einem Haken gekrümmt. Die Keimwurzel wächst gerade (positiv gravitrop) nach unten und hat einen dichten Flaum von Wurzelhaaren ausgebildet.

Nach der eintägigen seitlichen Belichtung sind die Keimblätter ergrünt und wenden dem Licht ihre Fläche zu; sie sind also transversal phototrop orientiert. Der Hypokotylhaken hat sich geöffnet, und das Hypokotyl zeigt eine positiv phototrope Krümmung. Die Wurzel weist dagegen eine negativ phototrope Krümmung auf (Abbildung 13.5).

Erklärung. Die Erklärung bezüglich der Krümmung der Sprossachse folgt den Ausführungen unter V 13.1.1. Bei der negativ phototropen Krümmung der Keimwurzel strecken sich die Zellen auf der lichtzugewandten Seite.

Bemerkung. Die phototrope Reaktionsfähigkeit der Wurzel von Pflanzenkeimlingen ist artspezifisch unterschiedlich ausgeprägt: Etwa die Hälfte der untersuchten Arten zeigt einen mehr oder weniger starken negativen Phototropismus, die andere Hälfte zeigt dagegen keine phototrope Reaktion. Der Senf ist ein Paradebeispiel für einen stärker ausgeprägten negativen Phototropismus der Wurzel, wenn er in Wasser oder feuchter Luft angezogen wird.

V 13.1.3 Versuche zum Resultantengesetz

Kurz und knapp. Organbewegungen können auch durch gleichzeitige Reize aus verschiedenen Richtungen ausgelöst werden. Die Krümmungsrichtung des Pflanzenorgans folgt dann dem Resultantengesetz. Dieser Versuch bietet sich an, da er die Bedingungen in der natürlichen Umgebung der Pflanzen simuliert, in der Bewegungen Reaktionen auf Lichtreize unterschiedlichster Richtung und Intensität sind.

Zeitaufwand. Vorbereitung: 5–10 min, Belichtungsdauer: 2–3 h

Material:	Erbsenkeimling (Sprossachse 5-6 cm hoch, Anzucht ca. 5-6 Tage) im Anzuchtgefäß
Geräte:	Dunkelsturz mit im rechten Winkel zueinander stehenden Öffnungen

Durchführung. Der Erbsenkeimling wird so im Dunkelsturz platziert, dass er durch die beiden Öffnungen von zwei Diaprojektoren im Winkel von 90° belichtet wird. Die Diaprojektoren sollen den gleichen Abstand zum Erbsenkeimling und eine gleiche Strahlungsleistung besitzen. Die Belichtung erfolgt über drei Stunden.

Beobachtung. Nach der Belichtungszeit hat sich der Spross in der Aufsicht in einem Winkel von etwa 45° zu den beiden Lichtquellen gekrümmt.

Erklärung. Wird eine phototrop reaktionsfähige Pflanze gleichzeitig aus zwei verschiedenen Richtungen, die jedoch keinen Winkel von 180° miteinander bilden, mit gleicher oder verschiedener Intensität belichtet, so erfolgt zumeist eine Krümmung in die Richtung der Resultante, die man aus einem Kräfteparallelogramm aus Richtung und Reizmenge der beiden Lichtreize bilden kann (Resultantengesetz, s. Abbildung 13.1).

Bemerkung. Um die Wirkung von zwei Reizen mit unterschiedlicher Intensität zu demonstrieren, kann der Versuch auch abgewandelt werden, indem man einen der beiden Diaprojektoren in einem weiteren Abstand vom Keimling platziert, sodass die auftreffenden Lichtintensitäten verschieden sind. Es wird sich nach der Belichtungszeit von 3 h eine stärkere Krümmung zur näheren Lichtquelle einstellen. Dies zeigt zusätzlich die Abhängigkeit des lichtinduzierten Streckungswachstums von der Intensität des einstrahlenden Lichts.

V 13.2 Gravitropismus

V 13.2.1 Verlagerung von Amyloplasten unter dem Einfluss der Schwerkraft

Kurz und knapp. Bei Höheren Pflanzen kann die innerste Rindenschicht von Sprossachsen zu einer Stärkescheide ausgebildet sein. Die Amyloplasten dieser Zellen verlagern sich bei Lageänderungen der Sprosse unter dem Einfluss der Schwerkraft auf die jeweilige physikalische Unterseite. Daher wird für sie eine Funktion als Statolithen vermutet.

Zeitaufwand. Vorbereitung: 20 min, Durchführung: 15–20 min

Material:	Eine Topfpflanze des Fleißigen Lieschens (*Impatiens walleriana*)
Geräte:	Lichtmikroskop, Objektträger, Deckgläschen, Rasierklinge, spitze Pinzette, Becherglas, Petrischale, Rundfilterpapier
Chemikalien:	Iodkaliumiodid–Lösung (LUGOLsche Lösung, s. V. 1.3.2)

Durchführung. Da die Sprossachsen von *Impatiens* kaum verholzt sind, gelingen dünne Schnitte an diesem Objekt ohne größere Mühe. Es werden Quer- und Längsschnitte von einer aufrecht gewachsenen und einer in die Horizontale gelegten Sprossachse durchgeführt. Hierzu wird zunächst ein senkrecht gewachsener Spross (Durchmesser ca. 5 mm) abgeschnitten, alle Blätter entfernt und ohne Lageveränderung in ein Becherglas gestellt. Von diesem wird ein etwa 1 cm langes Stück abgetrennt und sofort ein Quer- und ein Längsschnitt angefertigt. Zur Herstellung des Längsschnitts wird das nach oben weisende Ende durch einen schrägen Schnitt markiert. Nun wird die Sprossachse in der Mitte der Länge nach durchgeschnitten und entlang der Schnittfläche ein Längsschnitt angefertigt. Quer- und Längsschnitte werden auf einen Objektträger in einen Tropfen Iodkaliumiodid-Lösung gegeben, mit einem Deckgläschen abgedeckt und sofort mikroskopiert.

Die restliche Sprossachse, die bis zu diesem Zeitpunkt keine Lageänderung erfahren haben darf, wird für 20 min in waagerechter Lage in eine Petrischale auf befeuchtetes Filterpapier gelegt (feuchte Kammer). Dann wird die nach

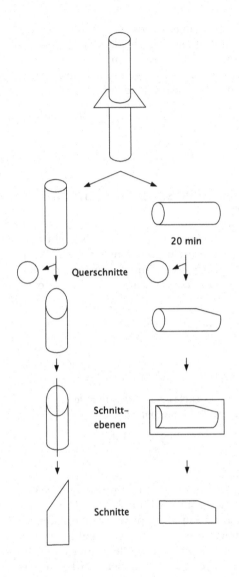

Abbildung 13.6 Schnittanleitung

oben weisende Flanke durch ein leichtes Einschneiden in Längsrichtung markiert und in der gleichen Weise wie oben beschrieben ein Quer- und ein Längsschnitt angefertigt. Beim Anfertigen des Längsschnitts ist zu beachten, dass die Ebene der Schnittfläche senkrecht zur oberen Flanke der waagrecht liegenden Sprossachse stehen muss. Die Präparate werden ebenfalls in Iodkaliumiodid-Lösung mikroskopiert.

Beobachtung. Im Querschnitt fällt die Stärkescheide als innerste Schicht der Rinde auf. Ihre Zellen enthalten Amyloplasten, deren große Stärkekörner sich intensiv infolge der Iod-Stärke-Reaktion anfärben und die sich in dieser Hinsicht von den Chloroplasten des übrigen Rindengewebes unterscheiden. Die Längsschnitte geben Auskunft über die Lokalisation der Amyloplasten innerhalb der Zellen der Stärkescheide. In der senkrecht gewachsenen Sprossachse liegen die Amyloplasten auf der physikalischen Unterseite der Zelle (Abbildung 13.7 A). Infolge der Drehung der Achse um 90° in die Waagerechte verlagern sich auch die Amyloplasten auf die neue physikalische Unterseite (Abbildung 13.7 B).

Erklärung. Amyloplasten sind durch den Besitz großer Stärkekörner gekennzeichnet. Aufgrund ihres im Vergleich zum umgebenden Plasma höheren spezifischen Gewichts sedimentieren sie auf der jeweiligen physikalischen Unterseite. Daher können sie als Statolithen fungieren. Pflanzen, die z. B. infolge einer längeren Verdunkelung nur wenig Stärke enthalten, zeigen eine schwächere gravitrope Reaktion als belichtete Pflanzen. Daraus folgt, dass die Amyloplasten

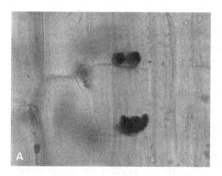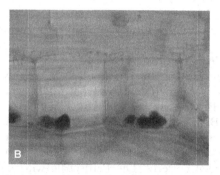

Abbildung 13.7 Amyloplasten in A senkrechter und B horizontaler Sprossachse von Fleißigem Lieschen

eine wichtige, aber nicht unerlässliche Rolle für die Perzeption der Schwerkraft spielen. Die Verlagerung der Amyloplasten könnte zu einer mechanischen Deformation zellulärer Strukturen führen, die ein weiteres Glied in der noch weitgehend hypothetischen Signalweiterleitungskette ist, die letztendlich zu einer gravitropen Krümmung führt.

V 13.2.2 Gravitrope Krümmung von Sprossachse und Wurzel

Kurz und knapp. Neben dem Licht ist die Schwerkraft ein weiterer für Pflanzen wichtiger Reiz, um sich in ihrem Lebensraum zu orientieren. Pflanzen wachsen in aller Regel aufrecht. Die Orientierung erfolgt zur Schwerkraft. Positiv gravitrop, d. h. in Richtung der Schwerkraft, wachsen Keim- und Hauptwurzeln, negativ gravitrop die Hauptsprosse. Beide Reaktionsweisen erfolgen parallel zur Schwerkraftrichtung (Orthogravitropismus).

Zeitaufwand. Vorbereitung: 10 min, Keimung unter dem Dunkelsturz: zwei Tage, Verweildauer nach Lageveränderung unter dem Dunkelsturz: zwei Tage

Material:	Samen der Gartenkresse (*Lepidium sativum*)
Geräte:	Petrischale mit Deckel (Ø 15 cm), rundes Filterpapier, Pinzette, Gummiring

Durchführung. In ein Petrischalenunterteil (Ø 15 cm) legt man drei eventuell passend zurechtgeschnittene runde Filterpapiere, in den Petrischalendeckel ein weiteres Filterpapier. Die Filterpapiere werden mit Leitungswasser stark befeuchtet. Nun werden mithilfe einer Pinzette 25 Kressesamen in der Mitte der

Rundfilter des Petrischalenunterteils in einer waagerechten Reihe aufgelegt. Der Wurzelpol des Embryos – am spitz zulaufenden Ende des Samens – soll nach dem Aufstellen einheitlich nach unten weisen. Aufgrund der raschen Verschleimung der Samenschale (s. V 12.2.1) erübrigt sich eine zusätzliche Befestigung der Samen. Die Petrischale soll etwas überschüssiges Wasser enthalten. Nun setzt man den Deckel auf und sichert ihn mit einem starken Gummiring (z. B. von Einmachgläsern). Die Petrischale wird nun wackelfrei und dunkel (z. B. in einem Schrank) für zwei Tage aufgestellt. Nach zwei Tagen haben sich Keimpflanzen entwickelt, deren Keimwurzeln etwa 20 mm und deren Hypokotyle etwa 10 mm lang sein sollten. Pflanzen mit gekrümmten Keimwurzeln werden entfernt. Die Petrischale wird um 90° gedreht, sodass die Keimlinge nun waagrecht orientiert sind, und für zwei weitere Tage im Dunkeln aufgestellt.

Beobachtung. Zwei Tage nach der Lageveränderung haben sich die Sprossachsen negativ gravitrop senkrecht nach oben gekrümmt. Die Wurzeln zeigen ein positiv gravitropes Verhalten und wachsen mit einem scharfen Knick senkrecht nach unten.

Erklärung. Wie die phototropischen Krümmungen, so kommen auch die gravitropischen Krümmungen durch ein unterschiedlich starkes Flankenwachstum zustande. Die Perzeption der Erdbeschleunigung ist mit der Verlagerung von Amyloplasten (Statolithen) verbunden, die sich in Zellen im Zentrum der Wurzelhaube bzw. in Stärkescheiden der Stängel befinden. Ein Glied in der Kette der gravitropen Reaktionsfolge ist die laterale Ungleichverteilung des Phytohormons IES (Indol-3-essigsäure).

Bemerkung. Eine Abwandlung des Versuchs kann durch das Abschneiden der Wurzelspitze bei der Hälfte der Keimlinge vor der Drehung um 90° erreicht werden. Da die Reizperzeption an der Wurzelspitze (in der Wurzelhaube) erfolgt, unterbleibt die Krümmung der Wurzel nach der Lageveränderung.

V 13.2.3 Gravitropische Krümmungsversuche am Klinostaten

Kurz und knapp. Mit dem Einsatz eines Klinostaten kann die Wirkung der Schwerkraft auf Pflanzen aufgehoben werden.

Zeitaufwand. Vorbereitung: ca. 10 min, Behandlungsdauer auf dem Klinostaten: ca. 2–3 h

Material:	Senfkeimlinge (Anzucht ca. 2 Tage)
Geräte:	Klinostat (Anleitung zum Selbstbau siehe unten), Dunkelsturz

Durchführung. Ein Senfkeimling wird auf dem Klinostaten befestigt. Danach dreht man diesen um 90°, sodass der Keimling in eine horizontale Lage gelangt. In dieser Position soll sich die Pflanze unter dem Dunkelsturz mit etwa einer Umdrehung pro Minute drehen. Ein weiterer Senfkeimling wird ebenfalls in horizontaler Lage ohne Drehung als Kontrolle unter dem Dunkelsturz aufgestellt.

Anleitung zum Selbstbau eines Klinostaten. Klinostaten werden im Fachhandel zum Preis von € 200–€ 400 angeboten. Alternativ kann ein simpler Klinostat, das sogenannte „Weckerkarussell", im Selbstbau hergestellt werden. Von einem nicht mehr benötigten Wecker entfernt man das Sichtglas und biegt den Sekundenzeiger im 90°-Winkel zum Zifferblatt um. Auf den Zeiger kann nun ein Flaschenkorken aufgespießt werden, der als Plattform für die Versuchsobjekte dient. Die Konstruktion hat allerdings den Nachteil, dass keine schweren Lasten auf den Korken montiert werden können. Falls bei den Schülern Interesse besteht, kann aber auch mit einem eventuell vorhandenen Baukasten (z. B. Lego, Fischer-Technik, Märklin Metall) ein stabilerer Klinostat konstruiert werden, was allerdings einen erhöhten Zeitaufwand zur Vorbereitung mit sich bringt.

Anzuchtshinweise für Klinostatversuche: Als Versuchsobjekte kommen aufgrund ihres geringen Eigengewichts z. B. Senf- oder Kressekeimlinge infrage. Diese trocknen allerdings während der Versuchsdauer vor allem unter Bestrahlung leicht aus. Eine Abhilfe schafft hier die Aufzucht der Keimlinge in mit Substrat gefüllten 1,5 ml Plastikreaktionsgefäßen (z. B. Firma Eppendorf), an deren unterem Ende von innen eine Stecknadel durchgestochen wurde. Die Nadel fixiert das Gefäß am Korken des Weckerkarussells. Der Keimling kann zur zusätzlichen Fixierung noch durch den durchbohrten Deckel des Gefäßes geführt werden. Die Aufzucht im Reaktionsgefäß löst neben dem Problem der Austrocknung noch das der Stabilisierung des Keimlings durch die Verwurzelung im Substrat. Als Substrat hat sich Vermikulit bewährt. Nach Befeuchtung quillt dieses auf und verhindert zusätzlich ein Verrutschen und somit Verfälschen der Versuchsergebnisse.

Beobachtung. Der Senfkeimling auf dem Klinostaten zeigt kein Krümmungsverhalten, er behält seine gestreckte Form bei, während die Kontrollpflanze negativ gravitrop wächst.

Erklärung. Die Pflanze auf dem rotierenden Klinostaten zeigt keine Reaktion auf den Schwerereiz, da dieser durch die Drehung unmittelbar nacheinander auf alle Seiten des Pflanzenkörpers einwirkt und damit ein räumlich gerichteter Reiz aufgehoben ist.

V 13.3 Chemotropismus

V 13.3.1 Chemotropismus von Keimwurzeln

Kurz und knapp. Pflanzen reagieren auch auf chemische Reize aus ihrer Umwelt. Durch diesen Versuch wird deutlich, dass die Pflanzen zwecks Nährstoffaufnahme mit ihren Wurzeln im Boden gerichtete Bewegungen vollziehen können.

Zeitaufwand. Vorbereitung: ca. 25 min, Versuchsergebnis: zwei Tage nach Ansatz

Material:	8 Senfkeimlinge (mit 5 cm langen Wurzeln, Anzucht 2-3 Tage)
Geräte:	2 hohe Bechergläser (300 ml), Dunkelsturz, 2 Reagenzgläser, Stativ mit zwei Doppelmuffen und Stativklemmen, Metallsonde, Trichter, Federstahlpinzette
Chemikalien:	0,3 mol/l Kaliumchlorid-Lösung (KCl), Haushaltsgelatine, entmin. Wasser

Durchführung. Mit der nach Gebrauchsanweisung angesetzten Gelatine werden die beiden Bechergläser zu etwa dreiviertel gefüllt. In die noch flüssige Gelatine taucht man je ein Reagenzglas halb ein, sodass es sich mittig im Becherglas befindet. Die Reagenzgläser werden über Stativklemmen, die mit Doppelmuffen an einem Stativ befestigt sind, in ihrer Position gehalten. Nach dem Erstarren füllt man etwas warmes Wasser in die Reagenzgläser, um sie aus der Gelatine zu lösen und zieht sie vorsichtig heraus. Das entstehende Loch füllt man bei einem Becherglas mit der KCl-Lösung, im anderen mit entmin. Wasser auf (Kontrolle). In 1–1,5 cm Abstand von dem Loch sticht man mit der Metallsonde vier jeweils 4 cm tiefe Kanäle ein, in die je ein Senfkeimling eventuell mithilfe einer Federstahlpinzette mit der Wurzel voran eingeschoben wird. Die Versuchsanordnung verbleibt zwei Tage unter dem Dunkelsturz.

Beobachtung. Nach Ablauf der Standzeit zeigen die Wurzeln im Ansatz mit der KCl-Lösung ein positiv chemotropes Wachstum in Richtung KCl-Lösung, die Wurzeln im Kontrollansatz wachsen dagegen ausschließlich positiv gravitrop nach unten.

Erklärung. Die Wurzeln der Senfkeimlinge können offenbar über Rezeptoren die Nährstoffkonzentration in der Gelatine ermitteln. Die KCl-Lösung verursacht durch Diffusion in dem Gelatinekörper einen Konzentrationsgradienten, der zur Becherglaswand hin abfällt. Dies können die Wurzeln registrieren. Die Wachstumsrichtung ergibt sich durch einseitiges Streckungswachstum zur Nährstoffquelle hin.

Bemerkung. Da die Gelatine bei ihrer Herstellung aufgekocht werden muss, dauert es lange, bis sie erstarrt ist. Auch im Kühlschrank vergeht fast eine Stunde. Durch Kühlung in Eis kann man die Zeit verkürzen. Es empfiehlt sich daher, die Gelatine im Becherglas mit dem Reagenzglas schon am Vortag anzusetzen und über Nacht zu kühlen. Die Wurzeln lassen sich am besten mit einer Pinzette in die Kanäle einführen, wobei man sie mit der Pinzette der Länge nach umfasst und einschiebt. Dadurch bleiben die Wurzeln zunächst gerade ausgerichtet, was die sich später einstellende Krümmung anschaulicher verdeutlicht.

V 13.4 Nastien

V 13.4.1   Thermonastische Bewegungen bei Tulpenblüten

Kurz und knapp. Die Bewegung von Tulpenblütenblättern bietet einen anschaulichen Einstieg in die nastischen Bewegungsvorgänge. Die Reversibilität solcher Bewegungen kann bei diesem Versuch in relativ kurzer Zeit verdeutlicht werden.

Zeitaufwand. Vorbereitung: 5 min, Durchführung: 20 min

Material:	Tulpenblüten (frisch von der Gärtnerei)
Geräte:	2 Bechergläser (500 ml), Stecknadel, Styroporscheibe (∅ 5 cm)

Durchführung. Eine Tulpenblüte wird mit der Stecknadel von oben durchstochen, aufrecht auf der Styroporscheibe befestigt und in das Becherglas mit zunächst heißem Wasser (60–70 °C) gegeben. Nach zehn Minuten stellt man die Tulpenblüte in ein Becherglas mit möglichst kaltem Wasser (5–10 °C), wo sie weitere zehn Minuten verbleibt.

Beobachtung. Die Tulpenblüte öffnet sich innerhalb von zehn Minuten im Becherglas mit heißem Wasser. Beim Wechsel in das Becherglas mit kälterem Wasser beginnt sie sich wieder zu schließen.

Erklärung. Der Öffnungsmechanismus der Tulpenblüte ist temperaturabhängig. Diese Thermonastie geht auf die unterschiedliche Beeinflussung des Wachstums der Ober- und Unterseite an der Blütenblattbasis zurück. Das Temperaturoptimum für das Streckungswachstum der Oberseite liegt höher als das der Unterseite. Auf eine Temperaturerhöhung reagieren daher die Zellen an der Blütenblattoberseite mit einem verstärkten Wachstum, was zu einem Öffnen der Blüte führt. Die Temperaturabnahme bedingt ein Wachstum der Zellen an der Blütenblattunterseite, die Blüte schließt sich.

Bemerkung. Das Wasser im ersten Becherglas sollte nicht zu heiß sein, da die Blüte sonst geschädigt wird und der Versuch misslingt.

Die Blütenblätter sind wiederholt reaktionsfähig und verlängern sich z. B. bei der Tulpe während einer einzigen thermonastischen Bewegung um 7 %, sodass im Verlauf der ganzen Blütezeit durch wiederholte thermonastische Bewegungen ein Gesamtzuwachs von über 100 % zustande kommen kann.

V 13.4.2   Seismonastische Bewegungen bei der Mimose

Kurz und knapp. Die Sinnpflanze *Mimosa pudica* ist vor allem aufgrund der zu beobachtenden Geschwindigkeit der Bewegung eines der beeindruckendsten Beispiele der Pflanzenmotilität.

Zeitaufwand. Durchführung: 30 min

Material:	Sinnpflanze (*Mimosa pudica*), erhältlich in Gärtnereien
Geräte:	Holzstab, Stoppuhr, Lineal

Durchführung. Die Sinnpflanze wird mit dem Holzstab an der Spitze eines Fiederstrahls angeschlagen. Mit der Stoppuhr kann die Zeit gemessen werden, die die Erregungsleitung benötigt, um weitere Fiederstrahlen zum Schließen zu bewegen.

Beobachtung. Die Laubblätter von *Mimosa pudica* weisen eine doppelte Fiederung auf. Die Fiedern erster Ordnung (Primanfiedern, Fiederstrahlen) entspringen zu Vieren am oberen Ende des verlängerten Blattstiels und bringen selbst in großer Zahl Fiedern zweiter Ordnung (Sekundanfiedern, Fiederblättchen) hervor (Abbildung 13.8 A).

Anschlagen einer Primanfiederspitze führt zum paarweisen Zusammenklappen der Fiederblättchen. Die Einfaltung schreitet in basipetaler Richtung weiter und greift schließlich auf die benachbarten Primanfiedern über. Dabei nähern sich die Primanfiedern durch Verringerung ihres seitlichen Abstands einander merklich an. Weiterhin wird noch das Gesamtblatt durch eine Krümmung im Blattstielgelenk nach unten in die Reaktion einbezogen. Bei kräftiger Reizung kann sich die Erregung sogar auf- und abwärts zu den benachbarten Blättern fortpflanzen, die daraufhin ebenfalls mit den geschilderten Bewegungen antworten. Unterbleibt eine weitere Reizung, so erholt sich die Pflanze innerhalb von 15–20 Minuten völlig, wobei alle Teile wieder ihre Ausgangslage einnehmen.

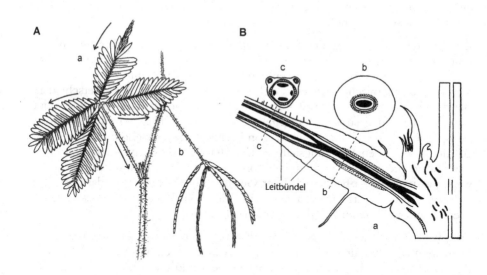

Abbildung 13.8 A Reizvorgang von *Mimosa pudica*, a Verlauf des Reizvorgangs, b Blatt nach erfolgter seismonastischer Reaktion. B Blattstielgelenk von *Mimosa pudica*, a Längsschnitt mit Verlauf der Leitbündel (schwarz), b Querschnitt durch das Gelenk bei a, c Querschnitt durch den Blattstiel links (B nach W. SCHUMACHER)

Die Geschwindigkeit der Erregungsleitung kann mittels Stoppuhr und Lineal bestimmt werden, was einen Vergleich mit tierischen Erregungsleitungen ermöglicht.

Erklärung. Sämtliche Blattabschnitte sind mit Gelenken ausgestattet. Diese bestehen aus zartwandigen, unterseits meist etwas größeren Parenchymzellen, während der im Stiel peripher angeordnete Leitbündelkranz zu einem zentralen Strang zusammentritt (Abbildung 13.8 B), der einer Bewegung einen viel geringeren Widerstand entgegensetzt. Eine der ersten Auswirkungen des Reizes dürfte eine Beeinflussung der Membranpermeabilität in bestimmten („motorischen") Zellen der Bewegungsgewebe sein, in denen die Erregung zu einem plötzlichen Zusammenbruch des Turgors führt, wobei der Zellsaft in den Apoplasten (Zellwand + Interzellularen) übertritt. Wenn dies nur an einer Flanke eines Blattgelenks geschieht (beim primären Blattgelenk z. B. an der Unterseite), erhalten dadurch die gegenüberliegenden Zellen der Gegenflanke eine Druckentlastung und damit die Möglichkeit zur Wasseraufnahme aus dem Apoplasten, was zur stärkeren Ausdehnung und zu scharnierartigen Krümmungen führt. Bei der Restitution muss in den motorischen Zellen die ursprüngliche Membranpermeabilität wiederhergestellt und das osmotische Potenzial durch

Aufnahme oder Neubildung osmotisch wirksamer Substanzen regeneriert werden; dies ist ein energieabhängiger Vorgang. Während der Erholungsphase herrscht ein Refraktärstadium.

Bei *Mimosa pudica* kann die Geschwindigkeit der Erregungsleitung an der schrittweisen Reaktion der einzelnen Gelenke leicht abgelesen werden; sie beträgt bei Erschütterung je nach Temperatur etwa 4 bis 30 mm · s^{-1}. Man kann hierbei eine chemische und eine elektrische Erregungsleitung unterscheiden. Bei der chemischen Erregungsleitung wird von den gereizten Zellen eine (oder mehrere) Erregungssubstanz abgegeben, die durch Phloem und Parenchym transportiert wird und auch Gelenke und selbst totes Gewebe passieren kann. Bei der elektrischen Erregungsleitung schreitet das Aktionspotenzial mit einer Geschwindigkeit von 2 bis 5 cm · s^{-1} fort. Diese Erregung kann kein totes Gewebe passieren und pflanzt sich über Gelenke nur dadurch fort, dass hier der elektrische Reiz in Erregungssubstanz umgesetzt wird, die jenseits des Gelenks wieder ein fortschreitendes Aktionspotenzial auslöst.

Die Blätter reagieren in erster Linie auf Stoß oder Erschütterung. Aber auch Verwundung, Erhitzung, chemische (z. B. Ammoniakdämpfe) oder elektrische Reizung kann bei *Mimosa pudica* die nastische Reaktion auslösen (Traumato-, Thermo-, Chemo-, Elektronastie). Bei natürlicher Reizung der Pflanzen durch vorbeistreifende oder grasende Tiere erfolgt eine spontane Gesamtreaktion.

Bemerkung. Die Veränderungen der Gelenke des Mimosenblatts werden auch durch den Umweltfaktor Licht gesteuert. Sie schließen sich am Ende der Belichtung ganz ähnlich wie nach einer Erschütterung und öffnen sich wieder bei Beginn der Belichtung (photonastische Reaktion). Allerdings sind diese „Schlafbewegungen" sehr viel langsamer als die Seismonastien (Dauer 10 bis 20 Minuten). Die Fähigkeit zur Absorption der wirksamen Strahlung ist auf die Gelenke beschränkt und wird offenbar durch Phytochrom vermittelt (Hellrot/Dunkelrot absorbierendes Pigmentsystem, das Entwicklungs- und Bewegungsvorgänge steuert). Zwischen den Gelenken eines Blatts besteht – im Gegensatz zum seismonastischen Steuersystem – keine Kommunikation bezüglich des photonastischen Signals.

V 13.4.3 Thigmonastische Bewegungen der Blätter der Venusfliegenfalle

Kurz und knapp. Die Venusfliegenfalle ist eine fleischfressende (carnivore oder insektivore) Pflanze, die Insekten durch einen bemerkenswert schnell ablaufenden Bewegungsvorgang fängt (Abbildung 13.9).

Zeitaufwand. Vorbereitung: 2 min, Versuchsergebnis: nach vier bis fünf Stunden

Abbildung 13.9 Habitus von *Dionaea* (KUHN und PROBST, 1980)

Material:	Venusfliegenfalle (*Dionaea muscipula*), erhältlich in Gartenfach-märkten
Geräte:	kleines Stück Käse, kleiner Stein, 2 Präpariernadeln

Durchführung. Die Blätter der Venusfliegenfalle besitzen eine zweiteilige Spreite, deren Blattspreitenhälften durch ein Gelenk in Höhe der Mittelrippe verbunden sind. Jede Blattspreitenhälfte verfügt über drei Fühlborsten, die der Reizaufnahme dienen. In einem ersten Versuch berührt man mit der Präparier-nadel vorsichtig die Fühlborsten der Pflanze: eine Fühlborste in unterschiedli-chen zeitlichen Abständen von 90, 60 und 10 Sekunden, zwei Fühlborsten gleichzeitig oder zeitlich versetzt. In einem zweiten Versuch gibt man ein Stückchen Käse in die Mitte eines Blatts bzw. einen kleinen Stein in die Mitte eines anderen Blatts.

Beobachtung. Eine einmalige oder zweimalige Reizung einer Fühlborste in größerem zeitlichen Abstand bewirkt keine Reaktion der Pflanze. Erst beim zweimaligen Reizen derselben Fühlborste in einem zeitlichen Abstand von weniger als etwa 20 Sekunden erfolgt ein sofortiges Zusammenklappen der Blätter. Auch beim Auflegen von Käse oder dem Steinchen schließen sich die Blätter sofort. Nach vier bis fünf Stunden haben sich die Blätter, die durch Berührung mit der Präpariernadel oder durch Auflegen eines Steinchens zum Schließen gebracht wurden, wieder geöffnet. Das mit Käse belegte Blatt bleibt verschlossen.

Erklärung. Die zweigeteilte Spreite der Venusfliegenfalle ist zu nastischen Bewegungen fähig. In Ruhestellung bilden beide Hälften einen annähernd rech-ten Winkel zueinander (Abbildung 13.10 B). Lässt sich ein Insekt auf der Ober-

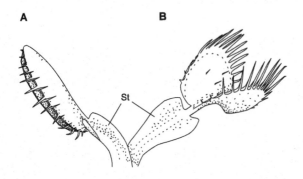

Abbildung 13.10 Blätter von *Dionaea muscipula*, A Spreitenflügel geschlossen. B Spreitenflügel geöffnet, mit drei Fühlborsten pro Blattspreitenhälfte. St verbreiteter Blattstiel

fläche nieder, so klappen die Spreitenflügel zusammen (Abbildung 13.10 A). Die Geschwindigkeit dieser Klappbewegung beträgt unter Optimalbedingungen 0,01–0,02 Sekunden. Die Reizperzeption erfolgt über die Fühlborsten. Diese besitzen an der Basis große, plasmareiche Sinneszellen, deren Deformation ein Aktionspotenzial auslöst, dass sich mit einer Geschwindigkeit von 20 cm/s in Richtung der Mittelrippe fortpflanzt. Diese ist mit einem Scharniergelenk zu vergleichen. Die Erregung verändert die Permeabilität der Zellen an der Oberseite des Gelenks, was zu einer Abnahme des Turgors durch Wasserausstrom aus diesem Gewebe führt. Die Zellen der Gelenkunterseite erfahren gleichzeitig durch Wassereinstrom eine Turgorerhöhung, was die Klappbewegung auslöst. Die Schließbewegung erfolgt nur dann, wenn zwei Fühlborsten gleichzeitig oder eine Borste kurz hintereinander zweimal gereizt wird. Dadurch verhindert die Pflanze, dass die Fangbewegung auf ein zufälliges Ereignis hin erfolgt.

Die Venusfliegenfalle ist in Mooren der US-amerikanischen Bundesstaaten North Carolina und South Carolina beheimatet. Da die Wildpopulationen geschützt sind, wird sie für den Handel heute gezüchtet. An ihren natürlichen mineralstoffarmen Standorten nutzt sie den Insektenfang, um ihren Bedarf an Stickstoff, Phosphor und Schwefel zu decken. Das gefangene Insekt wird von abgesonderten Verdauungssekreten aufgelöst, um die verwertbaren Substanzen resorbieren zu können. Zur Optimierung des Verdauungs- und Resorptionsprozesses schließt sich der nastischen Fangbewegung eine langsame Verengungsbewegung an, die die beiden Spreitenseiten noch enger zusammenführt und die Kontaktfläche mit dem Insektenkörper vergrößert. Nach einigen Wochen öffnet sich die Falle, entlässt den Rest der Insektenleiche und steht daraufhin noch ein- bis zweimal zum Fang zur Verfügung.

V 13.4.4   Thigmonastische Rankenbewegungen bei Erbsenkeimlingen

Kurz und knapp. Das Ausbilden von Ranken hilft Pflanzen, sich an geeigneten Stützen festzuhalten und daran emporzuwachsen, um in einen höheren Lichtgenuss zu gelangen.

Zeitaufwand. Vorbereitung: 5 min, Versuchsergebnis: nach 2 h

Material:	Erbsenpflanzen (*Pisum sativum*; 10–15 cm hoch) mit ausgebildeten Blattranken (Abbildung 13.11)
Geräte:	Holzstab, Glasstab

Durchführung. Eine Ranke wird mit dem Holzstab, eine andere mit dem Glasstab mehrmals der Länge nach an der Ventralseite bestrichen.

Beobachtung. Bei den Blattranken der Erbse kommt es nach Reizung der Ventralseite zu ventralen Einkrümmungen (Thigmonastie). Die mit dem Holzstab bestrichene Ranke hat sich nach zwei Stunden von der Spitze ab eingerollt. Die mit dem Glasstab bestrichene Ranke zeigt keine Reaktion.

Erklärung. Am berührungsempfindlichsten ist gewöhnlich das erste Drittel der Ranke. Der Reiz darf nicht in einem gleichmäßigen Druck, sondern muss in einem Reibungs- oder Kitzelreiz bestehen. Die Pflanze empfindet demnach nicht einfach einen Druck, sondern zeitliche oder örtliche Druckdifferenzen. Die Reizung erfolgt daher nur durch die rauhe Oberfläche des Holzstabes, während sie mit dem glatten Glasstab unterbleibt.

Die Wachstumszone der Ranken befindet sich nicht in dem berührungsempfindlichen Teil, sondern an der Basis. Sie vollbringt durch Circumnutationen (die Organach-

Abbildung 13.11 Blattranken einer Erbsenpflanze (nach R. M. HOLMAN und W. W. ROBBINS)

se zyklisch umlaufende Wachstumsförderung) die kreisende Bewegung des freien Endes. Es kommt zur Berührung einer festen Stütze, zu einem durch die Reizung erfolgenden Turgorverlust der Zellen auf der berührten Ventralseite und zum schnellen Einkrümmen der Ranke. Gleichzeitig nimmt der Turgor der Zellen auf der Dorsalseite zu, und es beginnt dort ein Wachstum, das auch auf die Ventralseite übergreift. Das Umschlingen der Stütze führt zu immer neuen Reizungs- und Einkrümmungsprozessen. Bei nur vorübergehender Reizung streckt sich die Ranke wieder.

Bemerkung. Die Pflanzen sollten während der Anzucht und beim Versuchsaufbau möglichst nicht berührt werden, um vorzeitige Rankenbewegungen auszuschließen.

V 13.5   Quellungsbewegungen (hygroskopische Bewegungen)

V 13.5.1   Quellungsbewegungen bei Kiefernzapfen

Kurz und knapp. Quellungsbewegungen (hygroskopische Bewegungen) werden durch quellfähige Substanzen (Pektin, Cellulose) in der Zellwand ermöglicht. Durch ihre spezifische Anordnung und Texturierung kann es bei Wassereinlagerung (Quellung) zu Krümmungen kommen. Es sind reversible Prozesse, zumeist in Wänden toter Zellen.

Zeitaufwand. Vorbereitung: 15 min, Durchführung: 10 min

Material:	Kiefernzapfen (oder andere Coniferenzapfen)
Geräte:	feuerfeste Schale, Stativ, Klemmen, Muffe, Becherglas für Wasserbad

Durchführung. Die Kiefernzapfen werden in einer schwach erhitzten feuerfesten Schale getrocknet, bis sie geöffnet sind. Nach dem Trocknen positioniert man die Zapfen mit dem Stativ und den Klemmen für zehn Minuten über ein siedendes Wasserbad.

Beobachtung. Die Zapfen schließen sich über dem Wasserbad innerhalb von zehn Minuten (vgl. Abbildung 13.12).

Abbildung 13.12 Kiefernzapfen

Erklärung. Bei den Zapfen der Kieferngewächse (Pinaceae: z. B. Kiefer, Fichte, Tanne) besitzen die einzelnen Schuppenkomplexe außen eine Zellschicht mit quellbaren Wänden. Die Zapfen schließen sich daher bei Feuchtigkeit und öffnen sich bei Trockenheit.

Bemerkung. Der Versuch lässt sich mehrmals wiederholen, um die Reversibilität zu demonstrieren. Alternativ kann der Versuch auch mit den getrockneten Blütenkörben der Strohblume (*Helichrysum*) durchgeführt werden.

In Gartenfachmärkten wird häufig die sogenannte „Falsche Rose von Jericho" angeboten. Es handelt sich dabei um den in Nordamerika beheimateten Farn *Selaginella lepidophylla*. Dieser Farn ist im lufttrockenen Zustand zu einem Ball eingerollt. Bei vorsichtiger Befeuchtung mit Wasser von Raumtemperatur entfaltet er sich im Verlauf von etwa einer Stunde, um sich bei Austrocknung erneut langsam wieder einzurollen. Diese Bewegungen von *Selaginella* und anderen austrocknungsfähigen „Auferstehungspflanzen" sind ebenfalls physikalischer Natur und von Stoffwechselprozessen unabhängig.

V 13.6   Bewegungen in den Zellen

V 13.6.1 Plasmaströmung in Zellen der Wasserpest

Kurz und knapp. Die Zellen von Blättern der Wasserpest (*Elodea*) sind geeignete Objekte zur Demonstration der Plasmaströmung.

Zeitaufwand. Durchführung: 20 min

| Material: | frischer Spross der Wasserpest (*Elodea densa* oder *E. canadensis*) |
| Geräte: | Lichtmikroskop, Objektträger, Deckgläser, Pinzette |

Durchführung. Ein vitales Blatt der Wasserpest wird mithilfe einer Pinzette abgezupft, in Wasser auf einen Objektträger gebracht und mit einem Deckgläschen abgedeckt. Die lichtmikroskopische Untersuchung kann direkt, d. h. ohne Schnitt, vorgenommen werden. Man schaltet die Mikroskopbeleuchtung ein und fokussiert auf Zellen in der Nähe der Mittelrippe.

Beobachtung. Nach wenigen Minuten setzt, beginnend in den Zellen in der Nähe der Mittelrippe, eine rotierende Strömung des wandständigen Cytoplasmas ein, die auch die Chloroplasten erfasst und mitreißt. Sie erfolgt in einer konkreten Zelle entweder im Uhrzeigersinn oder im Gegenuhrzeigersinn.

Erklärung. Das Einsetzen der Plasmaströmung kann als eine Stressreaktion interpretiert werden, die durch die intensive Beleuchtung (Photodinese) und Erwärmung (Thermodinese) beim Mikroskopieren bzw. durch verletzungsbedingte chemische Reaktionen (Traumatodinese) ausgelöst wird. Mit Strömungsgeschwindigkeiten von 3–10 μm/s ermöglicht sie einen raschen Stofftransport in den Zellen, der die Geschwindigkeit von Diffusionsprozessen weit übersteigt. Mechanisch wird die Plasmaströmung durch das Aktin-Myosin-System der Zelle ermöglicht.

Bemerkung. Sofern man im Besitz eines Okularmikrometers ist, kann die Geschwindigkeit der Plasmaströmung gemessen werden. Man bestimmt dazu die Zeit, die ein Chloroplast benötigt, um die Strecke zwischen zwei Markierungen der Strichskala zu durchwandern.

V 13.6.2 Chloroplastenbewegung bei *Mougeotia*

Kurz und knapp. In den Zellen vieler Pflanzen finden auffallende Bewegungen der Chloroplasten statt, die sie in die Stellung bzw. an die Orte günstiger Belichtung führen. Die Grünalge *Mougeotia* spec. bietet sich an, da sie in ihren Zellen einen einzelnen, plattenförmigen Chloroplasten besitzt, dessen Bewegungen unter dem Mikroskop gut zu beobachten sind.

Zeitaufwand. Vorbereitung: 10 min, Durchführung: 30 min

| Material: | *Mougeotia* spec. (Zygnemataceae) |
| Geräte: | Mikroskop, Objektträger, Deckglas |

Durchführung. Die Algenfäden werden mit einer Pinzette entwirrt, sodass nicht zu viele übereinanderliegen und die Betrachtung erschweren. Im Präparat wird nach einem einzelnen Algenfaden gesucht, in dem eine Zelle einen Chloroplasten in Flächenstellung besitzt. Dieser wird in die Mitte des Bildausschnitts gerückt und mit der Blende eingegrenzt. Dann erhöht man die Lichtintensität auf das Maximum und beobachtet.

Beobachtung. Nach einer 30-minütigen Bestrahlung mit Starklicht hat sich der Chloroplast von der Flächen- in die Kantenstellung gedreht (Abbildung 13.13).

Erklärung. Durch die Bestrahlung mit Starklicht wird der Chloroplast einem Strahlungsstress ausgesetzt. Durch die Drehung präsentiert der Chloroplast der Lichtquelle eine geringere Oberfläche und verhindert somit mögliche Strahlungsschäden wie z. B. die Zerstörung von Pigmenten und Membranen. Aktinfilamente (Mikrofilamente), die von den Chloroplastenkanten zum Plasmalemma führen, sind am Zustandekommen der Bewegung beteiligt; sie wird z. B. durch Cytochalasin (ein Pilzgift) gehemmt. Als Photorezeptor fungiert bei *Mougeotia* das im hellroten und dunkelroten Spektralbereich des Lichts absorbierende Phytochrom.

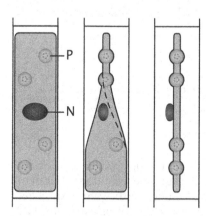

Abbildung 13.13 Flächen- und Kantenstellung des Chloroplasten bei *Mougeotia*. N Nucleus, P Pyrenoid mit Mantel aus Stärke

Bemerkung. *Mougeotia* findet sich meist in Vergesellschaftung mit *Spirogyra*, einer in Tümpeln und Seen häufig vorkommenden Fadenalge. Beide zählen zur Ordnung der Jochalgen (Zygnematales). Bei der Suche sollte man auf wattenartige, kräftig grüne Algenfäden achten, die man leicht voneinander trennen kann, da Faden-Jochalgen eine unverzweigt trichale Organisationsform besitzen. Ein weiteres leicht zu ertastendes Merkmal ist die glatte Schleimschicht, die die Fäden umgibt; sie fühlen sich glitschig an. In Einmachgläsern mit etwas Teichwasser können die Proben zur mikroskopischen Vorsichtung transportiert werden. Es sollten immer mehrere Proben von unterschiedlichen Stellen des Tümpels genommen werden, um die Wahrscheinlichkeit, auf *Mougeotia* zu treffen, zu erhöhen.

V 13.6.3 Lichtbedingte Positionierung der Chloroplasten von Moosblättchen

Kurz und knapp. Die Photosyntheseleistung ist von einer ausreichenden Versorgung mit Lichtquanten abhängig. Die einfallende Strahlung darf aber durch zu hohe Intensität Biomoleküle und Strukturen nicht schädigen. Aus diesem Grund haben die Pflanzen Mechanismen entwickelt, die Chloroplastenorientierung innerhalb der Zelle den jeweiligen Lichtverhältnissen anzupassen.

Zeitaufwand. Vorbereitung: 30 min, Versuchsergebnis: nach 30 min

Material:	Moosblättchen (z. B. Wetter-Drehmoos = *Funaria hygrometrica*)
Geräte:	Mikroskop, Objektträger, Deckglas

Durchführung. Ein Moosblättchen wird auf dem Objektträger mit einem Tropfen Wasser flächig ausgebreitet, mit dem Deckglas bedeckt und unter dem Mikroskop bei sehr schwacher Beleuchtung 30 Minuten aufbewahrt. Anschließend wird die Stellung der Chloroplasten innerhalb der Moosblättchenzellen gezeichnet. Danach erhöht man die Strahlungsleistung der Mikroskoplampe für weitere 30 Minuten auf das Maximum und zeichnet erneut die Chloroplastenstellung.

Beobachtung. Unter Schwachlichtbedingungen befinden sich die Chloroplasten fast ausschließlich an den Zellwänden, die parallel zur Oberfläche, also senkrecht zum Lichteinfall orientiert sind (Abbildung 13.14 A). Nach der Starklichtphase haben sie sich an den zur Lichteinfallsrichtung parallel verlaufenden Zellwänden angeordnet (Abbildung 13.14 B).

Erklärung. Die Orientierung in einer zur Lichteinfallsrichtung senkrechten Ebene im Schwachlicht erklärt sich aus der Notwendigkeit, möglichst viele Chloroplasten dem Licht darbieten zu können, um eine optimale Photosyntheseleistung zu erreichen. Die Starklichtstellung soll mögliche Schädigungen der

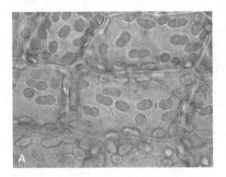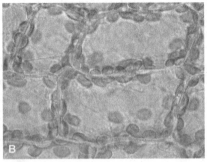

Abbildung 13.14 Chloroplastenstellung in Blättchenzellen von *Funaria hygrometrica*

Pigmentmoleküle und Membranen verhindern. Als wirksam für die Chloroplastenbewegung erweist sich der blaue Spektralbereich des Lichts. Als Photorezeptoren werden die Phototropine betrachtet, die bei Höheren Pflanzen auch phototrope Krümmungen, die Öffnung der Stomata und die lichtbedingte Positionierung der Chloroplasten vermitteln. Bei Niederen Pflanzen wie Algen, Moosen und Farnen ist darüber hinaus auch der rote Spektralbereich des Lichts für die Plastidenbewegung wirksam, wobei das Phytochromsystem als Photorezeptor wirkt. Die Photorezeptoren sind vermutlich in der Plasmamembran lokalisiert. Mechanisch wird die Positionierung der Chloroplasten durch ein Gleiten an Aktinfilamenten mithilfe des Myosins als assoziiertem Motorprotein bewirkt.

Literatur

BUKATSCH, F.: *Das kleine pflanzenphysiologische Praktikum*, Gustav Fischer, Stuttgart, 1980

BRESINSKY, A., KÖRNER, C., KADEREIT, J.W., NEUHAUS, G., SONNEWALD, U.: *Strasburger, Lehrbuch der Botanik*, Spektrum Akademischer Verlag, Heidelberg, 2008

CAMPBELL, N.A.: *Biologie*, Spektrum Akademischer Verlag, Heidelberg, 1997

DEMMER, G., THIES, M.: *Stoffwechsel*. In: KNOLL, J. (Hrsg.): *Biologie Oberstufe*, Westermann, Braunschweig, 1994

Deutsche Gesetzliche Unfallversicherung (Hrsg.): *BG/GUV-SR 2003, Regel, Unterricht in Schulen mit gefährlichen Stoffen*, Berlin, 2010 – www.dguv.de

Deutsche Gesetzliche Unfallversicherung (Hrsg.): *BGR/GUV-SR 2004, Stoffliste zur BGR/GUV-SR 2003, Unterricht in Schulen mit gefährlichen Stoffen*, Berlin, 2010 – www.dguv.de

DICKISON, W.C.: *Integrative plant anatomy*, Academic Press, San Diego, 2000

DOENECKE, D., KOOLMAN, J., FUCHS, G., GEROK, W.: *Karlsons Biochemie und Pathobiochemie*, Thieme, Stuttgart, 2005

ESCHENHAGEN, D., KATTMANN, U., RODI, D.: *Fachdidaktik Biologie*, Aulis, Köln, 1998

FELLENBERg, G.: *Praktische Einführung in die Entwicklungsphysiologie der Pflanzen*, Quelle und Meyer, Heidelberg, 1980

FREYER, M., KEIL, G.: *Geschichte des medizinisch-naturkundlichen Unterrichts*, Filander, Fürth, 1997

GISI, U.: *Bodenökologie*, Thieme, Stuttgart, 1997

HÄUSLER, K., RAMPF, H., REICHELT, R. : *Experimente für den Chemieunterricht*, Oldenbourg, München, 1995

HELDT, H.W.: *Pflanzenbiochemie*, Spektrum Akademischer Verlag, Heidelberg, 2008

HEß, D.: *Pflanzenphysiologie*, Ulmer, Stuttgart, 2008

JÄGER, E.J., NEUMANN, St., OHMANN, E.: *Botanik*, Spektrum Akademischer Verlag, Heidelberg, 2003

JUNGE, W., LILL, H., ENGELBRECHT, S.: *ATP synthase, an electrochemical transducer with rotary mechanisms*. Trends in Biochemical Science 22, 420-423, 1997

KILLERMANN, W.: *Biologieunterricht heute*, Ludwig Auer, Donauwörth, 1995

KILLERMANN, W., HIERING, P., STAROSTA, B.: *Biologieunterricht heute. Eine moderne Fachdidaktik*, Auer, Donauwörth, 2005

Kitzinger Weinbuch, Paul Arauner GmbH & Co. KG, Kitzingen, 1996

KLAUTKE, S.: *Das biologische Experiment – Didaktik und Praxis der Lehrerausbildung*. In: KILLERMANN, W., KLAUTKE, S. (Hrsg.): *Fachdidaktisches Studium in der Lehrerfortbildung*, Biologie, Oldenbourg, München, 1978

KLEBER, H.P., SCHLEE, D., SCHÖPP, W.: *Biochemisches Praktikum*, Gustav Fischer, Jena, 1997

KREMER, B.P., KEIL, M.: *Experimente aus der Biologie*, VCH, Weinheim, 1993

KRÜGER, W.: *Stoffwechselphysiologische Versuche mit Pflanzen*, Quelle & Meyer, Heidelberg, 1974

KUHN, K., PROBST, W.: *Biologisches Grundpraktikum Bd II*, Gustav Fischer, Stuttgart, 1980

KUHN, K., PROBST, W.: *Biologisches Grundpraktikum Bd I*, Gustav Fischer, Stuttgart, 1983

KULL, U.: *Grundriss der Allgemeinen Botanik*, Spektrum Akademischer Verlag, Heidelberg, 2000

KUTSCHERA, U.: *Kurzes Lehrbuch der Pflanzenphysiologie*, Quelle & Meyer, Wiesbaden, 1995

KUTSCHERA, U.: *Grundpraktikum zur Pflanzenphysiologie*, Quelle & Meyer, Wiesbaden, 1998

LIBBERT, E.: *Lehrbuch der Pflanzenphysiologie*, Gustav Fischer, Jena, 1993

LÜTTGE, U., KLUGE, M., THIEL, G.: *Botanik – Die umfassende Biologie der Pflanzen*, WILEY-VCH, Weinheim, 2010

LÜTTGE, U., KLUGE, M.: *Botanik – Die einführende Biologie der Pflanzen*, WILEY-VCH, Weinheim, 2012

METZNER, H.: *Pflanzenphysiologische Versuche*, Gustav Fischer, Stuttgart, 1982

MUNK, K. (Hrsg.): *Taschenlehrbuch Biologie. Botanik*, Thieme, Stuttgart, 2009

NACHTIGALL, W.: *Einführung in biologisches Denken und Arbeiten*, Quelle & Meyer, Heidelberg, 1978

NELSON, D., COX, M.: *Lehninger Biochemie*, Springer, Berlin, 2009

NEWMAN, E. I.: *Water Movement Through Root Systems*. Philosophical Transactions of the Royal Society of London. Series B, Vol. 273, No. 927, pp. 463-478, 1976

NOBEL, P. S., JORDAN, P. W.: *Transpiration Stream of Desert Species: Resistances and Capacitances for a C3, a C4, and a CAM Plant.* J. Exp. Bot. 34(10), 1379-1391, 1983

NULTSCH, W.: *Allgemeine Botanik*, Thieme, Stuttgart, 2001

PUTHZ, V.: *Experiment oder Beobachtung?* UB 12, H. 132, 11–13, 1988

Rahmenplan des Verbandes Deutscher Biologen für das Schulfach Biologie (1973; 1987), Mitt. d. VDBiol., Nr. 192, 923–930; Neubearbeitung: Bremen: VDBiol.

SCHLEGEL, H.G.: *Allgemeine Mikrobiologie*, Thieme, Stuttgart, 1992

SCHOPFER, P., BRENNICKE, A.: *Pflanzenphysiologie*, Spektrum Akademischer Verlag, Heidelberg, 2010

SCHULZ, G., SCHARF, K.-H.: *Experimente als Hausaufgaben. Biologie*, Aulis, Köln 1996

SITTE, P., ZIEGLER, H., EHRENDORFER, F., BRESINSKY, A.: *Strasburger, Lehrbuch der Botanik*, Gustav Fischer, Stuttgart, 1998

STAECK, L.: *Zeitgemäßer Biologieunterricht. Eine Didaktik für die neue Schulbiologie*, Schneider Verlag Hohengehren, Baltmannsweiler, 2009

TAIZ, L., ZEIGER, E.: *Plant Physiology*, Sinauer, Sunderland, 2010

TROLL, W., HÖHN, K.: *Allgemeine Botanik*, Ferdinand Enke, Stuttgart 1973

TREBST, U.: *Linearer und zyklischer Elektronentransport.* In: HÄDER, D.P.: *Photosynthese*, Thieme, Stuttgart, 1999

URBACH, W., RUPP, W., STURM, H.: *Praktikum zur Stoffwechselphysiologie der Pflanzen*, Thieme, Stuttgart, 1983

WEILER, W., NOVER, L.: *Allgemeine und molekulare Botanik*, Thieme, Stuttgart, 2008

WILD, A., BALL, R.: *Photosynthetic unit and photosystems*, Backhuys Publishers, Leiden, 1997

WILD, A.: *Pflanzenphysiologische Versuche in der Schule*, Quelle & Meyer, Wiebelsheim, 1999

WILD, A.: *Pflanzenphysiologie in Fragen und Antworten*, Quelle & Meyer, Wiebelsheim, 2003

Index

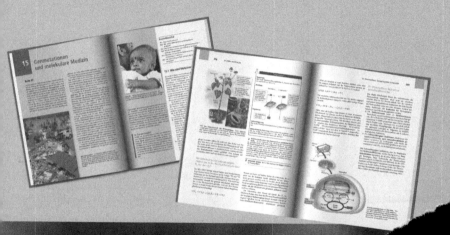